今すぐ使える

かんたん

Microsoft 365

Word　Excel　PowerPoint　Outlook

Imasugu Tsukaeru Kantan Series : Microsoft 365

技術評論社

How to use

本書の使い方

- 画面の手順解説だけを読めば、操作できるようになる！
- もっと詳しく知りたい人は、両端の「側注」を読んで納得！
- これだけは覚えておきたい機能を厳選して紹介！

Section 29

ページ番号を挿入する

覚えておきたいキーワード
ヘッダー
フッター

ページに通し番号を印刷したいときは、ページ番号を挿入します。ページ番号は、ヘッダーまたはフッターのどちらかに追加できます。文書の下に挿入するのが一般的ですが、Wordにはさまざまなページ番号のデザインが上下で用意されているので、文書に合わせて利用するとよいでしょう。

特 長 1

機能ごとに
まとまっているので、
「やりたいこと」が
すぐに見つかる！

文書の下にページ番号を挿入する

メモ ページ番号の挿入

ページに通し番号を付けて印刷したい場合は、右の方法でページ番号を挿入します。ページ番号の挿入位置は、<ページの上部><ページの下部><ページの余白><現在の位置>の4種類の中から選択できます。各位置にマウスポインターを合わせると、それぞれの挿入位置に対応したデザインのサンプルが一覧で表示されます。

第3章

1 <挿入>タブをクリックして、

2 <ページ番号>をクリックします。

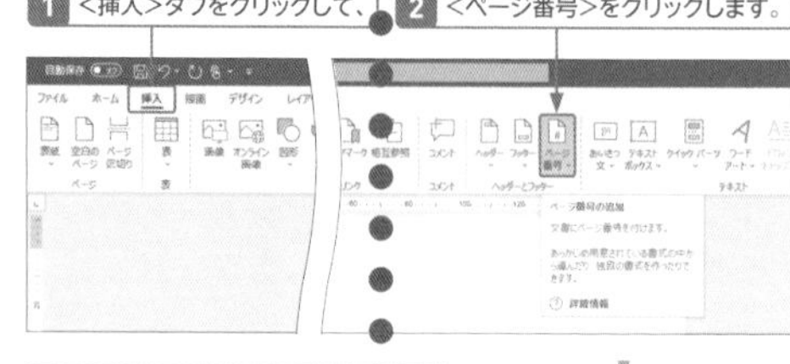

3 ページ番号の挿入位置を選択して、

● 基本操作

赤い矢印の部分だけを読んで、
パソコンを操作すれば、
難しいことはわからなくても、
あっという間に操作できる！

ヘッダーとフッター

文書の各ページの上部余白に印刷される情報を「ヘッダー」といいます。また、下部余白に印刷される情報を「フッター」といいます。

4 表示される一覧から、目的のデザインをクリックすると、

138

● 補足説明

操作の補足的な内容を「側注」にまとめているので、よくわからないときに活用すると、疑問が解決！

メモ	ヒント	キーワード	ステップアップ
補足説明	便利な機能	用語の解説	応用操作解説
タッチ	新機能	注意	
タッチ操作	新しい機能	注意事項	

特 長 2

やわらかい上質な紙を使っているので、開いたら閉じにくい！

<ヘッダーとフッター>タブが表示されます。

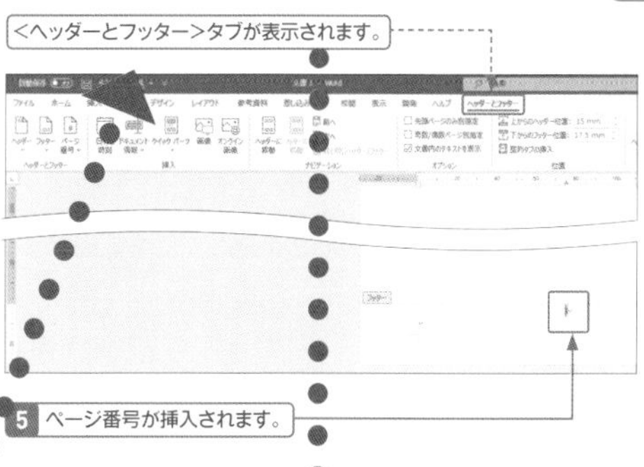

5 ページ番号が挿入されます。

2 ページ番号のデザインを変更する

1 <ページ番号>をクリックして、

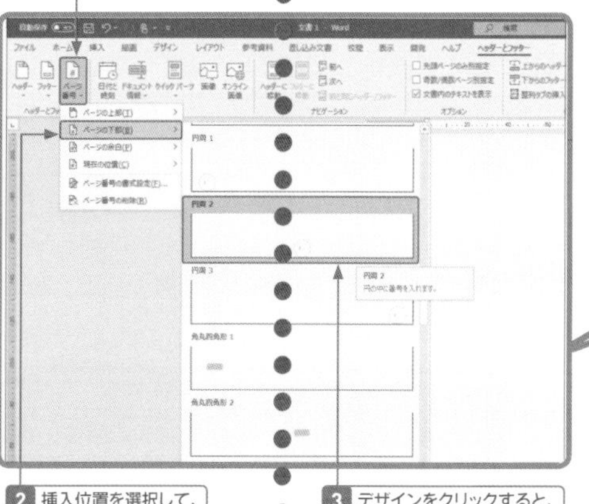

2 挿入位置を選択して、

3 デザインをクリックすると、

4 デザインが変更されます。

Section 29 ページ番号を挿入する

ヒント ヘッダーとフッターを閉じる

ページ番号を挿入すると<ヘッダーとフッター>タブが表示されます。ページ番号の編集が終わったら、<ヘッダーとフッターを閉じる>をクリックすると、通常の文書画面が表示されます。再度<ヘッダーとフッター>タブを表示したい場合は、ページ番号の部分（ページの上下の余白部分）をダブルクリックします。

ステップアップ 先頭ページにページ番号を付け…

ページ番号を付けたくないペ…にある場合は、<ヘッダー…タブで<先頭ページのみ別…にします。

特 長 3

大きな操作画面で該当箇所を囲んでいるのでよくわかる！

ページ番号の挿入

ヒント ページ番号を削除するには？

ページ番号を削除するには、<ヘッダーとフッター>タブ（または<挿入>タブ）の<ページ番号>をクリックして、表示される一覧から<ページ番号の削除>をクリックします。

139

目次

Contents

目次

Contents

Contents

目次

Excel

第1章 Excelの基本操作

目次

Contents

目次

Contents

第3章 数式と関数の利用

第4章 グラフの作成

目次

目次

目次

Contents

ご注意：ご購入・ご利用の前に必ずお読みください

- 本書に記載された内容は、情報提供のみを目的としています。したがって、本書を用いた運用は、必ずお客様自身の責任と判断によって行ってください。これらの情報の運用の結果について、技術評論社および著者はいかなる責任も負いません。
- ソフトウェアに関する記述は、特に断りのないかぎり、2020年7月現在での最新情報をもとにしています。これらの情報は更新される場合があり、本書の説明とは機能内容や画面図などが異なってしまうことがあり得ます。あらかじめご了承ください。
- 本書の内容は、以下の環境で制作し、動作を検証しています。それ以外の環境では、機能内容や画面図が異なる場合があります。
  - ・Windows 10
  - ・Microsoft 365 Apps for enterprise（バージョン2005　ビルド 12827.20470）
- インターネットの情報については、URLや画面などが変更されている可能性があります。ご注意ください。

以上の注意事項をご承諾いただいた上で、本書をご利用願います。これらの注意事項をお読みいただかずに、お問い合わせいただいても、技術評論社および著者は対処しかねます。あらかじめご承知おきください。

パソコンの基本操作

●本書の解説は、基本的にマウスを使って操作することを前提としています。
●お使いのパソコンのタッチパッド、タッチ対応モニターを使って操作する場合は、各操作を次のように読み替えてください。

1 マウス操作

▼クリック(左クリック)

クリック(左クリック)の操作は、画面上にある要素やメニューの項目を選択したり、ボタンを押したりする際に使います。

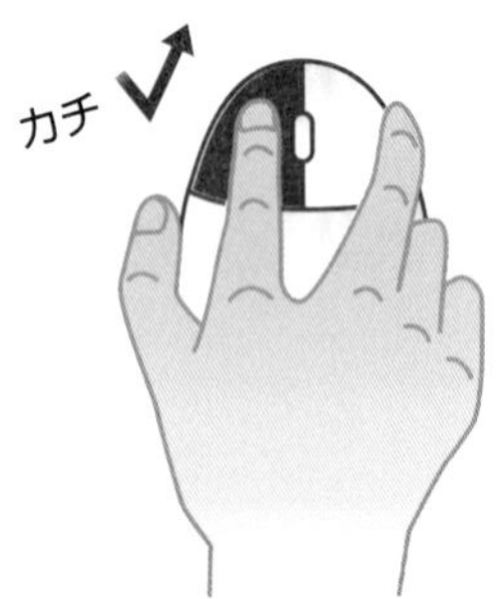

マウスの左ボタンを1回押します。

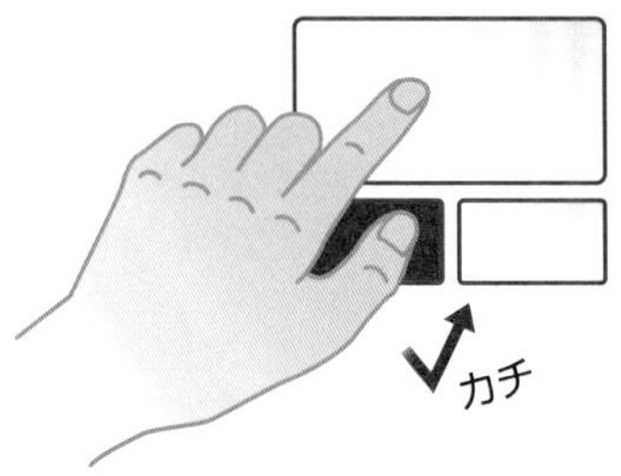

タッチパッドの左ボタン(機種によっては左下の領域)を1回押します。

▼右クリック

右クリックの操作は、操作対象に関する特別なメニューを表示する場合などに使います。

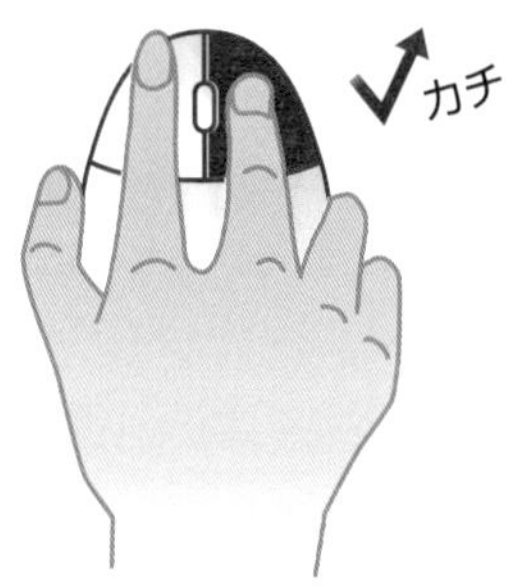

マウスの右ボタンを1回押します。

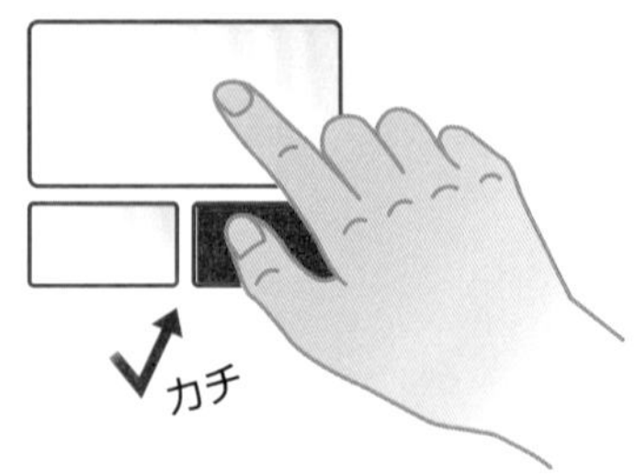

タッチパッドの右ボタン(機種によっては右下の領域)を1回押します。

▼ダブルクリック

ダブルクリックの操作は、各種アプリを起動したり、ファイルやフォルダーなどを開く際に使います。

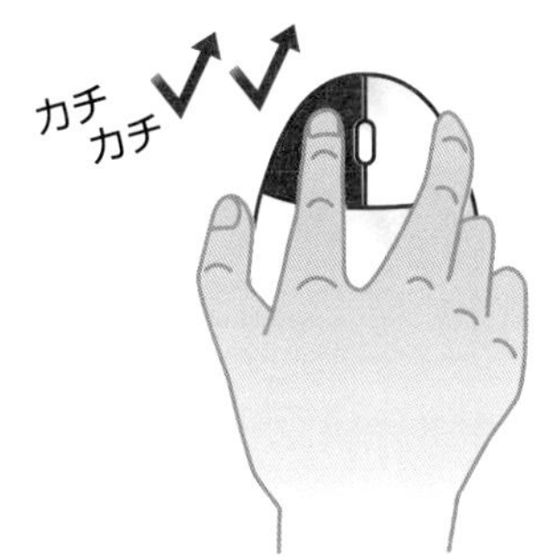

マウスの左ボタンをすばやく2回押します。

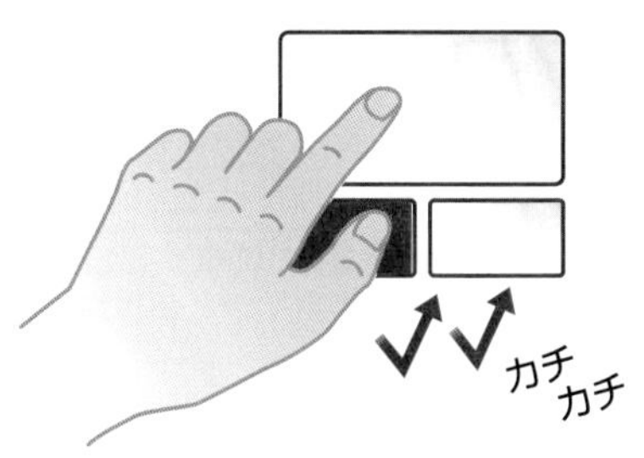

タッチパッドの左ボタン（機種によっては左下の領域）をすばやく2回押します。

▼ドラッグ

ドラッグの操作は、画面上の操作対象を別の場所に移動したり、操作対象のサイズを変更する際などに使います。

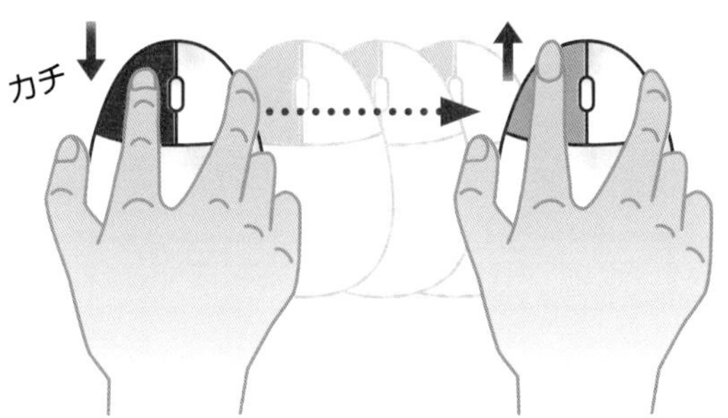

マウスの左ボタンを押したまま、マウスを動かします。目的の操作が完了したら、左ボタンから指を離します。

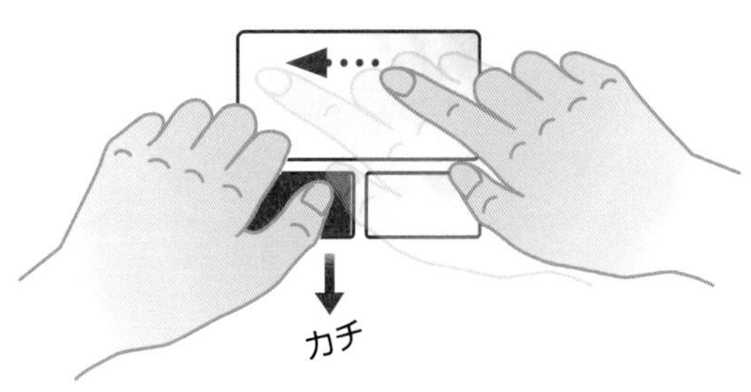

タッチパッドの左ボタン（機種によっては左下の領域）を押したまま、タッチパッドを指でなぞります。目的の操作が完了したら、左ボタンから指を離します。

メモ　ホイールの使い方

ほとんどのマウスには、左ボタンと右ボタンの間にホイールが付いています。ホイールを上下に回転させると、Webページなどの画面を上下にスクロールすることができます。そのほかにも、Ctrlを押しながらホイールを回転させると、画面を拡大／縮小したり、フォルダーのアイコンの大きさを変えることができます。

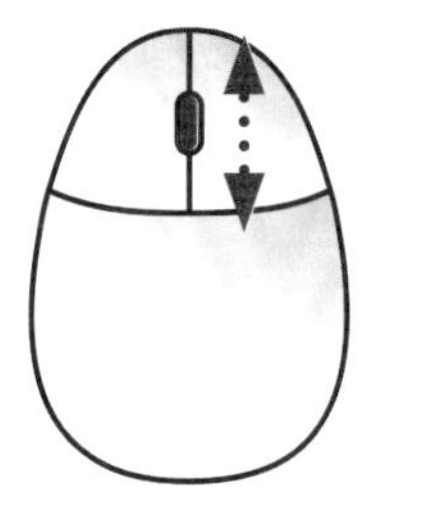

2 利用する主なキー

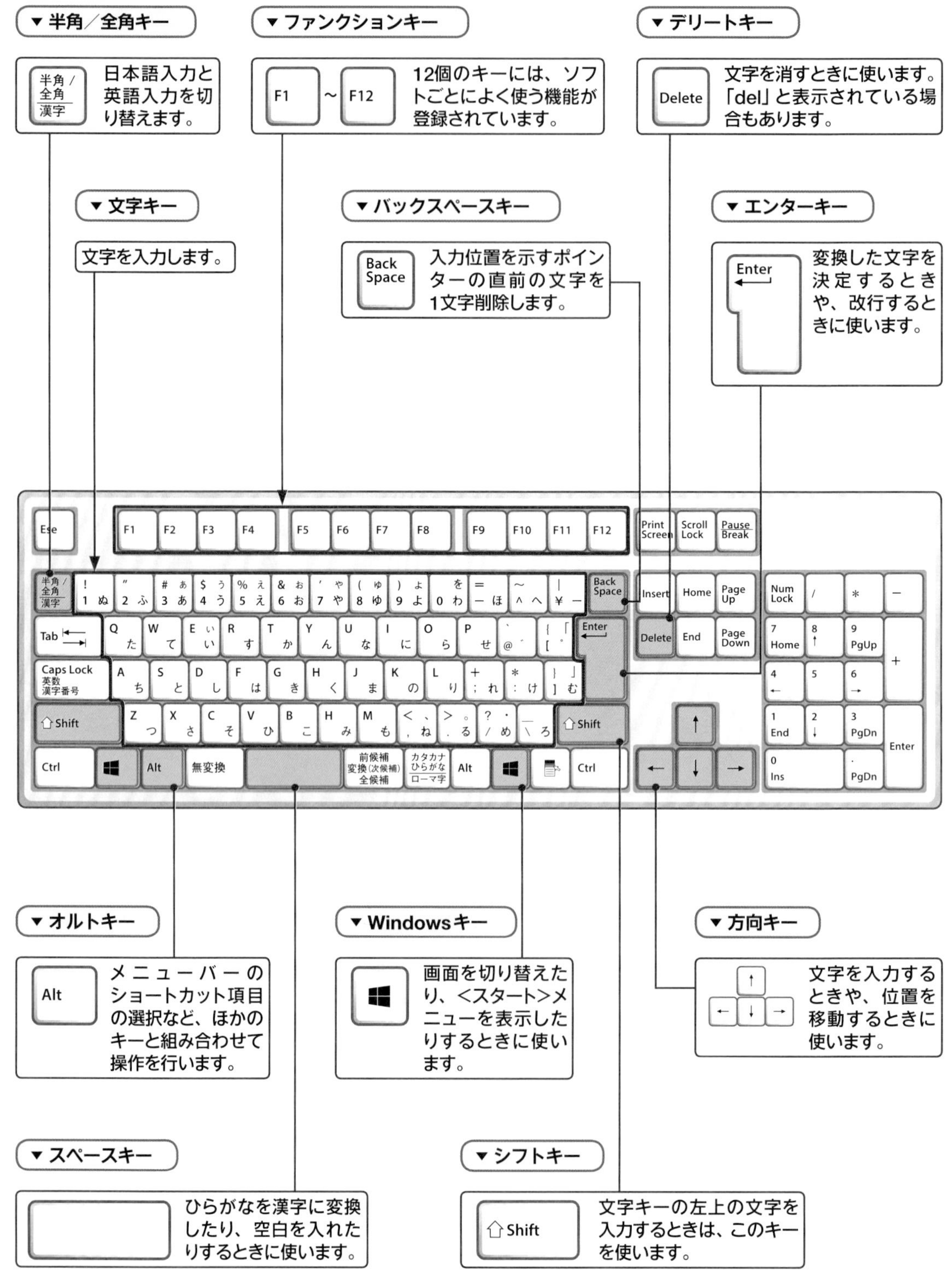
▼半角／全角キー
日本語入力と英語入力を切り替えます。
▼ファンクションキー
12個のキーには、ソフトごとによく使う機能が登録されています。
▼デリートキー
文字を消すときに使います。「del」と表示されている場合もあります。
▼文字キー
文字を入力します。
▼バックスペースキー
入力位置を示すポインターの直前の文字を1文字削除します。
▼エンターキー
変換した文字を決定するときや、改行するときに使います。
▼オルトキー
メニューバーのショートカット項目の選択など、ほかのキーと組み合わせて操作を行います。
▼Windowsキー
画面を切り替えたり、<スタート>メニューを表示したりするときに使います。
▼方向キー
文字を入力するときや、位置を移動するときに使います。
▼スペースキー
ひらがなを漢字に変換したり、空白を入れたりするときに使います。
▼シフトキー
文字キーの左上の文字を入力するときは、このキーを使います。

3 タッチ操作

▼タップ

画面に触れてすぐ離す操作です。ファイルなど何かを選択する時や、決定を行う場合に使用します。マウスでのクリックに当たります。

▼ダブルタップ

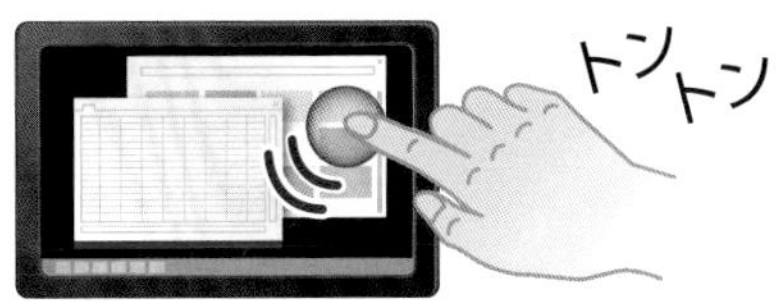

タップを2回繰り返す操作です。各種アプリを起動したり、ファイルやフォルダーなどを開く際に使用します。マウスでのダブルクリックに当たります。

▼ホールド

画面に触れたまま長押しする操作です。詳細情報を表示するほか、状況に応じたメニューが開きます。マウスでの右クリックに当たります。

▼ドラッグ

操作対象をホールドしたまま、画面の上を指でなぞり上下左右に移動します。目的の操作が完了したら、画面から指を離します。

▼スワイプ／スライド

画面の上を指でなぞる操作です。ページのスクロールなどで使用します。

▼フリック

画面を指で軽く払う操作です。スワイプと混同しやすいので注意しましょう。

▼ピンチ／ストレッチ

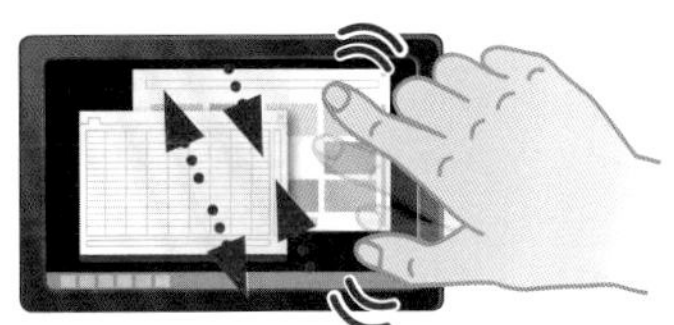

2本の指で対象に触れたまま指を広げたり狭めたりする操作です。拡大（ストレッチ）／縮小（ピンチ）が行えます。

▼回転

2本の指先を対象の上に置き、そのまま両方の指で同時に右または左方向に回転させる操作です。

サンプルファイルのダウンロード

●本書で使用しているサンプルファイルは、以下のURLのサポートページからダウンロードすることができます。ダウンロードしたときは圧縮ファイルの状態なので、展開してから使用してください。

https://gihyo.jp/book/2020/978-4-297-11474-9/support

▼サンプルファイルをダウンロードする

1 ブラウザーを起動します。

2 ここをクリックしてURLを入力し、Enterを押します。

3 表示された画面をスクロールし、<ダウンロード>にあるリンクをクリックします。

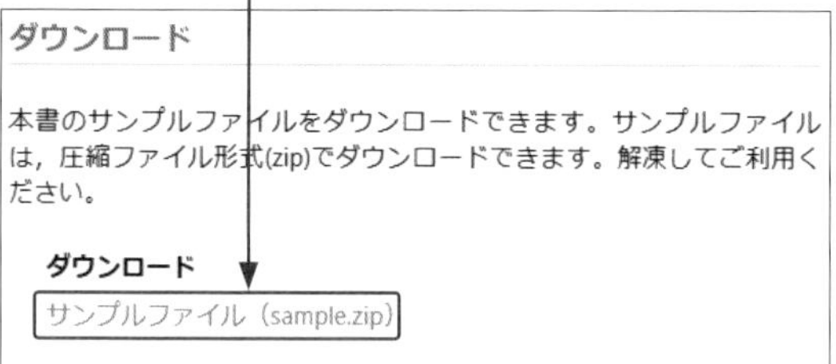

ダウンロード
本書のサンプルファイルをダウンロードできます。サンプルファイルは，圧縮ファイル形式(zip)でダウンロードできます。解凍してご利用ください。
ダウンロード
サンプルファイル（sample.zip）

4 ファイルがダウンロードされるので、…をクリックします。

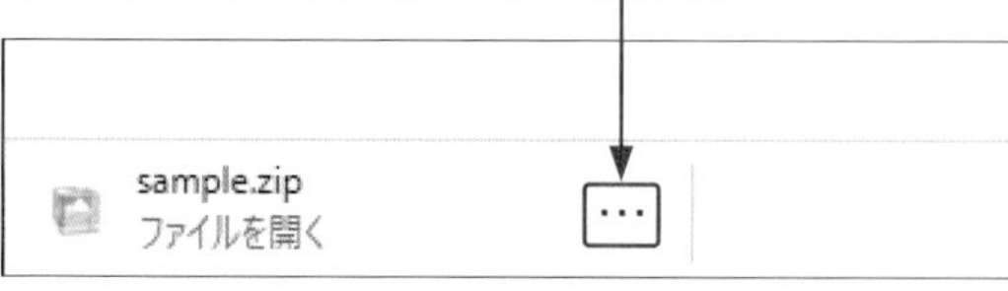

5 <フォルダーに表示>をクリックします。

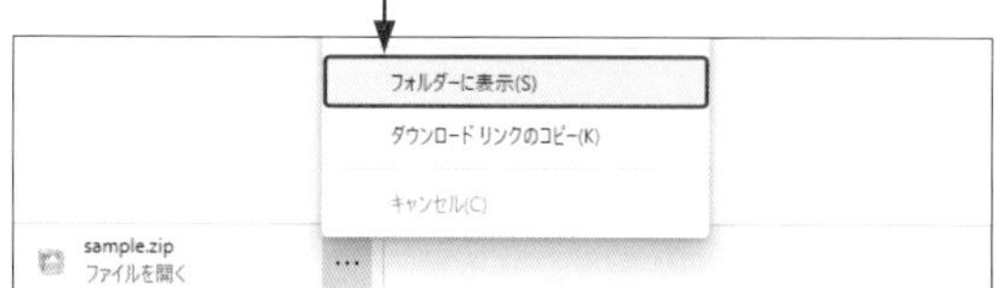

▼ダウンロードした圧縮ファイルを展開する

1 エクスプローラー画面でファイルが開くので、

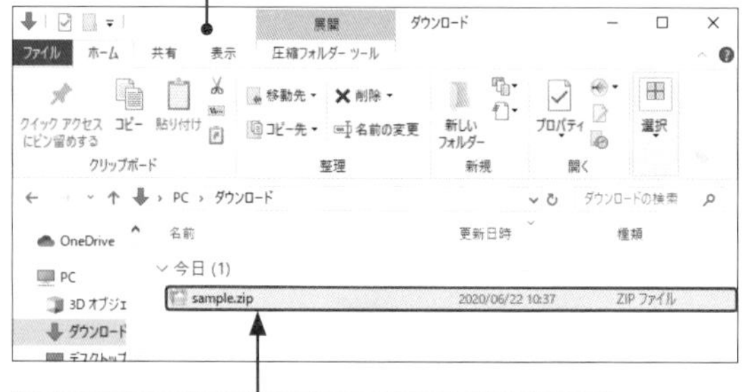

2 表示されたフォルダーを右クリックします。

3 <解凍>をクリックして、

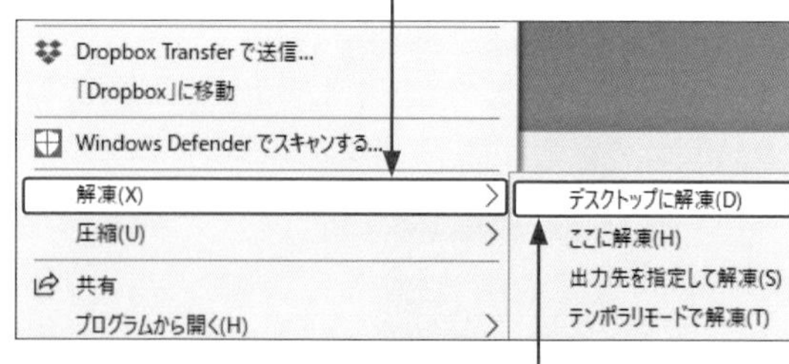

4 <デスクトップに解凍>をクリックすると、

5 ファイルが展開されます。

Microsoft 365

第0章

Microsoft 365の基本操作

Section 01 Officeアプリケーションを起動する／終了する

覚えておきたいキーワード
☑ 起動
☑ 終了
☑ スタートメニュー

Officeアプリケーションを起動するには、Windows 10のスタートメニューに登録されている各アプリケーションのアイコンをクリックします。Word、Excel、PowerPoint、Outlookで起動と終了の操作はほとんど変わりません。ここではWordを例に解説しています。

1 Officeアプリケーションを起動する

Windows 10でOfficeアプリケーションを起動する

Windows 10で<スタート>をクリックすると、スタートメニューが表示されます。左側にはアプリの一覧、右側には主なアプリのアイコンがタイル状に表示されます。<すべてのアプリ>をクリックして、アプリの一覧から起動したいアプリの名前をクリックすると、そのアプリが起動します。

1 Windows 10を起動して、

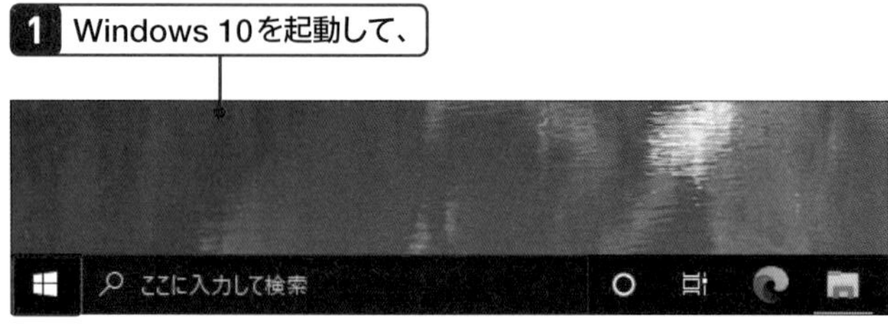

2 <スタート>をクリックすると、

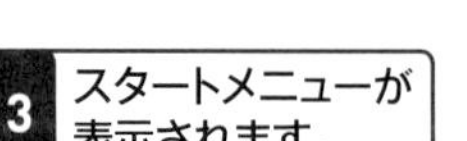

3 スタートメニューが表示されます。

4 スクロールして起動するアプリ（ここではWord）をクリックすると、

Windows 10

Windows 10は、2020年7月時点では最新のWindowsのバージョンでした。本書は、Windows 10上でMicrosoft 365のOfficeアプリケーションを使用する方法について解説を行います。

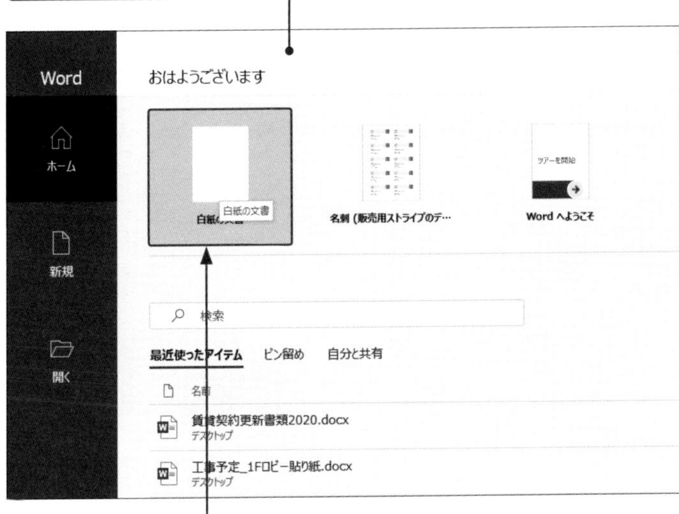

6 <白紙の文書>をクリックすると、

7 新しい文書が作成されます。

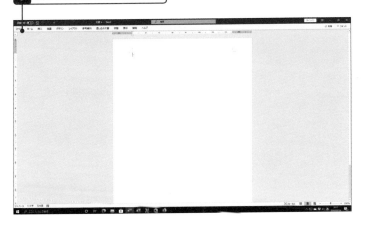

メモ Officeアプリのファイル

Officeアプリケーションのファイルは、Wordは「文書」、Excelは「ブック」、PowerPointは「スライドショー」という名前で呼ばれています。手順6の<白紙の文書>も、Excelでは<空白のブック>というように、アプリによって表示が異なります。

ヒント 最近使ったファイル

ファイルを保存したあとでWordやExcelなどを起動すると、スタート画面の<最近使ったアイテム>にはファイルの履歴が表示されます。目的のファイルをクリックすれば、すばやく開くことができます（P.38参照）。

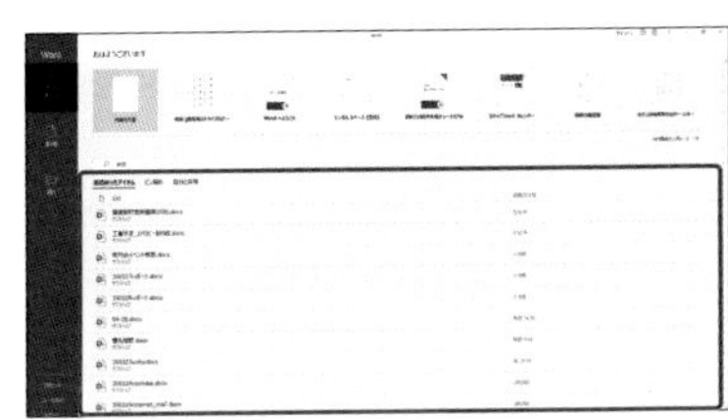

ステップアップ タッチモードに切り替える

パソコンがタッチスクリーンに対応している場合は、クイックアクセスツールバーに<タッチ／マウスモードの切り替え>が表示されます。これをクリックすることで、タッチモードとマウスモードを切り替えることができます。タッチモードにすると、タブやコマンドの表示間隔が広がってタッチ操作がしやすくなります。

1 <タッチ／マウスモードの切り替え>をクリックして、

2 <タッチ>をクリックします。

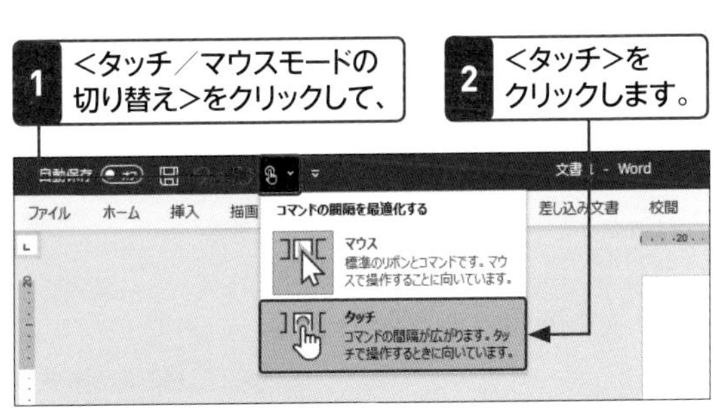

2 Officeアプリケーションを終了する

ヒント 複数の文書を開いている場合

Officeアプリケーションを終了するには、右の手順で操作を行います。ただし、複数のファイルを開いている場合は、＜閉じる＞☒をクリックしたウィンドウの文書だけが閉じられます。

1 ＜閉じる＞をクリックすると、

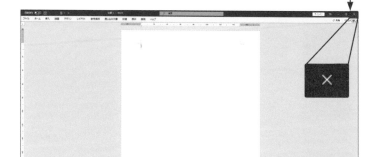

2 Wordが終了して、デスクトップ画面に戻ります。

ヒント ファイルを閉じる

Officeアプリケーション自体を終了するのではなく、開いているファイルに対する作業を終了する場合は、「ファイルを閉じる」操作を行います（Sec.05参照）。

ヒント ファイルを保存していない場合

ファイルの作成や編集をしていた場合に、文書を保存しないでOfficeアプリケーションを終了しようとすると、右図の画面が表示されます。ファイルの保存について、詳しくはSec.04を参照してください。なお、Officeアプリケーションでは、ファイルを保存せずに閉じた場合、4日以内であればファイルを回復できます（P.37参照）。

終了を取り消すには、＜キャンセル＞をクリックします。

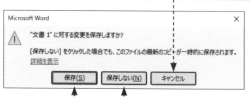

Microsoft Word
"文書 1" に対する変更を保存しますか?
[保存しない] をクリックした場合でも、このファイルの最新のコピーが一時的に保存されます。
詳細を表示
保存(S)　保存しない(N)　キャンセル

ファイルを保存してから終了するには、＜保存＞をクリックします。

ファイルを保存せずに終了するには、＜保存しない＞をクリックします。

ステップアップ　スタートメニューやタスクバーにOfficeアプリケーションのアイコンを登録する

スタートメニューやタスクバーにOfficeアプリケーションのアイコンを登録（ピン留め）しておくと、Officeアプリケーションの起動をすばやく行うことができます。
スタートメニューの右側にアイコン（タイル）を登録するには、＜スタート＞をクリックして、登録したいアプリを右クリックし、＜スタートにピン留めする＞をクリックします。また、＜その他＞にマウスポインターを合わせて＜タスクバーにピン留めする＞をクリックすると、画面下のタスクバーにアイコンが登録されます。
アプリを起動するとタスクバーに表示されるアイコンを右クリックして、＜タスクバーにピン留めする＞をクリックしても登録できます。アイコンの登録をやめるには、登録したアイコンを右クリックして、＜タスクバーからピン留めを外す＞をクリックします。

スタートメニューから登録する

1 P.26を参照してスタートメニューを表示します。

2 登録したいアプリ（ここではWord）を右クリックして、

3 ＜スタートにピン留めする＞をクリックします。

＜その他＞から＜タスクバーにピン留めする＞をクリックすると、タスクバーに登録されます（右図参照）。

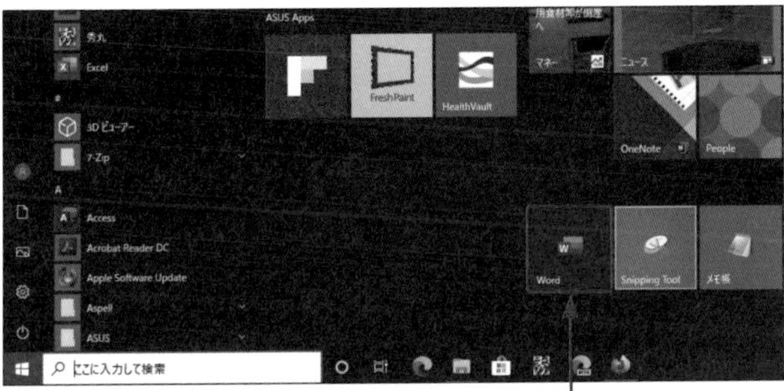

4 スタートメニューの右側にWordのアイコンが登録されます。

起動したアプリのアイコンから登録する

1 アプリのアイコンを右クリックして、

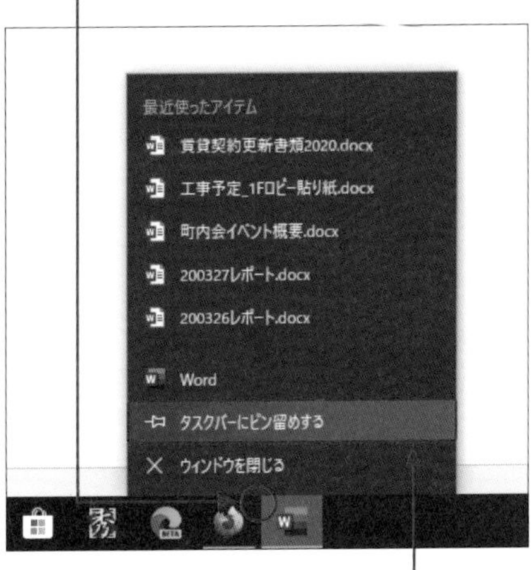

2 ＜タスクバーにピン留めする＞をクリックすると、

3 タスクバーに登録されます。

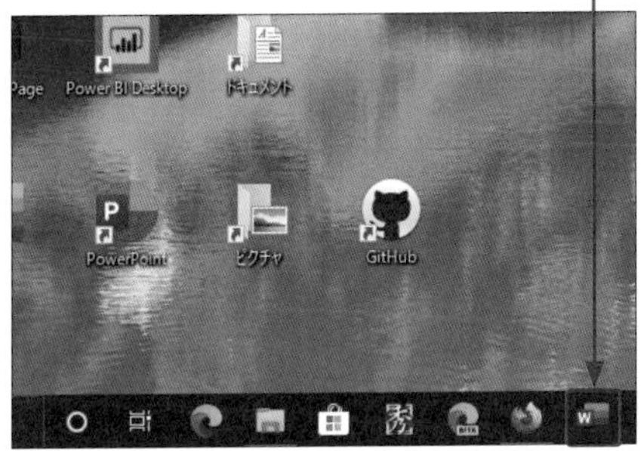

Section 02

リボンの基本操作

覚えておきたいキーワード
- リボン
- コマンド
- グループ

Officeアプリケーションでは、ほとんどの機能をリボンの中に登録されているコマンドから実行することができます。また、リボンに用意されていない機能は、ダイアログボックスや作業ウィンドウを表示させて設定できます。リボンを非表示にすることもできます。

1 リボンを操作する

Microsoft 365のリボン

各Officeアプリケーションの初期状態で表示されるリボンは、複数のタブによって分類されています。また、それぞれのタブは、用途別の「グループ」に分かれています。各グループのコマンドをクリックすることによって、機能を実行したり、メニューやダイアログボックス、作業ウィンドウなどを表示したりできます。

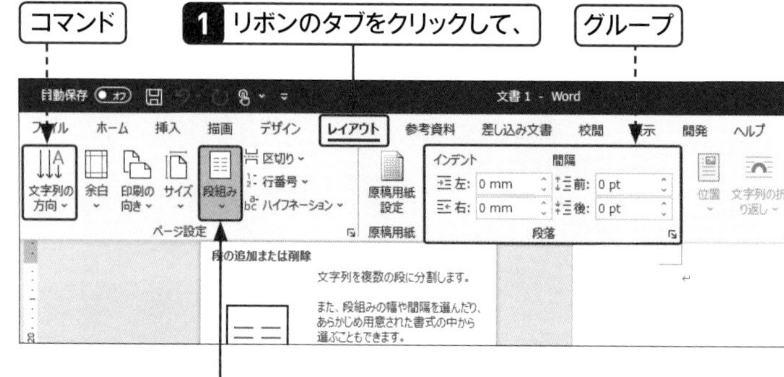

必要なコマンドが見つからない?

必要なコマンドが見つからない場合は、グループの右下にある◲をクリックしたり（次ページ参照）、メニューの末尾にある項目をクリックしたりすると、該当するダイアログボックスや作業ウィンドウが表示されます。

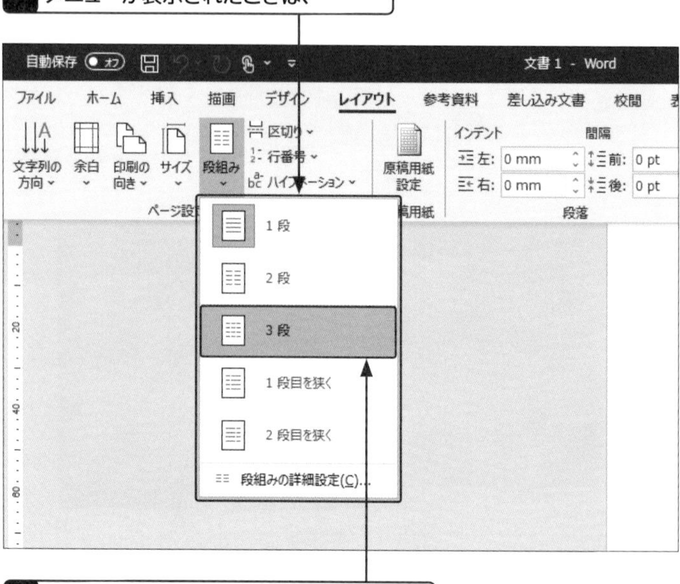

3 コマンドをクリックしてドロップダウンメニューが表示されたときは、
4 メニューから目的の機能をクリックします。

ヒント

画面サイズとリボンの表示

リボンのグループとコマンドの表示は、画面のサイズによって変わります。画面サイズを小さくしている場合は、リボンが縮小し、グループだけが表示される場合があります。

2 リボンからダイアログボックスを表示する

1 いずれかのタブをクリックして、

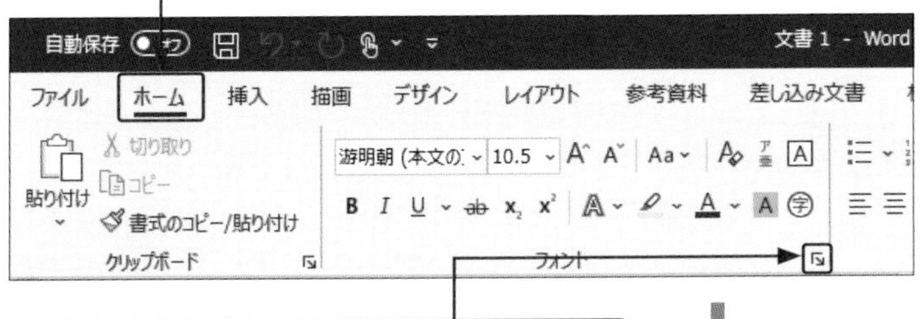

2 各グループの右下にある をクリックすると、

3 ダイアログボックスが表示され、詳細な設定を行うことができます。

メモ 追加のオプションがある場合

各グループの右下に（ダイアログボックス起動ツール）が表示されているときは、そのグループに追加のオプションがあることを示しています。

ヒント コマンドの機能を確認する

コマンドにマウスポインターを合わせると、そのコマンドの名称と機能を文章や画面のプレビューで確認することができます。

1 コマンドにマウスポインターを合わせると、

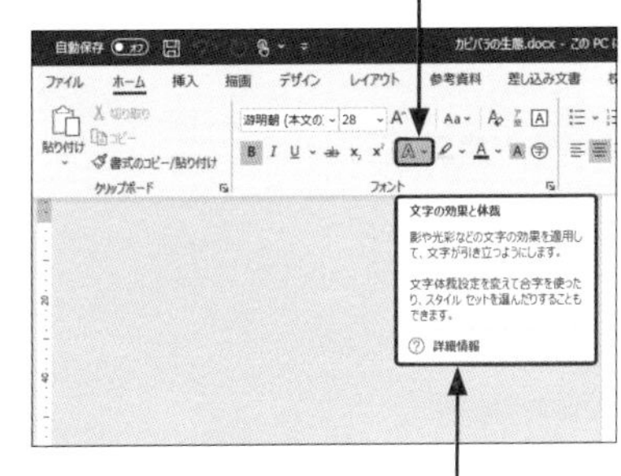

2 コマンドの機能がプレビューで確認できます。

3 必要に応じてリボンが追加される

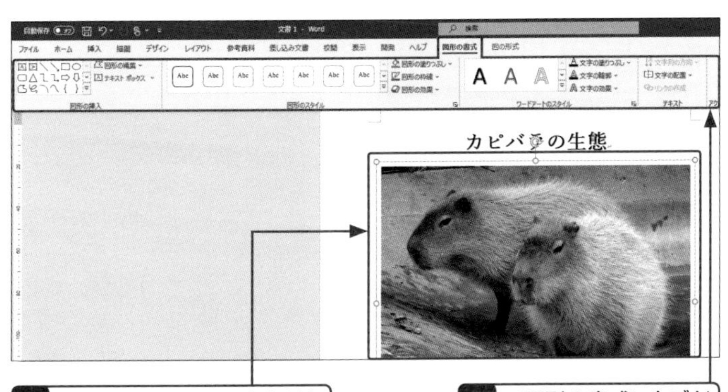

1 文書にイラストや写真などを挿入してクリックすると、

2 <図形の書式>タブが追加表示されます。

メモ 作業に応じて追加されるタブ

通常のタブのほかに、図や写真、表などをクリックして選択すると、右端にタブが追加表示されます。このように作業に応じて表示されるタブには、<図の形式>タブや、<テーブルデザイン>タブなどがあります。文書内に図や表があっても、選択されていなければこのタブは表示されません。

Section 03 操作をもとに戻す／やり直す／繰り返す

覚えておきたいキーワード
- 元に戻す
- やり直し
- 繰り返し

操作を間違ったり、操作をやり直したい場合は、クイックアクセスツールバーにある<元に戻す>や<やり直し>を使います。直前に行った操作だけでなく、連続した複数の操作も、まとめて取り消すことができます。また、同じ操作を続けて行う場合は、<繰り返し>を利用すると便利です。

1 操作をもとに戻す／やり直す

メモ 操作をもとに戻す

クイックアクセスツールバーの<元に戻す>の をクリックすると、直前に行った操作を最大100ステップまで取り消すことができます。ただし、ファイルを閉じると、もとに戻すことはできなくなります。

ステップアップ 複数の操作をもとに戻す

直前の操作だけでなく、複数の操作をまとめて取り消すことができます。<元に戻す>の をクリックし、表示される一覧から目的の操作をクリックします。やり直す場合も、同様の操作が行えます。

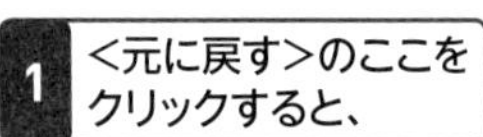

1 <元に戻す>のここをクリックすると、

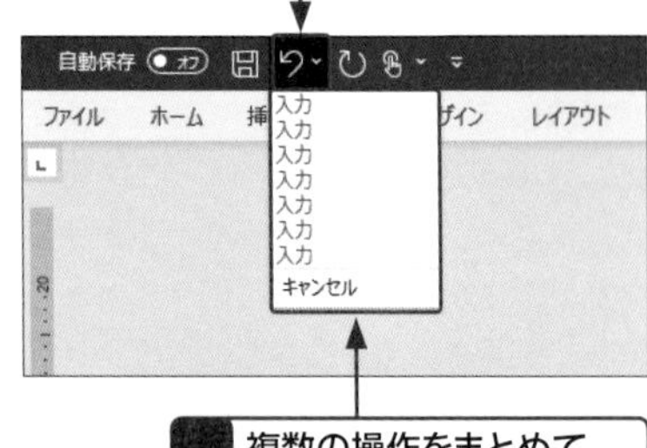

2 複数の操作をまとめて取り消すことができます。

1 文字列を選択して、

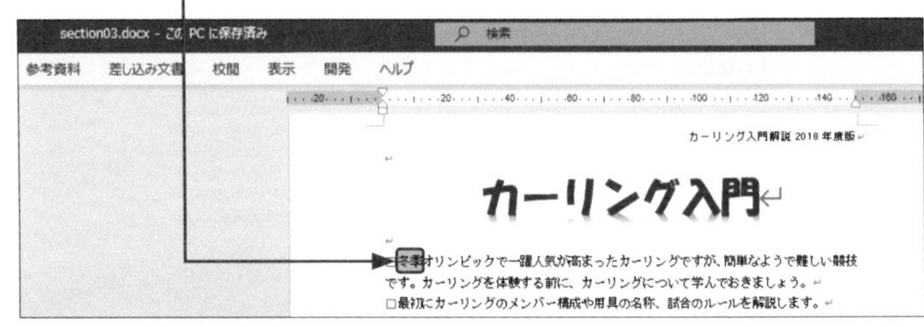

2 Delete か BackSpace を押して削除します。

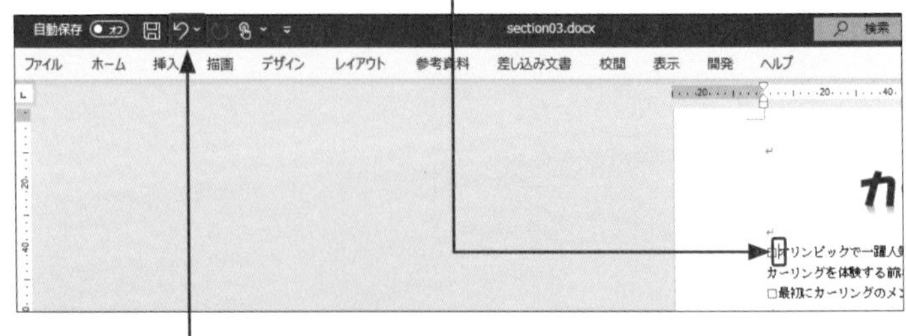

3 <元に戻す>をクリックすると、

4 直前に行った操作が取り消され、もとに戻ります。

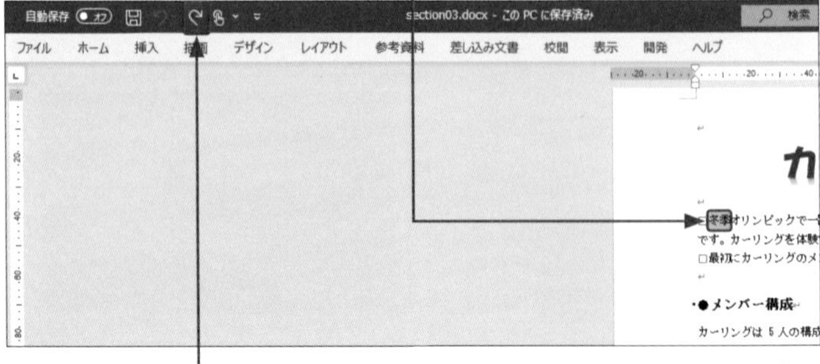

5 <やり直し>をクリックすると、

6 直前に行った操作がやり直され、文字列が削除されます。

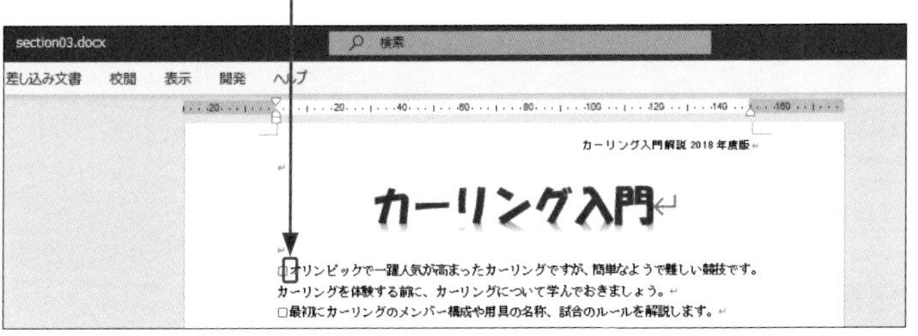

メモ 操作をやり直す

クイックアクセスツールバーの＜やり直し＞をクリックすると、取り消した操作を順番にやり直すことができます。ただし、ファイルを閉じるとやり直すことはできなくなります。

2 操作を繰り返す

1 文字列を入力して、

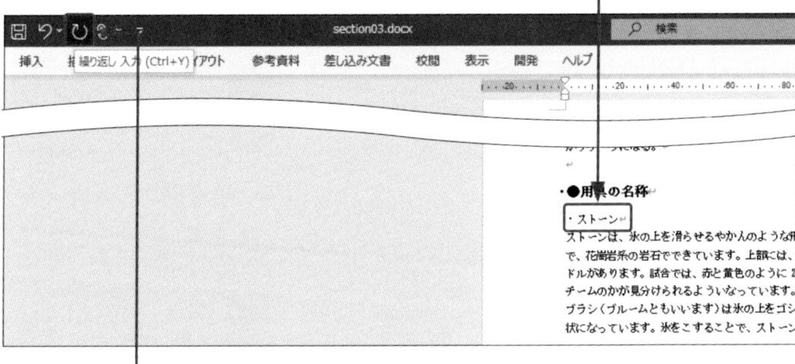

2 ＜繰り返し＞をクリックすると、

3 直前の操作が繰り返され、同じ文字列が入力されます。

4 カーソルをほかの場所に移動して、

5 ＜繰り返し＞をクリックすると、

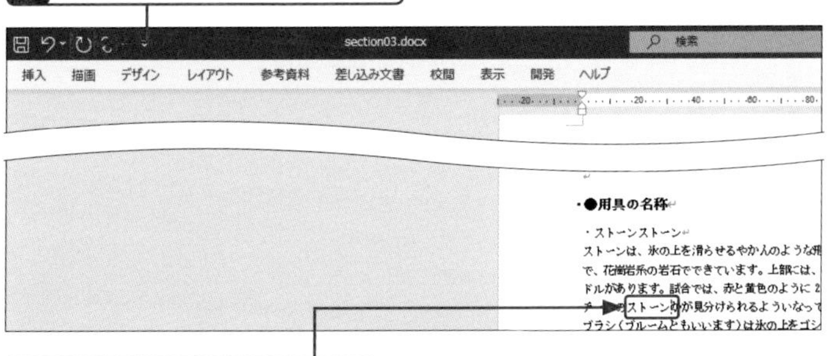

6 同じ文字列が入力されます。

メモ 操作を繰り返す

Officeアプリケーションでは、文字の入力や貼り付け、書式設定といった操作を繰り返すことができます。操作を1回行うと、クイックアクセスツールバーに＜繰り返し＞が表示されます。をクリックすることで、別の操作を行うまで何度でも同じ操作を繰り返せます。ただし、アプリケーションによって繰り返せない操作もあります。

ヒント 文書を閉じるともとに戻せない

ここで解説した、操作を元に戻す／やり直す／繰り返す機能は、文書を開いてから閉じるまでの操作に対して利用することができます。

文書を保存して閉じたあとに再度文書を開いても、文書を閉じる前に行った操作にさかのぼることはできません。文書を閉じる際には注意しましょう。

Section

04 ファイルを保存する

覚えておきたいキーワード
- 名前を付けて保存
- 上書き保存
- ファイルの種類

作成した文書をファイルとして保存しておけば、あとから何度でも利用できます。ファイルの保存には、作成したファイルや編集したファイルを新規ファイルとして保存する名前を付けて保存と、ファイル名はそのままで、ファイルの内容を更新する上書き保存があります。

1 名前を付けて保存する

メモ 名前を付けて保存する

作成した文書を新しいWordファイルとして保存するには、保存場所を指定して名前を付けます。一度保存したファイルを、違う名前で保存することも可能です。また、保存した名前はあとから変更することもできます（次ページの「ステップアップ」参照）。

キーワード Backstageビュー

＜ファイル＞タブをクリックすると、「Backstageビュー」と呼ばれる画面が表示されます。Backstageビューには、ファイルに関する機能などが搭載されています。

ヒント ファイルの種類

Microsoft 365のファイルとして保存する場合は、＜名前を付けて保存＞ダイアログボックスの＜ファイルの種類＞でWordの場合は＜Word文書＞に、Excelの場合は＜Excelブック＞に、PowerPointの場合は＜PowerPointプレゼンテーション＞に設定します。そのほかの形式にしたい場合は、ここからファイル形式を選択します。

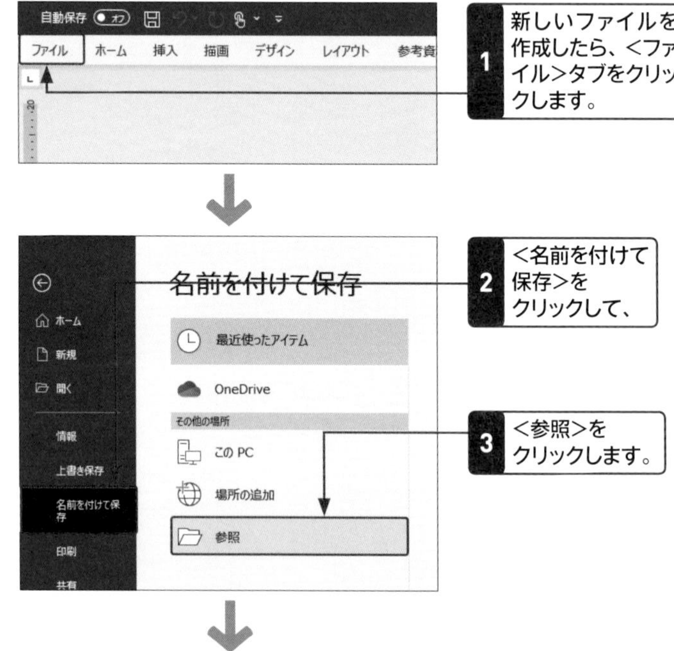

1 新しいファイルを作成したら、＜ファイル＞タブをクリックします。

2 ＜名前を付けて保存＞をクリックして、

3 ＜参照＞をクリックします。

4 ＜名前を付けて保存＞ダイアログボックスが表示されます。

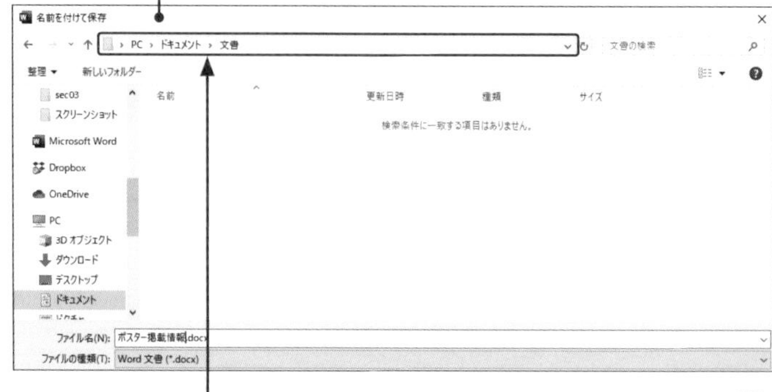

5 保存先のフォルダーを指定して、

6 ファイル名を入力し、

7 <保存>をクリックします。

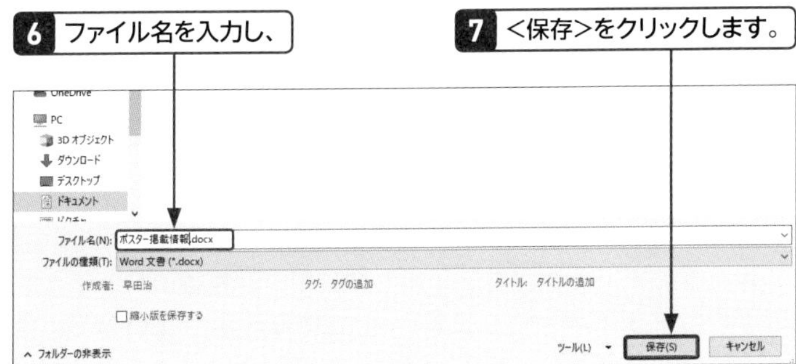

8 ファイルが保存されて、タイトルバーにファイル名が表示されます。

フォルダーを作成するには?

保存の操作では、保存先のフォルダーを新しく作ることができます。<名前を付けて保存>ダイアログボックスで、<新しいフォルダー>をクリックします。新しいフォルダーの名前を入力して、そのフォルダーをファイルの保存先に指定します。

1 <新しいフォルダー>をクリックして、

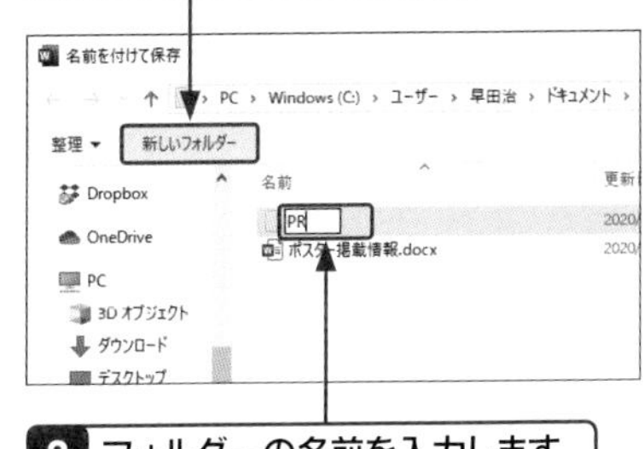

2 フォルダーの名前を入力します。

2 上書き保存する

<上書き保存>をクリックすると、ファイルが上書き保存されます。一度も保存していない場合は、<名前を付けて保存>ダイアログボックスが表示されます。

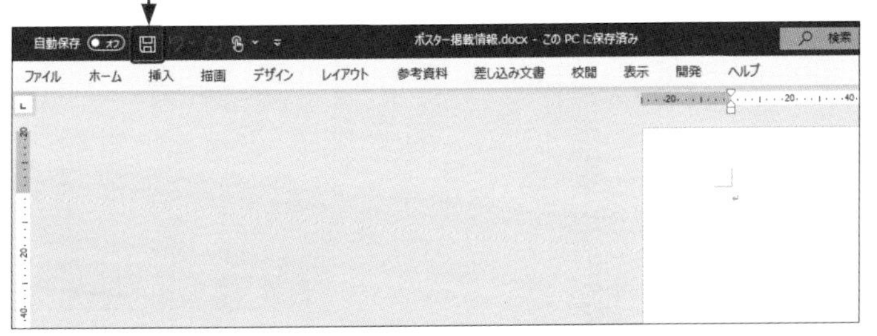

キーワード **上書き保存**

ファイルをたびたび変更して、その内容の最新のものだけを残しておくことを、「上書き保存」といいます。上書き保存は、<ファイル>タブの<上書き保存>をクリックしても行うことができます。

保存後にファイル名を変更する

タスクバーの<エクスプローラー>をクリックしてエクスプローラーの画面を開き、変更したいファイルをクリックします。<ホーム>タブの<名前の変更>をクリックするか、ファイル名を右クリックして<名前の変更>をクリックすると、名前を入力し直すことができます。ただし、開いている文書のファイル名を変更することはできません。

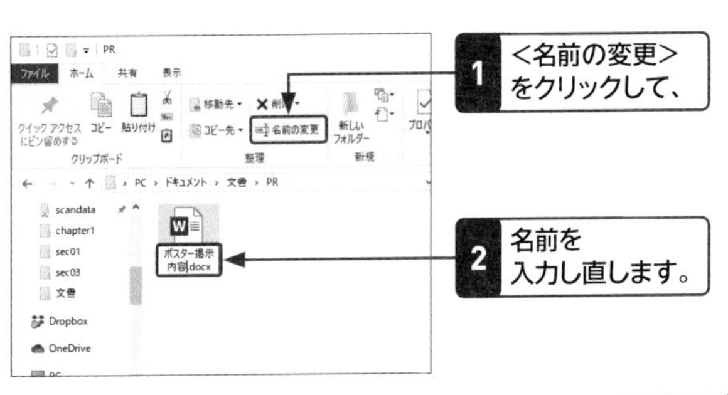

1 <名前の変更>をクリックして、

2 名前を入力し直します。

Section 05

保存したファイルを閉じる

覚えておきたいキーワード
- ☑ 閉じる
- ☑ 保存
- ☑ 文書の回復

ファイルの編集・保存が終わったら、ファイルを閉じます。複数のファイルを開いている場合、1つのファイルを閉じてもWord自体は終了しないので、ほかのファイルをすぐに開くことができます。なお、保存しないでうっかり閉じてしまったファイルは、未保存のファイルとして回復できます。

1 ファイルを閉じる

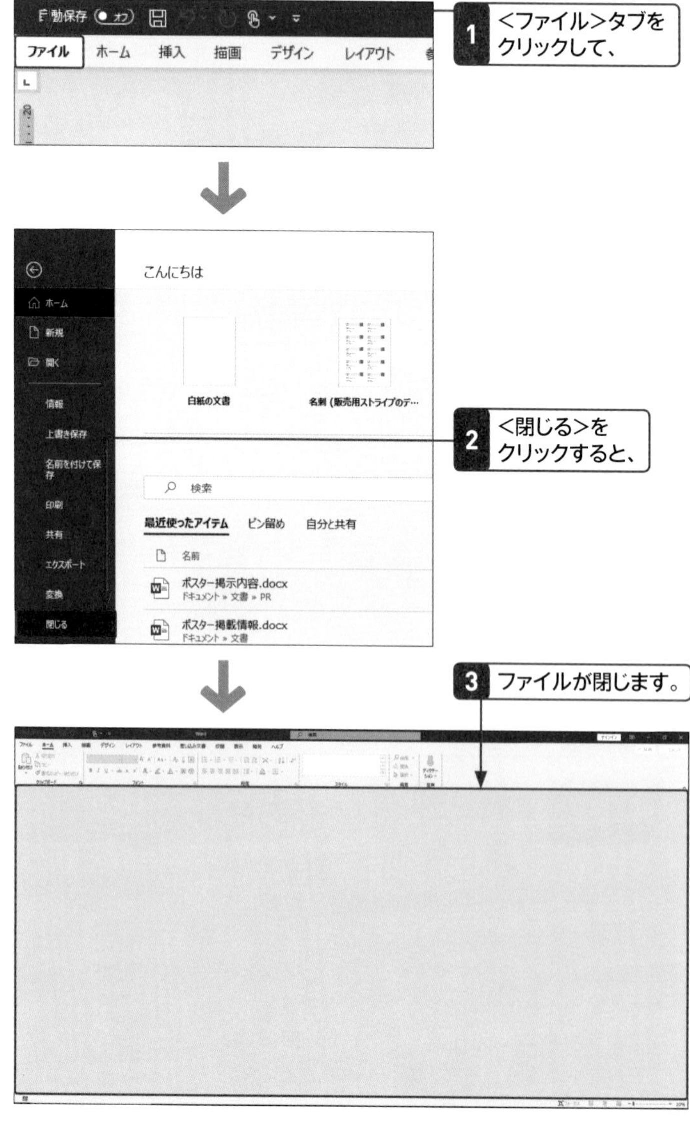

ファイルを閉じるそのほかの方法

ファイルが複数開いている場合は、ウィンドウの右上隅にある＜閉じる＞をクリックすると、ファイルが閉じます。ただし、ファイルを1つだけ開いている状態でクリックすると、ファイルだけが閉じるのではなく、アプリも終了します。

ファイルが保存されていないと?

ファイルに変更を加えて保存しないまま閉じようとすると、下図の画面が表示されます。ファイルを保存する場合は＜保存＞、保存しない場合は＜保存しない＞、ファイルを閉じずに作業に戻る場合は＜キャンセル＞をクリックします。
ファイルを保存せずに閉じた場合、4日以内であれば回復が可能です（次ページ参照）。

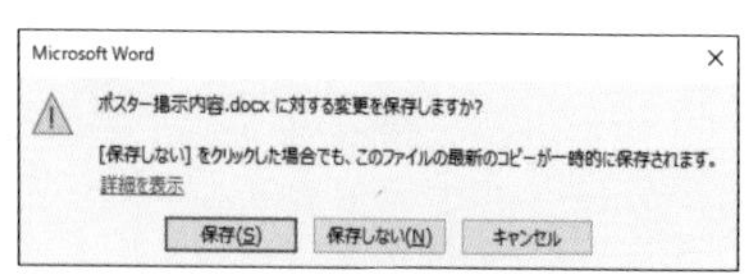

2 保存せずに閉じたファイルを回復する

1 <ファイル>タブをクリックして、<開く>をクリックします。

2 <保存されていない〇〇の回復>をクリックします。

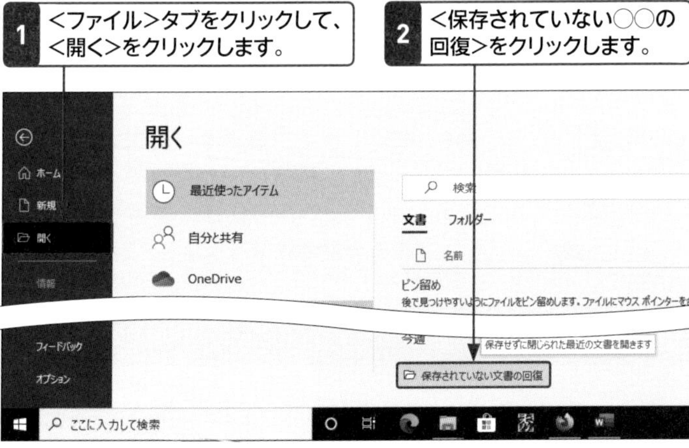

3 開きたいファイルをクリックして、

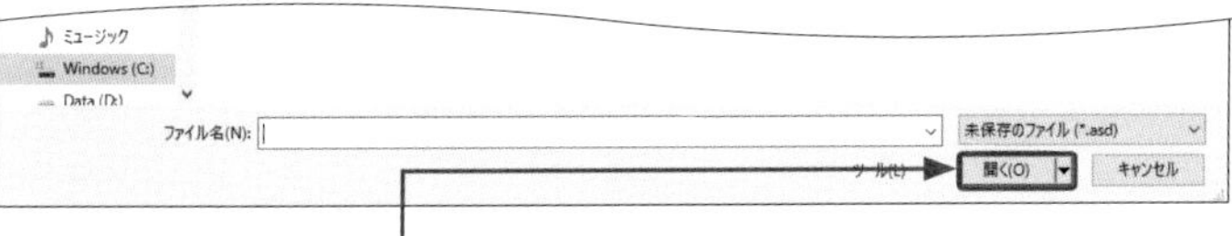

4 <開く>をクリックします。

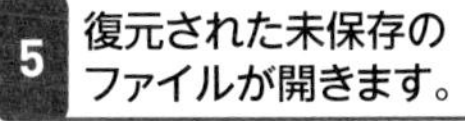

5 復元された未保存のファイルが開きます。

6 <名前を付けて保存>をクリックして、新しいファイルとして保存します。

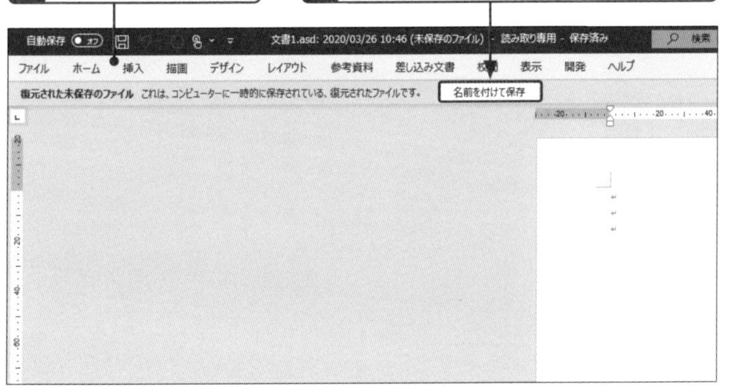

メモ 保存されていない〇〇の回復

手順2の「〇〇」には、Wordの場合は「文書」、Excelの場合は「ブック」、PowerPointの場合は「プレゼンテーション」が入ります。

メモ ファイルの自動回復

Word、Excel、PowerPointでは、作成したファイルや編集内容を保存せずに閉じた場合、4日以内であればファイルを回復することができます。この機能は、初期設定で有効になっています。もし、保存されない場合は、<ファイル>タブの<オプション>をクリックして表示される<〇〇のオプション>画面(〇〇の中は各アプリ名)で、<保存>の<次の間隔で自動回復用データを保存する>と<保存しないで終了する場合、最後に自動保存されたバージョンを残す>をオンにします。

Section 06 保存したファイルを開く

覚えておきたいキーワード
☑ 開く
☑ 最近使ったファイル
☑ ジャンプリスト

保存した文書を開くには、<ファイルを開く>ダイアログボックスで保存した場所を指定して、ファイルを選択します。また、最近使った文書やタスクバーのジャンプリストから選択することもできます。Wordには、文書を開く際に前回作業していた箇所を表示して再開できる機能もあります。

1 保存したファイルを開く

メモ 最近使ったアイテム

Word、Excel、PowerPointを起動して、<最近使ったアイテム>に目的のファイルが表示されている場合は、クリックするだけで開きます。なお、<最近使ったアイテム>は初期設定では表示されるようになっていますが、表示させないこともできます(次ページの「ステップアップ」参照)。

1 Officeアプリケーションを起動します。 「メモ」参照

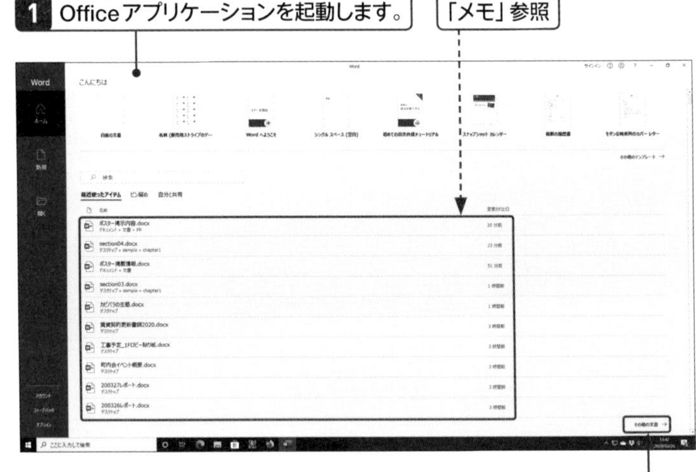

2 <その他の○○>をクリックすると、

メモ その他の○○

手順**2**の○○には、Wordの場合は「文書」、Excelの場合は「ブック」、PowerPointの場合は「プレゼンテーション」が入ります。

3 <開く>画面が表示されるので、

4 <参照>をクリックします。

ヒント OneDrive

<ファイル>タブの<開く>に表示されている<OneDrive>とは、マイクロソフトが提供するオンラインストレージサービスです。

5 <ファイルを開く>ダイアログボックスが表示されます。

6 開きたいファイルが保存されているフォルダーを指定して、

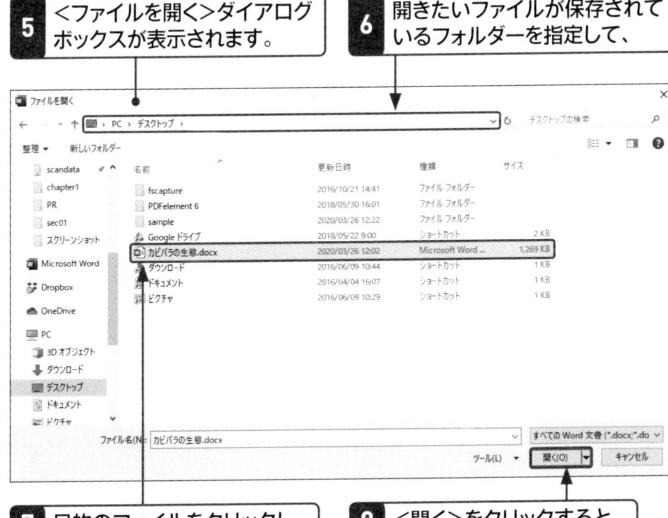

7 目的のファイルをクリックし、

8 <開く>をクリックすると、

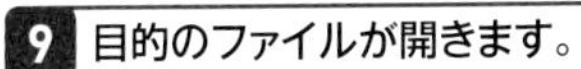

9 目的のファイルが開きます。

「ヒント」参照

メモ ファイルのアイコンから文書を開く

左の手順のほかに、デスクトップ上やフォルダーの中にあるファイルのアイコンをダブルクリックして、直接開くこともできます。

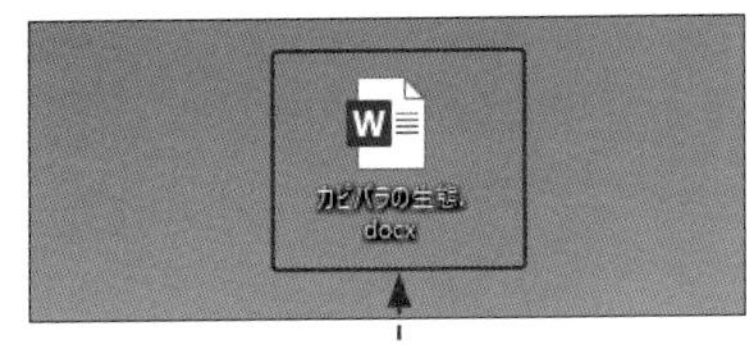

デスクトップに保存されたWordファイルのアイコン

ヒント 閲覧の再開

Wordで編集後に保存して文書を閉じた場合、次回その文書を開くと、右端に<再開>のメッセージが表示されます。再開のメッセージまたは<再開>マークをクリックすると、前回最後に編集していた位置（ページ）に移動します。

ステップアップ 最近使ったアイテムの表示／非表示

Word、Excel、PowerPointを起動したときに表示される<最近使ったアイテム>は、初期設定で表示されるようになっています。ほかの人とパソコンを共有する場合など、これまでに利用したファイル名を表示させたくないときなどは、この一覧を非表示にすることができます。また、表示数も変更することができます。

<○○のオプション>画面（P.37メモ参照）の<詳細設定>で、<最近使った○○の一覧に表示する○○の数>を「0」にします。さらに、<［ファイル］タブのコマンド一覧に表示する、最近使った○○の数>をオフにします。

2 ファイルを開いているときにほかのファイルを開く

メモ 最近使ったアイテム

＜最近使ったアイテム＞に目的のファイルがあれば、クリックするだけですばやく開くことができます。この一覧になければ、＜参照＞をクリックします。

1 ファイルをすでに開いている場合は、＜ファイル＞タブをクリックします。

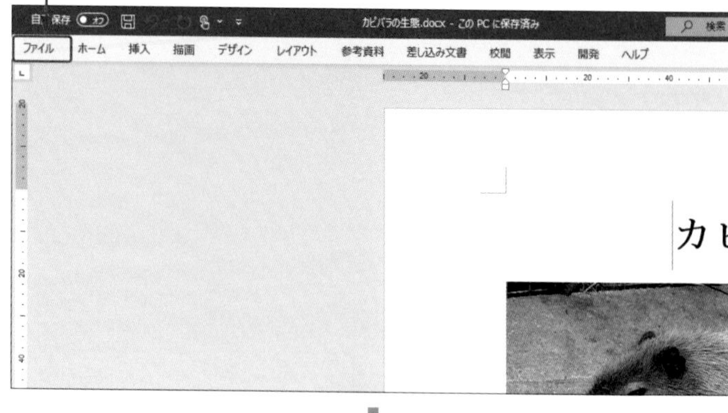

2 ＜開く＞をクリックします。

3 ＜最近使ったアイテム＞に目的のファイルがあれば、クリックすると開きます。

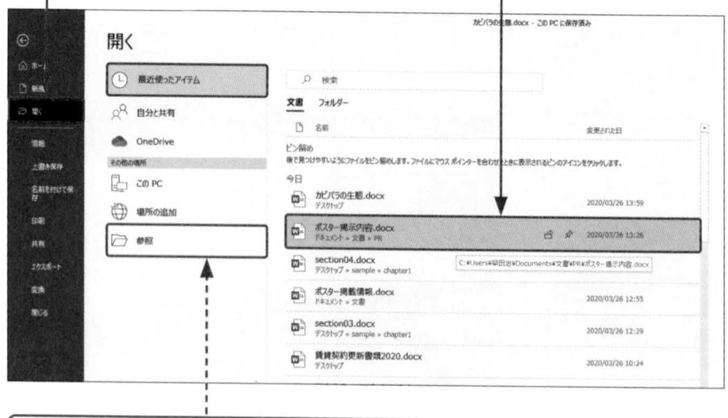

ファイルがなければ、＜参照＞をクリックします。以降の操作は、P.38の手順4と同じです。

ヒント 一覧に表示したくない場合

＜最近使ったアイテム＞の一覧に表示されたくない文書は、ファイルを右クリックして、＜一覧から削除＞をクリックします。

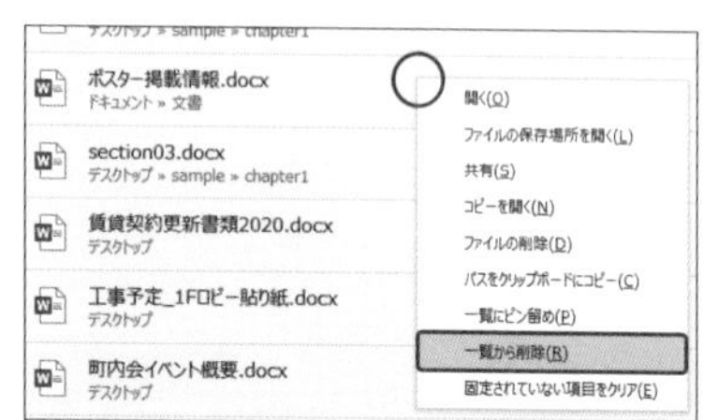

3 エクスプローラーでファイルを検索して開く

メモ エクスプローラーで検索する

エクスプローラーはファイルを管理する画面です。検索ボックスにキーワードを入力すると、関連するファイルが表示されます。保存場所がわからなくなった場合などに利用するとよいでしょう。

1 タスクバーの＜エクスプローラー＞をクリックして、

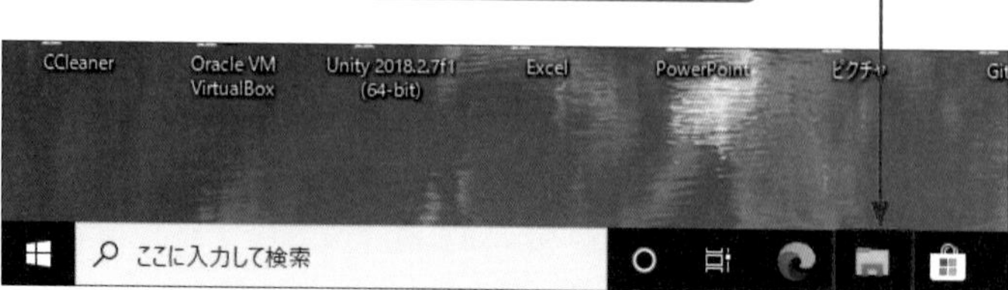

2 検索先を指定して、

3 ファイル名を入力すると、

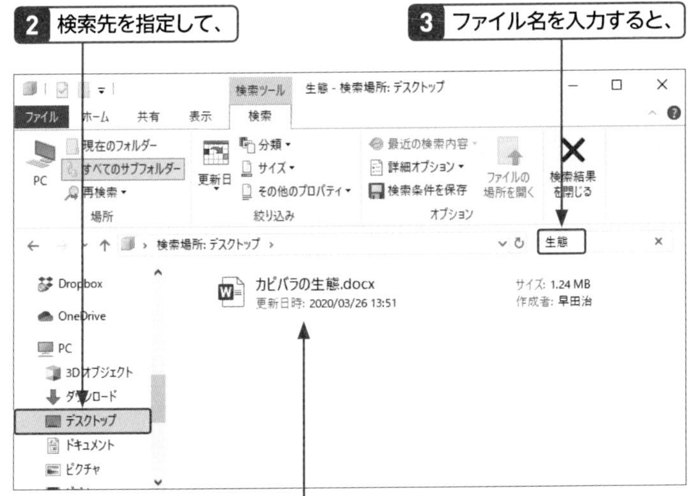

4 ファイルが検索されます。開きたいファイルをダブルクリックします。

ヒント 検索先の指定

エクスプローラーの画面を開くと、検索先に<クイックアクセス>が指定されています。クイックアクセスはよく利用するフォルダーが対象になるので、最近開いたファイルでない場合は、<PC>や<ドキュメント>などに変更したほうがよいでしょう。

4 タスクバーのジャンプリストからファイルを開く

1 Wordのアイコンを右クリックすると、

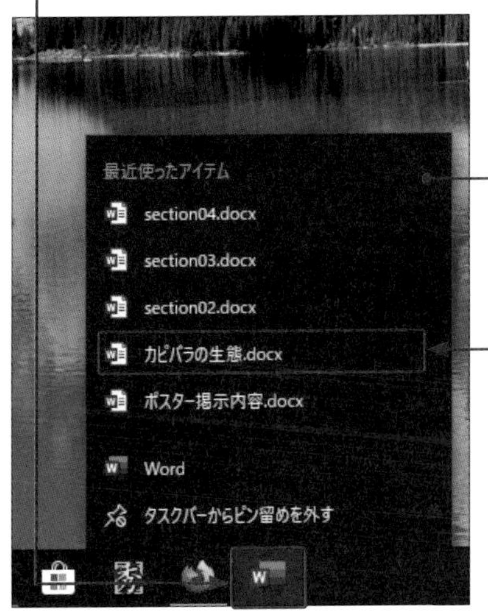

2 直近で使用したファイルの一覧が表示されます(ジャンプリスト)。

3 目的のファイルをクリックすると、文書が開きます。

ヒント ジャンプリストを利用する

よく使うファイルをジャンプリストにつねに表示させておきたい場合は、ファイルを右クリックして、<一覧にピン留めする>をクリックします。ジャンプリストから削除したい場合は、右クリックして、<この一覧から削除>をクリックします。

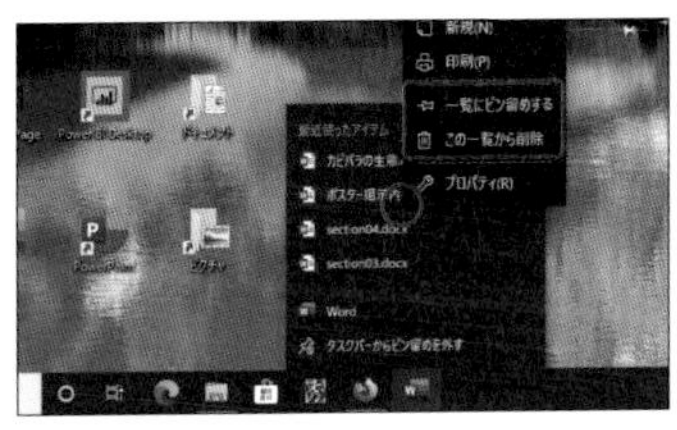

ステップアップ タスクバーのアイコンでファイルを切り替える

複数のファイルが開いている場合は、タスクバーのアイコンにマウスポインターを移動すると、ファイルの内容がサムネイル表示されます。目的のファイルをクリックすると、ファイルを切り替えられます。

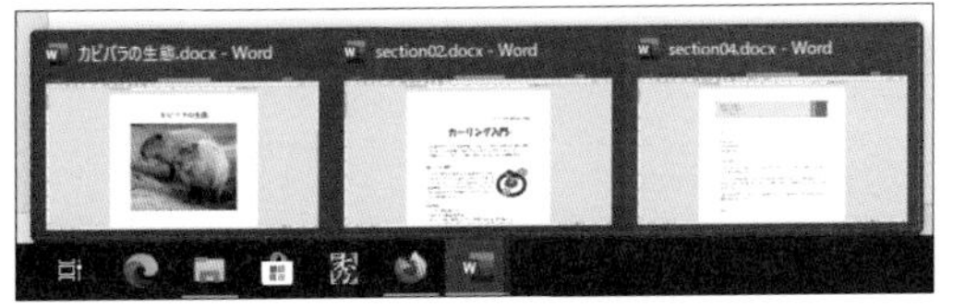

Section 07 新しいファイルを作成する

覚えておきたいキーワード
- 新規
- テンプレート
- ダウンロード

Word、Excel、PowerPointでは、それぞれ<白紙の文書>、<空白のブック>、<新しいプレゼンテーション>をクリックすると、新しいファイルを作成できます。すでにファイルを開いている場合は、<ファイル>タブの<新規>をクリックして作成します。

1 新規文書を作成する

メモ 起動画面

Wordを起動した画面では、<白紙の文書>をクリックすると新しい文書を開くことができます(Sec.01参照)。同様に手順3でExcelでは<空白のブック>、PowerPointでは<新しいプレゼンテーション>をクリックすると新しいファイルを開く事ができます。

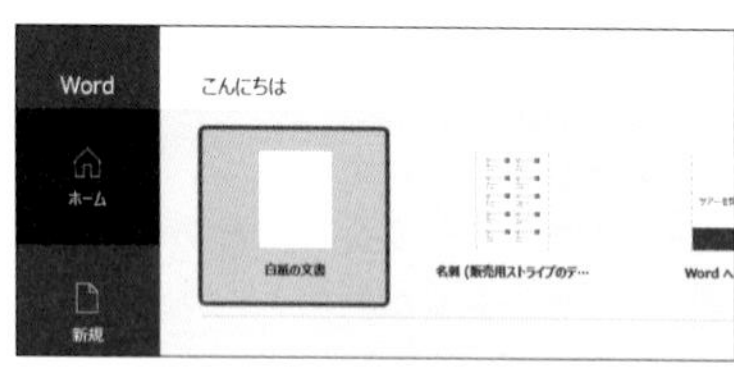

すでにWord文書を開いている状態で、新しい文書を作成します。

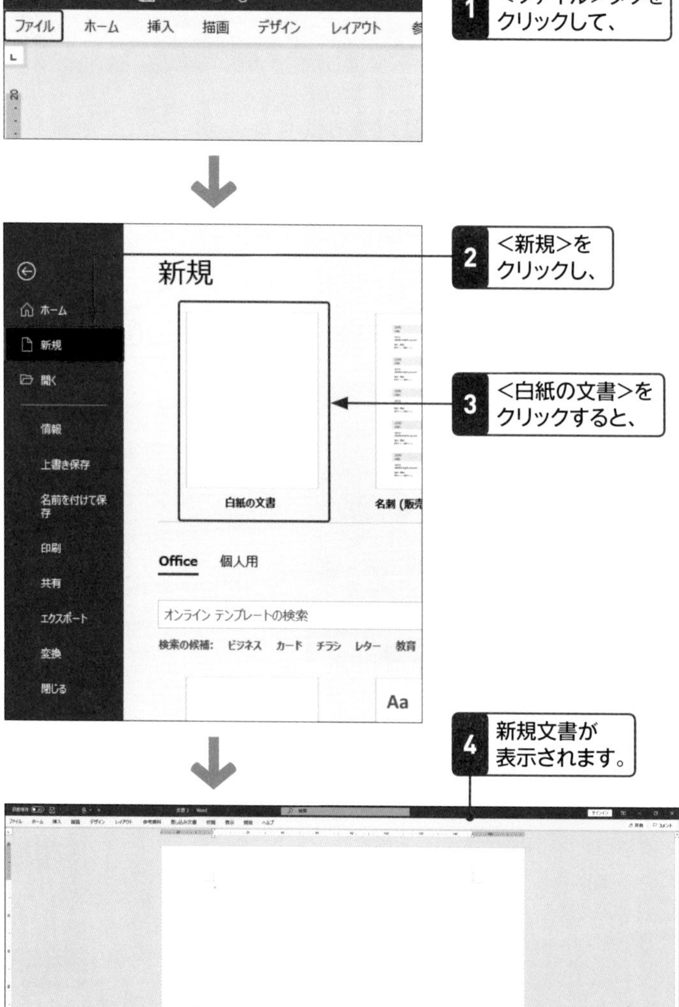

2 テンプレートを利用して新規文書を作成する

すでにWord文書を開いている状態で、テンプレートを利用します。

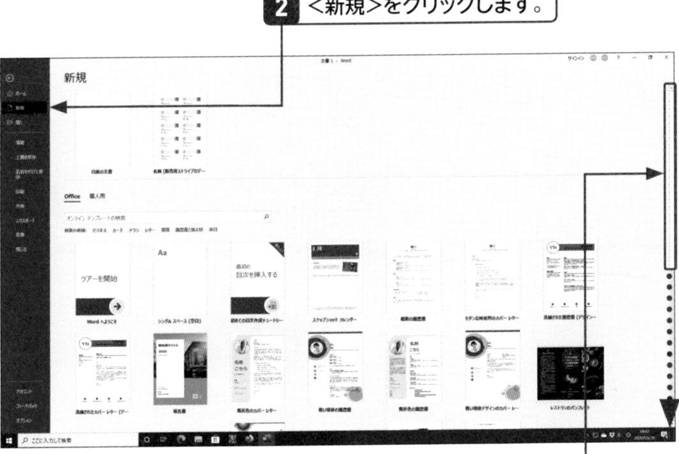

2 <新規>をクリックします。
新規
3 ドラッグしながらテンプレートを探して、

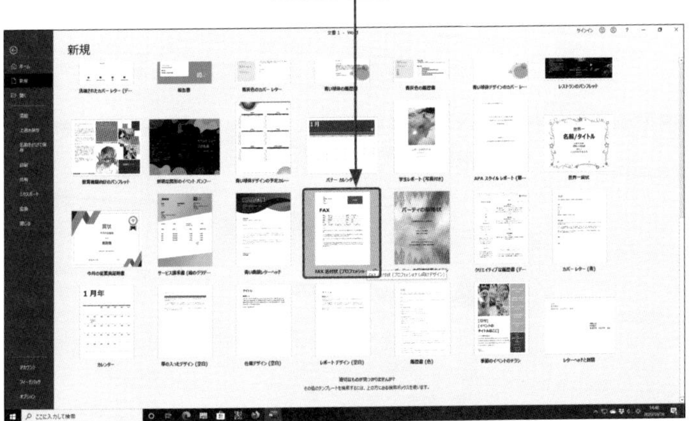

キーワード テンプレート

「テンプレート」とは、あらかじめデザインが設定された文書のひな形のことです。作成したい文書の内容と同じテンプレートがある場合、白紙の状態から文書を作成するよりも効率的に文書を作成することができます。Word、Excel、PowerPointでは、Backstageビュー(P.34「キーワード」参照)に表示されているテンプレートから探すか、<オンラインテンプレートの検索>ボックスで検索します。

メモ 新規作成

ここではすでに文書を開いているWordで操作していますが、WordやExcelの起動時でも同様の操作でテンプレートを利用することができます。

ヒント ほかのテンプレートに切り替える

テンプレートをクリックすると、プレビュー画面が表示されます。左右の⊟⊟をクリックすると、テンプレートが順に切り替わるので、選び直すことができます。なお、プレビュー画面でテンプレートの選択をやめたい場合は、手順5のウィンドウの<閉じる>☒をクリックします。

5 <作成>をクリックします。

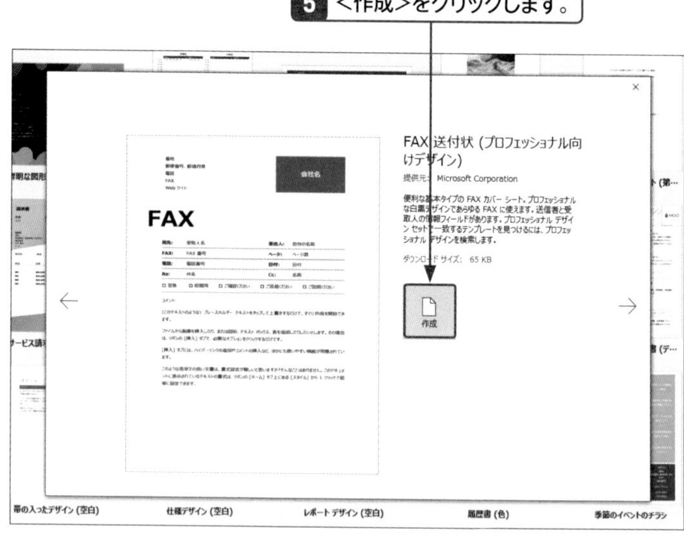

6 テンプレートがダウンロードされます。

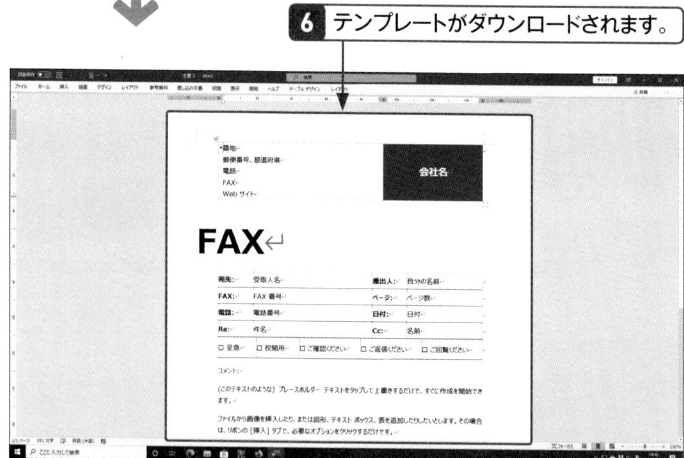

7 自分用に書き換えて利用します。

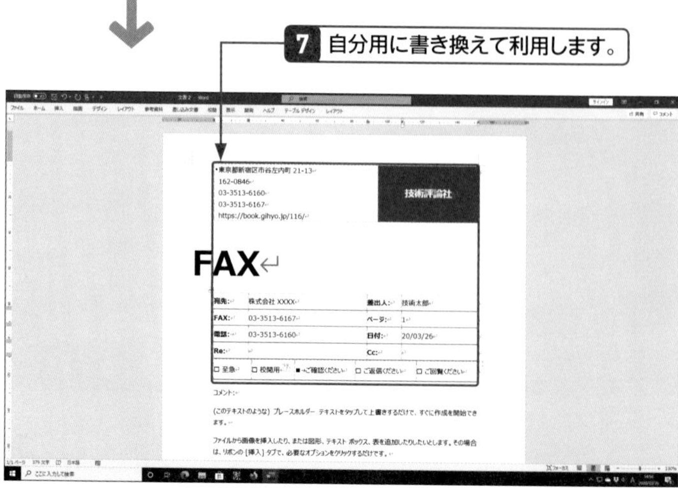

ヒント テンプレート内の書式設定

テンプレートの種類によっては、入力位置が表形式で固定されている場合があります。書式の設定を確認して利用しましょう。

ヒント PowerPointのテンプレート

PowerPointでテンプレートを利用する場合は、手順5のウィンドウにバリエーションが表示されます。

3 テンプレートを検索してダウンロードする

1 <ファイル>タブをクリックし、<新規>をクリックします。

2 ここをクリックして、

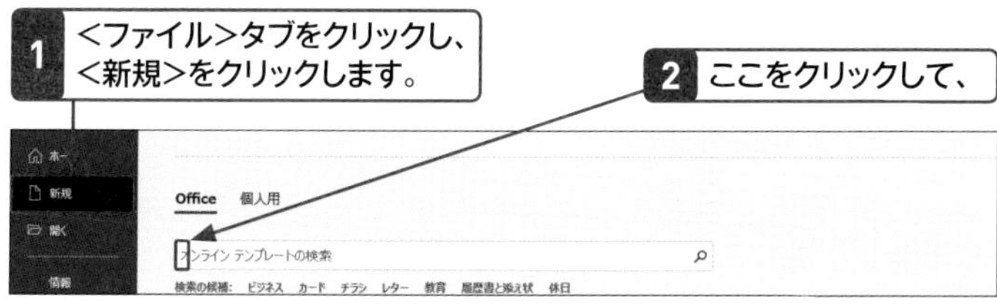

3 キーワードを入力し、Enterを押します。

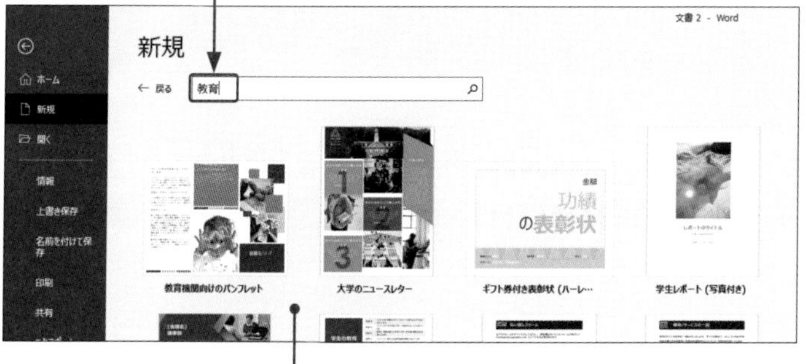

4 キーワードに関連するテンプレートの一覧が表示されるので、

5 目的のテンプレートをクリックすると、 「ヒント」参照

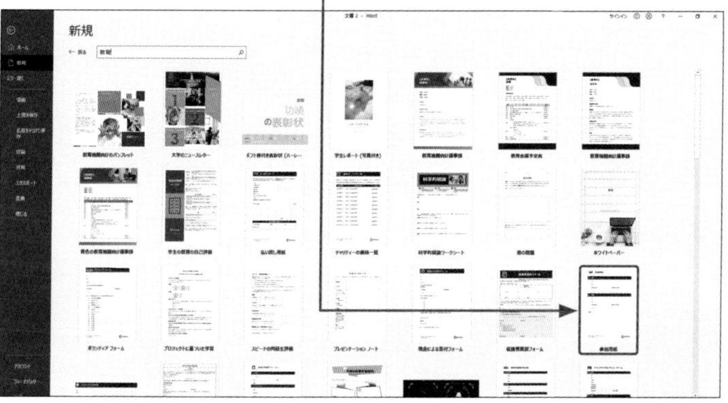

6 プレビュー画面が表示されるので、<作成>をクリックすると、テンプレートがダウンロードされます。

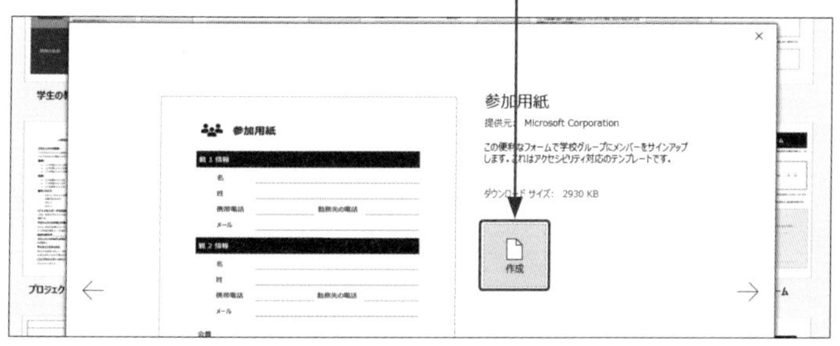

メモ テンプレートの検索

使いたいテンプレートがない場合は、オンラインで検索してダウンロードしましょう。テンプレートを検索するには、<オンラインテンプレートの検索>ボックスにキーワードを入力します。検索には、<検索の候補>にあるカテゴリを利用することもできます。

ヒント カテゴリで絞り込む

テンプレートをキーワードで検索すると、キーワードに合致するテンプレートの一覧のほかに、<カテゴリ>が表示されます。カテゴリをクリックすると、テンプレートが絞り込まれて表示されるので、探しやすくなります。

Section 08 ファイルをPDFで保存する

覚えておきたいキーワード
PDF 形式
エクスポート
PDF ／ XPS の作成

作成したファイルはPDF形式で保存することができます。PDF形式で保存すると、レイアウトや書式、画像などがそのまま維持されるので、パソコン環境に依存せずに、同じ見た目で文書を表示することができます。Officeアプリケーションを持っていない人とのやりとりに利用するとよいでしょう。

1 ワークシートをPDF形式で保存する

キーワード PDFファイル

「PDFファイル」は、アドビシステムズ社によって開発された電子文書の規格の1つです。レイアウトや書式、画像などがそのまま維持されるので、パソコン環境に依存せずに、同じ見た目で文書を表示することができます。

メモ PDF形式で保存するそのほかの方法

ファイルをPDF形式で保存するには、ここで解説したほかにも以下のような方法があります。

①通常の保存時のように<名前を付けて保存>ダイアログボックスを表示して（P.34参照）、<ファイルの種類>を<PDF>にして保存します。

②<印刷>画面を表示して（P.90ほか参照）、<プリンター>を<Microsoft Print to PDF>に設定し、<印刷>をクリックして保存します。

1 PDF形式で保存したいシートを表示して、

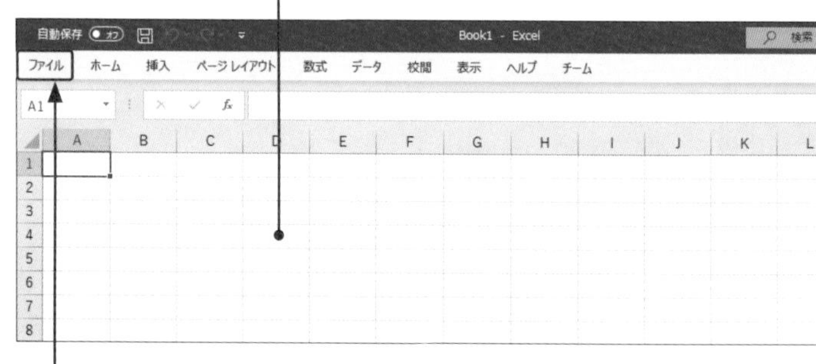

2 <ファイル>タブをクリックします。

3 <エクスポート>をクリックして、

4 <PDF ／ XPSドキュメントの作成>をクリックし、

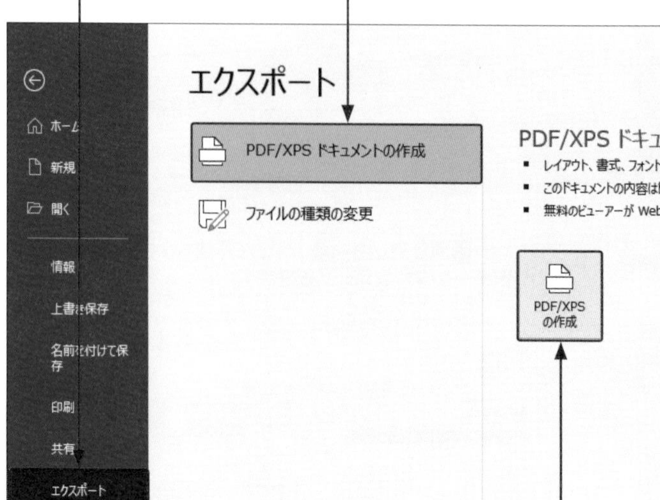

5 <PDF ／ XPSの作成>をクリックします。

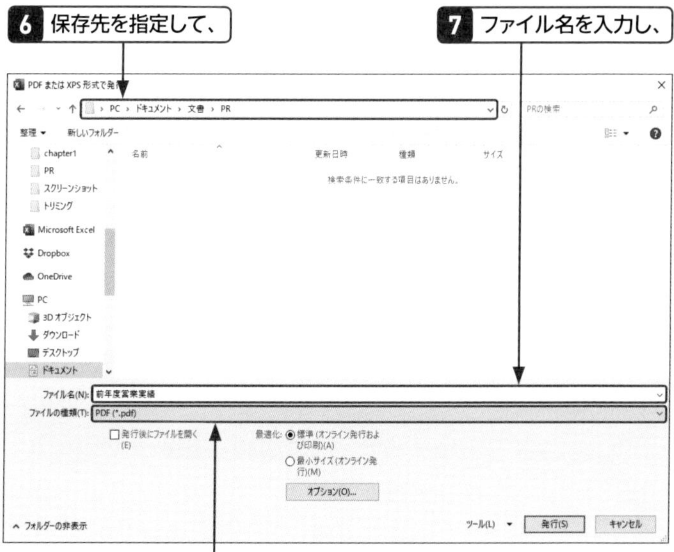
6 保存先を指定して、
7 ファイル名を入力し、
8 <ファイルの種類>で<PDF>を選択します。

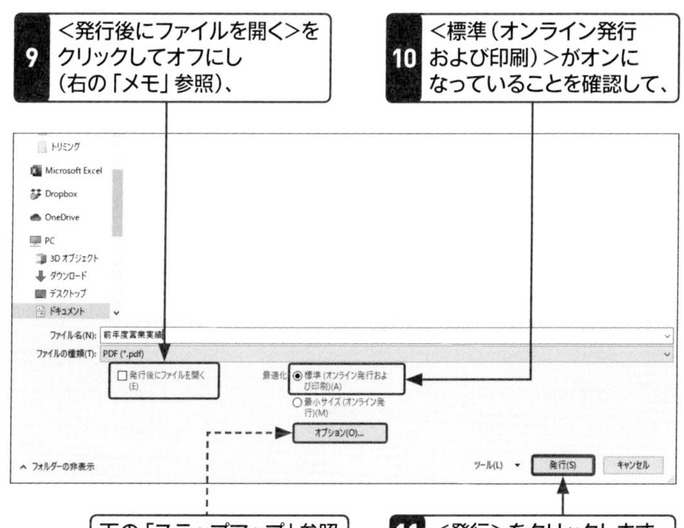
9 <発行後にファイルを開く>をクリックしてオフにし（右の「メモ」参照）、
10 <標準（オンライン発行および印刷）>がオンになっていることを確認して、
下の「ステップアップ」参照
11 <発行>をクリックします。

メモ 発行後にファイルを開く

<発行後にファイルを開く>をオンにすると、手順11で<発行>をクリックしたあとにPDFファイルが開きます。その際、<このファイルを開く方法を選んでください>という画面が表示された場合は、<Microsoft Edge>をクリックして<OK>をクリックします。

ヒント 最適化とは?

<最適化>では、発行するPDFファイルの印刷品質を指定します。印刷品質を高くしたい場合は、<標準（オンライン発行および印刷）>をオンにします。印刷品質よりもファイルサイズを小さくしたい場合は、<最小サイズ（オンライン発行）>をオンにします。

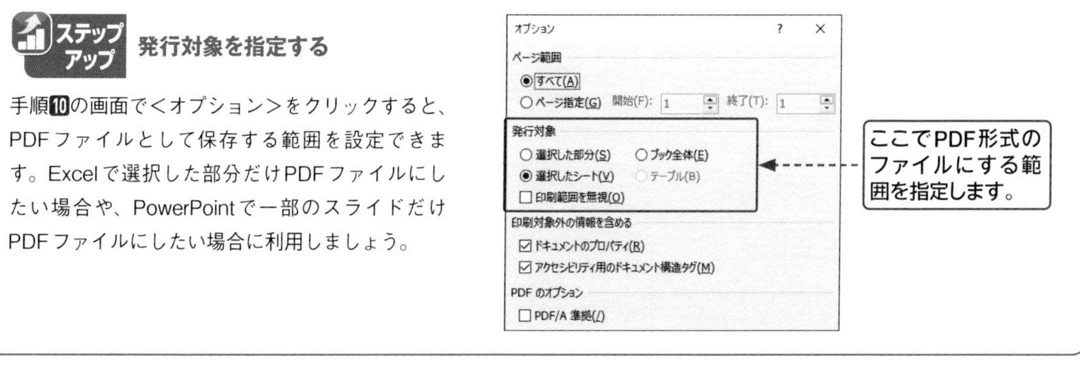

ステップアップ 発行対象を指定する

手順10の画面で<オプション>をクリックすると、PDFファイルとして保存する範囲を設定できます。Excelで選択した部分だけPDFファイルにしたい場合や、PowerPointで一部のスライドだけPDFファイルにしたい場合に利用しましょう。

オプション
ページ範囲
すべて(A)
ページ指定(G) 開始(F): 1 終了(T): 1
発行対象
選択した部分(S) ブック全体(E)
選択したシート(V) テーブル(B)
印刷範囲を無視(O)
印刷対象外の情報を含める
ドキュメントのプロパティ(R)
アクセシビリティ用のドキュメント構造タグ(M)
PDF のオプション
PDF/A 準拠(/)
ここでPDF形式のファイルにする範囲を指定します。

Section 09

ヘルプを表示する

覚えておきたいキーワード
- 操作アシスト
- 詳細情報
- ヘルプ

操作方法などがわからないときは、ヘルプを利用します。ヘルプを表示するには、＜操作アシスト＞ボックスで検索されるメニューを利用する、コマンドにマウスポインターを合わせて＜詳細情報＞をクリックする、＜ヘルプ＞タブの＜ヘルプ＞をクリックする、F1を押す、などの方法があります。

1 ヘルプを利用する

メモ ＜詳細情報＞からヘルプを表示する

調べたいコマンドにマウスポインターを合わせると表示されるポップアップ画面に＜詳細情報＞と表示されている場合は、＜詳細情報＞をクリックすると、そのコマンドのヘルプが表示されます。

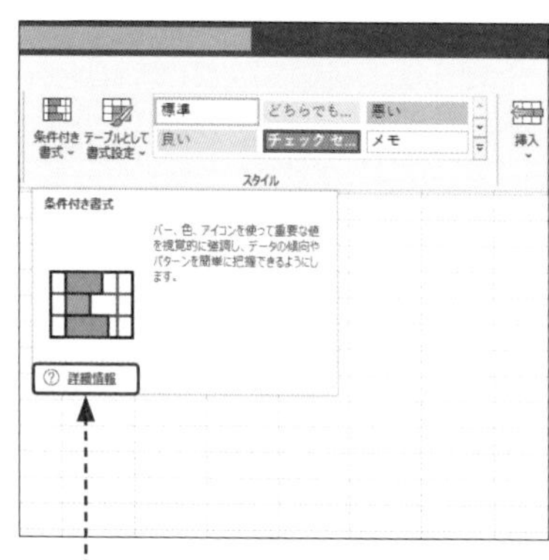

＜詳細情報＞をクリックすると、ヘルプが表示されます。

ヒント ＜ヘルプ＞作業ウィンドウで検索する

＜ヘルプ＞タブの＜ヘルプ＞をクリックするか、F1を押すと、＜ヘルプ＞作業ウィンドウが表示されます。検索ボックスに調べたい項目を入力して、右横の＜検索＞🔍をクリックするかEnterを押すと、調べたい項目を検索できます。

1 ＜操作アシスト＞ボックスに調べたい項目を入力して、

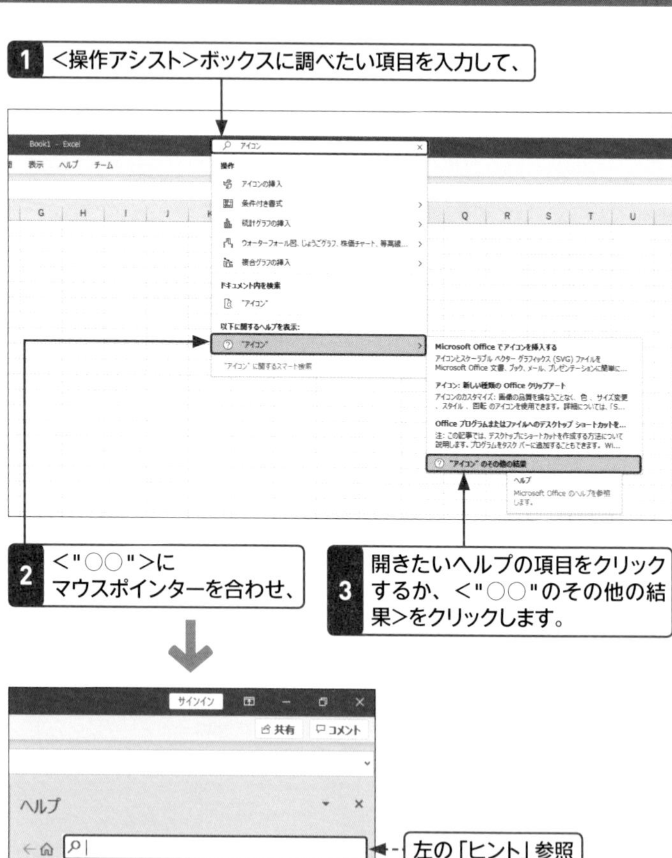

2 ＜"○○"＞にマウスポインターを合わせ、

3 開きたいヘルプの項目をクリックするか、＜"○○"のその他の結果＞をクリックします。

左の「ヒント」参照

4 ＜ヘルプ＞作業ウィンドウが表示され、手順3で選択した項目のヘルプが表示されます。

Word

第1章

Wordの基本操作

Section 01 Wordの画面構成

覚えておきたいキーワード
- タブ
- コマンド
- リボン

Wordの基本画面は、機能を実行するためのリボン（タブで切り替わるコマンドの領域）と、文字を入力する文書で構成されています。また、＜ファイル＞タブをクリックすると、文書に関する情報や操作を実行するメニューが表示されます。

1 Wordの基本的な画面構成

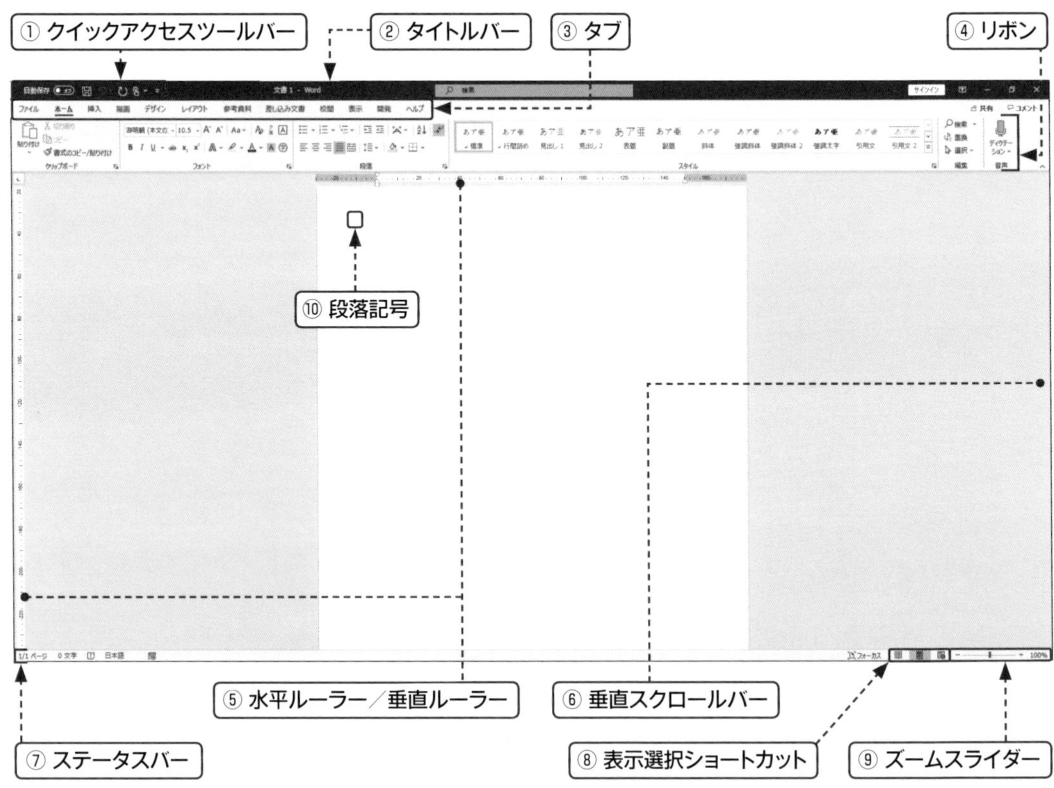

第1章 Wordの基本操作

名　称	機　能
① クイックアクセスツールバー	＜上書き保存＞＜元に戻す＞＜やり直し＞のほか、頻繁に使うコマンドを追加／削除できます。また、タッチとマウスのモードの切り替えも行えます。
② タイトルバー	現在作業中のファイルの名前が表示されます。
③ タブ	タブをクリックしてリボンを切り替えます。＜ファイル＞タブの操作は以下の図を参照。
④ リボン	目的別のコマンドが機能別に分類されて配置されています。
⑤ 水平ルーラー／垂直ルーラー※	水平ルーラーはインデントやタブの設定を行い、垂直ルーラーは余白の設定や表の行の高さを変更します。
⑥ 垂直スクロールバー	文書を縦にスクロールするときに使用します。画面の横移動が可能な場合には、画面下に水平スクロールバーが表示されます。
⑦ ステータスバー	カーソルの位置の情報や、文字入力の際のモードなどを表示します。
⑧ 表示選択ショートカット	文書の表示モードを切り替えます。
⑨ ズームスライダー	スライダーをドラッグするか、＜縮小＞⊟、＜拡大＞⊞をクリックすると、文書の表示倍率を変更できます。
⑩ 段落記号	段落記号は編集記号※※の一種で、段落の区切りとして表示されます。

※水平ルーラー／垂直ルーラーは、初期設定では表示されません。＜表示＞タブの＜ルーラー＞をオンにすると表示されます。
※※初期設定での編集記号は、段落記号のみが表示されます。

＜ファイル＞画面

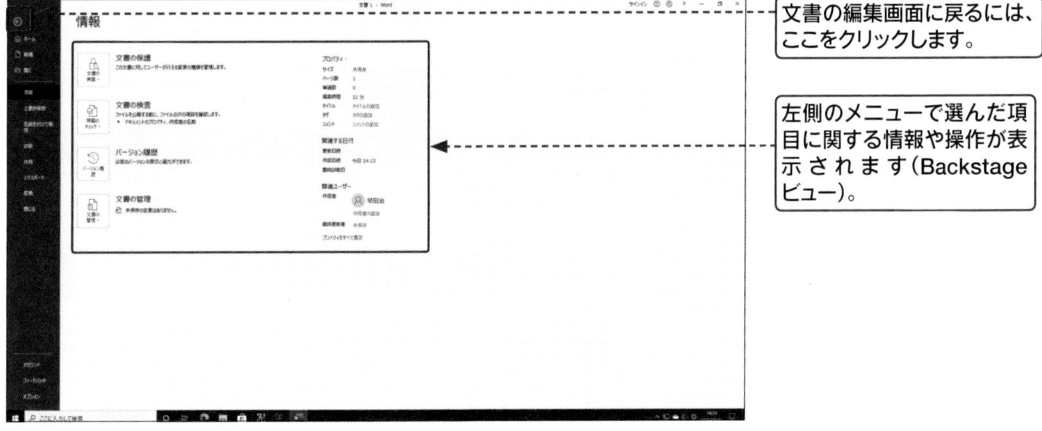
情報
文書の編集画面に戻るには、ここをクリックします。
左側のメニューで選んだ項目に関する情報や操作が表示されます（Backstageビュー）。

メニュー	内　容
情報	開いているファイルに関する情報やプロパティが表示されます。
新規	白紙の文書や、テンプレートを使って文書を新規作成します（第0章Sec.07参照）。
開く	文書ファイルを選択して開きます（第0章Sec.06参照）。
上書き保存	文書ファイルを上書きして保存します（第0章Sec.04参照）。
名前を付けて保存	文書ファイルに名前を付けて保存します（第0章Sec.04参照）。
印刷	文書の印刷に関する設定と、印刷を実行します（Sec.13参照）。
共有	文書をほかの人と共有できるように設定します。
エクスポート	PDFファイルのほか、ファイルの種類を変更して文書を保存します（第0章Sec.08参照）。
閉じる	文書を閉じます（第0章Sec.05参照）。
アカウント	ユーザー情報を管理します。
オプション	Wordの機能を設定するオプション画面を開きます（次ページ参照）。オプション画面では、Wordの基本的な設定や画面への表示方法、操作や編集に関する詳細な設定を行うことができます。

キーワード Wordのオプション

<Wordのオプション>画面は、<ファイル>タブの<オプション>をクリックすると表示される画面です。ここで、Word全般の基本的な操作や機能の設定を行います。<表示>では画面や編集記号の表示／非表示、<文章校正>では校正機能や入力オートフォーマット機能の設定、<詳細設定>では編集機能や画面表示項目オプションの設定などを変更することができます。

<Wordのオプション>画面

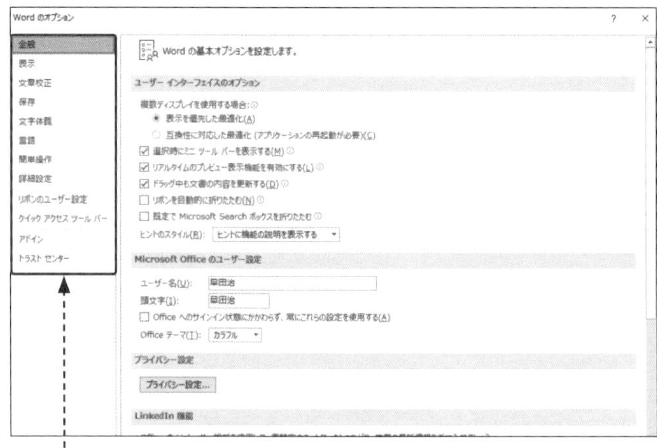

メニューをクリックすると、右側に設定項目が表示されます。

2 文書の表示モードを切り替える

メモ 文書の表示モード

Wordの文書の表示モードには、大きく分けて5種類あります（それぞれの画面表示はP.52～54参照）。初期の状態では、「印刷レイアウト」モードで表示されます。表示モードは、ステータスバーにある<表示選択ショートカット>をクリックしても切り替えることができます。

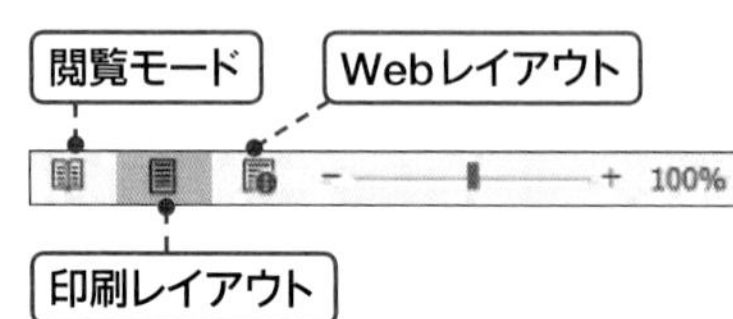

初期設定では、「印刷レイアウト」モードで表示されます。

1 <表示>タブをクリックして、

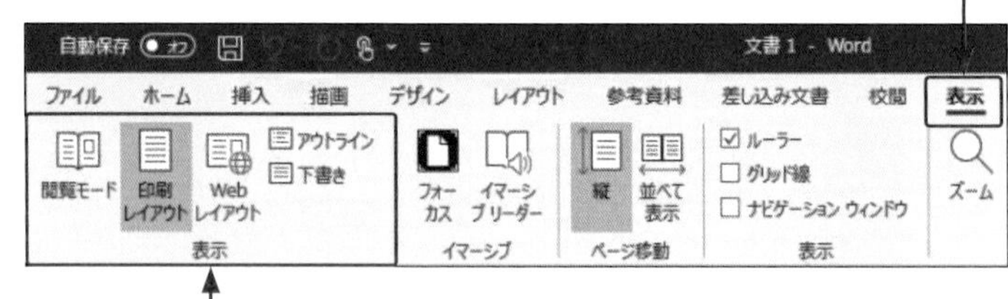

2 目的のコマンドをクリックすると、表示モードが切り替わります。

印刷レイアウト

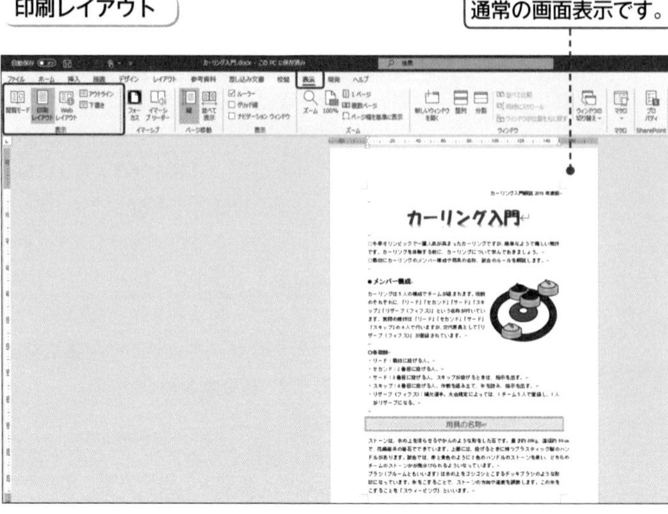

キーワード 印刷レイアウト

「印刷レイアウト」モードは、余白やヘッダー／フッターの内容も含め、印刷結果のイメージに近い画面で表示されます。

閲覧モード

ここでは、<ツール>と<表示>メニューが利用できます。編集はできません。

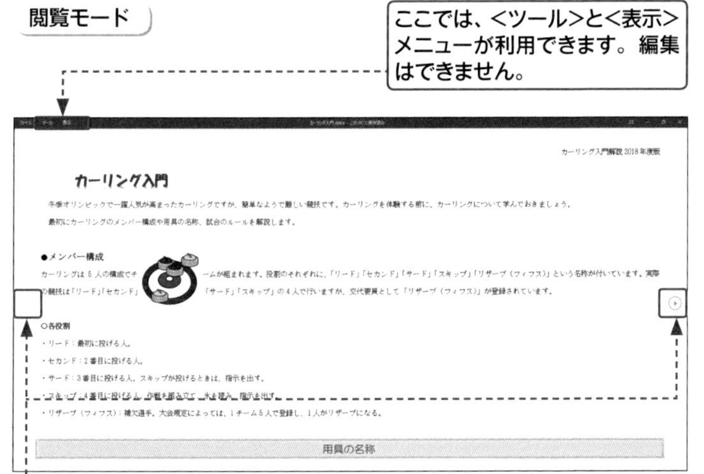

左右にあるこのコマンドをクリックして、ページをめくります。

ページの最後には、 文書の最後 ■ マークが表示されます。

Webレイアウト

アウトライン

<アウトライン>タブが表示されます。

終了するには、<アウトライン表示を閉じる>をクリックします。

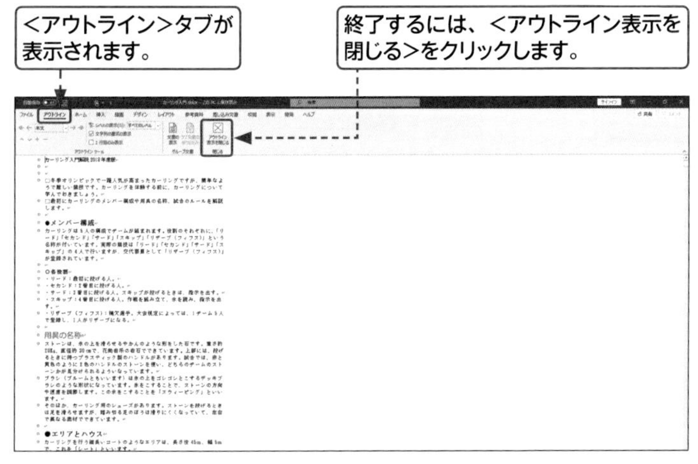

キーワード 閲覧モード

「閲覧モード」は、画面上で文書を読むのに最適な表示モードです。1ページ表示のほか、複数ページ表示も可能で、横(左右)方向にページをめくるような感覚で文書を閲覧できます。閲覧モードの<ツール>タブでは、文書内の検索と、スマート検索が行えます。<表示>タブでは、ナビゲーションウィンドウやコメントの表示、ページの列幅や色、レイアウトの変更、音節区切り、テキスト間隔の変更などが行えます。

メモ 学習ツール

閲覧モードで表示するときに、「学習ツール」が利用できるようになりました。学習ツールとは、音節間の区切り表示や、テキストの読み上げと強調表示など、失読症のユーザーが効率よく読書できるようなサポート機能です。

キーワード Webレイアウト

「Webレイアウト」モードは、Webページのレイアウトで文書を表示できます。横長の表などを編集する際に適しています。なお、文書をWebページとして保存するには、文書に名前を付けて保存するときに、<ファイルの種類>で<Webページ>をクリックします(P.34「ヒント」参照)。

キーワード アウトライン

「アウトライン」モードは、<表示>タブの<アウトライン>をクリックすると表示できます。「アウトライン」モードは、章や節、項など見出しのスタイルを設定している文書の階層構造を見やすく表示します。見出しを付ける、段落ごとに移動するなどといった編集作業に適しています。<アウトライン>タブの<レベルの表示>でレベルをクリックして、指定した見出しだけを表示できます。

キーワード 下書き

「下書き」モードは、＜表示＞タブの＜下書き＞をクリックすると表示できます。「下書き」モードでは、クリップアートや画像などを除き、本文だけが表示されます。文字だけを続けて入力する際など、編集スピードを上げるときに利用します。

下書き

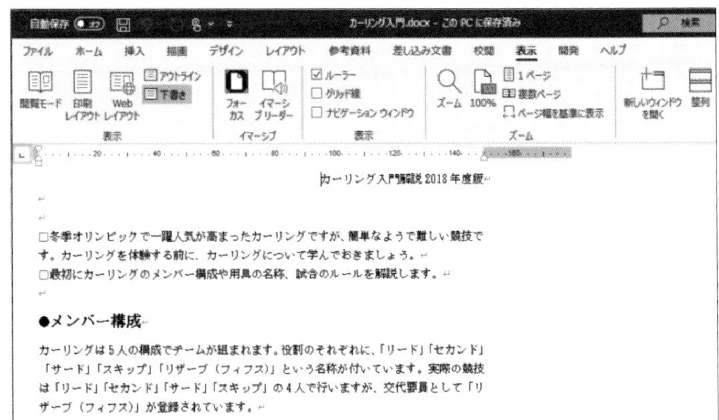
カーリング入門解説 2018 年度版
□冬季オリンピックで一躍人気が高まったカーリングですが、簡単なようで難しい競技です。カーリングを体験する前に、カーリングについて学んでおきましょう。
□最初にカーリングのメンバー構成や用具の名称、試合のルールを解説します。
●メンバー構成
カーリングは5人の構成でチームが組まれます。役割のそれぞれに、「リード」「セカンド」「サード」「スキップ」「リザーブ（フィフス）」という名称が付いています。実際の競技は「リード」「セカンド」「サード」「スキップ」の4人で行いますが、交代要員として「リザーブ（フィフス）」が登録されています。

3 ナビゲーション作業ウィンドウを表示する

キーワード ナビゲーション作業ウィンドウ

＜ナビゲーション＞作業ウィンドウは、複数のページにわたる文書を閲覧したり、編集したりする場合に利用するウィンドウです。

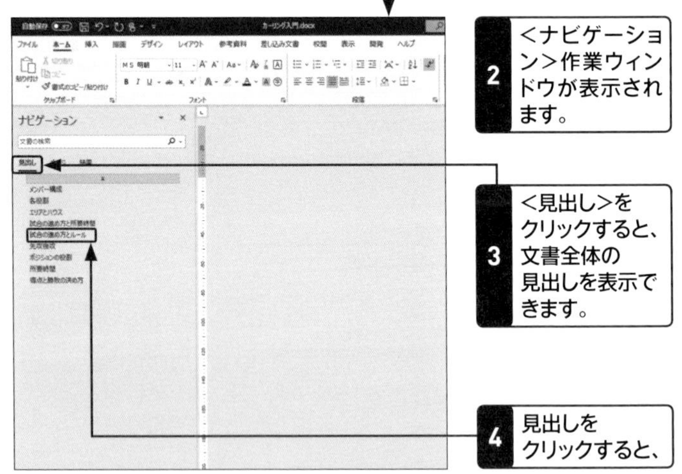
1 ＜表示＞タブの＜ナビゲーションウィンドウ＞をクリックしてオンにすると、
2 ＜ナビゲーション＞作業ウィンドウが表示されます。
3 ＜見出し＞をクリックすると、文書全体の見出しを表示できます。
4 見出しをクリックすると、

ヒント そのほかの作業ウィンドウの種類と表示方法

Wordに用意されている作業ウィンドウには、＜クリップボード＞（＜ホーム＞タブの＜クリップボード＞の◲）、＜図形の書式設定＞（＜図形の書式＞タブの＜図形のスタイル＞の◲）、＜図の書式設定＞（＜図形の書式＞タブの＜図のスタイル＞の◲）などがあります。

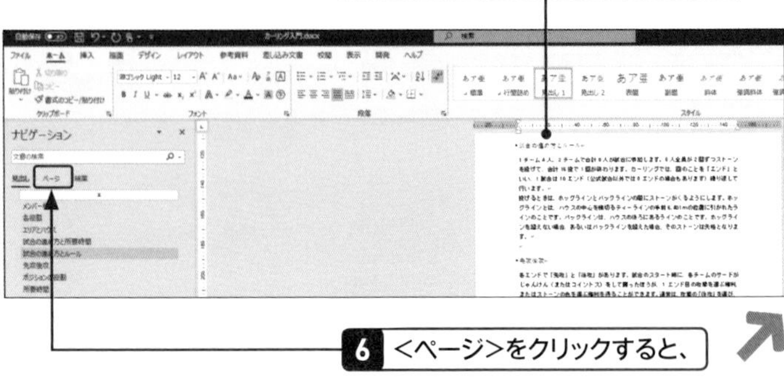
5 該当箇所にすばやく移動します。
6 ＜ページ＞をクリックすると、

7 ページがサムネイル（縮小画面）で表示されます。

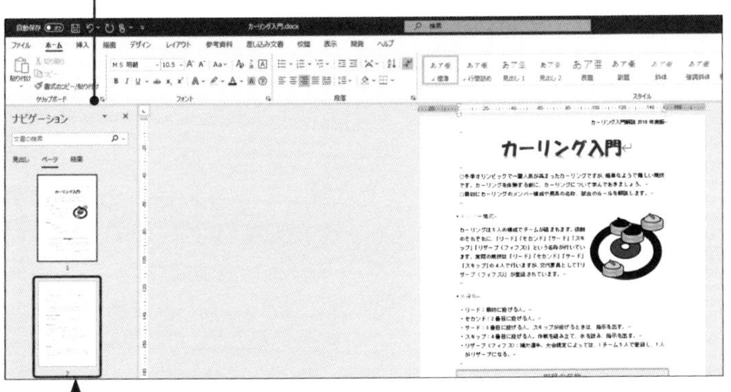

8 特定のページをクリックすると、

9 該当ページにすばやく移動します。

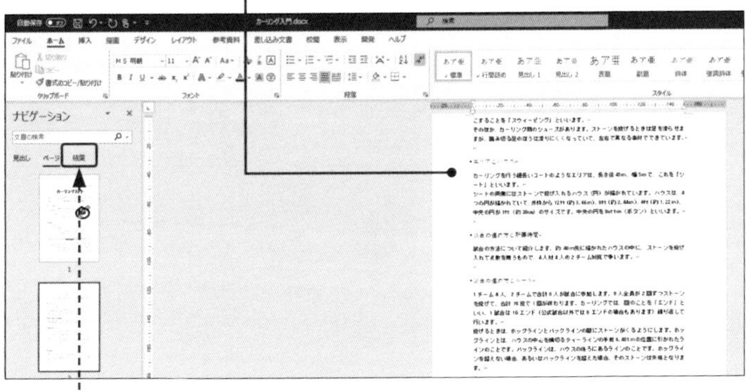

<結果>には、キーワードで検索した結果が表示されます。

ヒント ナビゲーションの活用

<見出し>では、目的の見出しへすばやく移動するほかに、見出しをドラッグ&ドロップして文書の構成を入れ替えることもできます。

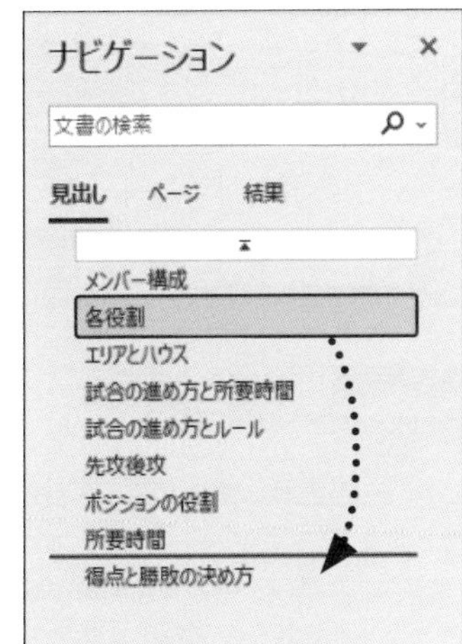

ステップアップ ミニツールバーを表示する

文字列を選択したり、右クリックしたりすると、対象となった文字の近くに「ミニツールバー」が表示されます。ミニツールバーに表示されるコマンドの内容は、操作する対象によって変わります。

文字列を選択したときのミニツールバーには、選択対象に対して書式などを設定するコマンドが用意されています。

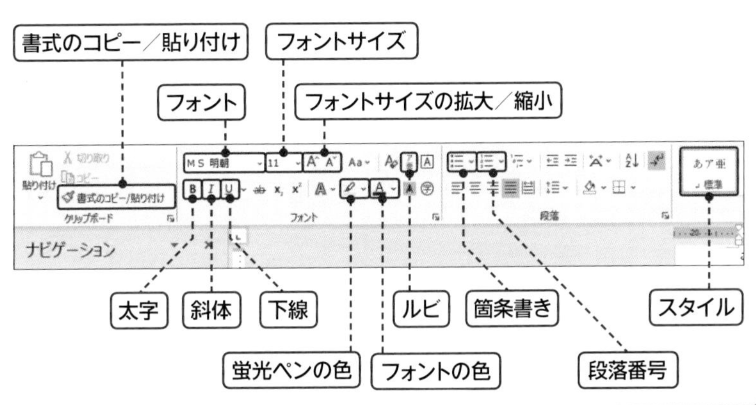

Section 02 文字入力の基本を知る

覚えておきたいキーワード
- 入力モード
- ローマ字入力
- かな入力

文字を入力するための、入力形式や入力方式を理解しておきましょう。日本語の場合は「ひらがな」入力モードにして、読みを変換して入力します。英字の場合は「半角英数」入力モードにして、キーボードの英字キーを押して直接入力します。日本語を入力する方式には、ローマ字入力とかな入力があります。

1 日本語入力と英字入力

キーワード 入力モード

「入力モード」とは、キーを押したときに入力される「ひらがな」や「半角カタカナ」、「半角英数」などの文字の種類を選ぶ機能のことです（入力モードの切り替え方法は次ページ参照）。

メモ 日本語入力

日本語を入力するには、「ひらがな」入力モードにして、キーを押してひらがな（読み）を入力します。漢字やカタカナの場合は入力したひらがなを変換します。

メモ 英字入力

英字を入力する場合、「半角英数」モードにして、英字キーを押すと小文字で入力されます。大文字にするには、Shiftを押しながら英字キーを押します。

日本語入力（ローマ字入力の場合）

1 入力モードを「ひらがな」にして、キーボードでKONPYU-TA-とキーを押し、

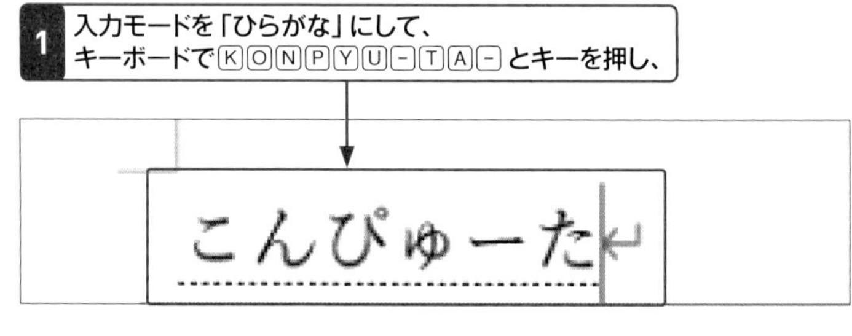

2 Spaceを押して変換します。

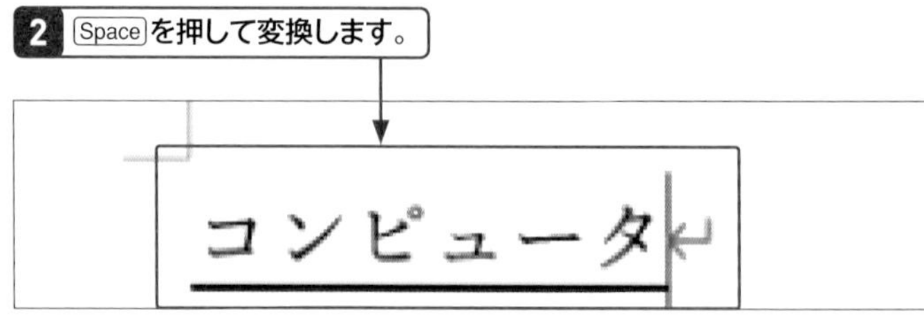

3 Enterを押して確定します。

英字入力

1 入力モードを「半角英数」にして、キーボードでCOMPUTERとキーを押すと入力されます。

第1章 Wordの基本操作

2 入力モードを切り替える

1 <入力モード>を右クリックして、

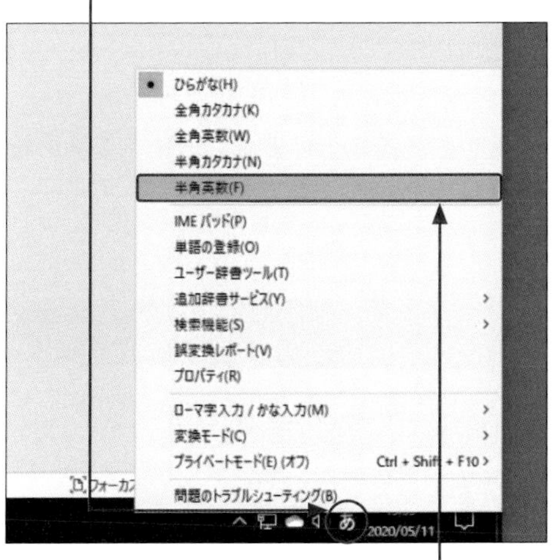

2 <半角英数>をクリックすると、

3 入力モードが<半角英数>になります。

メモ 入力モードの種類

入力モードには、次のような種類があります。

入力モード (表示)	入力例
ひらがな (あ)	あいうえお
全角カタカナ (カ)	アイウエオ
全角英数 (A)	ａｉｕｅｏ
半角カタカナ (ｶ)	ｱｲｳｴｵ
半角英数 (A)	aiueo

ステップアップ キー操作による入力モードの切り替え

入力モードは、次のようにキー操作で切り替えることもできます。

- 半角／全角:「半角英数」と「ひらがな」を切り替えます。
- 無変換:「ひらがな」と「全角カタカナ」「半角カタカナ」を切り替えます。
- カタカナひらがな:「ひらがな」へ切り替えます。
- Shift + カタカナひらがな:「全角カタカナ」へ切り替えます。

3 「ローマ字入力」と「かな入力」を切り替える

1 <入力モード>を右クリックして、

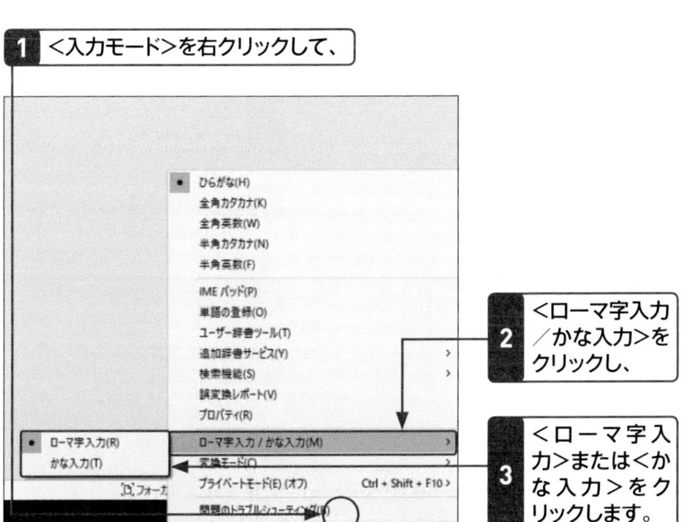

2 <ローマ字入力／かな入力>をクリックし、

3 <ローマ字入力>または<かな入力>をクリックします。

メモ ローマ字入力とかな入力

日本語入力には、「ローマ字入力」と「かな入力」の2種類の方法があります。ローマ字入力は、キーボードのアルファベット表示に従って、KA→「か」のように、母音と子音に分けて入力します。かな入力は、キーボードのかな表示に従って、あ→「あ」のように、直接かなを入力します。なお、本書ではローマ字入力の方法で以降の解説を行っています。

Section 03

日本語を入力する

覚えておきたいキーワード
- 入力モード
- 変換
- 文節／複文節

日本語を入力するには、入力モードを<ひらがな>にします。文字の「読み」としてひらがなを入力し、カタカナや漢字にする場合は変換します。変換の操作を行うと、読みに該当する漢字が変換候補として一覧で表示されるので、一覧から目的の漢字をクリックします。

1 ひらがなを入力する

メモ 入力の確定

キーボードのキーを押して画面上に表示されたひらがなには、下線が引かれています。この状態では、まだ文字の入力は完了していません。下線が引かれた状態でEnterを押すと、入力が確定します。

ヒント 予測候補の表示

入力が始まると、漢字やカタカナの変換候補が表示されます。ひらがなを入力する場合は無視してかまいません。

入力モードを<ひらがな>にしておきます（Sec.02参照）。

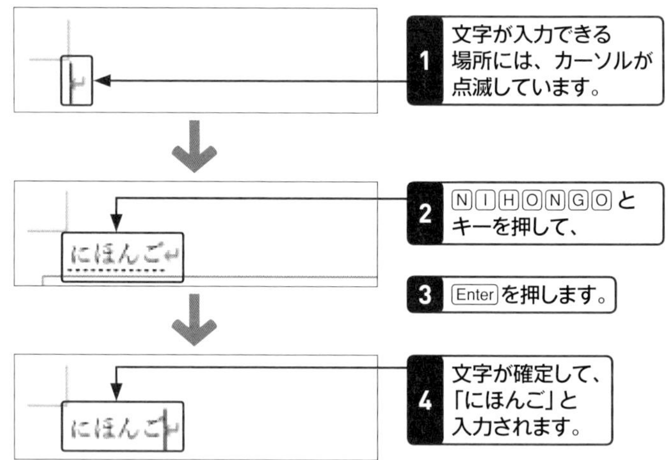

1 文字が入力できる場所には、カーソルが点滅しています。
2 NIHONGOとキーを押して、
にほんご
3 Enterを押します。
4 文字が確定して、「にほんご」と入力されます。
にほんご

2 カタカナを入力する

メモ カタカナに変換する

<ひらがな>モードで入力したひらがなに下線が引かれている状態でSpaceを押すと、カタカナに変換することができます。入力した内容によっては、一度でカタカナに変換されず、変換候補が表示される場合があります。

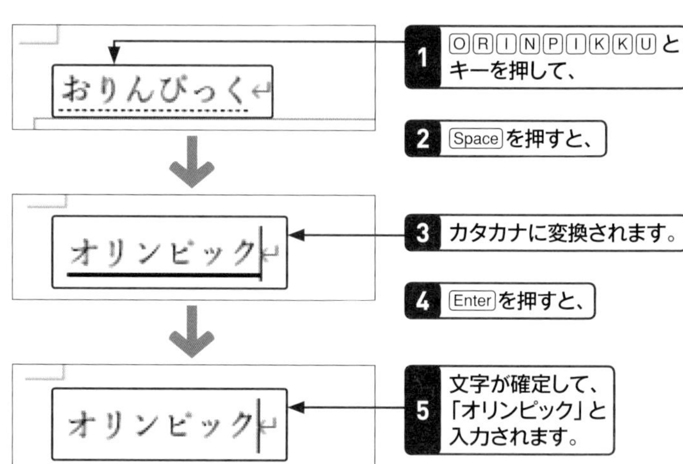

1 ORINPIKKUとキーを押して、
おりんぴっく
2 Spaceを押すと、
3 カタカナに変換されます。
オリンピック
4 Enterを押すと、
5 文字が確定して、「オリンピック」と入力されます。
オリンピック

第1章 Wordの基本操作

3 漢字を入力する

「稀少」という漢字を入力します。

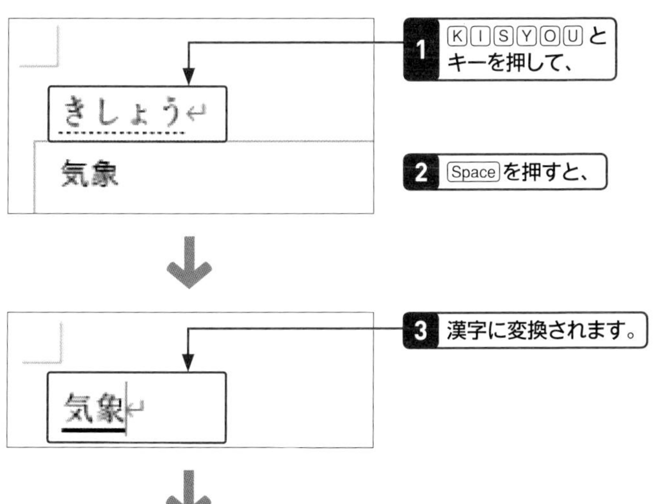

3 漢字に変換されます。

4 違う漢字に変換するために、再度 Space を押すと、下方に候補一覧が表示されます。

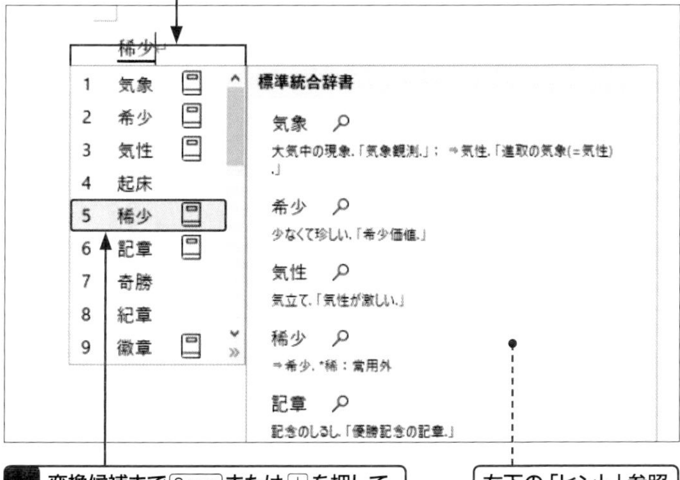

5 変換候補まで Space または ↓ を押して、Enter を押すと、変換されます。

右下の「ヒント」参照

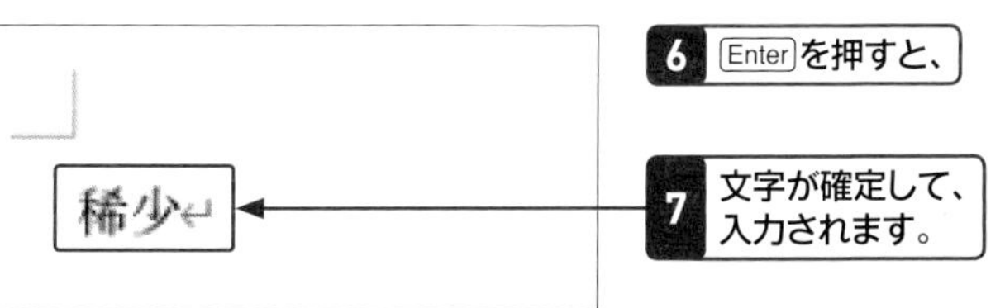

6 Enter を押すと、

7 文字が確定して、入力されます。

メモ 漢字に変換する

漢字を入力するには、漢字の「読み」を入力し、Space を押して漢字に変換します。入力候補が表示されるので、Space または ↓ を押して目的の漢字を選択し、Enter を押します。また、目的の変換候補をマウスでクリックしても、同様に選択できます。

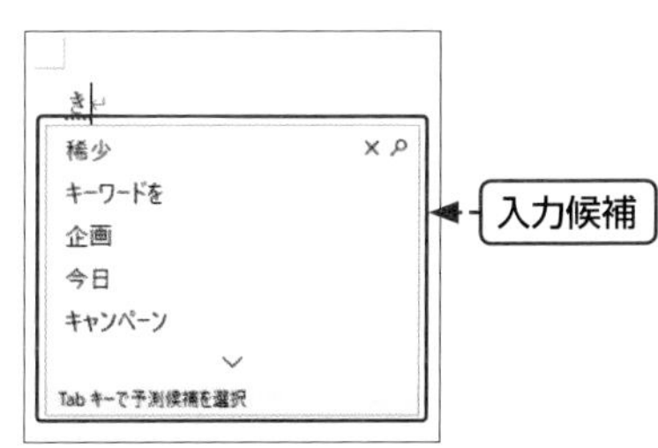

ヒント 確定した語句の変換

一度確定した語句は、次回以降同じ読みを入力すると最初の変換候補として表示されます。ほかの漢字に変換する場合は、手順4のように候補一覧を表示して、目的の漢字を選択し、Enter を押します。

ヒント 同音異義語のある語句

同音異義語のある語句の場合、候補一覧には手順4の画面のように語句の横に マークが表示され、語句の意味（用法）がウィンドウで表示されます。漢字を選ぶ場合に参考にするとよいでしょう。

4 複文節を変換する

キーワード 文節と複文節

「文節」とは、末尾に「～ね」や「～よ」を付けて意味が通じる、文の最小単位のことです。たとえば、「私は写真を撮った」は、「私は（ね）」「写真を（ね）」「撮った（よ）」という3つの文節に分けられます。このように、複数の文節で構成された文字列を「複文節」といいます。

メモ 文節ごとに変換できる

複文節の文字列を入力して Space を押すと、複文節がまとめて変換されます。このとき各文節には下線が付き、それぞれの単位が変換の対象となります。右の手順のように文節の単位を変更したい場合は、Shift を押しながら ← → を押して、変換対象の文節を調整します。

メモ 文節を移動する

太い下線が付いている文節が、現在の変換対象となっている文節です。変換の対象をほかの文節に移動するには、← → を押して太い下線を移動します。

「明日羽崎に伺います」と入力したいところで、「明日は先に伺います」と変換されてしまった場合の複文節の変換方法を解説します。

1 A S I T A H A S A K I N I U K A G A I M A S U とキーを押して、Space を押します。

2 複文節がまとめて変換され、第1文節に太い下線が付き、変換の対象になります。

3 Shift と ← を押して、「あす」を変換対象にします。

あすはさきに伺います↵

4 Space を押すと、「明日」に変換されます。→ を押して、「刃先に」の文節に移動します。

5 Space を押して、「羽崎に」に変換します。

6 Enter を押して確定します。

明日羽崎に伺います↵

5 確定後の文字を再変換する

1 確定した文字をドラッグして選択します。

2 変換 を押すと、

3 変換候補が表示されます。

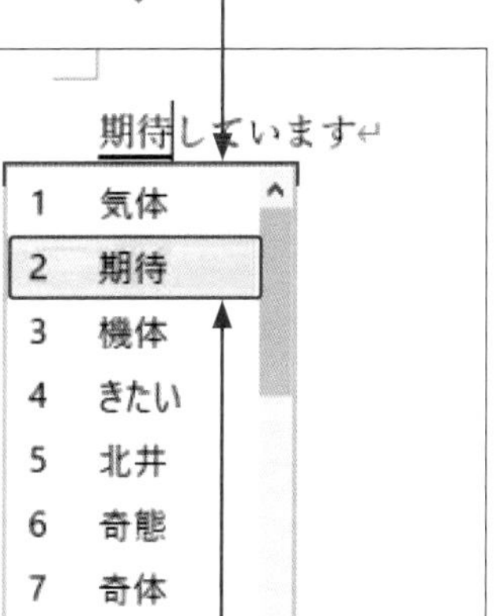

4 ↓ を押して変換したい文字を選択し、Enter を押すと、

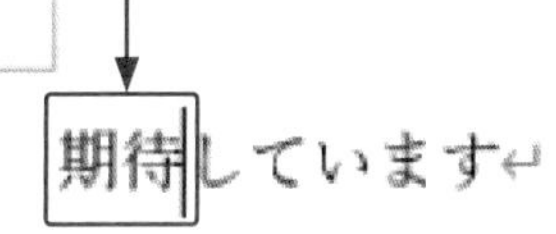

5 文字が変換されます。

メモ 確定後に再変換する

読みを入力して変換して確定した文字は、変換 を押すと再変換されて、変換候補が表示されます。ただし、読みによっては正しい候補が表示されない場合があります。

ヒント 文字の選択

文字は、文字の上でドラッグすることによって選択します。単語の場合は、文字の間にマウスポインターを移動して、ダブルクリックすると、単語の単位で選択することができます。

タッチ タッチ操作での文字の選択

タッチ操作（P.23参照）で文字を選択するには、文字の上で押し続ける（ホールドする）と、単語の単位で選択することができます。

ステップアップ ファンクションキーで一括変換する

確定前の文字列は、キーボードにあるファンクションキー（F6～F10）を押すと、「ひらがな」「カタカナ」「英数字」に一括して変換することができます。

PASOKON とキーを押してファンクションキーを押すと…

ぱそこn

F6キー「ひらがな」

ぱそこん

F7キー「全角カタカナ」

パソコン

F8キー「半角カタカナ」

ﾊﾟｿｺﾝ

F9キー「全角英数」

ｐａｓｏｋｏｎ

F10キー「半角英数」

pasokon

Section 04

アルファベットを入力する

覚えておきたいキーワード
- 半角英数
- ひらがな
- 大文字

アルファベットを入力するには、2つの方法があります。1つは＜半角英数＞入力モードで入力する方法で、英字が直接入力されるので、長い英文を入力するときに向いています。もう1つは＜ひらがな＞入力モードで入力する方法で、日本語と英字が混在する文章を入力する場合に向いています。

1 入力モードが＜半角英数＞の場合

メモ 入力モードを＜半角英数＞にする

入力モードを＜半角英数＞Aにして入力すると、変換と確定の操作が不要になるため、英語の長文を入力する場合に便利です。

ヒント 大文字の英字を入力するには

入力モードが＜半角英数＞Aの場合、英字キーを押すと小文字で英字が入力されます。Shiftを押しながらキーを押すと、大文字で英字が入力されます。

ステップアップ 大文字を連続して入力する

大文字だけの英字入力が続く場合は、大文字入力の状態にするとよいでしょう。キーボードのShift＋CapsLockを押すと、大文字のみを入力できるようになります。このとき、小文字を入力するには、Shiftを押しながら英字キーを押します。もとに戻すには、再度Shift＋CapsLockを押します。

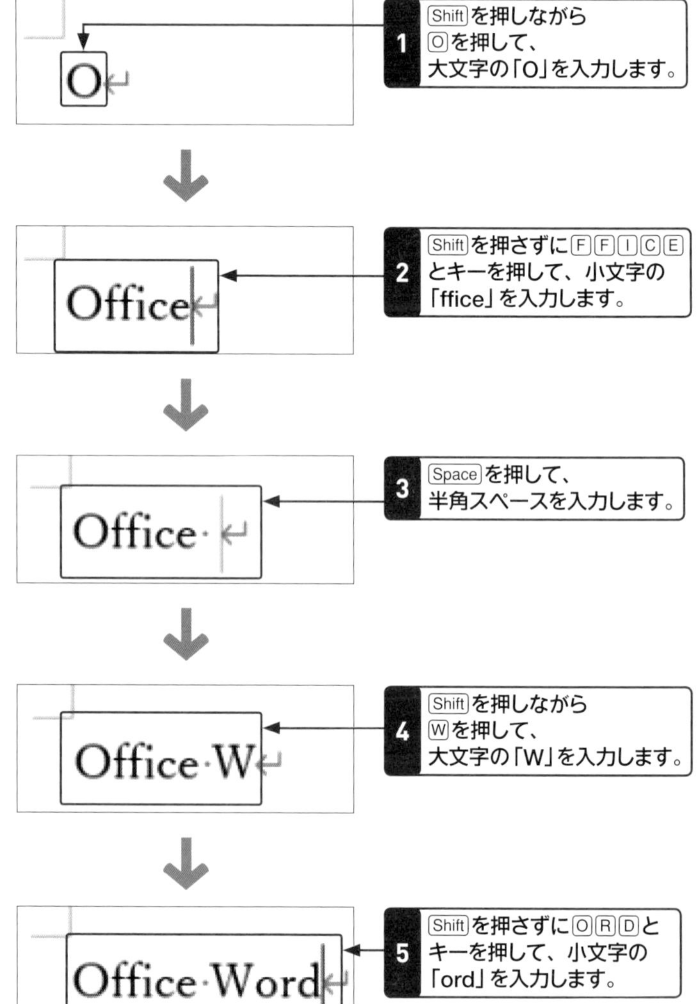
入力モードを＜半角英数＞に切り替えます(Sec.02参照)。
O
1 Shiftを押しながらOを押して、大文字の「O」を入力します。
Office
2 Shiftを押さずにFFICEとキーを押して、小文字の「ffice」を入力します。
Office·
3 Spaceを押して、半角スペースを入力します。
Office·W
4 Shiftを押しながらWを押して、大文字の「W」を入力します。
Office·Word
5 Shiftを押さずにORDとキーを押して、小文字の「ord」を入力します。

2 入力モードが<ひらがな>の場合

入力モードを<ひらがな>に切り替えます（Sec.03参照）。

1 SECURITYとキーを押します。

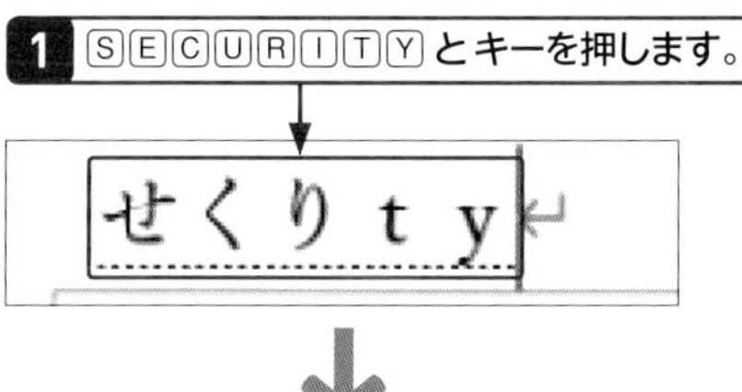

2 F10を1回押します。

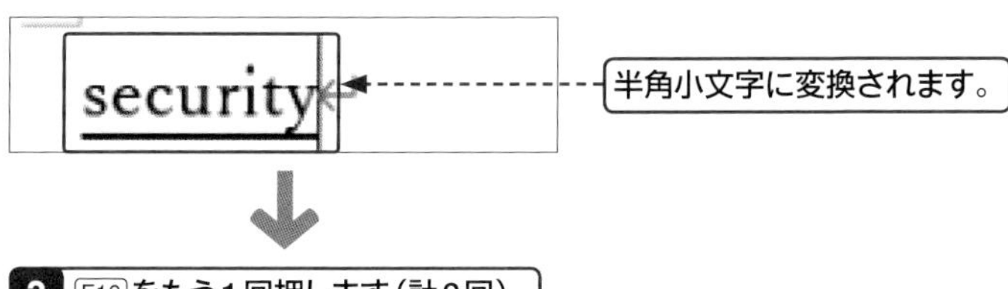

3 F10をもう1回押します（計2回）。

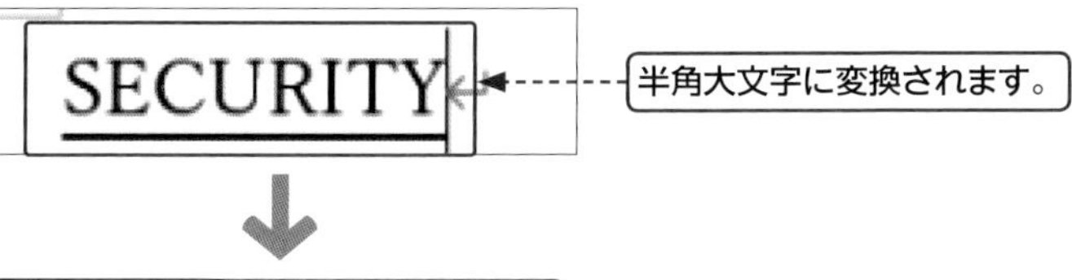

4 F10をもう1回押します（計3回）。

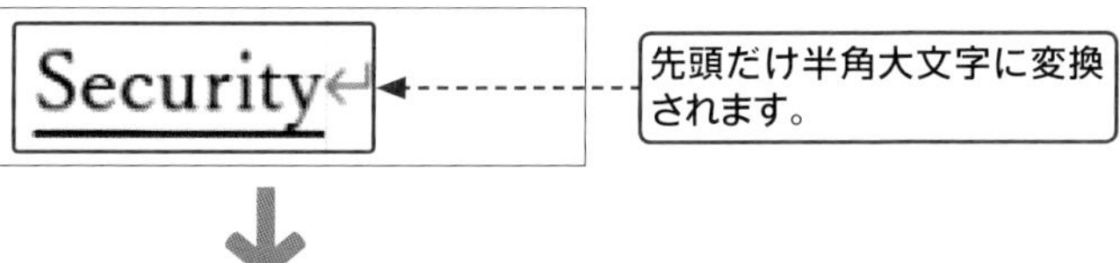

5 F10を4回押すと、1回押したときと同じ変換結果になります。

入力モードを<ひらがな>にする

和英混在の文章を入力する場合は、入力モードを<ひらがな>あにしておき、必要な語句だけを左の手順に従ってアルファベットに変換すると便利です。

入力モードを一時的に切り替える

日本語の入力中にShiftを押しながらアルファベットの1文字目を入力すると（この場合、入力された文字は大文字になります）、入力モードが一時的に<半角英数>Aに切り替わり、再度Shiftを押すまでアルファベットを入力することができます。

ステップアップ 1文字目が大文字に変換されてしまう

アルファベットをすべて小文字で入力しても、1文字目が大文字に変換されてしまう場合は、Wordが文の先頭文字を大文字にする設定になっています。<ファイル>タブの<オプション>をクリックし、<Wordのオプション>画面を開きます。<文章校正>の<オートコレクトのオプション>をクリックして、<オートコレクト>タブの<文の先頭文字を大文字にする>をクリックしてオフにします。

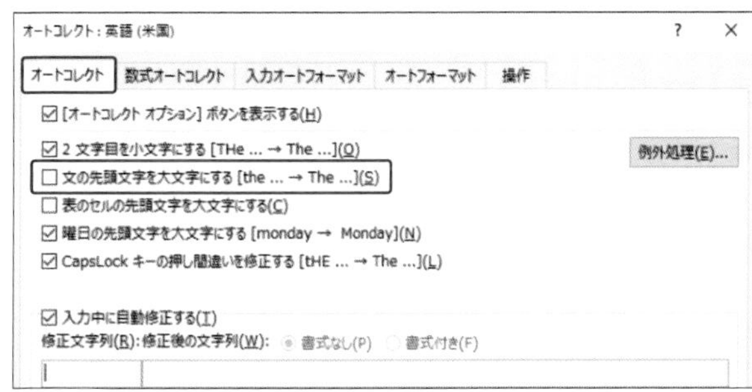

Section 05

難しい漢字を入力する

覚えておきたいキーワード
- 入力
- IMEパッド
- 手書きアプレット

読みのわからない漢字は、IMEパッドを利用して検索します。手書きアプレットでは、ペンで書くようにマウスで文字を書き、目的の漢字を検索して入力することができます。また、総画数アプレットでは画数から、部首アプレットでは部首から目的の漢字を検索することができます。

1 IMEパッドを表示する

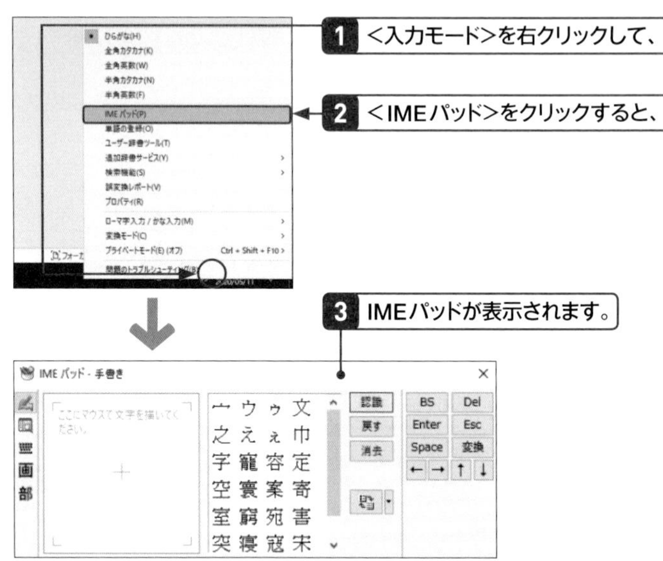

1 ＜入力モード＞を右クリックして、
2 ＜IMEパッド＞をクリックすると、
3 IMEパッドが表示されます。

キーワード IMEパッド

「IMEパッド」は、キーボードを使わずにマウス操作だけで文字を入力するためのツール（アプレット）が集まったものです。読みのわからない漢字や記号などを入力したい場合に利用します。IMEパッドを閉じるには、IMEパッドのタイトルバーの右端にある＜閉じる＞☒をクリックします。

ヒント IMEパッドのアプレット

IMEパッドには、以下の5つのアプレットが用意されています。左側のアプレットバーのアイコンをクリックすると、アプレットを切り替えることができます。

- 手書きアプレット（次ページ参照）
- 文字一覧アプレット
  文字の一覧から目的の文字をクリックして、入力します。
- ソフトキーボードアプレット
  画面上のキーをクリックして、文字を入力します。
- 画 総画数アプレット
  総画数から漢字を検索して入力します。
- 部 部首アプレット
  部首から漢字を検索して入力します。

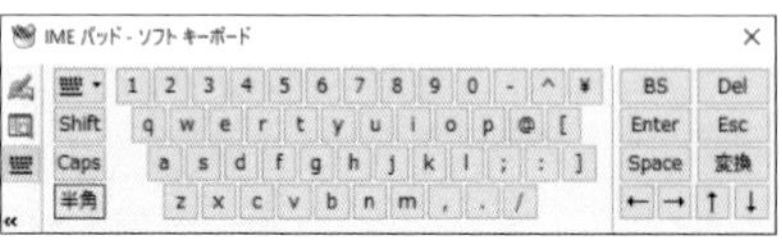

2 手書きで検索した漢字を入力する

「山礒」の「礒」を検索します。

1 文字を入力する位置にカーソルを移動して、

2 IMEパッドを表示します（左ページ参照）。

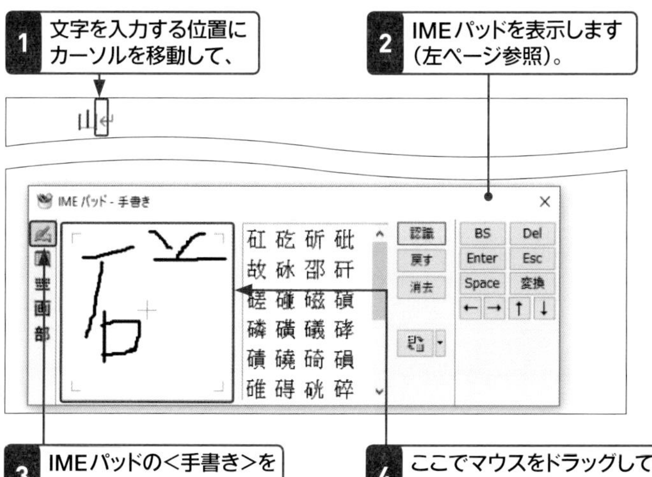

3 IMEパッドの<手書き>をクリックして、

4 ここでマウスをドラッグして、文字を書きます。

5 文字の変換候補に目的の文字が表示されたら、クリックします。

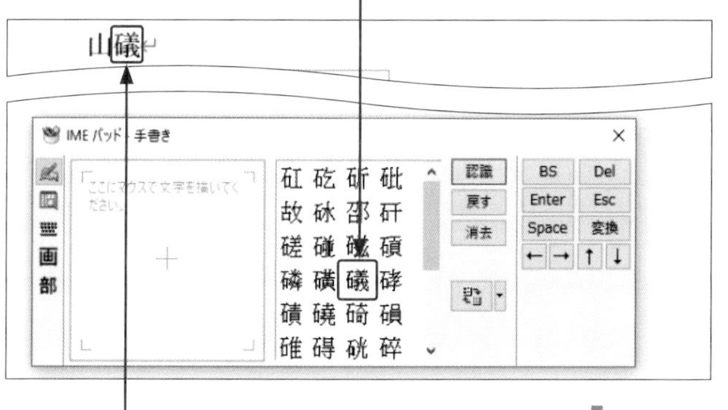

6 カーソルの位置に文字が入力されるので、

7 IMEパッドの<Enter>をクリックするか、Enterを押して確定します。

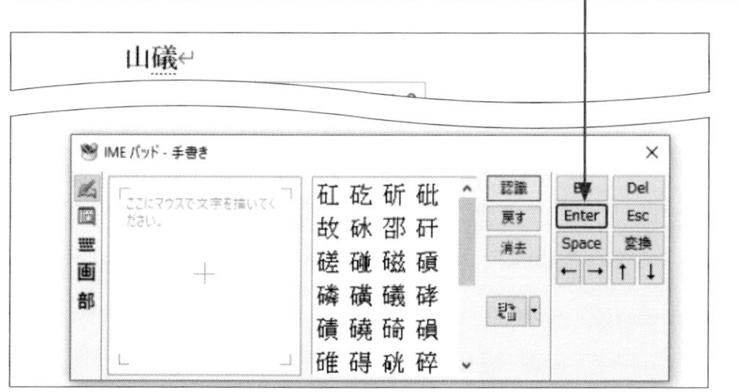

キーワード 手書きアプレット

「手書きアプレット」は、ペンで紙に書くようにマウスで文字を書き、目的の文字を検索することができるアプレットです。

メモ マウスのドラッグの軌跡が線として認識される

手書きアプレットでは、マウスをドラッグした軌跡が線として認識され、文字を書くことができます。入力された線に近い文字を検索して変換候補を表示するため、文字の1画を書くごとに、変換候補の表示内容が変わります。文字をすべて書き終わらなくても、変換候補に目的の文字が表示されたらクリックします。

ヒント マウスで書いた文字を消去するには？

手書きアプレットで、マウスで書いた文字をすべて消去するにはIMEパッドの<消去>をクリックします。また、直前の1画を消去するには<戻す>をクリックします。

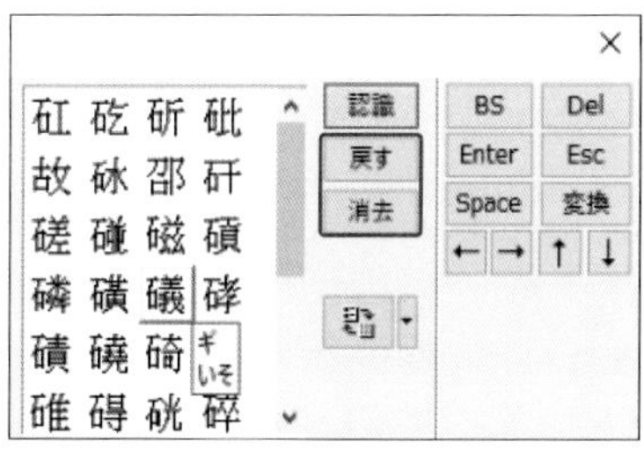

Section 06

記号や特殊文字を入力する

覚えておきたいキーワード
- 記号／特殊文字
- 環境依存
- IME パッド

記号や特殊文字を入力する方法には、記号の読みを変換する、<記号と特殊文字>ダイアログボックスで探す、<IMEパッド-文字一覧>で探すの3通りの方法があります。一般的な記号の場合は、読みを変換すると変換候補に記号が表示されるので、かんたんに入力できます。

1 記号の読みから変換して入力する

メールの「✉」を入力します。

1 記号の読みを入力して（ここでは「めーる」）、Spaceを2回押します。

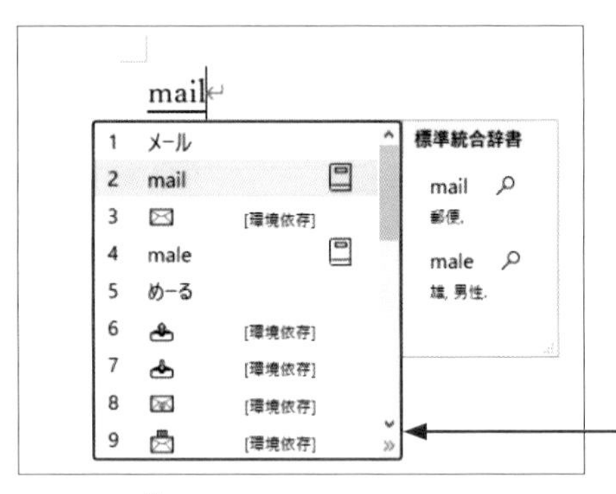

2 変換の候補一覧が表示されるので、

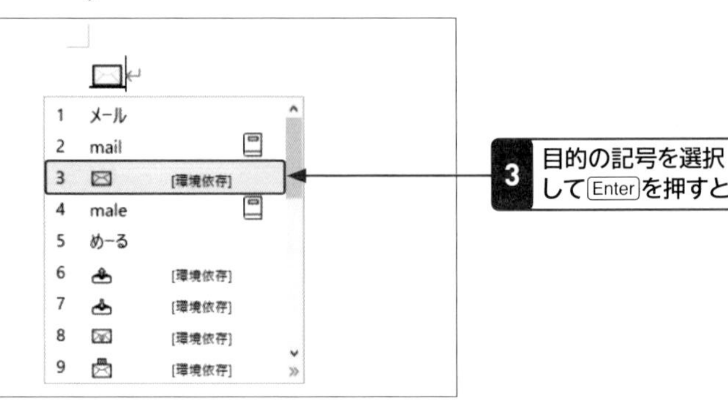

3 目的の記号を選択してEnterを押すと、

4 選択した記号が挿入されます。

メモ ひらがな（読み）から記号に変換する

●や◎（まる）、■や◆（しかく）、★や☆（ほし）などのかんたんな記号は、読みを入力してSpaceを押せば、変換の候補一覧に記号が表示されます。また、「きごう」と入力して変換すると、一般的な記号が候補一覧に表示されます。

ヒント ○付き数字を入力するには？

1、2、…を入力して変換すると、①、②、…のような○付き数字を入力できます。Windows 10では、50までの数字を○付き数字に変換することができます。ただし、○付き数字は環境依存の文字なので、表示に関しては注意が必要です（下の「キーワード」参照）。なお、51以上の○付き数字を入力する場合は、囲い文字を利用します（P.69の「ステップアップ」参照）。

キーワード 環境依存

「環境依存」とは、特定の環境でないと正しく表示されない文字のことをいいます。環境依存の文字を使うと、Windows 10／8.1／7以外のパソコンとの間で文章やメールのやりとりを行う際に、文字化けが発生する場合があります。

2 <記号と特殊文字>ダイアログボックスを利用して入力する

組み文字の「℡」を入力します。

1 <挿入>タブをクリックして、

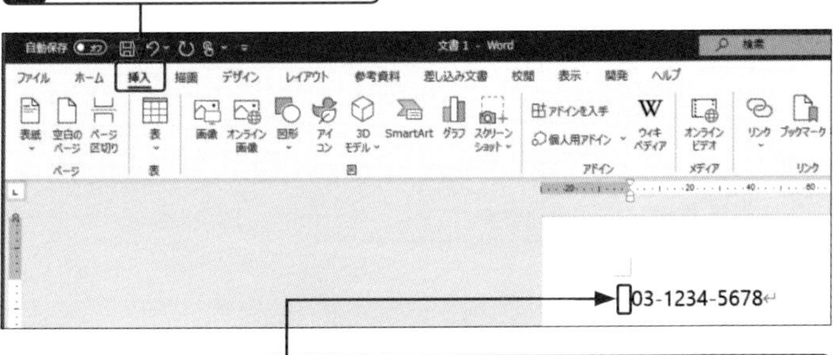

2 文字を挿入する位置にカーソルを移動します。

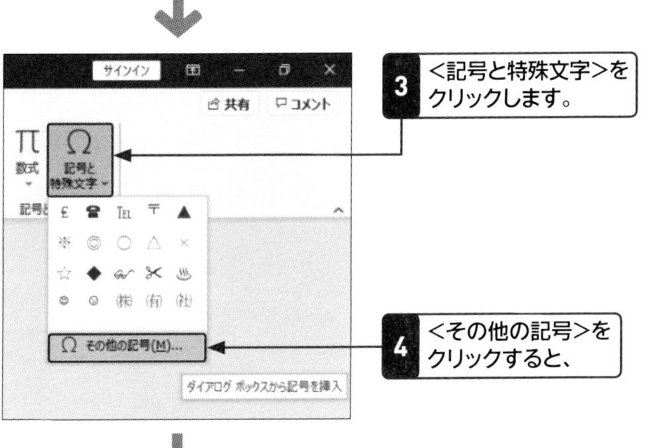

3 <記号と特殊文字>をクリックします。

4 <その他の記号>をクリックすると、

5 <記号と特殊文字>ダイアログボックスが表示されます。

「メモ」参照

6 目的の文字を探してクリックして、

7 <挿入>をクリックすると、

メモ 記号と特殊文字の入力

<記号と特殊文字>ダイアログボックスに表示される記号や文字は、選択するフォントによって異なります。この手順では、「現在選択されているフォント」(ここでは「MSゴシック」)を選択していますが、より多くの種類の記号が含まれているのは、「Webdings」などの記号専用のフォントです。

ステップアップ 特殊文字の選択

手順4で開くメニュー一覧に目的の特殊文字がある場合は、マウスでクリックすれば入力できます。この一覧の内容は、利用状況によって内容が変わります。また、新しい特殊文字を選択すると、ここに表示されるようになります。

ヒント 種類を選択する

<記号と特殊文字>ダイアログボックスで特殊文字を探す際に、文字の種類がわかっている場合は、種類ボックスの⌄をクリックして種類を選択すると、目的の文字を探しやすくなります。

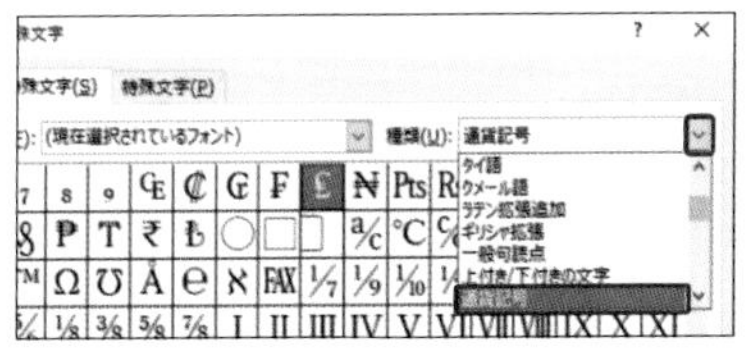

上付き文字／下付き文字を入力する

8^3などのように右肩に付いた小さい文字を上付き文字、H_2Oのように右下に付いた小さい文字を下付き文字といいます。文字を選択して、<ホーム>タブの<上付き文字>、<下付き文字>をクリックすると変換できます。
もとの文字に戻すには、文字を選択して、再度<上付き文字>、<下付き文字>をクリックします。

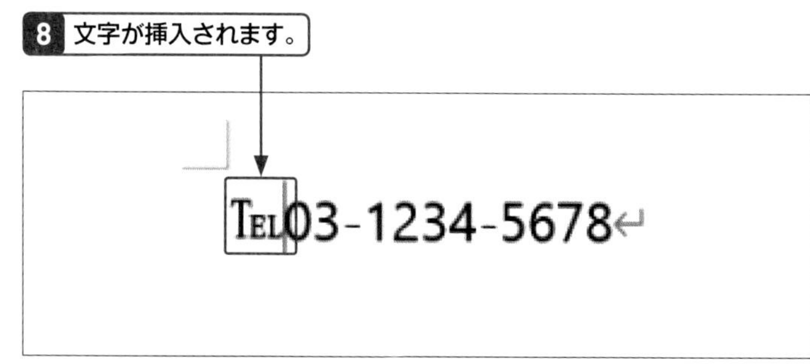

9 <記号と特殊文字>ダイアログボックスの<閉じる>をクリックします。

3 <IMEパッド－文字一覧>を利用して特殊文字を入力する

IMEパッドの文字一覧を利用する

記号や特殊文字は、IMEパッドの<文字一覧アプレット>からも挿入することができます。文字一覧アプレットの<文字カテゴリ>には、ラテン文字やアラビア文字など多言語の文字のほか、各種記号や特殊文字が用意されています。

ここでは、「Σ」を入力します。

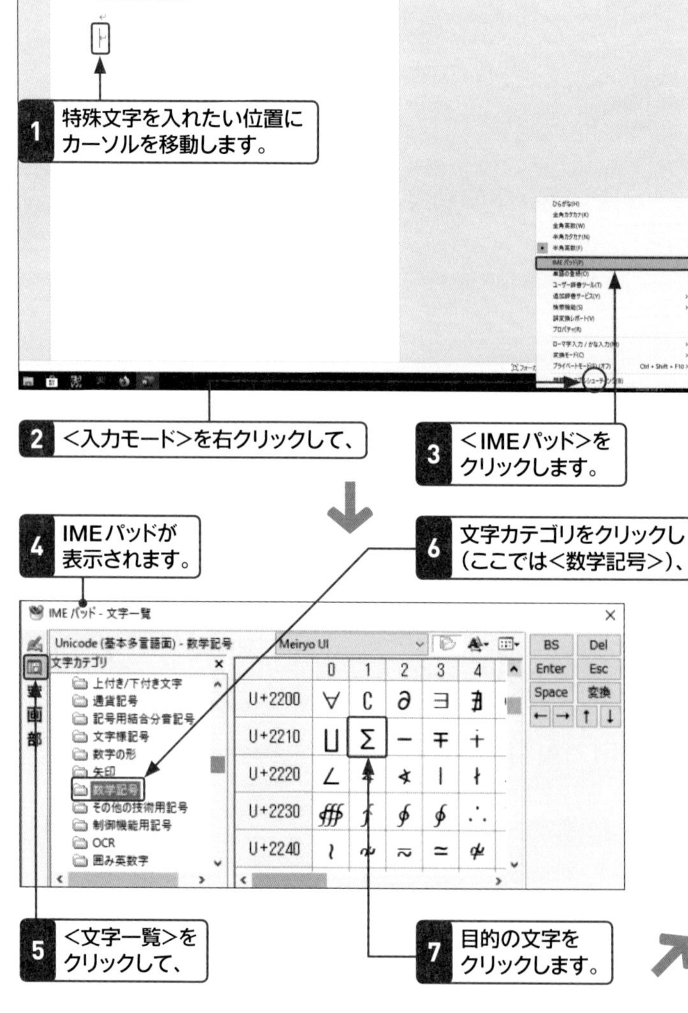

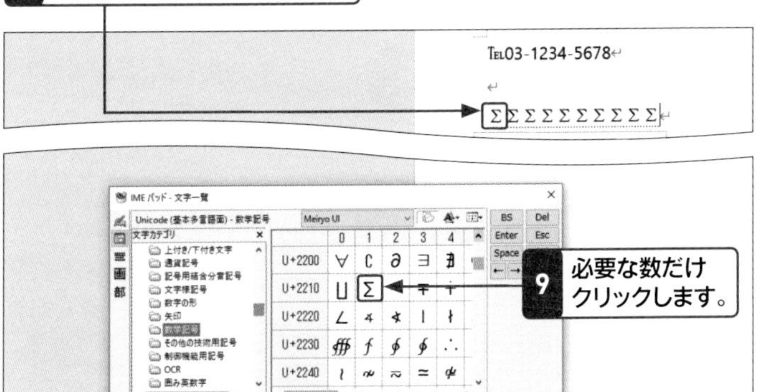

ヒント 文字カテゴリの選択

文字カテゴリがわからない場合は、文字一覧をスクロールして文字を探すとよいでしょう。なお、指定したフォントの種類によっては、目的の文字が表示されない場合もあります。

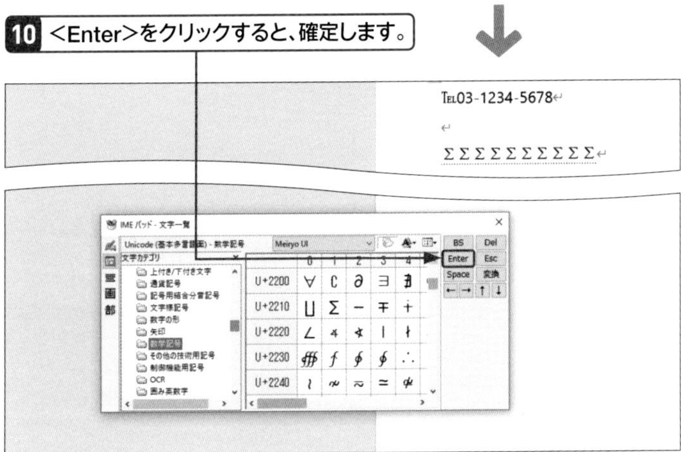

ヒント 特殊文字のフォントサイズ

特殊文字や環境依存の文字などには、フォントサイズが小さいものがあります。ほかの文字とのバランスが悪い場合は、その文字のみフォントサイズを大きくしてバランスよく配置するとよいでしょう。

ステップアップ 囲い文字で○付き数字を入力する

51以上の2桁の数字を○付き数字にするには、囲い文字を利用します。数字を半角で入力して選択し、<ホーム>タブの<囲い文字>をクリックします。<囲い文字>ダイアログボックスが表示されるので、以下の手順で操作を行います。

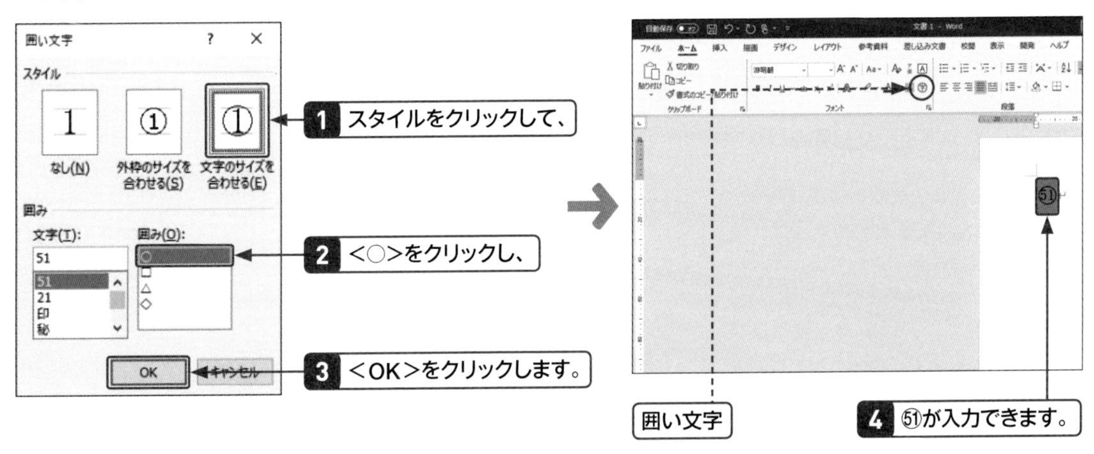

Section 07 文章を改行する

覚えておきたいキーワード
- 改行
- 空行
- 段落記号

文章を入力して Enter を押し、次の行(段落)に移ることを改行といいます。一般に、改行は段落の区切りとして扱われるため、段落記号が表示されます。次の行で何も入力せず、再度 Enter を押すと、空行が入ります。また、段落の途中で改行を追加することもできます。これを強制改行(行区切り)といいます。

1 文章を改行する

キーワード 改行

「改行」とは文章の中で行を新しくすることです。Enter を押すと次の行にカーソルが移動し、改行が行われます。行を変えるので「改行」と呼びますが、実際には段落を変えています。

1 文章を入力して、文末で Enter を押すと、

□防火設備の点検方法について説明します。万が一の場合に備えて、下記の方法で常にメンテナンスを怠らないようにしてください。↵

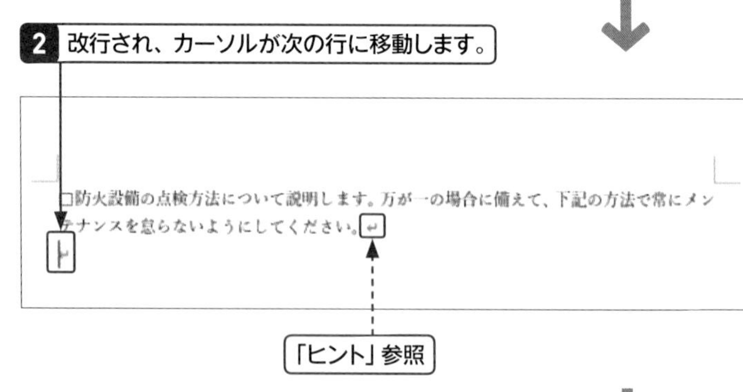
2 改行され、カーソルが次の行に移動します。
□防火設備の点検方法について説明します。万が一の場合に備えて、下記の方法で常にメンテナンスを怠らないようにしてください。↵
「ヒント」参照

ヒント 段落と段落記号

入力し始める先頭の位置には「段落記号」↵ が表示され、文章を入力する間、つねに文章の最後に表示されています。文章の区切りで Enter を押して改行すると、改行した末尾と、次の行の先頭に段落記号が表示されます。この文章の最初から段落記号までを、1つの「段落」と数えます。

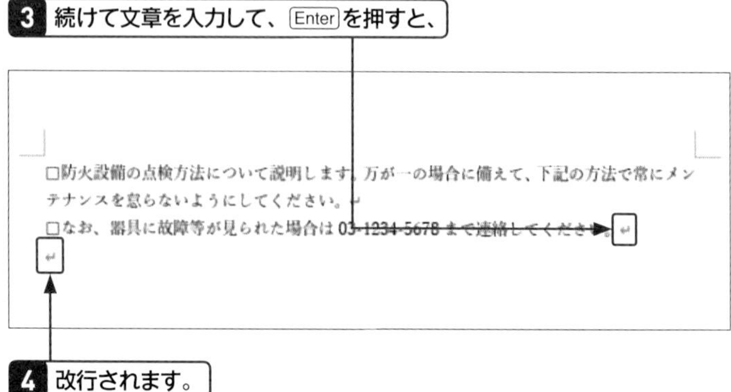
3 続けて文章を入力して、Enter を押すと、
□防火設備の点検方法について説明します。万が一の場合に備えて、下記の方法で常にメンテナンスを怠らないようにしてください。↵
□なお、器具に故障等が見られた場合は 03-1234-5678 まで連絡してください。↵
4 改行されます。

2 空行を入れる

1 改行して、行の先頭にカーソルを移動します。

□防火設備の点検方法について説明します。万が一の場合に備えて、下記の方法で常にメンテナンスを怠らないようにしてください。↵
□なお、器具に故障等が見られた場合は 03-1234-5678 まで連絡してください。↵
↵

2 Enter を押すと、

3 次の行にカーソルが移動するので文章を入力します。

この行が空行になります。

□防火設備の点検方法について説明します。万が一の場合に備えて、下記の方法で常にメンテナンスを怠らないようにしてください。↵
□なお、器具に故障等が見られた場合は 03-1234-5678 まで連絡してください。↵
↵
1 → 床の緊急ハシゴ用ハッチを確認してください。↵

キーワード 空行

文字の入力されていない行（段落）を「空行」といいます。文書によっては、読みやすさを意識したときや話題を変えるときに、1行空けるとよいでしょう。

ステップアップ 強制的に改行する

段落は、文章の始まりから最初の段落記号↵までを1段落と数えます。段落内で改行することを一般に「強制改行」といいますが、Wordでは「行区切り」という名称を使います。たとえば、箇条書きなどを設定する場合に同じ段落にしておくと、書式を設定する際などに段落単位でかんたんに扱うことができます。強制改行にするには、Shift＋Enterを押します。強制改行の記号は↓で表示されます。

1 強制的に改行したい先頭の位置にカーソルを移動して、Shift＋Enterを押します。

□防火設備の点検方法について説明します。万が一の場合に備えて、下記の方法で常にメンテナンスを怠らないようにしてください。なお、器具に故障等が見られた場合は 03-1234-5678 まで連絡してください。↵
↵

2 改行されます。

行区切りの記号が表示されます。

□防火設備の点検方法について説明します。万が一の場合に備えて、下記の方法で常にメンテナンスを怠らないようにしてください。↓
なお、器具に故障等が見られた場合は 03-1234-5678 まで連絡してください。↵
↵

□防火設備の点検方法について説明します。万が一の場合に備えて、下記の方法で常にメンテナンスを怠らないようにしてください。↓
なお、器具に故障等が見られた場合は↓
03-1234-5678 まで連絡してください。↵
↵
1 → 床の緊急ハシゴ用ハッチを確認してください。↵

ほかの箇所を箇条書きに改行しても、同じ段落として扱えます。

Section 08

文章を修正する

覚えておきたいキーワード
- 文字の挿入
- 文字の削除
- 文字の上書き

入力した文章の間に文字を挿入したり、文字を削除したりできます。文字を挿入するには、挿入する位置にカーソルを移動して入力します。文字を削除するには、削除したい文字の左側 にカーソルを移動して Delete を押します。また、入力済みの文章に、別の文字を上書きすることができます。

1 文字カーソルを移動する

キーワード **文字カーソル**

「文字カーソル」は、一般に「カーソル」といい、文字の入力など操作を開始する位置を示すアイコンです。任意の位置をクリックすると、その場所に文字カーソルが移動します。

1 修正したい文字の左側をクリックすると、

○試合の進め方とルール
1チーム4人、2チームで合計8人が試合に参加します。8人全員が2回ずつストーンを投げて、合計16投で1回が終わります。カーリングでは、回のことを「エンド」といい、1試合は10エンド（公式試合以外では8エンドの場合もあります）繰り返して行います。
投げるときは、ホッグラインとバックラインの間にストーンがくるようにします。ホッグラインとは、ハウスの中心を横切るティーラインの手前6.401mの位置に引かれたラインのことです。バックラインは、ハウスの後ろにあるラインのことです。ホッグラインを超えない場合、あるいはバックラインを超えた場合、そのストーンは失格となります。

○先攻後攻
各エンドで「先攻」と「後攻」があります。試合のスタート時に、各チームのサードがじゃんけん（またはコイントス）をして勝ったほうが、1エンド目の攻撃を選ぶ権利、

2 カーソルが移動します。

○試合の進め方とルール
1チーム4人、2チームで合計8人が試合に参加します。8人全員が2回ずつストーンを投げて、合計16投で1回が終わります。カーリングでは、回のことを「エンド」といい、1試合は10エンド（公式試合以外では8エンドの場合もあります）繰り返して行います。
投げるときは、ホッグラインとバックラインの間にストーンがくるようにします。ホッグラインとは、ハウスの中心を横切るティーラインの手前6.401mの位置に引かれたラインのことです。バックラインは、ハウスの後ろにあるラインのことです。ホッグラインを超えない場合、あるいはバックラインを超えた場合、そのストーンは失格となります。

○先攻後攻
各エンドで「先攻」と「後攻」があります。試合のスタート時に、各チームのサードがじゃんけん（またはコイントス）をして勝ったほうが、1エンド目の攻撃を選ぶ権利、

ヒント **文字カーソルを移動するそのほかの方法**

キーボードの↑↓←→を押して、文字カーソルを移動することもできます。

2 文字を削除する

1文字ずつ削除する

「特別」を1文字ずつ消します。

1 ここにカーソルを移動して、BackSpaceを押すと、

○試合の進め方とルール
1チーム4人、2チームで合計8人が試合に参加します。8人全員が2回ずつストーンを投げて、合計16投で1回が終わります。カーリングでは、回のことを「エンド」といい、1試合は10エンド（公式試合以外では8エンドの場合もあります）繰り返して行います。
投げるときは、ホッグラインとバックラインの間にストーンがくるようにします。ホッグラインとは、ハウスの中心を横切るティーラインの手前6.401mの位置に引かれたラインのことです。バックラインは、ハウスの後ろにあるラインのことです。ホッグラインを超えない場合、あるいはバックラインを超えた場合、そのストーンは失格となります。

2 カーソルの左側の文字が削除されます。

○試合の進め方とルール
1チーム4人、2チームで合計8人が試合に参加します。8人全員が2回ずつストーンを投げて、合計16投で1回が終わります。カーリングでは、回のことを「エンド」といい、1試合は10エンド（公式試合以外では8エンドの場合もあります）繰り返して行います。
投げるときは、ホッグラインとバックラインの間にストーンがくるようにします。ホッグラインとは、ハウスの中心を横切るティーラインの手前6.401mの位置に引かれたラインのことです。バックラインは、ハウスの後ろにあるラインのことです。ホッグラインを超えない合、あるいはバックラインを超えた場合、そのストーンは失格となります。

3 Deleteを押すと、

4 カーソルの右側の文字が削除されます。

○試合の進め方とルール
1チーム4人、2チームで合計8人が試合に参加します。8人全員が2回ずつストーンを投げて、合計16投で1回が終わります。カーリングでは、回のことを「エンド」といい、1試合は10エンド（公式試合以外では8エンドの場合もあります）繰り返して行います。
投げるときは、ホッグラインとバックラインの間にストーンがくるようにします。ホッグラインとは、ハウスの中心を横切るティーラインの手前6.401mの位置に引かれたラインのことです。バックラインは、ハウスの後ろにあるラインのことです。ホッグラインを超えない、あるいはバックラインを超えた場合、そのストーンは失格となります。

メモ 文字の削除

文字を1文字ずつ削除するには、DeleteまたはBackSpaceを使います。削除したい文字の右側にカーソルを移動してBackSpaceを押すと、カーソルの左側の文字が削除されます。Deleteを押すと、カーソルの右側の文字が削除されます。ここでは2つの方法を紹介していますが、必ずしも両方を覚える必要はありません。使いやすい方法を選び、使用してください。

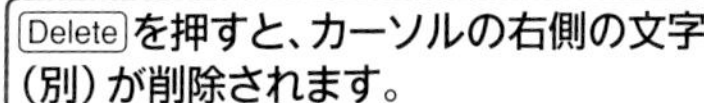
Deleteを押すと、カーソルの右側の文字（別）が削除されます。

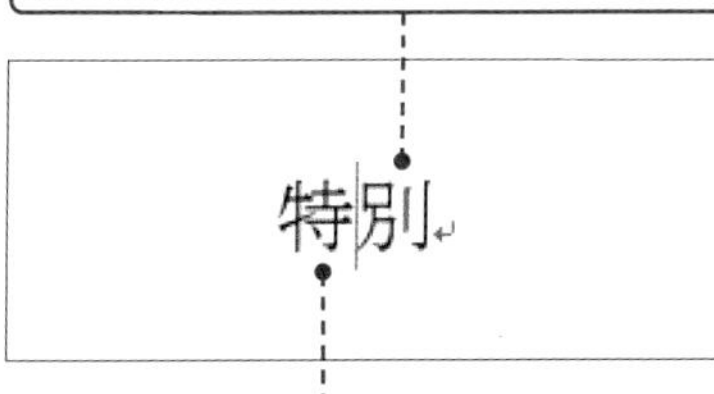
特別

BackSpaceを押すと、カーソルの左側の文字（特）が削除されます。

ヒント 文字を選択して削除する

左の操作では、1文字ずつ削除していますが、文字を選択してからDeleteを押しても削除できます。文字を選択するには、選択したい文字の左側にカーソルを移動して、文字の右側までドラッグします。文字列の詳しい選択方法については、Sec.09を参照してください。

メモ 文章単位で削除する

1文字ずつではなく、1行や複数行の単位で文章を削除するには、文章をドラッグして選択し、Delete または BackSpace を押します。

文章単位で削除する

1 文章をドラッグして選択し、BackSpace または Delete を押すと、

・試合の進め方とルール

1チーム4人、2チームで合計8人が試合に参加します。8人全員が2回ずつストーンを投げて、合計16投で1回が終わります。カーリングでは、回のことを「エンド」といい、1試合は10エンド（公式試合以外では8エンドの場合もあります）繰り返して行います。

投げるときは、ホッグラインとバックラインの間にストーンがくるようにします。ホッグラインとは、ハウスの中心を横切るティーラインの手前6.401mの位置に引かれたラインのことです。バックラインは、ハウスの後ろにあるラインのことです。ホッグライ

2 選択した文章がまとめて削除されます。

・試合の進め方とルール

投げるときは、ホッグラインとバックラインの間にストーンがくるようにします。ホッグラインとは、ハウスの中心を横切るティーラインの手前6.401mの位置に引かれたラインのことです。バックラインは、ハウスの後ろにあるラインのことです。ホッグラインを超えない、あるいはバックラインを超えた場合、そのストーンは失格となります。

3 文字を挿入する

メモ 文字列の挿入

「挿入」とは、入力済みの文字を削除せずに、カーソルのある位置に文字を追加することです。このように文字を追加できる状態を、「挿入モード」といいます。Wordの初期設定では、あらかじめ「挿入モード」になっています。

Wordには、「挿入モード」のほかに、「上書きモード」が用意されています。「上書きモード」は、入力されている文字を上書き（消し）しながら文字を置き換えて入力していく方法です。モードの切り替えは、キーボードの Insert（Ins）を押して行います。

1 文字を挿入する位置をクリックして、カーソルを移動します。

投げるときは、ホッグラインとバックラインの間にストーンがくるようにします。ホッグラインとは、ハウスの中心を横切るティーラインの手前6.401mの位置に引かれたラインのことです。バックラインは、ハウスの後ろにあるラインのことです。ホッグラインを超えない、あるいはバックラインを超えた場合、そのストーンは失格となります。

2 文字を入力し、確定すると、

投げるときは、ホッグラインとバックラインの間にストーンがくるようにします。ホッグラインとは、ハウスの中心を横切るティーラインの手前6.401mの位置に引かれたラインのことです。バックラインは、ハウスの後ろにあるラインのことです。ホッグラインを超えない場合、あるいはバックラインを超えた場合、そのストーンは失格となります。

3 文字が挿入されます。

投げるときは、ホッグラインとバックラインの間にストーンがくるようにします。ホッグラインとは、ハウスの中心を横切るティーラインの手前6.401mの位置に引かれたラインのことです。バックラインは、ハウスの後ろにあるラインのことです。ホッグラインを超えない場合、あるいはバックラインを超えた場合、そのストーンは失格となります。

・先攻後攻

4 文字を上書きする

1 入力済みの文字列を選択して、

投げるときは、ホッグラインとバックラインの間にストーンがくるようにします。ホッグラインとは、ハウスの中心を横切るティーラインの手前 6.401m の位置に引かれたラインのことです。バックラインは、ハウスの後ろにあるラインのことです。ホッグラインを超えない場合、あるいはバックラインを超えた場合、そのストーンは失格となります。

2 上書きする文字列を入力すると、

投げるときは、ホッグラインとバックラインの間にストーンがくるようにします。ホッグラインとは、ハウスの中心を横切るティーラインの手前 6.401m の位置に引かれたラインのことです。バックラインは、ハウスの後ろにあるラインのことです。ホッグラインを超えなかった場合、あるいはバックラインを超えた場合、そのストーンは失格となります なかった

3 文字列が上書きされます。

投げるときは、ホッグラインとバックラインの間にストーンがくるようにします。ホッグラインとは、ハウスの中心を横切るティーラインの手前 6.401m の位置に引かれたラインのことです。バックラインは、ハウスの後ろにあるラインのことです。ホッグラインを超えなかった場合、あるいはバックラインを超えた場合、そのストーンは失格となります。

メモ 文字列の上書き

「上書き」とは、入力済みの文字を選択して、別の文字に書き換えることです。上書きするには、書き換えたい文字を選択してから入力します。

ヒント 上書き入力での注意

左のように最初に文字列を選択しておくと、その文字が置き換わります。カーソルの位置から上書きモードで入力すると、もとの文字が順に上書きされ、消えてしまいます。

ステップアップ 文字数をカウントする

文書内の文字数は、タスクバーに表示されます。文字を選択すると、「選択した文字数／全体の文字数」という形式で表示されます。文字数カウントが表示されていない場合は、タスクバーを右クリックして、<文字カウント>をクリックします。なお、文字カウントをクリックするか、<校閲>タブの<文字カウント>をクリックすると、<文字カウント>ダイアログボックスを表示できます。

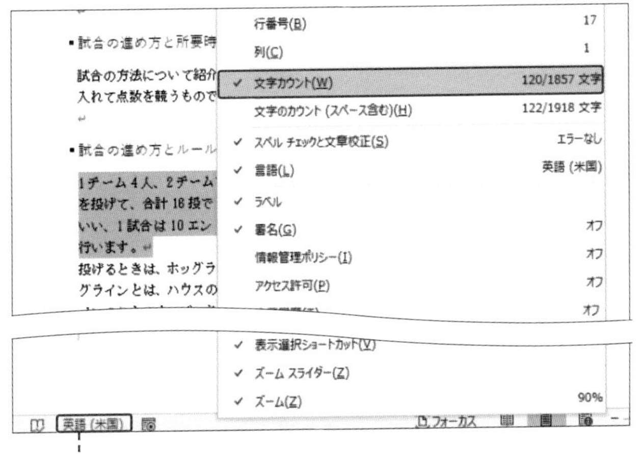

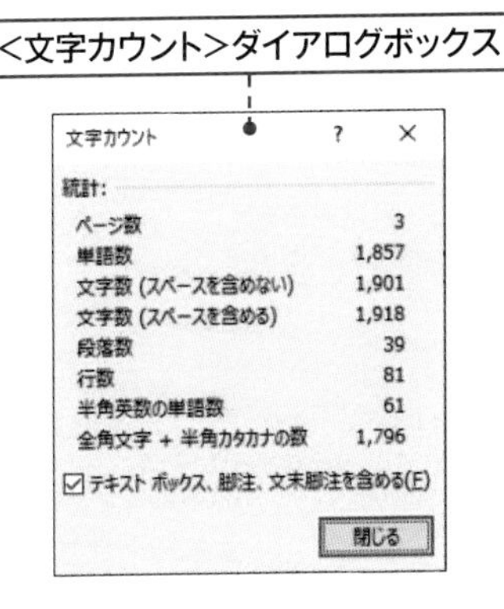

Section 09

文字列を選択する

覚えておきたいキーワード
- 文字列の選択
- 行の選択
- 段落の選択

文字列に対してコピーや移動、書式変更などを行う場合は、まず操作する文字列や段落を選択します。文字列を選択するには、選択したい文字列をマウスでドラッグするのが基本ですが、ドラッグ以外の方法で単語や段落を選択することもできます。また、離れた文字列を同時に選択することもできます。

1 ドラッグして文字列を選択する

メモ ドラッグで選択する

文字列を選択するには、文字列の先頭から最後までをドラッグする方法がかんたんです。文字列に網がかかった状態を「選択された状態」といいます。

ヒント 選択の解除

文字の選択を解除するには、文書上のほかの場所をクリックします。

1 選択したい文字列の先頭をクリックして、

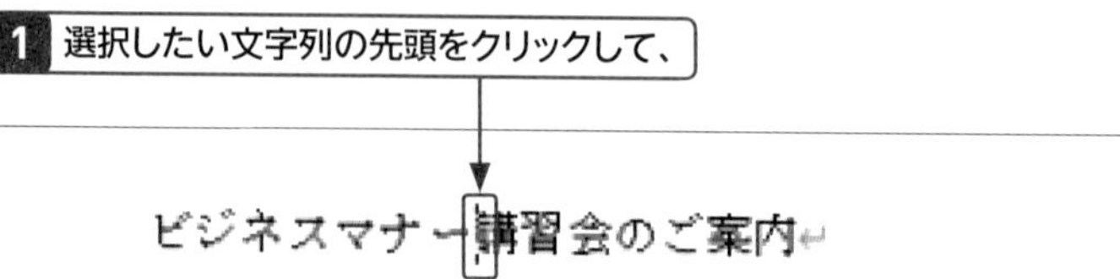

2 文字列の最後までドラッグすると、文字列が選択されます。

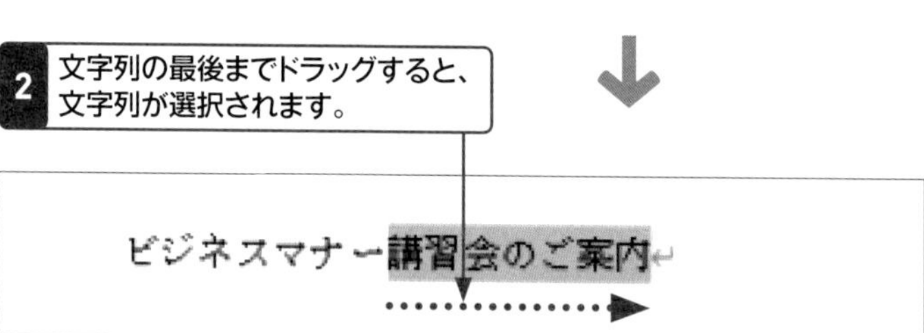

2 ダブルクリックして単語を選択する

メモ 単語の選択

単語を選択するには、単語の上にマウスポインター[I]を移動して、ダブルクリックします。単語を一度に選択することができます。

1 単語の上にマウスカーソルを移動して、

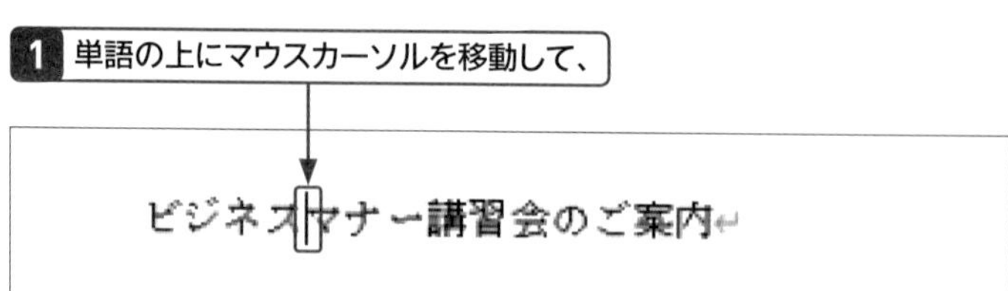

2 ダブルクリックすると、

3 単語が選択された状態になります。

ビジネスマナー講習会のご案内

3 行を選択する

1 選択する行の左側の余白にマウスポインターを移動してクリックすると、

2 行が選択されます。

初秋の候、貴社ますますご清祥のこととお慶び申し上げます。平素は格別のご高配を賜り、厚く御礼申し上げます。
さて、毎年ご好評をいただいております「ビジネスマナー講習会」を下記のとおり開催いたします。
ぜひ社員の皆さまにご参加いただけますようご案内申し上げます。

3 左側の余白をドラッグすると、

拝啓
初秋の候、貴社ますますご清祥のこととお慶び申し上げます。平素は格別のご高配を賜り、厚く御礼申し上げます。
さて、毎年ご好評をいただいております「ビジネスマナー講習会」を下記のとおり開催いたします。
ぜひ社員の皆さまにご参加いただけますようご案内申し上げます。

4 ドラッグした範囲の行がまとめて選択されます。

メモ 行の選択

「行」の単位で選択するには、選択する行の余白でクリックします。そのまま下へドラッグすると、複数行を選択することができます。

4 文（センテンス）を選択する

1 文のいずれかの文字の上にマウスポインターを移動して、

初秋の候、貴社ますますご清祥のこととお慶び申し上げます。平素は格別のご高配を賜り、厚く御礼申し上げます。
さて、毎年ご好評をいただいております「ビジネスマナー講習会」を下記のとおり開催いたします。
ぜひ社員の皆さまにご参加いただけますようご案内申し上げます。
敬具
記
開催日時：10月1日（月）□9：00～12：00
会　場：技術会館□セミナー室305
参加費：4,200円（資料代、税込み）
以上

2 Ctrlを押しながらクリックすると、

3 文が選択されます。

高配を賜り、厚く御礼申し上げます。
さて、毎年ご好評をいただいております「ビジネスマナー講習会」を下記のとおり開催いたします。
ぜひ社員の皆さまにご参加いただけますようご案内申し上げます。
敬具
記
開催日時：10月1日（月）□9：00～12：00
会　場：技術会館□セミナー室305
参加費：4,200円（資料代、税込み）
以上

メモ 文の選択

Wordにおける「文」とは、句点「。」で区切られた範囲のことです。文の上でCtrlを押しながらクリックすると、「文」の単位で選択することができます。

5 段落を選択する

メモ 段落の選択

Wordにおける「段落」とは、文書の先頭または段落記号↵から、文書の末尾または段落記号↵までの文章のことです。段落の左側の余白でダブルクリックすると、段落全体を選択することができます。

1 選択する段落の左余白にマウスポインターを移動して、

2 ダブルクリックすると、

3 段落が選択されます。

ヒント そのほかの段落の選択方法

目的の段落内のいずれかの文字の上でトリプルクリック（マウスの左ボタンをすばやく3回押すこと）しても、段落を選択できます。

6 離れたところにある文字を同時に選択する

メモ 離れた場所にある文字を同時に選択する

文字列をドラッグして選択したあと、Ctrlを押しながら別の箇所の文字列をドラッグすると、離れた場所にある複数の文字列を同時に選択することができます。

1 文字列をドラッグして選択します。

2 Ctrlを押しながら、ほかの文字列をドラッグします。

3 Ctrlを押しながら、ほかの文字列をドラッグします。

4 同時に複数の文字列を選択することができます。

7 ブロック選択で文字を選択する

1 選択する範囲の左上隅にマウスポインターを移動して、

おり開催いたします。
ぜひ社員の皆さまにご参加いただけますようご案内申し上げます。
敬具
記
開催日時：10月1日（月）□9：00～12：00
会　　場：技術会館□セミナー室305
参加費：4,200円（資料代、税込み）
以上

2 Altを押しながらドラッグすると、

3 ブロックで選択されます。

さて、毎年ご好評をいただいております「ビジネスマナー講習会」を下記のと
おり開催いたします。
ぜひ社員の皆さまにご参加いただけますようご案内申し上げます。
敬具
記
開催日時：10月1日（月）□9：00～12：00
会　　場：技術会館□セミナー室305
参加費：4,200円（資料代、税込み）
以上

キーワード ブロック選択

「ブロック選択」とは、ドラッグした軌跡を対角線とする四角形の範囲を選択する方法のことです。箇条書きや段落番号に設定している書式だけを変更する場合などに利用すると便利です。

ヒント キー操作で文字を選択するには?

キーボードを使って文字を選択することもできます。Shiftを押しながら、選択したい方向の↑↓←→を押します。

- Shift＋←／→
  カーソルの左／右の文字列まで、選択範囲が広がります。
- Shift＋↑
  カーソルから上の行の文字列まで、選択範囲が広がります。
- Shift＋↓
  カーソルから下の行の文字列まで、選択範囲が広がります。

1 選択する範囲の先頭にカーソルを移動して、

ビジネスマナー講習会のご案内

2 Shift＋→を1回押すと、カーソルから右へ1文字選択されます。

ビジネスマナー講習会のご案内

3 さらに→を押し続けると、押した回数（文字数）分、選択範囲が右へ広がります。

ビジネスマナー講習会のご案内

Section 10 文字列をコピーする／移動する

覚えておきたいキーワード
☑ コピー
☑ 切り取り
☑ 貼り付け

同じ文字列を繰り返し入力したり、入力した文字列を別の場所に移動したりするには、コピーや切り取り、貼り付け機能を利用すると便利です。コピーされた文字列はクリップボードに格納され、何度でも利用できます。また、コピーと移動はドラッグ＆ドロップでも実行できます。

1 文字列をコピーして貼り付ける

メモ 文字列のコピー

文字列をコピーするには、右の手順に従って操作を行います。コピーされた文字列はクリップボード（下の「キーワード」参照）に保管され、<貼り付け>をクリックすると、何度でも別の場所に貼り付けることができます。

キーワード クリップボード

「クリップボード」とは、コピーしたり切り取ったりしたデータを一時的に保管する場所のことです。文字列以外に、画像や音声などのデータを保管することもできます。

ヒント ショートカットキーを利用する

コピーと貼り付けは、ショートカットキーを利用すると便利です。コピーする場合は文字を選択して、Ctrl＋C を押します。コピー先にカーソルを移動して、貼り付けの Ctrl＋V を押します。

1 コピーする文字列を選択します。

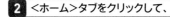

高配を賜り、厚く御礼申し上げます。
さて、毎年ご好評をいただいております「ビジネスマナー講習会」を下記のとおり開催いたします。
ぜひ社員の皆さまにご参加いただけますようご案内申し上げます。
敬具

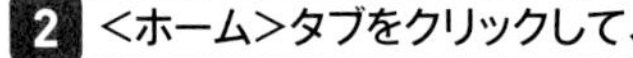

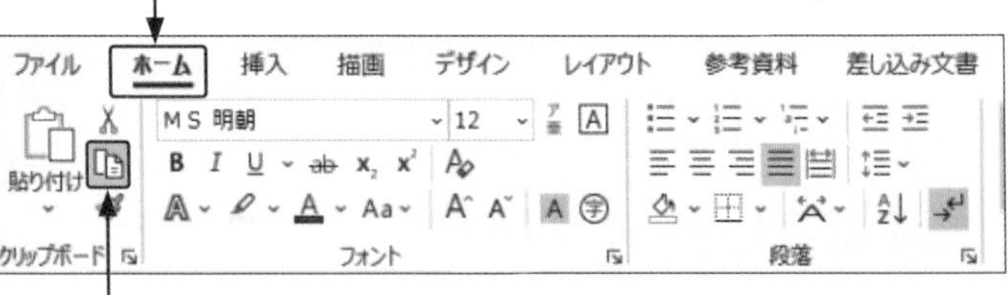

3 <コピー>をクリックします。

4 選択した文字列がクリップボードに保管されます。

5 文字列を貼り付ける位置にカーソルを移動して、

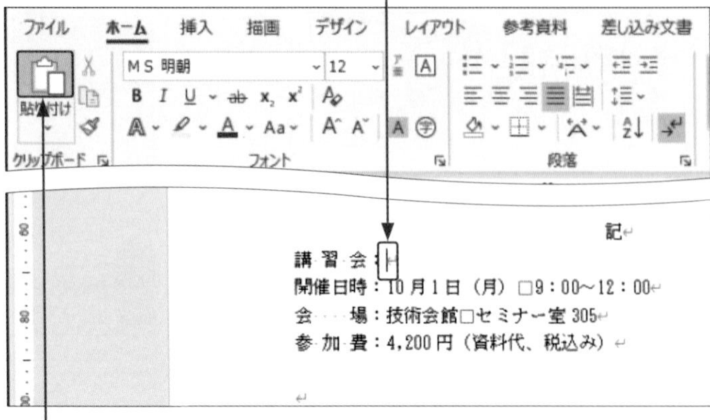

6 <貼り付け>の上の部分をクリックすると、

7 クリップボードに保管した文字列が貼り付けられます。

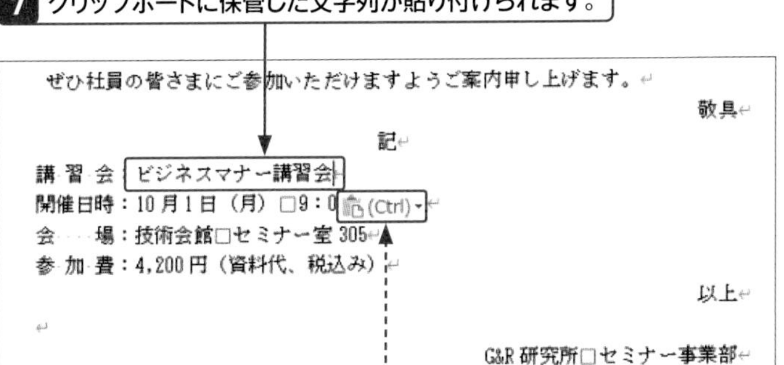
ぜひ社員の皆さまにご参加いただけますようご案内申し上げます。
敬具
記
講習会：ビジネスマナー講習会
開催日時：10月1日（月）□9：0 (Ctrl)
会　場：技術会館□セミナー室 305
参加費：4,200円（資料代、税込み）
以上
G&R 研究所□セミナー事業部

＜貼り付けのオプション＞が表示されます（「ヒント」参照）。

ヒント ＜貼り付けのオプション＞を利用するには？

貼り付けたあと、その結果の右下に表示される＜貼り付けのオプション＞ (Ctrl) をクリックすると、貼り付ける状態を指定するためのメニューが表示されます。詳しくは、Sec.22を参照してください。

2 ドラッグ＆ドロップで文字列をコピーする

1 コピーする文字列を選択して、

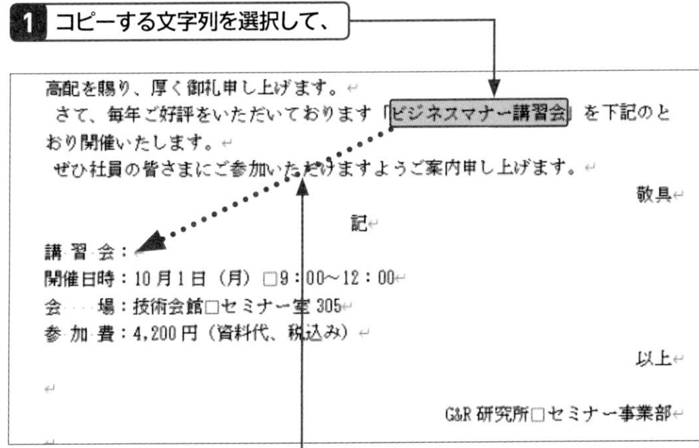
高配を賜り、厚く御礼申し上げます。
さて、毎年ご好評をいただいております「ビジネスマナー講習会」を下記のとおり開催いたします。
ぜひ社員の皆さまにご参加いただけますようご案内申し上げます。
敬具
記
講習会：
開催日時：10月1日（月）□9：00～12：00
会　場：技術会館□セミナー室 305
参加費：4,200円（資料代、税込み）
以上
G&R 研究所□セミナー事業部

2 Ctrl を押しながらドラッグすると、

3 文字列がコピーされます。

もとの文字列も残っています。

ビジネスマナー講習会のご案内
拝啓
初秋の候、貴社ますますご清祥のこととお慶び申し上げます。平素は格別のご高配を賜り、厚く御礼申し上げます。
さて、毎年ご好評をいただいております「ビジネスマナー講習会」を下記のとおり開催いたします。
ぜひ社員の皆さまにご参加いただけますようご案内申し上げます。
敬具
記
講習会：ビジネスマナー講習会
開催日時：10月1日（月）□9：0 (Ctrl)
会　場：技術会館□セミナー室 305

メモ ドラッグ＆ドロップで文字列をコピーする

文字列を選択して、Ctrl を押しながらドラッグすると、マウスポインターの形が に変わります。この状態でマウスボタンから指を離す（ドロップする）と、文字列をコピーできます。なお、この方法でコピーすると、クリップボードにデータが保管されないため、データは一度しか貼り付けられません。

3 文字列を切り取って移動する

メモ 文字列の移動

文字列を移動するには、右の手順に従って操作を行います。切り取られた文字列はクリップボードに保管されるので、コピーの場合と同様、<貼り付け>をクリックすると、何度でも別の場所に貼り付けることができます。

1 移動する文字列を選択して、

2 <ホーム>タブをクリックし、

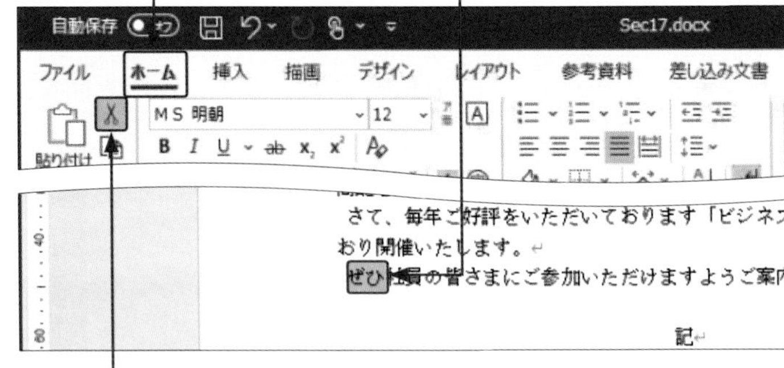
自動保存
Sec17.docx
ファイル
ホーム
挿入
描画
デザイン
レイアウト
参考資料
差し込み文書
MS 明朝
12
さて、毎年ご好評をいただいております「ビジネス
おり開催いたします。
ぜひ社員の皆さまにご参加いただけますようご案内
記

3 <切り取り>をクリックすると、

4 選択した文字列が切り取られ、クリップボードに保管されます。

5 文字列を貼り付ける位置にカーソルを移動して、

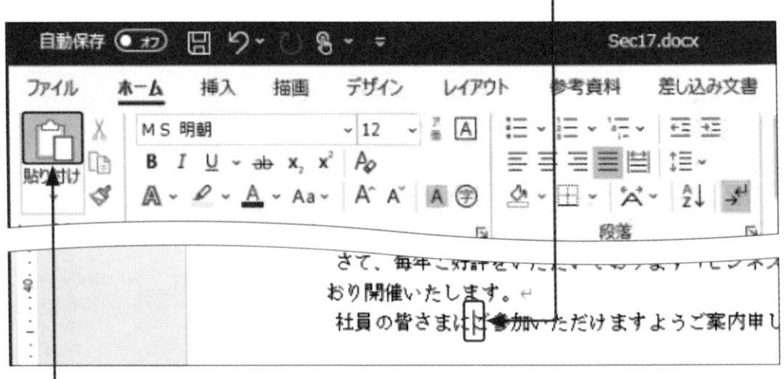
自動保存
Sec17.docx
ファイル
ホーム
挿入
描画
デザイン
レイアウト
参考資料
差し込み文書
貼り付け
MS 明朝
12
段落
さて、毎年ご好評をいただいております「ビジネス
おり開催いたします。
社員の皆さまにご参加いただけますようご案内申し

6 <貼り付け>の上の部分をクリックすると、

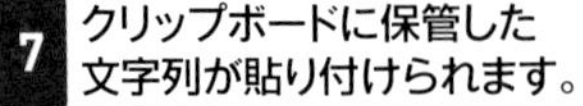

7 クリップボードに保管した文字列が貼り付けられます。

<貼り付けのオプション>が表示されます（Sec.22参照）。

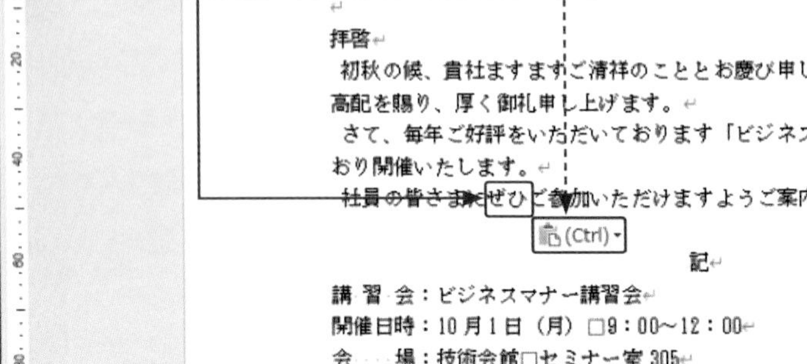
拝啓
初秋の候、貴社ますますご清祥のこととお慶び申し
高配を賜り、厚く御礼申し上げます。
さて、毎年ご好評をいただいております「ビジネス
おり開催いたします。
社員の皆さまにぜひご参加いただけますようご案内
(Ctrl)
記
講習会：ビジネスマナー講習会
開催日時：10月1日（月）□9：00～12：00
会場：技術会館□セミナー室 305
参加費：4,200円（資料代、税込み）

ヒント ショートカットキーを利用する

切り取りと貼り付けは、ショートカットキーを利用すると便利です。移動する場合は文字を選択して、Ctrl + X を押します。移動先にカーソルを移動して、貼り付けの Ctrl + V を押します。

4 ドラッグ&ドロップで文字列を移動する

1 移動する文字列を選択して、

拝啓
初秋の候、貴社ますますご清祥のこととお慶び申し上げます。平素は格別のご高配を賜り、厚く御礼申し上げます。
さて、毎年ご好評をいただいております「ビジネスマナー講習会」を下記のとおり開催いたします。
ぜひ社員の皆さまにご参加いただけますようご案内申し上げます。
敬具
記
講 習 会：ビジネスマナー講習会
開催日時：10月1日（月）□9：00～12：00

2 移動先にドラッグ&ドロップすると、

3 文字列が移動します。

拝啓
初秋の候、貴社ますますご清祥のこととお慶び申し上げます。平素は格別のご高配を賜り、厚く御礼申し上げます。
さて、毎年ご好評をいただいております「ビジネスマナー講習会」を下記のとおり開催いたします。
社員の皆さまにぜひご参加いただけますようご案内申し上げます。
敬具
(Ctrl)
記
講 習 会：ビジネスマナー講習会
開催日時：10月1日（月）□9：00～12：00

もとの文字列はなくなります。

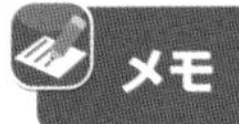

メモ ドラッグ&ドロップで文字列を移動する

文字列を選択して、そのままドラッグすると、マウスポインターの形がに変わります。この状態でマウスボタンから指を離す（ドロップする）と、文字列を移動できます。ただし、この方法で移動すると、クリップボードにデータが保管されないため、データは一度しか貼り付けられません。

ヒント ショートカットメニューでのコピーと移動

コピー、切り取り、貼り付けの操作は、文字を選択して、右クリックして表示されるショートカットメニューからも行うことができます。

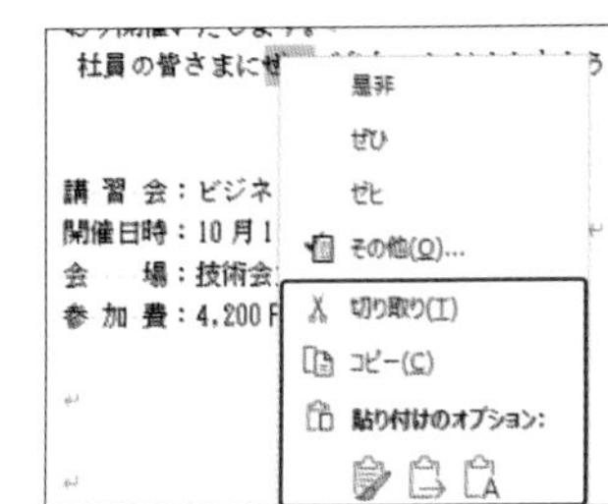

タッチ タッチ操作で行うコピー、切り取り、貼り付け

タッチ操作で、コピー、切り取り、貼り付けをするには、文字の上でタップしてハンドル○を表示します。○をスライドすると、文字を選択できます。選択した文字の上でホールド（タッチし続ける）し、表示されるショートカットメニューからコピー、切り取り、貼り付けの操作を選択します。

1 ○（ハンドル）を操作して文字を選択し、

さて、毎年ご好評をいただいております
下記のとおり開催いたします。
ぜひ社員の皆さまにご参加いただけます

2 文字の上をホールドします。

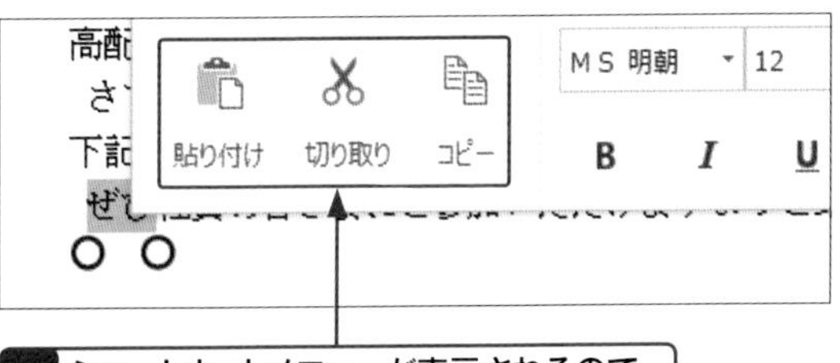

3 ショートカットメニューが表示されるので、目的の操作をタップします。

Section 11

文字を検索する／置換する

覚えておきたいキーワード
- 検索
- 置換
- ナビゲーション作業ウィンドウ

文書の中で該当する文字を探す場合は検索、該当する文字をほかの文字に差し替える場合は置換機能を利用することで、作成した文書の編集を効率的に行うことができます。文字の検索には＜ナビゲーション＞作業ウィンドウを、置換の場合は＜検索と置換＞ダイアログボックスを使うのがおすすめです。

1 文字列を検索する

ヒント ＜検索＞の表示

手順2の＜検索＞は、画面の表示サイズによって、＜編集＞グループにまとめられる場合もあります。

メモ 文字列の検索

＜ナビゲーション＞作業ウィンドウの検索ボックスにキーワードを入力すると、検索結果が＜結果＞タブに一覧で表示され、文書中の検索文字列には黄色のマーカーが引かれます。

ヒント 検索機能の拡張

＜ナビゲーション＞作業ウィンドウの検索ボックス横にある＜さらに検索＞▾をクリックすると、図や表などを検索するためのメニューが表示されます。＜オプション＞をクリックすると、検索方法を細かく指定することができます。

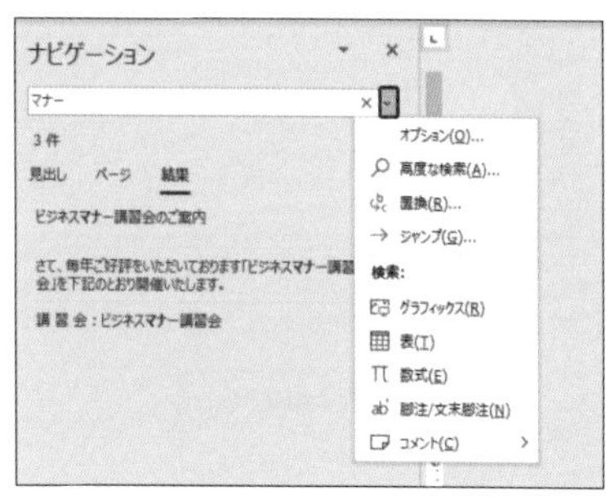

ナビゲーション
マナー
3 件
見出し ページ 結果
ビジネスマナー講習会のご案内
さて、毎年ご好評をいただいております「ビジネスマナー講習会」を下記のとおり開催いたします。
講 習 会：ビジネスマナー講習会
オプション(O)...
高度な検索(A)...
置換(R)...
ジャンプ(G)...
検索:
グラフィックス(R)
表(T)
数式(E)
脚注/文末脚注(N)
コメント(C)

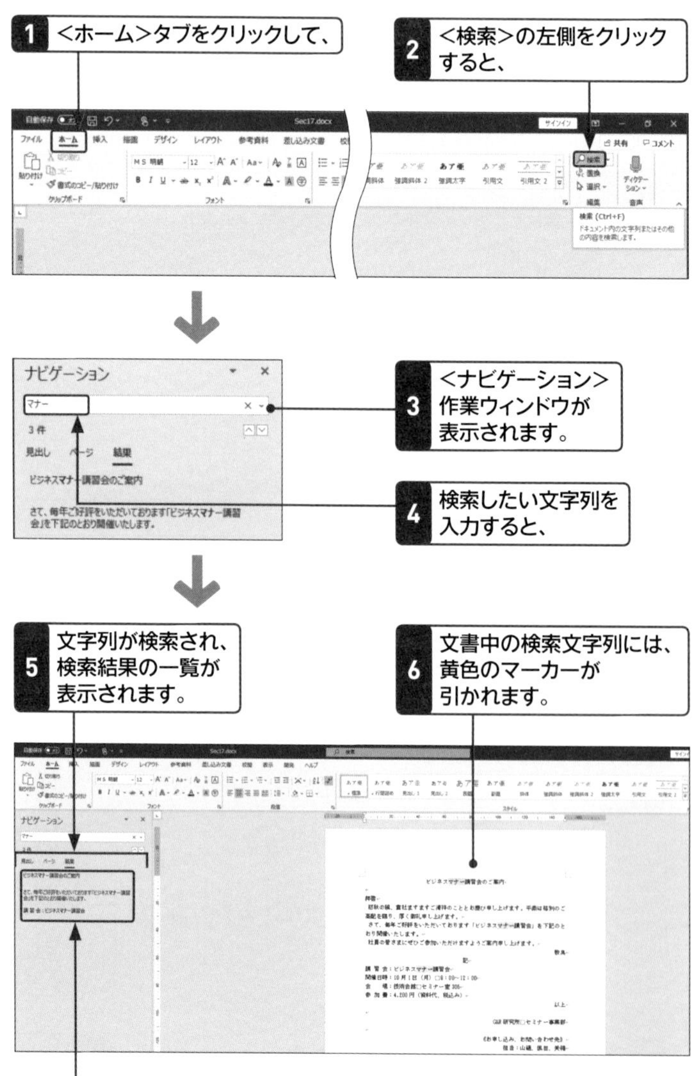

1 ＜ホーム＞タブをクリックして、
2 ＜検索＞の左側をクリックすると、
3 ＜ナビゲーション＞作業ウィンドウが表示されます。
4 検索したい文字列を入力すると、
5 文字列が検索され、検索結果の一覧が表示されます。
6 文書中の検索文字列には、黄色のマーカーが引かれます。
7 それぞれの検索結果をクリックすると、該当箇所にジャンプします。
ナビゲーション
マナー
3 件
見出し ページ 結果
ビジネスマナー講習会のご案内
さて、毎年ご好評をいただいております「ビジネスマナー講習会」を下記のとおり開催いたします。

2 文字列を置換する

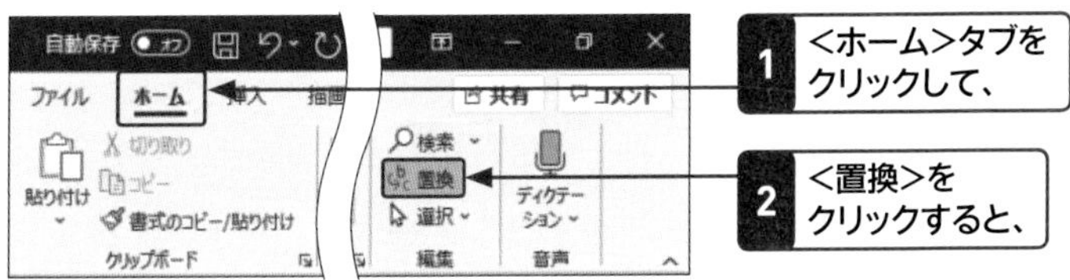

1 <ホーム>タブをクリックして、

2 <置換>をクリックすると、

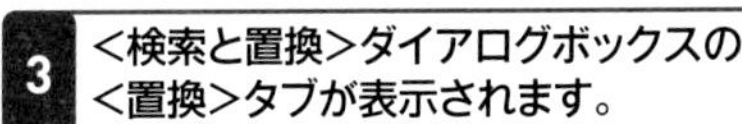

3 <検索と置換>ダイアログボックスの<置換>タブが表示されます。

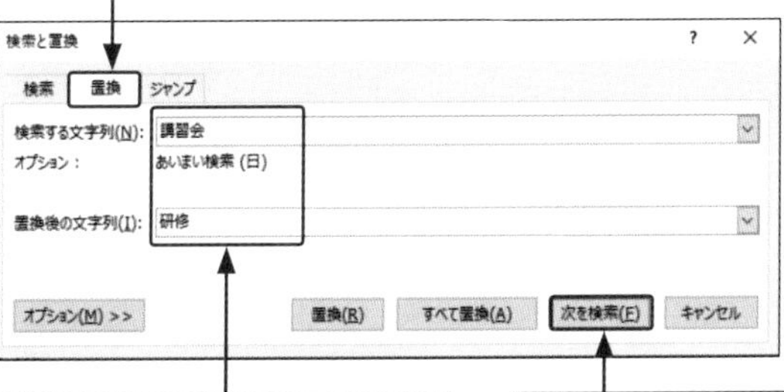

4 上段に検索文字列、下段に置換後の文字列を入力して、

5 <次を検索>をクリックすると、

6 検索した文字列が選択されます。

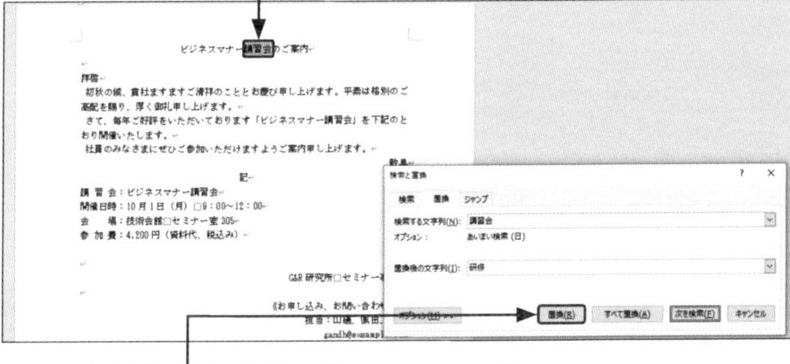

7 <置換>をクリックすると、

8 指定した文字列に置き換えられ、

9 次の文字列が検索されます。

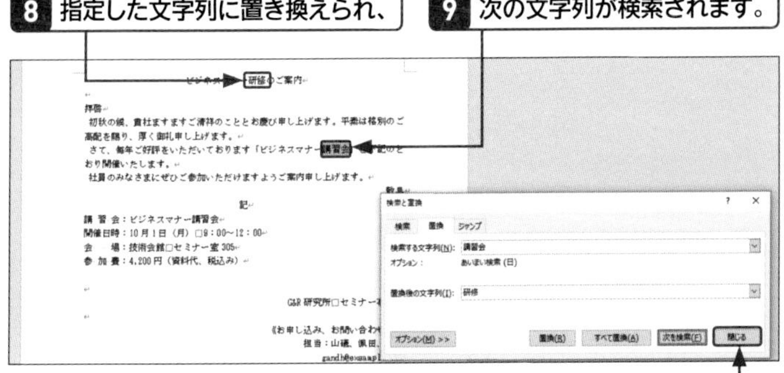

10 同様に置換して、すべて終了したら、<閉じる>をクリックします。

メモ　文字列を1つずつ置換する

左の手順に従って操作すると、文字列を1つずつ確認しながら置換することができます。検索された文字列を置換せずに次を検索したい場合は、<次を検索>をクリックします。置換が終了すると確認メッセージが表示されるので、<OK>をクリックし、<検索と置換>ダイアログボックスに戻って、<閉じる>をクリックします。

ヒント　確認せずにすべて置換するには？

確認作業を行わずに、まとめて一気に置換する場合は、手順**5**のあとで<すべて置換>をクリックします。

ヒント　検索・置換条件を詳細に指定するには？

<検索と置換>ダイアログボックスの<検索>または<置換>タブで<オプション>をクリックすると、検索オプションが表示されます。さらに細かい検索・置換条件を指定することができます。

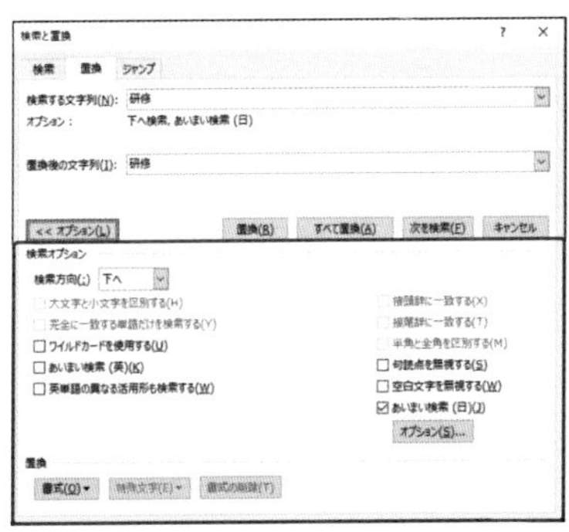

Section 12

文書のサイズや余白を設定する

覚えておきたいキーワード
- ページ設定
- 用紙サイズ／余白
- 文字数／行数

新しい文書は、A4サイズの横書きが初期設定として表示されます。文書を作成する前に、用紙サイズや余白、文字数、行数などのページ設定をしておきます。ページ設定は、<ページ設定>ダイアログボックスの各タブで一括して行います。また、次回から作成する文書に適用することもできます。

1 用紙のサイズを設定する

キーワード ページ設定

「ページ設定」とは、用紙のサイズや向き、余白、文字数や行数など、文書全体にかかわる設定のことです。

ヒント 用紙サイズの種類

選択できる用紙サイズは、使用しているプリンターによって異なります。また用紙サイズは、<レイアウト>タブの<サイズ>をクリックしても設定できます。

ヒント 目的のサイズが見つからない場合は?

目的の用紙サイズが見つからない場合は、<用紙サイズ>の一覧から<サイズを指定>をクリックして、<幅>と<高さ>に数値を入力します。

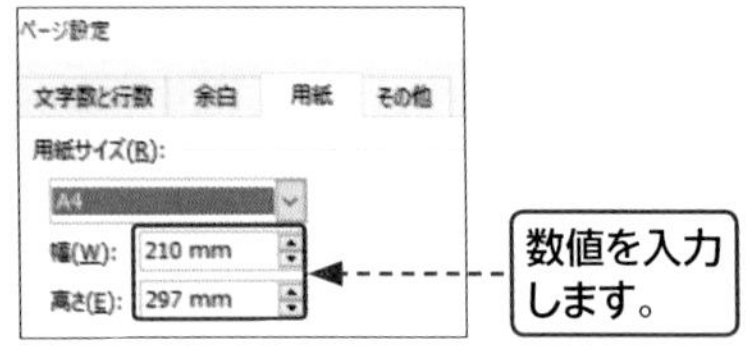

数値を入力します。

1 <レイアウト>タブをクリックして、

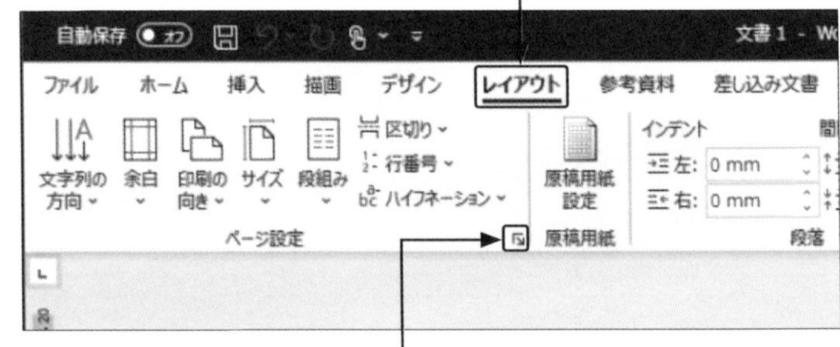

2 <ページ設定>のここをクリックすると、

3 <ページ設定>ダイアログボックスが表示されます。

4 <用紙>タブをクリックして、

5 ここをクリックし、

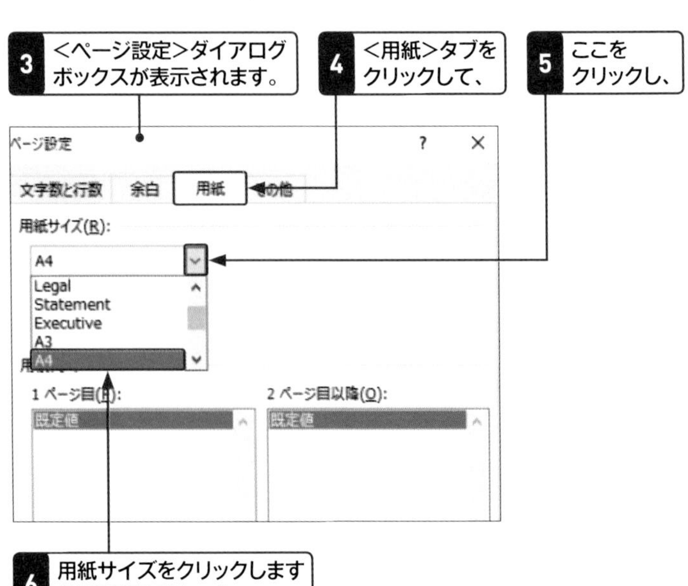

6 用紙サイズをクリックします（初期設定ではA4）。

第1章 Wordの基本操作

2 ページの余白と用紙の向きを設定する

1 <余白>タブをクリックして、

2 上下左右の余白を設定し、

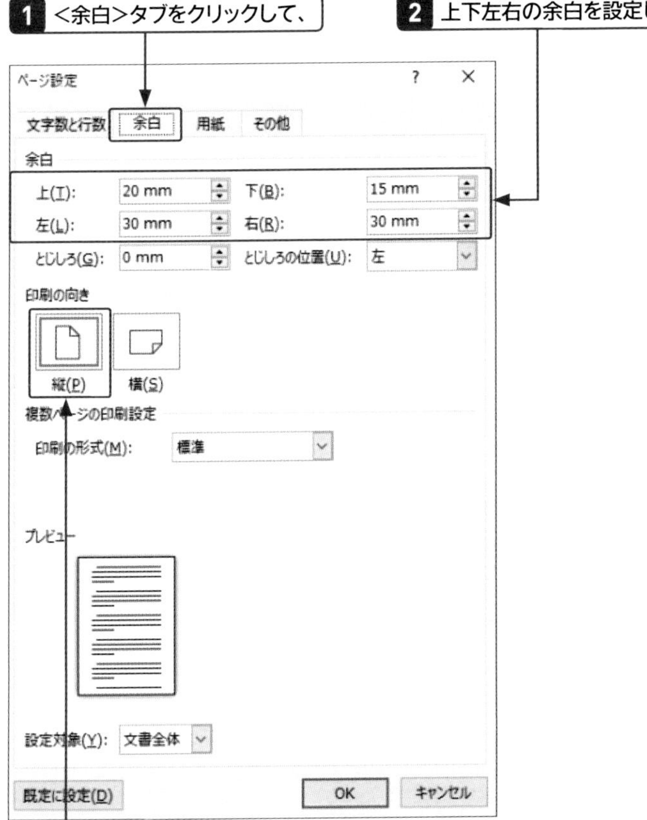

3 印刷の向きをクリックします。

4 このままページ設定を続けるので、次ページへ進みます。

キーワード 余白

「余白」とは、上下左右の空きのことです。余白を狭くすれば文書の1行の文字数が増え、左右の余白を狭くすれば1ページの行数を増やすことができます。見やすい文書を作る場合は、上下左右「20mm」程度の余白が適当です。

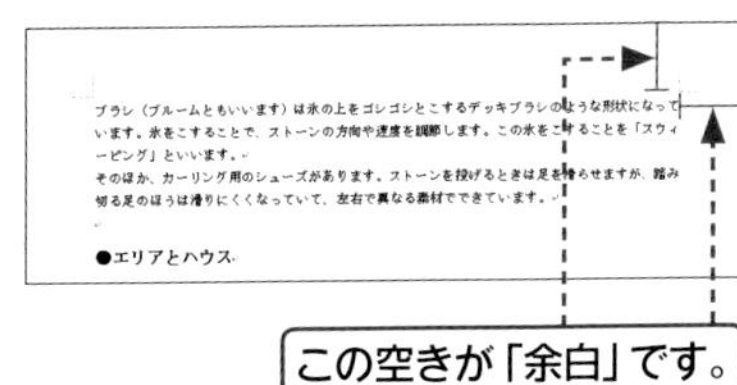

ヒント 余白の調節

余白の設定は、<レイアウト>タブの<余白>でも行うことができます。

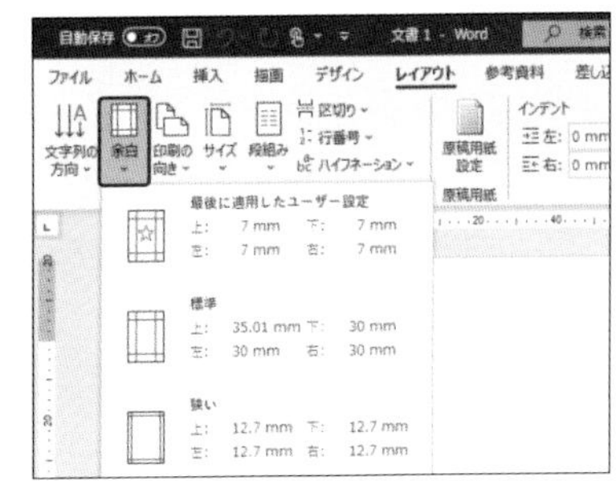

ステップアップ 文書のイメージを確認しながら余白を設定する

余白の設定は、<ページ設定>ダイアログボックスの<余白>タブで行いますが、実際に文書を作成していると、文章の量や見栄えなどから余白を変更したい場合もあります。そのようなときは、ルーラーのグレーと白の境界部分をドラッグして、印刷時のイメージを確認しながら設定することもできます。
なお、ルーラーが表示されていない場合は、<表示>タブの<ルーラー>をオンにして表示します。

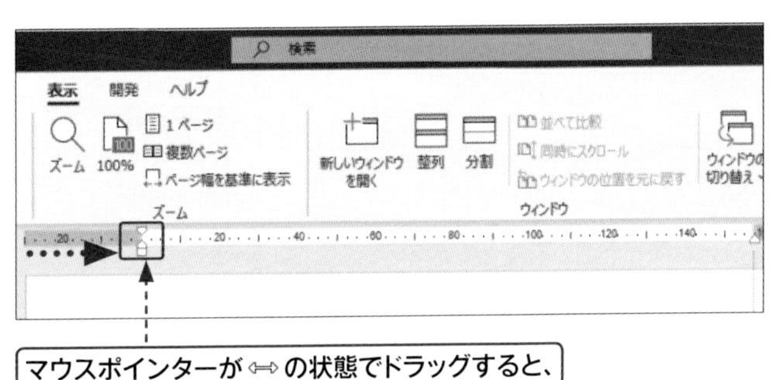

マウスポインターが ⇔ の状態でドラッグすると、イメージを確認しながら余白を変更できます。

3 文字数と行数を設定する

メモ 横書きと縦書き

＜文字方向＞は＜横書き＞か＜縦書き＞を選びます。ここでは、＜横書き＞にしていますが、文字方向は文書作成中でも変更することができます。文書作成中に文字方向を変更する場合は、＜レイアウト＞タブの＜文字列の方向＞をクリックします。なお、縦書き文書の作成方法は、次ページの「ステップアップ」を参照してください。

ヒント 字送りと行送りの設定

「字送り」は文字の左端（縦書きでは上端）から次の文字の左端（上端）までの長さ、「行送り」は行の上端（縦書きでは右端）から次の行の上端（右端）までの長さを指します。文字数や行数、余白によって、自動的に最適値が設定されます。

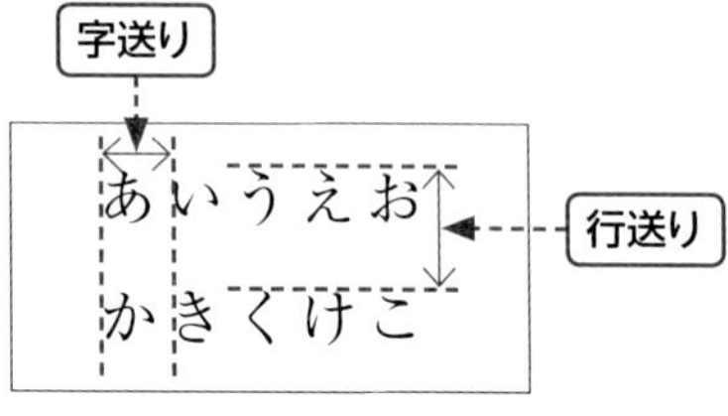

メモ <フォント>ダイアログボックスの利用

＜ページ設定＞ダイアログボックスから開いた＜フォント＞ダイアログボックスでは、使用するフォント（書体）やスタイル（太字や斜体）などの文字書式や文字サイズを設定することができます。

1 <文字数と行数>タブをクリックして、

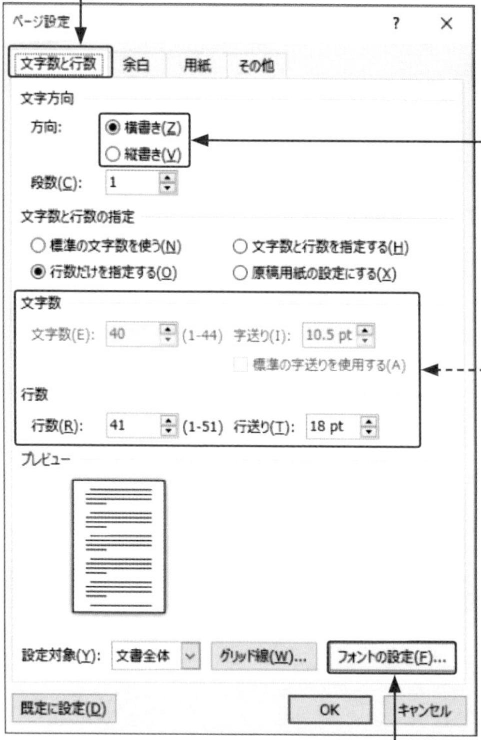

2 <縦書き>か<横書き>かを選択し、

「ヒント」参照

3 <フォントの設定>をクリックすると、

4 <フォント>ダイアログボックスが表示されます。

5 ここでは文字サイズを変更して、

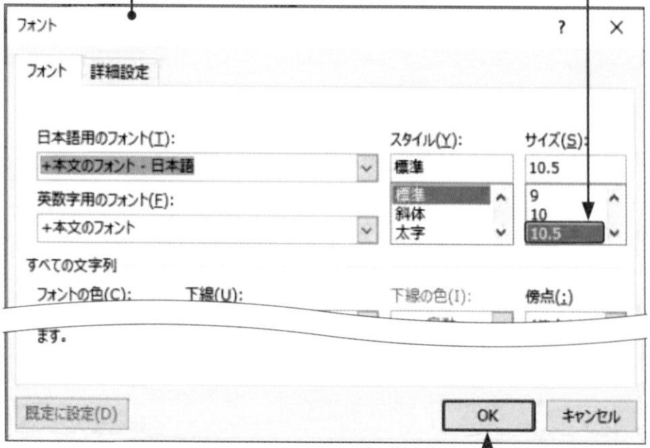

6 <OK>をクリックします。

7 再度<ページ設定>ダイアログボックスが表示されます。

8 <文字数と行数を指定する>をオンにして、

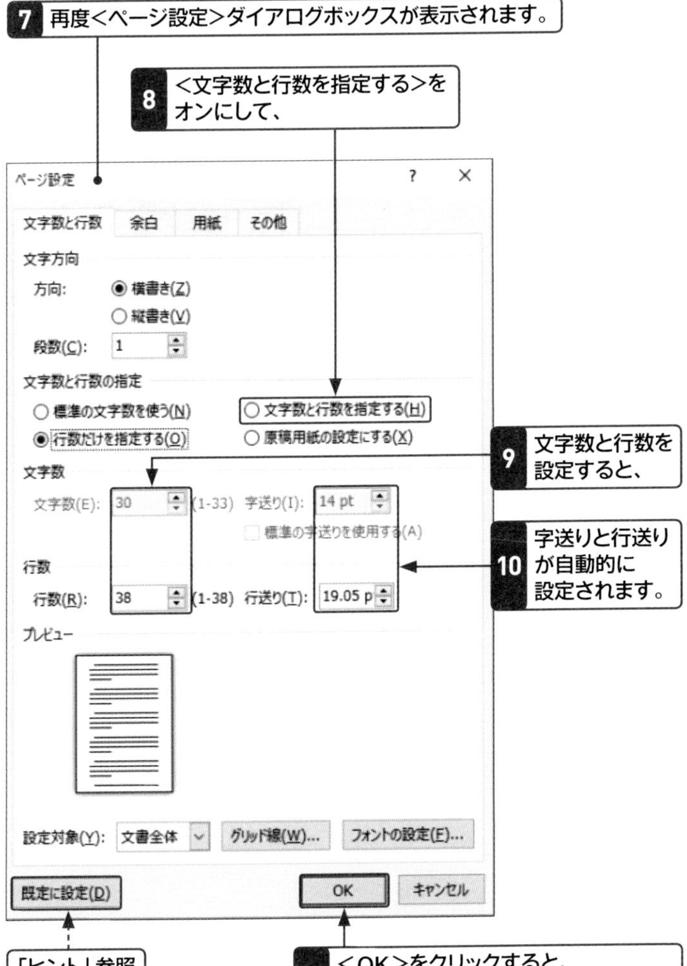

9 文字数と行数を設定すると、

10 字送りと行送りが自動的に設定されます。

「ヒント」参照

11 <OK>をクリックすると、文書に設定した内容が反映されます。

メモ 文字数と行数

「文字数」は1行の文字数、「行数」は1ページの行数です。手順**8**のように<文字数と行数を指定する>をクリックしてオンにすると、<文字数>と<行数>が指定できるようになります。なお、文字ごとに大きさなどが異なるプロポーショナルフォント（MS P明朝など）を利用する場合、1行に入る文字数が設定した文字数と異なることがあります。

ヒント ページ設定の内容を新規文書に適用するには？

左図の<既定に設定>をクリックして、表示される画面で<はい>をクリックすると、ページ設定の内容が保存され、次回から作成する新規文書にも適用されます。設定を初期値に戻す場合は、設定を以下のように変更し、<既定に設定>をクリックします。

書式	設定
フォント	游明朝
フォントサイズ	10.5pt
用紙サイズ	A4
1ページの行数	36行
1行の文字数	40文字

ステップアップ 縦書き文書を作成する

手紙などの縦書き文書を作成する場合も、<ページ設定>ダイアログボックスで設定します。<余白>タブで<用紙の向き>を<横>にして、<余白>を設定します。手紙などの場合は、上下左右の余白を大きくすると読みやすくなります。
また、<文字数と行数>タブで<文字方向>を<縦書き>にして、文字数や行数を設定します。

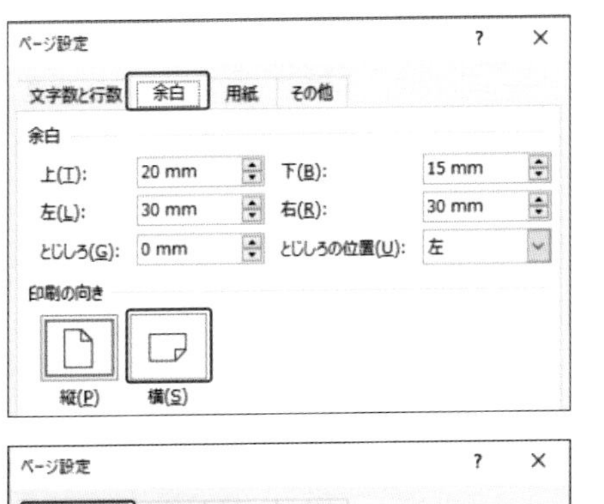

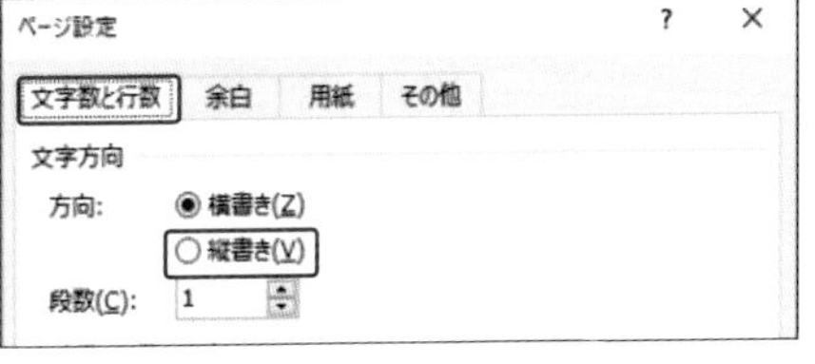

Section 13

Word文書を印刷する

覚えておきたいキーワード
- 印刷プレビュー
- 印刷
- 表示倍率

文書が完成したら、印刷してみましょう。印刷する前に、印刷プレビューで印刷イメージをあらかじめ確認します。Wordでは<ファイル>タブの<印刷>をクリックすると、印刷プレビューが表示されます。印刷する範囲や部数の設定を行い、印刷を実行します。

1 印刷プレビューで印刷イメージを確認する

キーワード 印刷プレビュー

「印刷プレビュー」は、文書を印刷したときのイメージを画面上に表示する機能です。印刷する内容に問題がないかどうかをあらかじめ確認することで、印刷の失敗を防ぐことができます。

1 印刷したい文書を開きます。

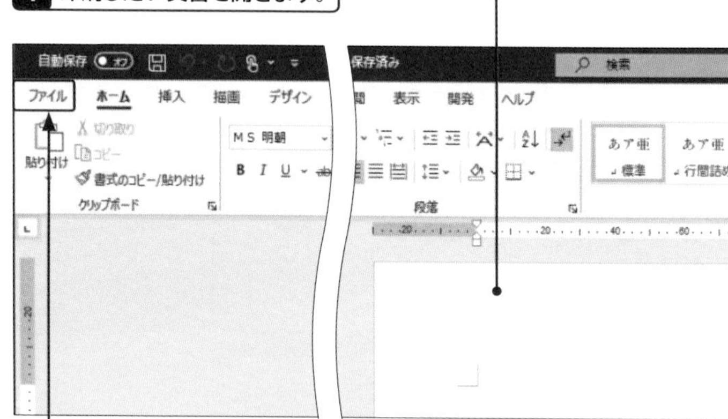

2 <ファイル>タブをクリックして、

ヒント 印刷プレビューの表示倍率を変更するには?

印刷プレビューの表示倍率を変更するには、印刷プレビューの右下にあるズームスライダーを利用します。ズームスライダーを左にドラッグして、倍率を下げると、複数ページを表示できます。表示倍率をもとの大きさに戻すには、<ページに合わせる>をクリックします。

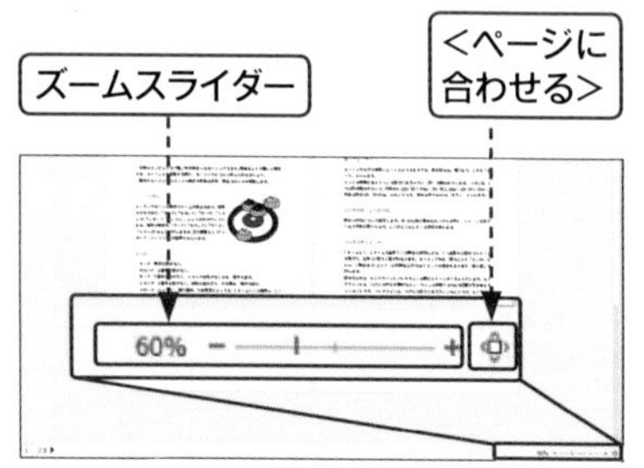

3 <印刷>をクリックすると、

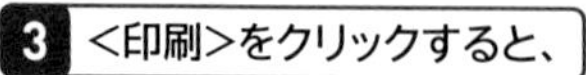

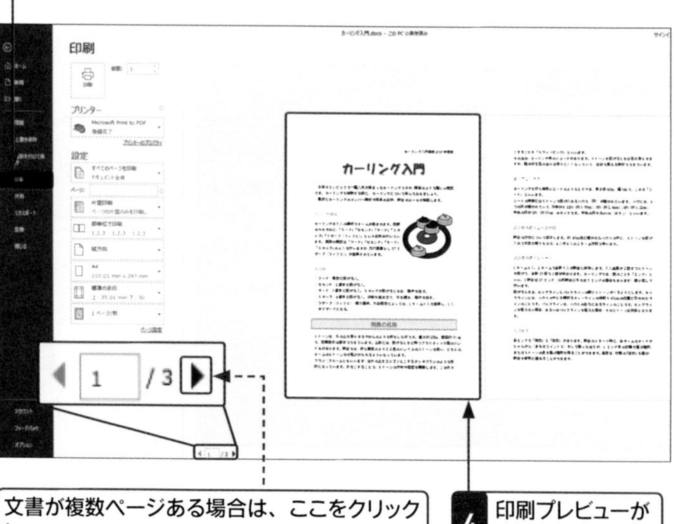

文書が複数ページある場合は、ここをクリックして、2ページ目以降を確認します。

4 印刷プレビューが表示されます。

第1章 Wordの基本操作

2 印刷設定を確認して印刷する

1 プリンターの電源と用紙がセットされていることを確認して、<印刷>画面を表示します。

2 印刷に使うプリンターを指定して、

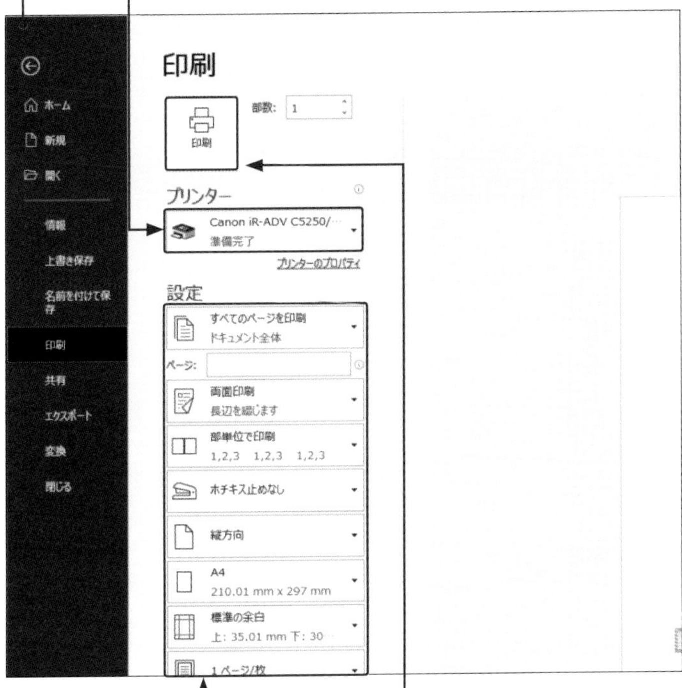

3 印刷の設定を確認し、

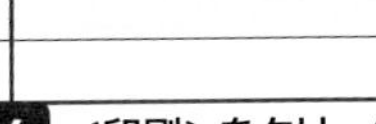

4 <印刷>をクリックすると、

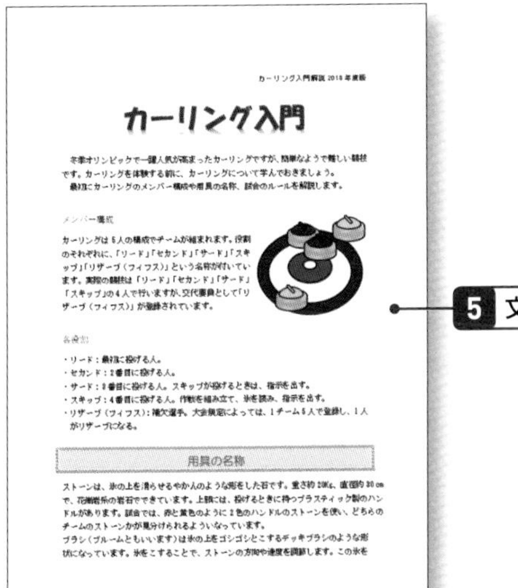

5 文書が印刷されます。

メモ 印刷する前の準備

印刷を始める前に、パソコンにプリンターを接続して、プリンターの設定を済ませておく必要があります。プリンターの接続方法や設定方法は、プリンターに付属するマニュアルを参照してください。

ヒント 印刷部数を指定する

初期設定では、文書は1部だけ印刷されます。印刷する部数を指定する場合は、<部数>で数値を指定します。

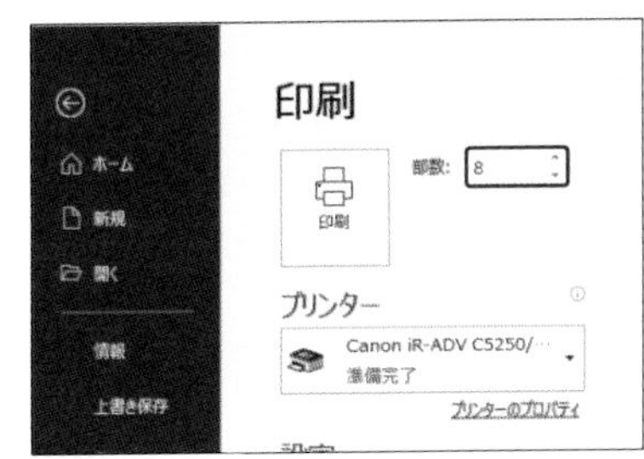

ヒント <印刷>画面でページ設定できる?

<印刷>画面でも用紙サイズや余白、印刷の向きを変更することができますが、レイアウトが崩れてしまう場合があります。<印刷>画面のいちばん下にある<ページ設定>をクリックして、<ページ設定>ダイアログボックスで変更し、レイアウトを確認してから印刷するようにしましょう。

Section 14 両面印刷する

覚えておきたいキーワード
☑ 両面印刷
☑ 複数ページ
☑ 長辺・短辺

Wordで作成した文書は、プリンターが対応していれば両面印刷も可能です。両面印刷を行う場合は、文書の縦書き横書きに応じて長辺を綴じるか短辺を綴じるかを設定できます。また、複数のページを1枚の用紙にまとめて印刷することも可能です。

1 両面印刷をする

キーワード 両面印刷

通常は1ページを1枚に印刷しますが、両面印刷は1ページ目を表面、2ページ目を裏面に印刷します。両面印刷にすることで、用紙の節約にもなります。なお、ソーサーのないプリンターの場合は、自動での両面印刷はできません。＜手動で両面印刷＞を利用します。

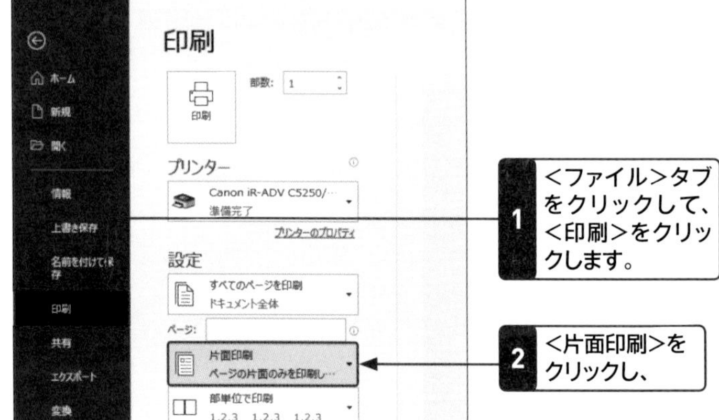

メモ 複数のページをまとめて印刷する

＜1ページ／枚＞をクリックすると、用紙1枚あたりに印刷するページ数を選択できます。

ヒント 長辺・短辺を綴じる

自動の両面印刷には、＜長辺を綴じます＞と＜短辺を綴じます＞の2種類があります。文書が縦長の場合は＜長辺を綴じます＞、横長の場合は＜短辺を綴じます＞を選択します。

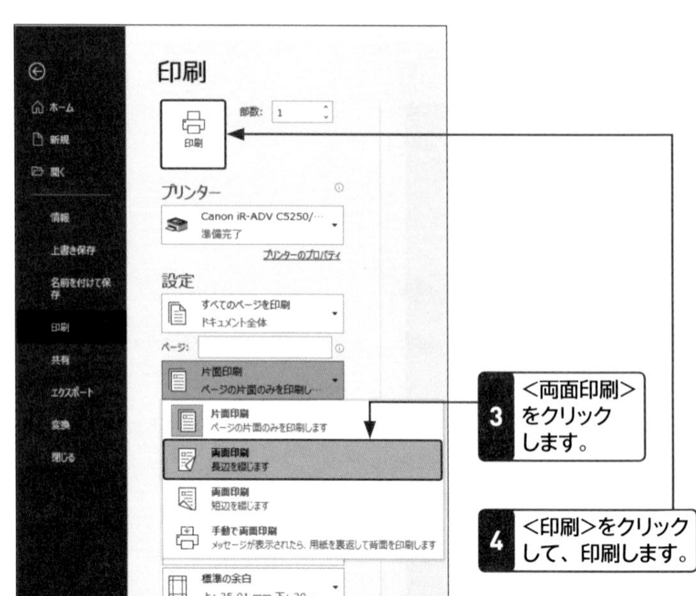

Word

第2章

書式と段落の設定

Section 15

フォント/フォントサイズを変更する

覚えておきたいキーワード
- ☑ フォント
- ☑ フォントサイズ
- ☑ リアルタイムプレビュー

フォントやフォントサイズ（文字サイズ）は、目的に応じて変更できます。フォントサイズを大きくしたり、フォントを変更したりすると、文書のタイトルや重要な部分を目立たせることができます。フォントサイズやフォントの変更は、<フォントサイズ>ボックスと<フォント>ボックスを利用します。

1 フォントを変更する

メモ フォントの変更

フォントを変更するには、文字列を選択して、<ホーム>タブの<フォント>ボックスやミニツールバーから目的のフォントを選択します。

メモ 一覧に実際のフォントが表示される

手順**2**で<フォント>ボックスの▾をクリックすると表示される一覧には、フォント名が実際のフォントのデザインで表示されます。また、フォントにマウスポインターを近づけると、そのフォントが適用されて表示されます。

ヒント フォントやフォントサイズをもとに戻すには?

フォントやフォントサイズを変更したあとでもとに戻したい場合は、同様の操作で、それぞれ「游明朝」、「10.5」ptを指定します。また、<ホーム>タブの<すべての書式をクリア>をクリックすると、初期設定に戻ります。

1 フォントを変更したい文字列をドラッグして選択します。

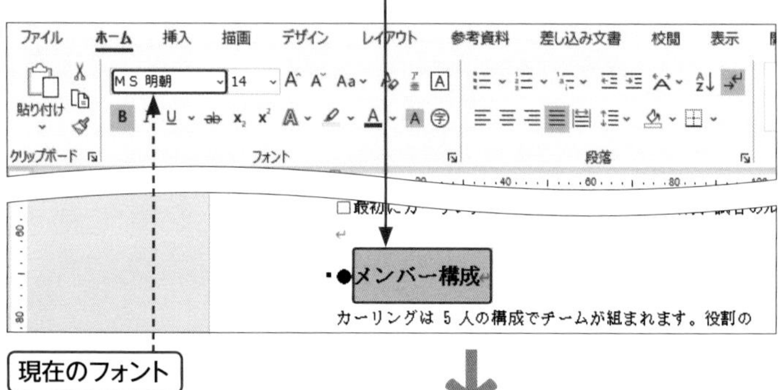

2 <ホーム>タブの<フォント>のここをクリックし、

3 目的のフォントをクリックすると、

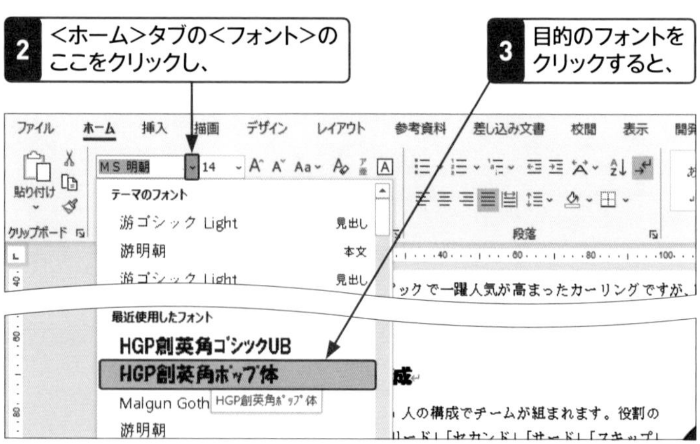

4 フォントが変更されます。

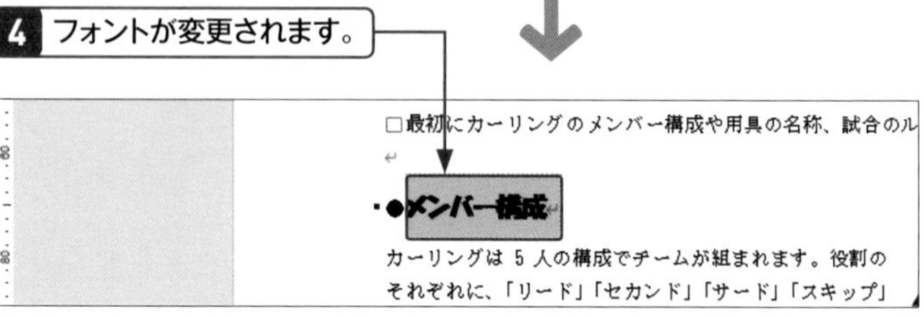

2 フォントサイズを変更する

1 フォントサイズを変更したい文字列を選択します。

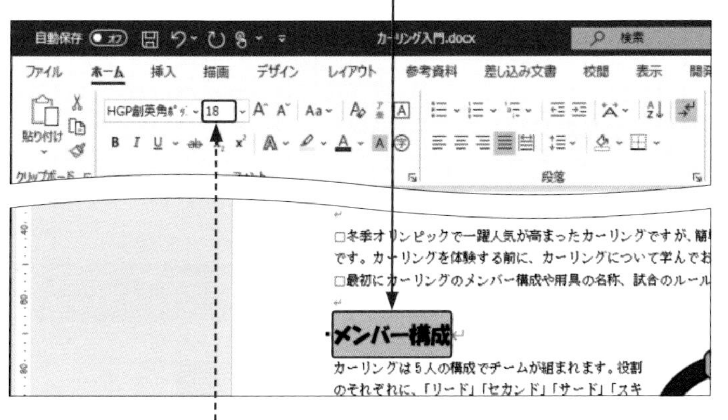

現在のフォントサイズ

2 ＜ホーム＞タブの＜フォントサイズ＞のここをクリックして、

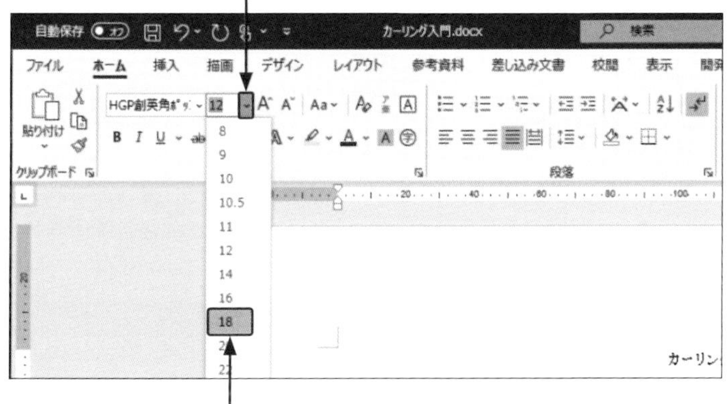

3 目的のサイズをクリックすると、

4 文字の大きさが変更されます。

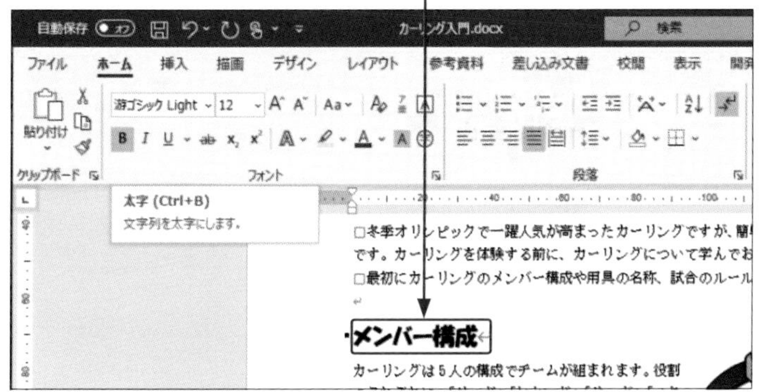

メモ フォントサイズの変更

フォントサイズとは、文字の大きさのことです。フォントサイズを変更するには、文字列を選択して＜ホーム＞タブの＜フォントサイズ＞ボックスやミニツールバーから目的のサイズを選択します。

ヒント 直接入力することもできる

＜フォントサイズ＞ボックスをクリックして、目的のサイズの数値を直接入力することもできます。入力できるフォントサイズの範囲は、1～1,638ptです。

ヒント リアルタイムプレビュー

＜フォントサイズ＞ボックスの▾をクリックすると表示される一覧で、フォントサイズにマウスポインターを近づけると、そのサイズが選択中の文字列にリアルタイムで適用されて表示されます。

Section 16 太字／斜体／下線／色を設定する

覚えておきたいキーワード
- ☑ 太字／斜体／下線
- ☑ 文字の色
- ☑ 文字の効果

文字列には、太字や斜体、下線、文字色などの書式を設定できます。また、<フォント>ダイアログボックスを利用すると、文字飾りを設定することもできます。さらに、文字列には文字の効果として影や反射、光彩などの視覚効果を適用することができます。

1 文字に太字や斜体を設定する

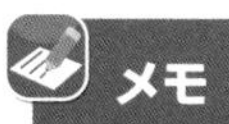

メモ 文字書式の設定

文字書式用のコマンドは、<ホーム>タブの<フォント>グループのほか、ミニツールバーにもまとめられています。目的のコマンドをクリックすることで、文字書式を設定することができます。

ヒント 文字書式の設定を解除するには?

文字書式を解除したい場合は、書式が設定されている文字範囲を選択して、設定されている書式のコマンド（太字なら B）をクリックします。

ヒント 太さの種類があるフォント

太字を使いたい場合、文字を太字にするほかに、ボールドなど太さのあるフォントを利用するのもよいでしょう。

ヒント ショートカットキーを利用する

文字列を選択して、Ctrl＋B を押すと太字にすることができます。再度 Ctrl＋B を押すと、通常の文字に戻ります。

1 文字列を選択します。

2 <ホーム>タブをクリックして、

3 <太字>をクリックすると、

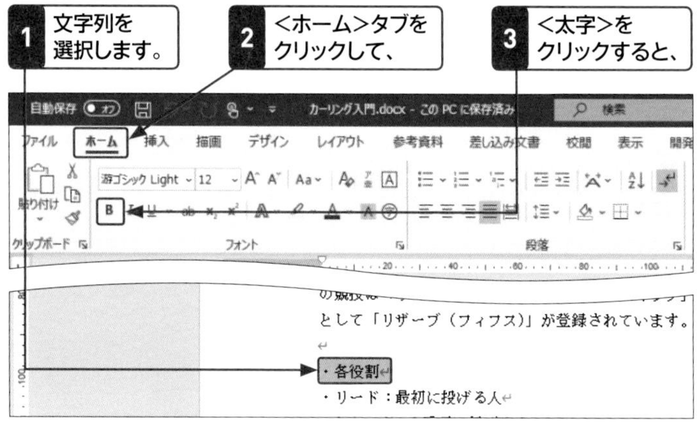

4 文字が太くなります。

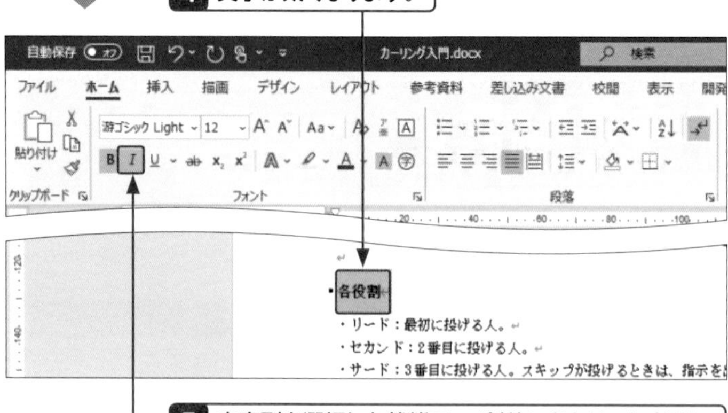

5 文字列を選択した状態で、<斜体>をクリックすると、

6 斜体が追加されます。

・各役割
・リード：最初に投げる人。
・セカンド：2番目に投げる人。

第2章 書式と段落の設定

2 文字に下線を設定する

1 文字列を選択します。

2 <ホーム>タブをクリックして、

3 ここをクリックし、

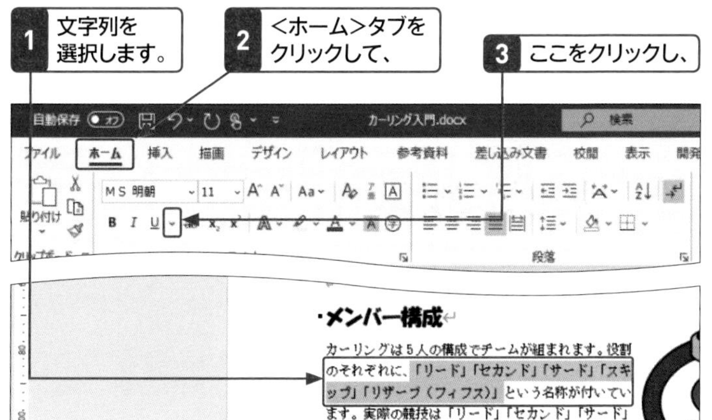

4 目的の下線をクリックすると、

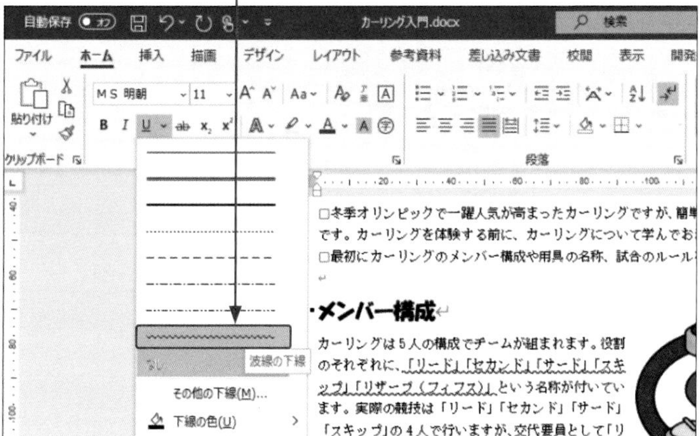

5 文字列に下線が引かれます。

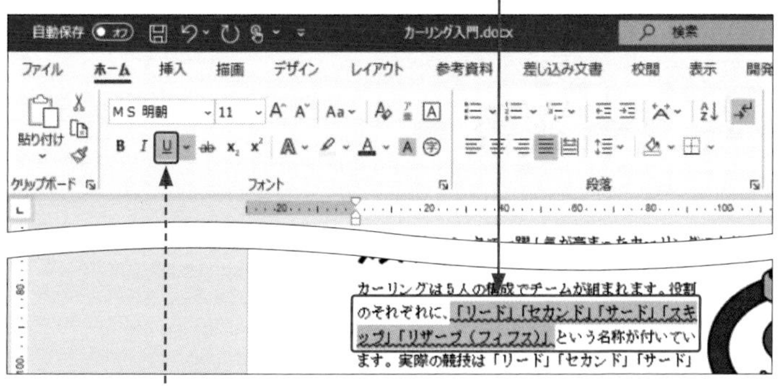

下線を解除するには、下線の引かれた文字列を選択して、<下線> U をクリックします。

メモ 下線の種類・色を選択する

下線の種類は、<ホーム>タブの<下線> U の ⌄ をクリックして表示される一覧から選択します。また、下線の色は、初期設定で「黒（自動）」になります。下線の色を変更するには、下線を引いた文字列を選択して、手順4で<下線の色>をクリックし、色パレットから目的の色をクリックします。

ステップアップ その他の下線を設定する

手順4のメニューから<その他の下線>をクリックすると、<フォント>ダイアログボックスが表示されます。<下線>ボックスをクリックすると、<下線>メニューにない種類を選択できます。

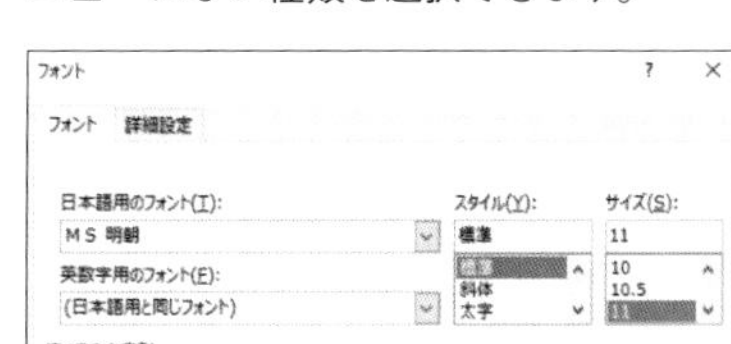

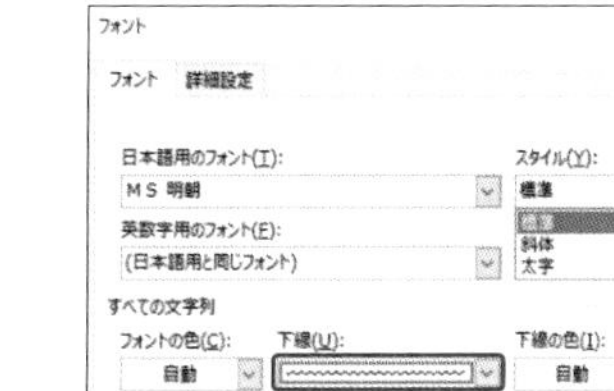

ヒント ショートカットキーを利用する

文字列を選択して、Ctrl＋Uを押すと下線を引くことができます。再度Ctrl＋Uを押すと、通常の文字に戻ります。

3 文字に色を付ける

メモ 文字の色を変更する

文字の色は、初期設定で「黒(自動)」になっています。この色はあとから変更することができます。

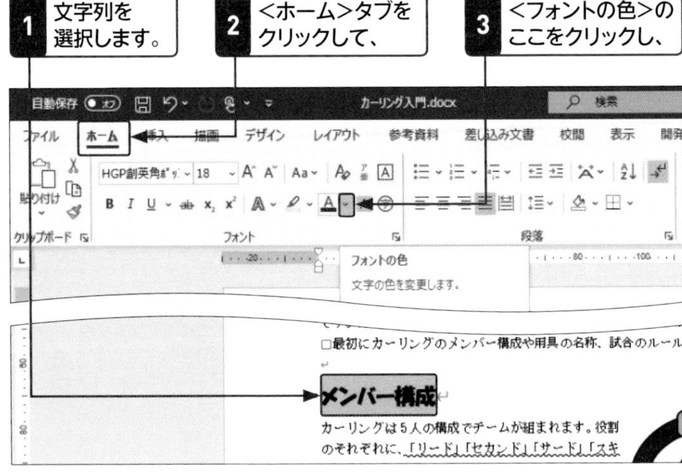
1 文字列を選択します。
2 <ホーム>タブをクリックして、
3 <フォントの色>のここをクリックし、

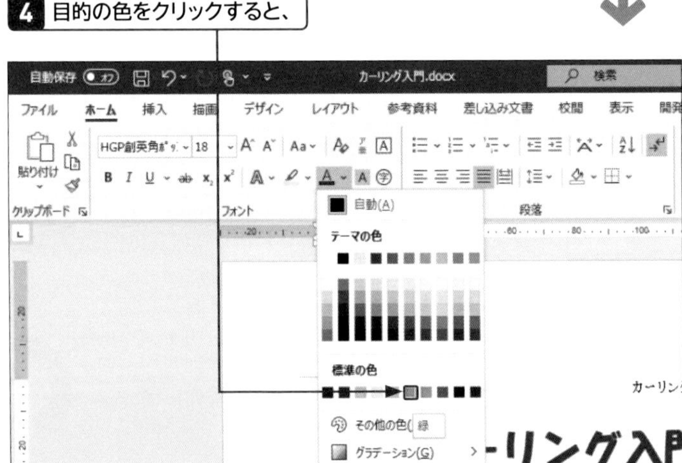
4 目的の色をクリックすると、

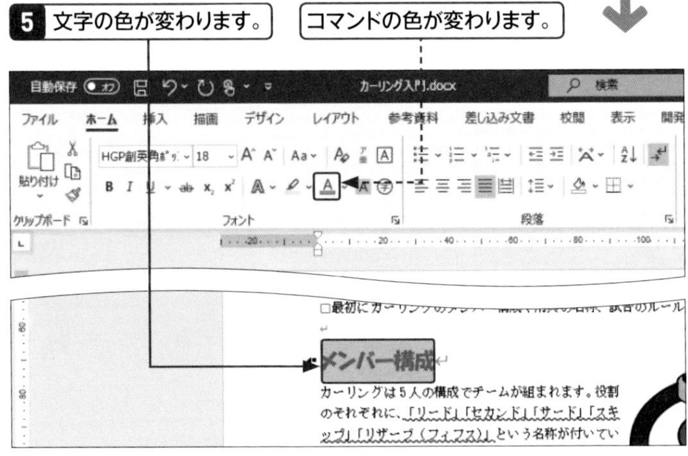
5 文字の色が変わります。
コマンドの色が変わります。

ヒント 文字の色をもとに戻す方法

文字の色をもとの色に戻すには、色を変更した文字列を選択して、<ホーム>タブの<フォントの色>の▾をクリックし、<自動>をクリックします。

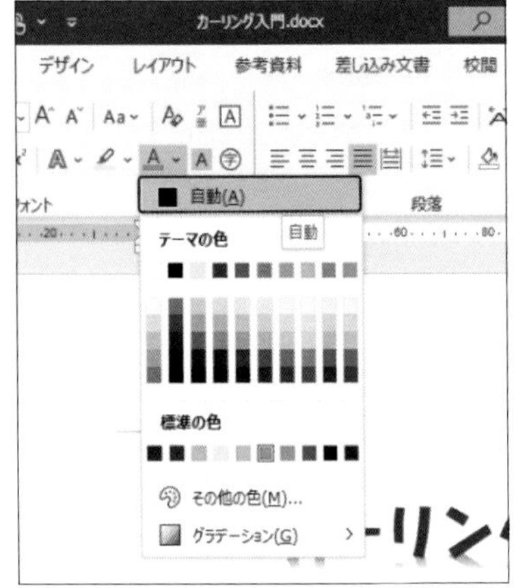

4 文字にデザインを設定する

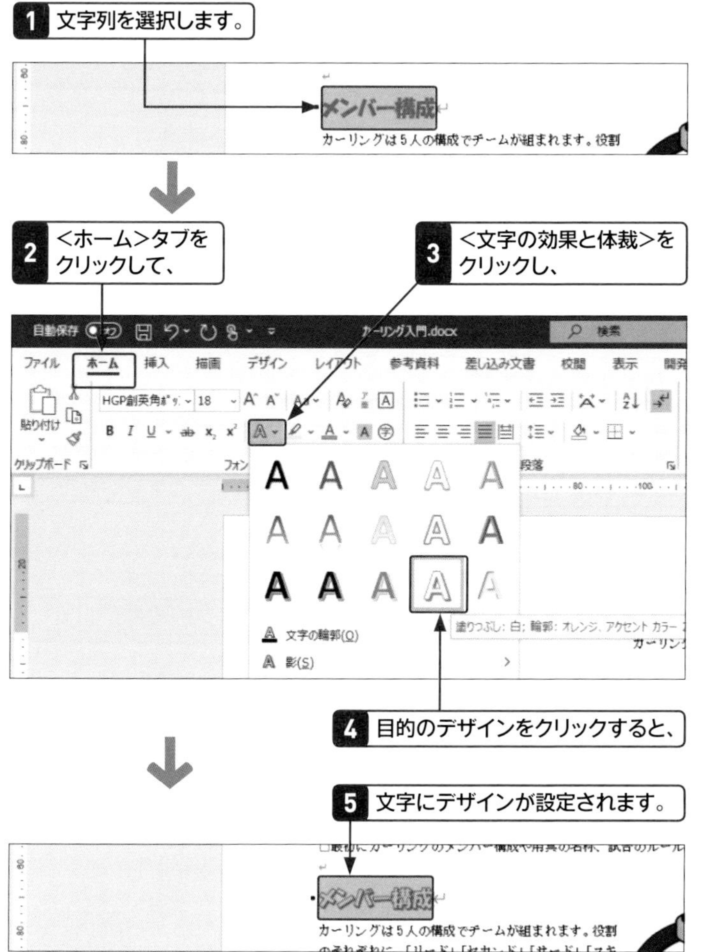

1 文字列を選択します。
2 <ホーム>タブをクリックして、
3 <文字の効果と体裁>をクリックし、
4 目的のデザインをクリックすると、
5 文字にデザインが設定されます。

キーワード 文字の効果と体裁

「文字の効果と体裁」は、Wordに用意されている文字列に影や反射、光彩などの視覚効果を設定する機能です。メニューから設定を選ぶだけで、かんたんに文字の見た目を変更することができます。

ヒント そのほかの文字効果

手順4で<影>、<反射>、<光彩>などをクリックすると、文字に影などの効果を設定することができます。見栄えのよい文字列を作成したい場合などに、試してみるとよいでしょう。

ステップアップ <ホーム>タブにない文字飾りを設定する

<ホーム>タブの<フォント>グループの右下にある をクリックすると、<フォント>ダイアログボックスの<フォント>タブが表示されます。このダイアログボックスを利用すると、傍点や二重取り消し線など、<ホーム>タブに用意されていない設定や、下線のほかの種類などを設定することができます。

「・」と「、」の2種類の傍点を選択できます。

目的の項目をクリックしてオンにすると、文字列にさまざまな装飾を設定できます。

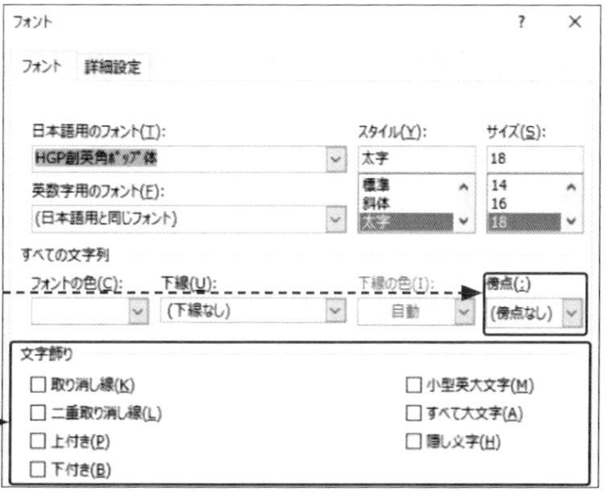

Section 17

箇条書きを設定する

覚えておきたいキーワード
- ☑ 箇条書き
- ☑ 行頭文字
- ☑ 入力オートフォーマット

リストなどの入力をする場合、先頭に「・」や◆、●などの行頭文字を入力すると、次の行も自動的に同じ記号が入力され、箇条書きの形式になります。この機能を入力オートフォーマットといいます。また、入力した文字に対して、あとから箇条書きを設定することもできます。

1 箇条書きを作成する

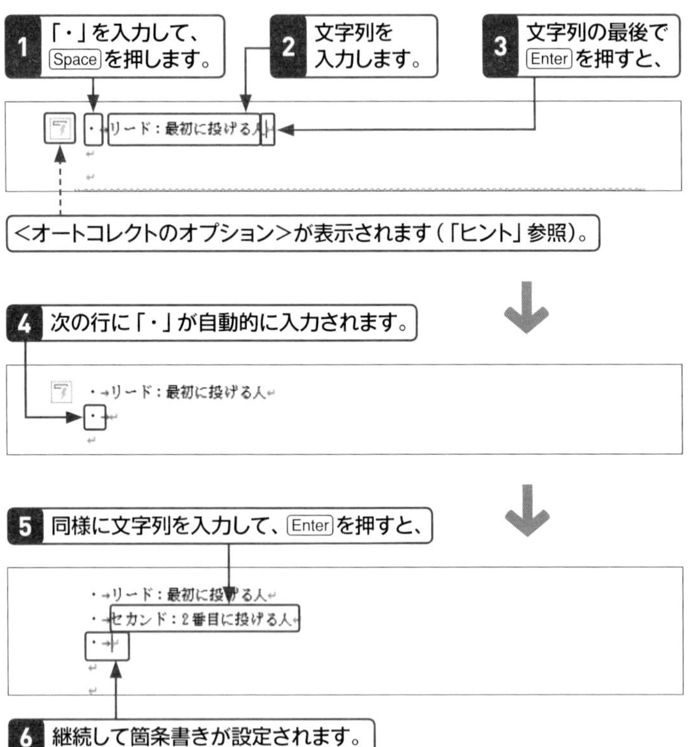

1 「・」を入力して、Spaceを押します。
2 文字列を入力します。
3 文字列の最後でEnterを押すと、
・→リード：最初に投げる人
<オートコレクトのオプション>が表示されます（「ヒント」参照）。
4 次の行に「・」が自動的に入力されます。
5 同様に文字列を入力して、Enterを押すと、
・→セカンド：2番目に投げる人
6 継続して箇条書きが設定されます。

キーワード 行頭文字

箇条書きの先頭に付ける「・」のことを「行頭文字」といいます。また、◆や●、■などの記号の直後に空白文字を入力し、続けて文字列を入力して改行すると、次の行頭にも同じ行頭記号が入力されます。この機能を「入力オートフォーマット」といいます。なお、箇条書きの行頭文字は、単独で選択することができません。

ヒント オートコレクトのオプション

箇条書きが設定されると、<オートコレクトのオプション>が表示されます。これをクリックすると、下図のようなメニューが表示されます。設定できる内容は、上から順に次のとおりです。

- **元に戻す**：操作をもとに戻したり、やり直したりすることができます。
- **箇条書きを自動的に作成しない**：箇条書きを解除します。
- **オートフォーマットオプションの設定**：<オートコレクト>ダイアログボックスを表示します。

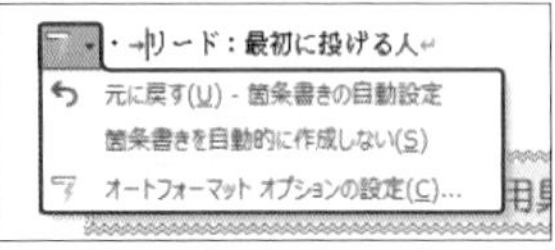

2 あとから箇条書きに設定する

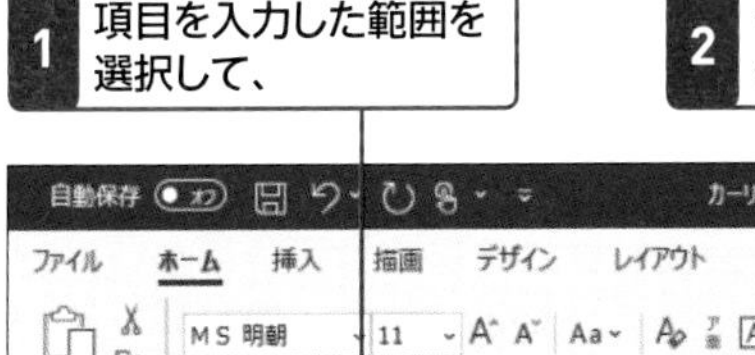

1 項目を入力した範囲を選択して、

2 <ホーム>タブの<箇条書き>をクリックすると、

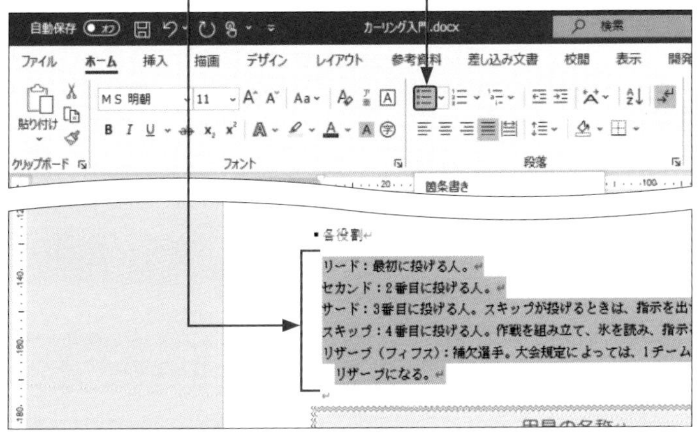

3 箇条書きに設定されます。

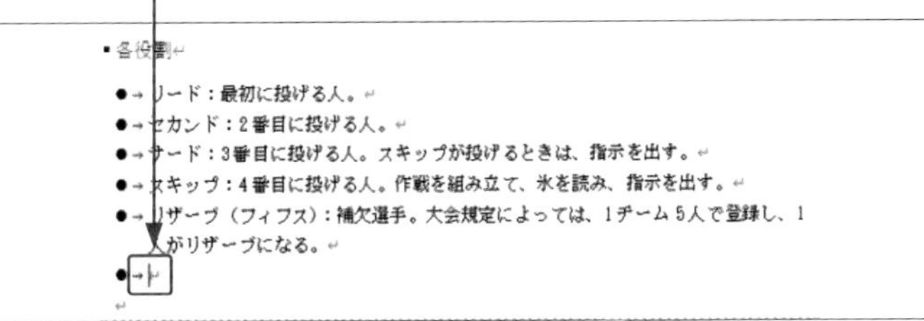

ステップアップ 行頭文字を変更する

手順2で、<箇条書き>の▼をクリックすると、行頭文字の種類を選択することができます。この操作は、すでに箇条書きが設定された段落に対して行うことができます。

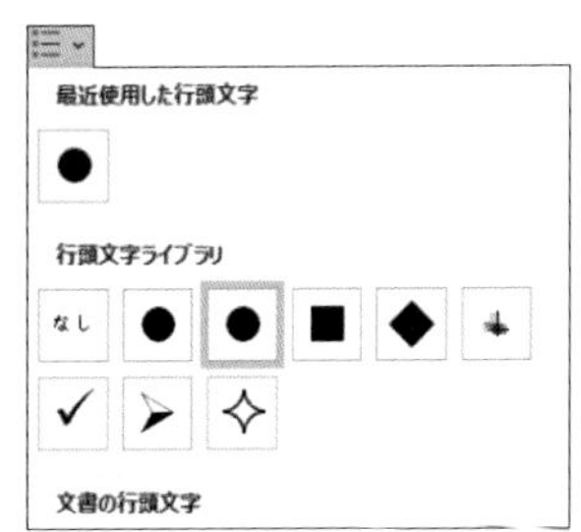

3 箇条書きを解除する

1 箇条書きの最終行のカーソル位置でBackSpaceを2回押すと、

2 箇条書きが解除され、通常の位置にカーソルが移動します。

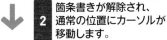

3 次行以降、改行しても段落番号は入力されません。

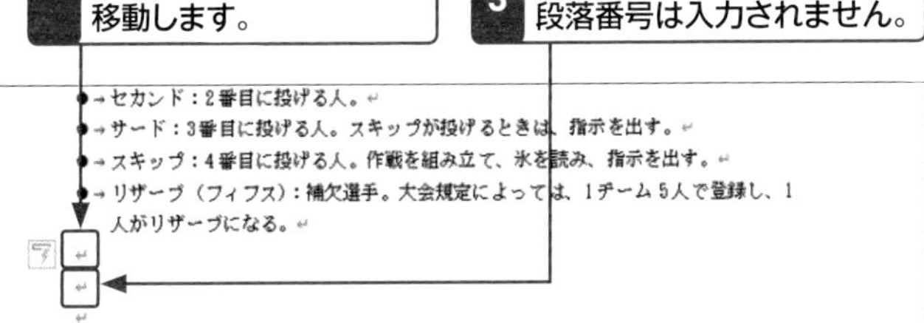

メモ 箇条書きの解除

Wordの初期設定では、いったん箇条書きが設定されると、改行するたびに段落記号が入力されるため、意図したとおりに文書を作成できないことがあります。箇条書きを解除するには、箇条書きにすべき項目を入力し終えてから、左の操作を行います。
あるいは、<ホーム>タブの<箇条書き>をクリックします。

Section 18

段落番号を設定する

覚えておきたいキーワード
- 段落番号
- 段落番号の削除
- 段落番号の番号

段落番号を設定すると、段落の先頭に連続した番号を振ることができます。段落番号は、順番を入れ替えたり、追加や削除を行ったりしても、自動的に連続した番号で振り直されます。また、段落番号の番号を変更することで、(ア)、(イ)、(ウ)…、A)、B)、C)…などに設定することもできます。

1 段落に連続した番号を振る

メモ 段落番号の設定

「段落番号」とは、箇条書きで段落の先頭に付けられる「1.」「2.」などの数字のことです。ただし、段落番号の後ろに文字列を入力しないと、改行しても箇条書きは作成されません。段落番号を設定するには、<ホーム>タブの<段落番号>を利用します。

また、入力時に行頭に「1.」や「①」などを入力してSpaceを押すと、入力オートフォーマットの機能により、自動的に段落番号が設定されます。

1 段落をドラッグして選択し、

2 <ホーム>タブの<段落番号>のここをクリックします。

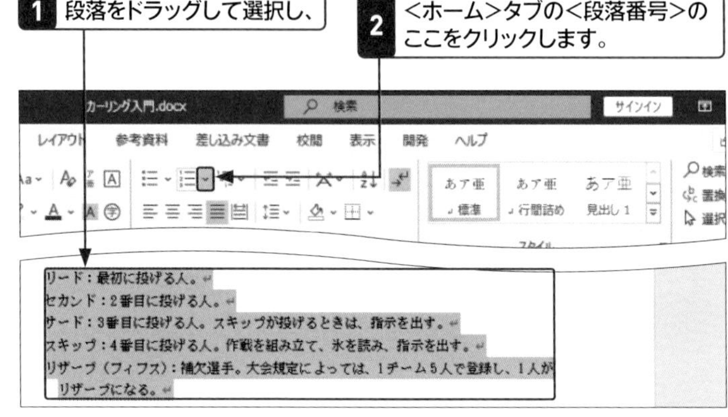

3 段落番号をクリックすると、

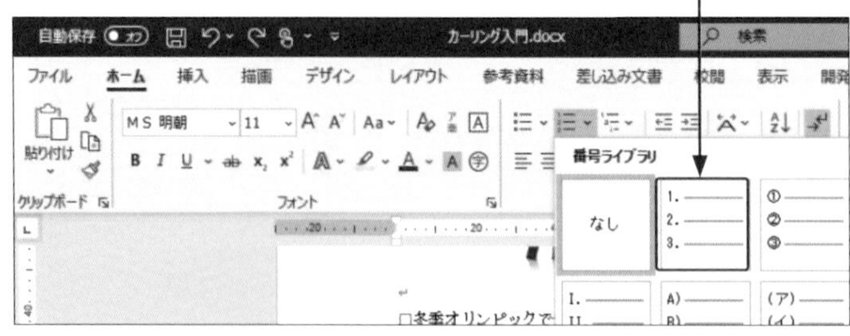

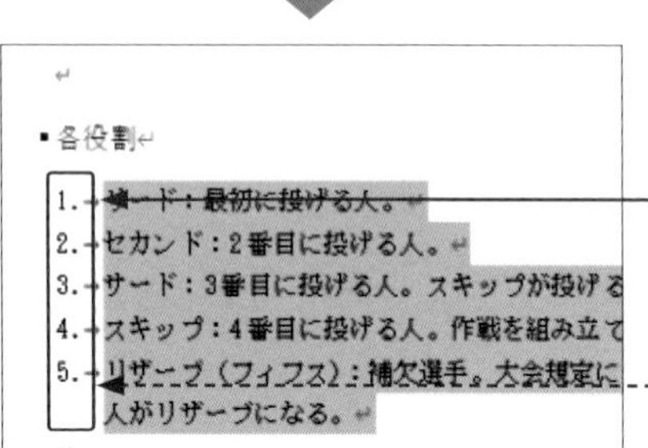

4 段落に連続した番号が振られます。

段落番号を設定すると、自動的にぶら下げインデントとタブ位置が設定されます(Sec.20、21参照)。

ヒント 段落番号を削除する

段落番号を削除するには、段落番号を削除したい段落をすべて選択して、有効になっている<段落番号>をクリックします。

2 段落番号の番号を変更する

1 段落番号の上でクリックすると、段落番号が選択されます。

2 <ホーム>タブの<段落番号>のここをクリックして、

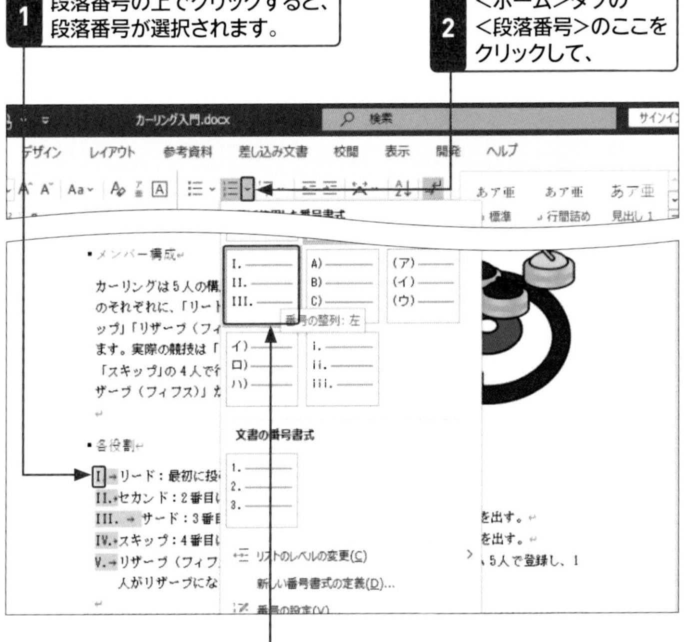

3 段落番号の種類をクリックします。

4 段落番号が変更されます。

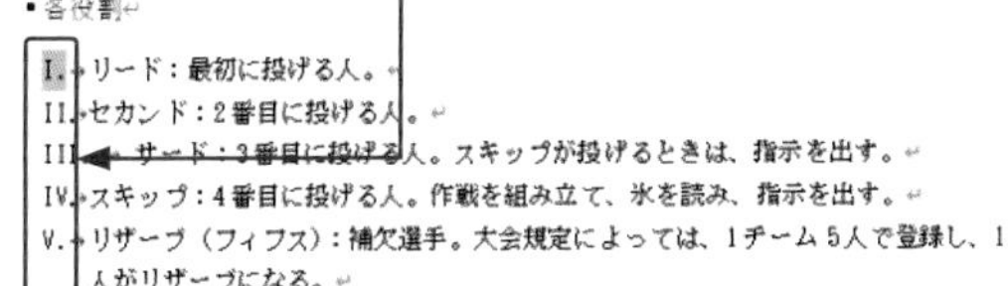

メモ 段落番号を選択する

段落番号の番号を変更する場合、段落番号の上でクリックすれば、すべての段落番号を一度に選択することができます。これで、段落番号のみを対象に番号や書式などを変更することができます。

メモ 行の間隔を設定する

Wordでは、行と行の間隔を設定できます。行の間隔を設定する段落を選択し、<ホーム>タブの<段落>グループで<行と段落の間隔>をクリックし、一覧から数値をクリックして設定します。

ヒント 段落番号のない行を作成するには?

段落末でEnterを押して新しい段落を作成し、再度Enterをクリックすると、段落番号が解除され、通常の行になります。段落番号は、次の段落に自動的に振られます。

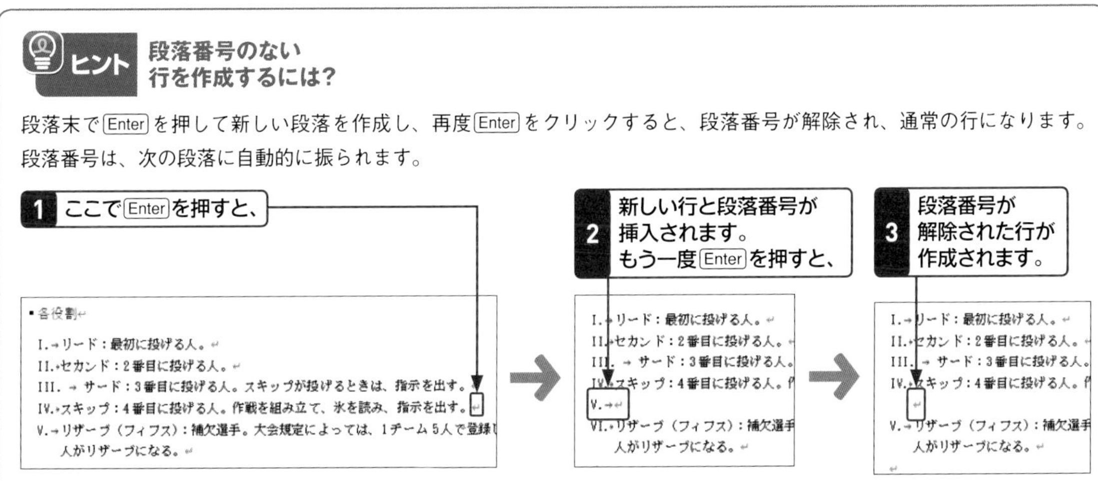

1 ここでEnterを押すと、

2 新しい行と段落番号が挿入されます。もう一度Enterを押すと、

3 段落番号が解除された行が作成されます。

Section 19

段落を中央揃え／右揃えにする

覚えておきたいキーワード

- 中央揃え
- 右揃え
- 両端揃え

ビジネス文書では、日付は右、タイトルは中央に揃えるなどの書式が一般的です。このような段落の配置は、右揃えや中央揃えなどの機能を利用して設定します。また、見出しの文字列を均等に配置したり、両端揃えで行末を揃えたりすることもできます。

1 段落の配置

段落の配置は、＜ホーム＞タブにある＜左揃え＞、＜中央揃え＞、＜右揃え＞、＜両端揃え＞、＜均等割り付け＞をクリックするだけで、かんたんに設定することができます。段落の配置を変更する場合は、段落内の任意の位置をクリックして、あらかじめカーソルを移動しておきます。

左揃え

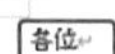

各位
2020年9月
G&H研修所□セミナー事業部

ビジネスマナー講習会のご案内
拝啓
初秋の候、貴社いよいよご清栄のこととお慶び申し上げます。平素は格別のご高配を賜り、厚く御礼申し上げます。
さて、毎年ご好評をいただいております「ビジネスマナー講習会」を下記のとおり開催いたします。

中央揃え

各位
2020年9月
G&H研修所□セミナー事業部

ビジネスマナー講習会のご案内
拝啓
初秋の候、貴社いよいよご清栄のこととお慶び申し上げます。平素は格別のご高配を賜り、厚く御礼申し上げます。
さて、毎年ご好評をいただいております「ビジネスマナー講習会」を下記のとおり開催いたします。

右揃え

各位
2020年9月
G&H研修所□セミナー事業部

ビジネスマナー講習会のご案内
拝啓
初秋の候、貴社いよいよご清栄のこととお慶び申し上げます。平素は格別のご高配を賜り、厚く御礼申し上げます。
さて、毎年ご好評をいただいております「ビジネスマナー講習会」を下記のとおり開催いたします。

両端揃え

ビジネスマナー講習会のご案内
拝啓
初秋の候、貴社いよいよご清栄のこととお慶び申し上げます。平素は格別のご高配を賜り、厚く御礼申し上げます。
さて、毎年ご好評をいただいております「ビジネスマナー講習会」を下記のとおり開催いたします。
ぜひ社員の皆さまにご参加いただけますようご案内申し上げます。
敬具
記
開催日時：10月1日□9：00～12：00

均等割り付け

さて、毎年ご好評をいただいております「ビジネスマナー講習会」を下記のとおり開催いたします。
ぜひ社員の皆さまにご参加いただけますようご案内申し上げます。
敬具
記
開催日時：10月1日□9：00～12：00
会　　場：技術会館□セミナー室305□（地図参照）
参 加 費：4,200円（資料代込み）
以上

2 文字列を中央に揃える

1 段落にカーソルを移動して、

2 <ホーム>タブの<中央揃え>をクリックすると、

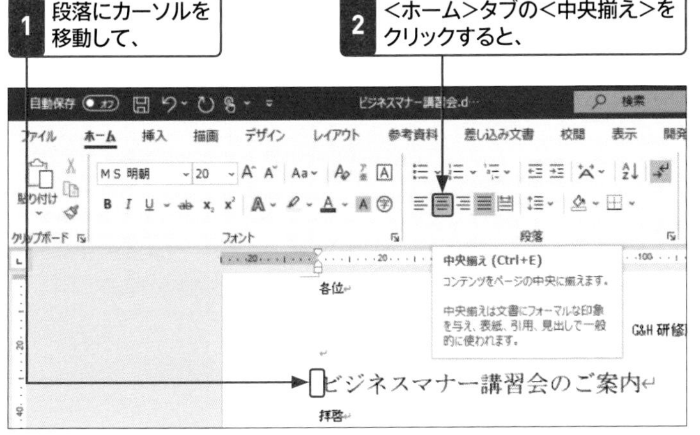

3 文字列が中央に揃えられます。

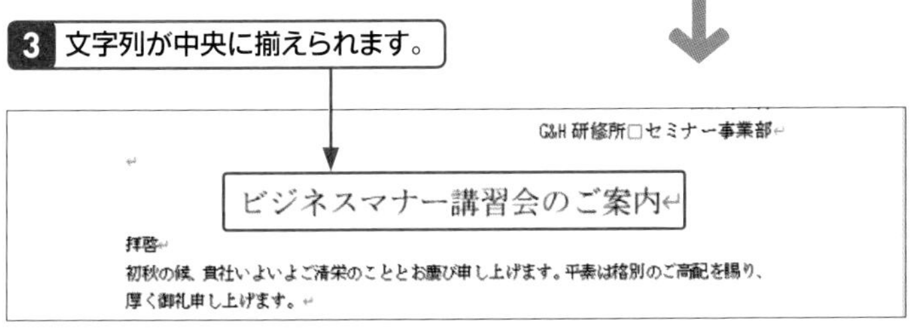

メモ 中央揃えにする

文書のタイトルは、通常、本文より目立たせるために、中央揃えにします。段落を中央揃えにするには、左の手順に従います。

ステップアップ 入力オートフォーマット

Wordは、入力をサポートする入力オートフォーマット機能を備えています。たとえば、「拝啓」と入力してEnterを押すと、改行されて、自動的に「敬具」が右揃えで入力されます。また、「記」と入力してEnterを押すと、改行されて、自動的に「以上」が右揃えで入力されます。

3 文字列を右側に揃える

1 段落にカーソルを移動して、

2 <ホーム>タブの<右揃え>をクリックすると、

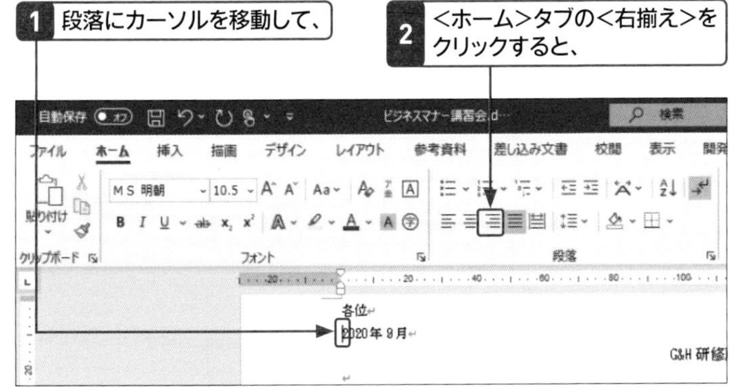

3 文字列が右に揃えられます。

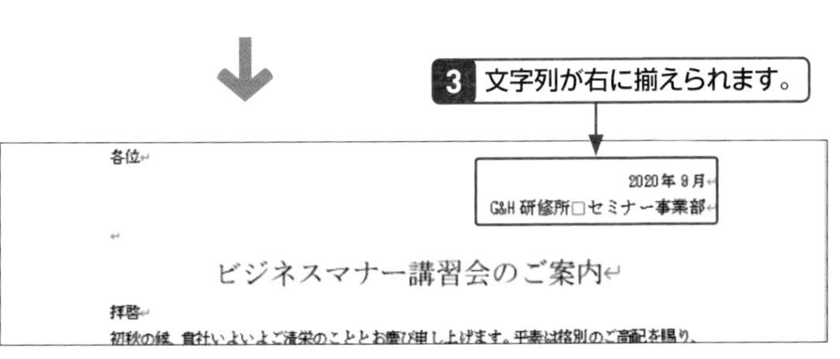

メモ 右揃えにする

横書きのビジネス文書の場合、日付や差出人名などは、右揃えにするのが一般的です。段落を選択して、<ホーム>タブの<右揃え>をクリックすると、右揃えになります。

ヒント 段落の配置を解除するには？

Wordの初期設定では、段落の配置は両端揃えになっています。設定した右揃え、中央揃え、左揃え、均等割り付けを解除するには、配置が設定された段落にカーソルを移動して、<ホーム>タブの<両端揃え>をクリックします。

4 文章を均等に配置する

メモ 文字列を均等割り付けする

文字列の幅を指定して文字列を均等に割り付けるには、<ホーム>タブの<均等割り付け>を利用して、右の手順に従います。均等割り付けは、右のように見出しや項目など複数の行の文字幅を揃えたいときに利用します。

ヒント 段落記号の選択

均等割り付けの際に文字列を選択する場合、行末の段落記号↵を含んで選択すると、正しく均等割り付けできません。文字列だけを選択するようにしましょう。手順1、2の場合は、「：」を含まずに選択するときれいに揃います。

ヒント 文字列の均等割り付けを解除するには？

文字列の均等割り付けを解除するには、均等割り付けを設定した文字列を選択して、<ホーム>タブの<均等割り付け>をクリックして表示される<文字の均等割り付け>ダイアログボックスで、<解除>をクリックします。

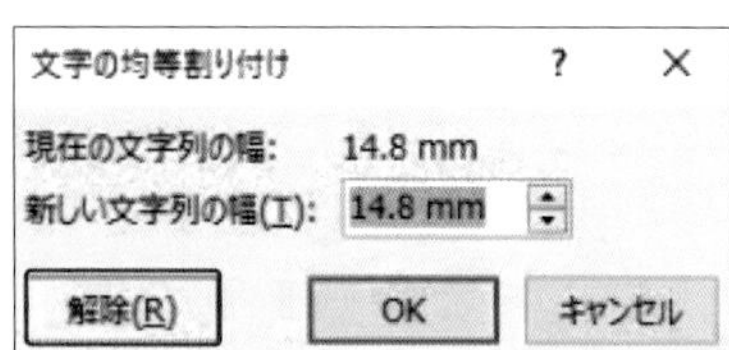

1 両端を揃えたい文字列を選択します。

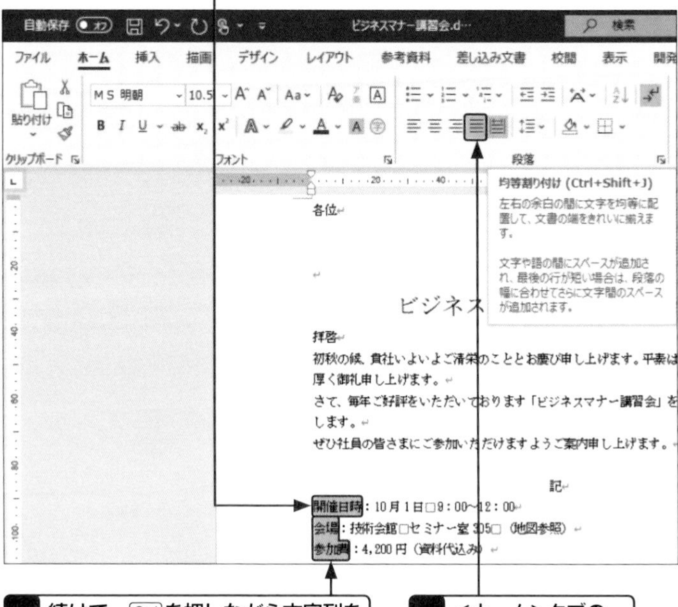

2 続けて、Ctrlを押しながら文字列をドラッグし、複数の文字列を選択します（P.78参照）。

3 <ホーム>タブの<均等割り付け>をクリックします。

4 <文字の均等割り付け>ダイアログボックスが表示されます。

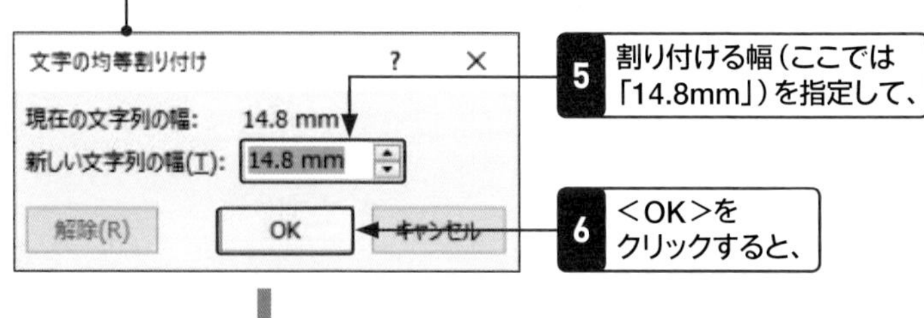

7 指定した幅に文字列の両端が揃えられます。

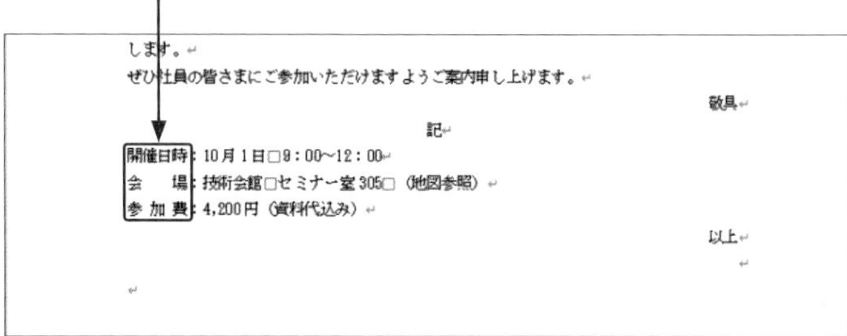

5 両端揃えで行末を揃える

左揃えの行末が揃っていません。

1 揃っていない段落を選択して、

2 <ホーム>タブの<両端揃え>をクリックして、左揃えを解除すると、

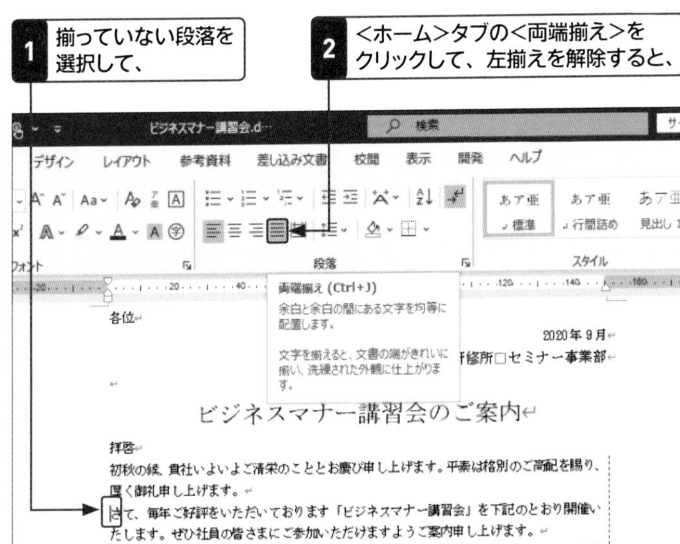

3 行末がきれいに揃います。

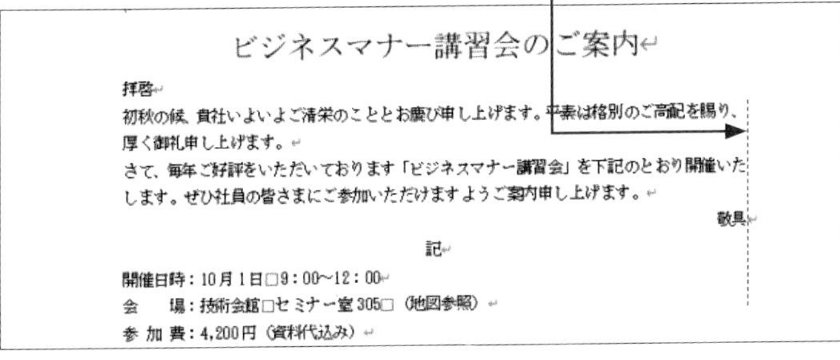

メモ 行末が揃わない

長文を入力したときに、行末がきれいに揃わない場合は、段落の配置が<左揃え>になっている場合があります。この場合は、段落を選択して、<ホーム>タブの<両端揃え>をクリックして有効にします。

ステップアップ あいさつ文を挿入する

Wordには、手紙などの書き出し文（あいさつ文）をかんたんに入力できる機能があります。<挿入>タブの<あいさつ文>の<あいさつ文の挿入>クリックして、<あいさつ文>ダイアログボックスで、月、季節や安否、感謝のあいさつを選択します。

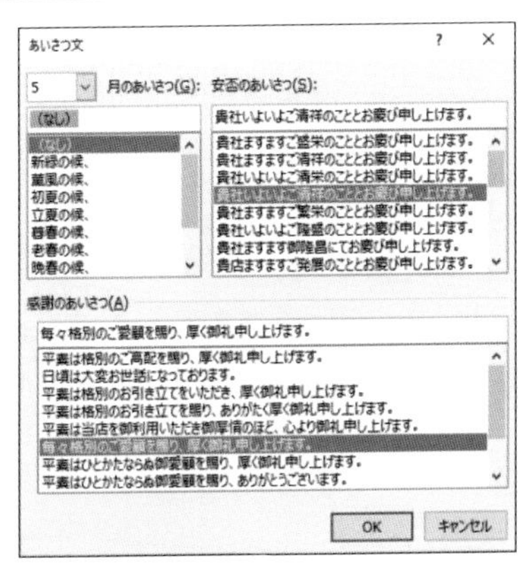

Section 20

文字の先頭を揃える

覚えておきたいキーワード
- タブ位置
- タブマーカー
- ルーラー

箇条書きなどで項目を同じ位置に揃えたい場合は、タブを使うと便利です。タブを挿入すると、タブの右隣の文字列をルーラー上のタブ位置に揃えることができます。また、タブの種類を指定すると、小数点の付いた文字列を小数点の位置で揃えたり、文字列の右側で揃えたりすることができます。

1 文章の先頭にタブ位置を設定する

メモ タブ位置に揃える

Wordでは、水平ルーラー上の「タブ位置」を基準に文字列の位置を揃えることができます。タブは文の先頭だけでなく、行の途中でも利用することができます。箇条書きなどで利用すると便利です。

ヒント 編集記号を表示するには?

<ホーム>タブの<編集記号の表示／非表示>をクリックすると、スペースやタブを表す編集記号が表示されます(記号は印刷されません)。再度クリックすると、編集記号が非表示になります。

ヒント ルーラーの表示

ルーラーが表示されていない場合は、<表示>タブをクリックし、<ルーラー>をクリックしてオンにします。

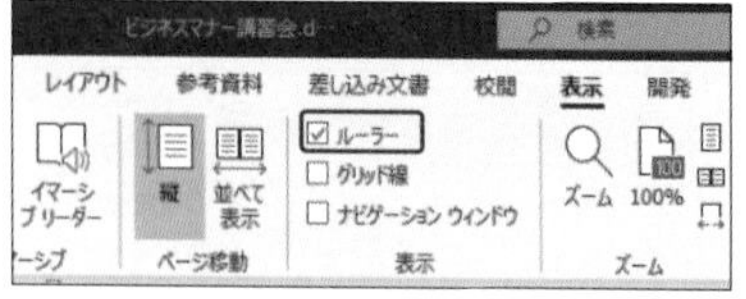

1 タブで揃える段落を選択して、

2 タブで揃えたい位置をルーラー上でクリックすると、

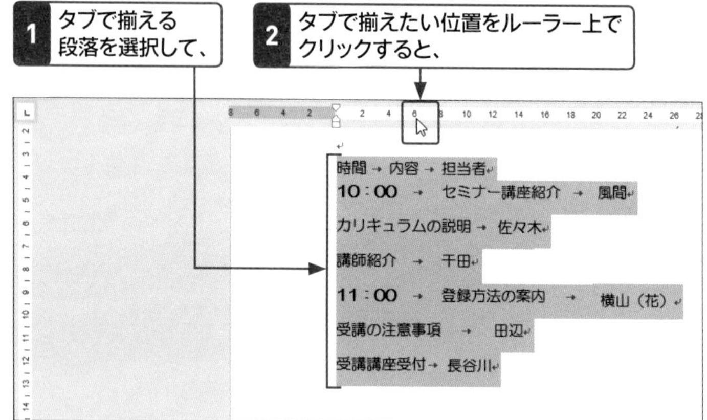

3 ルーラー上に、タブマーカーが表示されます。

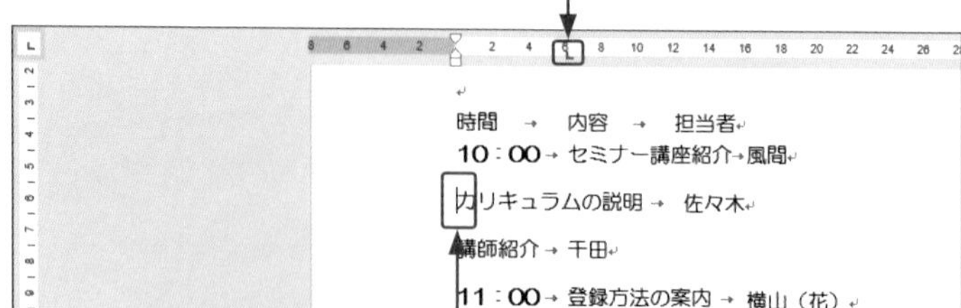

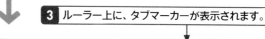

4 揃えたい文字の前にカーソルを移動して、Tabを押します。

5 タブが挿入され、文字列の先頭がタブ位置に移動します。

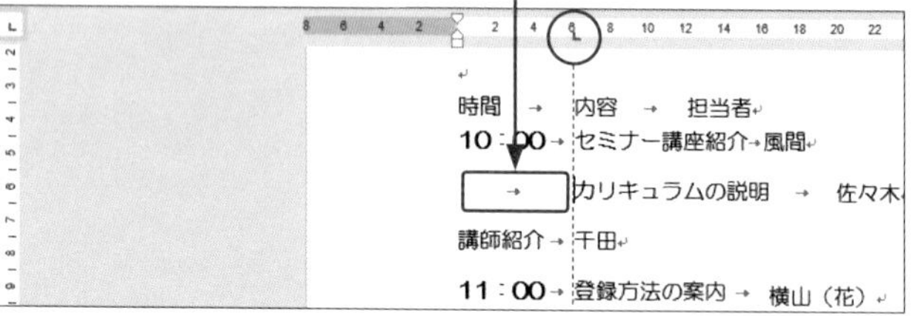

第2章 書式と段落の設定

6 同様の方法で、ほかの行にもタブを挿入して、1つめのタブマーカーに文字列を揃えます。

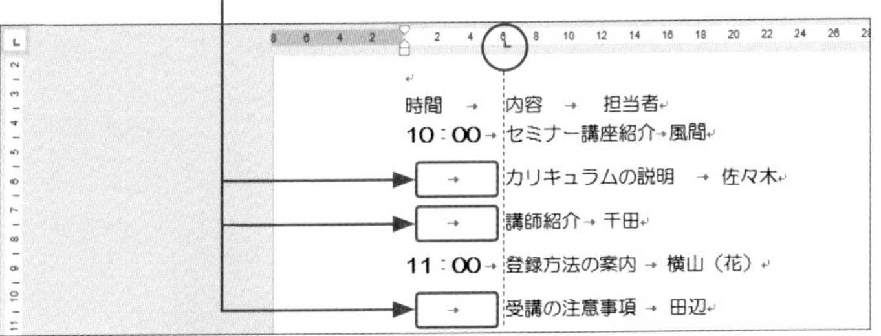

7 2つめのタブが挿入されている行を選択して、

8 ルーラー上で2つめのタブ位置をクリックします。

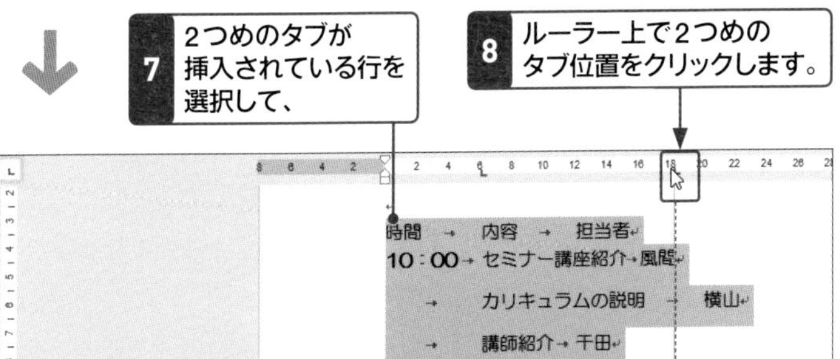

9 2つめのタブマーカーに文字列の先頭が揃います。

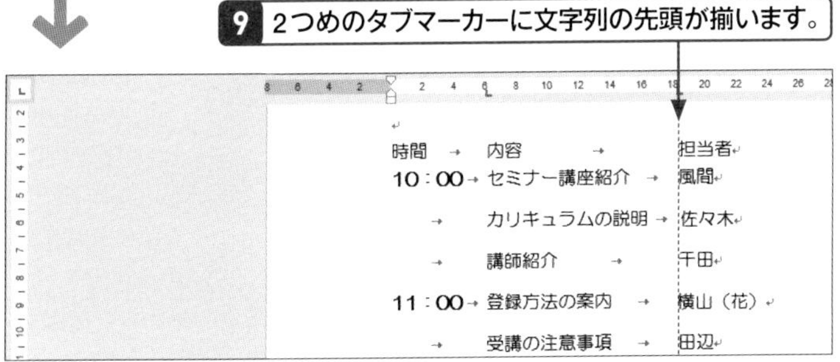

ヒント 最初に段落を選択するのを忘れずに！

タブを設定する場合は、最初に段落を選択しておきます。段落を選択しておかないと、タブがうまく揃わない場合があります。

ヒント タブを削除するには？

挿入したタブを削除するには、タブの右側にカーソルを移動して、BackSpace を押します。

ヒント タブ位置を解除するには？

タブ位置を解除するには、タブが設定された段落を選択して、タブマーカーをルーラーの外にドラッグします。

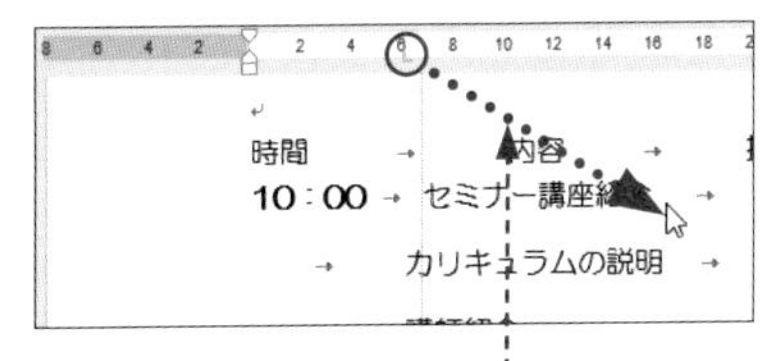

タブマーカーをドラッグします。

2 タブ位置を変更する

1 タブが設定されている行を選択して、

2 タブマーカーにマウスポインターを合わせてドラッグすると、

3 タブ位置が変更され、

4 文字列が変更後のタブ位置に揃えられます。

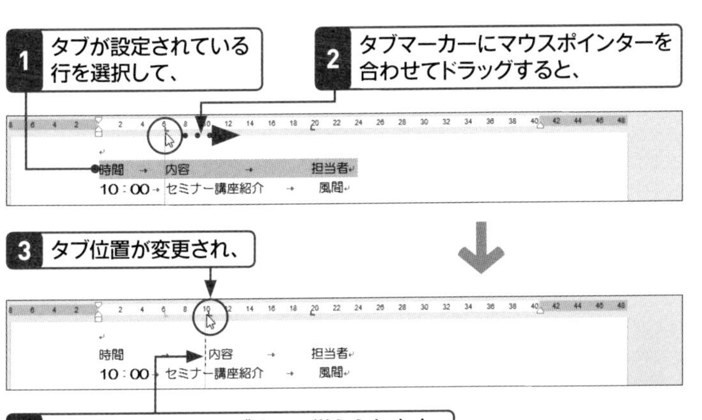

メモ タブ位置の調整

設定したタブ位置を変更するには、タブ位置を変更したい段落を選択して、タブマーカーをドラッグします。このとき、Alt を押しながらドラッグすると、ルーラーに目盛が表示され、タブ位置を細かく調整することができます。

3 タブ位置を数値で設定する

メモ タブ位置の設定

タブの位置をルーラー上で選択すると、微妙にずれてしまうことがあります。数値で設定すれば、すべての段落が同じタブ位置になるので、きれいに揃います。ここでは、2つのタブ位置を数値で設定します。

ヒント そのほかの表示方法

<タブとリーダー>ダイアログボックスは、<ホーム>タブの<段落>グループの右下にある をクリックすると表示される<段落>ダイアログボックスの<タブ設定>をクリックしても表示されます。

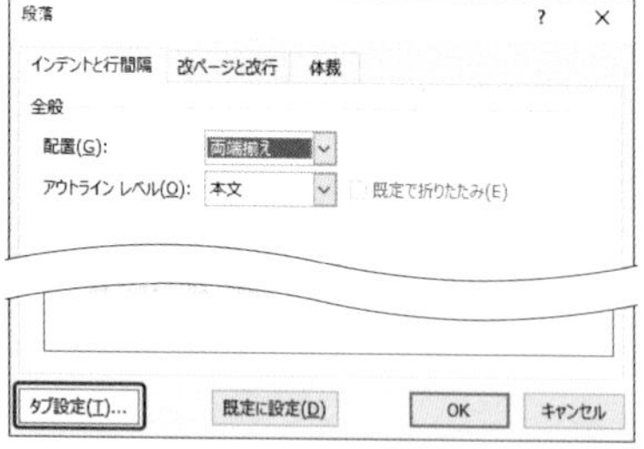

ステップアップ タブをまとめて設定する

<タブとリーダー>ダイアログボックスを利用すると、タブ位置やリーダーなどを設定することができます。リーダーを設定すると、タブが入力されている部分に「・」などの文字を挿入できます。

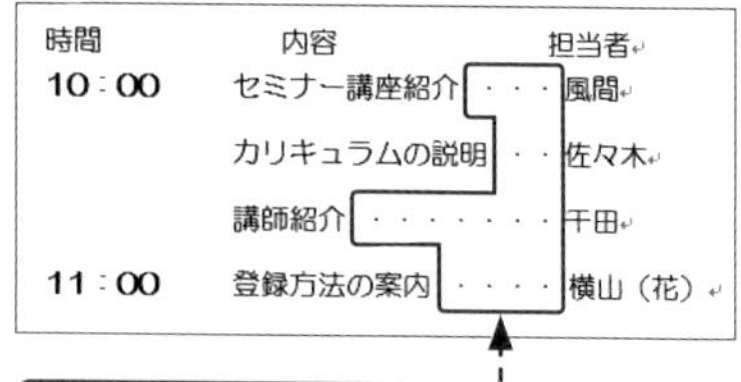

選択した段落のタブ位置にリーダーが入力されます。

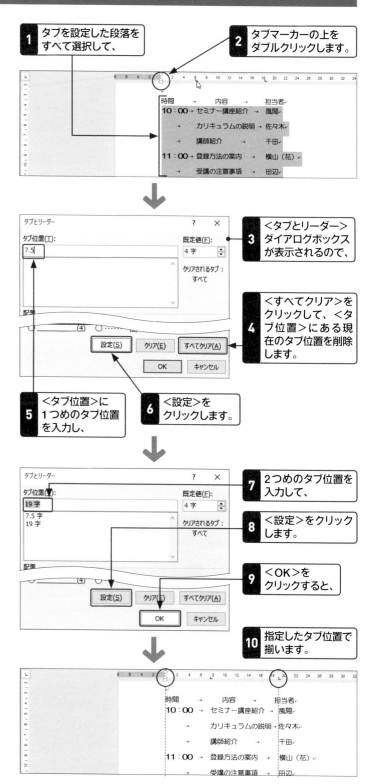

1 タブを設定した段落をすべて選択して、

2 タブマーカーの上をダブルクリックします。

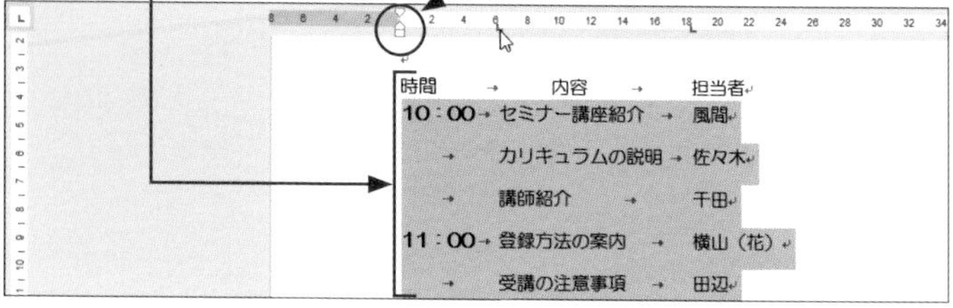

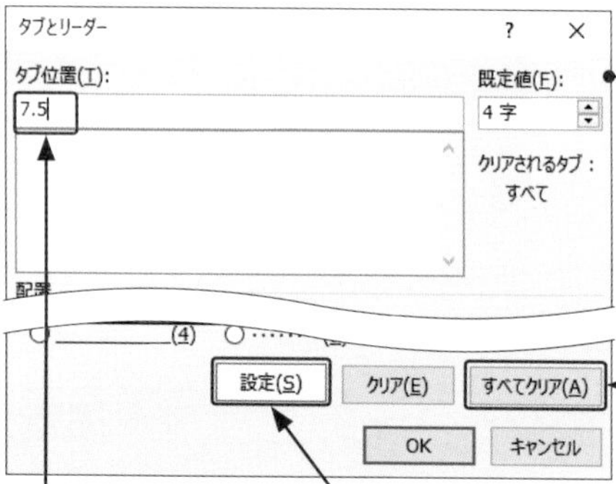

3 <タブとリーダー>ダイアログボックスが表示されるので、

4 <すべてクリア>をクリックして、<タブ位置>にある現在のタブ位置を削除します。

5 <タブ位置>に1つめのタブ位置を入力し、

6 <設定>をクリックします。

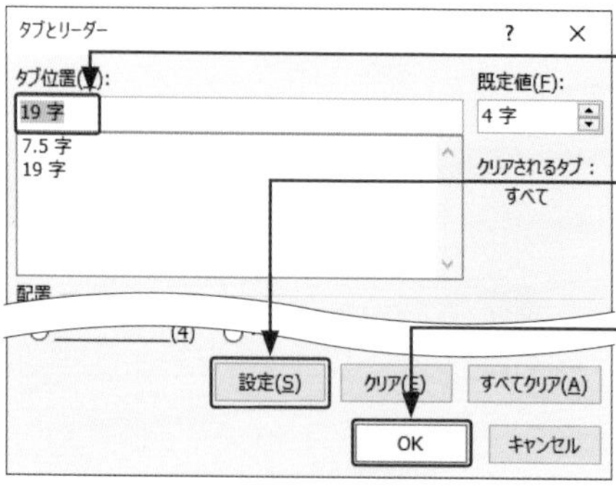

7 2つめのタブ位置を入力して、

8 <設定>をクリックします。

9 <OK>をクリックすると、

10 指定したタブ位置で揃います。

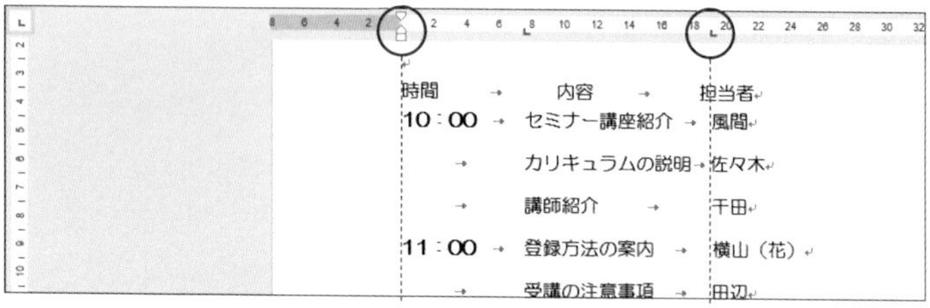

4 文字列を行末のタブ位置で揃える

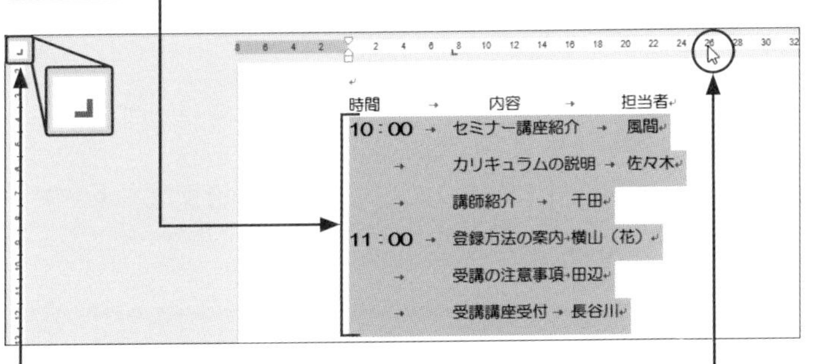

メモ 文字列を行末で揃える

文字列を揃える場合、先頭を揃える以外にも、行末で揃えたり、小数点の位置で揃えたりする場面があります。Wordのタブの種類を利用して、見やすい文書を作成しましょう。タブの種類の使い方は、下の「ステップアップ」を参照してください。

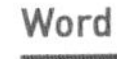

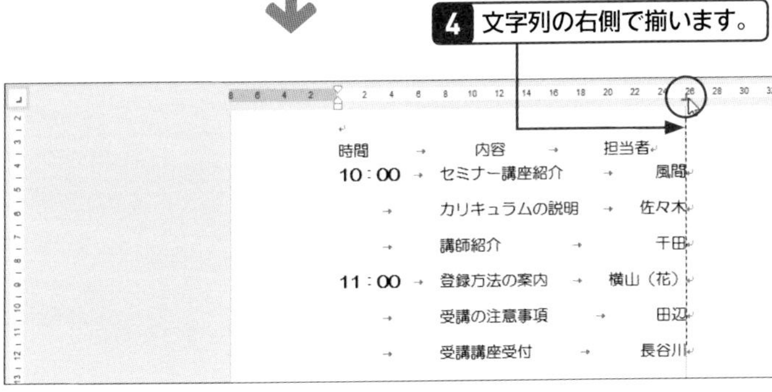

ステップアップ タブの種類と揃え方

通常はタブの種類に<左揃え>が設定されています。タブの種類を切り替えることによって、揃え方を変更することができます。ルーラーの左端にある<タブの種類>をクリックするたびに、タブの種類が切り替わるので、目的の種類に設定してからルーラー上のタブ位置をクリックし、文字列を揃えます。

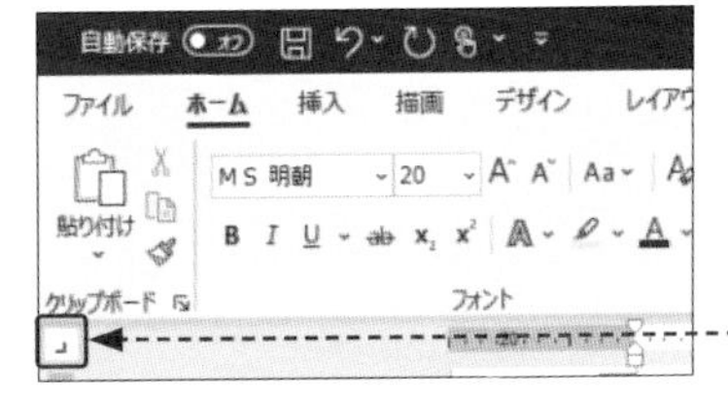

ここをクリックして、タブの種類を切り替えてから、タブ位置を設定します。

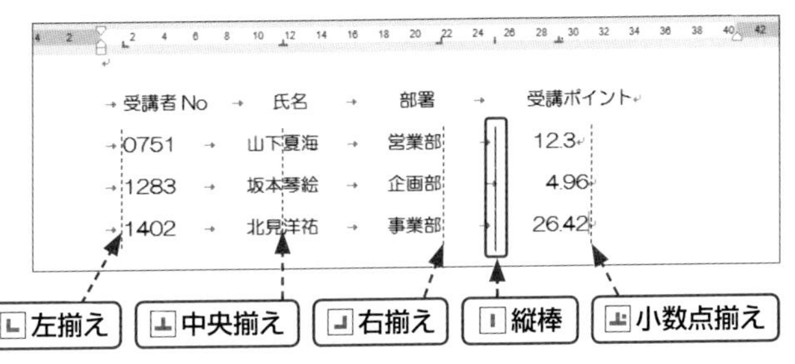

Section 21

字下げを設定する

覚えておきたいキーワード
- インデント
- 1行目の字下げ
- 2行目のぶら下げ

引用文などを見やすくするために段落の左端を字下げするときは、インデントを設定します。インデントを利用すると、最初の行と2行目以降に、別々の下げ幅を設定することもできます。インデントによる字下げの設定は、インデントマーカーを使って行います。

1 インデントとは

キーワード インデント

「インデント」とは、段落の左端や右端を下げる機能のことです。インデントには、「選択した段落の左端を下げるもの」「1行目だけを下げるもの（字下げ）」「2行目以降を下げるもの（ぶら下げ）」と「段落の右端を下げるもの（右インデント）」があります。それぞれのインデントは、対応するインデントマーカーを利用して設定します。

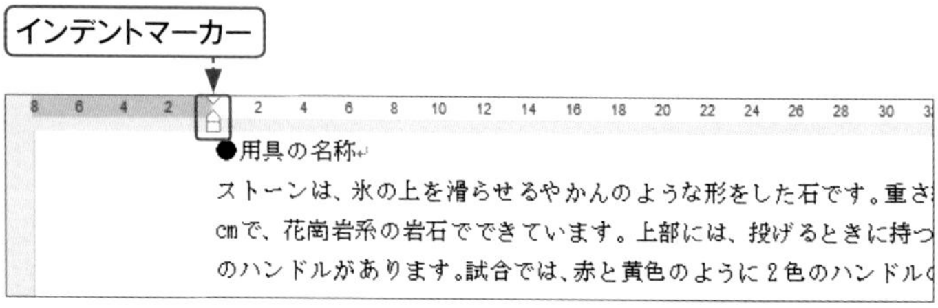

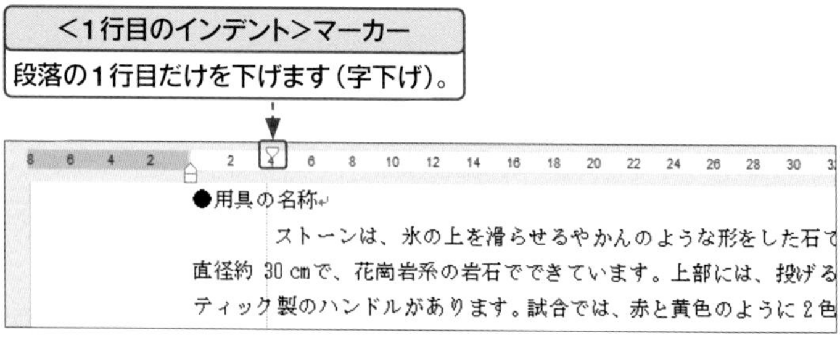

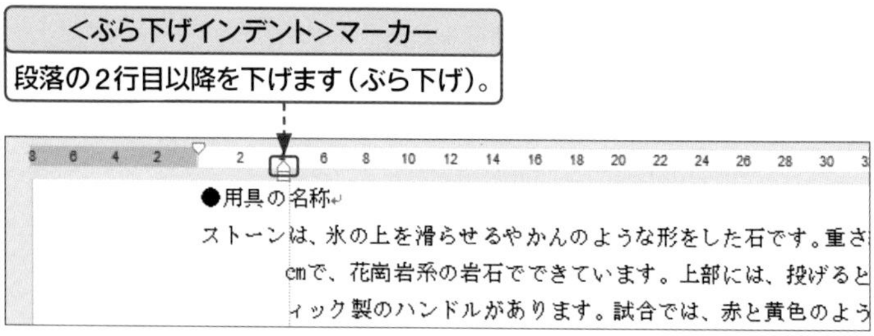

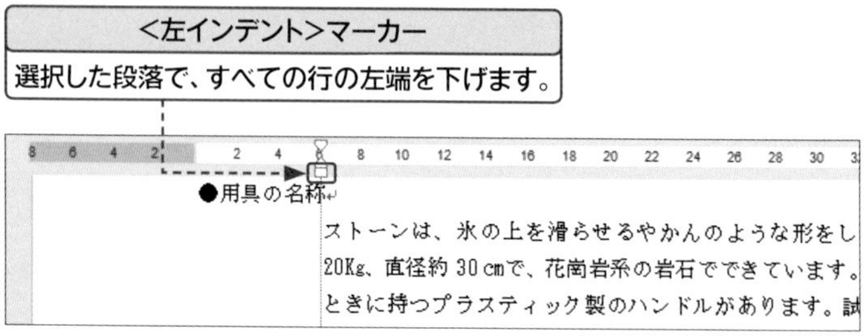

ヒント インデントとタブの使い分け

インデントは段落を対象に両端の字下げを設定して文字を揃えますが、タブ（Sec.20参照）は行の先頭だけでなく、行の途中にも設定して文字を揃えることができます。インデントは右のように段落の字下げなどに利用し、タブは行頭や行の途中で文字を揃えたい場合に利用します。

インデントマーカー

●用具の名称
ストーンは、氷の上を滑らせるやかんのような形をした石です。重さ
cmで、花崗岩系の岩石でできています。上部には、投げるときに持つ
のハンドルがあります。試合では、赤と黄色のように2色のハンドル

<1行目のインデント>マーカー
段落の1行目だけを下げます（字下げ）。

●用具の名称
ストーンは、氷の上を滑らせるやかんのような形をした石で
直径約 30 cmで、花崗岩系の岩石でできています。上部には、投げる
ティック製のハンドルがあります。試合では、赤と黄色のように2色

<ぶら下げインデント>マーカー
段落の2行目以降を下げます（ぶら下げ）。

●用具の名称
ストーンは、氷の上を滑らせるやかんのような形をした石です。重さ
cmで、花崗岩系の岩石でできています。上部には、投げると
ィック製のハンドルがあります。試合では、赤と黄色のよう

<左インデント>マーカー
選択した段落で、すべての行の左端を下げます。

●用具の名称
ストーンは、氷の上を滑らせるやかんのような形をし
20Kg、直径約 30 cmで、花崗岩系の岩石でできています。
ときに持つプラスティック製のハンドルがあります。試

2 段落の1行目を下げる

1 段落の中にカーソルを移動して、

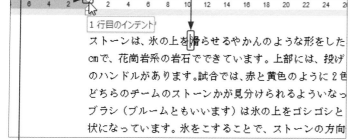

2 <1行目のインデント>マーカーにマウスポインターを合わせ、

3 ドラッグすると、

4 1行目の先頭が下がります。

メモ 段落の1行目を下げる

インデントマーカーのドラッグは、段落の1行目を複数文字下げる場合に利用します。段落の先頭を1文字下げる場合は、先頭にカーソルを移動して[Space]を押します。

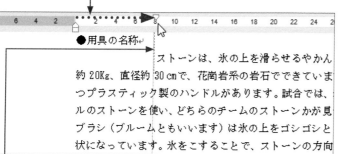

ヒント インデントマーカーの調整

[Alt]を押しながらインデントマーカーをドラッグすると、段落の左端の位置を細かく調整することができます。

3 段落の2行目以降を下げる

1 段落の中にカーソルを移動して、

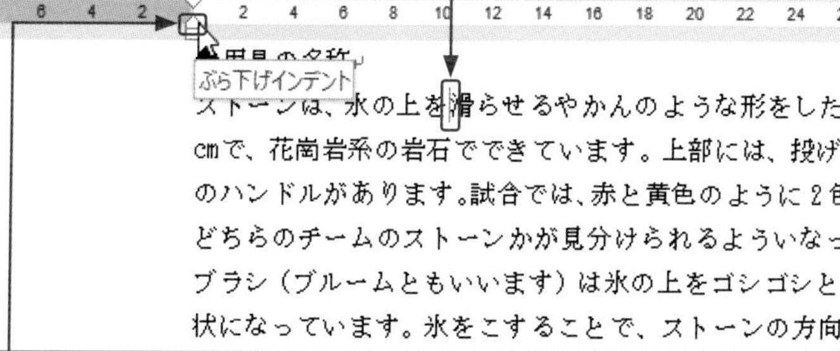
ぶら下げインデント
ストーンは、氷の上を滑らせるやかんのような形をした
cmで、花崗岩系の岩石でできています。上部には、投げ
のハンドルがあります。試合では、赤と黄色のように2色
どちらのチームのストーンかが見分けられるよういなっ
ブラシ（ブルームともいいます）は氷の上をゴシゴシと
状になっています。氷をこすることで、ストーンの方向

2 <ぶら下げインデント>マーカーにマウスポインターを合わせ、

メモ <ぶら下げインデント>マーカー

2行目以降を字下げする<ぶら下げインデント>マーカーは、段落の先頭数文字を目立たせたいときなどに利用するとよいでしょう。

ヒント インデントを解除するには？

インデントを解除して、段落の左端の位置をもとに戻したい場合は、目的の段落を選択して、インデントマーカーをもとの左端にドラッグします。また、インデントが設定された段落の先頭にカーソルを移動して、文字数分 BackSpace を押しても、インデントを解除することができます。

3 ドラッグすると、

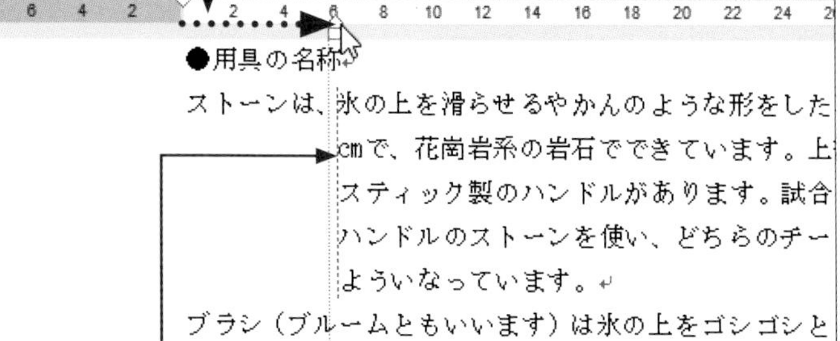

4 2行目以降が下がります。

4 すべての行を下げる

メモ ＜左インデント＞マーカー

＜左インデント＞マーカーは、段落全体を字下げするときに利用します。段落を選択して、＜左インデント＞マーカーをドラッグするだけで字下げができるので便利です。

ステップアップ 数値で字下げを設定する

インデントマーカーをドラッグすると、文字単位できれいに揃わない場合があります。字下げやぶら下げを文字数で揃えたいときは、＜ホーム＞タブの＜段落＞グループの右下にある をクリックします。表示される＜段落＞ダイアログボックスの＜インデントと行間隔＞タブで、インデントを指定できます。

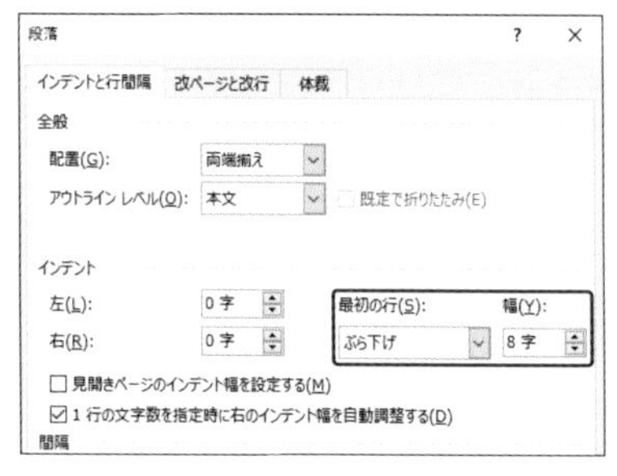

1 段落の中にカーソルを移動して、

●用具の名称
左インデント
は、氷の上を滑らせるやかんのような形をした
cmで、花崗岩系の岩石でできています。上部には、投げ
のハンドルがあります。試合では、赤と黄色のように2色
どちらのチームのストーンかが見分けられるようになっ
ブラシ（ブルームともいいます）は氷の上をゴシゴシと
状になっています。氷をこすることで、ストーンの方向
こすることを「スウィーピング」といいます。

2 ＜左インデント＞マーカーにマウスポインターを合わせ、

3 ドラッグすると、

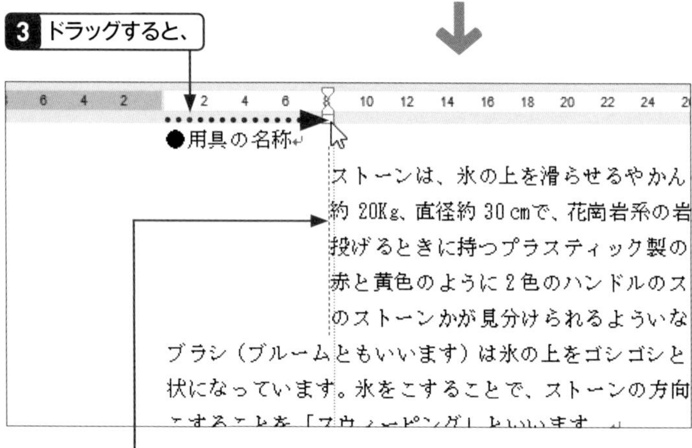

●用具の名称
ストーンは、氷の上を滑らせるやかん
約 20Kg、直径約 30 cmで、花崗岩系の岩
投げるときに持つプラスティック製の
赤と黄色のように2色のハンドルのス
のストーンかが見分けられるようにな
ブラシ（ブルームともいいます）は氷の上をゴシゴシと
状になっています。氷をこすることで、ストーンの方向

4 段落全体が下がります。

5 1文字ずつインデントを設定する

1 段落の中にカーソルを移動して、

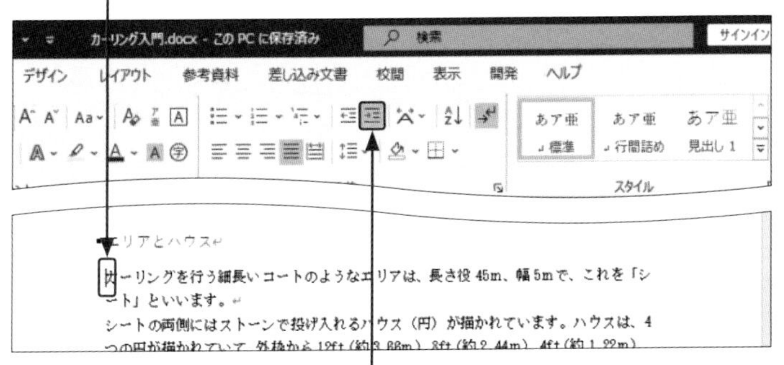

2 <ホーム>タブの<インデントを増やす>をクリックします。

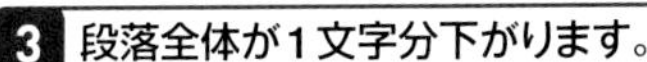

3 段落全体が1文字分下がります。

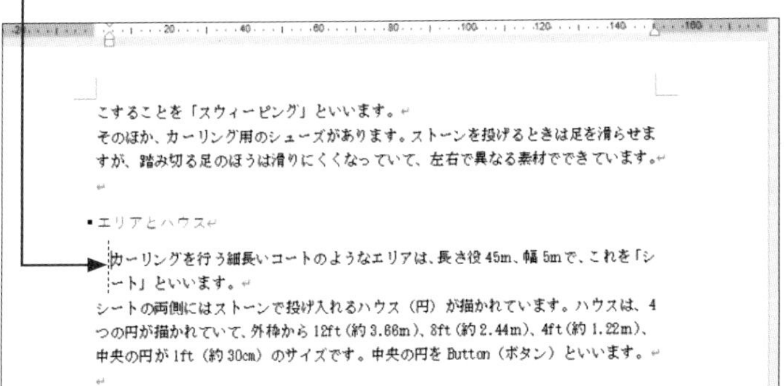

メモ インデントを増やす

<ホーム>タブの<インデントを増やす>をクリックすると、段落全体が左端から1文字分下がります。

ヒント インデントを減らす

インデントの位置を戻したい場合は、<ホーム>タブの<インデントを減らす>をクリックします。

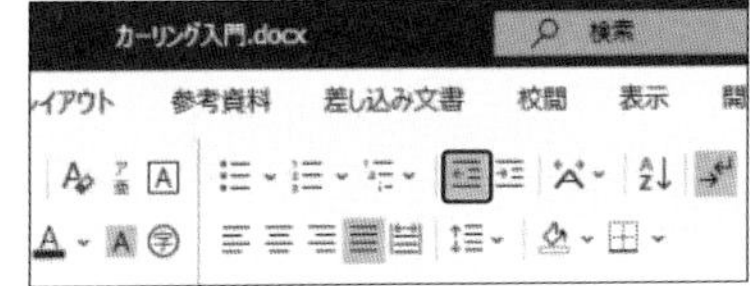

ステップアップ 右端を字下げする

インデントには、段落の右端を字下げする「右インデント」があります。段落を選択して、<右インデント>マーカーを左にドラッグすると、字下げができます。なお、右インデントは、特定の段落の字数を増やしたい場合に、右にドラッグして文字数を増やすこともできます。既定の文字数をはみ出しても1行に収めたい場合に利用できます。

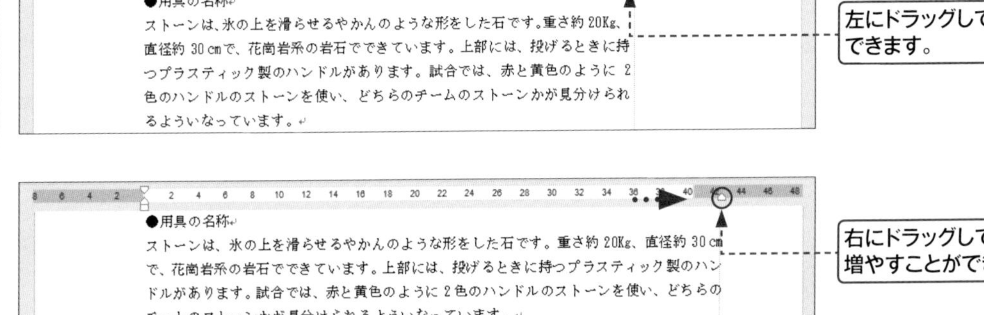

左にドラッグして字下げができます。

右にドラッグして文字数を増やすことができます。

Section 22

形式を選択して貼り付ける

覚えておきたいキーワード
- ☑ 貼り付けのオプション
- ☑ 書式
- ☑ 既定の貼り付けの設定

コピーや切り取った文字列を貼り付ける際、初期設定ではコピーもとの書式が保持されますが、貼り付けのオプションを利用すると、貼り付け先の書式に合わせたり、文字列のデータのみを貼り付けたりすることができます。なお、Wordでは、貼り付けた状態をプレビューで確認できます。

1 貼り付ける形式を選択して貼り付ける

メモ 貼り付ける形式を選択する

ここでは、コピーした文字列をもとの書式のまま貼り付けています。文字列の貼り付けを行うと、通常、コピー(切り取り)もとで設定されている書式が貼り付け先でも適用されますが、<貼り付けのオプション>を利用すると、貼り付け時の書式の扱いを選択することができます。

1 書式が設定された文字列を選択します。

2 <ホーム>タブの<コピー>をクリックします。

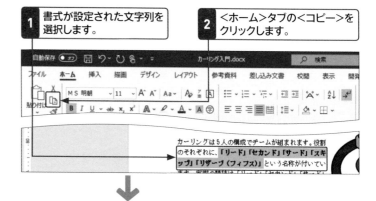

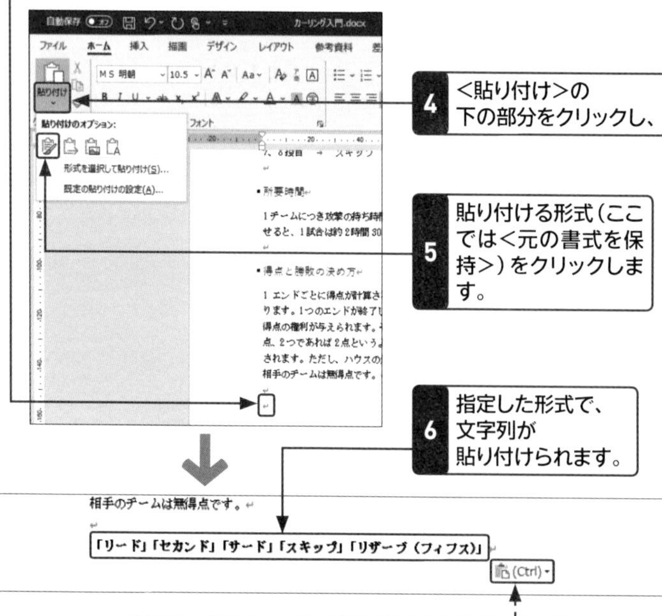

3 貼り付けたい位置にカーソルを移動して、
4 <貼り付け>の下の部分をクリックし、
5 貼り付ける形式(ここでは<元の書式を保持>)をクリックします。
6 指定した形式で、文字列が貼り付けられます。
貼り付けのオプション:
形式を選択して貼り付け(S)...
既定の貼り付けの設定(A)...
相手のチームは無得点です。
「リード」「セカンド」「サード」「スキップ」「リザーブ(フィフス)」

<貼り付けのオプション>が表示されます(「ヒント」参照)。

ヒント 貼り付けのオプション

貼り付ける形式を選択したあとでも、貼り付けた文字列の右下には<貼り付けのオプション> (Ctrl) が表示されています。この<貼り付けのオプション>をクリックして、あとから貼り付ける形式を変更することもできます。<貼り付けのオプション>は、別の文字列を入力するか、Esc を押すと消えます。

第2章 書式と段落の設定

ステップアップ 貼り付けのオプション

<ホーム>タブの<貼り付け>の下部分をクリックして表示される<貼り付けのオプション>のメニューには、それぞれのオプションがアイコンで表示されます。それぞれのアイコンにマウスポインターを合わせると、適用した状態がプレビューされるので、書式のオプションが選択しやすくなります。

元の書式を保持

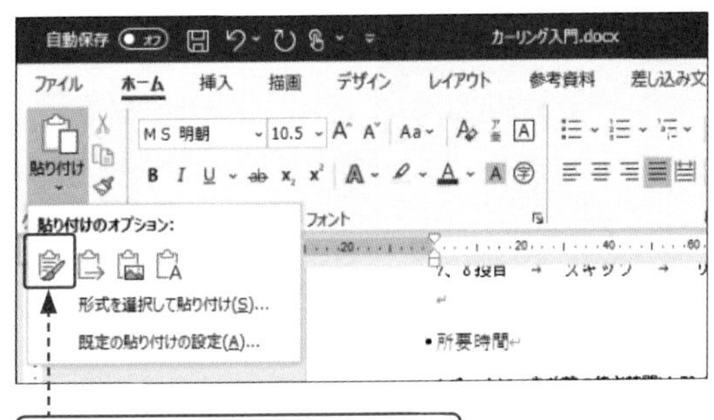

コピーもとの書式が保持されます。

書式を結合

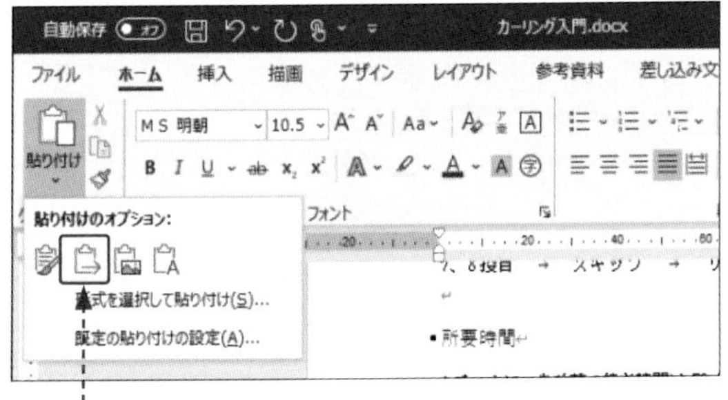

貼り付け先と同じ書式で貼り付けられます。ただし、文字列に太字や斜体、下線が設定されている場合は、その設定が保持されます。

テキストのみ保持

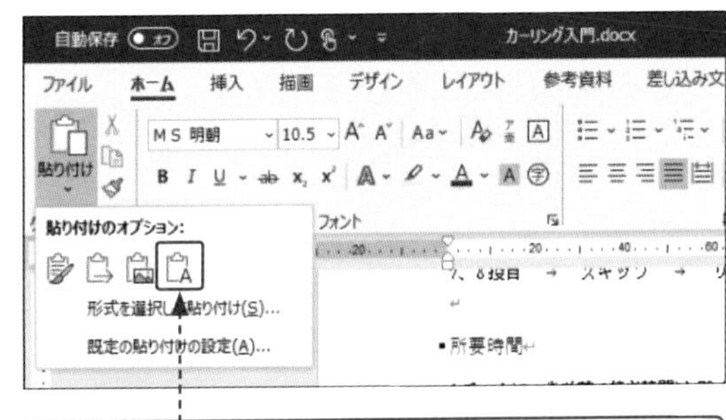

文字データだけがコピーされ、コピーもとに設定されていた書式は保持されません。

形式を選択して貼り付け

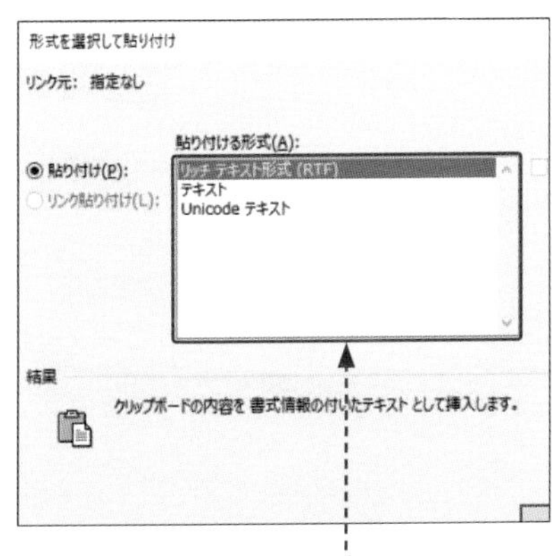

<形式を選択して貼り付け>ダイアログボックスが表示され、貼り付ける形式を選択することができます。

既定の貼り付けの設定

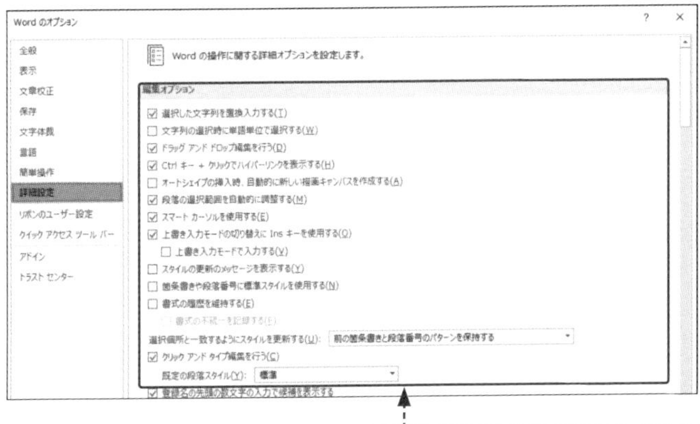

<Wordのオプション>の<詳細設定>が表示され、貼り付け時の書式の設定を変更することができます。

Section 23 書式をコピーして貼り付ける

覚えておきたいキーワード
- 書式のコピー
- 書式の貼り付け
- 書式を連続して貼り付け

複数の文字列や段落に同じ書式を繰り返し設定したい場合は、書式のコピー／貼り付け機能を利用します。書式のコピー／貼り付け機能を使うと、すでに文字列や段落に設定されている書式を別の文字列や段落にコピーすることができるので、同じ書式設定を繰り返し行う手間が省けます。

1 設定済みの書式をほかの文字列に設定する

メモ 書式のコピー／貼り付け

「書式のコピー／貼り付け」機能では、文字列に設定されている書式だけをコピーして、別の文字列に設定することができます。書式をほかの文字列や段落にコピーするには、書式をコピーしたい文字列や段落を選択して、＜書式のコピー／貼り付け＞ をクリックし、目的の文字列や段落上をドラッグします。

1 書式をコピーしたい文字列を選択します。

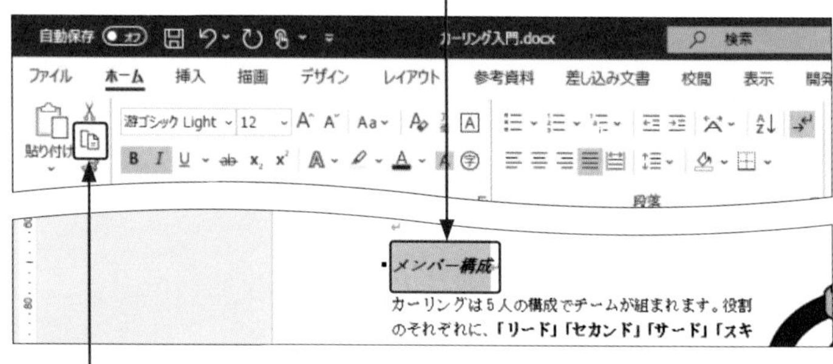

2 ＜ホーム＞タブの＜書式のコピー／貼り付け＞をクリックします。

サーブ（フィフス）」が登録されています。
各役割
・リード：最初に投げる人。
・セカンド：2番目に投げる人。
・サード：3番目に投げる人。スキップが投げるときは、指示を

3 マウスポインターの形が に変わった状態で、

4 書式を設定したい範囲をドラッグして選択すると、

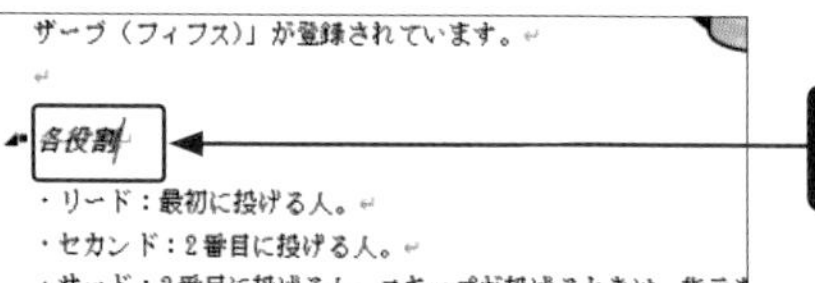

5 書式がコピーされます。

ヒント 書式を繰り返し利用する別の方法

手順**2**で＜書式のコピー／貼り付け＞ をダブルクリックすると、複数の箇所に連続して書式を貼り付けることができます。連続して貼り付ける場合、書式のコピーを終了するには、Esc キーを押すか、もう一度＜書式のコピー／貼り付け＞ をクリックします。

Word

第3章

図形／画像／ページ番号の挿入

Section 24

図形を挿入する

覚えておきたいキーワード
- 四角形／直線
- フリーフォーム
- 吹き出し

図形は、図形の種類を指定してドラッグするだけでかんたんに描くことができます。<挿入>タブの<図形>コマンドには、図形のサンプルが用意されており、フリーフォームや曲線などを利用して複雑な図形も描画できます。図形を挿入して選択すると、<図形の書式>タブが表示されます。

1 図形を描く

正方形を描くには?

手順4でドラッグするときに、Shiftを押しながらドラッグすると、正方形を描くことができます。

<図形の書式>タブ

図形を描くと、<図形の書式>タブが表示されます。続けて図形を描く場合は、<図形の書式>タブにある<図形>からも図形を選択できます。

オブジェクト

Wordでは、図形やワードアート、イラスト、写真、テキストボックスなど、直接入力する文字以外で文書中に挿入できるものを「オブジェクト」と呼びます。

図形の色や書式

図形を描くと、青色で塗りつぶされ、青色の枠線が引かれています。色や書式の変更について、詳しくはSec.25を参照してください。

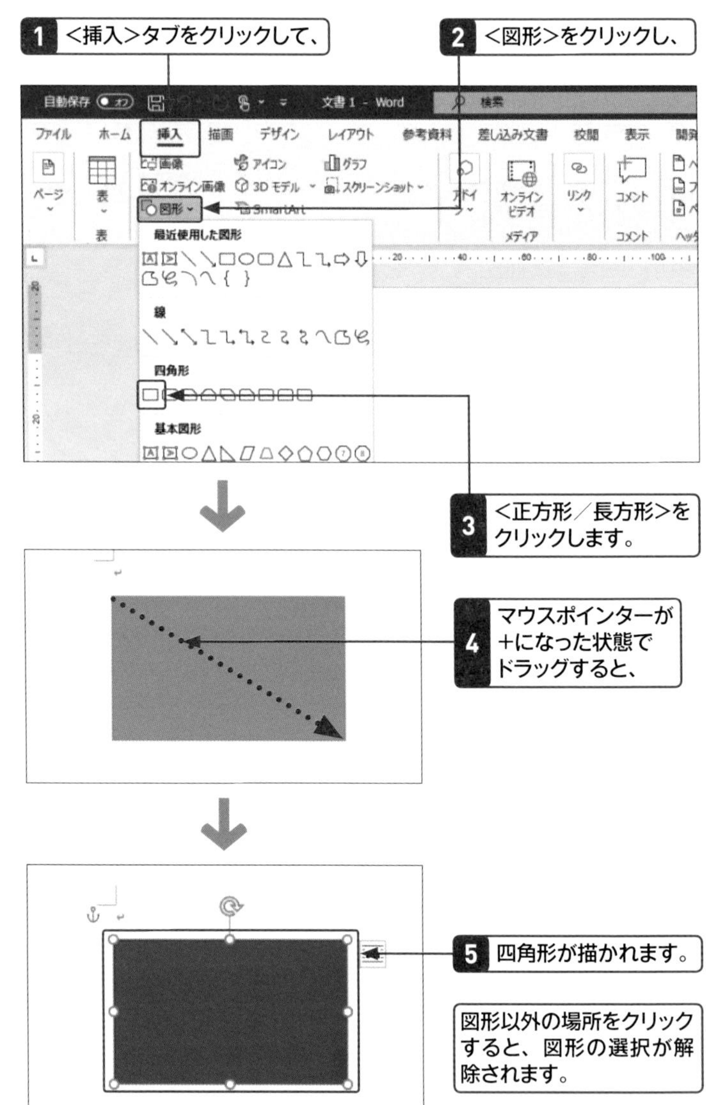

第3章 図形／画像／ページ番号の挿入

2 直線を引いて太さを変更する

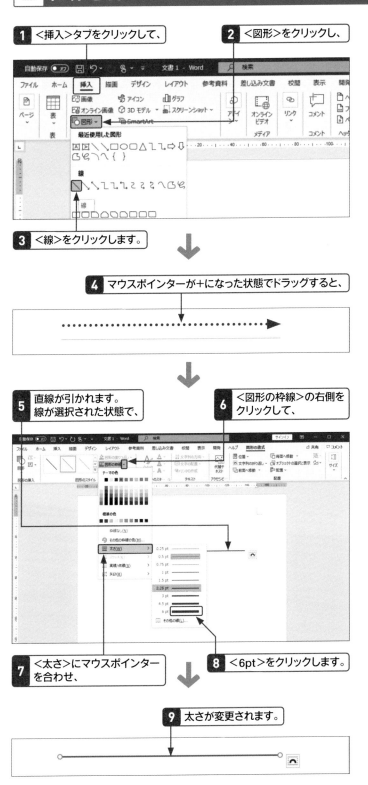

1 <挿入>タブをクリックして、

2 <図形>をクリックし、

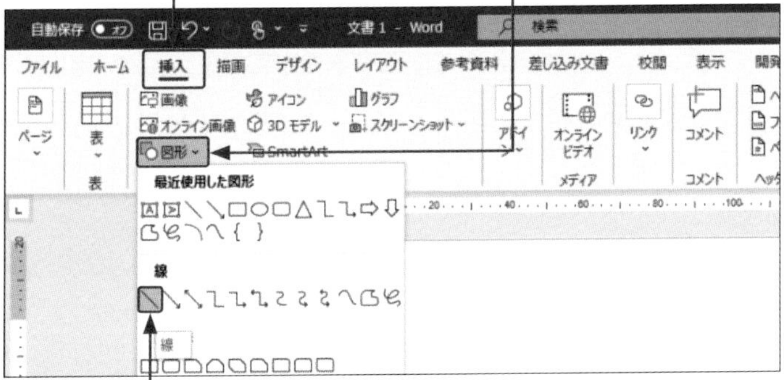

3 <線>をクリックします。

4 マウスポインターが+になった状態でドラッグすると、

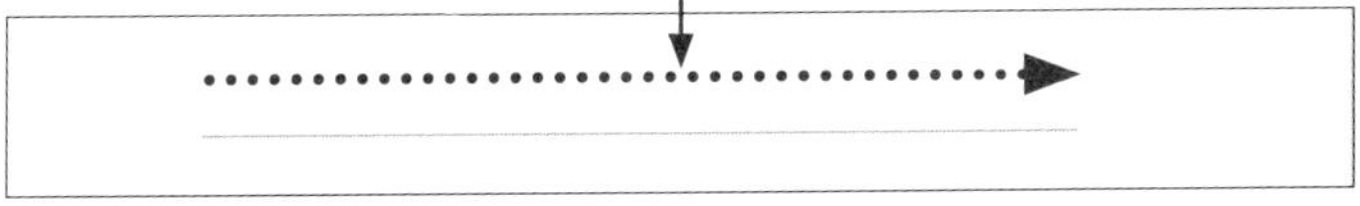

5 直線が引かれます。線が選択された状態で、

6 <図形の枠線>の右側をクリックして、

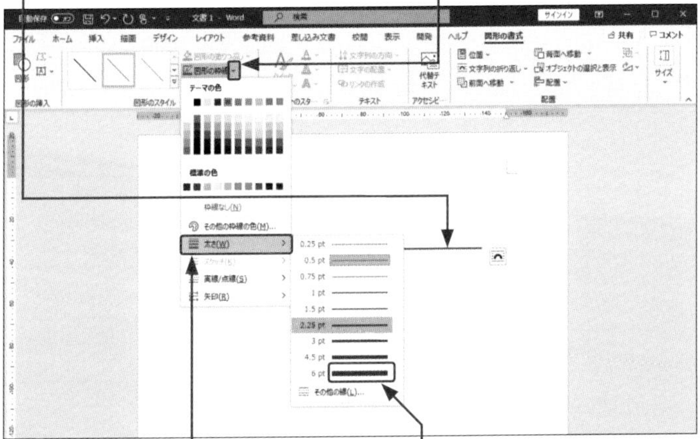

7 <太さ>にマウスポインターを合わせ、

8 <6pt>をクリックします。

9 太さが変更されます。

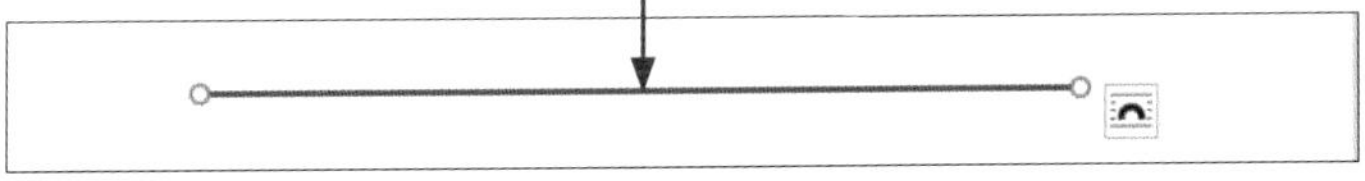

ヒント 水平線や垂直線を引く

<線>を利用すると、自由な角度で線を引くことができます。Shift を押しながらドラッグすると、水平線や垂直線を引くことができます。

メモ 線の太さを変更する

線の太さは、標準で0.5ptです。線の太さを変更するには、<図形の書式>タブの<図形の枠線>の右側をクリックして、<太さ>あるいは<その他の太さ>からサイズを選びます。

キーワード レイアウトオプション

図形を描くと、図形の右上に<レイアウトオプション>が表示されます。クリックすると、文字列の折り返しなど図形のレイアウトに関するコマンドが表示されます。

ステップアップ 点線を描くには?

点線や破線を描くには、直線の線種を変更します。直線を選択して、手順6を操作し、<実線/点線>にマウスポインターを合わせ、目的の線種をクリックします。

1 <実線/点線>にマウスポインターを合わせ、

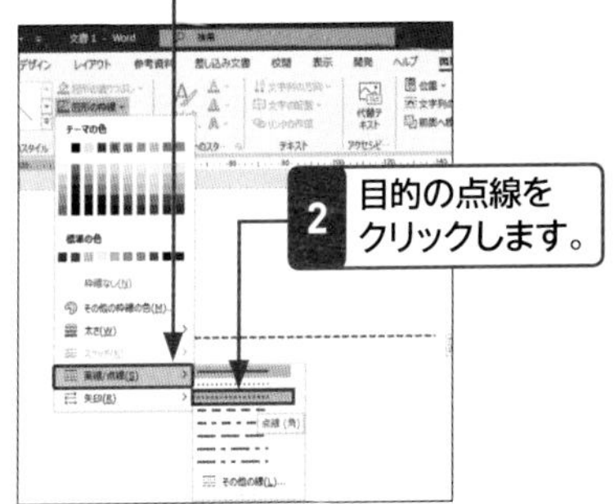

2 目的の点線をクリックします。

3 自由な角のある図形を描く

メモ　フリーフォームで多角形を描く

<フリーフォーム：図形>を利用すると、クリックした点と点の間に線を引けるので、自由な図形を作成することができます。

ステップアップ　フリーフォームで描いた図形を調整する

図形を右クリックして、<頂点の編集>をクリックすると、角が四角いハンドル■に変わります。このハンドルをドラッグすると、図形の形を調整できます。

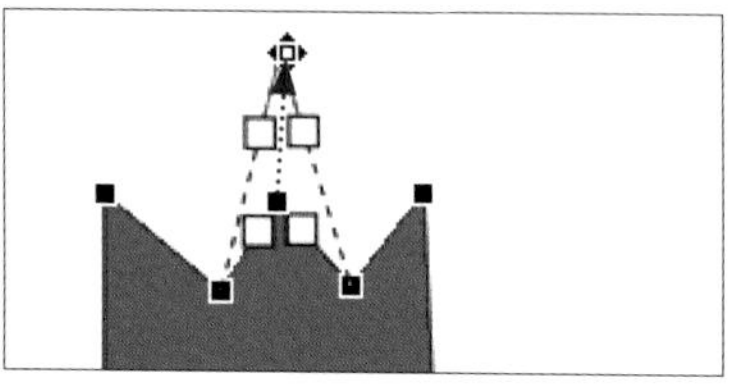

ヒント　曲線を描くには?

曲線を描くには、<書式>タブの<図形>をクリックして、<曲線>をクリックします。始点をクリックして、マウスポインターを移動し、線を折り曲げるところでクリックしていきます。最後にダブルクリックして終了します。

1 始点をクリックして、

2 線を折り曲げるところでクリックし、

3 終了するときにダブルクリックします。

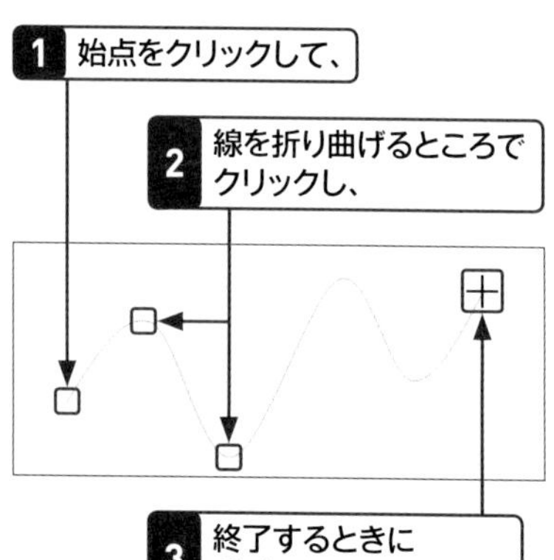

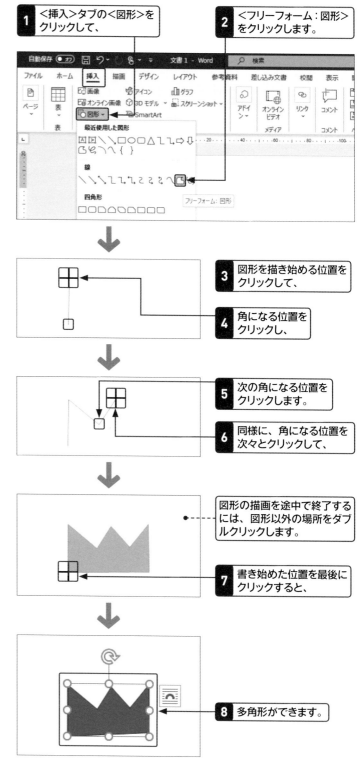

1 <挿入>タブの<図形>をクリックして、

2 <フリーフォーム：図形>をクリックします。

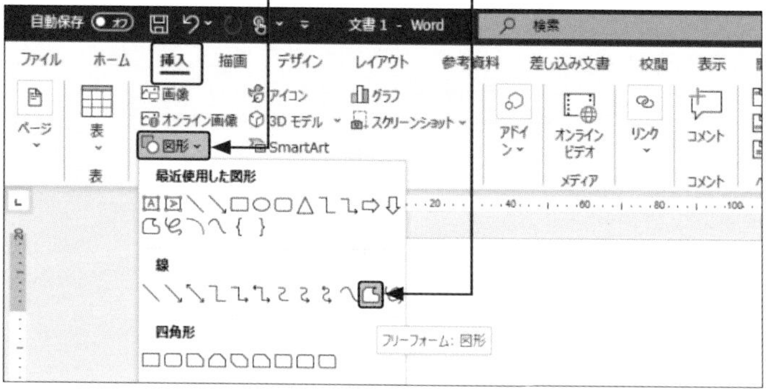

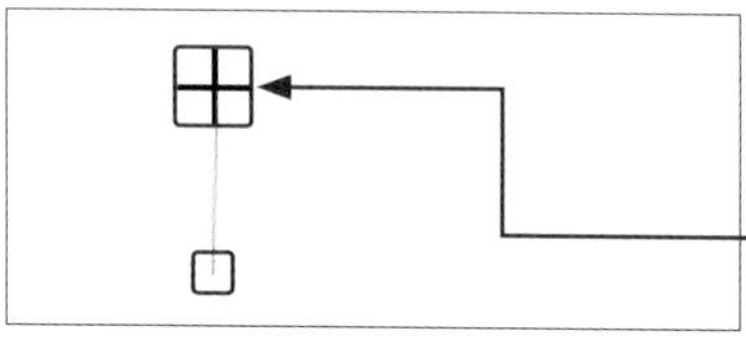

3 図形を描き始める位置をクリックして、

4 角になる位置をクリックし、

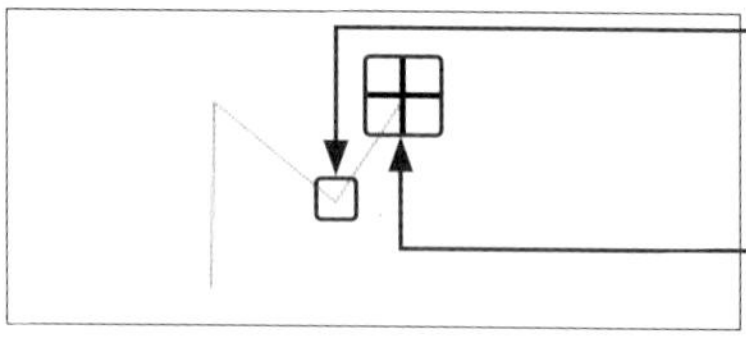

5 次の角になる位置をクリックします。

6 同様に、角になる位置を次々とクリックして、

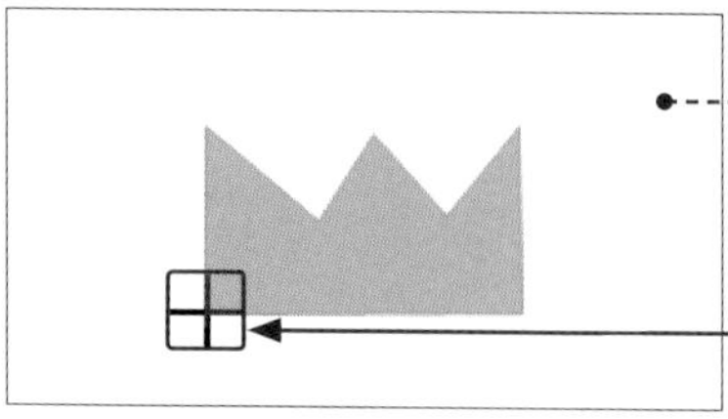

図形の描画を途中で終了するには、図形以外の場所をダブルクリックします。

7 書き始めた位置を最後にクリックすると、

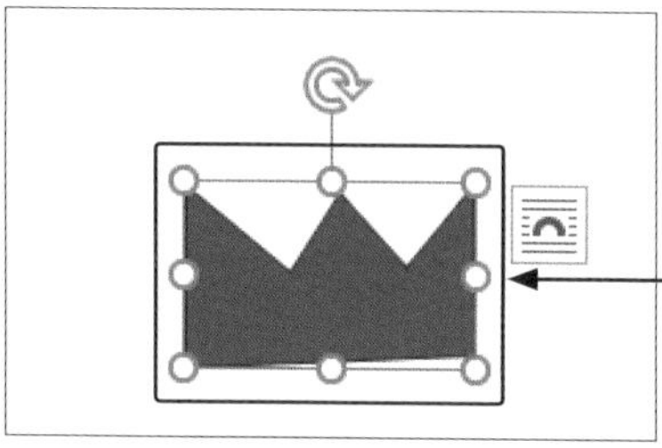

8 多角形ができます。

4 吹き出しを描く

1 <挿入>タブの<図形>をクリックして、

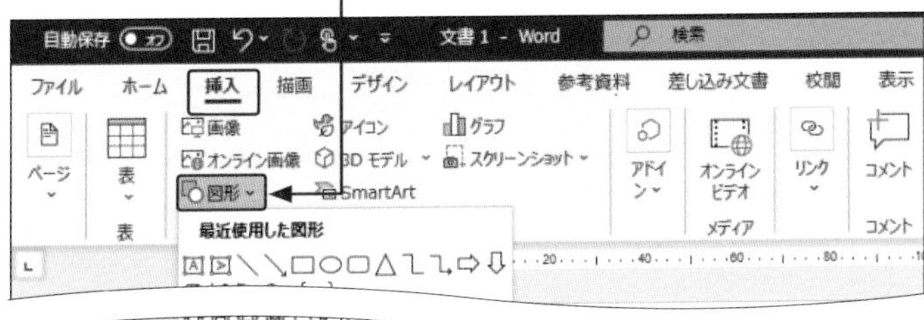

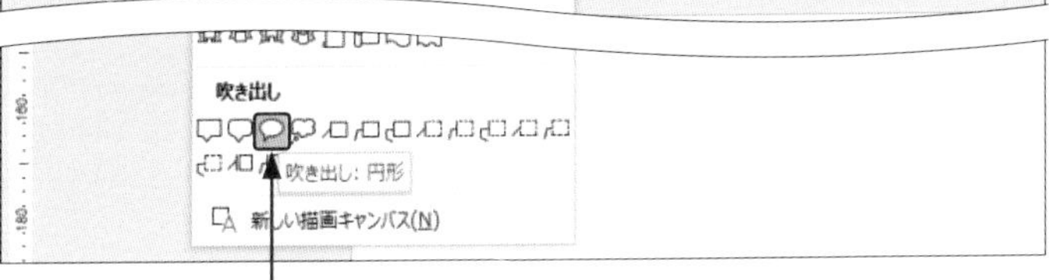

2 目的の吹き出しをクリックします（ここでは<吹き出し：円形>）。

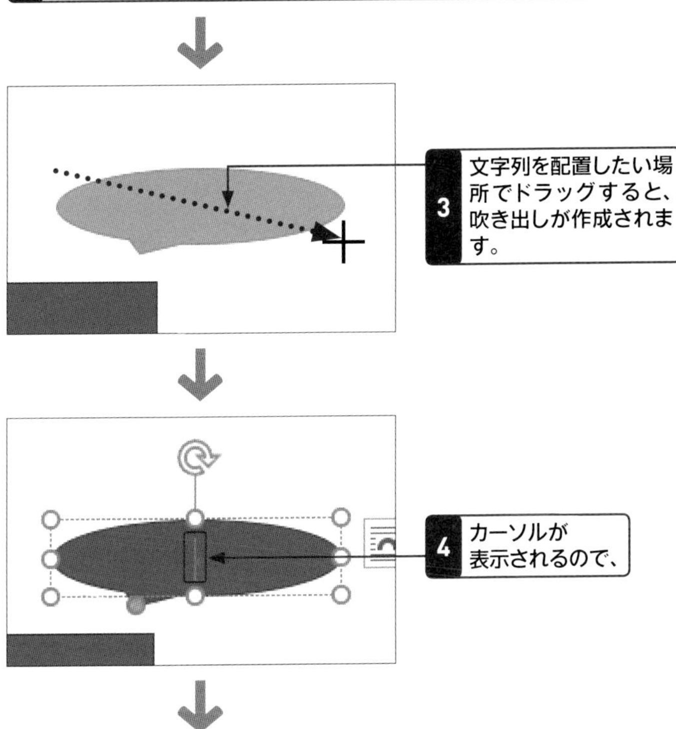

3 文字列を配置したい場所でドラッグすると、吹き出しが作成されます。

4 カーソルが表示されるので、

5 文字を入力できます。

メモ　吹き出しの中に文字を入力できる

吹き出しは、文字を入れるための図形です。そのため、吹き出しを描くと自動的にカーソルが挿入され、文字入力の状態になります。

ステップアップ　吹き出しの「先端」を調整する

吹き出しを描くと、吹き出しの周りに回転用のハンドル、サイズ調整用のハンドル、吹き出し先端用のハンドルが表示されます。をドラッグすると、吹き出しの先端部分を調整することができます。

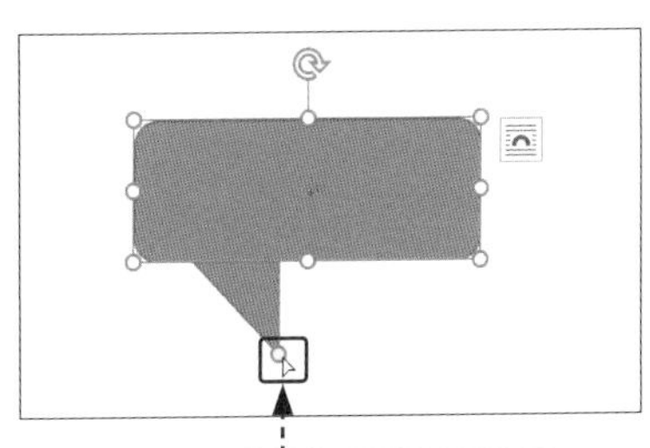

ドラッグすると先端を延ばせます。

ヒント　図形を削除するには?

思いどおりの図形が描けなかった場合や、間違えて描いてしまった場合は、図形をクリックして選択し、BackSpaceまたはDeleteを押すと削除できます。

Section 25

図形を編集する

覚えておきたいキーワード
- 図形の塗りつぶし
- 図形の枠線
- 図形の効果

図形を描き終えたら、線の太さや図形の塗りつぶしの色、形状を変更したり、図形に効果を設定したりするなどの編集作業を行います。また、図形の枠線や塗りなどがあらかじめ設定された図形のスタイルを適用することもできます。作成した図形の書式を既定に設定すると、その書式を適用して図形を描けます。

1 図形の色を変更する

メモ 図形を編集するには?

図形を編集するには、最初に対象となる図形をクリックして選択しておく必要があります。図形を選択すると、<図形の書式>タブが表示されます。<図形の書式>タブは、図形を選択したときのみ表示されます。

ヒント 図形の色と枠線の色の変更

図形の色は、図形内の色（図形の塗りつぶし）と輪郭線（図形の枠線）とで設定されています。色を変更するには、個別に設定を変更します。色を変更すると、<図形の塗りつぶし>と<図形の枠線>のアイコンが、それぞれ変更した色に変わります。以降、ほかの色に変更するまで、クリックするとこの色が適用されます。

ヒント 図形の塗りつぶしをなしにするには?

図形の塗りつぶしをなしにするには、<図形の塗りつぶし>の右側をクリックして、一覧から<塗りつぶしなし>をクリックします。

図形を選択すると、<図形の書式>タブが表示されます。

1 目的の図形をクリックして選択し、

2 <図形の書式>タブをクリックします。

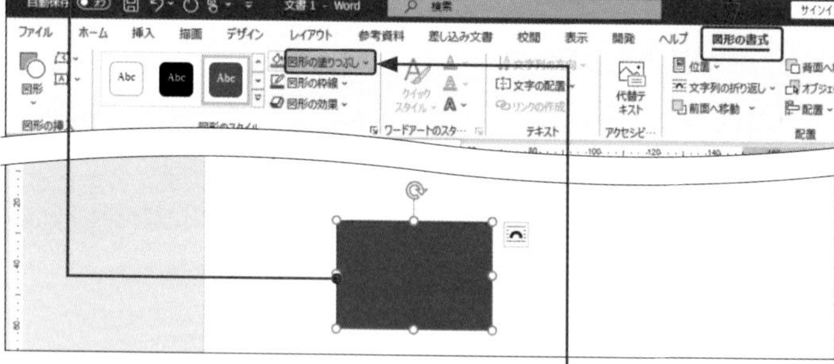

3 <図形の塗りつぶし>の右側をクリックして、

4 目的の色をクリックすると（ここでは<オレンジ>）、

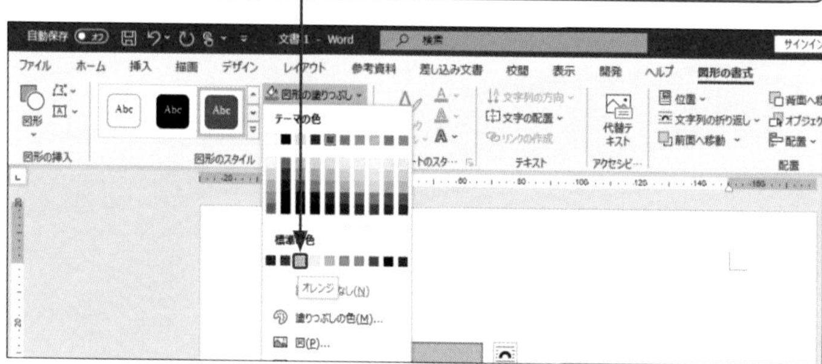

5 図形の色が変更されます。

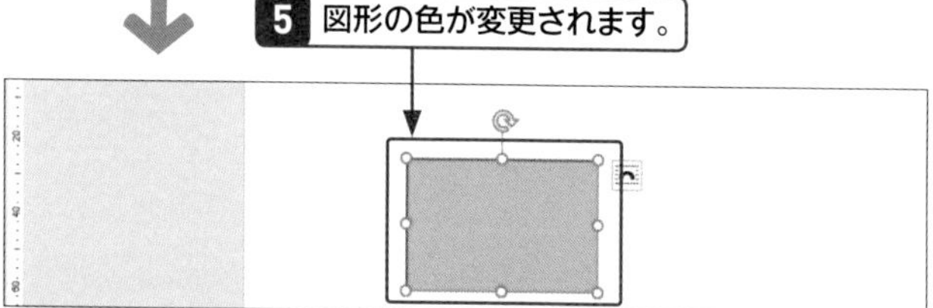

第3章 図形／画像／ページ番号の挿入

6 図形が選択された状態で、<図形の枠線>の右側をクリックして、

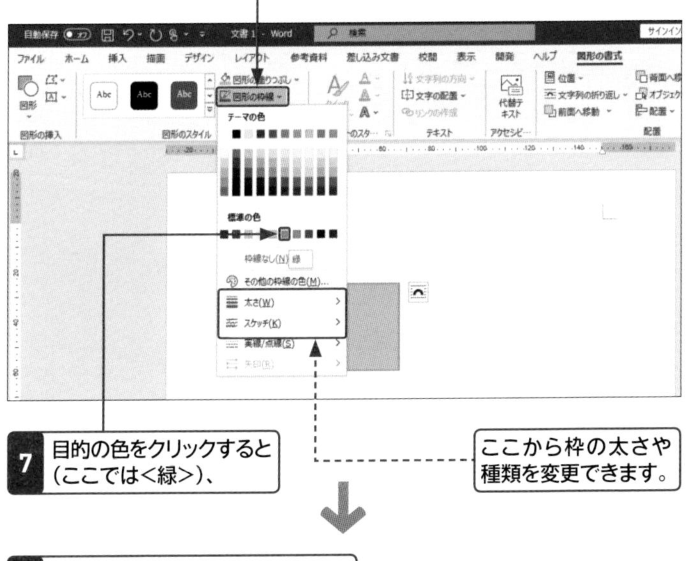

7 目的の色をクリックすると（ここでは<緑>)、

ここから枠の太さや種類を変更できます。

8 図形の枠線の色が変更されます。

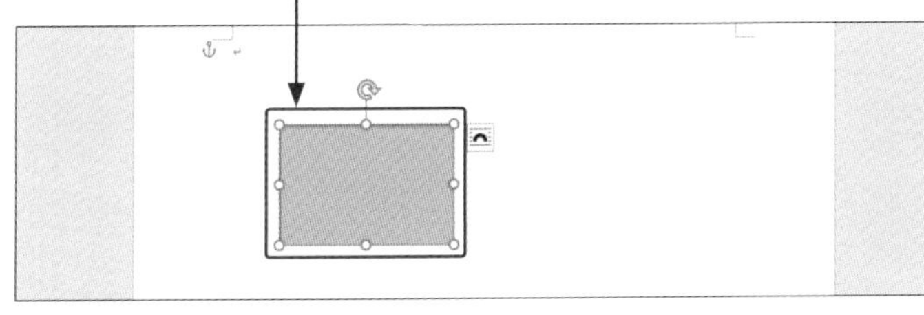

ヒント 図形の枠線をなしにするには？

図形の枠線をなしにするには、<図形の枠線>の右側をクリックして、一覧から<枠線なし>をクリックします。

ヒント グラデーションやテクスチャを設定する

<図形の塗りつぶし>の右側をクリックして、<グラデーション>をクリックすると、塗り色にグラデーションを設定することができます。同様に、<テクスチャ>をクリックすると、塗り色に布や石などのテクスチャ（模様）を設定することができます。

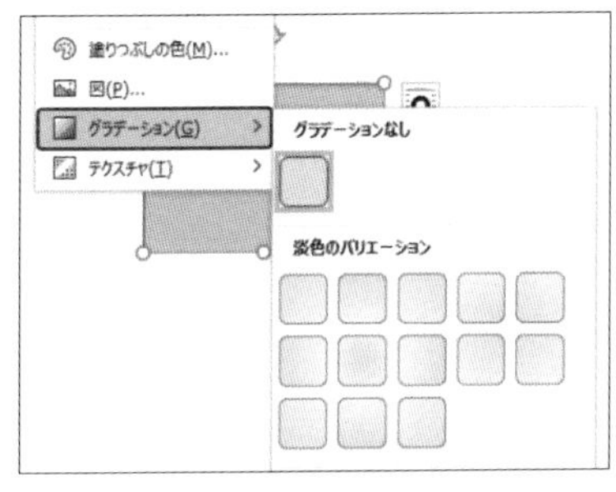

ステップアップ 図形のスタイルを利用する

<図形の書式>タブには、図形の枠線と塗りなどがあらかじめ設定されている「図形のスタイル」が用意されています。図形をクリックして、<図形のスタイル>の<その他>をクリックし、表示されるギャラリーから好みのスタイルをクリックすると、図形に適用されます。

1 図形を選択して、

2 ここをクリックし、

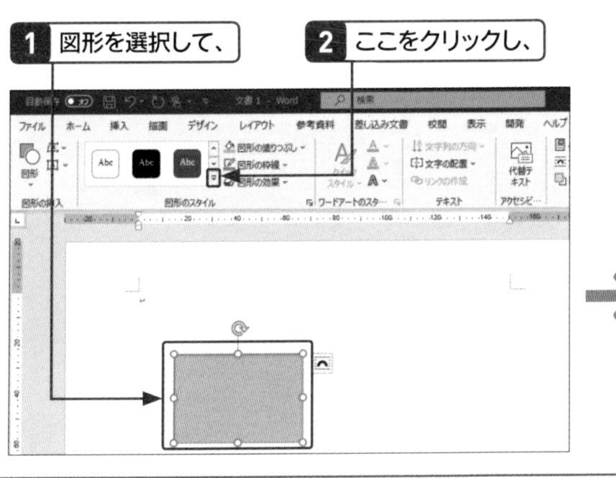

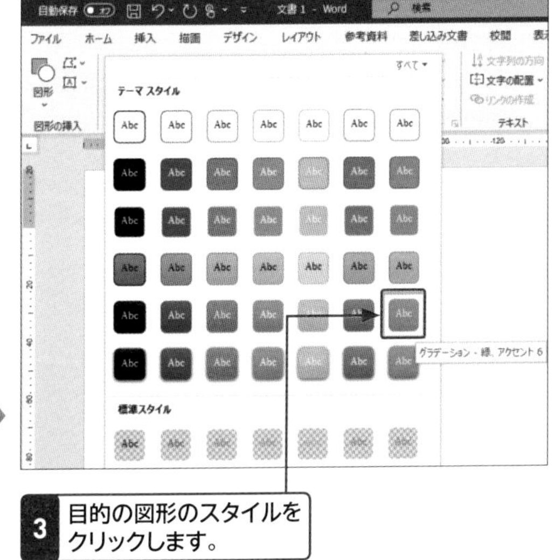

3 目的の図形のスタイルをクリックします。

2 図形のサイズを変更する

メモ　図形のサイズ変更

図形のサイズを変更するには、図形の周りにあるハンドル◯にマウスポインターを合わせ、⤡になったところでドラッグします。図形の内側にドラッグすると小さくなり、外側にドラッグすると大きくなります。

ヒント　そのほかのサイズ変更方法

図形を選択して、<図形の書式>タブの<サイズ>で高さと幅を指定しても、サイズを変更することができます。

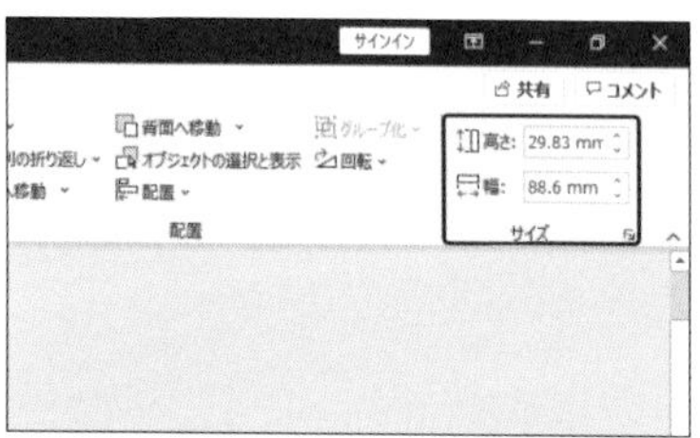

ヒント　図形の形状を変更する

図形の種類によっては、調整ハンドル●が表示されるものがあり、その形状を変更できます。調整ハンドルにマウスポインターを合わせ、ポインターの形が▷になったらドラッグします。

1 調整ハンドルをドラッグすると、

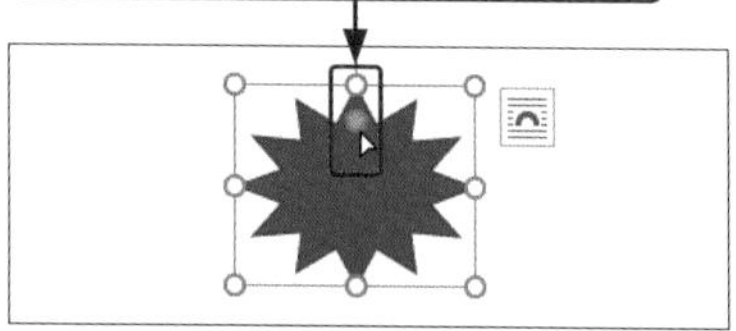

2 形状が変更されます。

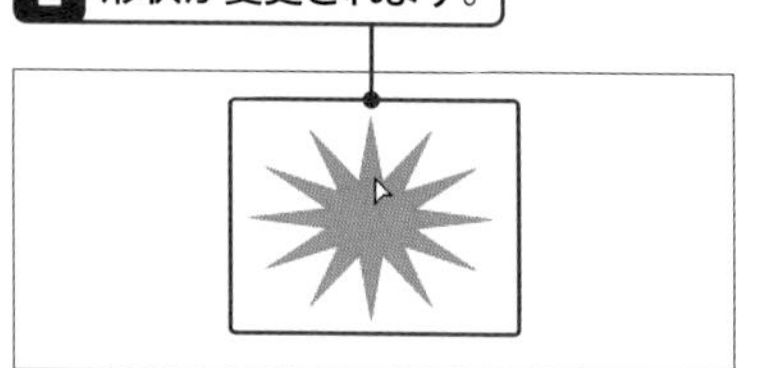

1 図形を選択します。

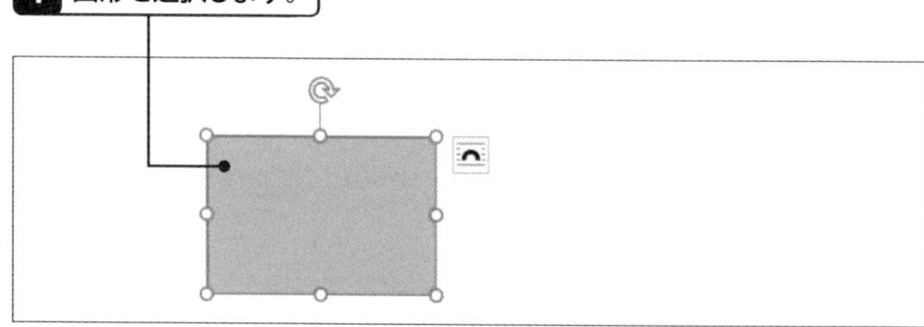

2 ハンドルにマウスポインターを近づけて、⤡の形になったら、

3 外側にドラッグします。

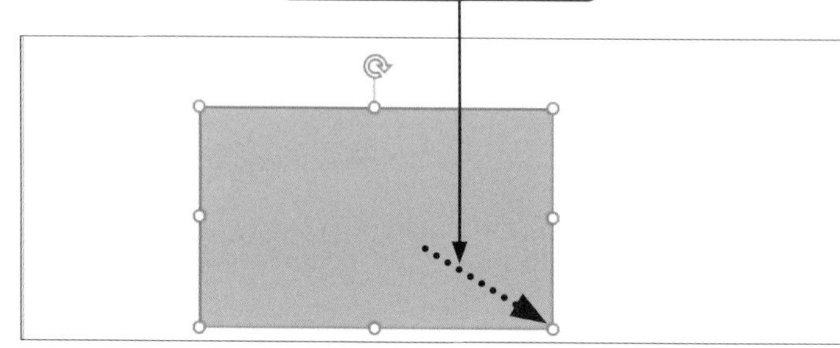

4 図形のサイズが大きくなります。

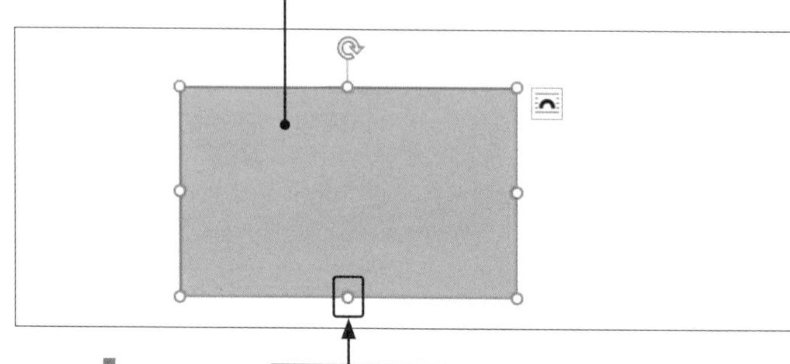

5 下のハンドルにマウスポインターを近づけて、

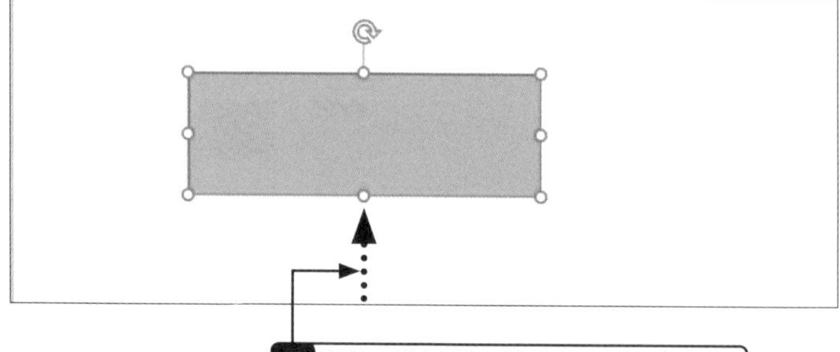

6 ドラッグすると、高さを変更できます。

3 図形を回転する

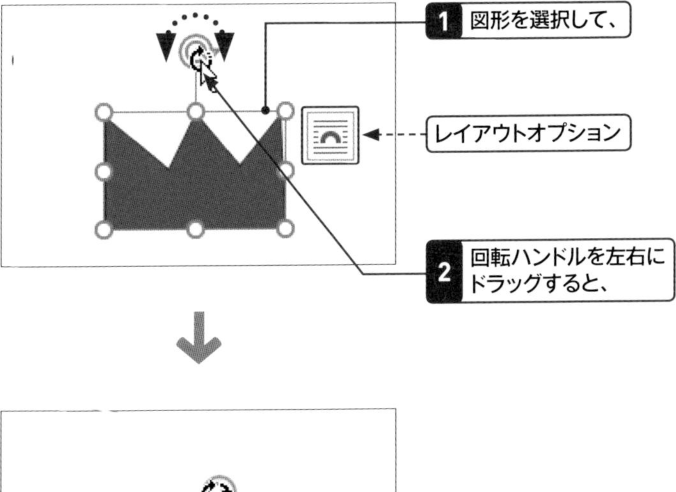

数値を指定して回転させる

図形を回転させる方法には、回転角度を数値で指定する方法もあります。図形の<レイアウトオプション>をクリックして、<詳細表示>をクリックすると表示される<レイアウト>ダイアログボックスで、<サイズ>タブの<回転角度>に数値を入力して、<OK>をクリックします。

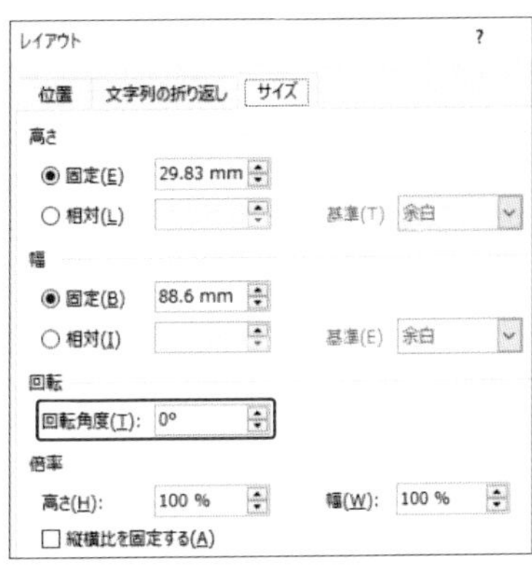

4 図形に効果を設定する

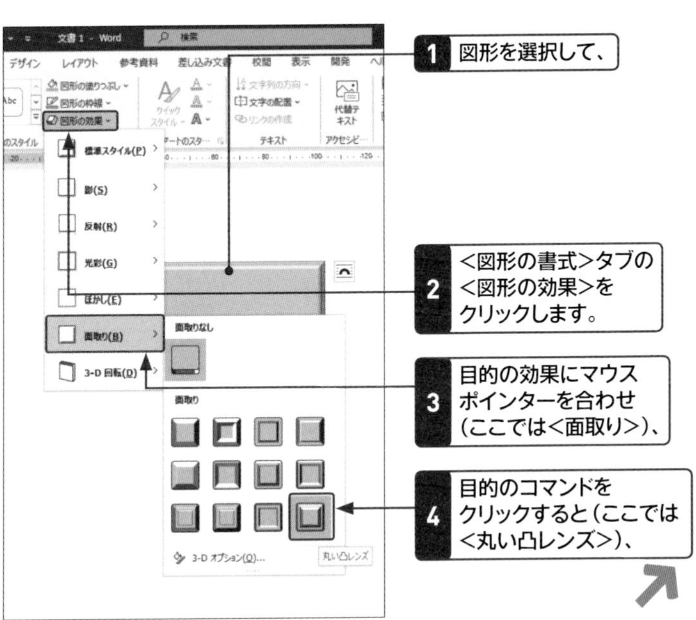

図形の効果

図形の効果には、影、反射、光彩、ぼかし、面取り、3-D回転の6種類があります。図形に効果を付けるには、左の手順に従います。

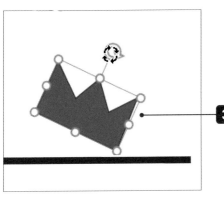

ヒント 図形の効果を取り消すには?

図形の効果を取り消すには、<図形の効果>をクリックして、設定しているそれぞれの効果をクリックし、表示される一覧から<(効果)なし>をクリックします。

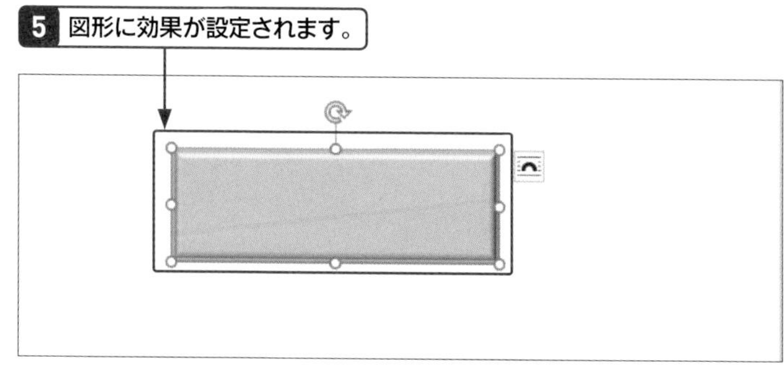

5 図形に効果が設定されます。

5 図形の中に文字を配置する

メモ 図形内の文字

図形の中に文字を配置するには、図形を右クリックして、<テキストの追加>をクリックします。入力した文字は、初期設定でフォントが游明朝、フォントサイズが10.5pt、フォントの色は背景色に合わせて自動的に黒か白、中央揃えで入力されます。これらの書式は、通常の文字列と同様に変更することができます。

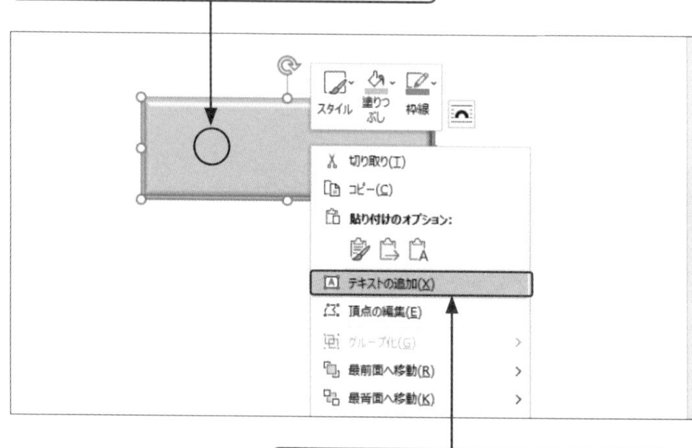

ヒント 図形の中に文字列が入りきらない?

図形の中に文字が入りきらない場合は、図形を選択すると周囲に表示されるハンドル◯をドラッグして、サイズを広げます(P.126参照)。

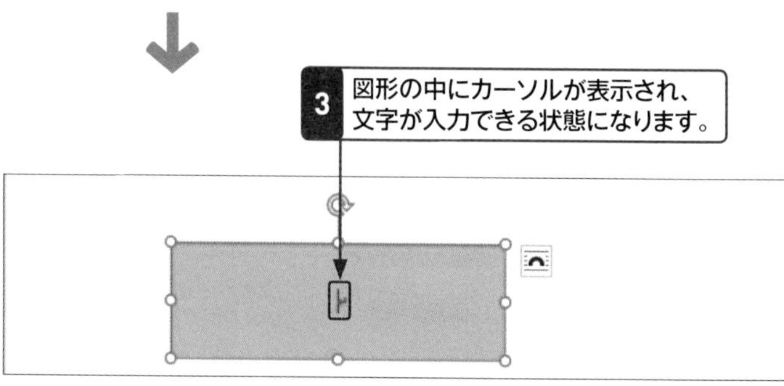

3 図形の中にカーソルが表示され、文字が入力できる状態になります。

ヒント 文字列の方向を変えるには?

文字列の方向を縦書きや、左右90度に回転することもできます。文字を入力した図形をクリックして、<図形の書式>タブの<文字列の方向>をクリックし、表示される一覧から目的の方向をクリックします。

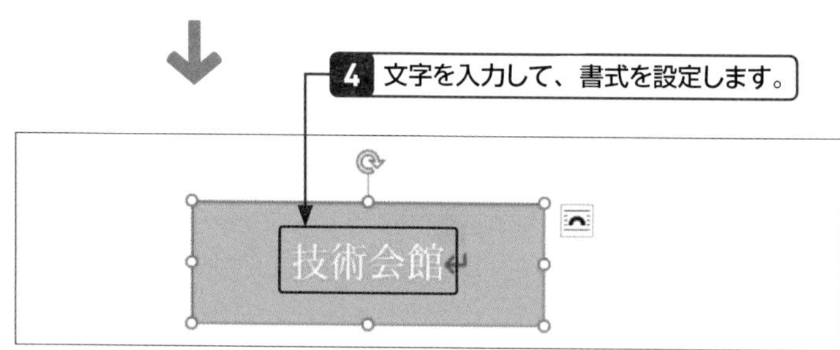

6 作成した図形の書式を既定に設定する

1 書式を設定した図形をクリックして選択し、

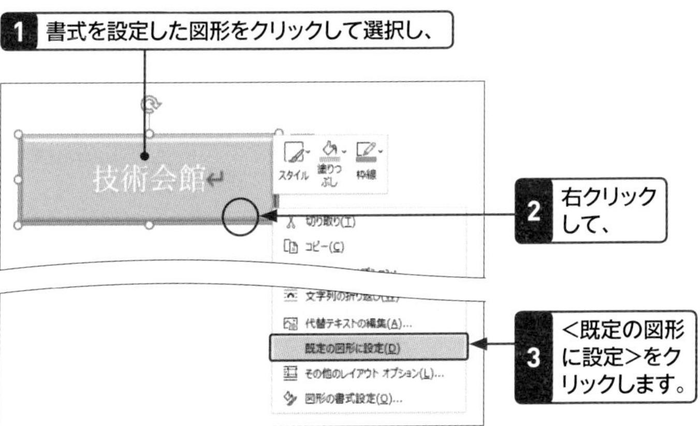

2 右クリックして、

3 <既定の図形に設定>をクリックします。

4 <図形の書式>タブの<図形>をクリックして、

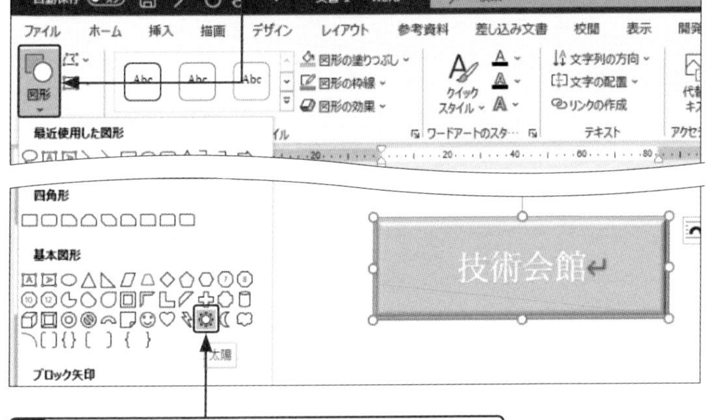

5 図形の種類を選択し、ドラッグして図形を描くと、

6 書式が適用された図形が作成できます。

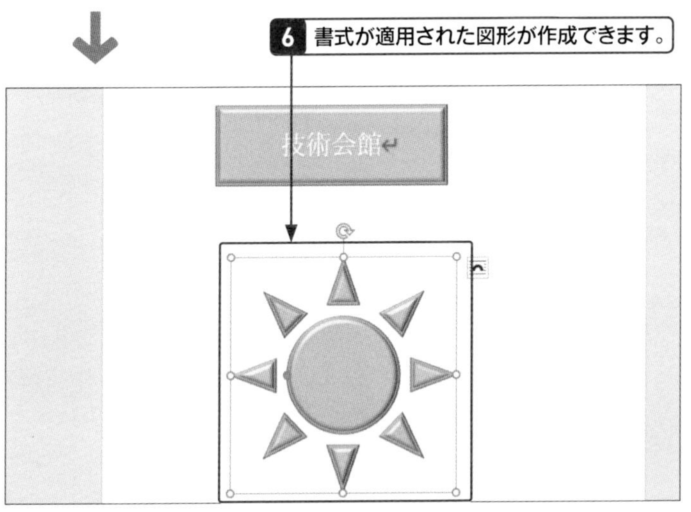

メモ 既定の図形に設定

同じ書式の図形を描きたい場合は、もとの図形を「既定の図形に設定」にします。この既定は、設定した文書のみで有効になります。

ヒント 既定の設定を変更するには?

左の操作で設定した既定を変更したい場合は、任意の図形を選択して<図形のスタイル>ギャラリー(P.125の「ステップアップ」参照)の<塗りつぶし-青、アクセント1>をクリックし、書式を変更します。その上で、この図形に対して手順**1**〜**3**で既定に設定し直します。

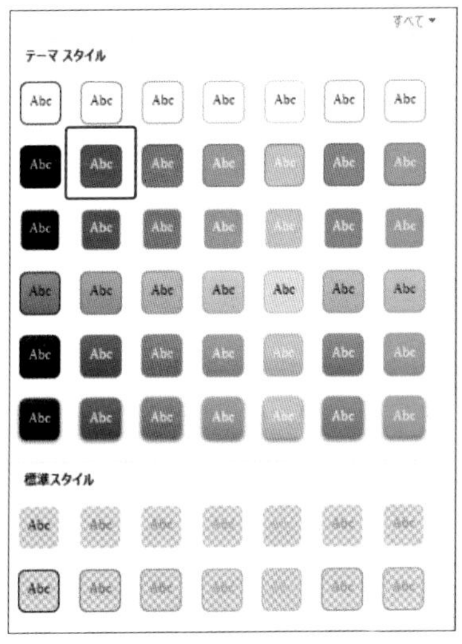

Section 26

図形を移動する／整列する

覚えておきたいキーワード
- 図形の移動・コピー
- 図形の整列
- 図形の重なり順

図形を扱う際に、図形の移動やコピー、図形の重なり順や図形の整列のしくみを知っておくと、操作しやすくなります。図形を文書の背面に移動したり、複数の図形を重ねて配置したりすることができます。また、複数の図形をグループ化すると、移動やサイズの変更をまとめて行うことができます。

1 図形を移動する／コピーする

メモ 図形を移動／コピーするには？

図形は文字列と同様に、移動やコピーを行うことができます。同じ図形が複数必要な場合は、コピーすると効率的です。図形を移動するには、そのままドラッグします。水平や垂直方向に移動するには、Shiftを押しながらドラッグします。図形を水平や垂直方向にコピーするには、Shift＋Ctrlを押しながらドラッグします。

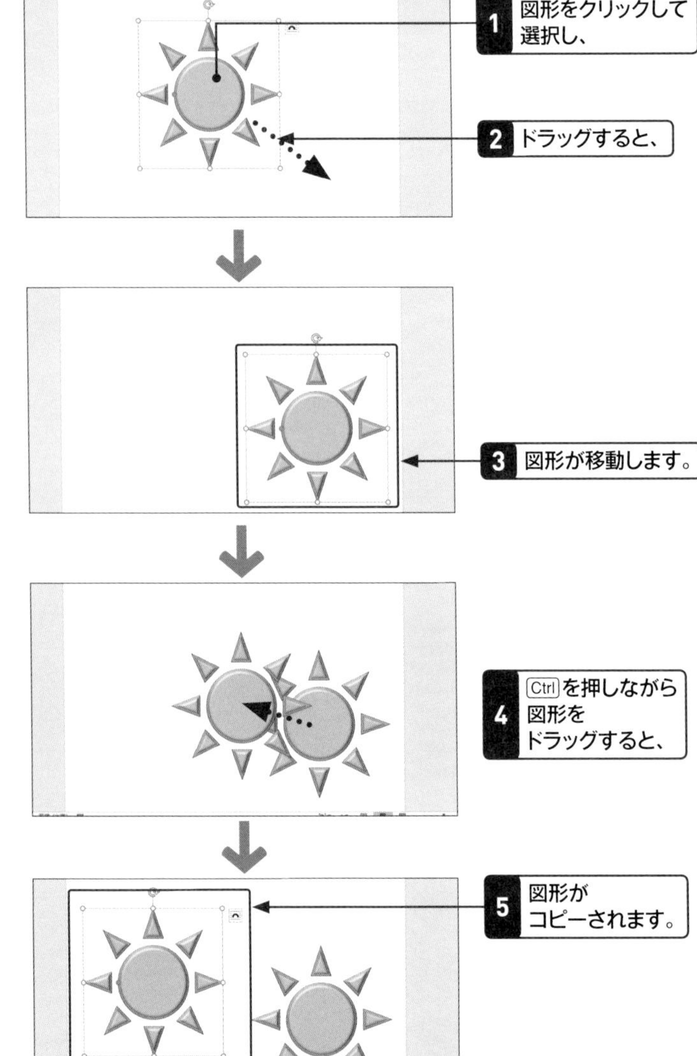

1 図形をクリックして選択し、
2 ドラッグすると、
3 図形が移動します。
4 Ctrlを押しながら図形をドラッグすると、
5 図形がコピーされます。

ヒント 配置ガイドを表示する

図形を移動する際、移動先に緑色の線が表示されます。これは「配置ガイド」といい、文章やそのほかの図形と位置を揃える場合などに、図形の配置の補助線となります。配置ガイドの表示／非表示については、次ページの「ヒント」を参照してください。

2 図形を整列する

1 Shiftを押しながら、複数の図形をクリックして選択します。

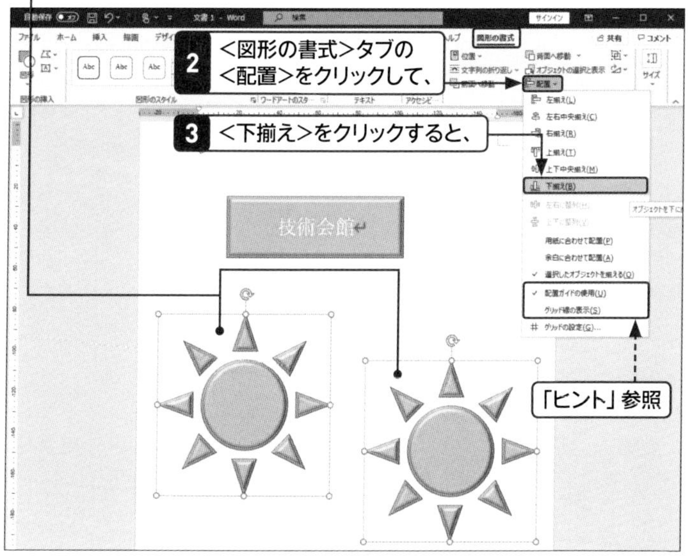

4 図形が下揃えで配置されます。

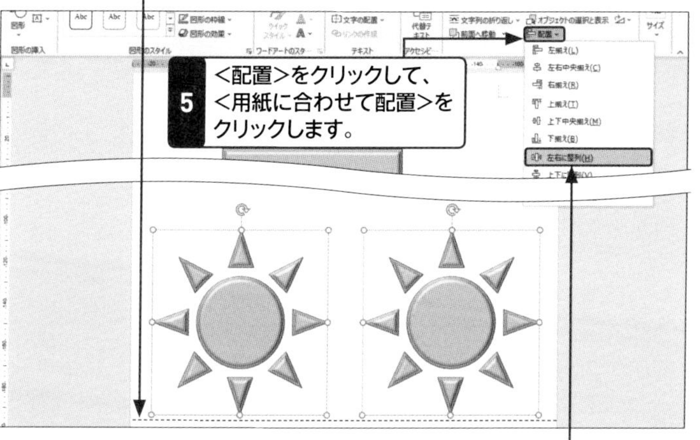

5 <配置>をクリックして、<用紙に合わせて配置>をクリックします。

6 再度<配置>をクリックして、<左右に整列>をクリックすると、

7 2つの図形が用紙の左右均等に配置されます。

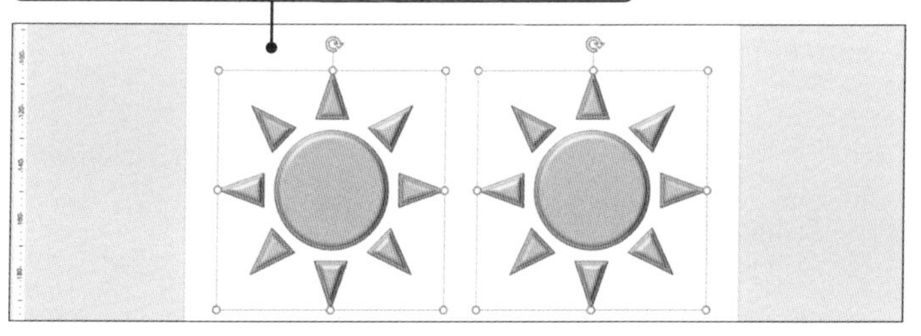

メモ 図形の整列

複数の図形を左右あるいは上下に整列するには、<図形の書式>タブにある<配置>を利用します。配置の種類には、中央揃えや左右揃え、上下中央揃えなどがありますが、配置（整列）の基準にするのが用紙、余白、図形のどれかを最初に確認する必要があります。配置の基準によって結果が異なるので、注意しましょう。

ヒント 配置ガイドとグリッド線

<配置>をクリックすると表示される一覧では、配置ガイドまたはグリッドの表示を設定できます。<配置ガイドの使用>をオンにすると、オブジェクトの移動の際に補助線が表示されます。また、<グリッド線の表示>をオンにすると、文書に横線（グリッド線）が表示されます。どちらもオブジェクトを配置する際に利用すると便利ですが、どちらか一方のみの設定となります。

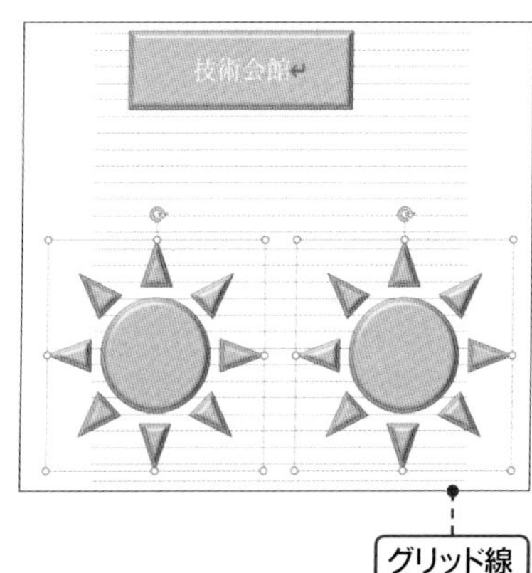

3 図形をグループ化する

キーワード グループ化

「グループ化」とは、複数の図形を1つの図形として扱えるようにする機能です。

メモ 複数の図形の扱い

2つ程度の図形に同じ処理をしたい場合は、Shiftを押しながら選択して、編集をすることもできます。

ヒント グループ化を解除するには？

グループ化を解除するには、グループ化した図形を選択して<グループ化>をクリックし、<グループ解除>をクリックします。

ステップアップ 描画キャンバスを利用する

地図などを文書内に描画すると、移動する際に1つ1つの図形がバラバラになってしまいます。グループ化してもよいですが、修正を加えるときにいちいちグループ化を解除して、またグループ化し直さなければなりません。そのような場合は、最初に描画キャンバスを作成して、その中に描くとよいでしょう。描画キャンバスは、<挿入>タブの<図形>をクリックして、<新しい描画キャンパス>をクリックすると作成できます。

1 グループ化する図形を、Shiftを押しながらクリックして選択します。

2 <図形の書式>タブをクリックして、

3 <グループ化>をクリックし、

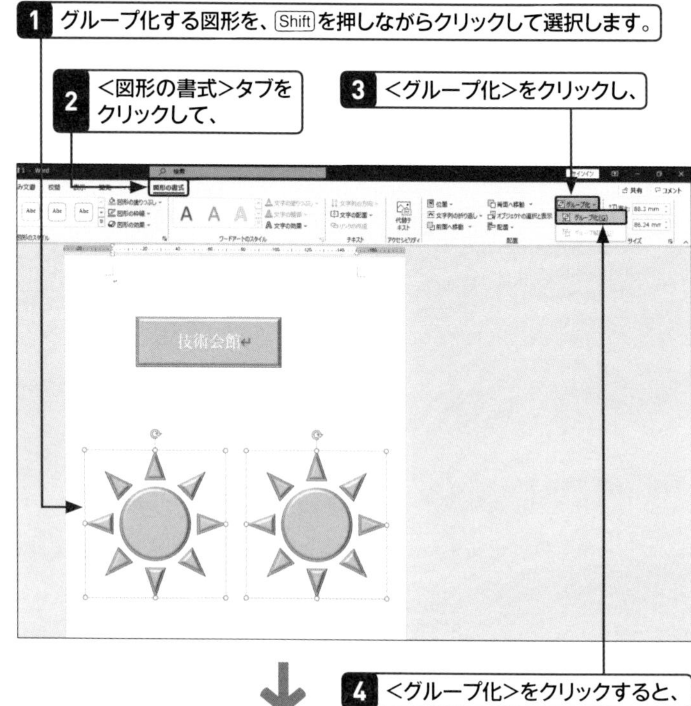

4 <グループ化>をクリックすると、

5 選択した図形がグループ化されます。

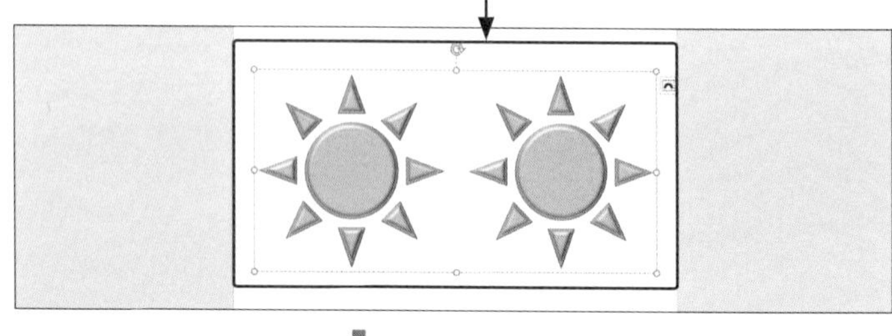

6 グループ化した図形は、移動やサイズの変更をまとめて行うことができます。

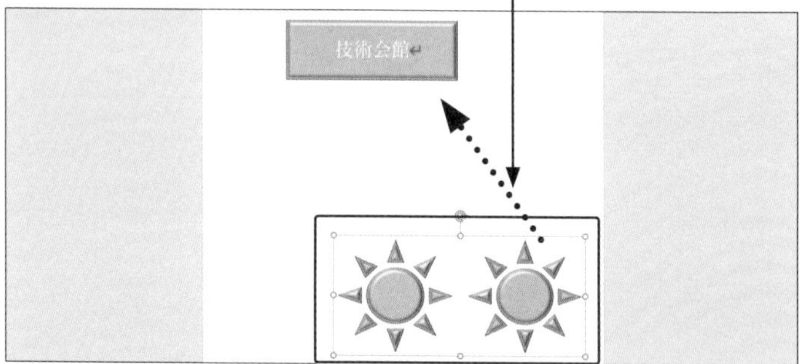

4 図形の重なり順を変更する

3つの図形を重ねて配置しています。

1 最背面に配置したい図形（最前面の大きい太陽）をクリックして選択し、

2 ＜図形の書式＞タブをクリックします。

3 ここをクリックして、

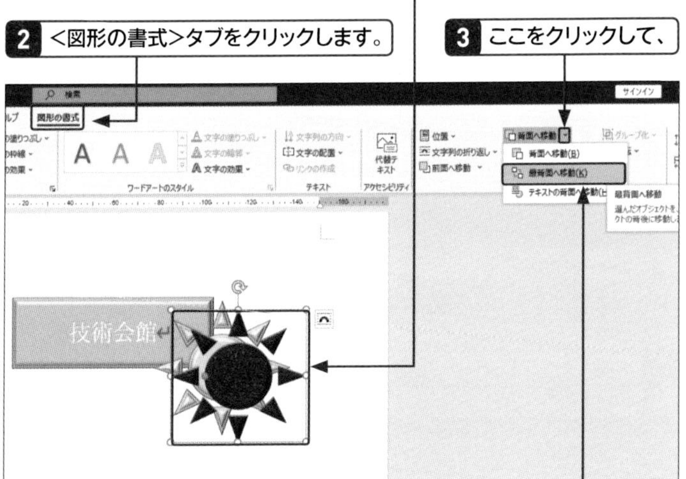

4 ＜最背面へ移動＞をクリックすると、

5 選択した図形が最背面に移動します。

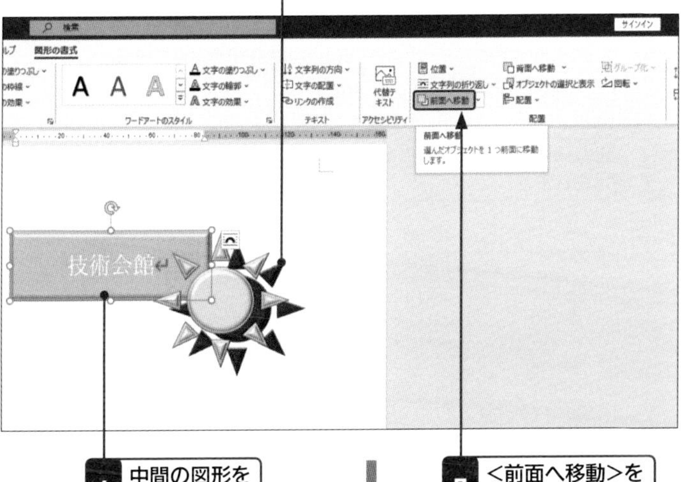

6 中間の図形を選択して、

7 ＜前面へ移動＞をクリックすると、

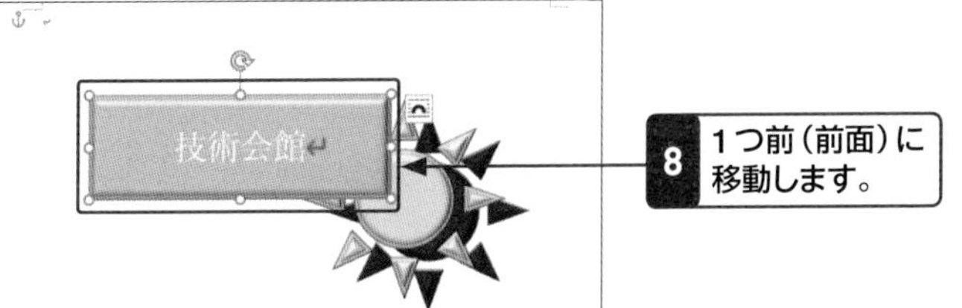

8 1つ前（前面）に移動します。

メモ 図形の重なり順の変更

図形の重なり順序を変更するには、＜図形の書式＞タブで＜前面へ移動＞や＜背面へ移動＞を利用します。

ヒント 隠れてしまった図形を選択するには？

別の図形の裏に図形が隠れてしまい目的の図形を選択できないという場合は、図形の一覧を表示させるとよいでしょう。＜図の書式＞タブの＜オブジェクトの選択と表示＞をクリックすると、＜選択＞作業ウィンドウが開き、文書内にある図形やテキストボックスなどのオブジェクトが一覧で表示されます。ここで、選択したい図形をクリックすると、その図形が選択された状態になります。

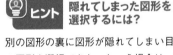

1 ＜選択＞作業ウィンドウで図形をクリックすると、

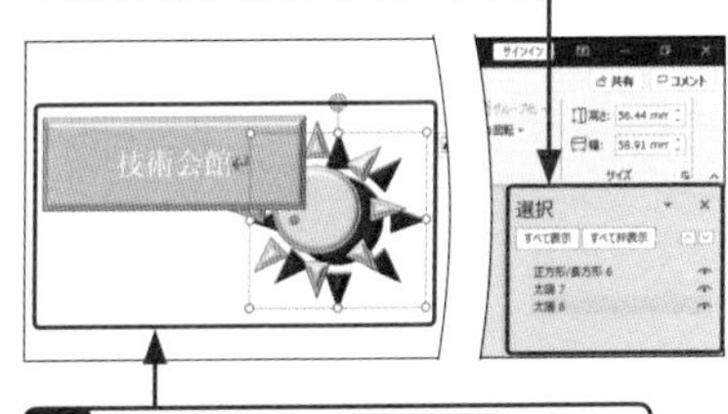

2 文書内の図形が選択されます。

Section 27 写真を挿入する

覚えておきたいキーワード
- 写真
- 図のスタイル
- アート効果

Wordでは、文書に写真（画像）を挿入することができます。挿入した写真に額縁のような枠を付けたり、丸く切り抜いたりといったスタイルを設定したり、さまざまなアート効果を付けたりすることもできます。また、文書の背景に写真を使うこともできます。

1 文書の中に写真を挿入する

メモ 写真を挿入する

文書の中に自分の持っている写真データを挿入します。挿入した写真は移動したり、スタイルを設定したりすることができます。

メモ 写真の保存先

挿入する写真データがデジカメのメモリカードやUSBメモリに保存されている場合は、カードやメモリをパソコンにセットし、パソコン内のわかりやすい保存先にデータを取り込んでおくとよいでしょう。

ヒント 写真に書式を設定するには？

写真に書式を設定するには、最初に写真をクリックして選択しておく必要があります。写真を選択すると、＜図の書式＞タブが表示されます。写真にさまざまな書式を設定する操作は、この＜図の書式＞タブで行います。

挿入する写真データを用意しておきます。

1 ＜挿入＞タブをクリックして、

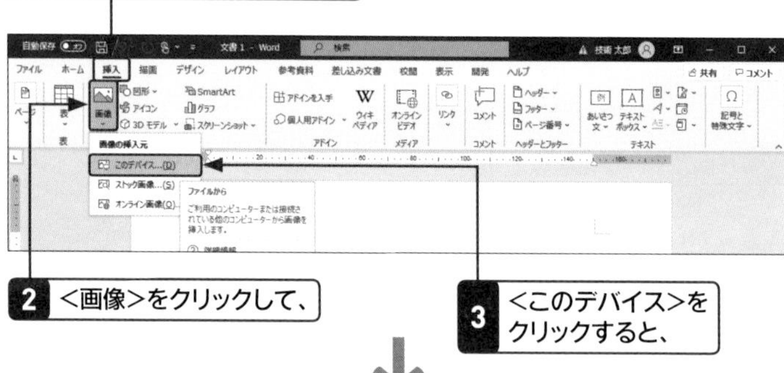

2 ＜画像＞をクリックして、

3 ＜このデバイス＞をクリックすると、

4 ＜図の挿入＞ダイアログボックスが表示されます。

5 写真の保存先を指定して、

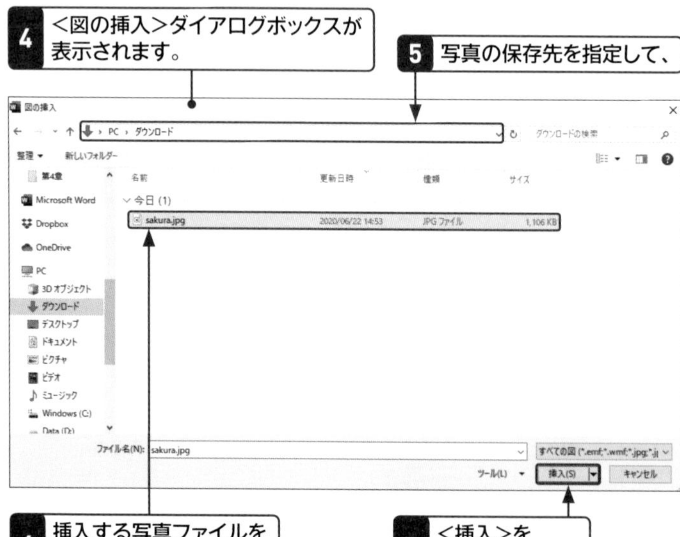

6 挿入する写真ファイルをクリックし、

7 ＜挿入＞をクリックすると、

8 写真が挿入されます。
9 写真の四隅のハンドルをドラッグしてサイズを調整し、

写真のサイズや文字の折り返し

Wordでは、写真は図形やテキストボックス、イラストなどと同様に「オブジェクト」として扱われます。サイズの変更や移動方法、文字列の折り返しなどといった操作は、図形と同じように行えます。

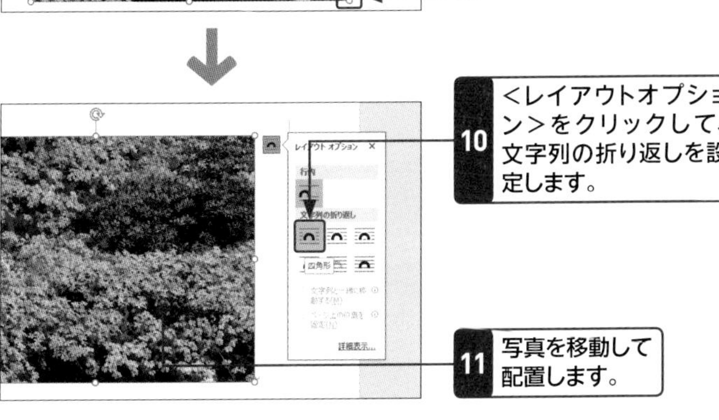

2 写真にスタイルを設定する

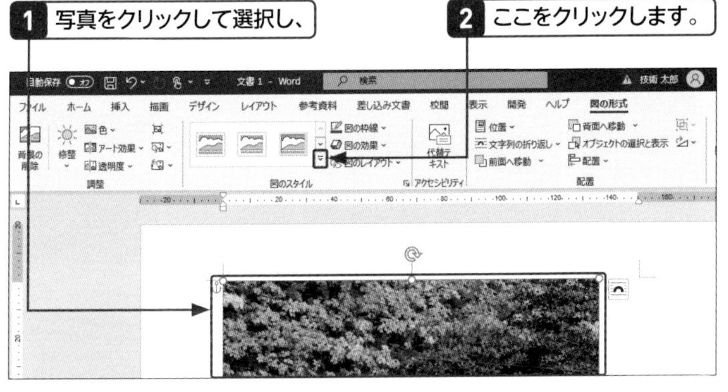

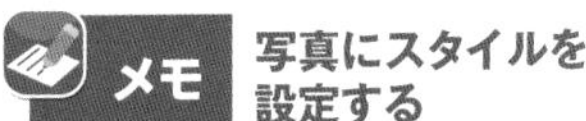

写真にスタイルを設定する

<図の書式>タブの<図のスタイル>グループにある<その他>(画面の表示サイズによっては<クイックスタイル>)をクリックすると、<図のスタイル>ギャラリーが表示され、写真に枠を付けたり、周囲をぼかしたり、丸く切り抜いたりと、いろいろなスタイルを設定することができます。

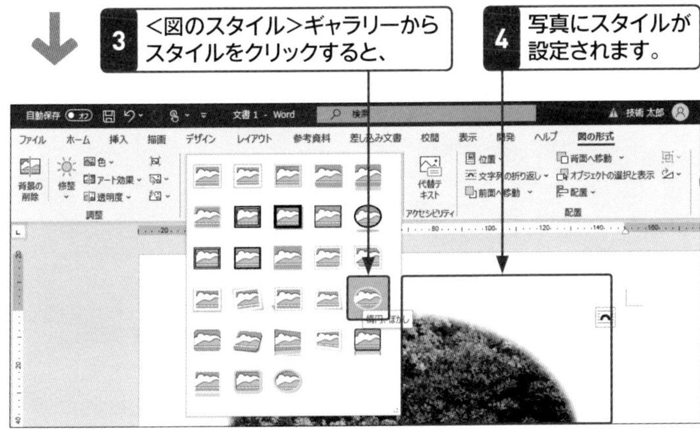

3 <図のスタイル>ギャラリーからスタイルをクリックすると、
4 写真にスタイルが設定されます。

ステップアップ アート効果を設定する

<図の書式>タブで<アート効果>をクリックすると、アート効果を設定できます。スケッチ風や水彩画風など、様々な効果を設定できます。

Section 28

イラストを挿入する

覚えておきたいキーワード
- イラストの挿入
- オンライン画像
- 文字列の折り返し

文書内にイラストを挿入するには、Bingの検索を利用してイラストを探します。挿入したイラストは、文字列の折り返しを指定して、サイズを調整したり、移動したりして文書内に配置します。なお、イラストを検索するには、パソコンをインターネットに接続しておく必要があります。

1 イラストを検索して挿入する

ヒント キーワードまたはカテゴリーで検索する

検索キーワードには、挿入したいイラストを見つけられるような的確なものを入力します。また、キーワードを入力する代わりに、カテゴリーをクリックしても検索できます。

メモ クリップアート

検索結果は、既定では写真やアニメションなどもすべて検索されるようになっています。イラストだけに絞り込みたいので、手順4では、<フィルター>で「クリップアート」(イラスト)を指定します。

注意 ライセンスの注意

インターネット上に公開されているイラストや画像を利用する場合は、著作者の承諾が必要です。使用したいイラストをクリックして、<詳細とその他の操作> ⋯ をクリックするとリンクが表示されます。リンクをクリックして、ライセンスを確認します。「クレジットを表示する」などの条件があれば、必ず従わなければなりません。

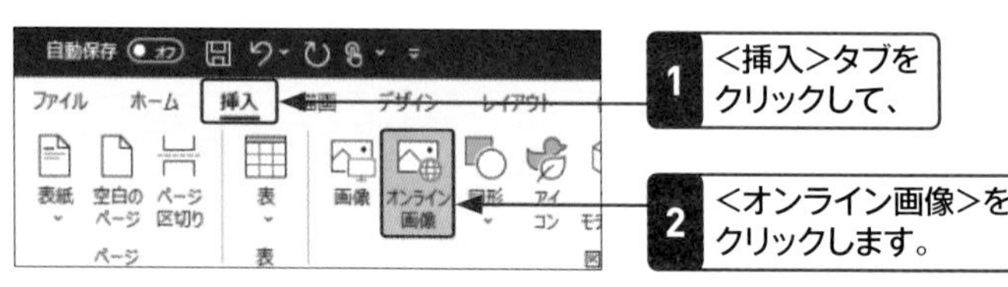

1 <挿入>タブをクリックして、

2 <オンライン画像>をクリックします。

3 キーワードを入力し(ここでは「カーリング」)、Enterを押します。

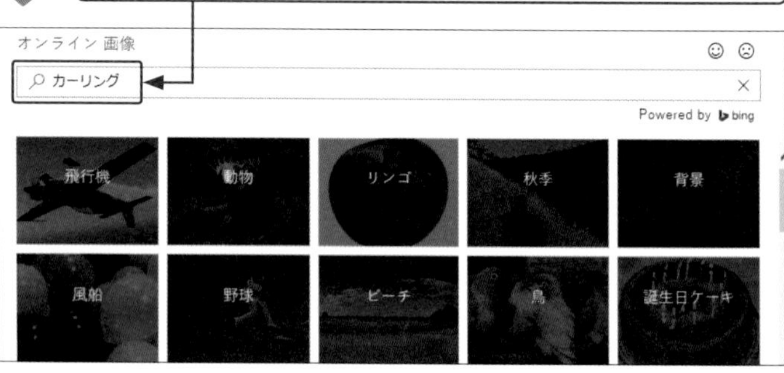

4 ここをクリックして、<クリップアート>を選択します。

5 キーワードに関連したイラストが表示されます。

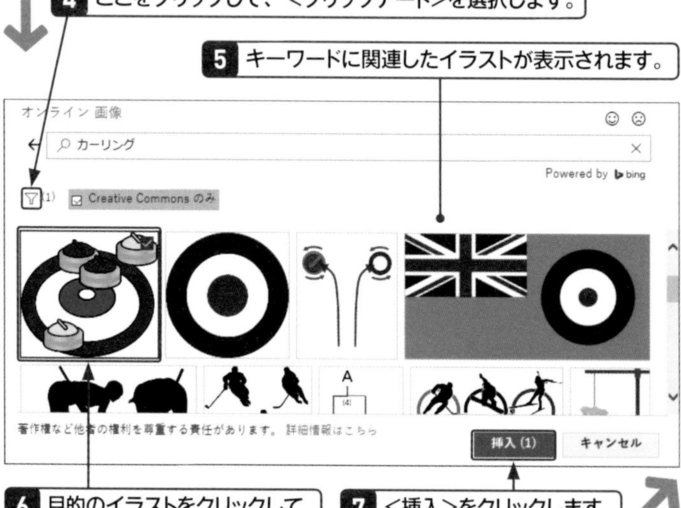

6 目的のイラストをクリックして、

7 <挿入>をクリックします。

第3章 図形/画像/ページ番号の挿入

8 文書にイラストが挿入されます。

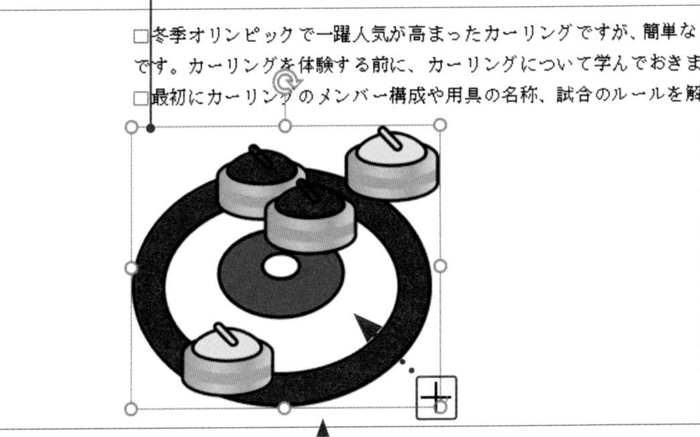

9 四隅のハンドルをドラッグすると、

10 サイズを変更できます。

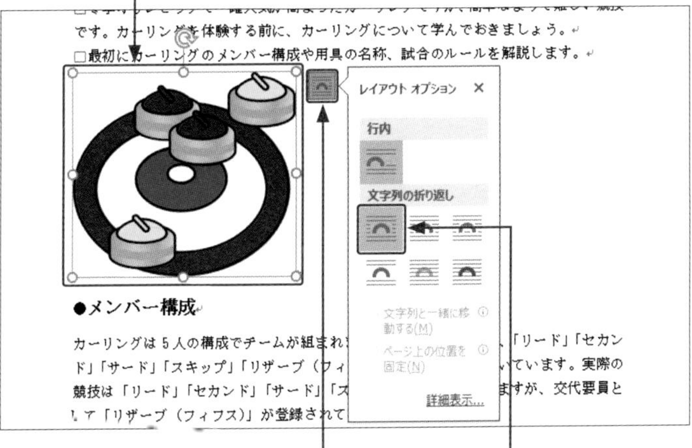

11 <レイアウトオプション>をクリックして、

12 <四角形>をクリックします。

13 イラストをドラッグして移動すると、イラストの周りに文章が配置されます。

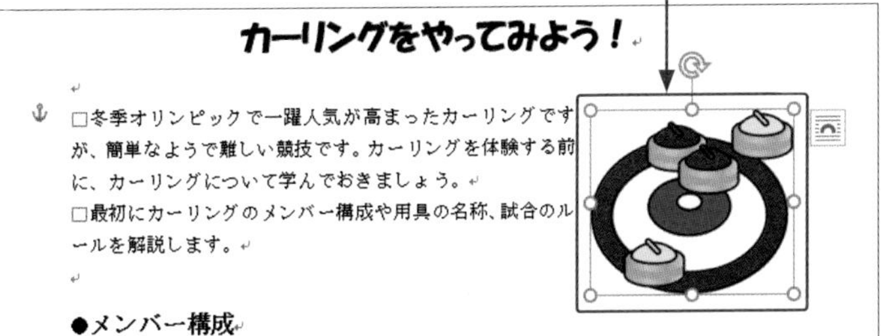

カーリングをやってみよう！
□冬季オリンピックで一躍人気が高まったカーリングですが、簡単なようで難しい競技です。カーリングを体験する前に、カーリングについて学んでおきましょう。
□最初にカーリングのメンバー構成や用具の名称、試合のルールを解説します。
●メンバー構成

ヒント イラストを削除するには?

文書に挿入したイラストを削除するには、イラストをクリックして選択し、BackSpace または Delete を押します。

ヒント 文字列の折り返し

イラストを挿入したら、<レイアウトオプション>をクリックして、文字列の折り返しの配置を確認します。<行内>以外に指定すると、イラストを自由に移動できるようになります。

メモ 配置ガイド

オブジェクトを移動すると、配置ガイドという緑の直線がガイドラインとして表示されます。ガイドを目安にすれば、段落や文章と位置をきれいに揃えられます。

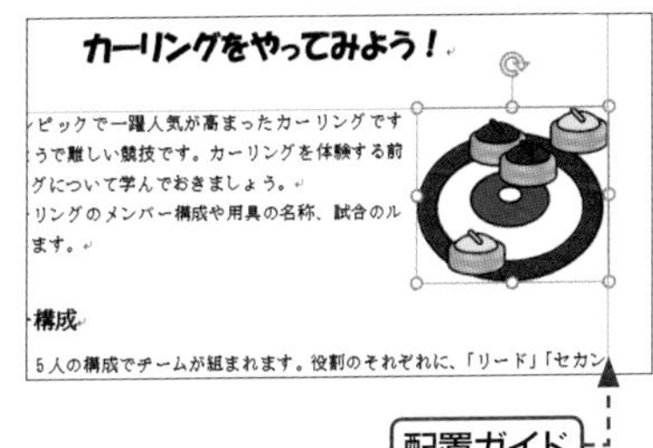

カーリングをやってみよう！
配置ガイド

Section 29 ページ番号を挿入する

覚えておきたいキーワード
☑ ヘッダー
☑ フッター
☑ ページ番号

ページに通し番号を印刷したいときは、ページ番号を挿入します。ページ番号は、ヘッダーまたはフッターのどちらかに追加できます。文書の下に挿入するのが一般的ですが、Wordにはさまざまなページ番号のデザインが上下で用意されているので、文書に合わせて利用するとよいでしょう。

1 文書の下にページ番号を挿入する

メモ ページ番号の挿入

ページに通し番号を付けて印刷したい場合は、右の方法でページ番号を挿入します。ページ番号の挿入位置は、<ページの上部><ページの下部><ページの余白><現在の位置>の4種類の中から選択できます。各位置にマウスポインターを合わせると、それぞれの挿入位置に対応したデザインのサンプルが一覧で表示されます。

1 <挿入>タブをクリックして、 2 <ページ番号>をクリックします。

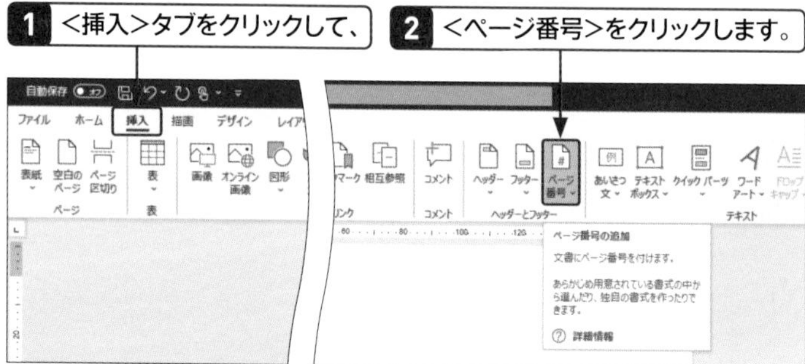

3 ページ番号の挿入位置を選択して、

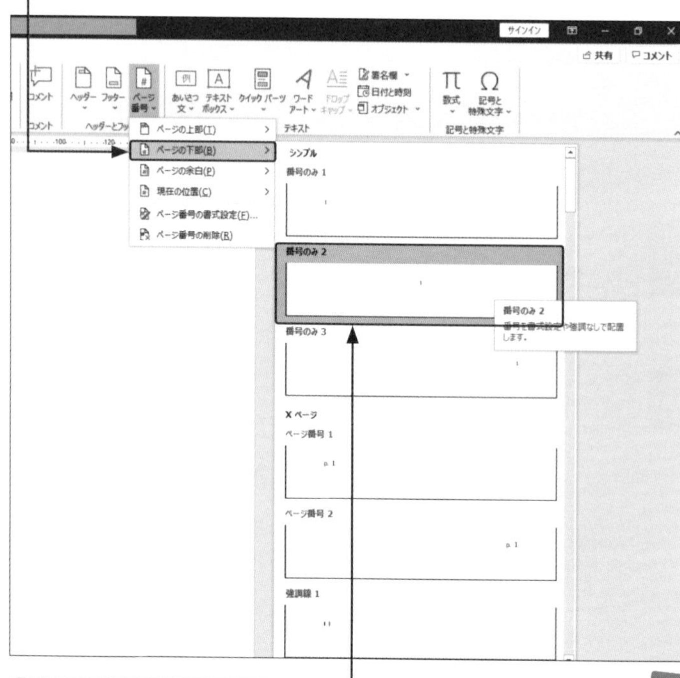

4 表示される一覧から、目的のデザインをクリックすると、

キーワード ヘッダーとフッター

文書の各ページの上部余白に印刷される情報を「ヘッダー」といいます。また、下部余白に印刷される情報を「フッター」といいます。

＜ヘッダーとフッター＞タブが表示されます。

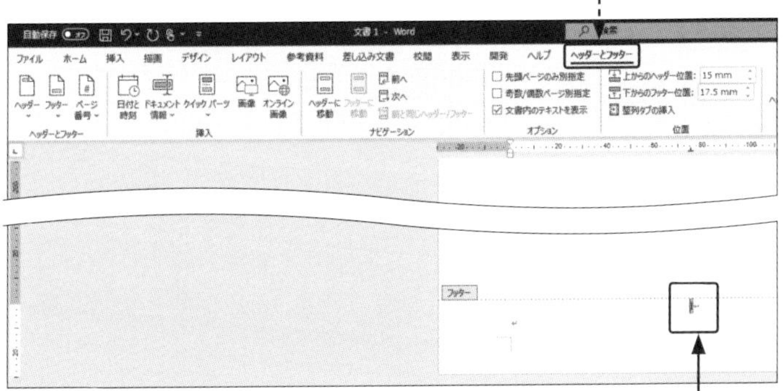

5 ページ番号が挿入されます。

ヒント ヘッダーとフッターを閉じる

ページ番号を挿入すると＜ヘッダーとフッター＞タブが表示されます。ページ番号の編集が終わったら、＜ヘッダーとフッターを閉じる＞をクリックすると、通常の文書画面が表示されます。再度＜ヘッダーとフッター＞タブを表示したい場合は、ページ番号の部分（ページの上下の余白部分）をダブルクリックします。

2 ページ番号のデザインを変更する

1 ＜ページ番号＞をクリックして、

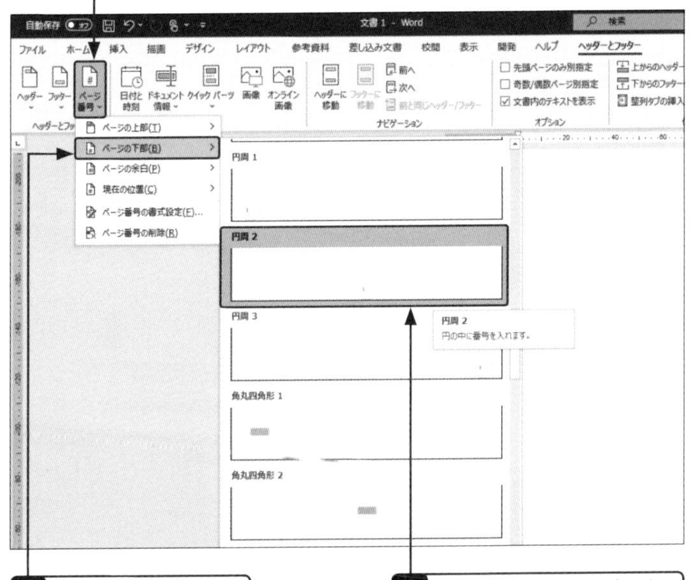

2 挿入位置を選択して、

3 デザインをクリックすると、

4 デザインが変更されます。

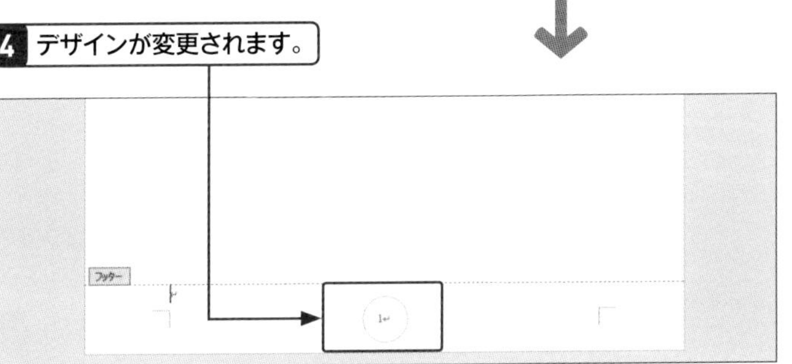

ステップアップ 先頭ページにページ番号を付けない

ページ番号を付けたくないページが最初にある場合は、＜ヘッダーとフッター＞タブで＜先頭ページのみ別指定＞をオンにします。

ヒント ページ番号を削除するには?

ページ番号を削除するには、＜ヘッダーとフッター＞タブ（または＜挿入＞タブ）の＜ページ番号＞をクリックして、表示される一覧から＜ページ番号の削除＞をクリックします。

Section 30

ヘッダー／フッターを挿入する

覚えておきたいキーワード
- ☑ ヘッダー
- ☑ フッター
- ☑ 日付と時刻

ヘッダーやフッターには、ページ番号やタイトルなど、さまざまなドキュメント情報を挿入することができます。また、ヘッダーやフッターに会社のロゴなどの画像を入れたり、日付を入れたりすることもできます。ヘッダーとフッターの設定はページごとに変えられます。

1 ヘッダーに文書タイトルを挿入する

メモ ヘッダーとフッターに入る要素

文書の各ページの上部余白を「ヘッダー」、下部余白を「フッター」といいます。ヘッダーには文書のタイトルや日付など、フッターにはページ番号や作者名などの情報を入れるのが一般的です。ヘッダーやフッターには、ドキュメント情報だけでなく、写真や図も入れることができます。

1 <挿入>タブをクリックして、

2 <ヘッダー>をクリックし、

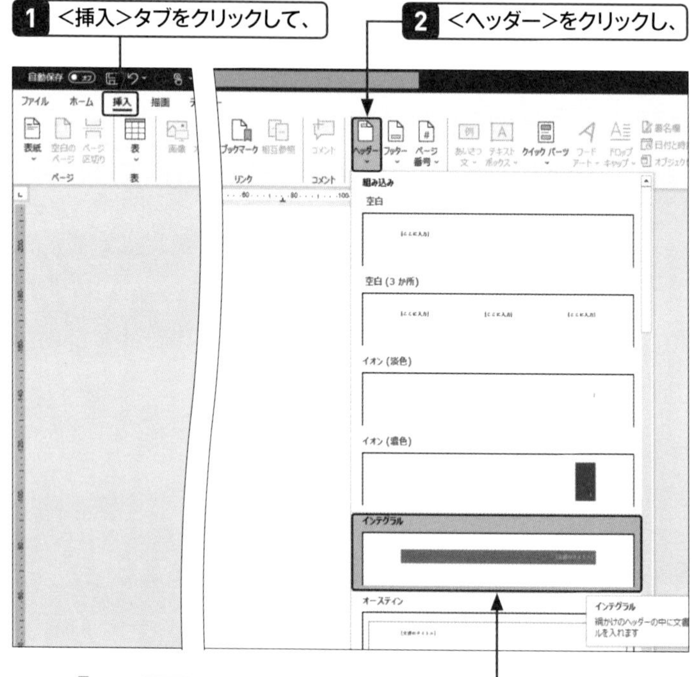

3 表示される一覧から、目的のデザインをクリックすると、

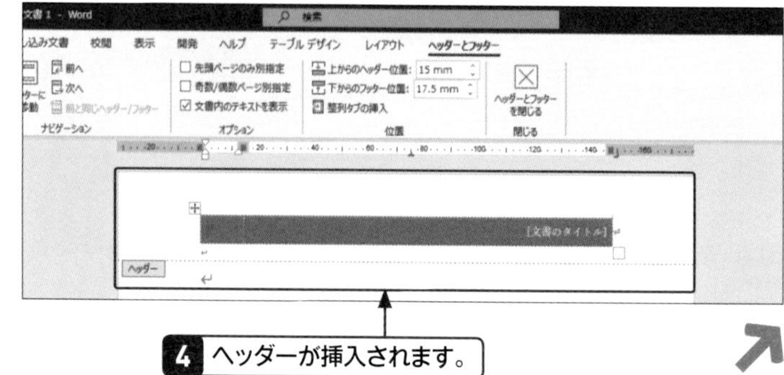

4 ヘッダーが挿入されます。

第3章 図形／画像／ページ番号の挿入

5 タイトルのボックス内をクリックして、

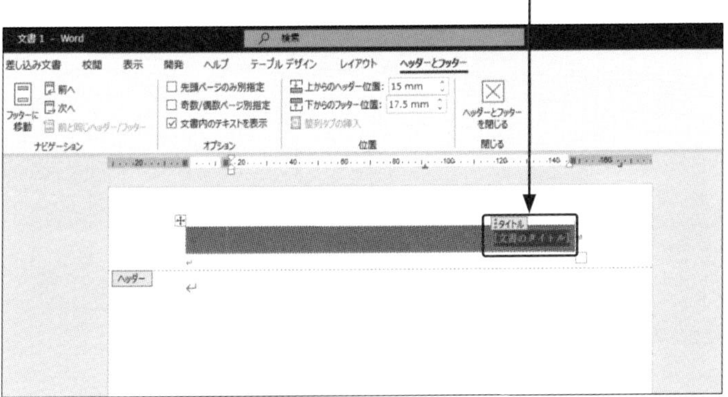

6 文書のタイトルを入力します。

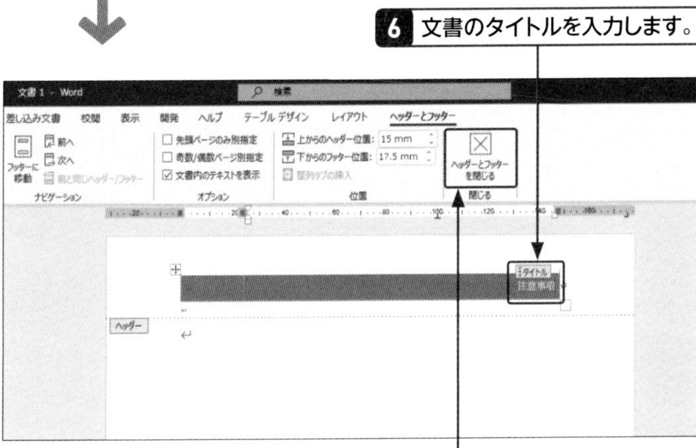

7 ＜ヘッダーとフッターを閉じる＞をクリックすると、本文の編集画面に戻ります。

ヒント ヘッダーのデザイン

＜挿入＞タブの＜ヘッダー＞をクリックすると表示されるデザインには、「タイトル」や「日付」などのテキストボックスが用意されているものがあります。特に凝ったデザインなどが必要ない場合は、＜空白＞をクリックして、テキストを入力するだけの単純なヘッダーを選択するとよいでしょう。

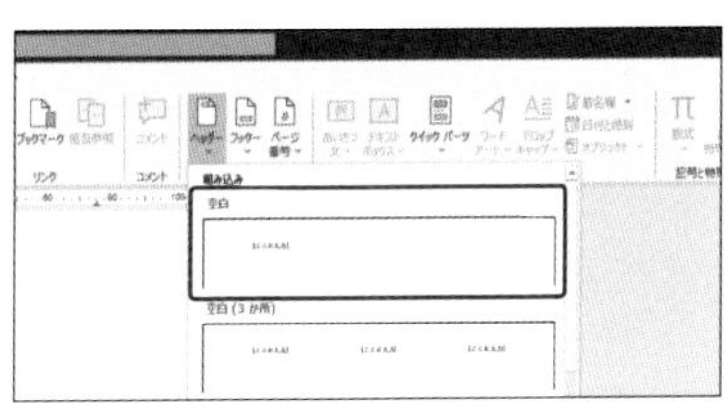

ヒント ヘッダー／フッターを削除するには？

ヘッダーやフッターを削除するには、＜ヘッダーとフッター＞タブをクリックして、＜ヘッダー＞（＜フッター＞）をクリックし、＜ヘッダーの削除＞（＜フッターの削除＞）をクリックします。なお、＜挿入＞タブの＜ヘッダー＞（＜フッター＞）でも同様の操作で削除できます。

2 ロゴをヘッダーに挿入する

1 ＜挿入＞タブをクリックして、

2 ＜ヘッダー＞をクリックし、

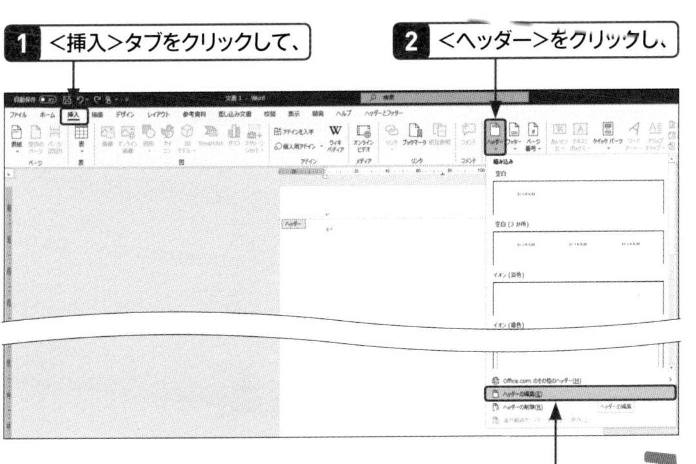

3 ＜ヘッダーの編集＞をクリックします。

メモ ヘッダーに画像を挿入する

ヘッダーやフッターには、ロゴなどの写真あるいは図を挿入できます。これらは、文書に挿入した写真と同じ方法で、編集ができます（Sec.27参照）。

ヒント ヘッダーやフッターをあとから編集するには?

ヘッダーを設定後、編集画面に戻ったあとで、再度ヘッダーの編集を行いたい場合は、＜挿入＞タブの＜ヘッダー＞をクリックして、＜ヘッダーの編集＞をクリックすると、ヘッダー画面が表示されます。フッターの場合も同様です。また、ヘッダーやフッター部分をダブルクリックしても表示することができます。

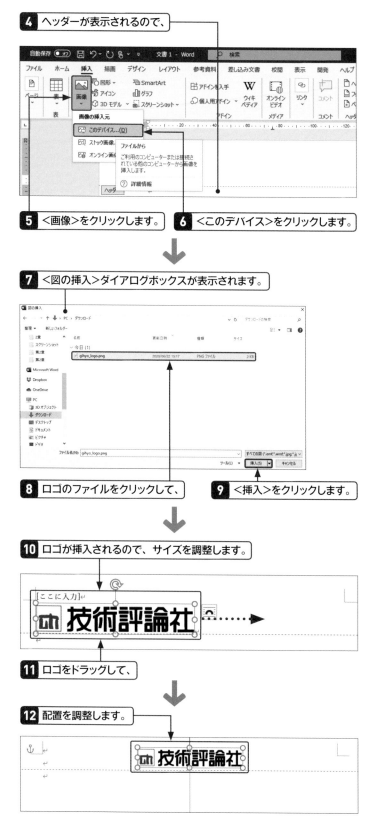

4 ヘッダーが表示されるので、

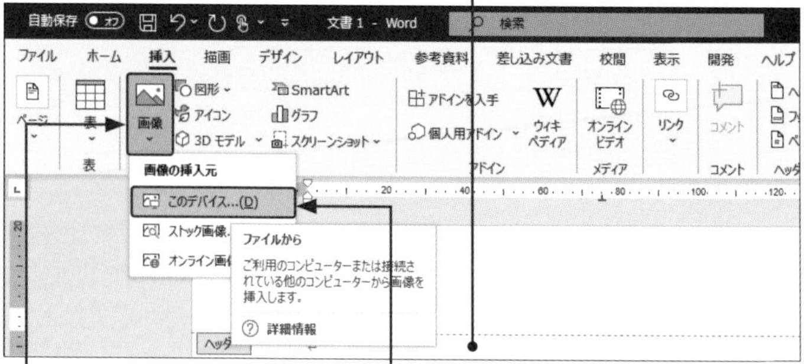

5 ＜画像＞をクリックします。

6 ＜このデバイス＞をクリックします。

7 ＜図の挿入＞ダイアログボックスが表示されます。

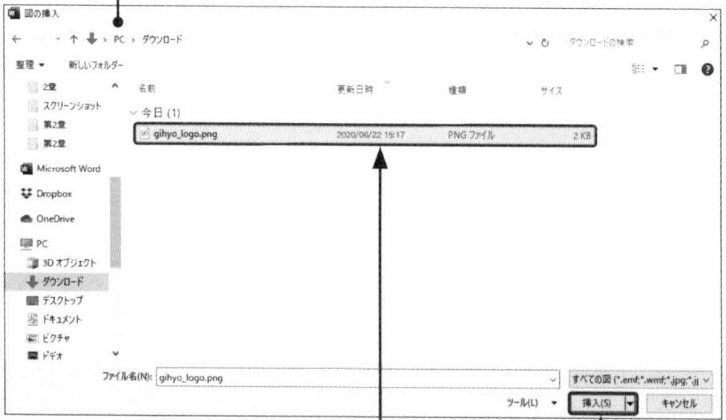

8 ロゴのファイルをクリックして、

9 ＜挿入＞をクリックします。

10 ロゴが挿入されるので、サイズを調整します。

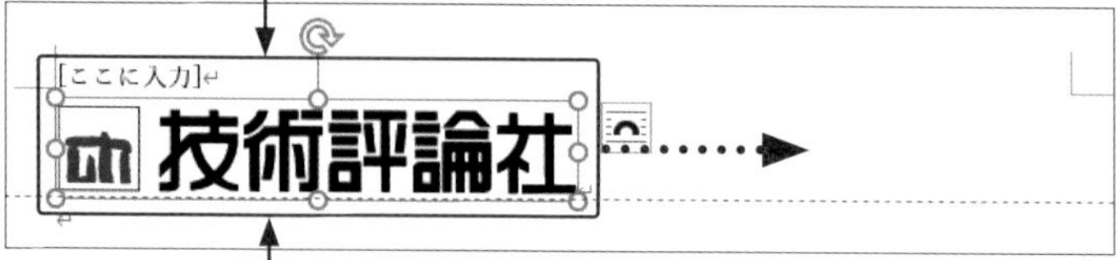

11 ロゴをドラッグして、

12 配置を調整します。

ヒント 挿入した写真の文字列の折り返し

挿入された写真や図の種類によって、が＜行内＞に設定されていて、自由に移動ができない場合があります。そのときは、＜レイアウトオプション＞をクリックして、＜文字列の折り返し＞を設定します。

3 日付をヘッダーに設定する

1 <挿入>タブの<ヘッダー>をクリックして、<ヘッダーの編集>をクリックし、ヘッダーを表示します。

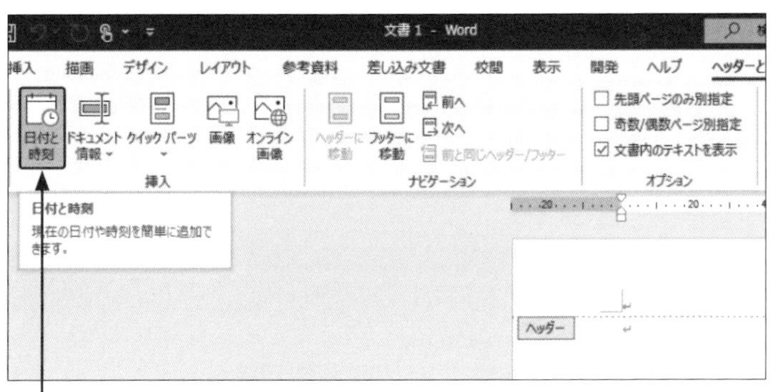

2 <日付と時刻>をクリックして、

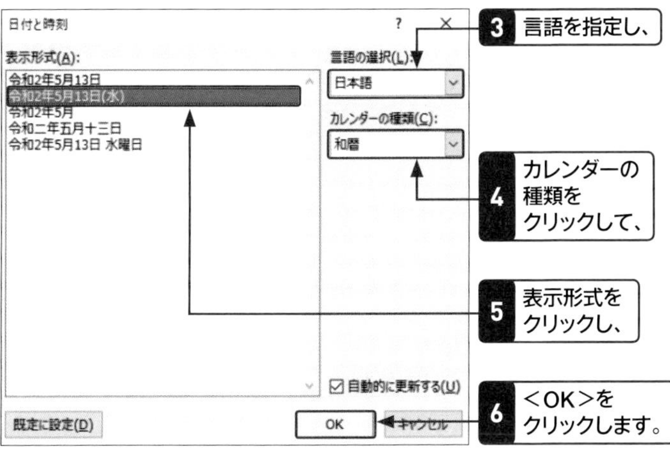

3 言語を指定し、

4 カレンダーの種類をクリックして、

5 表示形式をクリックし、

6 <OK>をクリックします。

7 ヘッダーに日付が挿入されます。

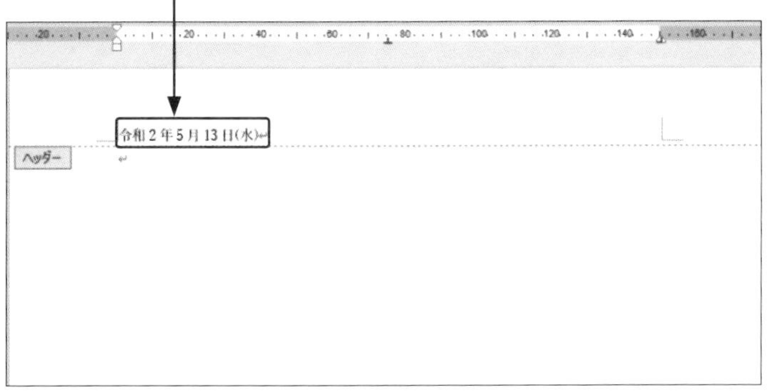

メモ 日付を挿入する

Wordには、ヘッダーやフッターに日付を挿入する機能があります。ヘッダー位置で<日付と時刻>をクリックすると、<日付と時刻>ダイアログボックスが表示されるので、表示形式を選びます。なお、<自動的に更新する>をオンにすると、文書を開くたびに日付が更新されます。

ステップアップ ヘッダーやフッターの印刷位置を変更する

<ヘッダーとフッター>タブでは、文書の上端からのヘッダー位置と下端からのフッター位置を数値で設定できます。

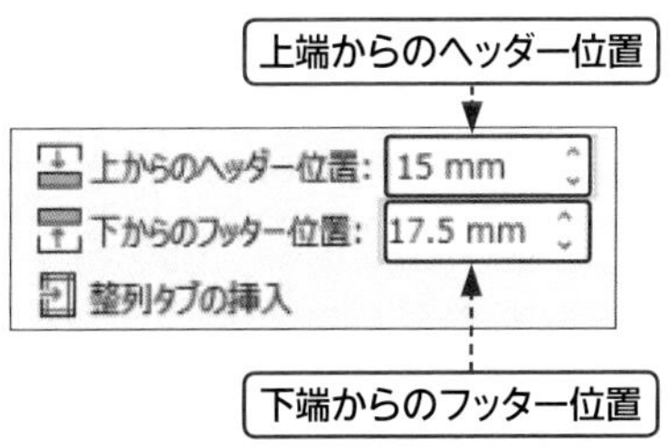

Section 31

さまざまな図を挿入する

覚えておきたいキーワード
- アイコン
- スクリーンショット
- 3D モデル

Wordには、図形やイラストなどのほかにも、アイコンやスクリーンショット、3Dモデルなどさまざまな図を挿入できます。ここではアイコンの挿入を例として扱います。印刷する文書にアイコンなどが入ると、より効果的な文書を作成できます。

1 アイコンを挿入する

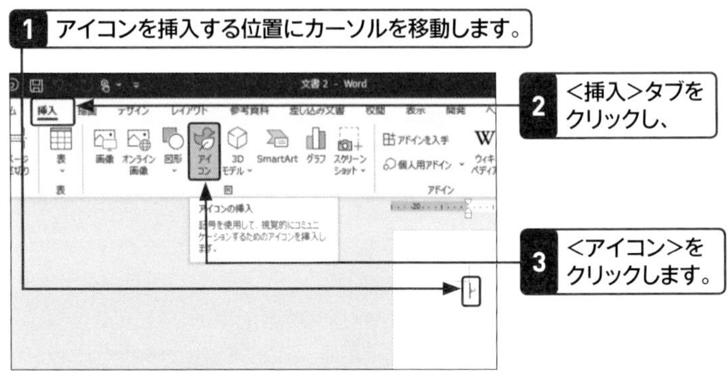

1 アイコンを挿入する位置にカーソルを移動します。
2 ＜挿入＞タブをクリックし、
3 ＜アイコン＞をクリックします。

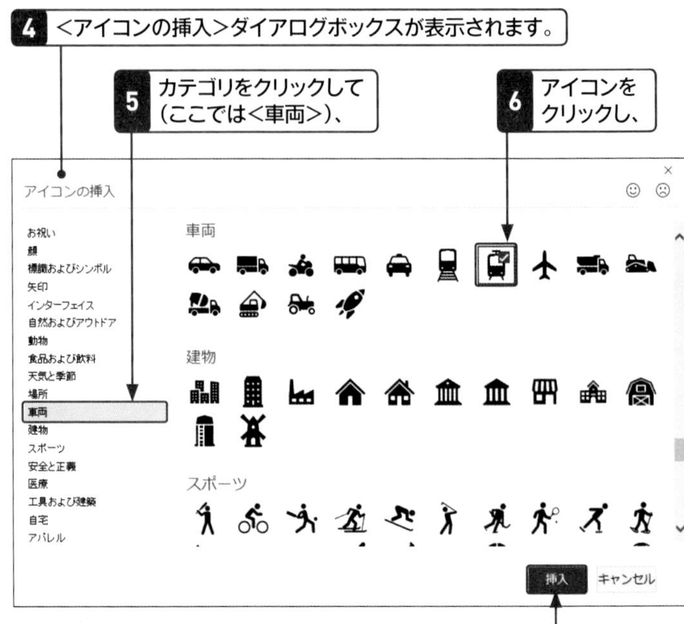

7 ＜挿入＞をクリックすると文書に挿入されます。

新機能 アイコンの挿入

マークなどのイラスト（ピクトグラム）をアイコンといいます。Wordでは、アイコンを挿入することができます。通常のイラストと同様に編集ができます。
また、＜3Dモデル＞や＜スクリーンショット＞を選択すると、文書上に3Dのモデルを配置したり別画面を図として張り付けたりできます。

メモ アイコンを削除する

アイコンは通常のイラストと同じです。削除するには、アイコンを選択して、Delete または BackSpace を押します。

ステップアップ SVGファイルを図形に変換する

ここで挿入するアイコンは、SVG（Scalable Vector Graphics）ファイルです。Wordでは、SVGファイルを図形に変換することができます。グラフィックツールの＜書式＞タブで＜図形に変換＞をクリックすると、グループ化された図形に変換されるので、自由に変更が可能になります。

Word

第4章

表の作成

Section 32

表を作成する

覚えておきたいキーワード
- ☑ 表
- ☑ 行数／列数
- ☑ 罫線を引く

表を作成する場合、どのような表にするのかをあらかじめ決めておくとよいでしょう。データ数がわかっているときには、行と列の数を指定し、表の枠組みを作成してからデータを入力します。また、レイアウトを考えながら作成する場合などは、罫線を1本ずつ引いて作成することもできます。

1 行数と列数を指定して表を作成する

メモ 表の行数と列数の指定

＜表の挿入＞に表示されているマス目（セル）をドラッグして、行と列の数を指定しても、表を作成することができます。左上から必要なマス目はを指定します。ただし、8行10列より大きい表は作成できないため、大きな表を作成するには右の手順に従います。

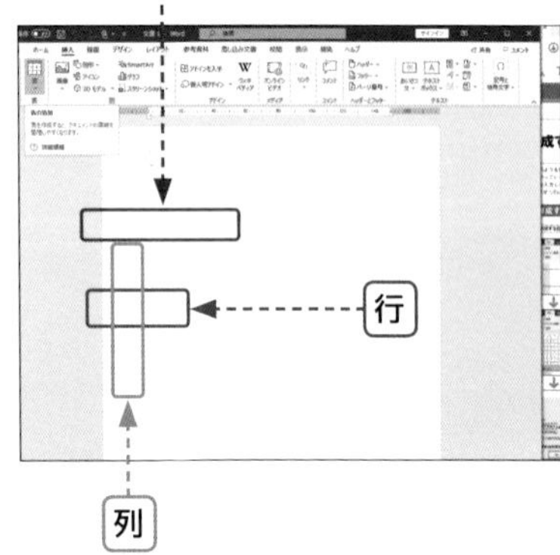
作成する表の行数×列数
行
列

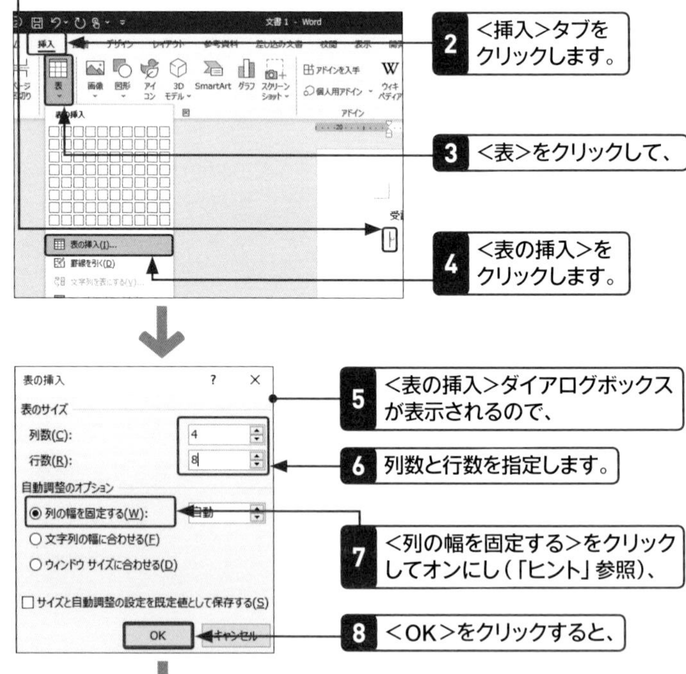
1 表を作成する位置にカーソルを移動して、
2 ＜挿入＞タブをクリックします。
3 ＜表＞をクリックして、
4 ＜表の挿入＞をクリックします。
表の挿入
表のサイズ
列数(C): 4
行数(R): 8
自動調整のオプション
列の幅を固定する(W):
文字列の幅に合わせる(F)
ウィンドウ サイズに合わせる(D)
サイズと自動調整の設定を既定値として保存する(S)
OK
キャンセル
5 ＜表の挿入＞ダイアログボックスが表示されるので、
6 列数と行数を指定します。
7 ＜列の幅を固定する＞をクリックしてオンにし（「ヒント」参照）、
8 ＜OK＞をクリックすると、

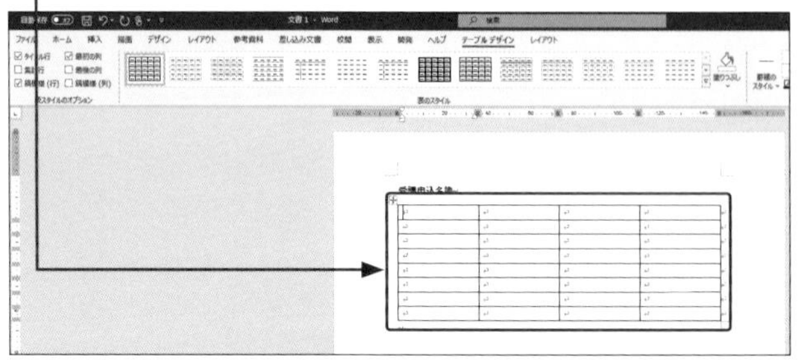
9 表が作成されます。

ヒント 自動調整のオプション

＜列の幅を固定する＞を指定すると均等の列幅で表が作成されます。＜文字列の幅に合わせる＞では文字数によって各列幅が調整され、＜ウィンドウサイズに合わせる＞では表の幅がウィンドウサイズになります。

第4章 表の作成

<テーブルデザイン>タブと
<レイアウト>タブが表示されます。

テーブル デザイン
レイアウト
受講申込名簿

10 目的のセルをクリックして、

11 データを入力します。

12 次のセルをクリックすると、カーソルが移動します。

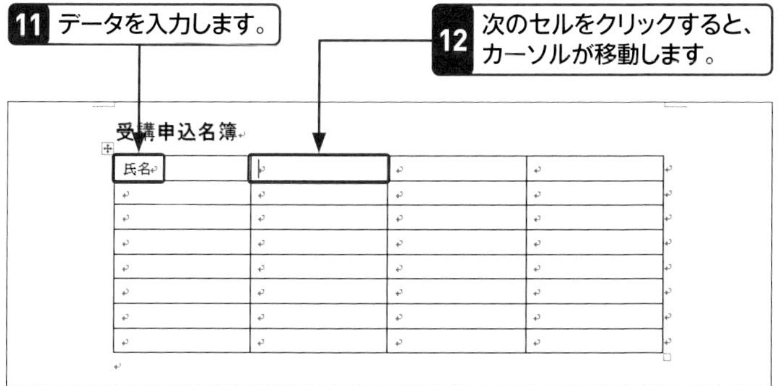

受講申込名簿
氏名

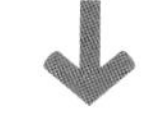

13 同様の操作で、ほかのセルにもデータを入力します。

受講申込名簿

氏名	ふりがな	学年または年齢	連絡先
飯田□俊輔	いいだ□しゅんすけ	小5	5566-1234
飯田□浩輔	いいだ□こうすけ	小3	5566-1234
加山□淳也	かやま□じゅんや	中1	5577-5678
相良□美波	さがら□みなみ	小5	4433-8900
橋本□啓一	はしもと□けいいち	中1	1133-4567
山崎□彩音	やまざき□あやね	小4	3456-1212
結城□千春	ゆうき□ちはる	中2	2244-6987

行の高さや列の幅を整えます（Sec.36参照）。

受講申込名簿

氏名	ふりがな	学年	連絡先
飯田□俊輔	いいだ□しゅんすけ	小5	5566-1234
飯田□浩輔	いいだ□こうすけ	小3	5566-1234
加山□淳也	かやま□じゅんや	中1	5577-5678
相良□美波	さがら□みなみ	小5	4433-8900
橋本□啓一	はしもと□けいいち	中1	1133-4567
山崎□彩音	やまざき□あやね	小4	3456-1212
結城□千春	ゆうき□ちはる	中2	2244-6987

メモ 表ツール

表を作成すると、<テーブルデザイン>タブと<レイアウト>タブが表示されます。作成した表の罫線を削除したり、行や列を挿入・削除したり、罫線の種類を変更したりといった編集作業は、これらのタブを利用します。

メモ 罫線を引く

<挿入>タブで<表>をクリックし、<罫線を引く>をクリックすると、マウスポインターの形が ✎ に変わります。この状態で文書上をドラッグすると、罫線を引くことができます。罫線を引くのをやめるには、Esc キーを押すか、<レイアウト>タブで、<罫線を引く>を改めてクリックします。

ヒント セル間をキー操作で移動するには？

セル間は、↑↓←→で移動することができます。また、Tab を押すと右のセルへ移動して、Shift＋Tab を押すと左のセルへ移動します。

ヒント 数値は半角で入力する

数値を全角で入力すると、合計を求めるなどの計算が行えません。数値を使って計算を行う場合は、半角で入力してください。

Section 33

セルを選択する

覚えておきたいキーワード
- セル
- セルの選択
- 表全体の選択

作成した表の1つ1つのマス目を「セル」といいます。セルに文字を入力する場合は、セルをクリックしてカーソルを挿入します。セルに対して編集や操作を行う場合は、セルを選択する必要があります。ここでは、1つのセルや複数のセル、表全体を選択する方法を紹介します。

1 セルを選択する

セルの選択

セルに対して色を付けるなどの編集を行う場合は、最初にセルを選択する必要があります。セルを選択するには、右の操作を行います。なお、セル内をクリックするのは、文字の入力になります。

1 選択したいセルの左下にマウスポインターを移動すると、

受講申込名簿

氏名	ふりがな	学年	連絡
飯田□俊輔	いいだ□しゅんすけ	小5	556
飯田□浩輔	いいだ□こうすけ	小3	556
加山□淳也	かやま□じゅんや	中1	557
相良□美波	さがら□みなみ	小5	443

2 の形に変わります。クリックすると、

受講申込名簿

氏名	ふりがな	学年	連絡
飯田□俊輔	いいだ□しゅんすけ	小5	556
飯田□浩輔	いいだ□こうすけ	小3	556
加山□淳也	かやま□じゅんや	中1	557
相良□美波	さがら□みなみ	小5	443

3 セルが選択されます。

氏名	ふりがな	学年	連絡
飯田□俊輔	いいだ□しゅんすけ	小5	556
飯田□浩輔	いいだ□こうすけ	小3	556

MS 明朝 11 挿入 削除

ヒント

行を選択する

選択したい行の左側にマウスポインターを近づけて、の形に変わったところでクリックすると、行が選択できます。そのまま上下にドラッグすれば、複数行が選択できます。

受講申込名簿

氏名	ふりがな	学年	連絡先
飯田□俊輔	いいだ□しゅんすけ	小5	5566-1234
飯田□浩輔	いいだ□こうすけ	小3	5566-1234
加山□淳也	かやま□じゅんや	中1	5577-5878
相良□美波	さがら□みなみ	小5	4433-8800
橋本□龍一	はしもと□けいいち	中1	1133-4567
山崎□彩音	やまざき□あやね	小4	3456-1212
結城□千春	ゆうき□ちはる	中2	2244-6987

第4章 表の作成

2 複数のセルを選択する

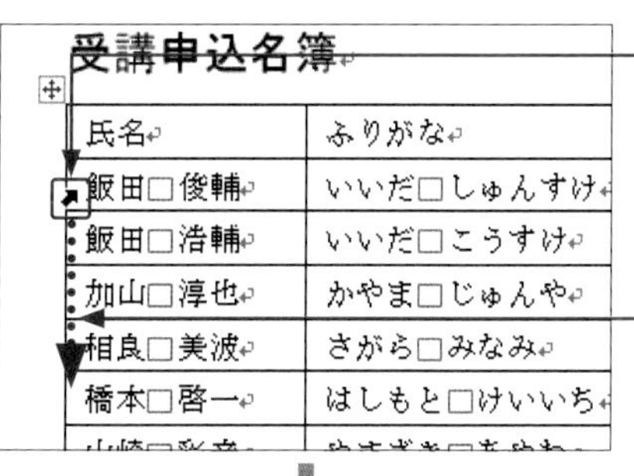

1 セルの左下にマウスポインターを移動して ➚ になったら、

2 下へドラッグします。

氏名	ふりがな
飯田□俊輔	いいだ□しゅんすけ
飯田□浩輔	いいだ□こうすけ
加山□淳也	かやま□じゅんや
相良□美波	さがら□みなみ
橋本□啓一	はしもと□けいいち

3 複数のセルが選択されます。

メモ 複数のセルの選択

複数のセルを選択する方法には、左の操作のほかに、セルをクリックして、そのままほかのセルをドラッグする方法でもできます。

3 表全体を選択する

1 表内にマウスポインターを移動すると、

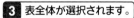

受講申込名簿

氏名	ふりがな	学年	連絡先
飯田□俊輔	いいだ□しゅんすけ	小5	5566-1234
飯田□浩輔	いいだ□こうすけ	小3	5566-1234
加山□淳也	かやま□じゅんや	中1	5577-5678
相良□美波	さがら□みなみ	小5	4433-8900
橋本□啓一	はしもと□けいいち	中1	1133-4567
山崎□彩音	やまざき□あやね	小4	3456-1212
結城□千春	ゆうき□ちはる	中2	2244-6987

2 左上に ⊞ が表示されます。クリックすると、

3 表全体が選択されます。

メモ 表全体の選択

表の ⊞ をクリックすると、表全体を選択できます。表を選択すると、表をドラッグして移動したり、表に対しての変更をまとめて実行したりすることができます。

Section 34

行や列を挿入する／削除する

覚えておきたいキーワード
- ☑ 行／列の挿入
- ☑ 行／列の削除
- ☑ 表の削除

作成した表に行や列を挿入するには、挿入したい位置で挿入マークをクリックします。あるいは、＜レイアウト＞タブの挿入コマンドを利用して挿入することができます。行や列を削除するには、行や列を選択して、削除コマンドを利用するか、BackSpace を押します。

1 行を挿入する

メモ 行を挿入する

行を挿入したい位置にマウスポインターを近づけると、挿入マーク ⊕ が表示されます。これをクリックすると、行が挿入されます。

ヒント そのほかの挿入方法

＜レイアウト＞タブの＜行と列＞グループにある挿入コマンドを利用して行を挿入することもできます。あらかじめ、挿入したい行の上下どちらかの行内をクリックしてカーソルを移動しておきます。＜上に行を挿入＞をクリックするとカーソル位置の上に、＜下に行を挿入＞をクリックするとカーソル位置の下に、行を挿入することができます。

1 カーソルを移動して、

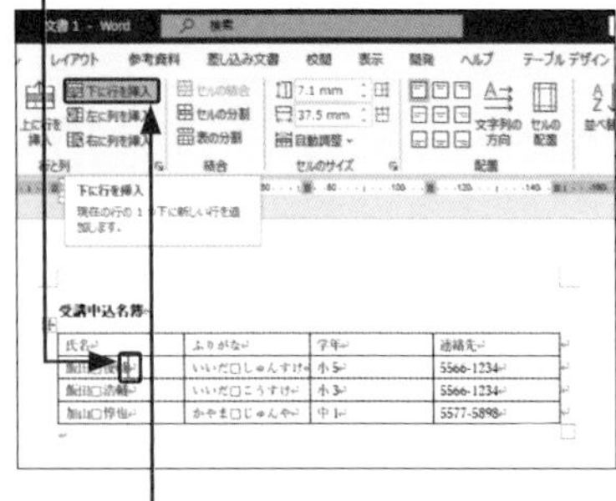

2 ＜下に行を挿入＞をクリックすると、カーソル位置の下に行が挿入されます。

1 表内をクリックして、表を選択しておきます。

受講申込名簿

氏名	ふりがな	学年	連絡先
飯田□俊輔	いいだ□しゅんすけ	小 5	5566-1234
飯田□浩輔	いいだ□こうすけ	小 3	5566-1234
加山□淳也	かやま□じゅんや	中 1	5577-5678
相良□美波	さがら□みなみ	小 5	4433-8900

2 挿入したい行の余白にマウスポインターを近づけると、

3 挿入マークが表示されます。

4 挿入マークをクリックすると、

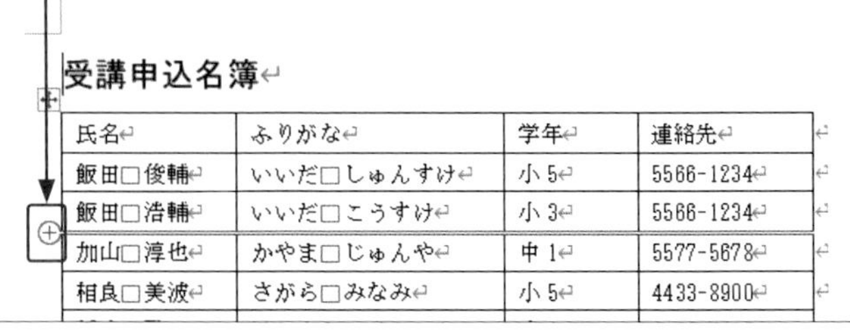

受講申込名簿

氏名	ふりがな	学年	連絡先
飯田□俊輔	いいだ□しゅんすけ	小 5	5566-1234
飯田□浩輔	いいだ□こうすけ	小 3	5566-1234
加山□淳也	かやま□じゅんや	中 1	5577-5678
相良□美波	さがら□みなみ	小 5	4433-8900

5 行が挿入されます。

受講申込名簿

氏名	ふりがな	学年	連絡先
飯田□俊輔	いいだ□しゅんすけ	小 5	5566-1234
飯田□浩輔	いいだ□こうすけ	小 3	5566-1234
加山□淳也	かやま□じゅんや	中 1	5577-5678
相良□美波	さがら□みなみ	小 5	4433-8900

2 列を挿入する

1 挿入したい列の線上にマウスポインターを近づけると、挿入マークが表示されるので、

受講申込名簿

氏名	ふりがな	学年	連絡先
飯田□俊輔	いいだ□しゅんすけ	小 5	5566-1234
飯田□浩輔	いいだ□こうすけ	小 3	5566-1234
加山□淳也	かやま□じゅんや	中 1	5577-5678
相良□美波	さがら□みなみ	小 5	4433-8900
橋本□啓一	はしもと□けいいち	中 1	1133-4567
山崎□彩音	やまざき□あやね	小 4	3456-1212
結城□千春	ゆうき□ちはる	中 2	2244-6987

2 挿入マークをクリックします。

受講申込名簿

氏名	ふりがな	学年	連絡先
飯田□俊輔	いいだ□しゅんすけ	小 5	5566-1234
飯田□浩輔	いいだ□こうすけ	小 3	5566-1234
加山□淳也	かやま□じゅんや	中 1	5577-5678
相良□美波	さがら□みなみ	小 5	4433-8900
橋本□啓一	はしもと□けいいち	中 1	1133-4567
山崎□彩音	やまざき□あやね	小 4	3456-1212
結城□千春	ゆうき□ちはる	中 2	2244-6987

3 列が挿入され、表全体の列幅が自動的に調整されます。

受講申込名簿

氏名	ふりがな	学年		連絡先
飯田□俊輔	いいだ□しゅんすけ	小 5		5566-1234
飯田□浩輔	いいだ□こうすけ	小 3		5566-1234
加山□淳也	かやま□じゅんや	中 1		5577-5678
相良□美波	さがら□みなみ	小 5		4433-8900
橋本□啓一	はしもと□けいいち	中 1		1133-4567
山崎□彩音	やまざき□あやね	小 4		3456-1212
結城□千春	ゆうき□ちはる	中 2		2244-6987

ヒント ミニツールバーを利用する

列や行を選択すると、<挿入>と<削除>が用意されたミニツールバーが表示されます。ここから挿入や削除を行うことも可能です。

ヒント そのほかの挿入方法

<レイアウト>タブの挿入コマンドを利用して列を挿入することもできます。とくに、表の左端に列を追加する場合、挿入マークは表示されないので、この方法を用います。あらかじめ、挿入したい列の左右どちらかの列内をクリックしてカーソルを移動しておきます。
<左に列を挿入>はカーソル位置の左に、<右に列を挿入>はカーソル位置の右に、列を挿入することができます。

1 カーソルを移動して、

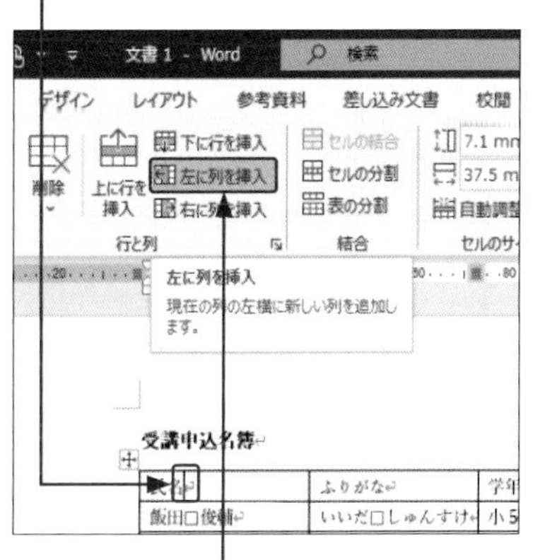

2 <左に列を挿入>をクリックすると、カーソル位置の左に列が挿入されます。

3 行や列を削除する

ヒント そのほかの列の削除方法

列を削除するには、削除したい列を選択して BackSpace を押します。また、削除したい列にカーソルを移動して、<レイアウト>タブの<削除>をクリックし、<列の削除>をクリックしても列を削除できます。

ヒント 行を削除するには?

行を削除するには、削除したい行の左側の余白部分をクリックし、行を選択します。BackSpace を押すと、行が削除されます。または、削除したい行にカーソルを移動して<レイアウト>タブの<削除>をクリックし、<行の削除>をクリックします。

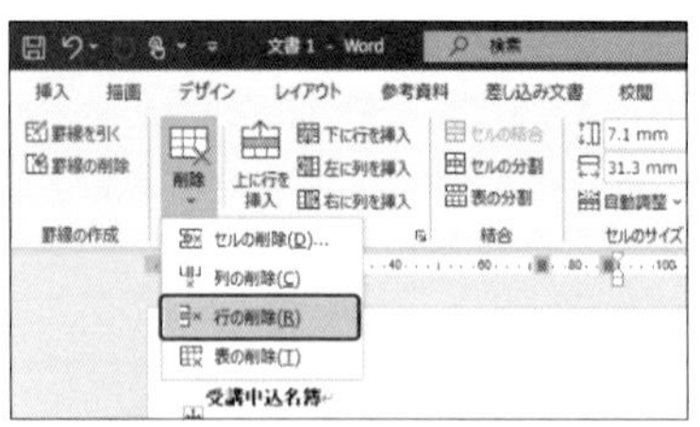

列を削除します。

1 列の上にマウスポインターを合わせ、形が ⬇ に変わる位置でクリックすると、

2 列が選択されます。

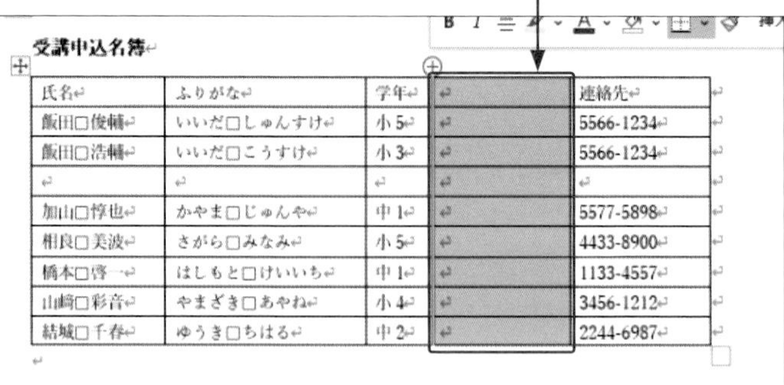

受講申込名簿

氏名	ふりがな	学年		連絡先
飯田□俊輔	いいだ□しゅんすけ	小5		5566-1234
飯田□浩輔	いいだ□こうすけ	小3		5566-1234
加山□惇也	かやま□じゅんや	中1		5577-5898
相良□美波	さがら□みなみ	小5		4433-8900
橋本□啓一	はしもと□けいいち	中1		1133-4557
山崎□彩音	やまざき□あやね	小4		3456-1212
結城□千春	ゆうき□ちはる	中2		2244-6987

3 BackSpace を押すと、

4 列が削除されます。

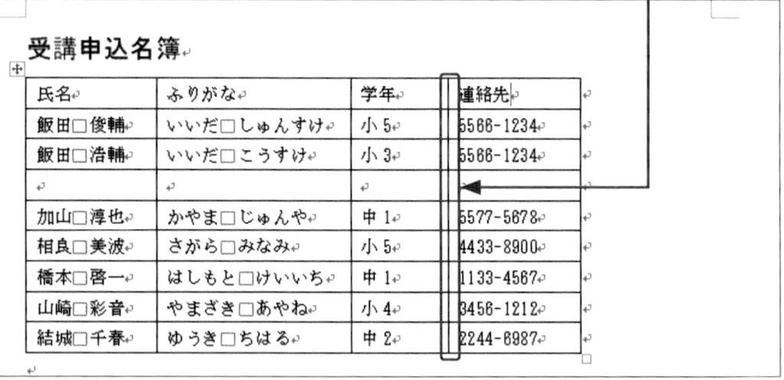

受講申込名簿

氏名	ふりがな	学年	連絡先
飯田□俊輔	いいだ□しゅんすけ	小5	5566-1234
飯田□浩輔	いいだ□こうすけ	小3	5566-1234
加山□淳也	かやま□じゅんや	中1	5577-5678
相良□美波	さがら□みなみ	小5	4433-8900
橋本□啓一	はしもと□けいいち	中1	1133-4567
山崎□彩音	やまざき□あやね	小4	3456-1212
結城□千春	ゆうき□ちはる	中2	2244-6987

4 表全体を削除する

メモ 表の削除

表を削除するには、表全体を選択して BackSpace を押します。なお、表全体を選択して Delete を押すと、データのみが削除されます。

1 表にマウスポインターを近づけると、⊞ が表示されます。⊞ をクリックすると、

受講申込名簿

氏名	ふりがな	学年	連絡先
飯田□俊輔	いいだ□しゅんすけ	小5	5566-1234
飯田□浩輔	いいだ□こうすけ	小3	5566-1234
加山□淳也	かやま□じゅんや	中1	5577-5678
相良□美波	さがら□みなみ	小5	4433-8900
橋本□啓一	はしもと□けいいち	中1	1133-4567
山崎□彩音	やまざき□あやね	小4	3456-1212
結城□千春	ゆうき□ちはる	中2	2244-6987

2 表全体が選択されるので、BackSpace を押します。

3 表が削除されます。

受講申込名簿

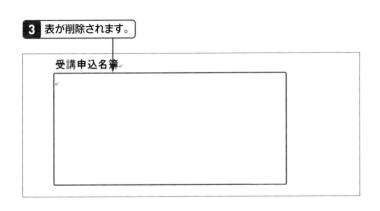

そのほかの表の削除方法

表内をクリックして、<レイアウト>タブの<削除>をクリックし、<表の削除>をクリックしても表を削除できます。

5 セルを挿入する

1 挿入したいセルにカーソルを移動して、

2 ここをクリックします。

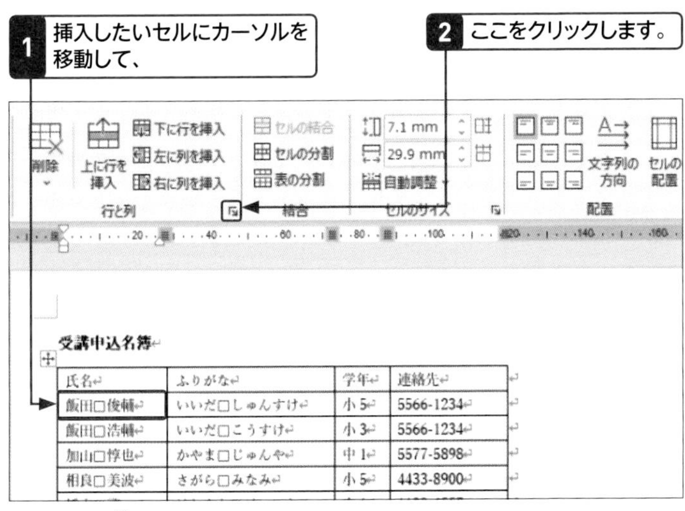

3 ここをオンにして、

4 <OK>をクリックすると、

5 選択していた部分にセルが追加され、もとのセルは下にずれます。

最終行に行が追加されます。

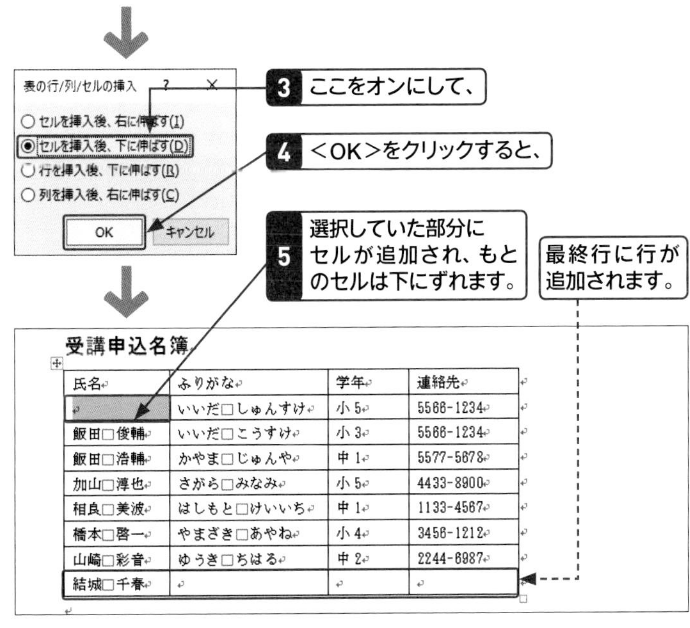

メモ セルを挿入する

表の中にセルを挿入するには、<レイアウト>タブの<行と列>グループの をクリックすると表示される<表の行／列／セルの挿入>ダイアログボックスを利用します。

選択したセルの下にセルを挿入する場合は、<セルを挿入後、下に伸ばす>をオンにします。

ヒント セルの削除

表の中のセルを削除するには、削除したいセルを選択して、BackSpace を押すと表示される<表の行／列／セルの削除>ダイアログボックスを利用します。選択したセルを削除して、右側のセルを左に詰めるには<セルを削除後、左に詰める>を、下側のセルを上に詰めるには<セルを削除後、上に詰める>をオンにします。

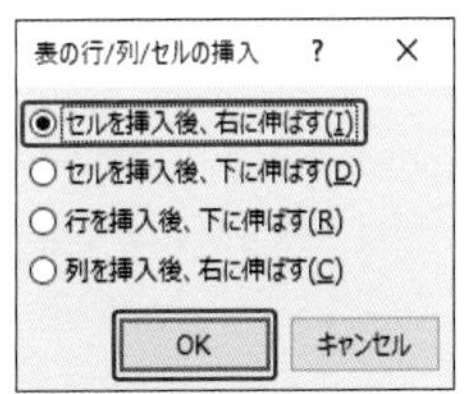

Section 35 セルを結合する／分割する

覚えておきたいキーワード
- ☑ セルの結合
- ☑ セルの分割
- ☑ 表の分割

複数の行や列にわたる項目に見出しを付ける場合は、複数のセルを結合します。隣接したセルどうしであれば、縦横どちらの方向にもセルを結合することができます。また、セルを分割して新しいセルを挿入したり、表を分割して通常の行を挿入したりすることができます。

1 セルを結合する

1 結合したいセルを選択して（P.149参照）、

2 <レイアウト>タブをクリックし、

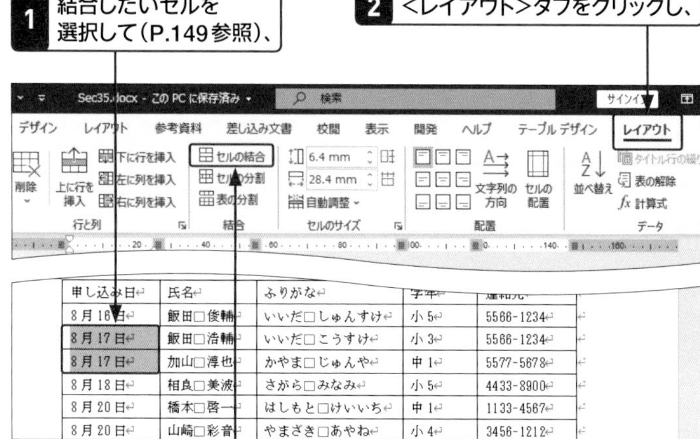

申し込み日	氏名	ふりがな	学年	連絡先
8月16日	飯田□俊輔	いいだ□しゅんすけ	小5	5566-1234
8月17日	飯田□浩輔	いいだ□こうすけ	小3	5566-1234
8月17日	加山□淳也	かやま□じゅんや	中1	5577-5678
8月18日	相良□美波	さがら□みなみ	小5	4433-8900
8月20日	橋本□啓一	はしもと□けいいち	中1	1133-4567
8月20日	山崎□彩音	やまざき□あやね	小4	3456-1212

3 <セルの結合>をクリックすると、

4 セルが結合されます。

5 不要な文字をDeleteで消します。

受講申込名簿

申し込み日	氏名	ふりがな	学年	連絡先
8月16日	飯田□俊輔	いいだ□しゅんすけ	小5	5566-1234
8月17日 8月17日	飯田□浩輔	いいだ□こうすけ	小3	5566-1234
	加山□淳也	かやま□じゅんや	中1	5577-5678
8月18日	相良□美波	さがら□みなみ	小5	4433-8900
8月20日	橋本□啓一	はしもと□けいいち	中1	1133-4567

6 文字を中央に配置します（Sec.37参照）。

受講申込名簿

申し込み日	氏名	ふりがな	学年	連絡先
8月16日	飯田□俊輔	いいだ□しゅんすけ	小5	5566-1234
8月17日	飯田□浩輔	いいだ□こうすけ	小3	5566-1234
	加山□淳也	かやま□じゅんや	中1	5577-5678
8月18日	相良□美波	さがら□みなみ	小5	4433-8900
8月20日	橋本□啓一	はしもと□けいいち	中1	1133-4567

ヒント 結合したいセルに文字が入力されている場合

文字が入力されている複数のセルを結合すると、結合した1つのセルに、文字がそのまま残ります。不要な場合は削除しましょう。

ヒント 結合を解除するには？

結合したセルをもとに戻すには、結合したセルを選択して、右ページの手順で分割します。なお、分割後のセル幅が結合前のセル幅と合わない場合は、罫線をドラッグしてセル幅を調整します（Sec.36参照）。

ヒント 表を結合するには？

2つの表を作成した場合、間の段落記号を削除すると、表どうしが結合されます。ただし、列幅や列数が異なる場合も、そのままの状態で結合されるので、あとから調整する必要があります。

2 セルを分割する

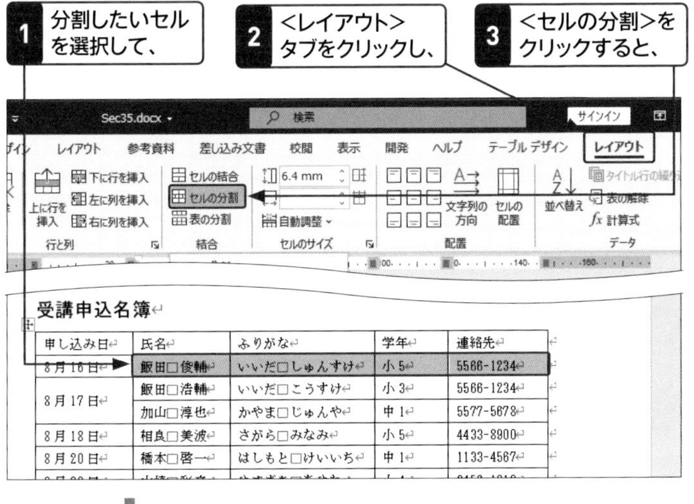

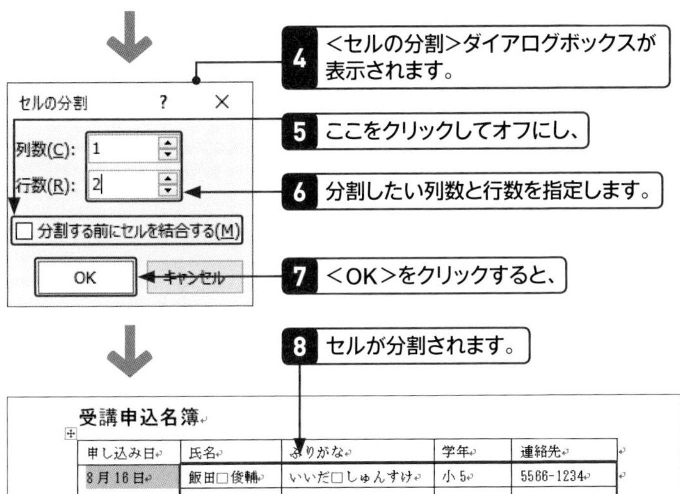

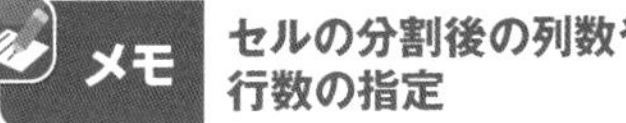

セルの分割後の列数や行数の指定

手順4の<セルの分割>ダイアログボックスでは、セルの分割後の列数や行数を指定します。分割後の列数や行数は、<分割する前にセルを結合する>の設定により、結果が異なります(下の「ヒント」参照)。なお、分割したセルをもとに戻すには、分割後に増えたセルを選択して削除します(P.153の下の「ヒント」参照)。

ヒント 表を分割するには?

分割したい行のセルにカーソルを移動して<レイアウト>タブの<表の分割>をクリックします。表と表の間に、通常の行が表示されます。

受講申込名簿

申し込み日	氏名	ふりがな	学年	連絡先
8月16日	飯田□俊輔	いいだ□しゅんすけ	小5	5566-1234
8月17日	飯田□浩輔	いいだ□こうすけ	小3	5566-1234
	加山□淳也	かやま□じゅんや	中1	5577-5678

8月18日	相良□美波	さがら□みなみ	小5	4433-8900
8月20日	橋本□啓一	はしもと□けいいち	中1	1133-4567
8月20日	山崎□彩音	やまざき□あやね	小4	3456-1212
8月22日	結城□千春	ゆうき□ちはる	中2	2244-8987

分割後のセル数の指定

<セルの分割>ダイアログボックスの<分割する前にセルを結合する>をオンにするか、オフにするかで、分割後の結果が異なります。オンにすると、選択範囲のセルを1つのセルとして扱われ、指定した数に分割されます。オフにすると、選択範囲に含まれる1つ1つのセルが、それぞれ指定した数に分割されます。

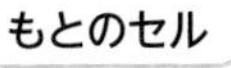

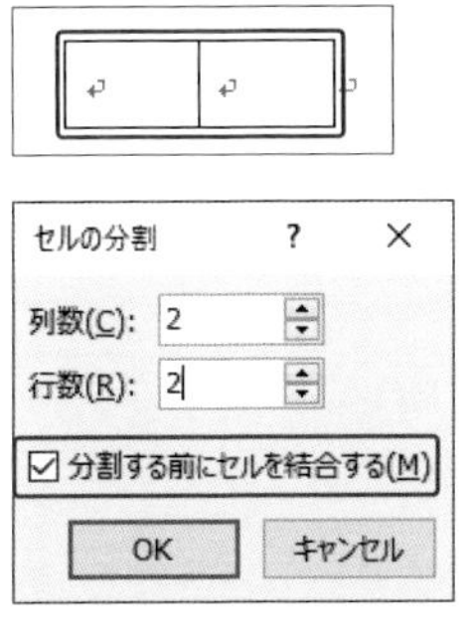

Section
36 列幅／行高を変更する

覚えておきたいキーワード
- ☑ 列幅／行高
- ☑ 幅を揃える
- ☑ 高さを揃える

表を作成してからデータを入力すると、列の幅や行の高さが内容に合わないことがあります。このような場合は、表の罫線をドラッグして、列幅や行高を調整します。また、＜レイアウト＞タブの＜幅を揃える＞、＜高さを揃える＞を利用して、複数のセルの幅と高さを均等に揃えることもできます。

1 列幅をドラッグで調整する

メモ 行の高さを調整する

行の高さを調整するには、横罫にマウスポインターを合わせ、形が ÷ に変わった状態でドラッグします。

ヒント 一部のセルの列幅を変更する

一部のセルのみの列幅を変更するには、変更したいセルのみを選択して、罫線をドラッグします。

1つのセルの列幅を変更できます。

田□俊輔	いいだ□しゅんすけ	小 5	5566-
田□浩輔	いいだ□こうすけ	小 3	5566-
山□淳也	かやま□じゅんや	中 1	5577-

ステップアップ 表のプロパティを利用する

＜表のプロパティ＞では一括でサイズを指定できます。表を右クリックして＜表のプロパティ＞をクリックし、＜表のプロパティ＞を表示します。＜行＞タブで＜高さを指定する＞をオンにして＜固定値＞でサイズを指定し、＜列＞タブで＜列を指定する＞をオンにしてサイズを指定します。

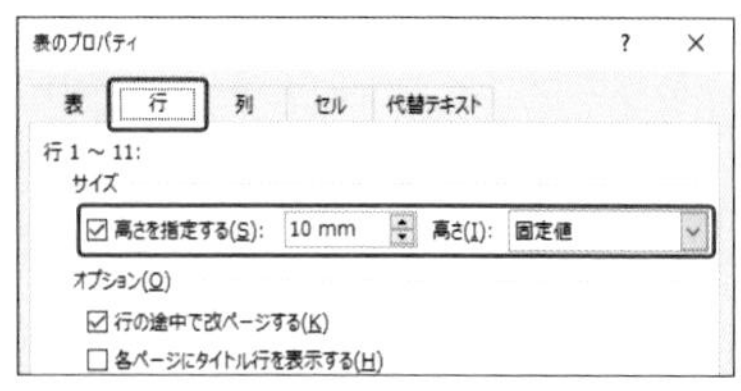

1 罫線にマウスポインターを合わせると、形が ⟺ に変わるので、

受講申込名簿

申し込み日	氏名	ふりがな	学年	連絡先
8月16日	飯田□俊輔	いいだ□しゅんすけ	小 5	5566-1234
8月17日	飯田□浩輔	いいだ□こうすけ	小 3	5566-1234
	加山□淳也	かやま□じゅんや	中 1	5577-5678
8月18日	相良□美波	さがら□みなみ	小 5	4433-8900
8月20日	橋本□啓一	はしもと□けいいち	中 1	1133-4567
8月20日	山崎□彩音	やまざき□あやね	小 4	3456-1212
8月22日	結城□千春	ゆうき□ちはる	中 2	2244-6987

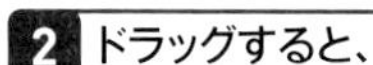

2 ドラッグすると、

受講申込名簿

申し込み日	氏名	ふりがな	学年	連絡先
8月16日	飯田□俊輔	いいだ□しゅんすけ	小 5	5566-1234
8月17日	飯田□浩輔	いいだ□こうすけ	小 3	5566-1234
	加山□淳也	かやま□じゅんや	中 1	5577-5678
8月18日	相良□美波	さがら□みなみ	小 5	4433-8900
8月20日	橋本□啓一	はしもと□けいいち	中 1	1133-4567
8月20日	山崎□彩音	やまざき□あやね	小 4	3456-1212
8月22日	結城□千春	ゆうき□ちはる	中 2	2244-6987

3 表全体の大きさは変わらずに、この列の幅が狭くなり、

4 この列の幅が広がります。

受講申込名簿

申し込み日	氏名	ふりがな	学年	連絡先
8月16日	飯田□俊輔	いいだ□しゅんすけ	小 5	5566-1234
8月17日	飯田□浩輔	いいだ□こうすけ	小 3	5566-1234
	加山□淳也	かやま□じゅんや	中 1	5577-5678
8月18日	相良□美波	さがら□みなみ	小 5	4433-8900
8月20日	橋本□啓一	はしもと□けいいち	中 1	1133-4567
8月20日	山崎□彩音	やまざき□あやね	小 4	3456-1212
8月22日	結城□千春	ゆうき□ちはる	中 2	2244-6987

2 列幅を均等にする

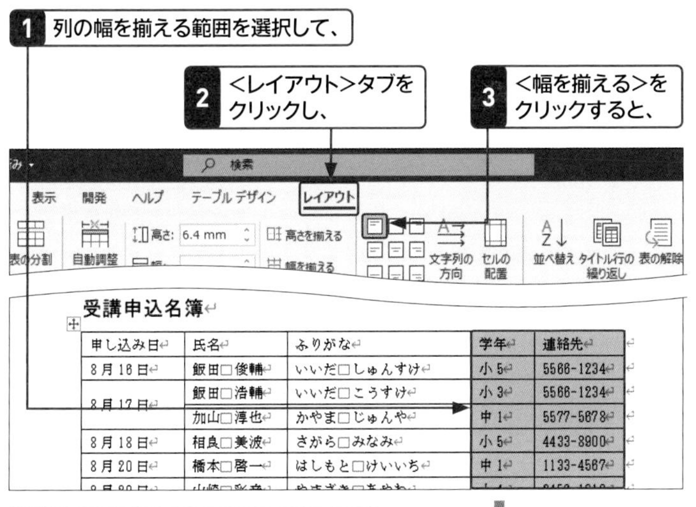

1 列の幅を揃える範囲を選択して、

2 <レイアウト>タブをクリックし、

3 <幅を揃える>をクリックすると、

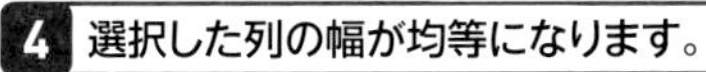

4 選択した列の幅が均等になります。

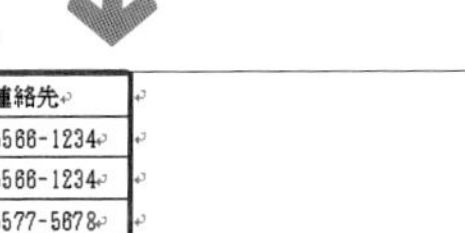

申し込み日	氏名	ふりがな	学年	連絡先
8月16日	飯田□俊輔	いいだ□しゅんすけ	小5	5566-1234
8月17日	飯田□浩輔	いいだ□こうすけ	小3	5566-1234
	加山□淳也	かやま□じゅんや	中1	5577-5678
8月18日	相良□美波	さがら□みなみ	小5	4433-8900
8月20日	橋本□啓一	はしもと□けいいち	中1	1133-4567
8月20日	山崎□彩音	やまざき□あやね	小4	3456-1212

メモ 列の幅は行単位で調整される

列幅を均等にする場合は、<レイアウト>タブの<幅を揃える>を利用します。この場合、行単位で列幅が調整されるので、セル数の異なる行がある場合は、罫線がずれてしまいます。ずれた列は、左ページの方法でドラッグして調整します。

ヒント 行の高さを均等にする

行の高さを均等にするには、揃える範囲を選択して<レイアウト>タブの<高さを揃える>をクリックします。

3 列幅を自動調整する

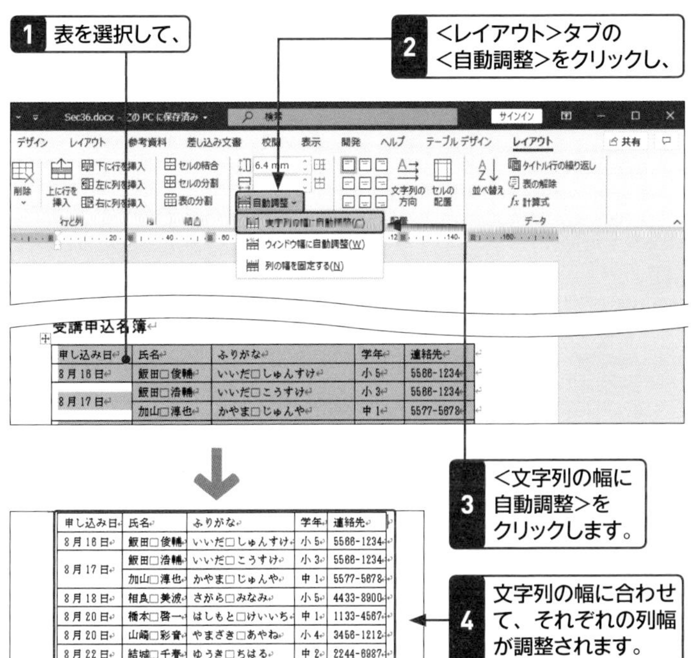

1 表を選択して、

2 <レイアウト>タブの<自動調整>をクリックし、

3 <文字列の幅に自動調整>をクリックします。

4 文字列の幅に合わせて、それぞれの列幅が調整されます。

ステップアップ 表の幅を変更する

列を挿入したときなどに列が増えて、ウィンドウの右側に表が広がってしまう場合があります。ウィンドウの幅で表を収めるには、<レイアウト>タブの<自動調整>をクリックして、<ウィンドウサイズに合わせる>をクリックします。

Section 37 表に書式を設定する

覚えておきたいキーワード
- ☑ 文字の配置
- ☑ セルの背景色
- ☑ 表のスタイル

作成した表は、セル内の文字配置、背景色、フォントの変更などで体裁を整えることで、見栄えのする表になります。これらの操作は、1つ1つ手動で設定することもできますが、あらかじめ用意されたデザインを利用して表全体の書式を設定できる表のスタイルを使うこともできます。

1 セル内の文字配置を変更する

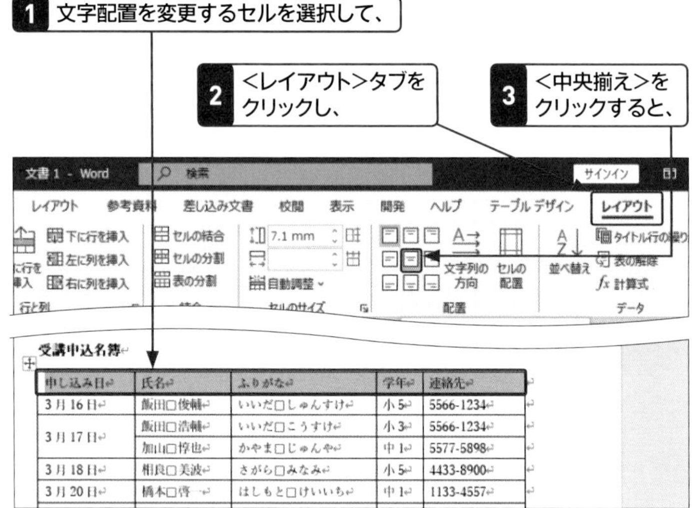

受講申込名簿

申し込み日	氏名	ふりがな	学年	連絡先
3月16日	飯田□俊輔	いいだ□しゅんすけ	小5	5566-1234
3月17日	飯田□浩輔	いいだ□こうすけ	小3	5566-1234
	加山□惇也	かやま□じゅんや	中1	5577-5898
3月18日	相良□美波	さがら□みなみ	小5	4433-8900
3月20日	橋本□啓一	はしもと□けいいち	中1	1133-4557

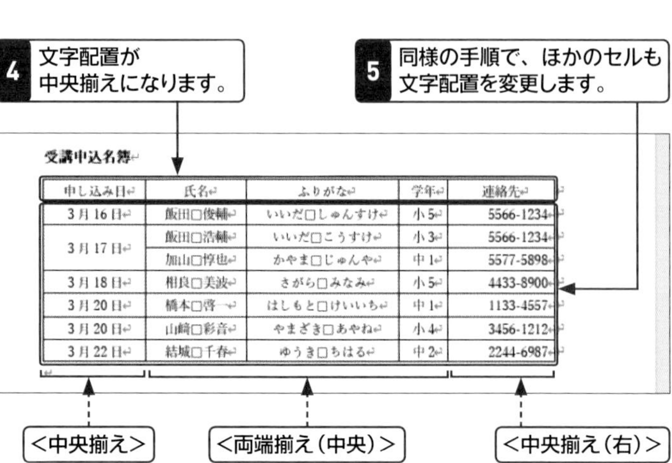

受講申込名簿

申し込み日	氏名	ふりがな	学年	連絡先
3月16日	飯田□俊輔	いいだ□しゅんすけ	小5	5566-1234
3月17日	飯田□浩輔	いいだ□こうすけ	小3	5566-1234
	加山□惇也	かやま□じゅんや	中1	5577-5898
3月18日	相良□美波	さがら□みなみ	小5	4433-8900
3月20日	橋本□啓一	はしもと□けいいち	中1	1133-4557
3月20日	山﨑□彩音	やまざき□あやね	小4	3456-1212
3月22日	結城□千春	ゆうき□ちはる	中2	2244-6987

メモ セル内の文字配置を設定する

セル内の文字配置は、初期設定で<両端揃え(上)>になっています。この状態で行の高さを広げると、行の上の位置に文字が配置されるので、見栄えがよくありません。文字全体をセルの上下中央に揃えるとよいでしょう。

セル内の文字配置を設定するには、<表ツール>の<レイアウト>タブにある<配置>グループのコマンドを利用します。

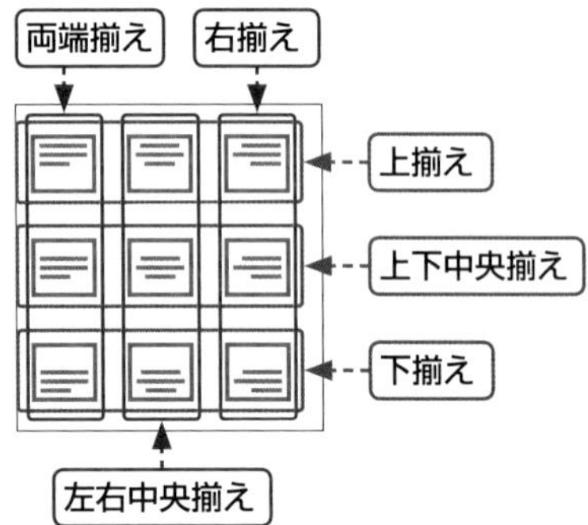

ヒント セル内で均等割り付けを設定するには?

セル内の文字列に均等割り付けを設定するには、<ホーム>タブの<均等割り付け>▤を利用します(P.106参照)。

2 セルの背景色を変更する

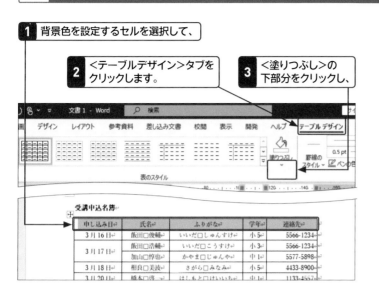

1 背景色を設定するセルを選択して、

2 <テーブルデザイン>タブをクリックします。

3 <塗りつぶし>の下部分をクリックし、

4 好みの色をクリックします。

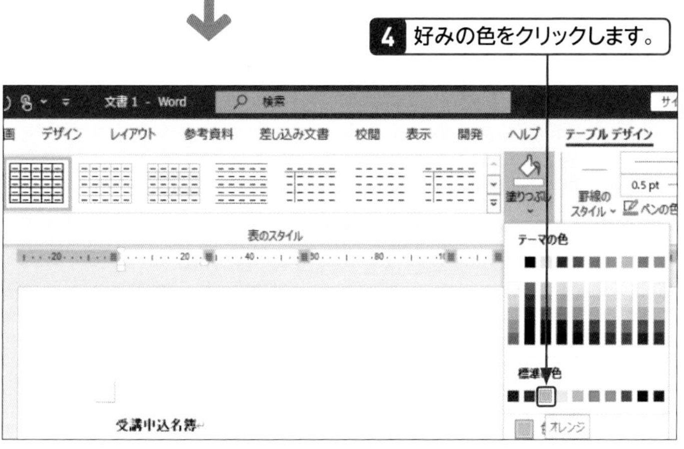

5 セルに背景色が付きました。

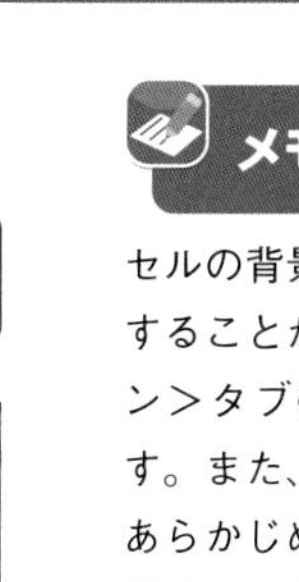

メモ セルの背景色を設定する

セルの背景色は、セル単位で個別に設定することができます。<テーブルデザイン>タブの<塗りつぶし>を利用します。また、<表のスタイル>を利用して、あらかじめ用意されているデザインを適用することも可能です。

メモ 表のスタイルの利用

<テーブルデザイン>タブの<表のスタイル>機能を利用すると、体裁の整った表をかんたんに作成することができます。適用した表のデザインを取り消したい場合は、スタイル一覧の最上段にある<標準の表>をクリックします。

ヒント セル内の文字が見にくいときは?

セルの背景色が濃い場合は、<ホーム>タブの<太字>でフォントを太くしたり、<フォントの色>でフォントを薄い色にしたりすると見やすくなります(Sec.16参照)。

3 セル内のフォントを変更する

ヒント フォントを個別に設定するには?

右の操作では、表内のすべての文字を同じフォントに変更していますが、表のタイトル行など一部の行だけを目立たせたい場合には、その行だけ選択して、フォントを変更するとよいでしょう。また、セル内の一部の文字のみを変えたい場合も、文字列を個別に選択してフォントを変更することができます。

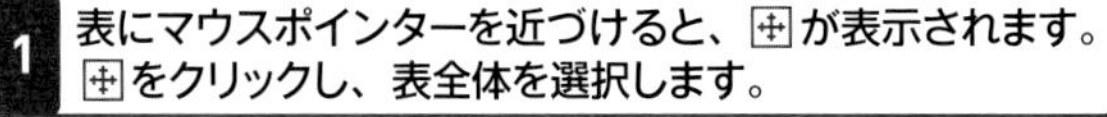

1 表にマウスポインターを近づけると、⊞が表示されます。⊞をクリックし、表全体を選択します。

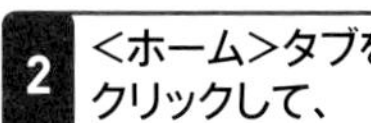

3 <フォント>のここをクリックし、

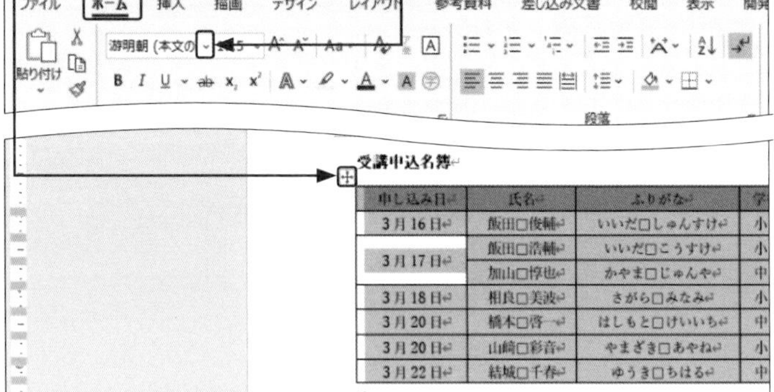

4 目的のフォントをクリックすると、

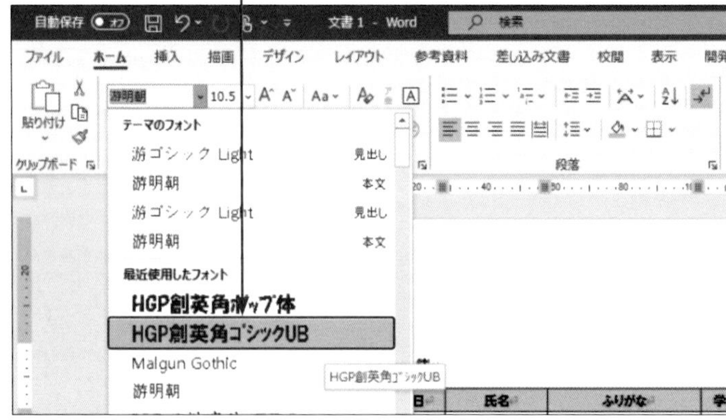

5 表全体のフォントが変更されます。

受講申込名簿

申し込み日	氏名	ふりがな	学年	連絡先
3月16日	飯田□俊輔	いいだ□しゅんすけ	小5	5566-1234
3月17日	飯田□浩輔	いいだ□こうすけ	小3	5566-1234
	加山□惇也	かやま□じゅんや	中1	5577-5898
3月18日	相良□美波	さがら□みなみ	小5	4433-8900
3月20日	橋本□啓一	はしもと□けいいち	中1	1133-4557
3月20日	山崎□彩音	やまざき□あやね	小4	3456-1212
3月22日	結城□千春	ゆうき□ちはる	中2	2244-6987

ヒント そのほかのフォント変更方法

表全体や行/列を選択すると、ミニツールバーが表示されます。ここからフォントを変更することもできます。

Excel

第 1 章

Excelの基本操作

Section 01 Excelの画面構成とブックの構成

覚えておきたいキーワード
- タブ
- コマンド
- ワークシート

Excelの画面は、機能を実行するためのタブと、各タブにあるコマンド、表やグラフなどを作成するためのワークシートから構成されています。画面の各部分の名称とその機能は、Excelを使っていくうえでの基本的な知識です。ここでしっかり確認しておきましょう。

1 基本的な画面構成

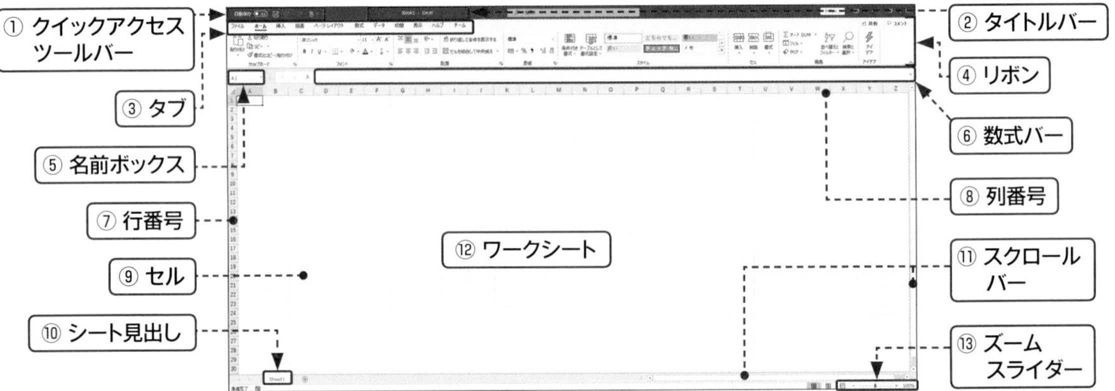

名　称	機　能
① クイックアクセスツールバー	頻繁に使うコマンドが表示されています。コマンドの追加や削除などもできます。
② タイトルバー	作業中のファイル名を表示しています。
③ タブ	初期状態では10個(あるいは9個)※のタブが用意されています。名前の部分をクリックしてタブを切り替えます。
④ リボン	コマンドを一連のタブに整理して表示します。コマンドはグループ分けされています。
⑤ 名前ボックス	現在選択されているセルの位置(列番号と行番号によってセルの位置を表したもの)、またはセル範囲の名前を表示します。
⑥ 数式バー	現在選択されているセルのデータまたは数式を表示します。
⑦ 行番号	行の位置を示す数字を表示しています。
⑧ 列番号	列の位置を示すアルファベットを表示しています。
⑨ セル	表のマス目です。操作の対象となっているセルを「アクティブセル」といいます。
⑩ シート見出し	シートを切り替える際に使用します。
⑪ スクロールバー	シートを縦横にスクロールする際に使用します。
⑫ ワークシート	Excelの作業スペースです。
⑬ ズームスライダー	シートの表示倍率を変更します。

※<描画>タブは、お使いのパソコンによっては初期設定では表示されていない場合があります。<Excelのオプション>ダイアログボックスの<リボンのユーザー設定>で<描画>をオンにすると表示されます。

2 ブック／シート／セル

「ブック」(=ファイル)は、1つまたは複数の「ワークシート」や「グラフシート」から構成されています。

ワークシート

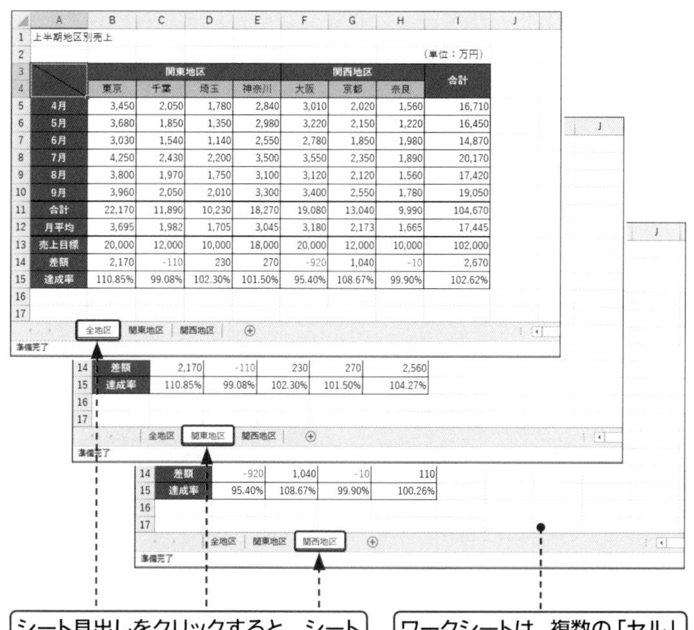

	関東地区				関西地区			合計
	東京	千葉	埼玉	神奈川	大阪	京都	奈良	
4月	3,450	2,050	1,780	2,840	3,010	2,020	1,560	16,710
5月	3,680	1,850	1,350	2,980	3,220	2,150	1,220	16,450
6月	3,030	1,540	1,140	2,550	2,780	1,850	1,980	14,870
7月	4,250	2,430	2,200	3,500	3,550	2,350	1,890	20,170
8月	3,800	1,970	1,750	3,100	3,120	2,120	1,560	17,420
9月	3,960	2,050	2,010	3,300	3,400	2,550	1,780	19,050
合計	22,170	11,890	10,230	18,270	19,080	13,040	9,990	104,670
月平均	3,695	1,982	1,705	3,045	3,180	2,173	1,665	17,445
売上目標	20,000	12,000	10,000	18,000	20,000	12,000	10,000	102,000
差額	2,170	-110	230	270	-920	1,040	-10	2,670
達成率	110.85%	99.08%	102.30%	101.50%	95.40%	108.67%	99.90%	102.62%

差額	2,170	-110	230	270	2,560
達成率	110.85%	99.08%	102.30%	101.50%	104.27%

差額	-920	1,040	-10	110
達成率	95.40%	108.67%	99.90%	100.26%

シート見出しをクリックすると、シートを切り替えることができます。

ワークシートは、複数の「セル」から構成されています。

グラフシート

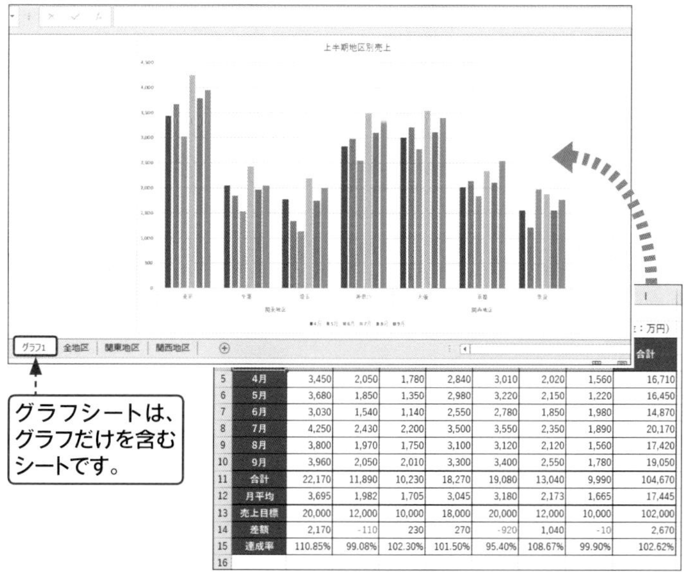

4月	3,450	2,050	1,780	2,840	3,010	2,020	1,560	16,710
5月	3,680	1,850	1,350	2,980	3,220	2,150	1,220	16,450
6月	3,030	1,540	1,140	2,550	2,780	1,850	1,980	14,870
7月	4,250	2,430	2,200	3,500	3,550	2,350	1,890	20,170
8月	3,800	1,970	1,750	3,100	3,120	2,120	1,560	17,420
9月	3,960	2,050	2,010	3,300	3,400	2,550	1,780	19,050
合計	22,170	11,890	10,230	18,270	19,080	13,040	9,990	104,670
月平均	3,695	1,982	1,705	3,045	3,180	2,173	1,665	17,445
売上目標	20,000	12,000	10,000	18,000	20,000	12,000	10,000	102,000
差額	2,170	-110	230	270	-920	1,040	-10	2,670
達成率	110.85%	99.08%	102.30%	101.50%	95.40%	108.67%	99.90%	102.62%

グラフシートは、グラフだけを含むシートです。

キーワード ワークシート

「ワークシート」とは、Excelでさまざまな作業を行うためのスペースのことです。単に「シート」とも呼ばれます。

キーワード セル

「セル」とは、ワークシートを構成する一つ一つのマス目のことです。ワークシートは、複数のセルから構成されており、このセルに文字や数値データを入力していきます。

キーワード グラフシート

「グラフシート」とは、グラフ(Sec.38参照)だけを含むシートのことです。グラフは、通常のワークシートに作成することもできます。

Section 02

データ入力の基本を知る

覚えておきたいキーワード
- アクティブセル
- 表示形式
- 日付と時刻

セルにデータを入力するには、セルをクリックして選択状態(アクティブセル)にします。データを入力すると、ほかの表示形式が設定されていない限り、通貨スタイルや日付スタイルなど、適切な表示形式が自動的に設定されます。Enter + Tab を押すと入力が確定します。

1 数値を入力する

キーワード アクティブセル

セルをクリックすると、そのセルが選択され、グリーンの枠で囲まれます。これが現在操作の対象となっているセルで、「アクティブセル」といいます。

メモ データ入力と確定

データを入力すると、セル内にカーソルが表示されます。入力を確定するには、Enter を押してアクティブセルを移動します。確定する前に Esc を押すと、入力がキャンセルされます。

メモ <標準>の表示形式

新規にワークシートを作成したとき、セルの表示形式は<標準>に設定されています。現在選択しているセルの表示形式は、<ホーム>タブの<数値の書式>に表示されます。

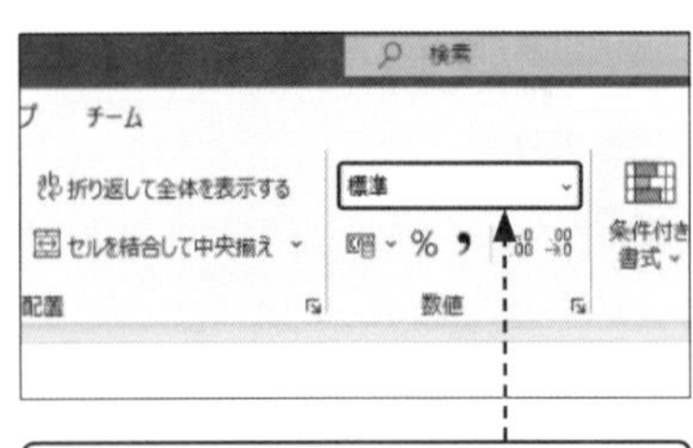

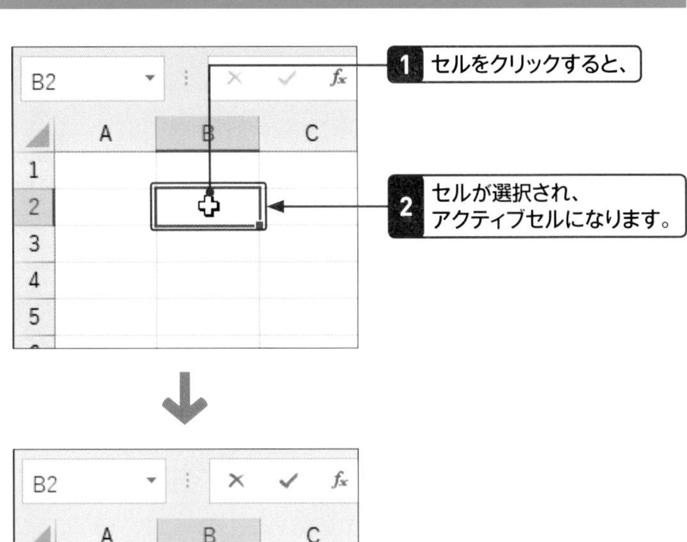

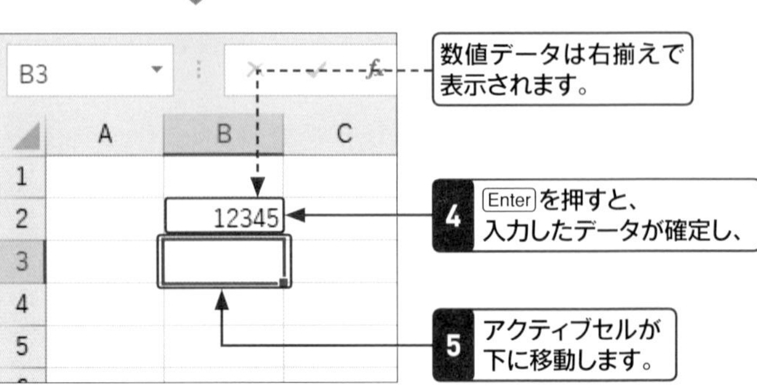

数値データは右揃えで表示されます。
4 Enter を押すと、入力したデータが確定し、
5 アクティブセルが下に移動します。

2 日付と時刻を入力する

西暦の日付を入力する

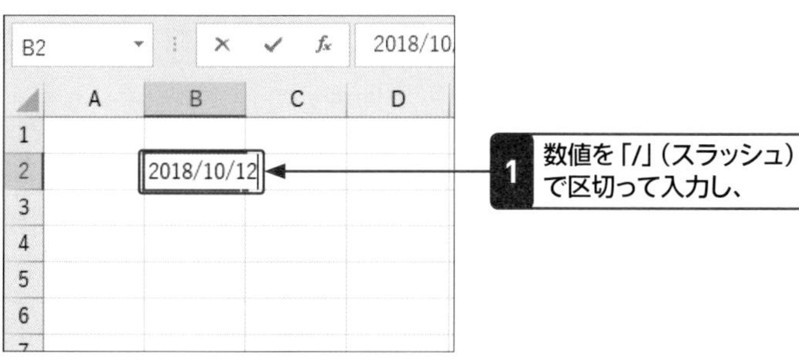
B2
2018/10/
2018/10/12
1 数値を「/」（スラッシュ）で区切って入力し、

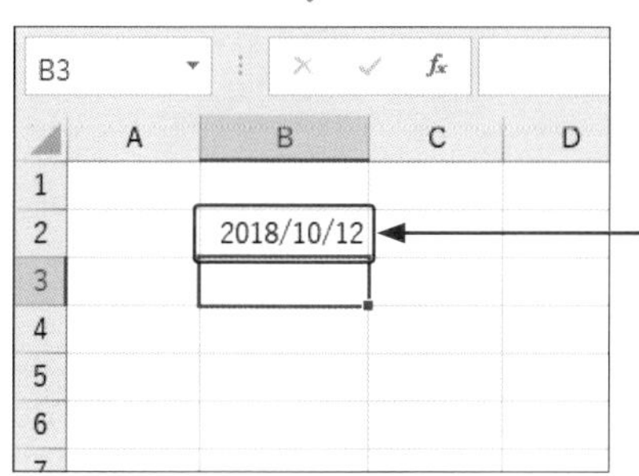
B3
2018/10/12
2 Enterを押して確定すると、西暦の日付スタイルが設定されます。

時刻を入力する

B3
12:15:30
2018/10/12
12:15:30
1 数値を「:」（コロン）で区切って入力し、
B4
2018/10/12
12:15:30
2 Enterを押して確定すると、ユーザー定義スタイルの時刻表示が設定されます。

メモ 日付や時刻の入力

「年、月、日」を表す数値を、西暦の場合は「/」（スラッシュ）や「-」（ハイフン）で区切って入力すると、自動的に日付スタイルが設定されます。
なお、「時、分、秒」を表す数値を「:」（コロン）で区切って入力した場合は、時刻スタイルではなく、ユーザー定義スタイルの時刻表示が設定されます。

メモ 数値入力

数値の入力時、3桁ごとに「,」（カンマ）で区切ると記号なしの通貨スタイルが自動的に設定されます。同様に、先頭に「\」（「¥」）を付けて入力すると記号付きの通貨スタイルが、末尾に「%」を付けて入力するとパーセンテージスタイル（小数第2位まで）が設定されて表示されます。

ヒント 「#####」が表示される場合は？

列幅をユーザーが変更していない場合には、データを入力すると自動的に列幅が調整されますが、すでに列幅を変更しており、その列幅が不足している場合は、下図のような表示が現れます。列幅を手動で調整すると、データが正しく表示されます（Sec.18参照）。

Section 03

データを続けて入力する

覚えておきたいキーワード
- アクティブセルの移動
- セル内改行
- Excel のオプション

データを続けて入力するには、Enter や Tab、→ を押して、アクティブセルを移動しながら必要なデータを入力していきます。Enter を押すとアクティブセルが下に、Tab や → を押すと右に移動します。また、マウスでクリックしてアクティブセルを移動することもできます。

1 必要なデータを入力する

メモ キーボード操作によるアクティブセルの移動

アクティブセルの移動は、マウスでクリックする方法のほかに、キーボード操作でも行うことができます。データを続けて入力する場合は、キーボード操作で移動するほうが便利です。

移動先	キーボード操作
下のセル	Enter または ↓ を押す
上のセル	Shift + Enter または ↑ を押す
右のセル	Tab または → を押す
左のセル	Shift + Tab または ← を押す

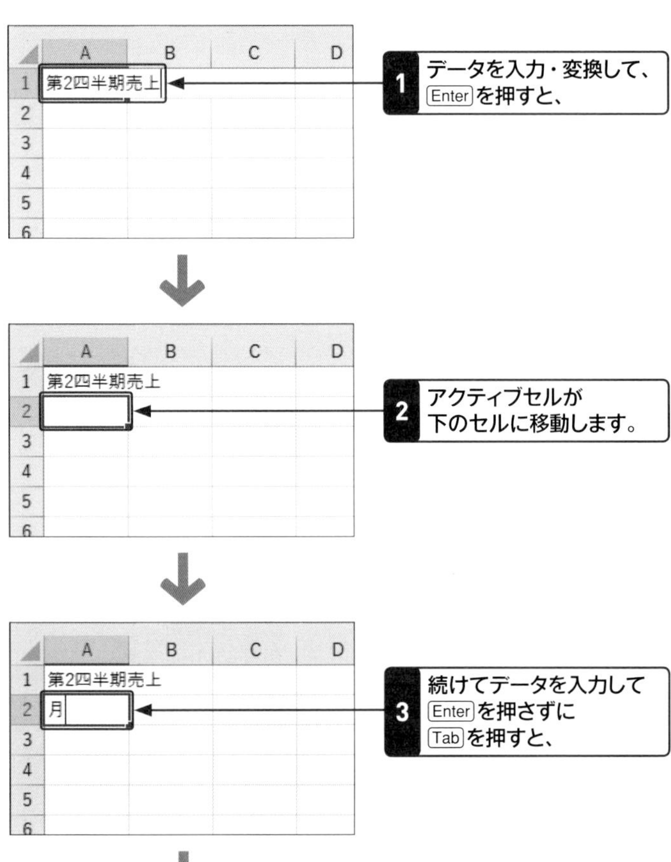

第2四半期売上
1 データを入力・変換して、Enter を押すと、
2 アクティブセルが下のセルに移動します。
月
3 続けてデータを入力して Enter を押さずに Tab を押すと、

ヒント 数値を全角で入力すると?

数値は全角で入力しても、自動的に半角に変換されます。ただし、文字列の一部として入力した数値は、そのまま全角で入力されます。

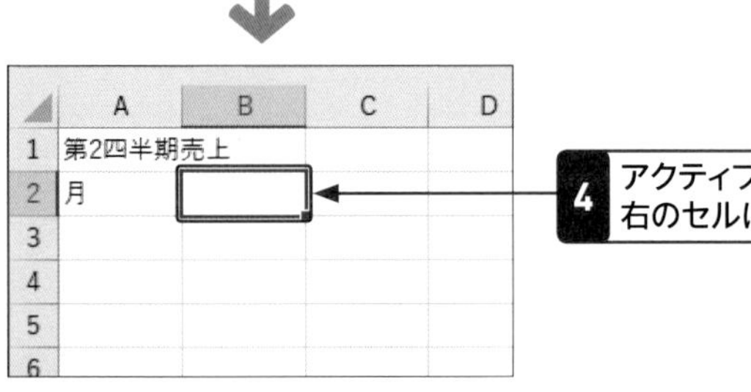

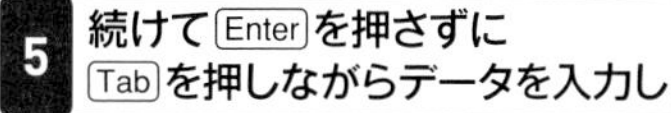

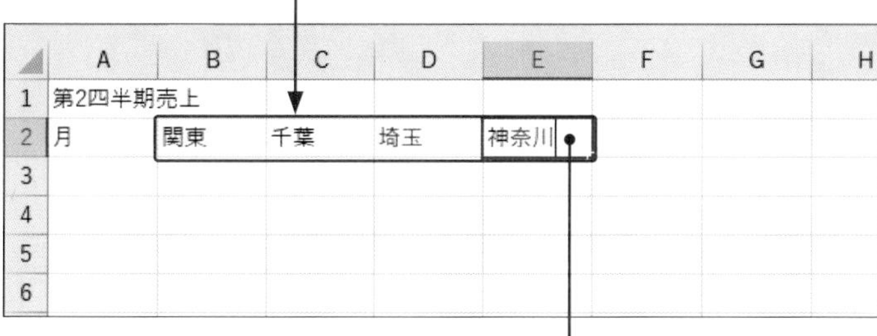

6 行の末尾でEnterを押すと、

	A	B	C	D	E	F	G	H
1	第2四半期売上							
2	月	関東	千葉	埼玉	神奈川			
3								
4								
5								
6								

7 アクティブセルが、入力を開始したセルの直下に移動します。

	A	B	C	D	E	F	G	H
1	第2四半期売上							
2	月	関東	千葉	埼玉	神奈川			
3	7月	4250	2430	2200	3500			
4	8月	3800	1970	1750	3100			
5	9月	3960	2050	2010	3300			
6								

ヒント セル内で改行する

セル内で文字を改行したいときは、セルをダブルクリックして、改行したい位置にカーソルを移動し、Altを押しながらEnterを押します。なお、改行を解除するには、1行目の行末にカーソルを移動してDeleteを押すか、2行目の先頭でBackSpaceを押します。このとき、セル幅が狭いと文字列が折り返された状態で表示されますが、列幅を広げると1行に表示されます。

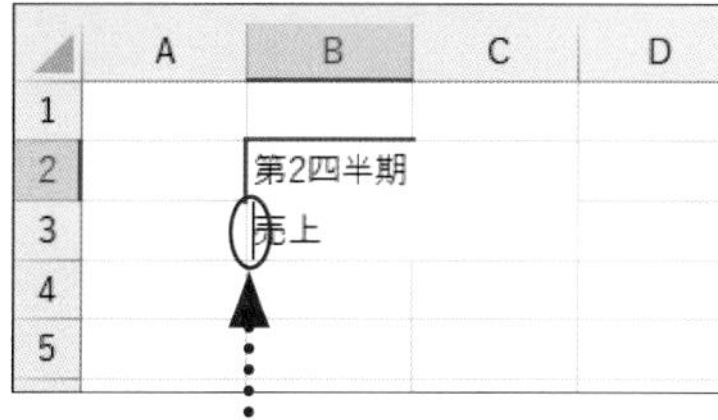

改行したい位置にカーソルを移動して、Alt＋Enterを押します。

ステップアップ アクティブセルの移動方向を変更する

Enterを押して入力を確定したとき、初期設定ではアクティブセルが下に移動しますが、この方向は<Excelのオプション>ダイアログボックスで変更できます。<ファイル>タブから<オプション>をクリックして、<詳細設定>をクリックし、<方向>でセルの移動方向を指定します。

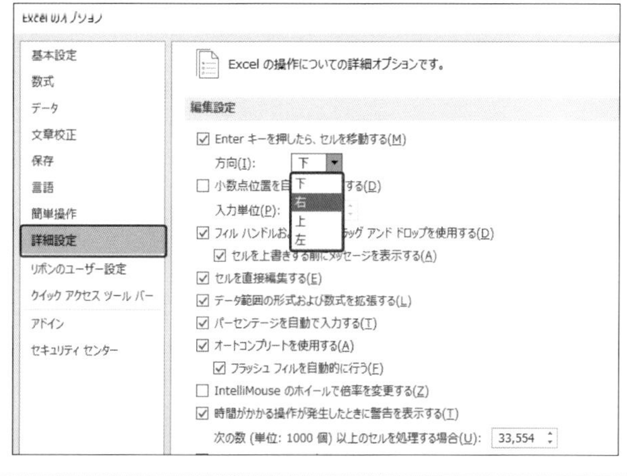

Section 04

データを自動で入力する

覚えておきたいキーワード
- オートコンプリート
- 予測入力
- 文字列をリストから選択

Excelでは、同じ列に入力されている文字と同じ読みの文字を何文字か入力すると、読みが一致する文字が自動的に表示されます。これをオートコンプリート機能と呼びます。また、同じ列に入力されている文字列をドロップダウンリストで表示し、リストから同じデータを入力することもできます。

1 オートコンプリート機能を使って入力する

キーワード オートコンプリート

「オートコンプリート」とは、文字の読みを何文字か入力すると、同じ列にある読みが一致する文字が入力候補として自動的に表示される機能のことです。ただし、数値、日付、時刻だけを入力した場合は、オートコンプリートは機能しません。

ヒント 予測候補の表示

Windowsに付属の日本語入力ソフト「Microsoft IME」では、読みを数文字入力すると、その読みに該当する候補が表示されます。また、同じ文字列を何度か入力して確定させると、その文字列が履歴として記憶され、変換候補として表示されます。この機能を「予測入力」といいます。

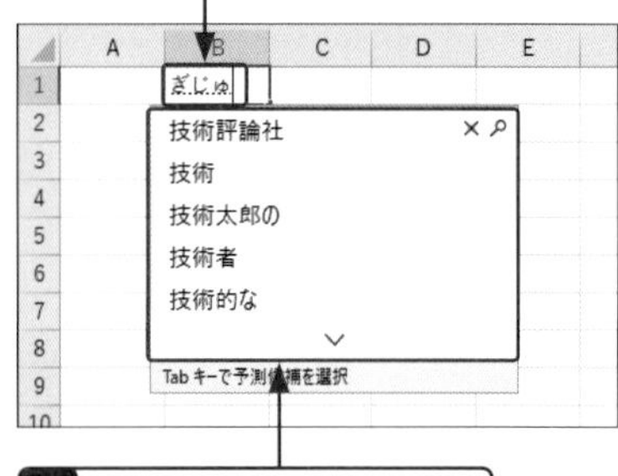

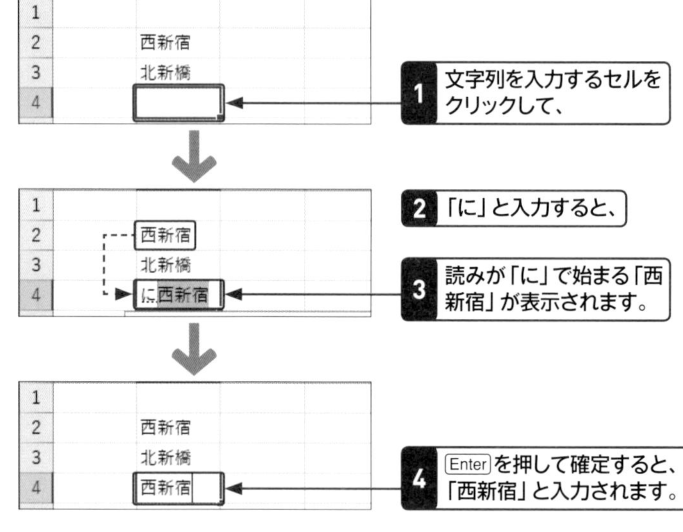

西新宿
北新橋
1 文字列を入力するセルをクリックして、
2 「に」と入力すると、
に西新宿
3 読みが「に」で始まる「西新宿」が表示されます。
4 Enter を押して確定すると、「西新宿」と入力されます。

オートコンプリートを無視する場合

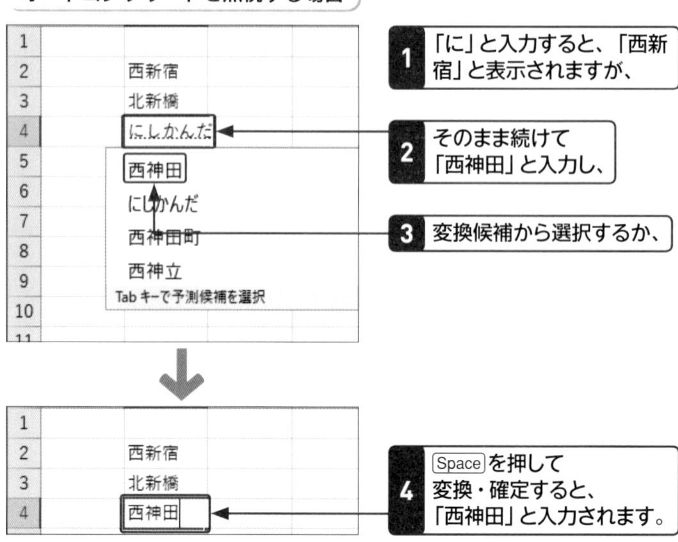

2 そのまま続けて「西神田」と入力し、

3 変換候補から選択するか、

2 一覧からデータを選択して入力する

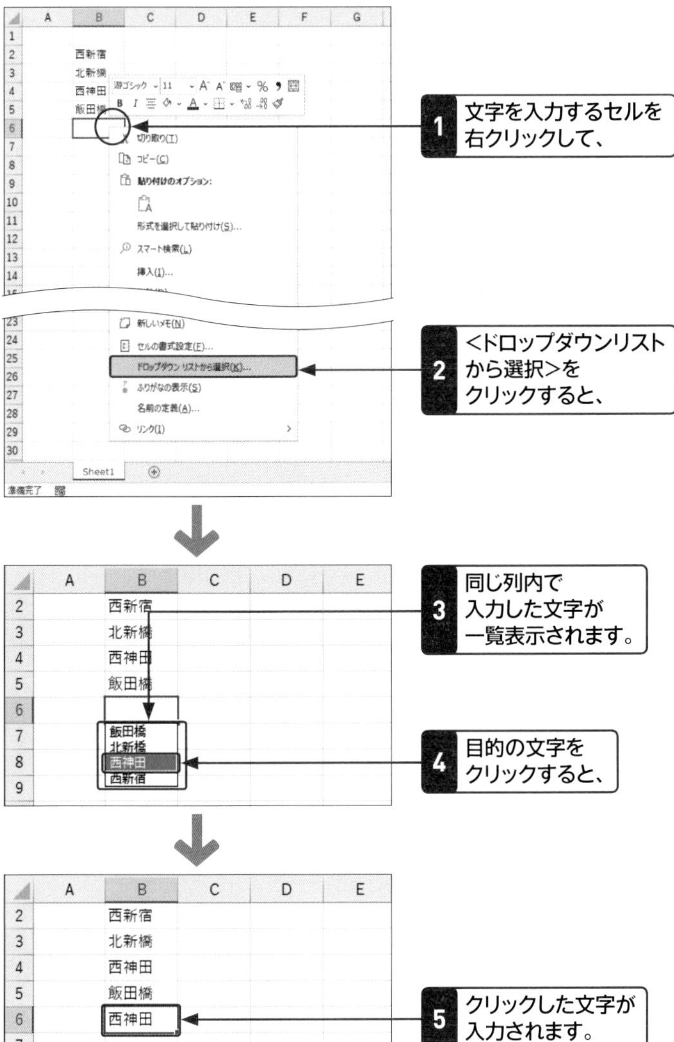

1 文字を入力するセルを右クリックして、
2 <ドロップダウンリストから選択>をクリックすると、
3 同じ列内で入力した文字が一覧表示されます。
4 目的の文字をクリックすると、
5 クリックした文字が入力されます。

メモ リストを表示するそのほかの方法

文字を入力するセルをクリックして、Alt を押しながら ↓ を押しても、手順4のリストが表示されます。

ヒント 書式や数式が自動的に引き継がれる

連続したセルのうち、3つ以上に太字や文字色などの同じ書式が設定されている場合、それに続くセルにデータを入力すると、上のセルの罫線以外の書式が自動的にコピーされます。

	A	B	C	D	E
1					
2		西新宿			
3		北新橋			
4		西神田			
5		西銀座			

ヒント オートコンプリートをオフにするには？

オートコンプリートを使用したくない場合は、<ファイル>タブをクリックして<オプション>をクリックし、<Excelのオプション>ダイアログボックスを表示します。続いて、<詳細設定>をクリックして、<オートコンプリートを使用する>をクリックしてオフにします。

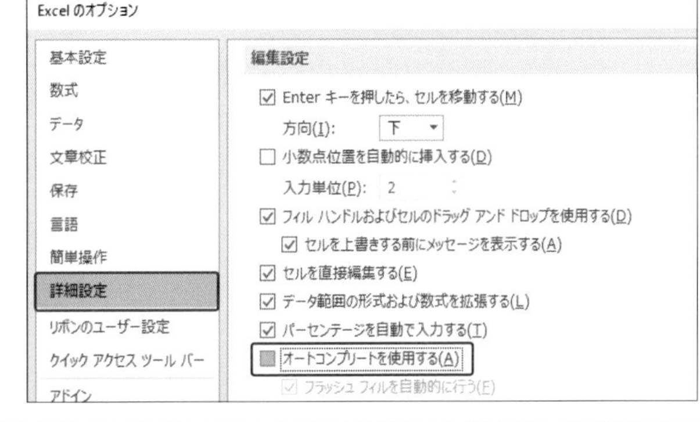

Section 05

連続したデータをすばやく入力する

覚えておきたいキーワード
- ☑ フィルハンドル
- ☑ オートフィル
- ☑ 連続データ

同じデータや連続するデータをすばやく入力するには、オートフィル機能を利用すると便利です。オートフィルは、セルのデータをもとにして、同じデータや連続するデータをドラッグやダブルクリック操作で自動的に入力する機能です。

1 同じデータをすばやく入力する

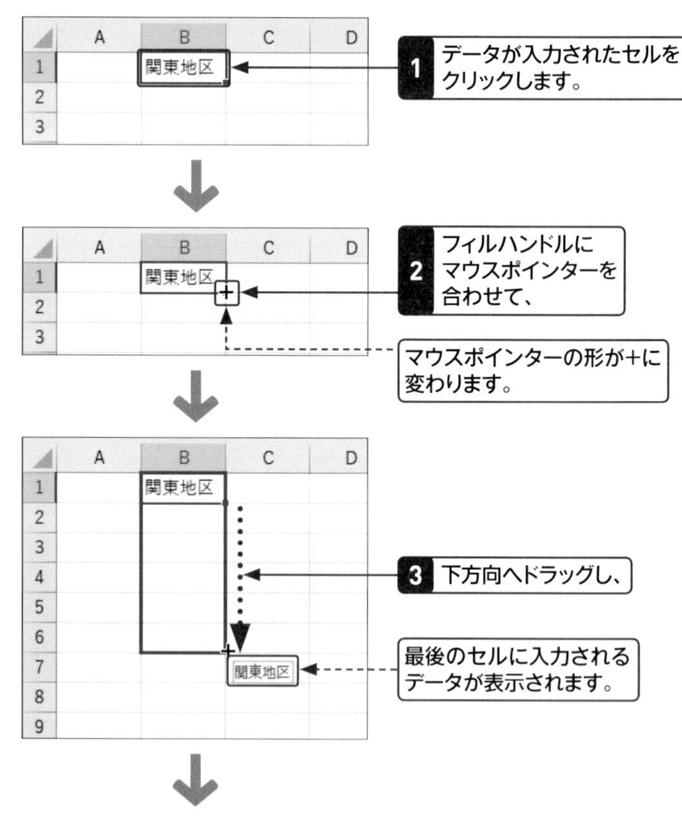

関東地区
1 データが入力されたセルをクリックします。
2 フィルハンドルにマウスポインターを合わせて、
マウスポインターの形が+に変わります。
3 下方向へドラッグし、
最後のセルに入力されるデータが表示されます。

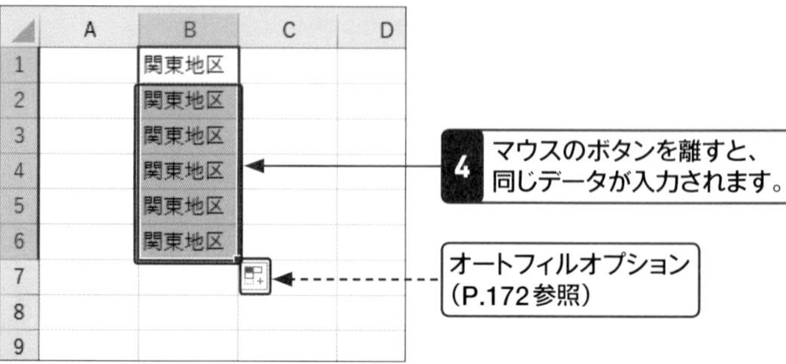

関東地区
4 マウスのボタンを離すと、同じデータが入力されます。
オートフィルオプション（P.172参照）

キーワード オートフィル

「オートフィル」とは、セルのデータをもとにして、同じデータや連続するデータをドラッグやダブルクリック操作で自動的に入力する機能です。

メモ オートフィルによるデータのコピー

連続データとみなされないデータや、数字だけが入力されたセルを1つだけ選択して、フィルハンドルを下方向かに右方向にドラッグすると、データをコピーすることができます。「オートフィル」を利用するには、連続データの初期値やコピーもととなるデータの入ったセルをクリックして、「フィルハンドル」（セルの右下隅にあるグリーンの四角形）をドラッグします。

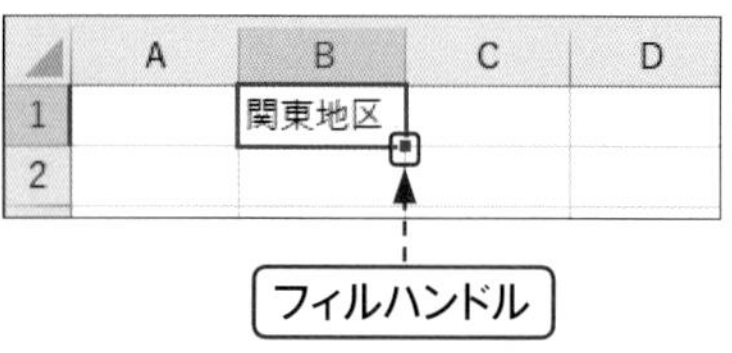

関東地区
フィルハンドル

2 連続するデータをすばやく入力する

曜日を入力する

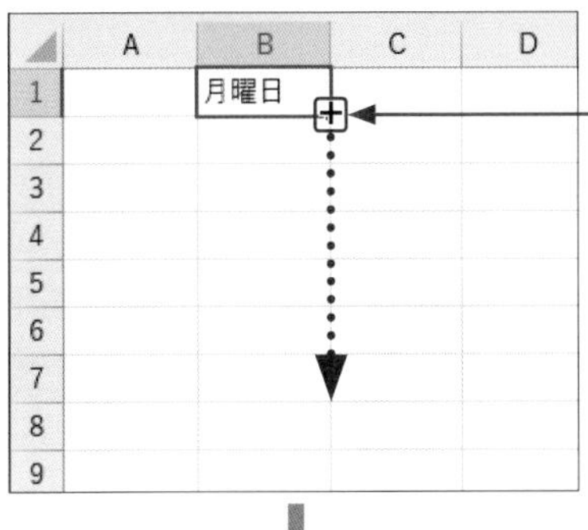

1 「月曜日」と入力されたセルをクリックして、フィルハンドルを下方向へドラッグします。

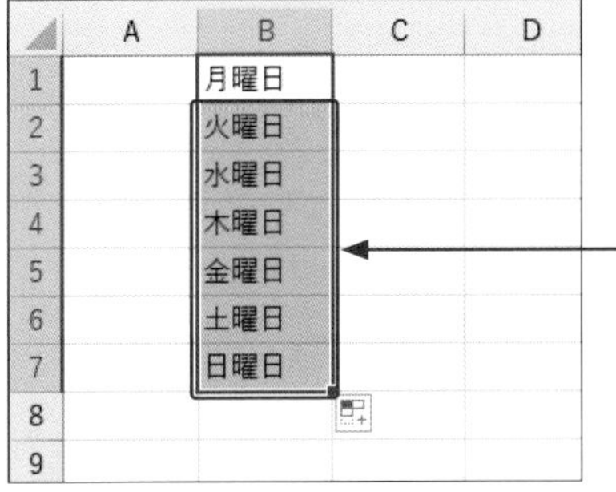

2 マウスのボタンを離すと、曜日の連続データが入力されます。

連続する数値を入力する

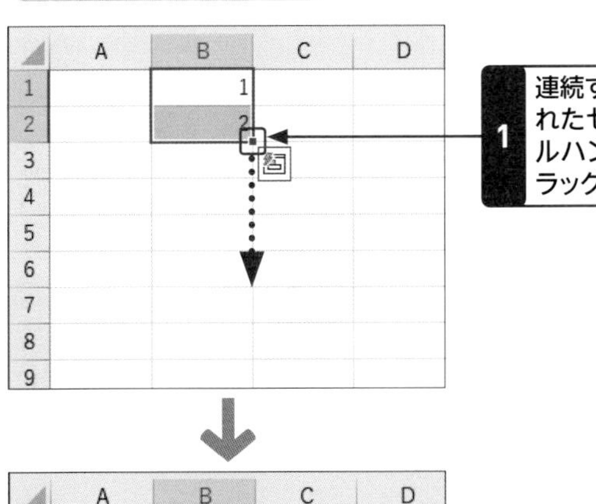

1 連続するデータが入力されたセルを選択し、フィルハンドルを下方向へドラッグします。

2 マウスのボタンを離すと、数値の連続データが入力されます。

ヒント こんな場合も連続データになる

オートフィルでは、<ユーザー設定リスト>ダイアログボックス（P.173の下の「ヒント」参照）に登録されているデータが連続データとして入力されますが、それ以外にも、連続データとみなされるものがあります。

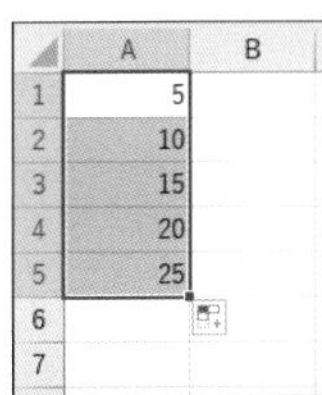

間隔を空けた2つ以上の数字

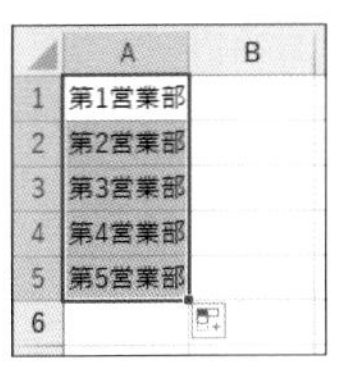

数字と数字以外の文字を含むデータ

ステップアップ 連続する数値を入力するそのほかの方法

左の方法のほかに、数値を入力したセルを選択して、Ctrl を押しながらフィルハンドルをドラッグしても、数値の連続データを入力できます。

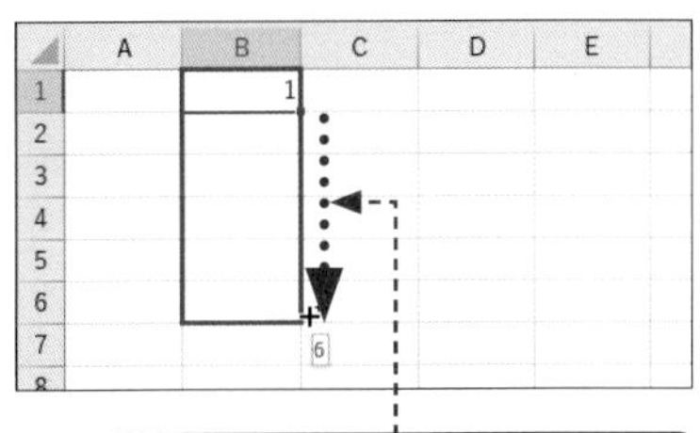

Ctrl を押しながらフィルハンドルをドラッグします。

3 間隔を指定して日付データを入力する

キーワード オートフィルオプション

オートフィルの動作は、右の手順4のように、<オートフィルオプション>をクリックすることで変更できます。オートフィルオプションに表示されるメニューは、入力したデータの種類によって異なります。

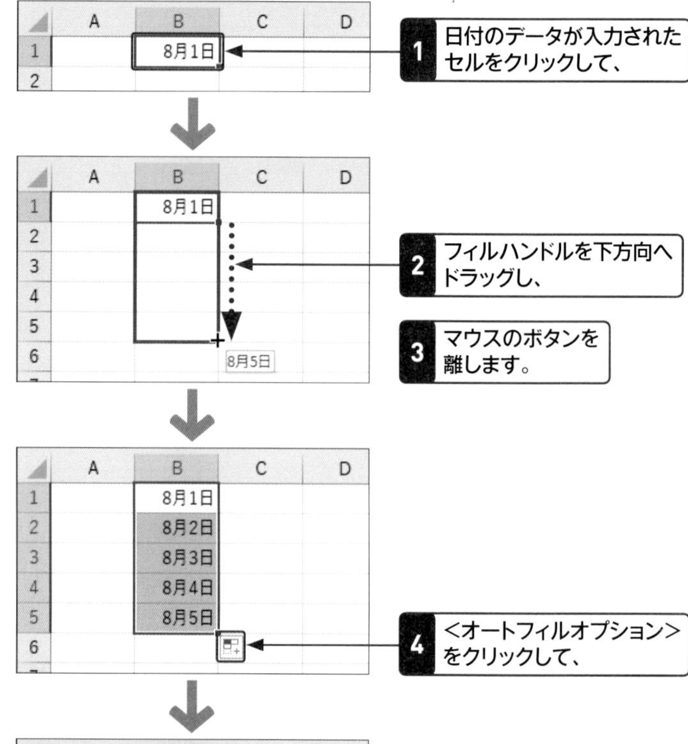

8月1日
1 日付のデータが入力されたセルをクリックして、
8月5日
2 フィルハンドルを下方向へドラッグし、
3 マウスのボタンを離します。
8月2日
8月3日
8月4日
4 <オートフィルオプション>をクリックして、

日付の間隔の選択

オートフィルを利用して日付の連続データを入力した場合は、<オートフィルオプション>をクリックして表示される一覧から日付の間隔を指定することができます。

①日単位
日付が連続して入力されます。

②週日単位
土日を除いた日付が連続して入力されます。

③月単位
「1月1日」「2月1日」「3月1日」…のように、月が連続して入力されます。

④年単位
「2018/1/1」「2019/1/1」「2020/1/1」…のように、年が連続して入力されます。

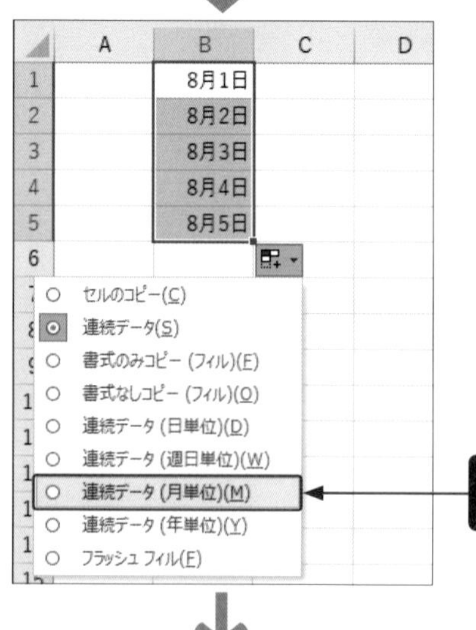

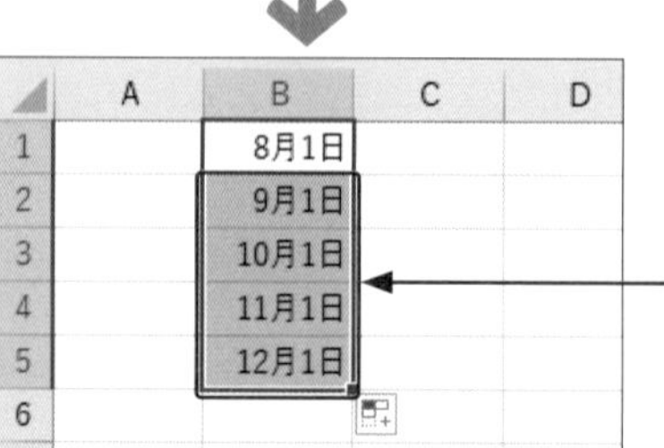

4 ダブルクリックで連続するデータを入力する

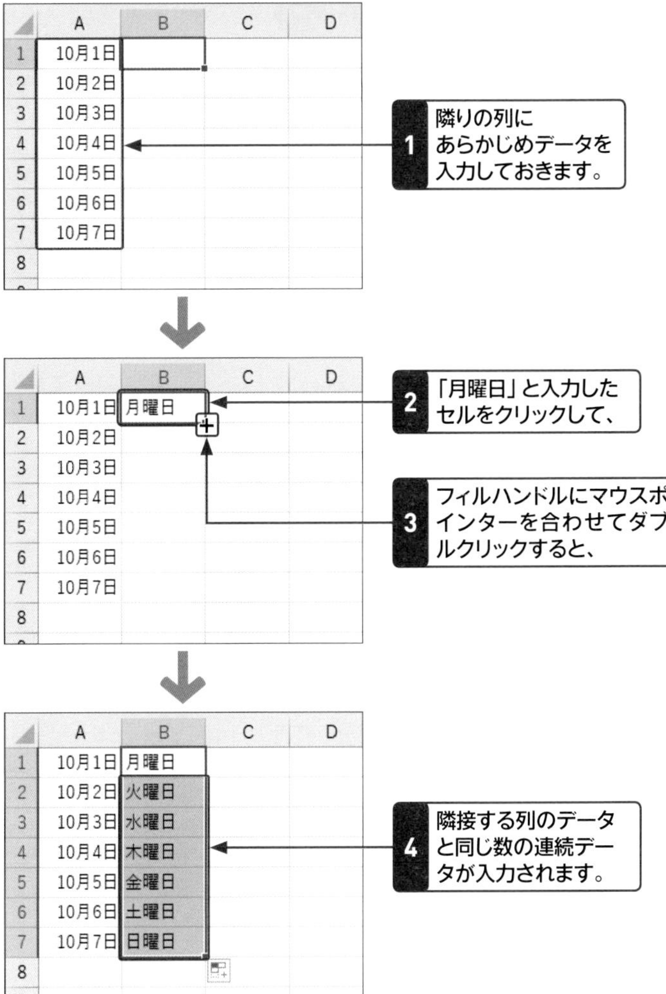

1 隣りの列にあらかじめデータを入力しておきます。
2 「月曜日」と入力したセルをクリックして、
3 フィルハンドルにマウスポインターを合わせてダブルクリックすると、
4 隣接する列のデータと同じ数の連続データが入力されます。

メモ ダブルクリックで入力できるデータ

ダブルクリックで連続データを入力するには、隣接した列にデータが入力されている必要があります。また、入力できるのは下方向に限られます。

ヒント <オートフィルオプション>をオフにするには?

<オートフィルオプション>が表示されないように設定することもできます。<ファイル>タブから<オプション>をクリックして、<Excelのオプション>ダイアログボックスを表示します。続いて、<詳細設定>をクリックして、<コンテンツを貼り付けるときに[貼り付けオプション]ボタンを表示する>と<[挿入オプション]ボタンを表示する>をクリックしてオフにします。

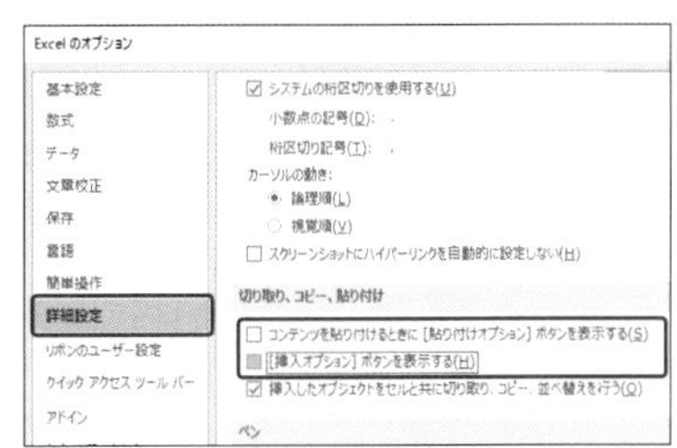

ヒント 連続データとして扱われるデータ

連続データとして入力されるデータのリストは、<ユーザー設定リスト>ダイアログボックスで確認することができます。<ユーザー設定リスト>ダイアログボックスは、<ファイル>タブから<オプション>をクリックし、<詳細設定>をクリックして、<全般>グループの<ユーザー設定リストの編集>をクリックすると表示されます。

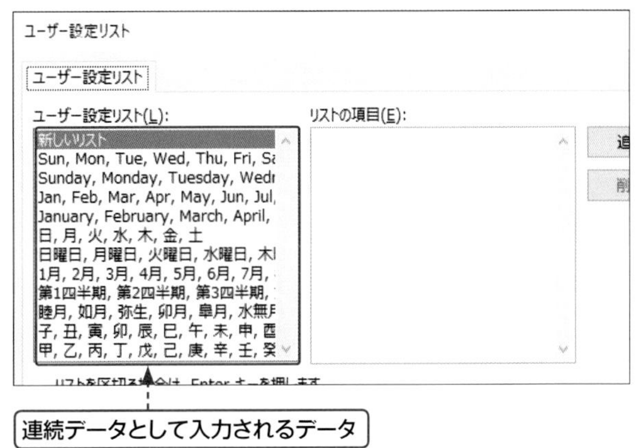

Section 06

データを修正する

覚えておきたいキーワード
- ☑ データの書き換え
- ☑ データの挿入
- ☑ 文字の置き換え

セルに入力した数値や文字を修正することはよくあります。セルに入力したデータを修正するには、セル内のデータをすべて書き換える方法とデータの一部を修正する方法があります。それぞれ修正方法が異なるので、ここでしっかり確認しておきましょう。

1 セルのデータを修正する

ヒント データの修正をキャンセルするには?

入力を確定する前に修正をキャンセルしたい場合は、Esc を数回押すと、もとのデータに戻ります。また、入力を確定した直後に、<元に戻す> をクリックしても、入力を取り消すことができます。

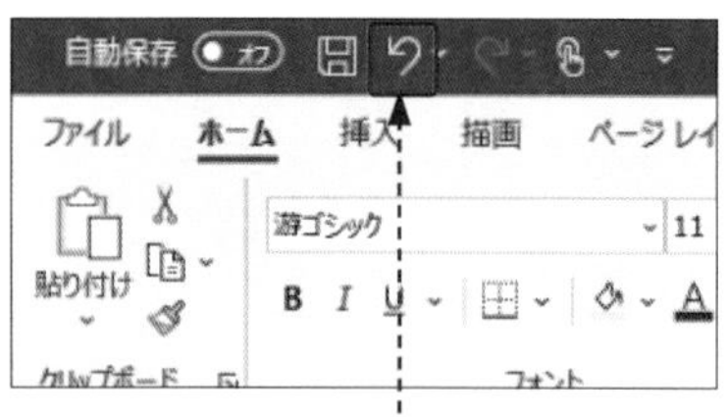

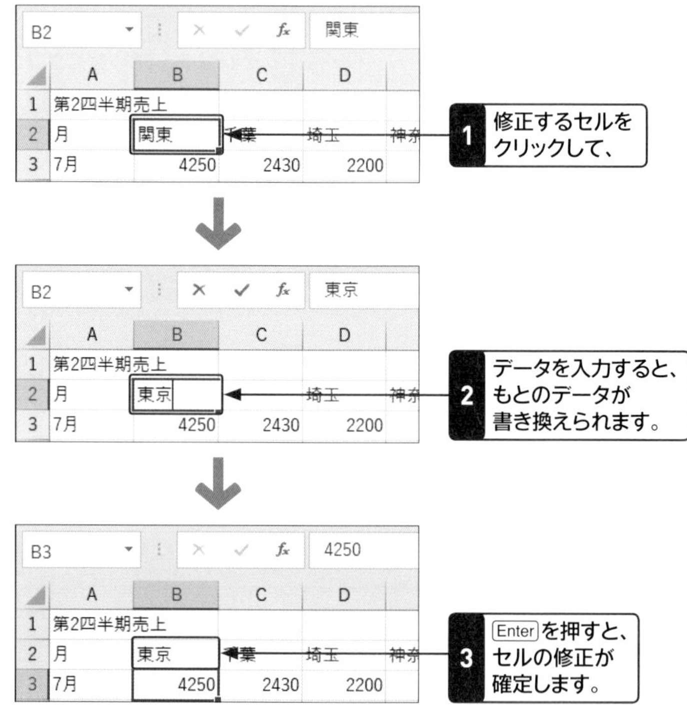

ステップアップ 数式バーを利用して修正する

セル内のデータの修正は、数式バーを利用して行うこともできます。目的のセルをクリックして数式バーをクリックすると、数式バー内にカーソルが表示され、データが修正できるようになります。

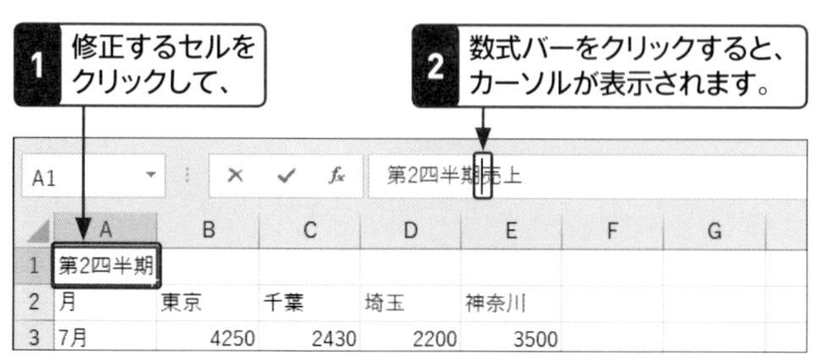

2 セルのデータの一部を修正する

文字を挿入する

1 修正したいデータの入ったセルをダブルクリックすると、

2 セル内にカーソルが表示されます。

A1 | 第2四半期売上

	A	B	C	D	E	F	G	H
1	第2四半期売上							
2	月	東京	千葉	埼玉	神奈川			
3	7月	4250	2430	2200	3500			
4	8月	3800	1970	1750	3100			

3 修正したい文字の後ろにカーソルを移動して、

A1 | 第2四半期地域別売上

	A	B	C	D	E	F	G	H
1	第2四半期地域別売上							
2	月	東京	千葉	埼玉	神奈川			
3	7月	4250	2430	2200	3500			
4	8月	3800	1970	1750	3100			

4 データを入力すると、カーソルの位置にデータが挿入されます。

5 Enter を押すと、セルの修正が確定します。

文字を上書きする

1 修正したいデータの入ったセルをダブルクリックして、

2 データの一部をドラッグして選択します。

A1 | 第2四半期地域別売上

	A	B	C	D	E	F	G	H
1	第2四半期地域別売上							
2	月	東京	千葉	埼玉	神奈川			
3	7月	4250	2430	2200	3500			
4	8月	3800	1970	1750	3100			

3 データを入力すると、選択した部分が置き換えられます。

A1 | 第2四半期関東地区売上

	A	B	C	D	E	F	G	H
1	第2四半期関東地区売上							
2	月	東京	千葉	埼玉	神奈川			
3	7月	4250	2430	2200	3500			
4	8月	3800	1970	1750	3100			

4 Enter を押すと、セルの修正が確定します。

メモ データの一部の修正

セル内のデータの一部を修正するには、目的のセルをダブルクリックして、セル内にカーソルを表示します。目的の位置にカーソルが表示されていない場合は、セル内をクリックするか、←や→を押して、カーソルを移動します。なお、セルの枠をダブルクリックすると、一番上や一番下の列までジャンプしてしまうので、注意が必要です。

ヒント セル内にカーソルを表示しても修正できない

セル内にカーソルを表示してもデータを修正できない場合は、そのセルにデータがなく、いくつか左側のセルに入力されている長い文字列が、セルの上にまたがって表示されています。この場合は、文字列の左側のセルをダブルクリックして修正します。

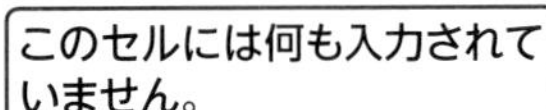

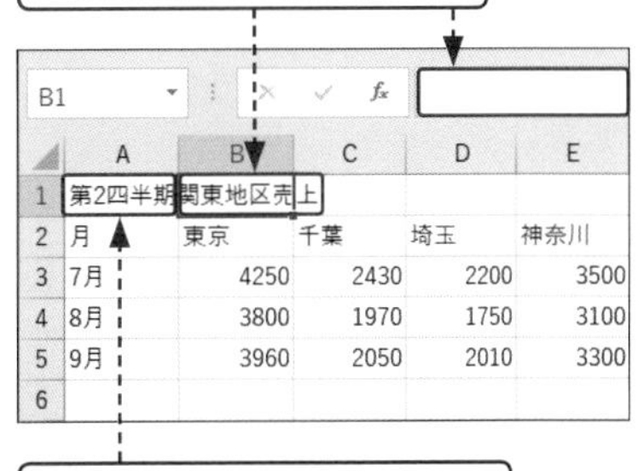

Section 07

データを削除する

覚えておきたいキーワード
- ☑ 削除
- ☑ クリア
- ☑ 数式と値のクリア

セル内のデータを削除するには、データを削除したいセルをクリックして、<ホーム>タブの<クリア>をクリックし、<数式と値のクリア>をクリックします。複数のセルのデータを削除するには、データを削除するセル範囲をドラッグして選択し、同様に操作します。

1 セルのデータを削除する

メモ セルのデータを削除するそのほかの方法

右の手順のほか、削除したいセルをクリックして、Delete を押すか、セルを右クリックして<数式と値のクリア>をクリックしても同様に削除することができます。

1 データを削除するセルをクリックします。

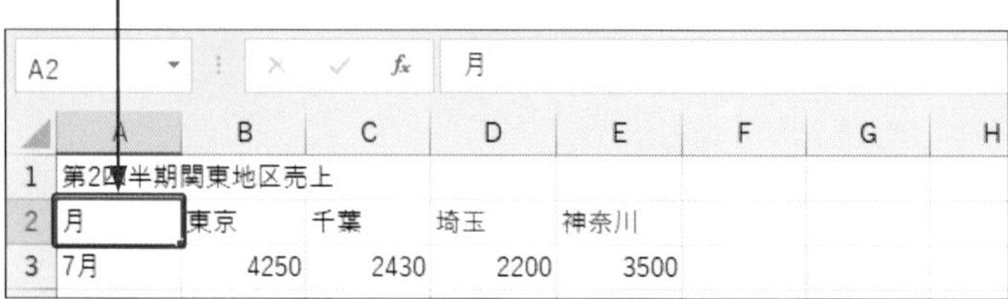

2 <ホーム>タブをクリックして、

3 <クリア>をクリックし、

4 <数式と値のクリア>をクリックすると、

5 セルのデータが削除されます。

メモ 削除したデータをもとに戻す

削除した直後であれば、クイックアクセスツールバーの<元に戻す>をクリックすることで、削除したデータをもとに戻すことができます。

2 複数のセルのデータを削除する

1 データをクリアするセル範囲の始点となるセルにマウスポインターを合わせ、

	A	B	C	D	E	F	G	H
1	第2四半期関東地区売上							
2		東京	千葉	埼玉	神奈川			
3	7月	4250	2430	2200	3500			
4	8月	3800	1970	1750	3100			
5	9月	3960	2050	2010	3300			
6								

2 そのまま終点となるセルまでをドラッグして、セル範囲を選択します。

	A	B	C	D	E	F	G	H
1	第2四半期関東地区売上							
2		東京	千葉	埼玉	神奈川			
3	7月	4250	2430	2200	3500			
4	8月	3800	1970	1750	3100			
5	9月	3960	2050	2010	3300			
6								

3 <ホーム>タブをクリックして、

4 <クリア>をクリックし、

5 <数式と値のクリア>をクリックすると、

6 選択したセル範囲のデータが削除されます。

	A	B	C	D	E	F	G	H
1	第2四半期関東地区売上							
2		東京	千葉	埼玉	神奈川			
3	7月							
4	8月							
5	9月							
6								

キーワード クリア

「クリア」とは、セルの数式や値、書式を消す操作です。行や列、セルはそのまま残ります。

ヒント <すべてクリア>と<書式のクリア>

手順4のメニュー内の<すべてクリア>は、データだけでなく、セルに設定されている書式も同時にクリアしたいときに利用します。<書式のクリア>は、セルに設定されている書式だけをクリアしたいときに利用します。

Section 08

セル範囲を選択する

覚えておきたいキーワード
- セル範囲の選択
- アクティブセル領域
- 行や列の選択

データのコピーや移動、書式設定などを行う際には、操作の対象となるセルやセル範囲を選択します。複数のセルや行・列などを選択しておけば、1回の操作で書式などをまとめて変更できるので効率的です。セル範囲の選択には、マウスのドラッグ操作やキーボード操作など、いくつかの方法があります。

1 複数のセル範囲を選択する

メモ 選択方法の使い分け

セル範囲を選択する際は、セル範囲の大きさによって選択方法を使い分けるとよいでしょう。選択する範囲がそれほど大きくない場合はマウスでドラッグし、セル範囲が広い場合はマウスとキーボードで選択すると効率的です。

ヒント セル範囲が選択できない?

ドラッグ操作でセル範囲を選択するときは、マウスポインターの形が ✥ の状態で行います。セル内にカーソルが表示されているときや、マウスポインターの形が ✥ でないときは、セル範囲を選択することができません。

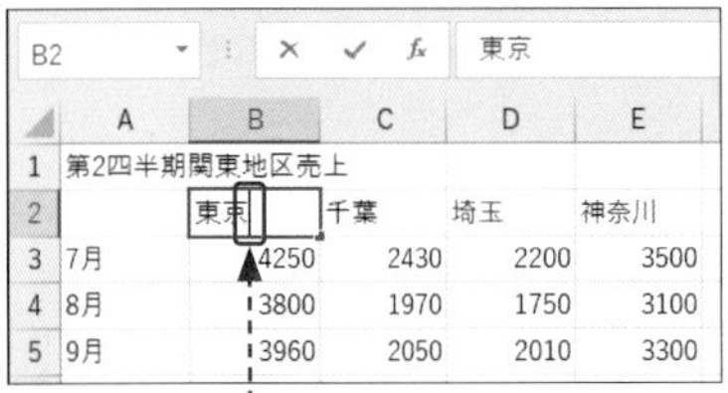

B2 東京

	A	B	C	D	E
1	第2四半期関東地区売上				
2		東京	千葉	埼玉	神奈川
3	7月	4250	2430	2200	3500
4	8月	3800	1970	1750	3100
5	9月	3960	2050	2010	3300

この状態ではセル範囲を選択できません。

マウス操作だけでセル範囲を選択する

1 選択範囲の始点となるセルにマウスポインターを合わせて、

	A	B	C	D	E	F	G
1	第2四半期関東地区売上						
2		東京	千葉	埼玉	神奈川		
3	7月	4250	2430	2200	3500		
4	8月	3800	1970	1750	3100		
5	9月	3960	2050	2010	3300		
6							

2 そのまま、終点となるセルまでドラッグし、

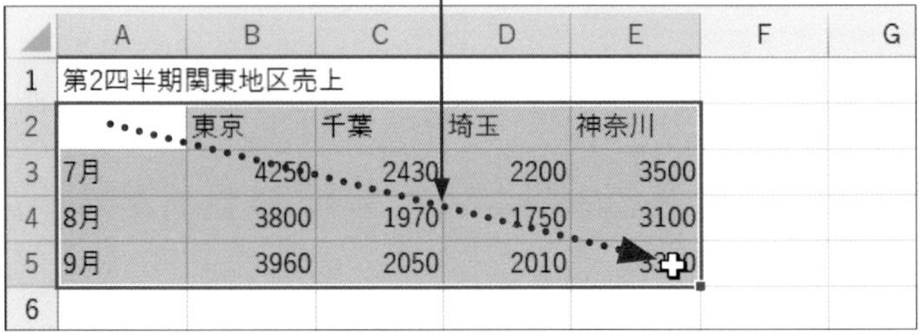

	A	B	C	D	E	F	G
1	第2四半期関東地区売上						
2		東京	千葉	埼玉	神奈川		
3	7月	4250	2430	2200	3500		
4	8月	3800	1970	1750	3100		
5	9月	3960	2050	2010	3300		
6							

3 マウスのボタンを離すと、セル範囲が選択されます。

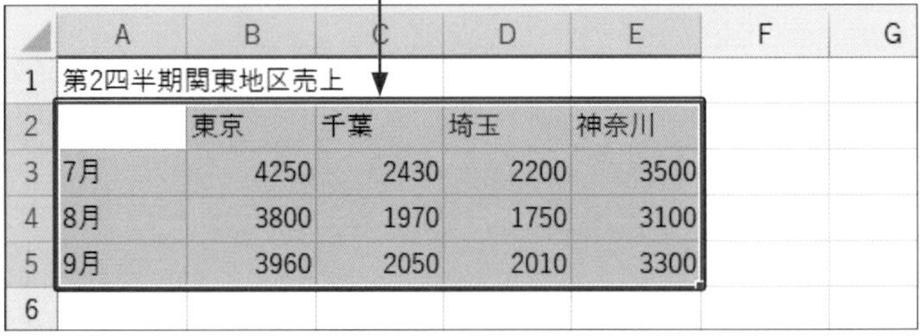

	A	B	C	D	E	F	G
1	第2四半期関東地区売上						
2		東京	千葉	埼玉	神奈川		
3	7月	4250	2430	2200	3500		
4	8月	3800	1970	1750	3100		
5	9月	3960	2050	2010	3300		
6							

マウスとキーボードでセル範囲を選択する

1 選択範囲の始点となるセルをクリックして、

	A	B	C	D	E
1	第2四半期関東地区売上				
2		東京	千葉	埼玉	神奈川
3	7月	4250	2430	2200	3500
4	8月	3800	1970	1750	3100
5	9月	3960	2050	2010	3300
6					

2 Shift を押しながら、終点となるセルをクリックすると、

3 セル範囲が選択されます。

	A	B	C	D	E
1	第2四半期関東地区売上				
2		東京	千葉	埼玉	神奈川
3	7月	4250	2430	2200	3500
4	8月	3800	1970	1750	3100
5	9月	3960	2050	2010	3300
6					

マウスとキーボードで選択範囲を広げる

1 選択範囲の始点となるセルをクリックします。

	A	B	C	D	E
1	第2四半期関東地区売上				
2		東京	千葉	埼玉	神奈川
3	7月	4250	2430	2200	3500
4	8月	3800	1970	1750	3100
5	9月	3960	2050	2010	3300

2 Shift を押しながら → を押すと、右のセルに範囲が拡張されます。

	A	B	C	D	E
1	第2四半期関東地区売上				
2		東京	千葉	埼玉	神奈川
3	7月	4250	2430	2200	3500
4	8月	3800	1970	1750	3100
5	9月	3960	2050	2010	3300

3 Shift を押しながら ↓ を押すと、下の行にセル範囲が拡張されます。

	A	B	C	D	E
1	第2四半期関東地区売上				
2		東京	千葉	埼玉	神奈川
3	7月	4250	2430	2200	3500
4	8月	3800	1970	1750	3100
5	9月	3960	2050	2010	3300

ヒント 選択を解除するには？

選択したセル範囲を解除するには、ワークシート内のいずれかのセルをクリックします。

ステップアップ ワークシート全体を選択する

ワークシート左上の行番号と列番号が交差している部分をクリックすると、ワークシート全体を選択することができます。ワークシート内のすべてのセルの書式を一括して変更する場合などに便利です。

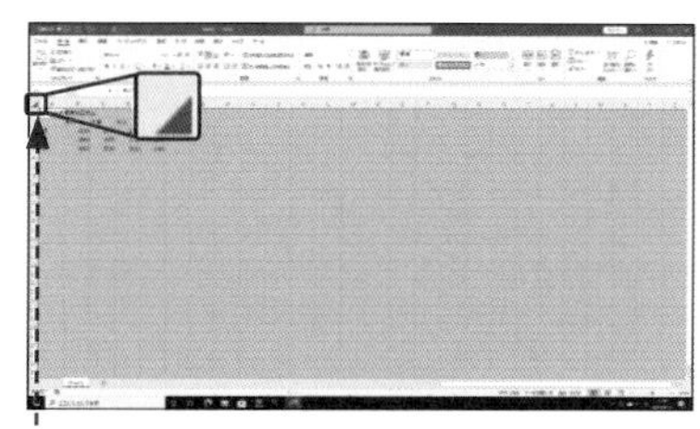

この部分をクリックすると、ワークシート全体が選択されます。

2 離れた位置にあるセルを選択する

メモ 離れた位置にあるセルの選択

離れた位置にある複数のセルを同時に選択したいときは、最初のセルをクリックしたあと、Ctrl を押しながら選択したいセルをクリックしていきます。

1 最初のセルをクリックして、

	A	B	C	D	E	F	G
1	第2四半期関東地区売上						
2		東京	千葉	埼玉	神奈川		
3	7月	4250	2430	2200	3500		
4	8月	3800	1970	1750	3100		
5	9月	3960	2050	2010	3300		

2 Ctrl を押しながら別のセルをクリックすると、離れた位置にあるセルが追加選択されます。

	A	B	C	D	E	F	G
1	第2四半期関東地区売上						
2		東京	千葉	埼玉	神奈川		
3	7月	4250	2430	2200	3500		
4	8月	3800	1970	1750	3100		
5	9月	3960	2050	2010	3300		

3 アクティブセル領域を選択する

キーワード アクティブセル領域

「アクティブセル領域」とは、アクティブセルを含む、データが入力された矩形（長方形）のセル範囲のことをいいます。ただし、間に空白の行や列があると、そこから先のセル範囲は選択されません。アクティブセル領域の選択は、データが入力されている領域にだけ書式を設定したい場合などに便利です。

1 表内のいずれかのセルをクリックして、

	A	B	C	D	E	F	G
1	第2四半期関東地区売上						
2		東京	千葉	埼玉	神奈川		
3	7月	4250	2430	2200	3500		
4	8月	3800	1970	1750	3100		
5	9月	3960	2050	2010	3300		

2 Ctrl を押しながら Shift と : を押すと、

3 アクティブセル領域が選択されます。

	A	B	C	D	E	F	G
1	第2四半期関東地区売上						
2		東京	千葉	埼玉	神奈川		
3	7月	4250	2430	2200	3500		
4	8月	3800	1970	1750	3100		
5	9月	3960	2050	2010	3300		
6							
7							

4 行や列を選択する

1 行番号にマウスポインターを合わせて、

2 クリックすると、行全体が選択されます。

3 Ctrl を押しながら別の行番号をクリックすると、

4 離れた位置にある行が追加選択されます。

メモ 列の選択

列を選択する場合は、列番号をクリックします。離れた位置にある列を同時に選択する場合は、最初の列番号をクリックしたあと、Ctrl を押しながら別の列番号をクリックまたはドラッグします。

列番号をクリックすると、列全体が選択されます。

Ctrl を押しながら別の列番号をクリックすると、離れた位置にある列が追加選択されます。

5 行や列をまとめて選択する

1 行番号の上にマウスポインターを合わせて、

2 そのままドラッグすると、

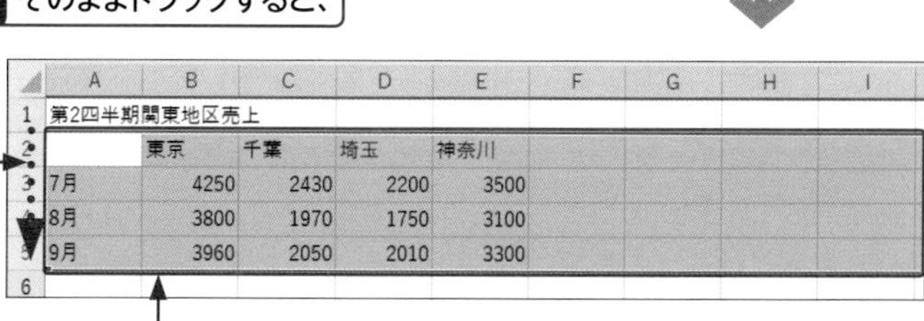

3 複数の行が選択されます。

メモ 列をまとめて選択する

複数の列をまとめて選択する場合は、列番号をドラッグします。行や列をまとめて選択することによって、行／列単位でのコピーや移動、挿入、削除などを行うことができます。

列番号をドラッグすると、複数の列が選択されます。

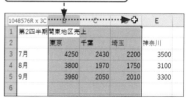

6 選択範囲から一部のセルを解除する

新機能 選択セルの一部解除

セルを複数選択したあとで、特定のセルだけ選択を解除したい場合、従来では始めから選択し直す必要がありました。Excelでは、、Ctrlを押しながら選択を解除したいセルをクリック、あるいはドラッグすることで、解除できるようになりました。

セルの選択を1つずつ解除する

1 離れた位置にある複数のセル範囲を選択します（Sec.08参照）。

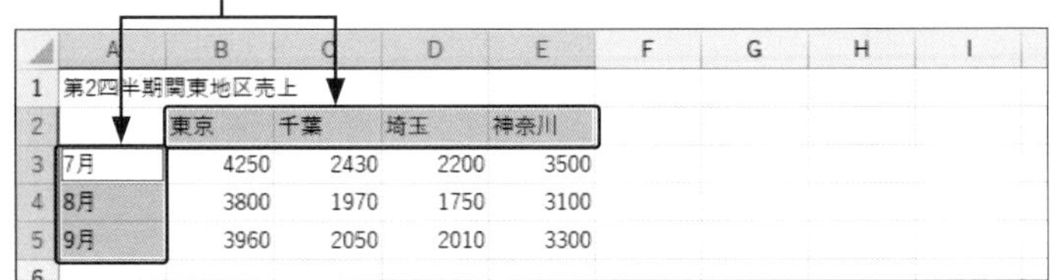

	A	B	C	D	E
1	第2四半期関東地区売上				
2		東京	千葉	埼玉	神奈川
3	7月	4250	2430	2200	3500
4	8月	3800	1970	1750	3100
5	9月	3960	2050	2010	3300

2 Ctrlを押しながら選択を解除したいセルをクリックすると、

	A	B	C	D	E
1	第2四半期関東地区売上				
2		東京	千葉	埼玉	神奈川
3	7月	4250	2430	2200	3500
4	8月	3800	1970	1750	3100
5	9月	3960	2050	2010	3300

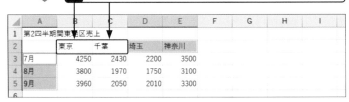

3 クリックしたセルの選択が解除されます。

複数のセルの選択をまとめて解除する

1 複数のセル範囲を選択します。

	A	B	C	D	E
1	第2四半期関東地区売上				
2		東京	千葉	埼玉	神奈川
3	7月	4250	2430	2200	3500
4	8月	3800	1970	1750	3100
5	9月	3960	2050	2010	3300

2 Ctrlを押しながら
選択を解除したいセル範囲をドラッグすると、

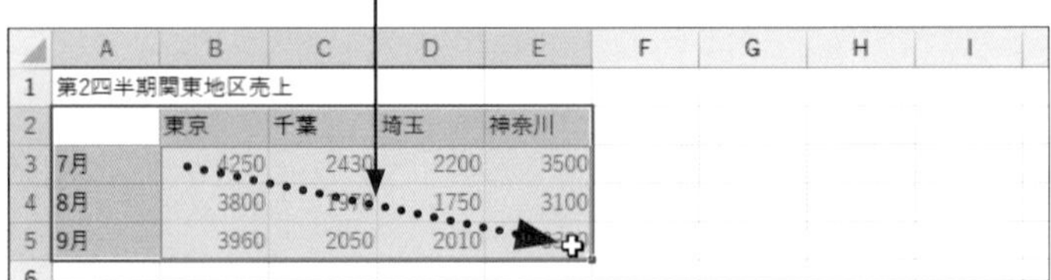

	A	B	C	D	E
1	第2四半期関東地区売上				
2		東京	千葉	埼玉	神奈川
3	7月	4250	2430	2200	3500
4	8月	3800	1970	1750	3100
5	9月	3960	2050	2010	3300

3 ドラッグした範囲のセルの選択が
まとめて解除されます。

	A	B	C	D	E
1	第2四半期関東地区売上				
2		東京	千葉	埼玉	神奈川
3	7月	4250	2430	2200	3500
4	8月	3800	1970	1750	3100
5	9月	3960	2050	2010	3300

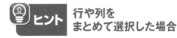

ヒント 行や列をまとめて選択した場合

行や列をまとめて選択した場合に、一部の行や列の選択を解除するには、選択を解除したい行や列番号をCtrlを押しながらクリックします。

7 選択範囲に同じデータを入力する

1 同じデータを入力したいセルを Ctrl を押しながらクリックして選択します。

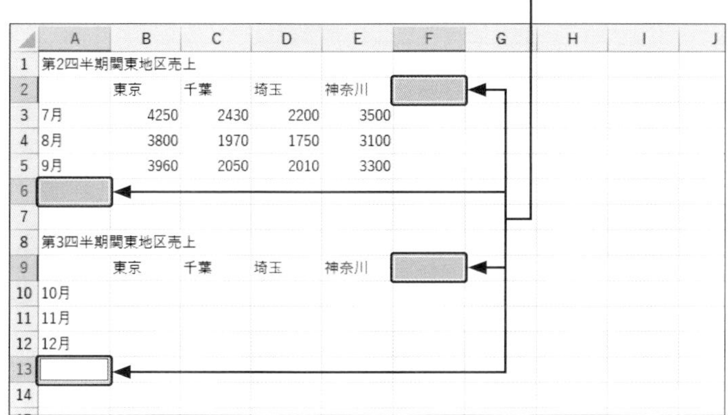

	A	B	C	D	E	F	G	H	I	J
1	第2四半期関東地区売上									
2		東京	千葉	埼玉	神奈川					
3	7月	4250	2430	2200	3500					
4	8月	3800	1970	1750	3100					
5	9月	3960	2050	2010	3300					
6										
7										
8	第3四半期関東地区売上									
9		東京	千葉	埼玉	神奈川					
10	10月									
11	11月									
12	12月									
13	合計									
14										

2 セルを選択した状態でデータを入力して、Enter を押して確定し、

3 Ctrl を押しながら Enter を押すと、

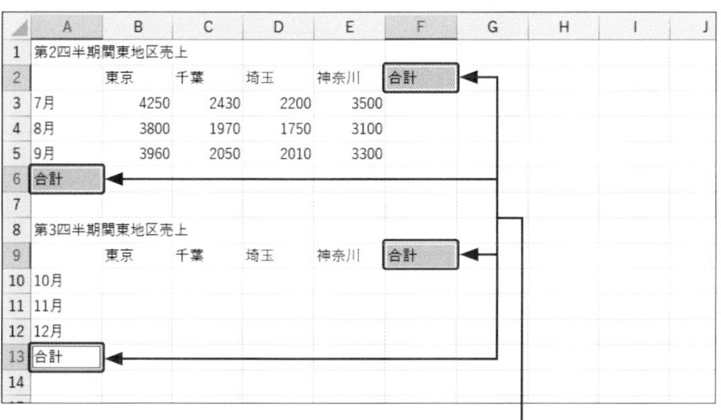

4 選択した複数のセルに同じデータが入力されます。

メモ 複数のセルに同じデータを入力する

複数のセルに同じデータを一度に入力するには、Ctrl を押しながらデータを入力するセルをクリックあるいはドラッグして選択します。セルを選択した状態のままデータを入力して、Ctrl を押しながら Enter を押すと、選択した範囲に同じデータが入力されます。

Section 09

データをコピーする／移動する

覚えておきたいキーワード
- コピー
- 切り取り
- 貼り付け

セル内に入力したデータをコピー／移動するには、<ホーム>タブの<コピー>と<貼り付け>を使う、ドラッグ操作を使う、ショートカットキーを使う、などの方法があります。ここでは、それぞれの方法を使ってコピーや移動を行う方法を解説します。

1 データをコピーする

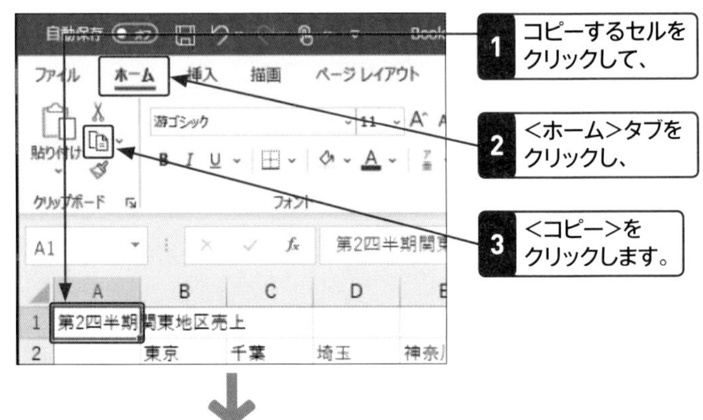

1 コピーするセルをクリックして、
2 <ホーム>タブをクリックし、
3 <コピー>をクリックします。

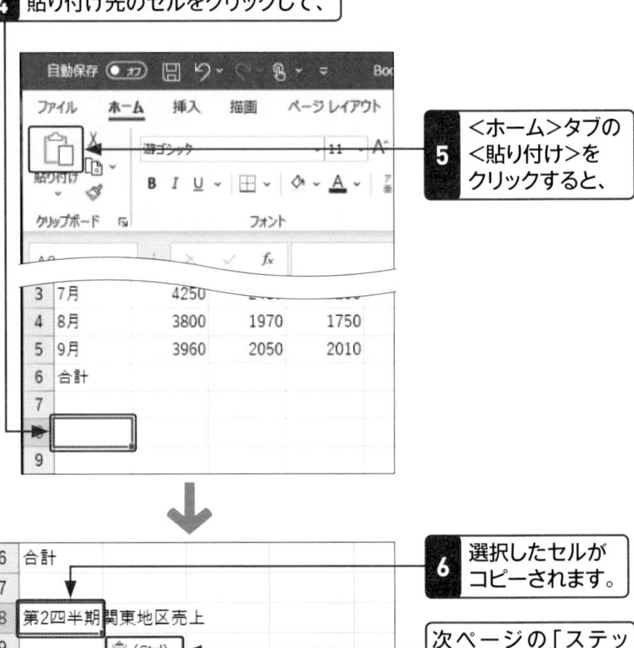

ヒント セルの書式もコピー・移動される

右の手順のように、データが入力されているセルごとコピー（あるいは移動）すると、セルに入力されたデータだけではなく、セルに設定してある書式や表示形式も含めて、コピー（あるいは移動）されます。

メモ ショートカットキーを使う

ショートカットキーを使ってデータをコピーすることもできます。コピーするセルをクリックして、Ctrlを押しながらCを押します。続いて、貼り付け先のセルをクリックして、Ctrlを押しながらVを押します。

ヒント データの貼り付け

コピーもとのセル範囲が破線で囲まれている間は、データを何度でも貼り付けることができます。また、破線が表示されている状態でEscを押すと、破線が消えてコピーが解除されます。

2 ドラッグ操作でデータをコピーする

1 コピーするセル範囲を選択します。

	A	B	C	D	E	F	G	H
1	第2四半期関東地区売上							
2		東京	千葉	埼玉	神奈川	合計		
3	7月	4250	2430	2200	3500			
4	8月	3800	1970	1750	3100			
5	9月	3960	2050	2010	3300			
6	合計							
7								
8	第2四半期関東地区売上							
9								
10								

2 境界線にマウスポインターを合わせてCtrlを押すと、ポインターの形が変わるので、

3 Ctrlを押しながらドラッグします。

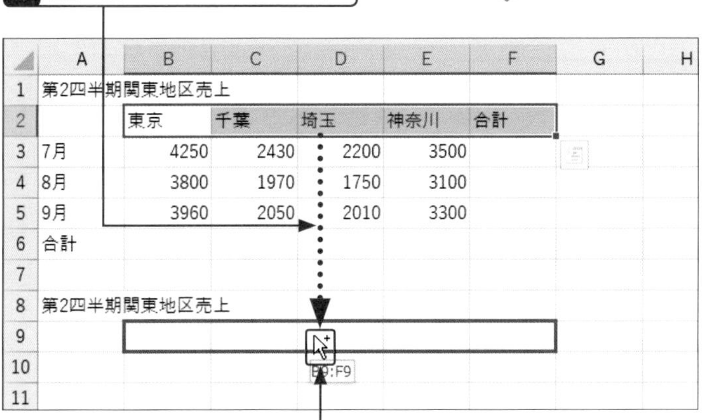

	A	B	C	D	E	F	G	H
1	第2四半期関東地区売上							
2		東京	千葉	埼玉	神奈川	合計		
3	7月	4250	2430	2200	3500			
4	8月	3800	1970	1750	3100			
5	9月	3960	2050	2010	3300			
6	合計							
7								
8	第2四半期関東地区売上							
9								
10								
11								

4 表示される枠を目的の位置に合わせて、マウスのボタンを離すと、

5 選択したセル範囲がコピーされます。

	A	B	C	D	E	F	G	H
1	第2四半期関東地区売上							
2		東京	千葉	埼玉	神奈川	合計		
3	7月	4250	2430	2200	3500			
4	8月	3800	1970	1750	3100			
5	9月	3960	2050	2010	3300			
6	合計							
7								
8	第2四半期関東地区売上							
9		東京	千葉	埼玉	神奈川	合計		
10								

メモ ドラッグ操作によるデータのコピー

選択したセル範囲の境界線上にマウスポインターを合わせてCtrlを押すと、マウスポインターの形が から に変わります。この状態でドラッグすると、貼り付け先の位置を示す枠が表示されるので、目的の位置でマウスのボタンを離すと、セル範囲をコピーできます。

ステップアップ 貼り付けのオプション

データを貼り付けたあと、その結果の右下に表示される<貼り付けのオプション>をクリックするか、Ctrlを押すと、貼り付けたあとで結果を修正するためのメニューが表示されます。ただし、ドラッグでコピーした場合は表示されません。

1 <貼り付けのオプション>をクリックすると、

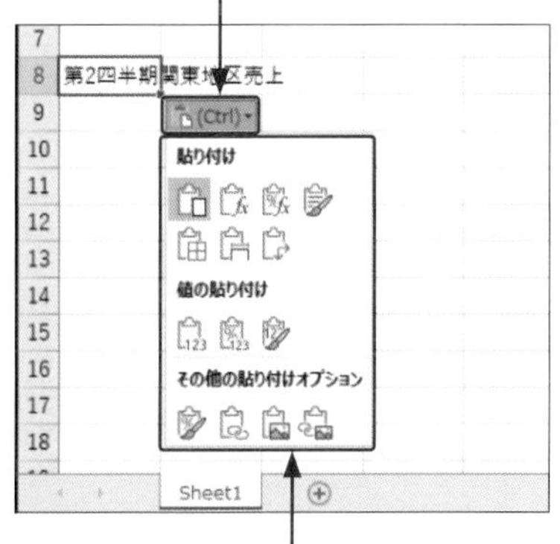

2 結果を修正するためのメニューが表示されます。

3 データを移動する

メモ ショートカットキーを使う

ショートカットキーを使ってデータを移動することもできます。移動するセルをクリックして、Ctrl を押しながら X を押します。続いて、移動先のセルをクリックして、Ctrl を押しながら V を押します。

メモ マウス操作で移動する

移動やコピーの操作は、マウスを使っても実行できます。移動する範囲を選択して、マウスで右クリックすると表示されるメニューから<切り取り>をクリックします。続いて、移動先のセルを右クリックして、<貼り付けのオプション>の<貼り付け>をクリックしても、データを移動することができます。

ヒント 移動をキャンセルするには？

移動するセル範囲に破線が表示されている間は、Esc を押すと、移動をキャンセルすることができます。移動をキャンセルすると、セル範囲の破線が消えます。

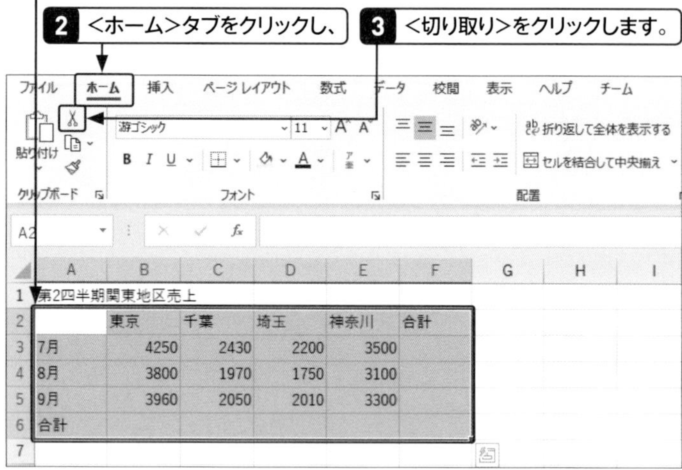
1 移動するセル範囲を選択して、
2 <ホーム>タブをクリックし、
3 <切り取り>をクリックします。

4 移動先のセルをクリックして、

5 <ホーム>タブの<貼り付け>をクリックすると、

6 選択したセル範囲が移動されます。

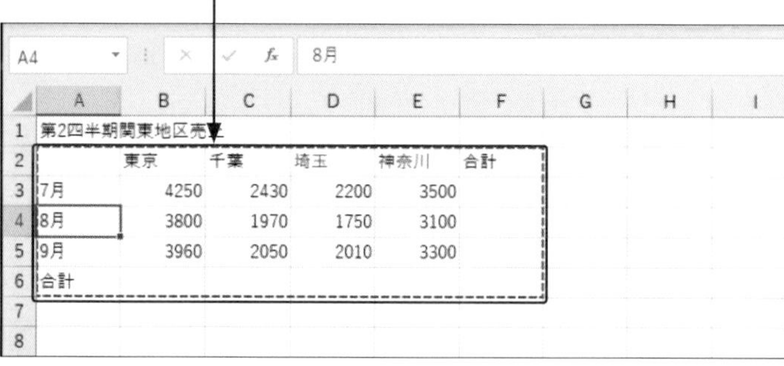

4 ドラッグ操作でデータを移動する

1 移動するセルをクリックして、

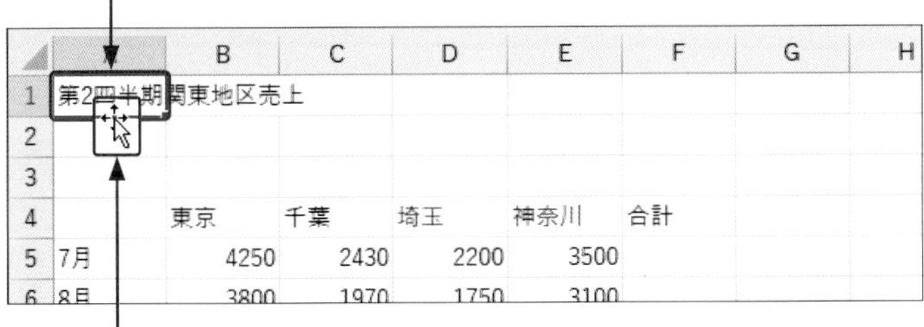

2 境界線にマウスポインターを合わせると、ポインターの形が変わります。

	A	B	C	D	E	F	G	H
1	第2四半期関東地区売上							
2								
3		A2						
4		東京	千葉	埼玉	神奈川	合計		
5	7月	4250	2430	2200	3500			
6	8月	3800	1970	1750	3100			

3 移動先へドラッグしてマウスのボタンを離すと、

4 選択したセルが移動されます。

	A	B	C	D	E	F	G	H
1								
2	第2四半期関東地区売上							
3								
4		東京	千葉	埼玉	神奈川	合計		
5	7月	4250	2430	2200	3500			
6	8月	3800	1970	1750	3100			

注意 ドラッグ操作でコピー／移動する際の注意

ドラッグ操作でデータをコピーや移動したりすると、クリップボードにデータが保管されないため、データは一度しか貼り付けられず、<貼り付けのオプション>も表示されません。

また、移動先のセルにデータが入力されているときは、内容を置き換えるかどうかを確認するダイアログボックスが表示されます。

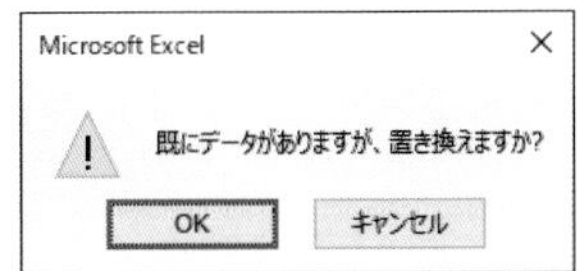

キーワード クリップボード

「クリップボード」とはWindowsの機能の1つで、コピーまたは切り取りの機能を利用したときに、データが一時的に保管される場所のことです。

ステップアップ <クリップボード>作業ウィンドウの利用

<ホーム>タブの<クリップボード>グループの をクリックすると、<クリップボード>作業ウィンドウが表示されます。これはWindowsのクリップボードとは異なる「Officeのクリップボード」です。Officeの各アプリケーションのデータを24個まで保管できます。

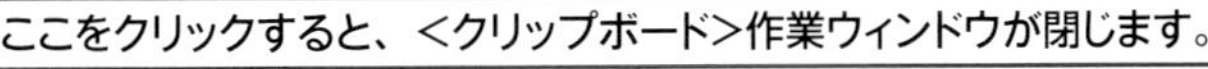

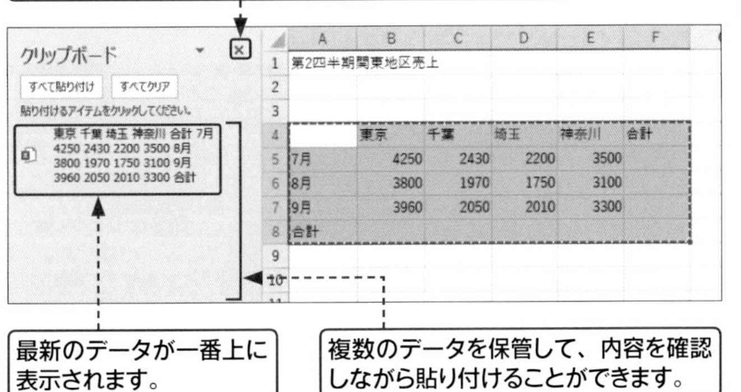

最新のデータが一番上に表示されます。

複数のデータを保管して、内容を確認しながら貼り付けることができます。

Section 10

合計や平均を計算する

覚えておきたいキーワード
- オートSUM
- 関数
- クイック分析

表を作成する際は、行や列の合計や平均を求める作業が頻繁に行われます。この場合は＜オートSUM＞を利用すると、数式を入力する手間が省け、計算ミスも防ぐことができます。連続したセル範囲の合計や平均を求める場合は、＜クイック分析＞を利用することもできます。

1 連続したセル範囲の合計を求める

メモ ＜オートSUM＞の利用

＜オートSUM＞は、＜数式＞タブの＜関数ライブラリ＞グループから利用することもできます。

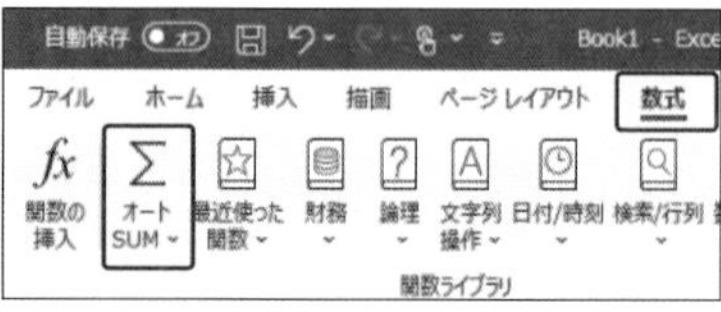

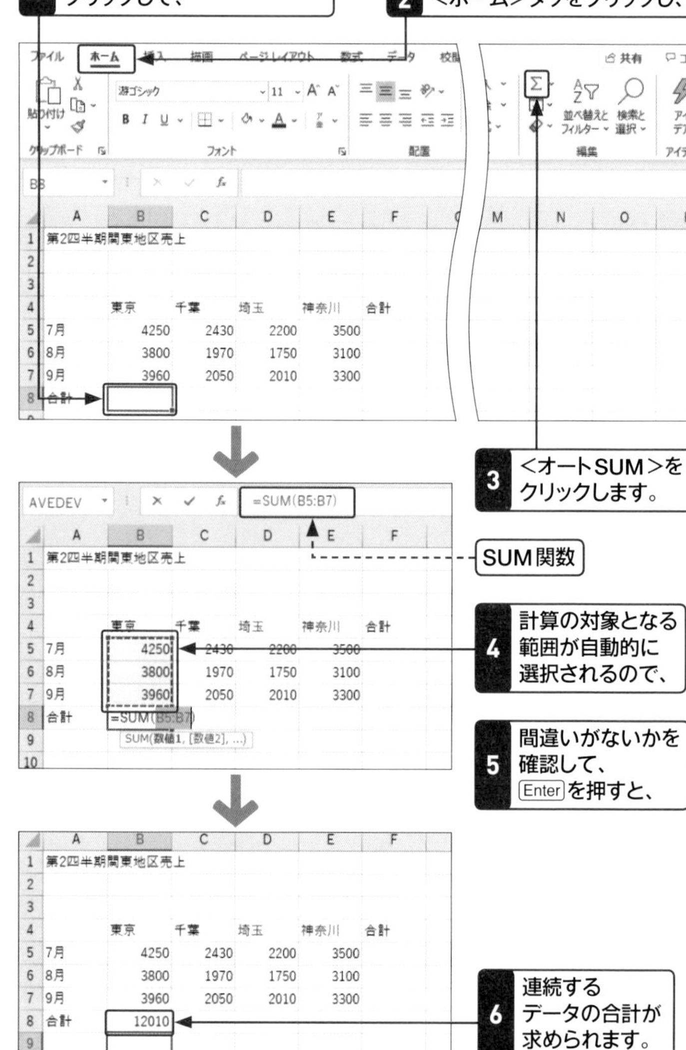

キーワード SUM関数

＜オートSUM＞を利用して合計を求めたセルには、「SUM関数」が入力されています（手順4の図参照）。SUM関数は、指定された数値の合計を求める数式です。関数や数式の詳しい使い方については、第3章で解説します。

2 離れた位置にあるセルに合計を求める

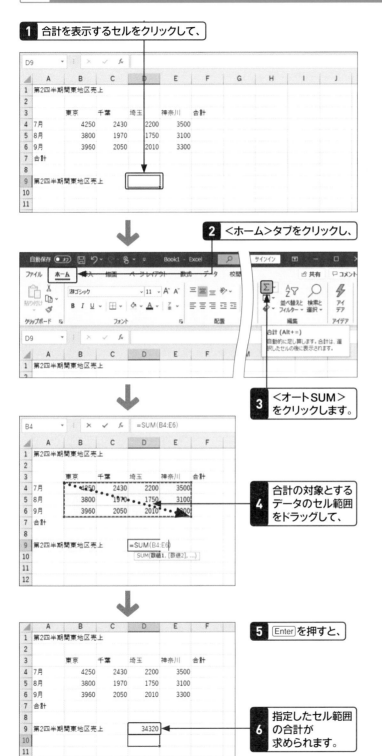

1 合計を表示するセルをクリックして、

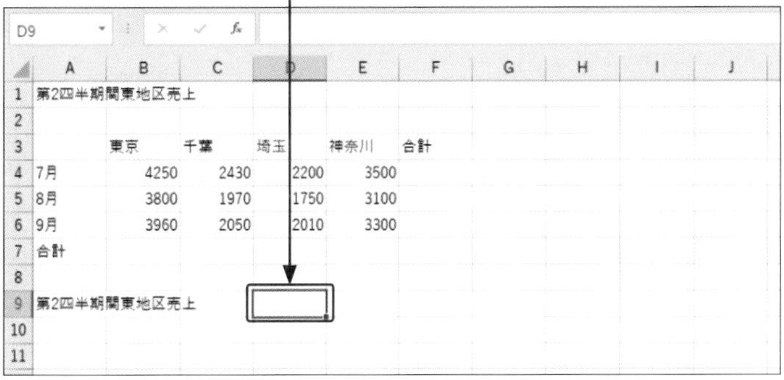

D9
A B C D E F G H I J
第2四半期関東地区売上
東京 千葉 埼玉 神奈川 合計
7月 4250 2430 2200 3500
8月 3800 1970 1750 3100
9月 3960 2050 2010 3300
合計
第2四半期関東地区売上

2 <ホーム>タブをクリックし、

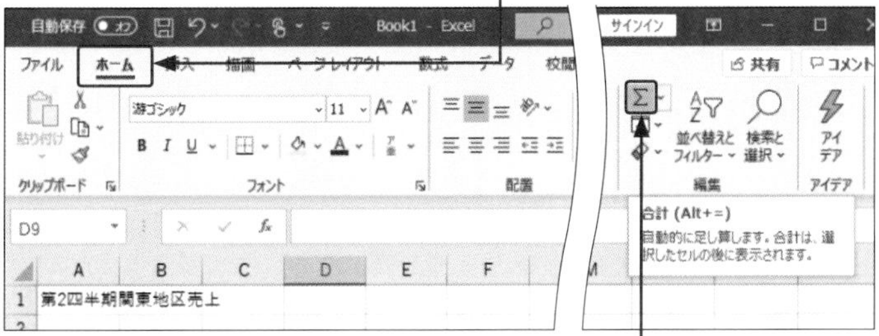

自動保存
Book1 - Excel
サインイン
ファイル
ホーム
共有
コメント
游ゴシック
11
貼り付け
クリップボード
フォント
配置
並べ替えと フィルター
検索と 選択
アイ デア
編集
アイデア
合計 (Alt+=)
自動的に足し算します。合計は、選択したセルの後に表示されます。
D9
第2四半期関東地区売上

3 <オートSUM>をクリックします。

B4
=SUM(B4:E6)
第2四半期関東地区売上
東京 千葉 埼玉 神奈川 合計
7月 4250 2430 2200 3500
8月 3800 1970 1750 3100
9月 3960 2050 2010 3300
合計
第2四半期関東地区売上 =SUM(B4:E6)
SUM(数値1, [数値2], ...)

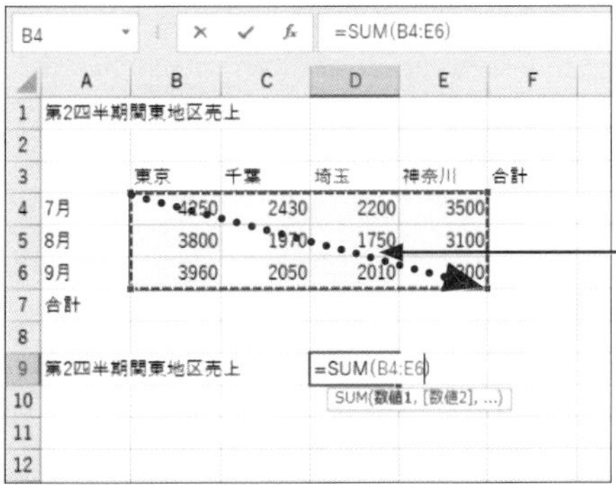

4 合計の対象とするデータのセル範囲をドラッグして、

5 Enter を押すと、

第2四半期関東地区売上
東京 千葉 埼玉 神奈川 合計
7月 4250 2430 2200 3500
8月 3800 1970 1750 3100
9月 3960 2050 2010 3300
合計
第2四半期関東地区売上 34320

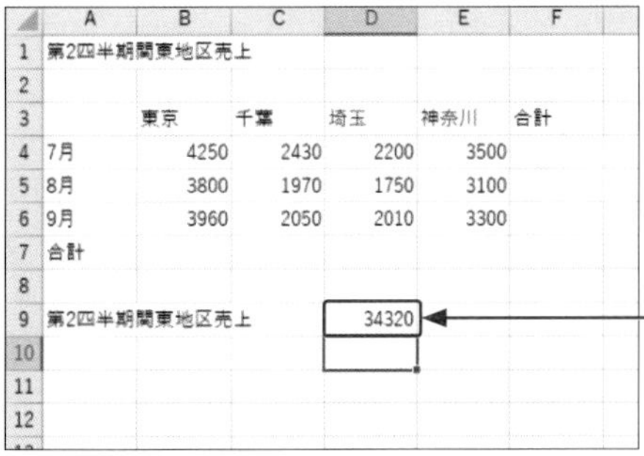

6 指定したセル範囲の合計が求められます。

メモ 離れた位置にあるセル範囲の合計

合計の対象とするデータから離れた位置にあるセルや、別のワークシートなどにあるセルに合計を求める場合は、<オートSUM>を使って対象範囲を自動設定することができません。このようなときは、左の手順のように合計の対象とするセル範囲を指定します。

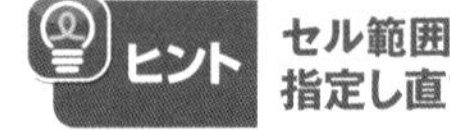

ヒント セル範囲を指定し直すには?

セル範囲を指定し直す場合は、Esc を押してSUM関数の入力を中止し、再度<オートSUM>をクリックします。

3 複数の行と列、総合計をまとめて求める

メモ 複数の行と列、総合計をまとめて求める

複数の行と列の合計、総合計をまとめて求めるには、合計を求めるセルも含めてセル範囲を選択し、＜ホーム＞タブの＜オートSUM＞Σをクリックします。

1 合計を表示するセルも含めてセル範囲を選択します。

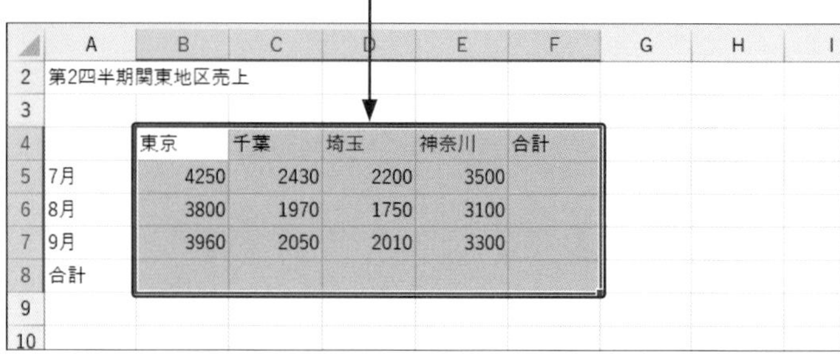

2 ＜ホーム＞タブをクリックして、

3 ＜オートSUM＞をクリックすると、

4 列の合計、行の合計、総合計がまとめて求められます。

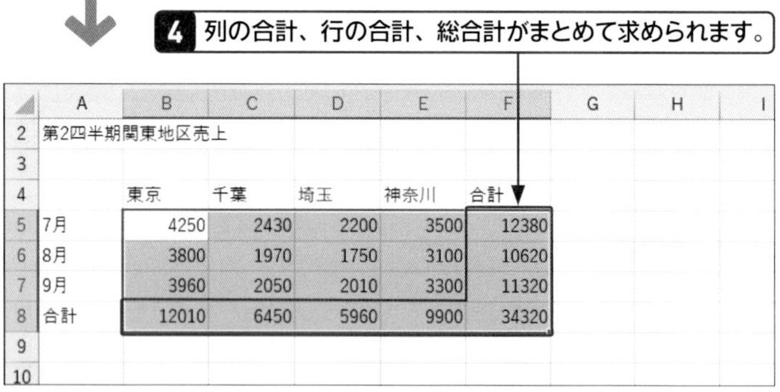

ヒント 複数の行や列の合計をまとめて求めるには?

複数の列の合計をまとめて求めたり、複数の行の合計をまとめて求めたりするには、行や列の合計を入力するセル範囲を選択して、＜ホーム＞タブの＜オートSUM＞Σをクリックします。

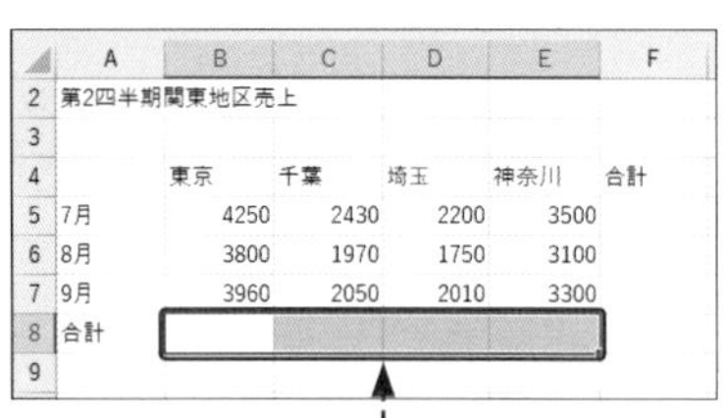

複数の列の合計をまとめて求める場合は、列の合計を表示するセル範囲を選択します。

ステップアップ ＜クイック分析＞を利用する

連続したセル範囲の合計や平均を求める場合に、＜クイック分析＞を利用できます。

目的のセル範囲をドラッグして、右下に表示される＜クイック分析＞をクリックします。メニューが表示されるので、＜合計＞をクリックして、目的のコマンドをクリックします。メニューの左右にある矢印をクリックすると、隠れているコマンドが表示されます。

1 合計の対象とするセル範囲をドラッグして、＜クイック分析＞をクリックします。

2 ＜合計＞をクリックして、

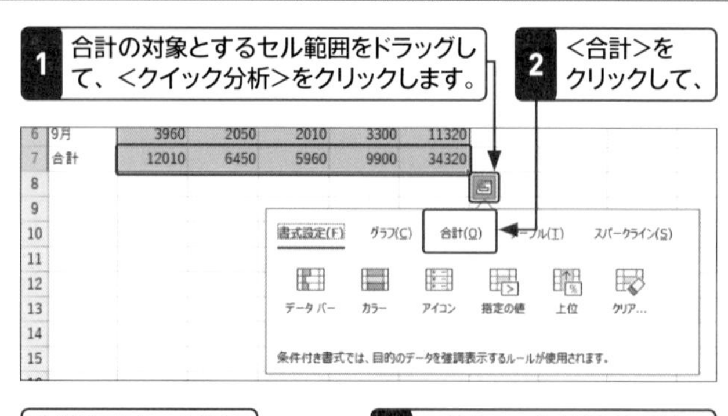

計算結果は、太字で表示されます。

3 目的のコマンド（ここでは＜合計＞）をクリックします。

4 指定したセル範囲の平均を求める

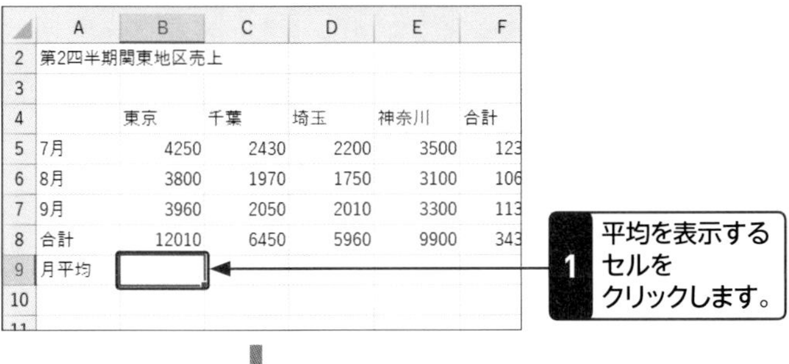

1 平均を表示するセルをクリックします。

2 <ホーム>タブをクリックして、

3 <オートSUM>のここをクリックし、

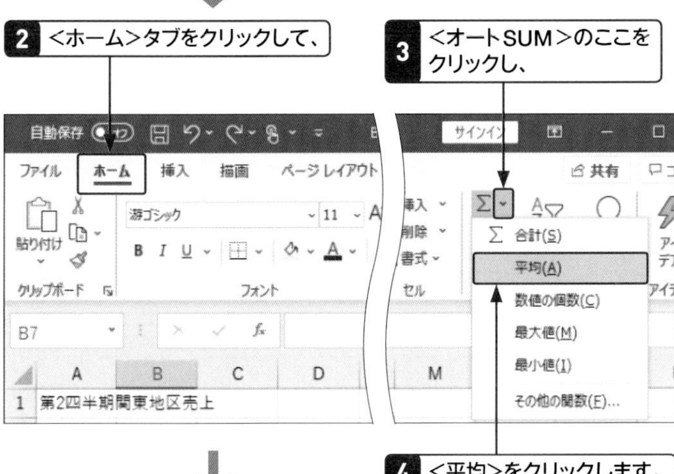

4 <平均>をクリックします。

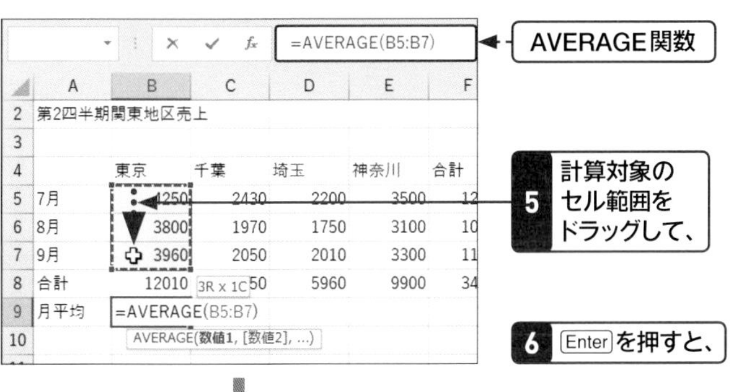

AVERAGE関数

5 計算対象のセル範囲をドラッグして、

6 Enter を押すと、

7 指定したセル範囲の平均が求められます。

<オートSUM>で平均を求める

左の手順のように、<オートSUM>Σ・の・をクリックして表示される一覧から<平均>をクリックすると、指定したセル範囲の平均を求めることができます。

連続したセル範囲の平均を求める

左の手順では、計算対象のセル範囲をドラッグして指定しましたが、連続したセル範囲の平均を求める場合は、計算の対象となる範囲が自動的に選択されるので、間違いがないかを確認して Enter を押します（P.188参照）。

キーワード AVERAGE関数

「AVERAGE関数」（手順5の図参照）は、指定された数値の平均を求める数式です。関数や数式の詳しい使い方については、第3章で解説します。

Section 11

文字やセルに色を付ける

覚えておきたいキーワード
☑ フォントの色
☑ 塗りつぶしの色
☑ セルのスタイル

文字やセルの背景に色を付けると、見やすい表になります。文字に色を付けるには、＜ホーム＞タブの＜フォントの色＞を、セルに背景色を付けるには、＜塗りつぶしの色＞を利用します。Excelにあらかじめ用意された＜セルのスタイル＞を利用することもできます。

1 文字に色を付ける

メモ 同じ色を繰り返し設定する

右の手順で色を設定すると、＜フォントの色＞コマンドの色も指定した色に変わります。別のセルをクリックして、＜フォントの色＞[A]をクリックすると、直前に指定した色を繰り返し設定することができます。

ヒント 一覧に目的の色がない場合は?

手順❸で表示される一覧に目的の色がない場合は、最下段にある＜その他の色＞をクリックします。＜色の設定＞ダイアログボックスが表示されるので、＜標準＞や＜ユーザー設定＞で使用したい色を指定します。

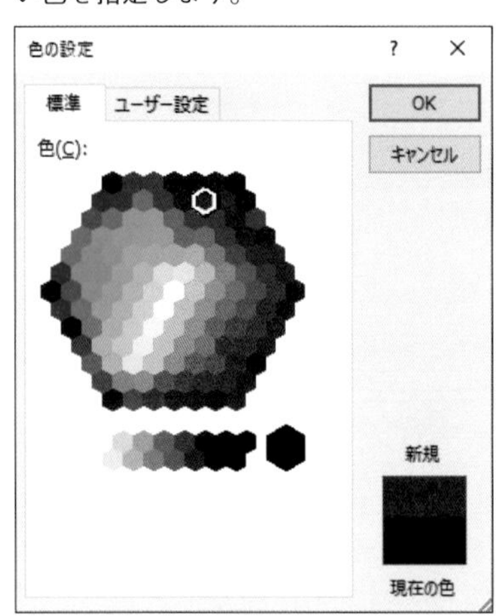
色の設定
標準
ユーザー設定
OK
キャンセル
色(C):
新規
現在の色

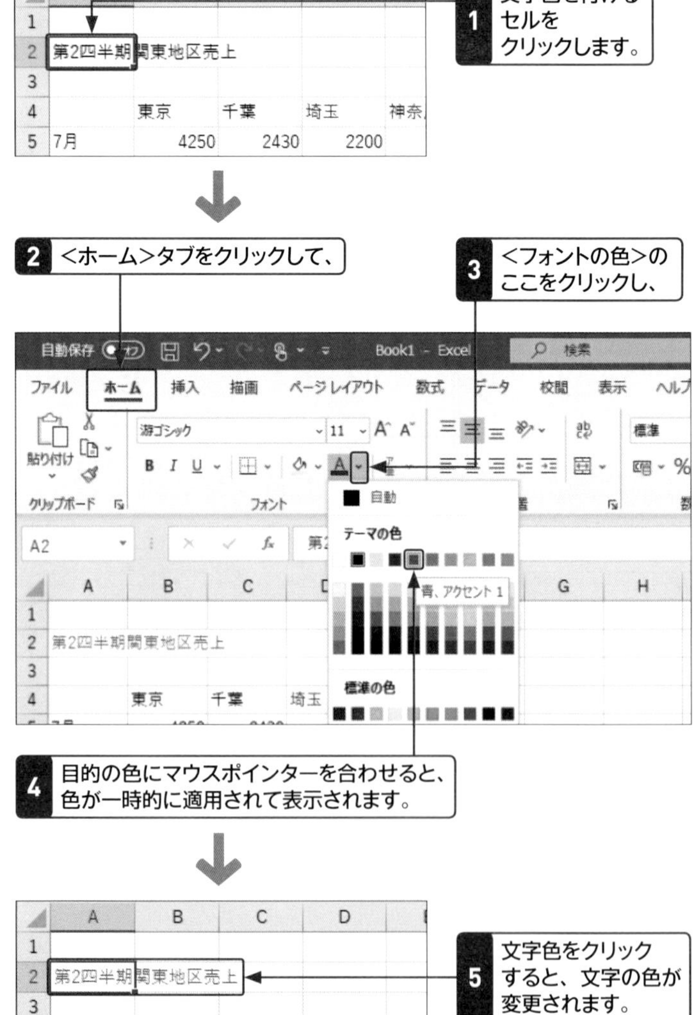
1 文字色を付けるセルをクリックします。
2 ＜ホーム＞タブをクリックして、
3 ＜フォントの色＞のここをクリックし、
4 目的の色にマウスポインターを合わせると、色が一時的に適用されて表示されます。
5 文字色をクリックすると、文字の色が変更されます。
第2四半期関東地区売上
東京
千葉
埼玉
7月
4250
2430
2200
自動
テーマの色
青、アクセント 1
標準の色

2 セルに色を付ける

1 色を付けるセル範囲を選択します。

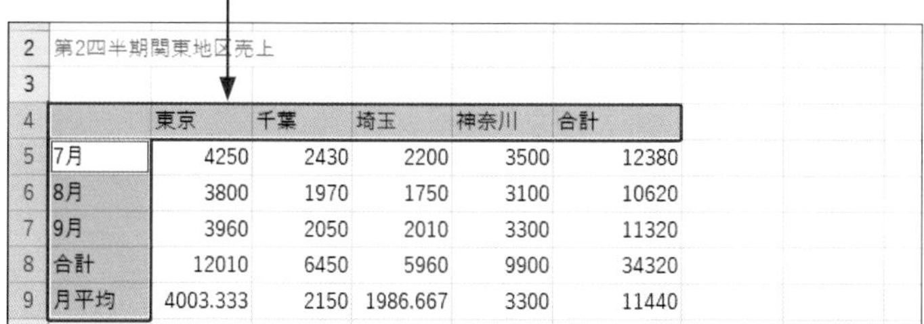

	A	B	C	D	E	F
2	第2四半期関東地区売上					
3						
4		東京	千葉	埼玉	神奈川	合計
5	7月	4250	2430	2200	3500	12380
6	8月	3800	1970	1750	3100	10620
7	9月	3960	2050	2010	3300	11320
8	合計	12010	6450	5960	9900	34320
9	月平均	4003.333	2150	1986.667	3300	11440

2 <ホーム>タブをクリックして、

3 <塗りつぶしの色>のここをクリックし、

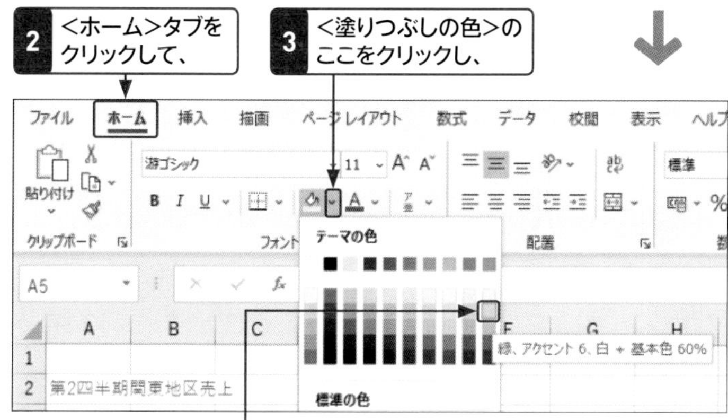

4 目的の色にマウスポインターを合わせると、色が一時的に適用されて表示されます。

5 色をクリックすると、セルの背景に色が付きます。

	A	B	C	D	E	F
2	第2四半期関東地区売上					
3						
4		東京	千葉	埼玉	神奈川	合計
5	7月	4250	2430	2200	3500	12380
6	8月	3800	1970	1750	3100	10620
7	9月	3960	2050	2010	3300	11320
8	合計	12010	6450	5960	9900	34320
9	月平均	4003.333	2150	1986.667	3300	11440

ヒント テーマの色と標準の色

色の一覧には<テーマの色>と<標準の色>の2種類が用意されています。<テーマの色>で設定する色は、<ページレイアウト>タブの<テーマ>の設定に基づいています。<テーマ>でスタイルを変更すると、<テーマの色>で設定した色を含めてブック全体が自動的に変更されます。それに対し、<標準の色>で設定した色は、<テーマ>の変更に影響を受けません。

ヒント セルの背景色を消去するには?

セルの背景色を消すには、手順**4**で<塗りつぶしなし>をクリックします。

ステップアップ <セルのスタイル>を利用する

<ホーム>タブの<セルのスタイル>を利用すると、Excelにあらかじめ用意された書式をタイトルに設定したり、セルにテーマのセルスタイルを設定したりすることができます。

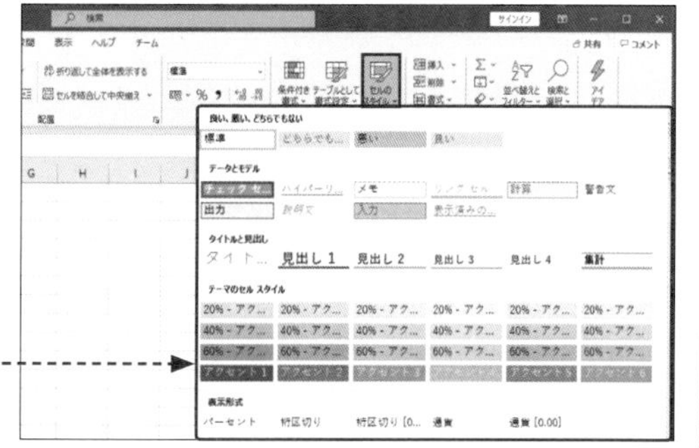

ここでスタイルを設定できます。

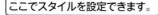

Section 12

罫線を引く

覚えておきたいキーワード
- 罫線
- 格子
- 線のスタイル

ワークシートに必要なデータを入力したら、表が見やすいように罫線を引きます。セル範囲に罫線を引くには、＜ホーム＞タブの＜罫線＞を利用すると便利です。罫線のメニューには、13パターンの罫線の種類が用意されているので、セル範囲を選択するだけで目的の罫線をかんたんに引くことができます。

1 選択した範囲に罫線を引く

メモ 選択した範囲に罫線を引く

手順3で表示される罫線メニューの＜罫線＞欄には、13パターンの罫線の種類が用意されています。右の手順では、表全体に罫線を引きましたが、一部のセルだけに罫線を引くこともできます。はじめに罫線を引きたい位置のセル範囲を選択して、罫線の種類をクリックします。

1 罫線を引くセル範囲を選択して、

2 ＜ホーム＞タブをクリックします。

3 ここをクリックして、

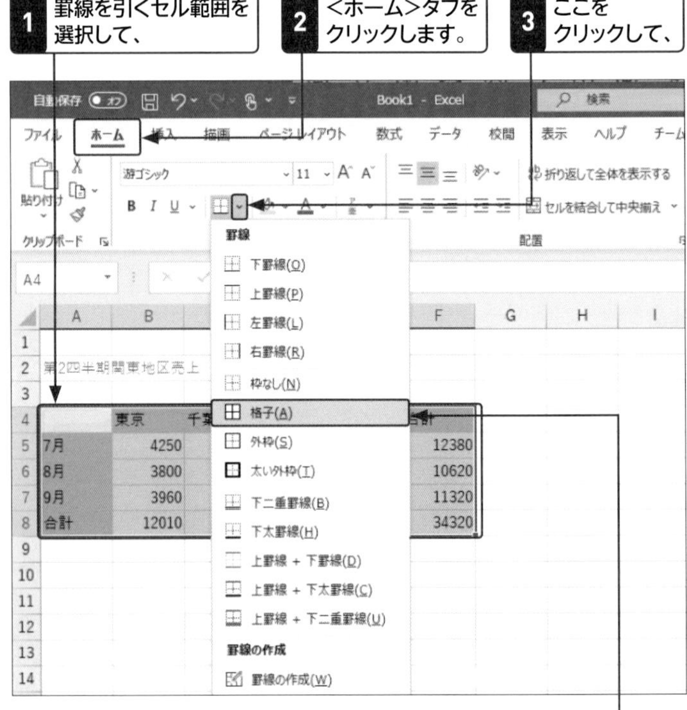

4 罫線の種類をクリックすると（ここでは＜格子＞）、

5 選択したセル範囲に格子の罫線が引かれます。

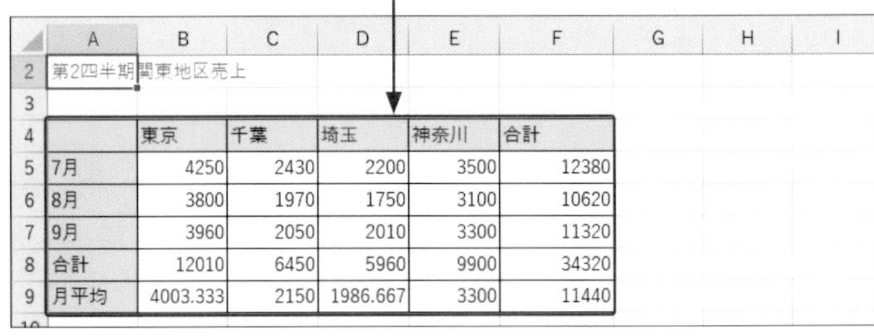

第2四半期関東地区売上

	東京	千葉	埼玉	神奈川	合計
7月	4250	2430	2200	3500	12380
8月	3800	1970	1750	3100	10620
9月	3960	2050	2010	3300	11320
合計	12010	6450	5960	9900	34320
月平均	4003.333	2150	1986.667	3300	11440

ヒント 罫線を削除するには？

罫線を削除するには、罫線を消去したいセル範囲を選択して罫線メニューを表示し、手順4で＜枠なし＞をクリックします。

2 太線で罫線を引く

1 罫線を引くセル範囲を選択して、<ホーム>タブをクリックします。

2 ここをクリックして、

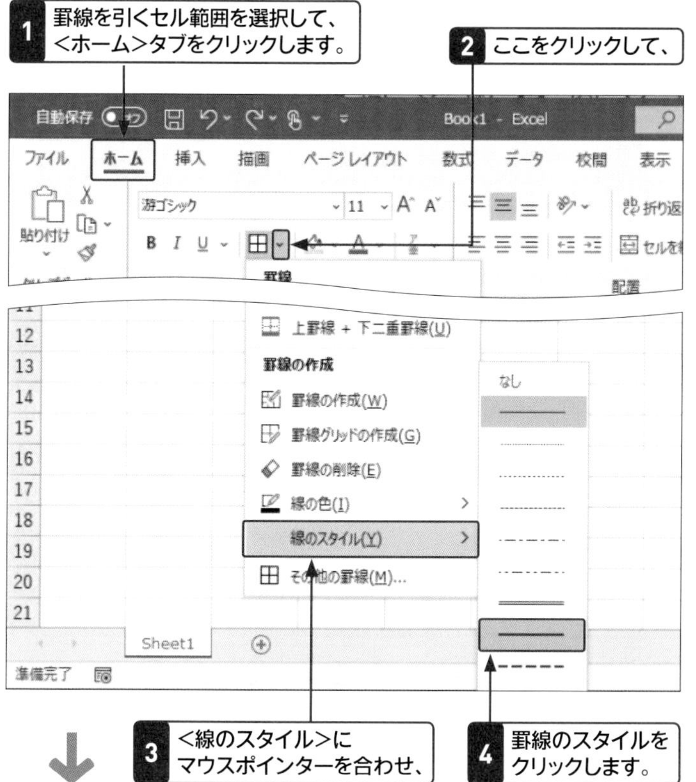

3 <線のスタイル>にマウスポインターを合わせ、

4 罫線のスタイルをクリックします。

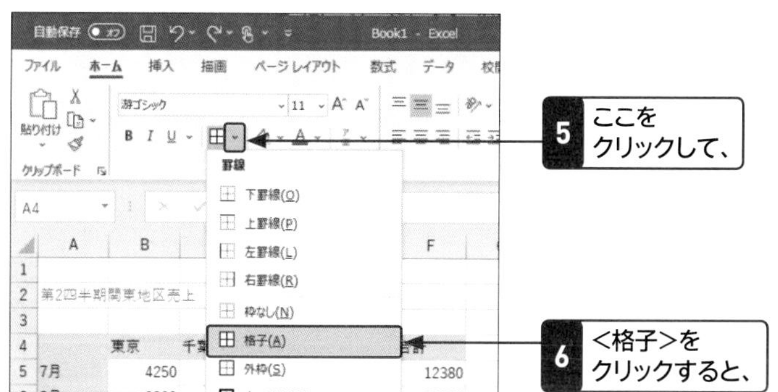

5 ここをクリックして、

6 <格子>をクリックすると、

7 選択した線のスタイルで罫線が引かれます。

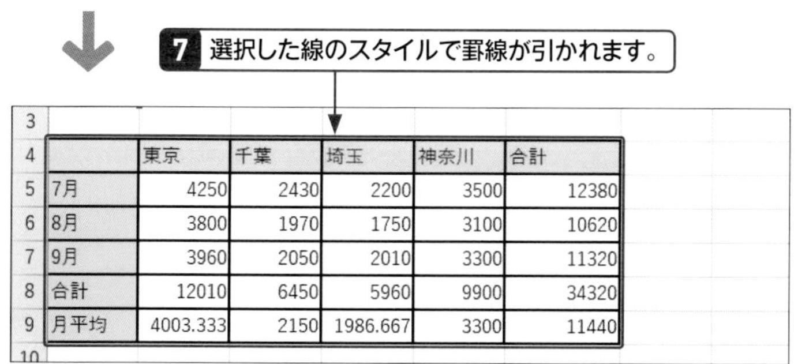

	東京	千葉	埼玉	神奈川	合計
7月	4250	2430	2200	3500	12380
8月	3800	1970	1750	3100	10620
9月	3960	2050	2010	3300	11320
合計	12010	6450	5960	9900	34320
月平均	4003.333	2150	1986.667	3300	11440

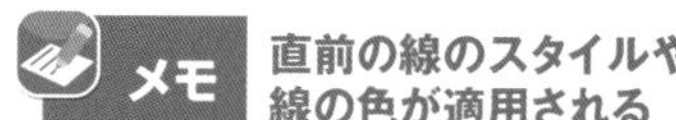

メモ 直前の線のスタイルや線の色が適用される

線のスタイルや線の色を選択して罫線を引くと、これ以降、ほかのスタイルを選択するまで、ここで指定したスタイルや色で罫線が引かれます。次回罫線を引く際は、確認してから引くようにしましょう。

ヒント データを入力できる状態に戻すには?

罫線メニューの<罫線の作成>欄のいずれかのコマンドをクリックすると、マウスポインターの形が鉛筆の形に変わり、セルにデータを入力することができません。データを入力できる状態にマウスポインターを戻すには、Escを押します。

Section 13

罫線のスタイルを変更する

覚えておきたいキーワード
- ☑ その他の罫線
- ☑ セルの書式設定
- ☑ 罫線の作成

セル範囲に罫線を引くには、<ホーム>タブの<罫線>を利用するほかに、<セルの書式設定>ダイアログボックスを利用する方法もあります。<セルの書式設定>ダイアログボックスを利用すると、罫線の一部を変更したり、罫線のスタイルや色を変更するなど、罫線の引き方を詳細に指定することができます。

1 罫線のスタイルと色を変更する

メモ <セルの書式設定>ダイアログボックスの利用

<セルの書式設定>ダイアログボックスの<罫線>では、罫線の一部のスタイルや罫線の色を変更するなど、詳細に罫線の引き方を指定することができます。罫線のスタイルや色を指定したあと、<プリセット>や<罫線>欄にあるアイコンなどクリックして、罫線を引く位置を指定します。

Sec.12で引いた罫線の内側を点線にして色を変更します。

1 セル範囲を選択します。

	東京	千葉	埼玉	神奈川	合計
7月	4250	2430	2200	3500	12380
8月	3800	1970	1750	3100	10620
9月	3960	2050	2010	3300	11320
合計	12010	6450	5960	9900	34320
月平均	4003.333	2150	1986.667	3300	11440

2 <ホーム>タブをクリックして、

3 ここをクリックし、

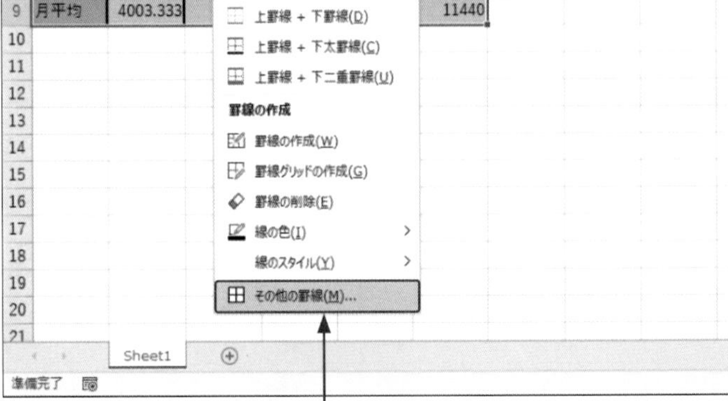

4 <その他の罫線>をクリックします。

5 ＜スタイル＞で罫線のスタイルをクリックして、

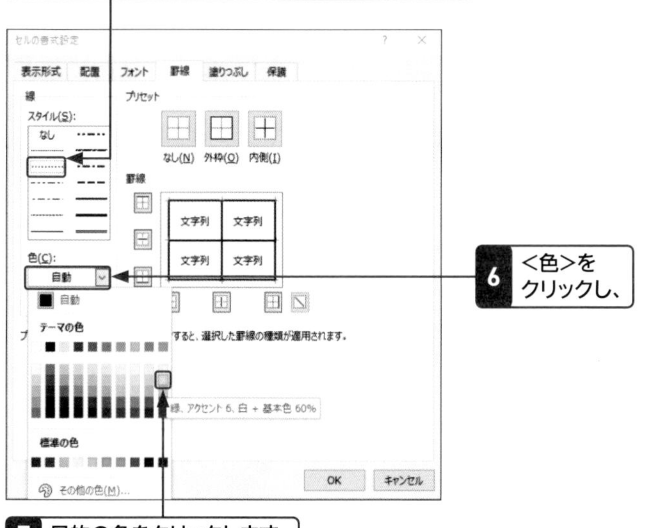

6 ＜色＞をクリックし、

7 目的の色をクリックします。

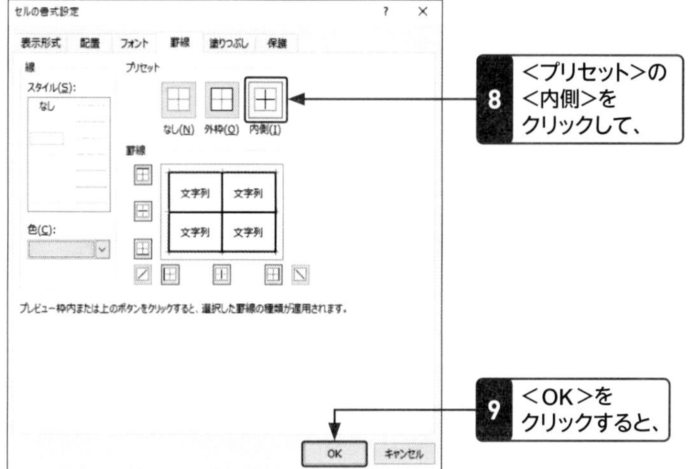

8 ＜プリセット＞の＜内側＞をクリックして、

9 ＜OK＞をクリックすると、

10 内側の罫線のスタイルと色が変更されます。

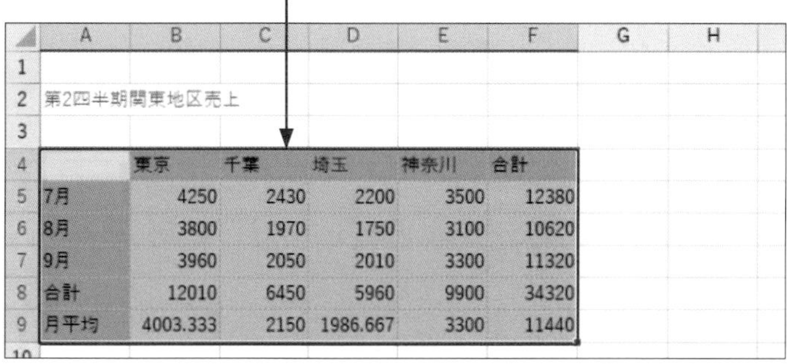

	A	B	C	D	E	F	G	H
1								
2	第2四半期関東地区売上							
3								
4		東京	千葉	埼玉	神奈川	合計		
5	7月	4250	2430	2200	3500	12380		
6	8月	3800	1970	1750	3100	10620		
7	9月	3960	2050	2010	3300	11320		
8	合計	12010	6450	5960	9900	34320		
9	月平均	4003.333	2150	1986.667	3300	11440		

ヒント ＜罫線＞で罫線を削除するには？

＜セルの書式設定＞ダイアログボックスで罫線を削除するには、＜罫線＞欄で削除したい箇所をクリックします。すべての罫線を削除するには、＜プリセット＞欄の＜なし＞をクリックします。

＜なし＞をクリックすると、すべての罫線が削除されます。

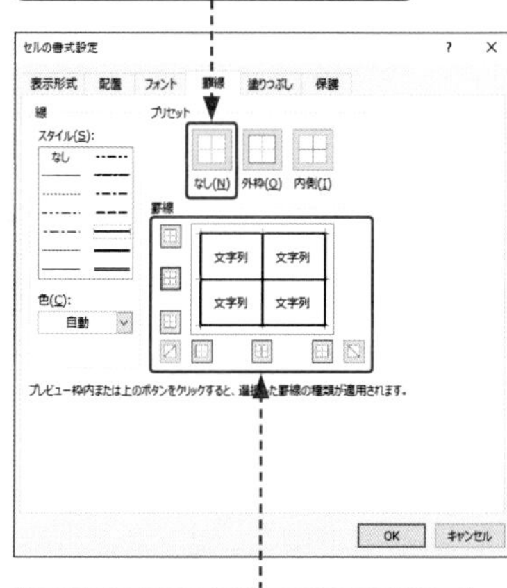

プレビュー枠内や周囲のコマンドの目的の箇所をクリックすると、罫線が個別に削除されます。

ヒント 罫線の一部を削除するには？

罫線の一部を削除するには、罫線メニューから＜罫線の削除＞をクリックします。マウスポインターが消しゴムの形に変わるので、罫線を削除したい箇所をドラッグ、またはクリックします。削除し終わったら Esc を押して、マウスポインターをもとの形に戻します。

	A	B	C	D
1				
2				
3				
4				
5				

2 セルに斜線を引く

メモ ドラッグして罫線を引く

手順2の方法で表示される罫線メニューから<罫線の作成>をクリックすると、ワークシート上をドラッグして罫線を引くことができます。なお、線のスタイルを変更する方法は、P.195を参照してください。

ステップアップ ドラッグ操作で格子の罫線を引く

罫線メニューから<罫線グリッドの作成>をクリックしてセル範囲を選択すると、ドラッグしたセル範囲に格子の罫線を引くことができます。

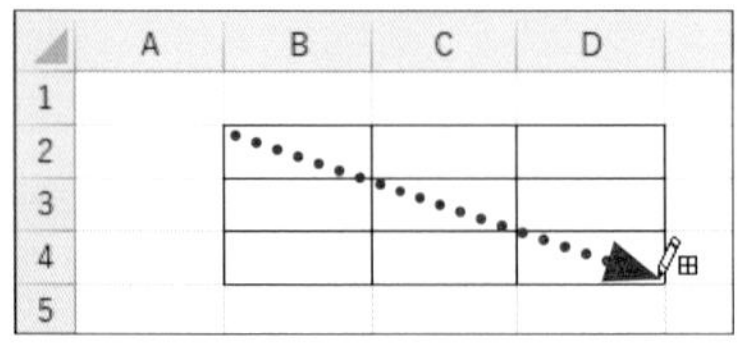

ステップアップ ドラッグで罫線を消す

罫線メニューで<罫線の作成>をクリックしている際、Shiftを押しながらドラッグすると該当部の罫線を削除できます。

1 <ホーム>タブをクリックして、

2 ここをクリックし、

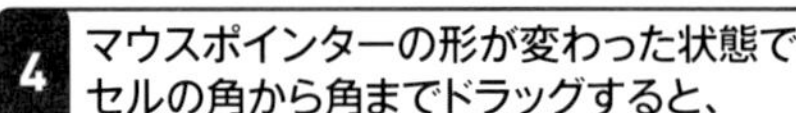

3 <罫線の作成>をクリックします。

4 マウスポインターの形が変わった状態で、セルの角から角までドラッグすると、

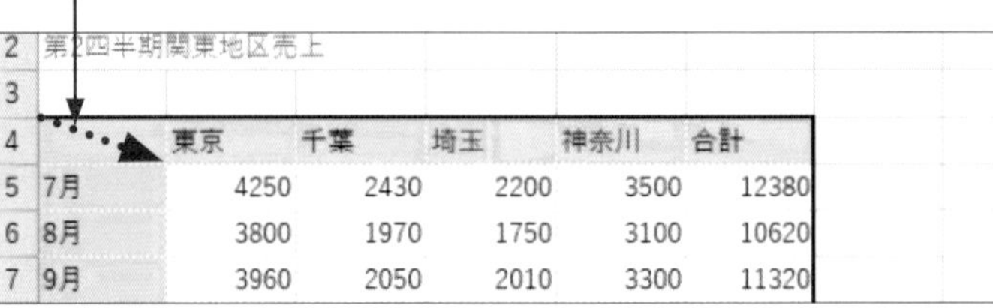

5 斜線が引かれます。

6 Escを押して、マウスポインターをもとの形に戻します。

Excel

第2章

セルや行／列の編集

Section 14 セルの表示形式と書式の基本を知る

覚えておきたいキーワード
☑ 表示形式
☑ 文字の書式
☑ セルの書式

Excelでは、同じデータを入力しても、表示形式によって表示結果を変えることができます。データが目的に合った形で表示されるように、表示形式の基本を理解しておきましょう。また、文書や表などの見栄えも重要です。表を見やすくするために設定するさまざまな書式についても確認しておきましょう。

1 表示形式と表示結果

Excelでは、セルに対して「表示形式」を設定することで、実際にセルに入力したデータを、さまざまな見た目で表示させることができます。表示形式には、下図のようなものがあります。独自の表示形式を設定することもできます。

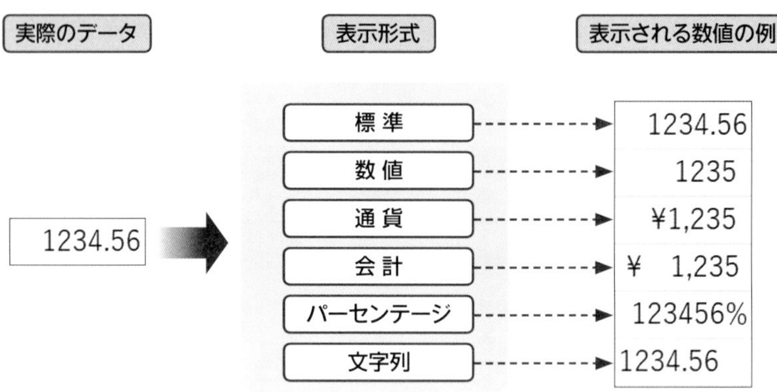

表示形式の設定方法

セルの表示形式を設定するには、<ホーム>タブの<数値>グループの各コマンドやミニツールバーのコマンドを利用するか、<セルの書式設定>ダイアログボックスの<表示形式>を利用します。

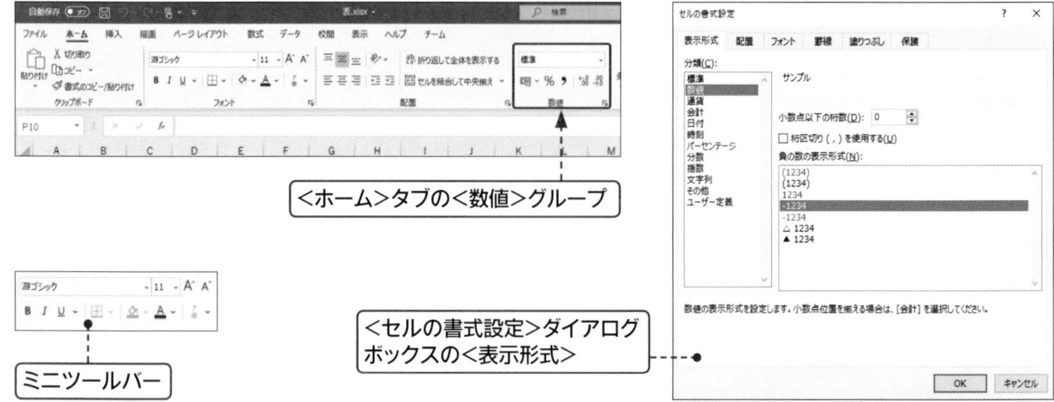

2 書式とは？

Excelで作成した文書や表などの見せ方を設定するのが「書式」です。Excelでは、文字サイズやフォント、色などの文字書式を変更したり、セルの背景色、列幅や行の高さ、セル結合などを設定したりして、表の見栄えを変更することができます。前ページで解説した表示形式も書式の一部です。また、セルの内容に応じて見せ方を変える、条件付き書式を設定することもできます。

書式の設定例

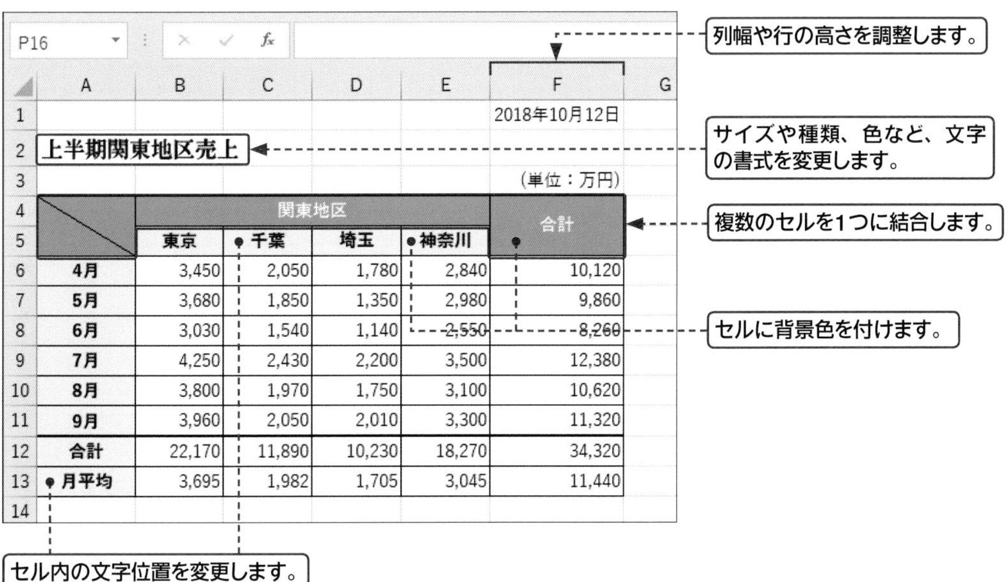
P16
列幅や行の高さを調整します。
サイズや種類、色など、文字の書式を変更します。
複数のセルを1つに結合します。
セルに背景色を付けます。
セル内の文字位置を変更します。

	A	B	C	D	E	F
1						2018年10月12日
2	上半期関東地区売上					
3						(単位：万円)
4		関東地区				合計
5		東京	千葉	埼玉	神奈川	
6	4月	3,450	2,050	1,780	2,840	10,120
7	5月	3,680	1,850	1,350	2,980	9,860
8	6月	3,030	1,540	1,140	2,550	8,260
9	7月	4,250	2,430	2,200	3,500	12,380
10	8月	3,800	1,970	1,750	3,100	10,620
11	9月	3,960	2,050	2,010	3,300	11,320
12	合計	22,170	11,890	10,230	18,270	34,320
13	月平均	3,695	1,982	1,705	3,045	11,440
14						

条件付き書式の設定例

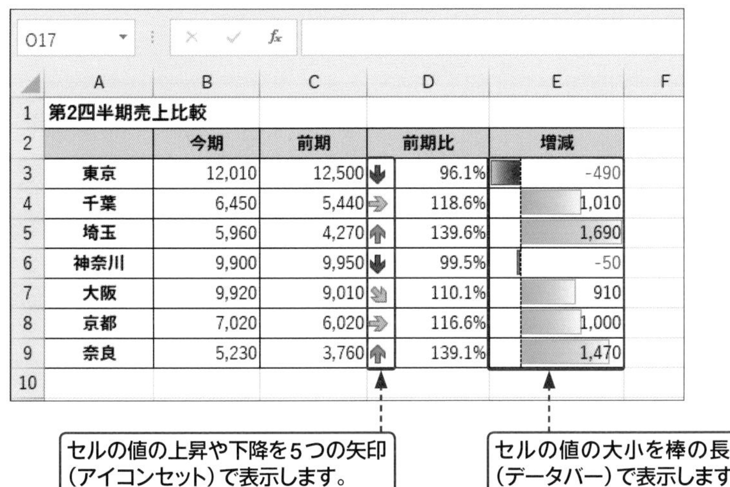
O17
セルの値の上昇や下降を5つの矢印（アイコンセット）で表示します。
セルの値の大小を棒の長さ（データバー）で表示します。

	A	B	C	D	E
1	第2四半期売上比較				
2		今期	前期	前期比	増減
3	東京	12,010	12,500	96.1%	-490
4	千葉	6,450	5,440	118.6%	1,010
5	埼玉	5,960	4,270	139.6%	1,690
6	神奈川	9,900	9,950	99.5%	-50
7	大阪	9,920	9,010	110.1%	910
8	京都	7,020	6,020	116.6%	1,000
9	奈良	5,230	3,760	139.1%	1,470
10					

Section 15 セルの表示形式を変更する

覚えておきたいキーワード
- ☑ 通貨スタイル
- ☑ パーセンテージスタイル
- ☑ 桁区切りスタイル

表示形式は、データを目的に合った形式でワークシート上に表示するための機能です。これを利用して数値を通貨スタイル、パーセンテージスタイル、桁区切りスタイルなどで表示したり、日付の表示形式を変えるなどして、表を見やすく使いやすくすることができます。

1 表示形式を通貨スタイルに変更する

メモ 通貨スタイルへの変更

数値の表示形式を通貨スタイルに変更すると、数値の先頭に「¥」が付き、3桁ごとに「,」（カンマ）で区切った形式で表示されます。また、小数点以下の数値がある場合は、四捨五入されて表示されます。

ヒント 別の通貨記号を使うには？

「¥」以外の通貨記号を使いたい場合は、＜通貨表示形式＞の▼をクリックして表示される一覧から利用したい通貨記号を指定します。メニュー最下段の＜その他の通貨表示形式＞をクリックすると、＜セルの書式設定＞ダイアログボックスが表示され、そのほかの通貨記号が選択できます。

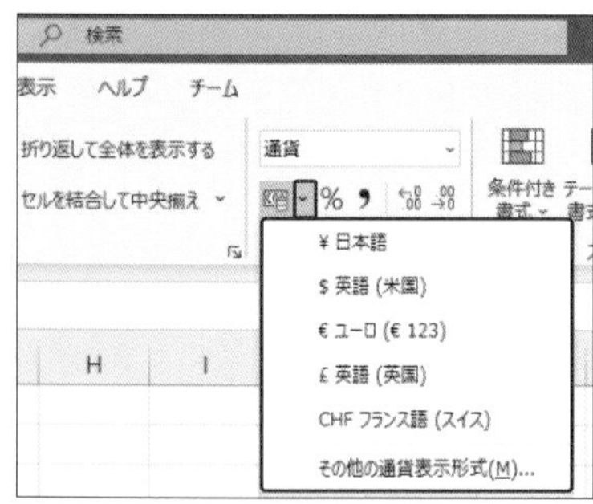

1 表示形式を変更するセル範囲を選択します。

2 ＜ホーム＞タブをクリックして、

3 ＜通貨表示形式＞をクリックすると、

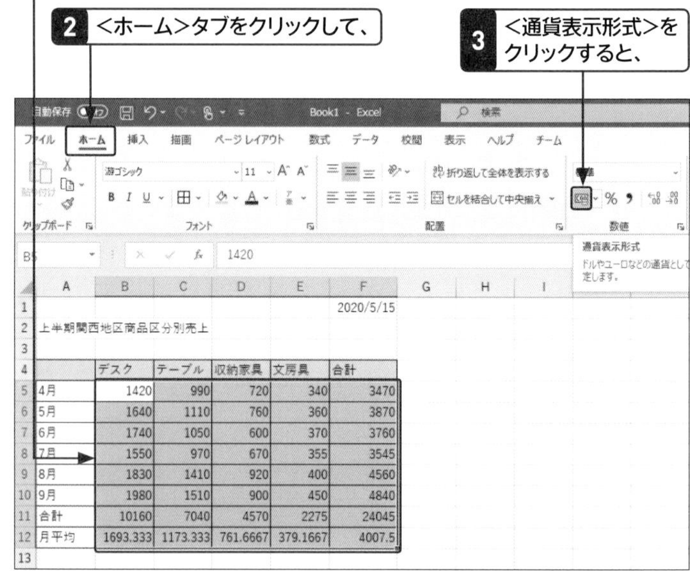

	A	B	C	D	E	F
1						2020/5/15
2	上半期関西地区商品区分別売上					
3						
4		デスク	テーブル	収納家具	文房具	合計
5	4月	1420	990	720	340	3470
6	5月	1640	1110	760	360	3870
7	6月	1740	1050	600	370	3760
8	7月	1550	970	670	355	3545
9	8月	1830	1410	920	400	4560
10	9月	1980	1510	900	450	4840
11	合計	10160	7040	4570	2275	24045
12	月平均	1693.333	1173.333	761.6667	379.1667	4007.5

4 選択したセル範囲が通貨スタイルに変更されます。

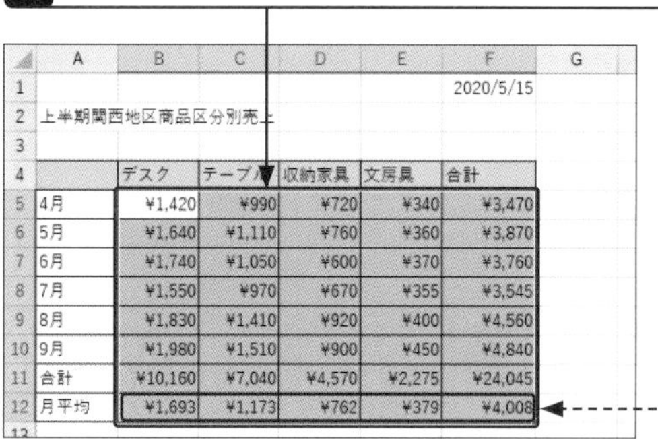

	A	B	C	D	E	F
1						2020/5/15
2	上半期関西地区商品区分別売上					
3						
4		デスク	テーブル	収納家具	文房具	合計
5	4月	¥1,420	¥990	¥720	¥340	¥3,470
6	5月	¥1,640	¥1,110	¥760	¥360	¥3,870
7	6月	¥1,740	¥1,050	¥600	¥370	¥3,760
8	7月	¥1,550	¥970	¥670	¥355	¥3,545
9	8月	¥1,830	¥1,410	¥920	¥400	¥4,560
10	9月	¥1,980	¥1,510	¥900	¥450	¥4,840
11	合計	¥10,160	¥7,040	¥4,570	¥2,275	¥24,045
12	月平均	¥1,693	¥1,173	¥762	¥379	¥4,008

小数点以下の数値は四捨五入されて表示されます。

2 表示形式をパーセンテージスタイルに変更する

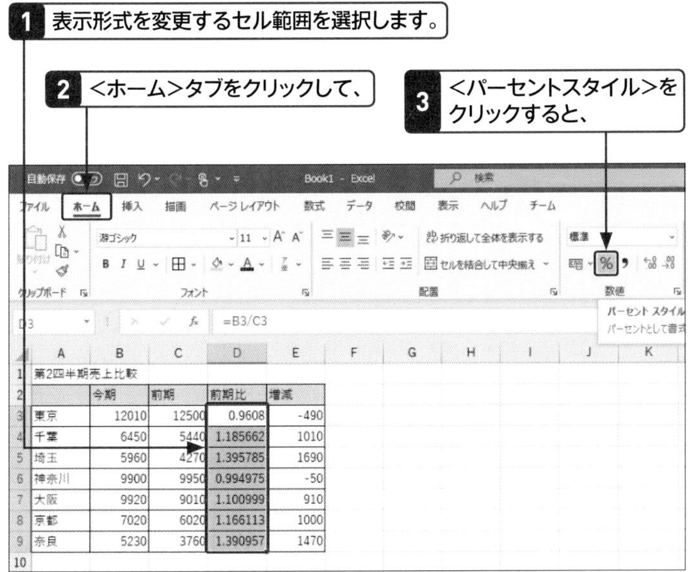

4 選択したセル範囲がパーセンテージスタイルに変更されます。

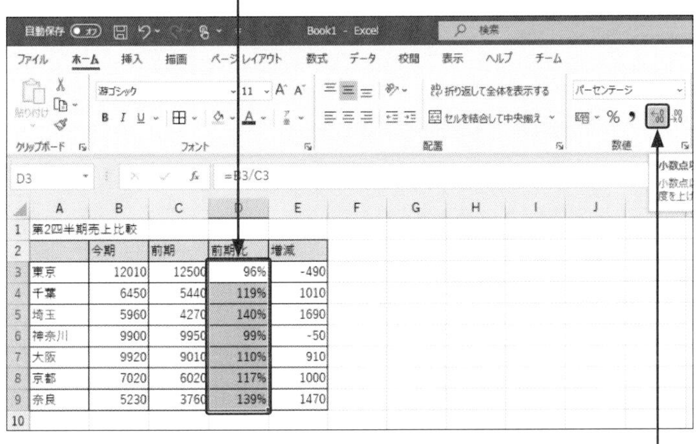

5 <小数点以下の表示桁数を増やす>をクリックすると、

	A	B	C	D	E
1	第2四半期売上比較				
2		今期	前期	前期比	増減
3	東京	12010	12500	96.1%	-490
4	千葉	6450	5440	118.6%	1010
5	埼玉	5960	4270	139.6%	1690
6	神奈川	9900	9950	99.5%	-50
7	大阪	9920	9010	110.1%	910
8	京都	7020	6020	116.6%	1000
9	奈良	5230	3760	139.1%	1470
10					

6 小数点以下の数字が1つ増えます。

メモ パーセンテージスタイルへの変更

数値をパーセンテージスタイルに変更すると、小数点以下の桁数が「0」(ゼロ)のパーセンテージスタイルになります。

ヒント 小数点以下の表示桁数を変更する

<ホーム>タブの<小数点以下の表示桁数を増やす>をクリックすると、小数点以下の桁数が1つ増え、<小数点以下の表示桁数を減らす>をクリックすると、小数点以下の桁数が1つ減ります。この場合、セルの表示上はデータが四捨五入されていますが、実際のデータは変更されません。

小数点以下の表示桁数を増やす

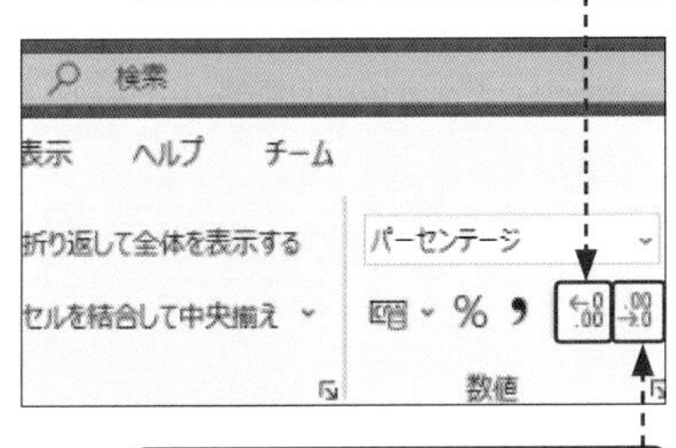

小数点以下の表示桁数を減らす

3 数値を3桁区切りで表示する

メモ 桁区切りスタイルへの変更

数値を桁区切りスタイルに変更すると、3桁ごとに「,」(カンマ)で区切って表示されます。また、小数点以下の数値がある場合は、四捨五入されて表示されます。

1 表示形式を変更するセル範囲を選択します。

	A	B	C	D	E	F	G
1						2020/5/15	
2	上半期関西地区商品区分別売上						
3							
4		デスク	テーブル	収納家具	文房具	合計	
5	4月	1420	990	720	340	3470	
6	5月	1640	1110	760	360	3870	
7	6月	1740	1050	600	370	3760	
8	7月	1550	970	670	355	3545	
9	8月	1830	1410	920	400	4560	
10	9月	1980	1510	900	450	4840	
11	合計	10160	7040	4570	2275	24045	
12	月平均	1693.333	1173.333	761.6667	379.1667	4007.5	
13							

2 <ホーム>タブをクリックして、

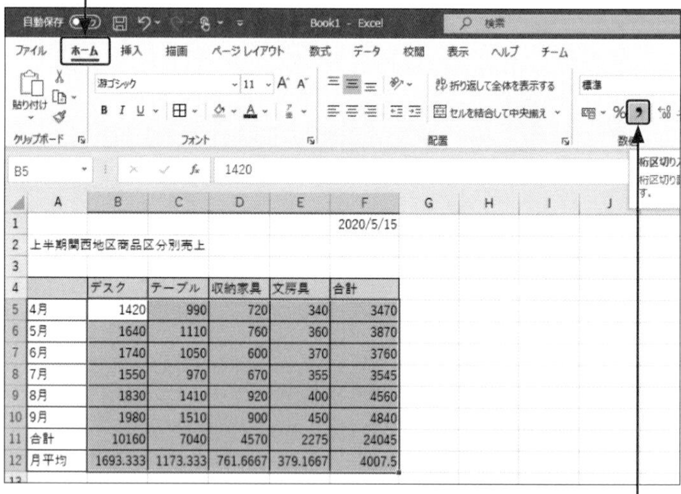

	A	B	C	D	E	F	G	H	I	J
1						2020/5/15				
2	上半期関西地区商品区分別売上									
3										
4		デスク	テーブル	収納家具	文房具	合計				
5	4月	1420	990	720	340	3470				
6	5月	1640	1110	760	360	3870				
7	6月	1740	1050	600	370	3760				
8	7月	1550	970	670	355	3545				
9	8月	1830	1410	920	400	4560				
10	9月	1980	1510	900	450	4840				
11	合計	10160	7040	4570	2275	24045				
12	月平均	1693.333	1173.333	761.6667	379.1667	4007.5				

3 <桁区切りスタイル>をクリックすると、

4 数値が3桁ごとに「,」で区切られて表示されます。

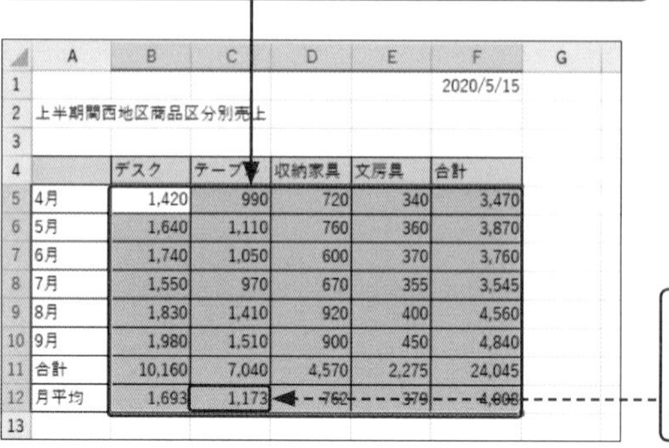

	A	B	C	D	E	F	G
1						2020/5/15	
2	上半期関西地区商品区分別売上						
3							
4		デスク	テーブル	収納家具	文房具	合計	
5	4月	1,420	990	720	340	3,470	
6	5月	1,640	1,110	760	360	3,870	
7	6月	1,740	1,050	600	370	3,760	
8	7月	1,550	970	670	355	3,545	
9	8月	1,830	1,410	920	400	4,560	
10	9月	1,980	1,510	900	450	4,840	
11	合計	10,160	7,040	4,570	2,275	24,045	
12	月平均	1,693	1,173	762	379	4,008	
13							

小数点以下の数値は四捨五入されて表示されます。

4 日付の表示形式を変更する

1 日付が入力されたセルをクリックして、

2 <ホーム>タブをクリックし、

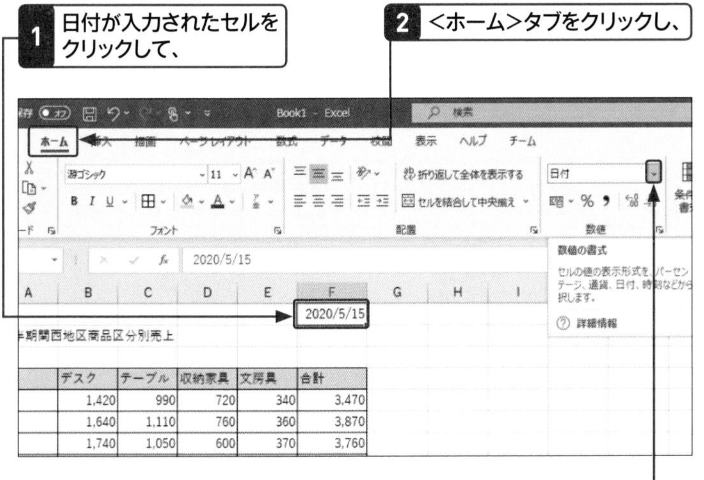

3 <数値の書式>のここをクリックします。

4 <長い日付形式>をクリックすると、

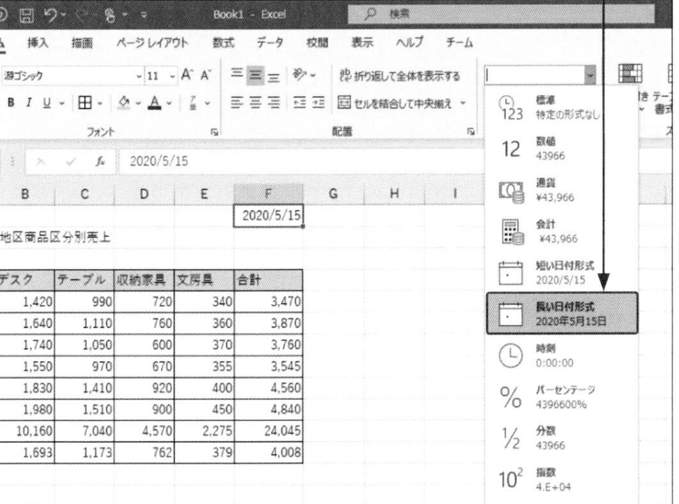

5 日付の表示形式が変更されます。

	A	B	C	D	E	F
1						2020年5月15日
2	上半期関西地区商品区分別売上					
3						
4		デスク	テーブル	収納家具	文房具	合計
5	4月	1,420	990	720	340	3,470
6	5月	1,640	1,110	760	360	3,870
7	6月	1,740	1,050	600	370	3,760

列幅は自動的に調整されます。

メモ 日付の表示形式の変更

日付の表示形式は、<ホーム>タブの<数値>グループの をクリックすると表示される<セルの書式設定>ダイアログボックスの<表示形式>で変更することもできます。このダイアログボックスを利用すると、<カレンダーの種類>で<和暦>を指定することもできます。

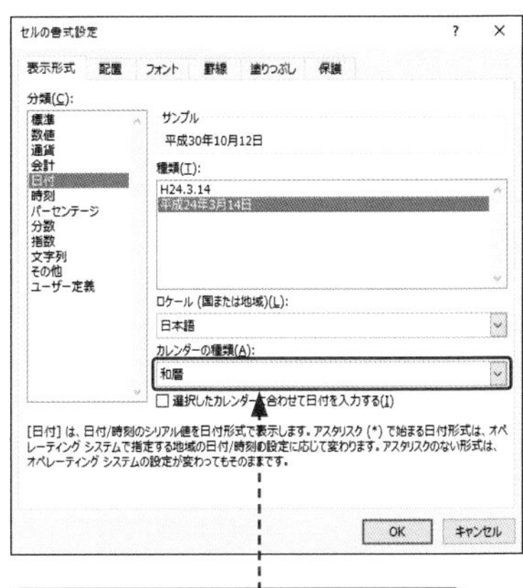

和暦を指定することもできます。

ステップアップ 日付や時刻のデータ

Excelでは、日付や時刻のデータは、「シリアル値」という数値で扱われます。日付スタイルや時刻スタイルのセルの表示形式を標準スタイルに変更すると、シリアル値が表示されます。たとえば、「2019/1/1 12:00」の場合は、シリアル値の「43466.5」が表示されます。

Section 16

文字の配置を変更する

覚えておきたいキーワード
- 中央揃え
- 折り返して全体を表示
- インデント

文字を入力した直後は、数値は右揃えに、文字は左揃えに配置されますが、この配置は任意に変更できます。また、セルの中に文字が入りきらない場合は、文字を折り返して表示したり、セル幅に合わせて縮小したりすることができます。文字を縦書きにすることも可能です。

1 文字をセルの中央に揃える

メモ 文字の左右の配置

<ホーム>タブの<配置>グループで以下のコマンドを利用すると、セル内の文字を左揃えや中央揃え、右揃えに設定できます。

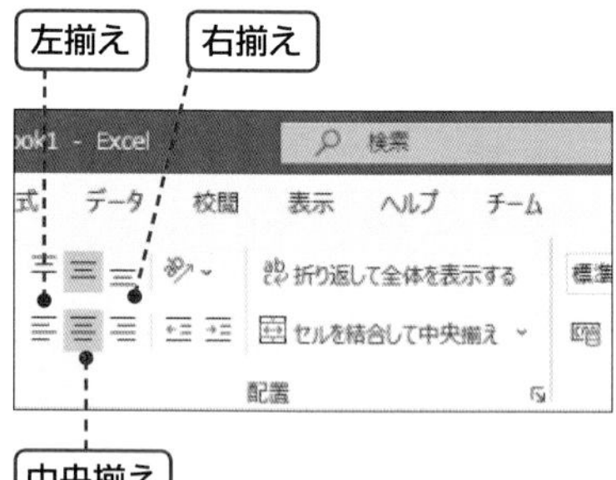

ステップアップ 文字の上下の配置

<ホーム>タブの<配置>グループで以下のコマンドを利用すると、セル内の文字を上揃えや上下中央揃え、下揃えに設定できます。

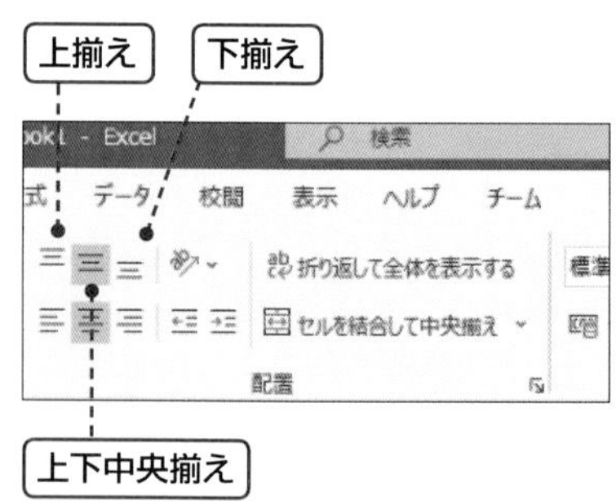

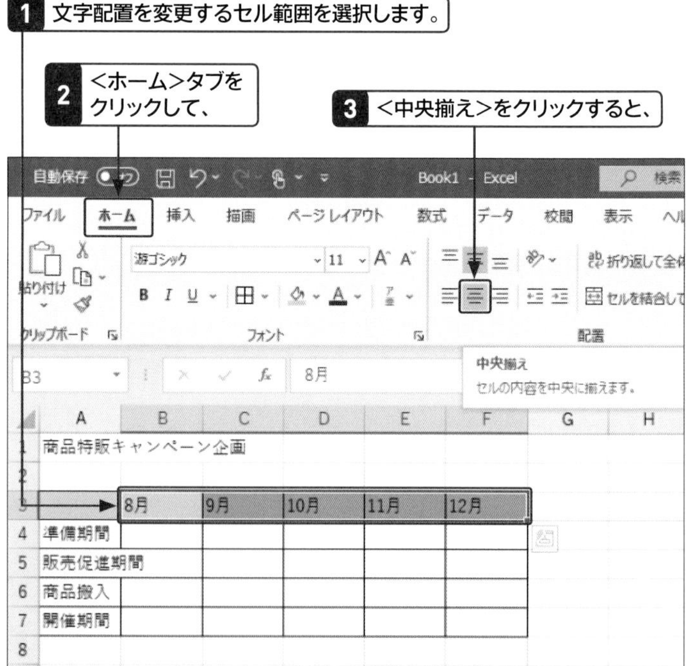

1 文字配置を変更するセル範囲を選択します。
2 <ホーム>タブをクリックして、
3 <中央揃え>をクリックすると、
中央揃え
セルの内容を中央に揃えます。

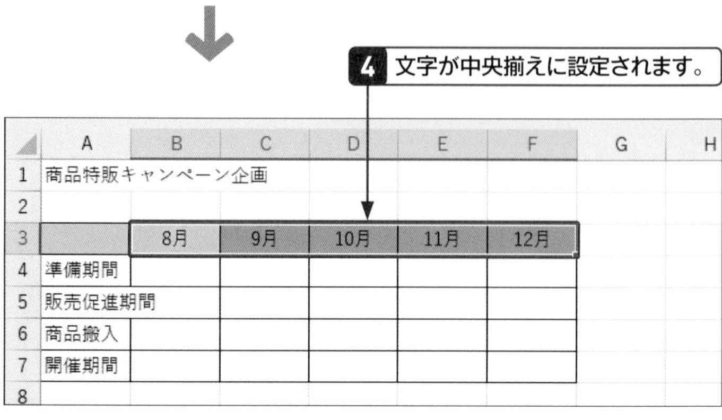

2 セルに合わせて文字を折り返す

1 セル内に文字が収まっていないセルをクリックします。

2 <ホーム>タブをクリックして、

3 <折り返して全体を表示する>をクリックすると、

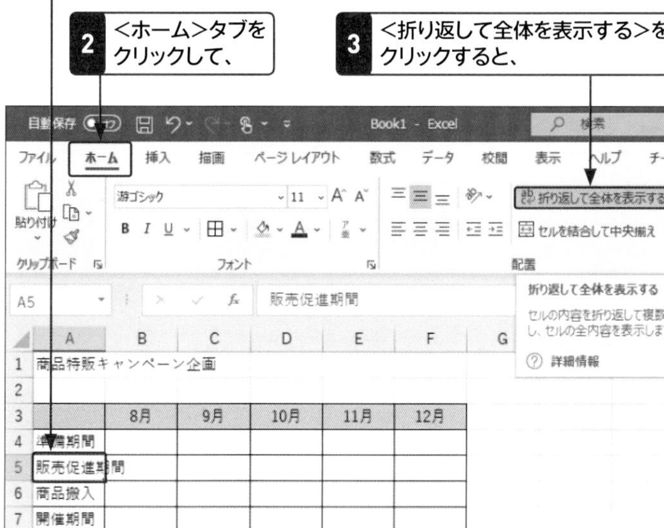

4 セル内で文字が折り返され、文字全体が表示されます。

A5 販売促進期間

	A	B	C	D	E	F	G	H
1	商品特販キャンペーン企画							
2								
3		8月	9月	10月	11月	12月		
4	準備期間							
5	販売促進 期間							
6	商品搬入							
7	開催期間							
8								

メモ 文字を折り返す

左の手順で操作すると、セルに合わせて文字が自動的に折り返されて表示されます。文字の折り返し位置は、セル幅に応じて自動的に調整されます。折り返した文字列をもとに戻すには、<折り返して全体を表示する>を再度クリックします。

ヒント 行の高さは自動調整される

文字を折り返すと、折り返した文字に合わせて、行の高さが自動的に調整されます。

ステップアップ 指定した位置で文字を折り返す

指定した位置で文字を折り返したい場合は、改行を入力します。セル内をダブルクリックして、折り返したい位置にカーソルを移動し、Alt＋Enterを押すと、指定した位置で改行されます。

ステップアップ インデントを設定する

「インデント」とは、文字とセル枠線との間隔を広くする機能のことです。インデントを設定するには、セル範囲を選択して、<ホーム>タブの<インデントを増やす>をクリックします。クリックするごとに、セル内のデータが1文字分ずつ右へ移動します。インデントを解除するには、<インデントを減らす>をクリックします。

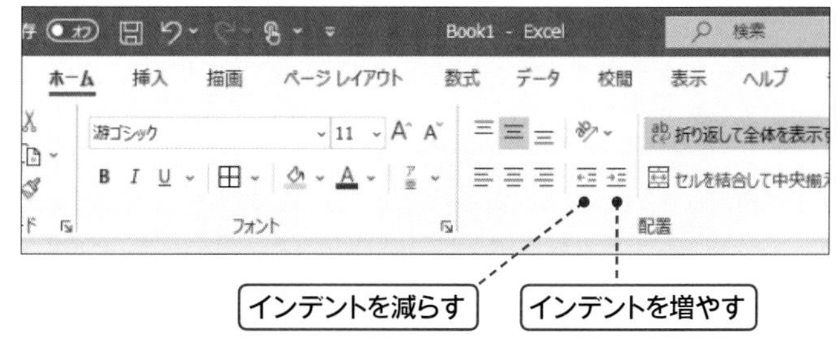

Section 17

文字サイズやフォントを変更する

覚えておきたいキーワード
☑ 文字サイズ
☑ フォント
☑ フォントサイズ

文字サイズやフォントは、任意に変更することが可能です。表のタイトルや項目などを目立たせたり、重要な箇所を強調したりすることができます。文字サイズやフォントを変更するには、＜ホーム＞タブの＜フォントサイズ＞と＜フォント＞を利用します。

1 文字サイズを変更する

メモ Excelの既定のフォント

Excelの既定のフォントは「游ゴシック」、スタイルは「標準」、サイズは「11」ポイントです。なお、「1pt」は1/72インチで、およそ0.35mmです。

1 文字サイズを変更するセルをクリックします。

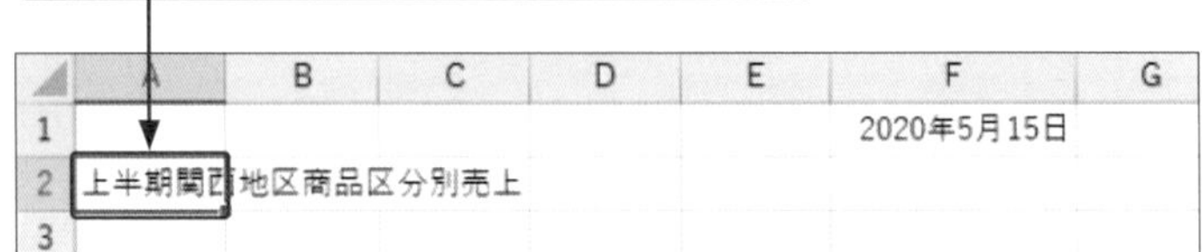

2 ＜ホーム＞タブをクリックして、

3 ＜フォントサイズ＞のここをクリックし、

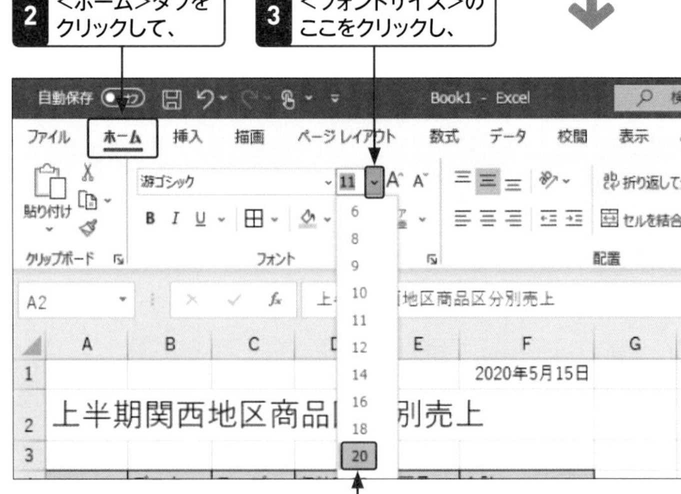

4 文字サイズにマウスポインターを合わせると、文字サイズが一時的に適用されて表示されます。

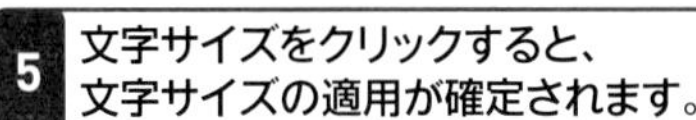

5 文字サイズをクリックすると、文字サイズの適用が確定されます。

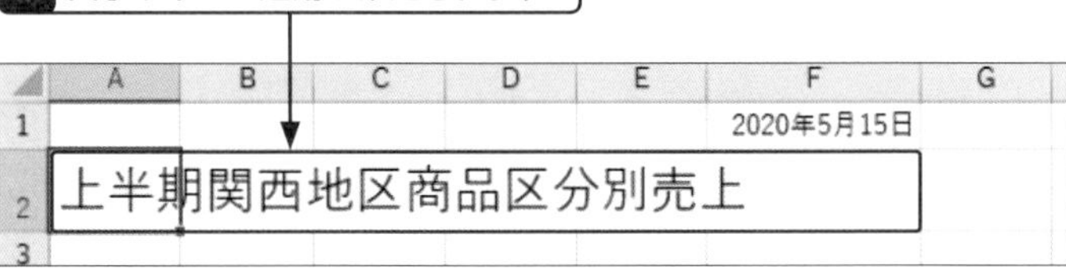

ステップアップ 文字サイズを直接入力する

＜フォントサイズ＞は、文字サイズの数値を直接入力して設定することもできます。この場合、一覧には表示されない「9.5pt」や「96pt」といった文字サイズを指定することも可能です。

2 フォントを変更する

1 フォントを変更するセルをクリックします。

2 <ホーム>タブをクリックして、

3 <フォント>のここをクリックし、

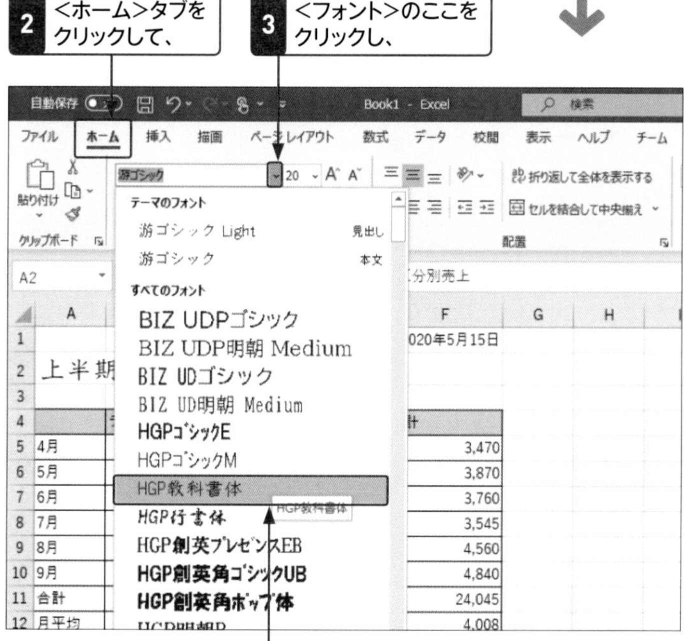

4 フォントにマウスポインターを合わせると、フォントが一時的に適用されて表示されます。

5 フォントをクリックすると、フォントの適用が確定されます。

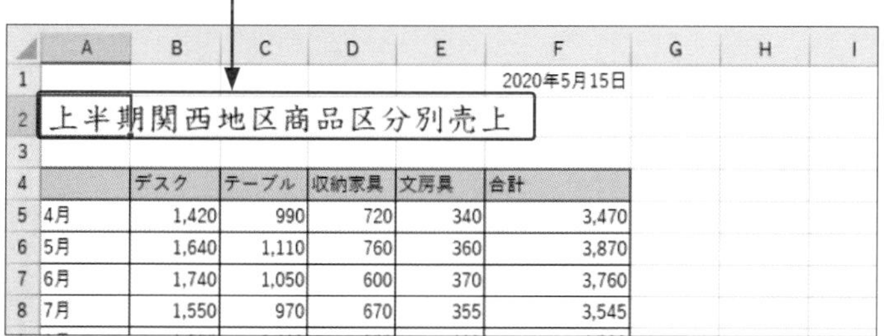

ヒント ミニツールバーを使う

文字サイズやフォントは、セルを右クリックすると表示されるミニツールバーから変更することもできます。

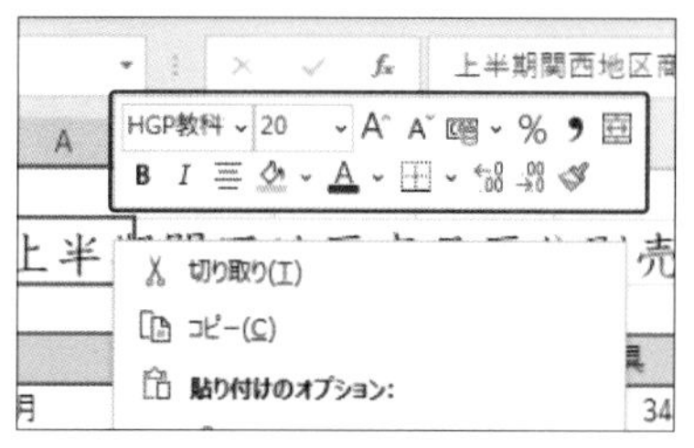

ヒント 一部の文字だけを変更するには?

セルを編集できる状態にして、文字の一部分を選択すると、選択した部分のフォントや文字サイズだけを変更することができます。

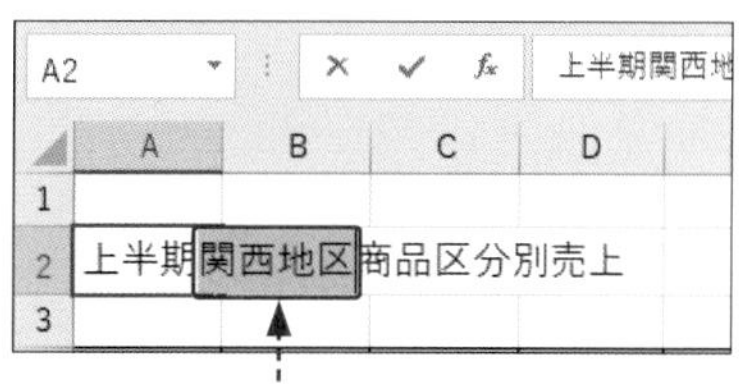

文字の一部分を選択します。

ステップアップ 文字の書式をまとめて変更する

<ホーム>タブの<フォント>グループのをクリックすると表示される<セルの書式設定>ダイアログボックスの<フォント>では、フォントや文字サイズ、文字のスタイルや色などをまとめて変更することができます。

Section 18

列の幅や行の高さを調整する

覚えておきたいキーワード
- 列の幅
- 行の高さ
- 列の幅の自動調整

数値や文字がセルに収まりきらない場合や、表の体裁を整えたい場合は、列の幅や行の高さを変更します。列の幅や行の高さは、列番号や行番号の境界をマウスでドラッグしたり、数値で指定したりして変更します。また、セルのデータに合わせて列の幅を調整することもできます。

1 ドラッグして列の幅を変更する

メモ ドラッグ操作による列の幅や行の高さの変更

列番号や行番号の境界にマウスポインターを合わせ、ポインターの形が ✛ や ✛ に変わった状態でドラッグすると、列の幅や行の高さを変更できます。
列の幅を変更する場合は目的の列番号の右側に、行の高さを変更する場合は目的の行番号の下側に、マウスポインターを合わせます。

1 幅を変更する列番号の境界にマウスポインターを合わせ、ポインターの形が ✛ に変わった状態で、

	A	B	C	D	E	F	G
1							
2	YOU²特販キャンペーン企画						
3							
4	項　目	内　容					
5	趣旨	発売1周年記念の期間限定特販キャンペーン					
6	開催期間	12月1日～12月31日まで					

2 右方向にドラッグすると、

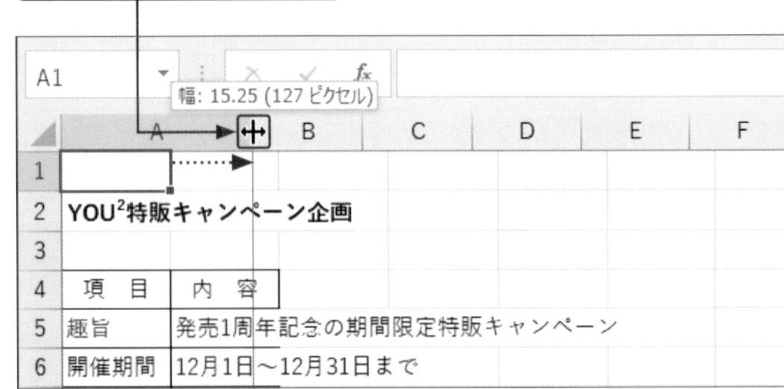

3 列の幅が変更されます。

	A	B	C	D	E	F
1						
2	YOU²特販キャンペーン企画					
3						
4	項　目	内　容				
5	趣旨	発売1周年記念の期間限定特販キャンペーン				
6	開催期間	12月1日～12月31日まで				

ヒント 列の幅や行の高さの表示単位

変更中の列の幅や行の高さは、マウスポインターの右上に数値で表示されます（手順**2**の図参照）。列の幅は、Excelの既定のフォント（11ポイント）で入力できる半角文字の「文字数」で、行の高さは、入力できる文字の「ポイント数」で表されます。カッコの中にはピクセル数が表示されます。

2 セルのデータに列の幅を合わせる

1 幅を変更する列番号の境界にマウスポインターを合わせ、形が ✛ に変わった状態で、

	A	B	C	D	E	F
1						
2	**YOU²特販キャンペーン企画**					
3						
4	項　目	内　容				
5	趣旨	発売1周年記念の期間限定特販キャンペーン				
6	開催期間	12月1日～12月31日まで				
7	キャンペーン内容	期間中上位3店舗に金一封を進呈				
8	開催店舗	東京、神奈川の各店舗				
9						

2 ダブルクリックすると、

3 セルのデータに合わせて、列の幅が変更されます。

	A	B	C
1			
2	**YOU²特販キャンペーン企画**		
3			
4	項　目	内　容	
5	趣旨	発売1周年記念の期間限定特販キャンペーン	
6	開催期間	12月1日～12月31日まで	
7	キャンペーン内容	期間中上位3店舗に金一封を進呈	
8	開催店舗	東京、神奈川の各店舗	
9			

対象となる列内のセルで、もっとも長いデータに合わせて列の幅が自動的に調整されます。

ヒント 複数の行や列を同時に変更するには？

複数の行または列を選択した状態で境界をドラッグするか、＜行の高さ＞ダイアログボックスまたは＜列の幅＞ダイアログボックス（下の「ステップアップ」参照）を表示して数値を入力すると、複数の行の高さや列の幅を同時に変更できます。

	A	B	C	D	E	F	G
1						2018/10/12	
2	上半期関西地区商品区分別売上						
3							
4		デスク	テーブル	収納家具	文房具	合計	
5	4月	1,420	990	720	340	3,470	
6	5月	1,640	1,110	760	360	3,870	
7	6月	1,740	1,050	600	370	3,760	
8	7月	1,550	970	670	355	3,545	
9	8月	1,830	1,410	920	400	4,560	
10	9月	1,980	1,510	900	450	4,840	
11	合計	10,160	7,040	4,570	2,275	24,045	
12	月平均	1,693	1,173	762	379	4,008	
13							

複数の列を選択して境界をドラッグすると、列の幅を同時に変更できます。

ステップアップ 列の幅や行の高さを数値で指定する

列の幅や行の高さは、数値で指定して変更することもできます。
列の幅は、調整したい列をクリックして、＜ホーム＞タブの＜セル＞グループの＜書式＞から＜列の幅＞をクリックして表示される＜列の幅＞ダイアログボックスで指定します。行の高さは、同様の方法で＜行の高さ＞をクリックして表示される＜行の高さ＞ダイアログボックスで指定します。

＜列の幅＞ダイアログボックス

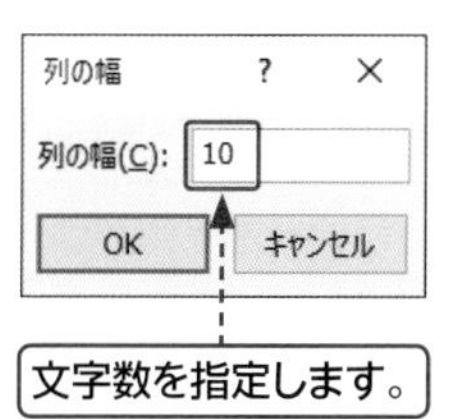

文字数を指定します。

＜行の高さ＞ダイアログボックス

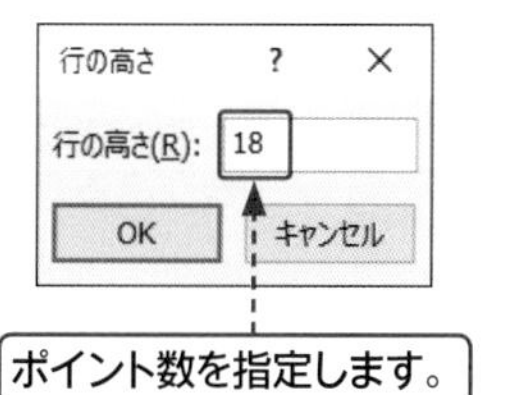

ポイント数を指定します。

Section 19

セルを結合する

覚えておきたいキーワード
- セルの結合
- セルを結合して中央揃え
- セル結合の解除

隣り合う複数のセルは、結合して1つのセルとして扱うことができます。結合したセル内の文字は、通常のセルと同じように任意に配置できるので、複数のセルにまたがる見出しなどに利用すると、表の体裁を整えることができます。同じ行のセルどうしを一気に結合することも可能です。

1 セルを結合して文字を中央に揃える

メモ セルの位置

セルの位置は、列番号と行番号を組み合わせて表します。手順1のセル[B3]は、列番号[B]と行番号[3]の交差するセルの位置を、セル[E3]は、列番号[E]と行番号[3]の交差するセルの位置を表します。「セル参照」ともいいます。

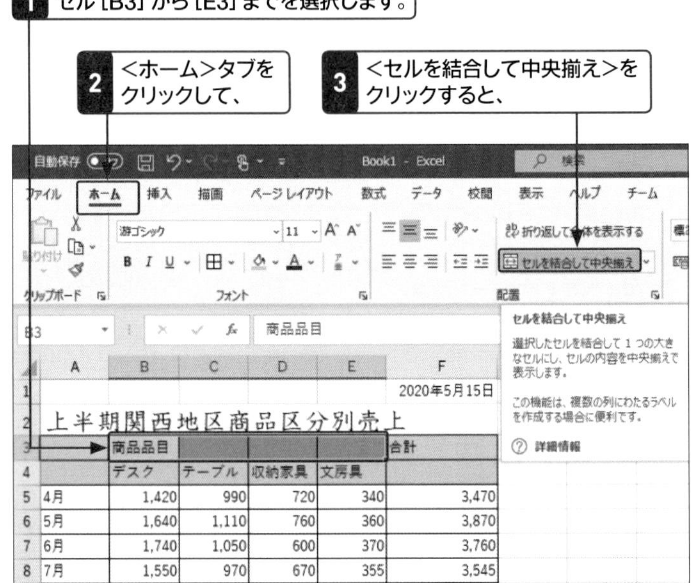
1 セル[B3]から[E3]までを選択します。
2 <ホーム>タブをクリックして、
3 <セルを結合して中央揃え>をクリックすると、
セルを結合して中央揃え
選択したセルを結合して 1 つの大きなセルにし、セルの内容を中央揃えで表示します。
この機能は、複数の列にわたるラベルを作成する場合に便利です。
詳細情報
上半期関西地区商品区分別売上

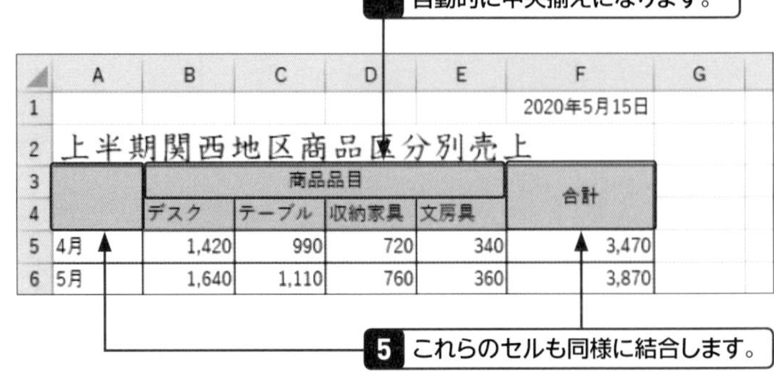
4 セルが結合され、文字の配置が自動的に中央揃えになります。
上半期関西地区商品区分別売上
商品品目
合計
5 これらのセルも同様に結合します。

ヒント 結合するセルにデータがある場合は?

結合するセルの選択範囲に複数のデータが存在する場合は、左上端のセルのデータのみが保持されます。ただし、空白のセルは無視されます。

2 文字を左揃えのままセルを結合する

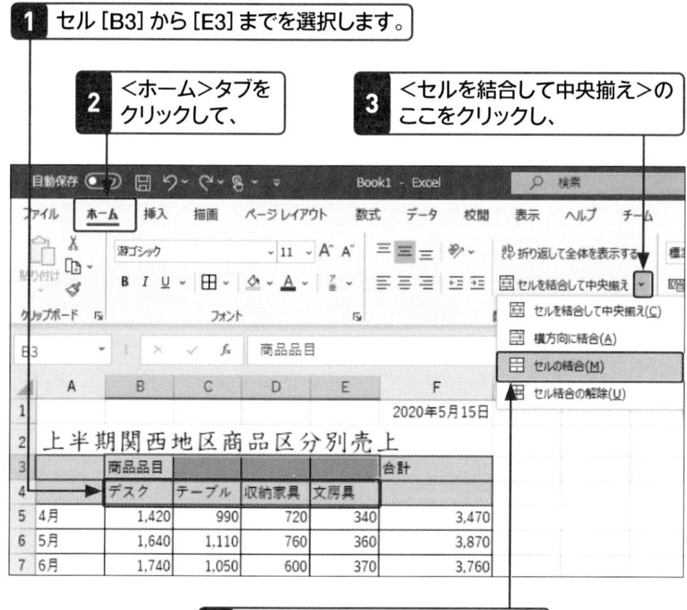
1 セル [B3] から [E3] までを選択します。
2 <ホーム>タブをクリックして、
3 <セルを結合して中央揃え>のここをクリックし、

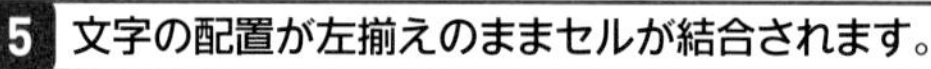
4 <セルの結合>をクリックすると、

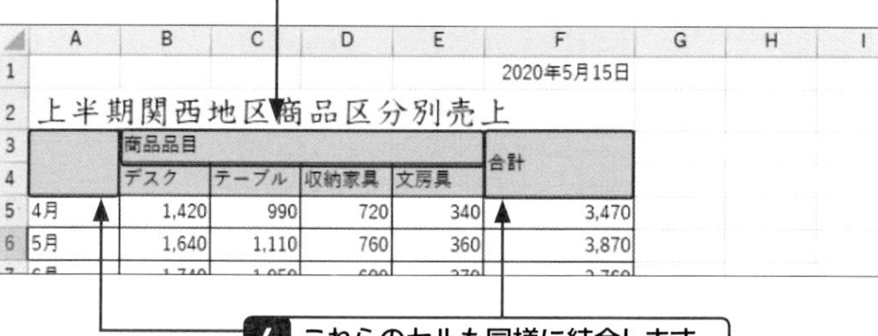
5 文字の配置が左揃えのままセルが結合されます。
6 これらのセルも同様に結合します。

文字配置を維持したままセルを結合する

＜ホーム＞タブの＜セルを結合して中央揃え＞をクリックすると、セルに入力されていた文字が中央に配置されます。セルを結合したときに、文字配置を維持したい場合は、左の手順で操作します。

セルの結合を解除するには?

セルの結合を解除するには、結合されたセルを選択して、＜セルを結合して中央揃え＞をクリックするか、下の手順で操作します。

1 ここをクリックして、

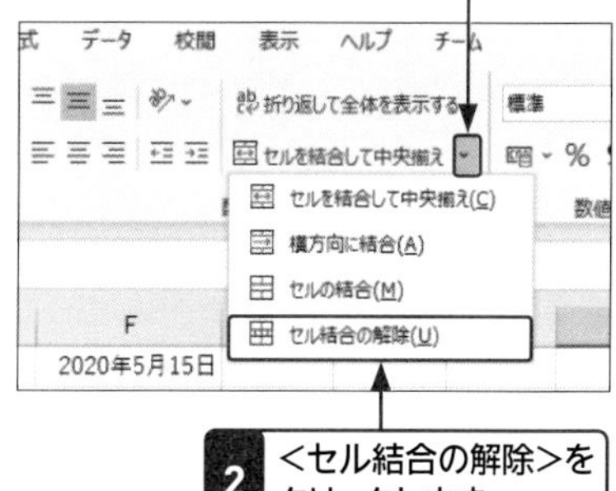
2 <セル結合の解除>をクリックします。

セルを横方向に結合する

結合したいセルを選択して、上記の手順 4 で＜横方向に結合＞をクリックすると、同じ行のセルどうしを一気に結合することができます。

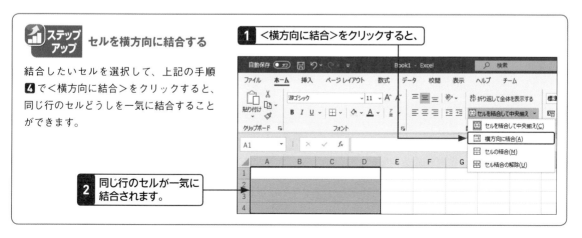

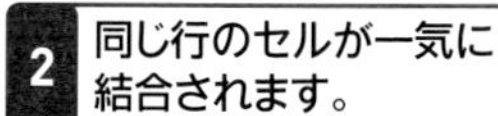
2 同じ行のセルが一気に結合されます。

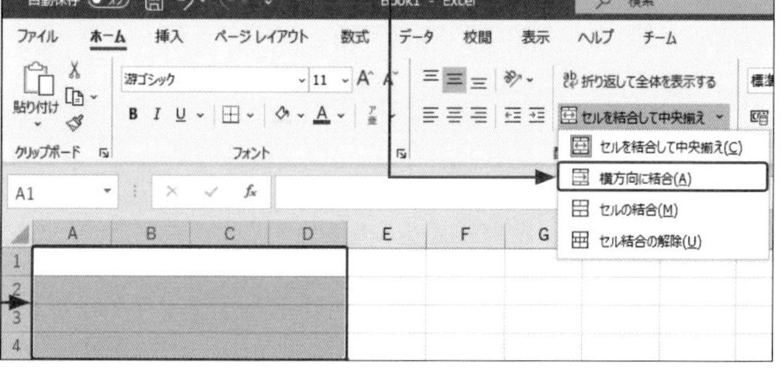
1 <横方向に結合>をクリックすると、

Section 20

セルの書式をコピーする

覚えておきたいキーワード
- ☑ 書式のコピー
- ☑ 書式の貼り付け
- ☑ 書式の連続貼り付け

セルに設定した罫線や色、配置などの書式を、別のセルに繰り返し設定するのは手間がかかります。このようなときは、もとになる表の書式をコピーして貼り付けることで、同じ形式の表をかんたんに作成することができます。書式は連続して貼り付けることもできます。

1 書式をコピーして貼り付ける

メモ 書式のコピー

書式のコピー機能を利用すると、書式だけをコピーして別のセルに貼り付けることができます。同じ書式を何度も設定したい場合に利用すると便利です。

ヒント 書式をコピーするそのほかの方法

書式のみをコピーするには、右の手順のほかに、<貼り付け>の下部をクリックすると表示される<その他の貼り付けオプション>の<書式設定>を利用する方法もあります（Sec.21参照）。

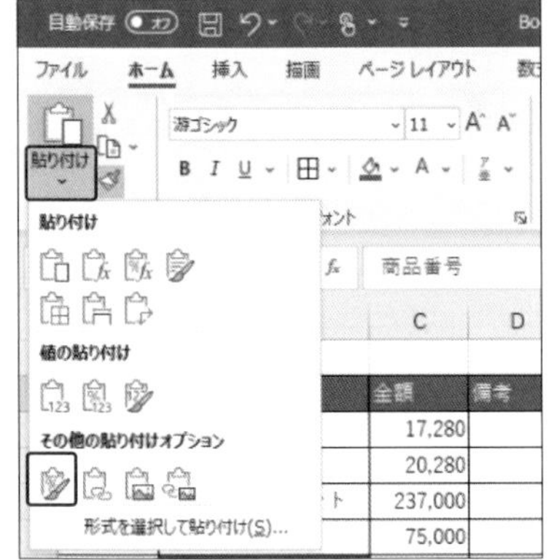

セルに設定している背景色と文字色、文字配置をコピーします。

1 書式をコピーするセルをクリックして、

2 <ホーム>タブをクリックし、

3 <書式のコピー／貼り付け>をクリックします。

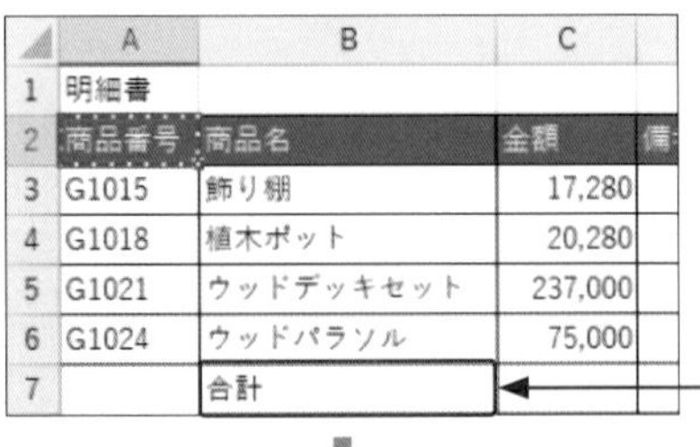

4 貼り付ける位置でクリックすると、

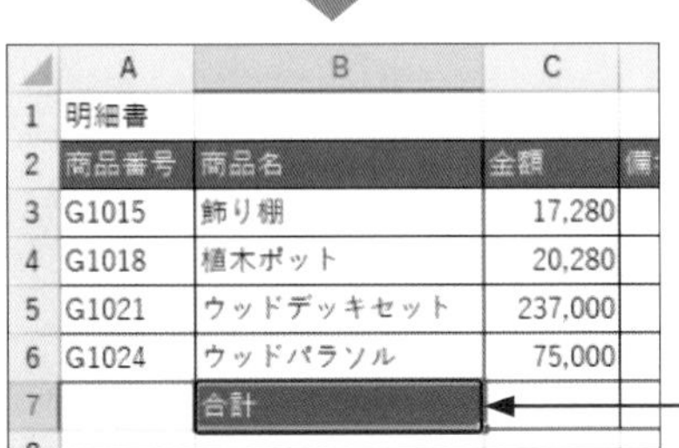

5 書式だけが貼り付けられます。

第2章 セルや行／列の編集

2 書式を連続して貼り付ける

セルに設定している背景色を連続してコピーします。

1 書式をコピーするセル範囲を選択して、

2 <ホーム>タブをクリックし、

3 <書式のコピー／貼り付け>をダブルクリックします。

4 貼り付ける位置でクリックすると、

5 書式だけが貼り付けられます。

メモ 書式の連続貼り付け

書式を連続して貼り付けるには、<書式のコピー／貼り付け> をダブルクリックし、左の手順に従います。<書式のコピー／貼り付け>では、次の書式がコピーできます。

①表示形式
②文字の配置、折り返し、セルの結合
③フォント
④罫線の設定
⑤文字の色やセルの背景色
⑥文字サイズ、スタイル、文字飾り

ヒント 書式の連続貼り付けを中止するには？

書式の連続貼り付けを中止して、マウスポインターをもとに戻すには、Esc を押すか、<書式のコピー／貼り付け> を再度クリックします。

Section 21 値や数式のみを貼り付ける

覚えておきたいキーワード
- 貼り付け
- 貼り付けのオプション
- 形式を選択して貼り付け

計算式の結果だけをコピーしたい、表の列幅を保持してコピーしたい、表の縦と横を入れ替えたい、といったことはよくあります。この場合は、<貼り付け>のオプションを利用すると値だけ、数式だけ、書式設定だけといった個別の貼り付けが可能となります。

1 貼り付けのオプション

<貼り付け>の下部をクリックすると表示されるメニューを利用すると、コピーしたデータをさまざまな形式で貼り付けることができます。それぞれのアイコンにマウスポインターを合わせると、適用した状態がプレビューされるので、結果をすぐに確認できます。

1 <貼り付け>のここをクリックすると、

2 貼り付けのオプションメニューが表示されます。

グループ	アイコン	項目	概要
貼り付け		貼り付け	セルのデータすべてを貼り付けます。
		数式	セルの数式だけを貼り付けます（P.218参照）。
		数式と数値の書式	セルの数式と数値の書式を貼り付けます。
		元の書式を保持	もとの書式を保持して貼り付けます。
		罫線なし	罫線を除く、書式や値を貼り付けます。
		元の列幅を保持	もとの列幅を保持して貼り付けます（P.219参照）。
		行列を入れ替える	行と列を入れ替えてすべてのデータを貼り付けます。
値の貼り付け		値	セルの値だけを貼り付けます（P.217参照）。
		値と数値の書式	セルの値と数値の書式を貼り付けます。
		値と元の書式	セルの値ともとの書式を貼り付けます。
その他の貼り付けオプション		書式設定	セルの書式のみを貼り付けます。
		リンク貼り付け	もとのデータを参照して貼り付けます。
		図	もとのデータを図として貼り付けます。
		リンクされた図	もとのデータをリンクされた図として貼り付けます。
形式を選択して貼り付け	形式を選択して貼り付け(S)...		<形式を選択して貼り付け>ダイアログボックスが表示されます（P.219参照）。

第2章 セルや行／列の編集

2 値のみを貼り付ける

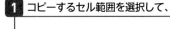

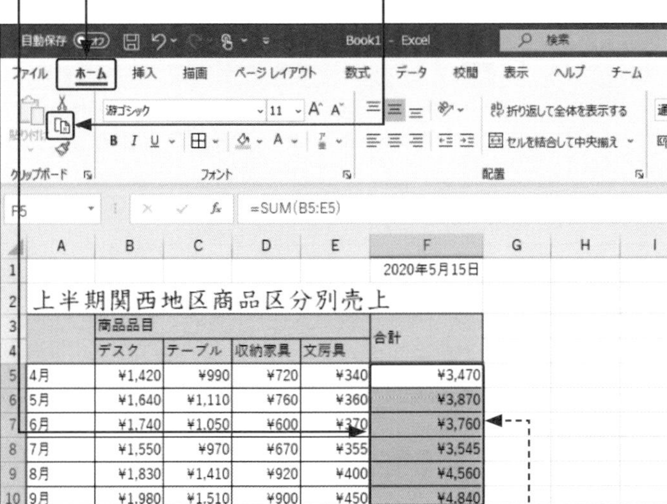
1 コピーするセル範囲を選択して、
2 <ホーム>タブをクリックし、
3 <コピー>をクリックします。
2020年5月15日
上半期関西地区商品区分別売上
商品品目
デスク
テーブル
収納家具
文房具
合計
=SUM(B5:E5)

	A	B	C	D	E	F
1						2020年5月15日
2	上半期関西地区商品区分別売上					
3		商品品目				合計
4		デスク	テーブル	収納家具	文房具	
5	4月	¥1,420	¥990	¥720	¥340	¥3,470
6	5月	¥1,640	¥1,110	¥760	¥360	¥3,870
7	6月	¥1,740	¥1,050	¥600	¥370	¥3,760
8	7月	¥1,550	¥970	¥670	¥355	¥3,545
9	8月	¥1,830	¥1,410	¥920	¥400	¥4,560
10	9月	¥1,980	¥1,510	¥900	¥450	¥4,840

コピーするセルには、数式と通貨形式が設定されています。

4 別シートの貼り付け先のセル[C4]をクリックして、

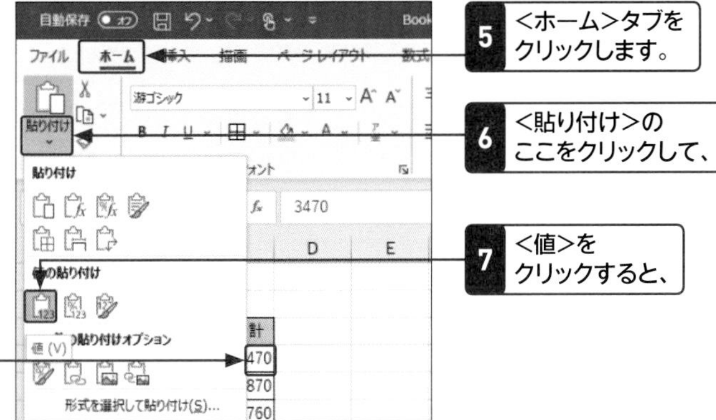
5 <ホーム>タブをクリックします。
6 <貼り付け>のここをクリックして、
7 <値>をクリックすると、
貼り付け
値の貼り付け
その他の貼り付けオプション
形式を選択して貼り付け(S)...
値(V)

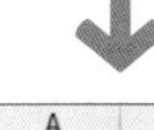

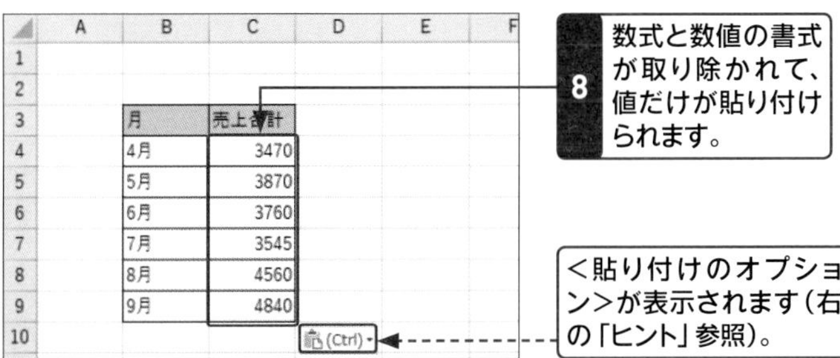
8 数式と数値の書式が取り除かれて、値だけが貼り付けられます。
<貼り付けのオプション>が表示されます(右の「ヒント」参照)。
(Ctrl)

	A	B	C
3		月	売上合計
4		4月	3470
5		5月	3870
6		6月	3760
7		7月	3545
8		8月	4560
9		9月	4840

メモ 値の貼り付け

<貼り付け>のメニューを利用すると、必要なものだけを貼り付ける、といったことがかんたんにできます。ここでは「値だけの貼り付け」を行います。貼り付ける形式を<値>にすると、数式や数値の書式が設定されているセルをコピーした場合でも、表示されている計算結果の数値や文字だけを貼り付けることができます。

メモ ほかのブックへの値の貼り付け

セル参照を利用している数式の計算結果をコピーし、別のワークシートに貼り付けると、正しい結果が表示されません。これは、セル参照が貼り付け先のワークシートのセルに変更されて、正しい計算が行えないためです。このような場合は、値だけを貼り付けると、計算結果だけを利用できます。

ヒント <貼り付けのオプション>の利用

貼り付けたあと、その結果の右下に<貼り付けのオプション> (Ctrl) が表示されます。これをクリックすると、貼り付けたあとで結果を手直しするためのメニューが表示されます。メニューの内容は、前ページの貼り付けのオプションメニューと同じものです。

3 数式のみを貼り付ける

メモ 数式のみの貼り付け

手順❻のように貼り付ける形式を<数式>にすると、「¥」や桁区切り、罫線、背景色を除いて、数式だけを貼り付けることができます。なお、数式ではなく値が入力されたセルは、値が貼り付けられます。

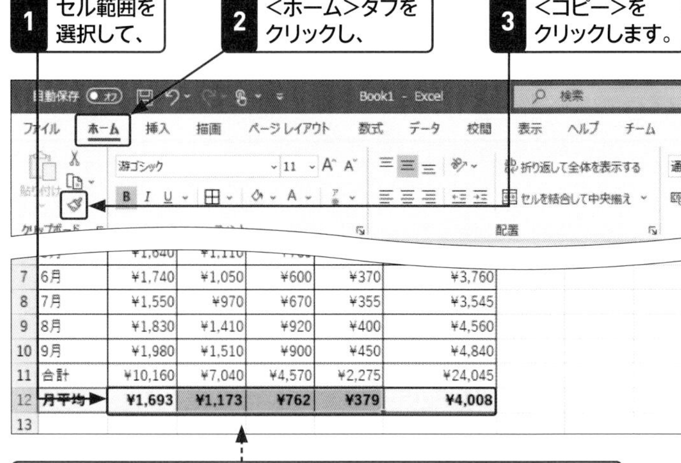

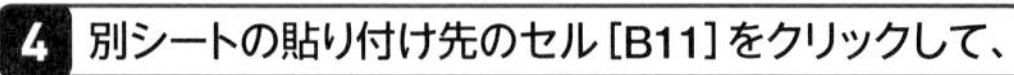

セルに背景色を付けて、数値に太字と通貨形式を設定しています。

ヒント 数式と数値の書式の貼り付け

右の手順❻で<数式と数値の書式>をクリックすると、表の罫線や背景色などを除いて、数式と数値の書式だけが貼り付けられます。なお、「数値の書式」とは、数値に設定した表示形式のことです。

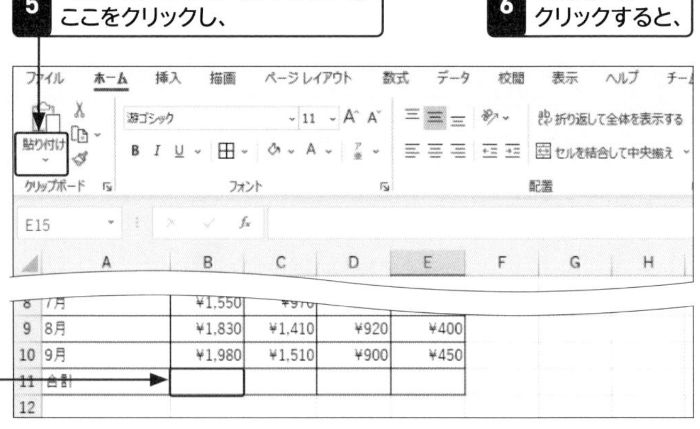

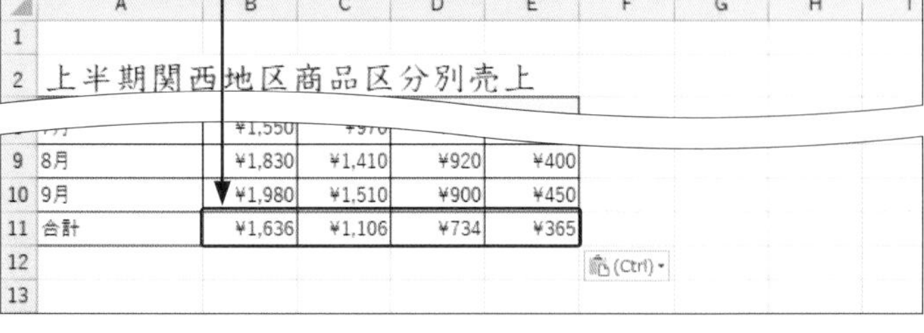

ヒント 数式の参照セルは自動的に変更される

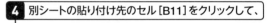

貼り付ける形式を<数式>や<数式と数値の書式>にした場合、通常の貼り付けと同様に、数式のセル参照は自動的に変更されます。

4 もとの列幅を保ったまま貼り付ける

1 セル範囲を選択して、

2 <ホーム>タブをクリックし、

3 <コピー>をクリックします。

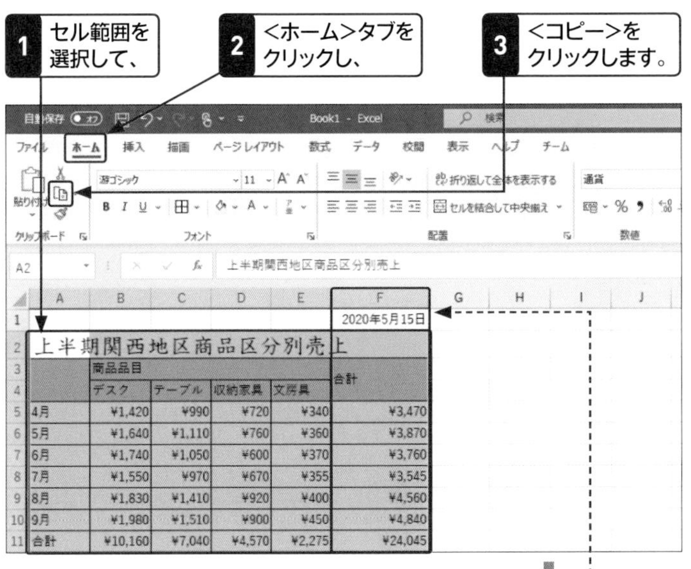

4 別シートの貼り付け先のセル［A1］をクリックして、

5 <ホーム>タブをクリックします。

6 <貼り付け>のここをクリックして、

貼り付けもとと貼り付け先で列の幅が異なっています。

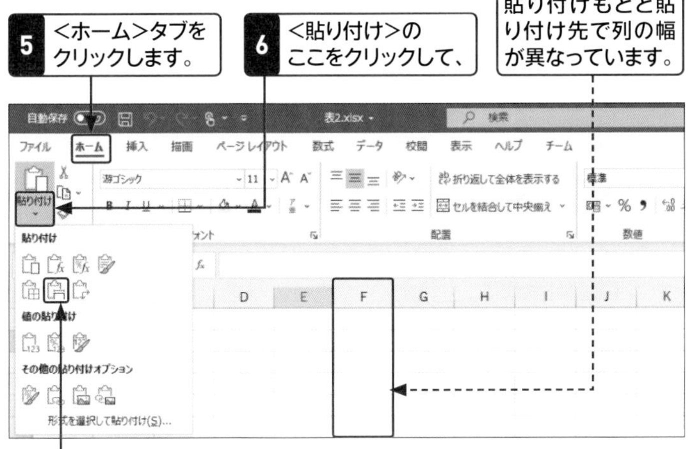

7 <元の列幅を保持>をクリックすると、

8 コピーしたセル範囲と同じ列幅で表が貼り付けられます。

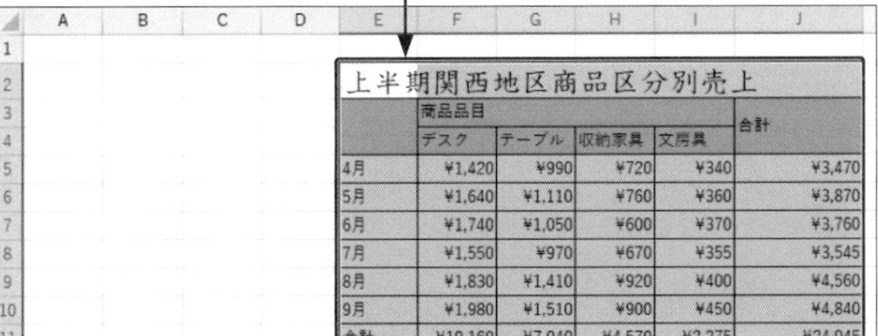

メモ 列の幅を保持した貼り付け

コピーもとと貼り付け先の列幅が異なる場合、単なる貼り付けでは列幅が不足して数値が正しく表示されないことがあります。左の手順で操作すると、列幅を保持して貼り付けることができるので、表を調整する手間が省けます。

ステップアップ <形式を選択して貼り付け>ダイアログボックス

<貼り付け>の下部をクリックして表示される一覧から<形式を選択して貼り付け>をクリックすると、<形式を選択して貼り付け>ダイアログボックスが表示されます。このダイアログボックスを利用すると、さらに詳細な条件を設定して貼り付けを行うことができます。

貼り付けの形式を選択することができます。

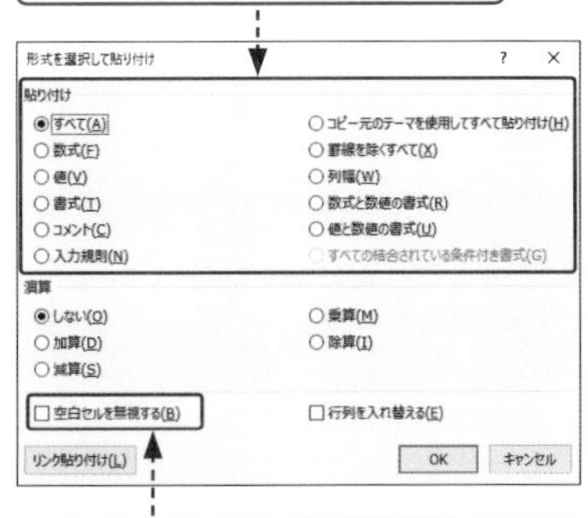

ここをクリックしてオンにすると、データが入力されていないセルは貼り付けられません。

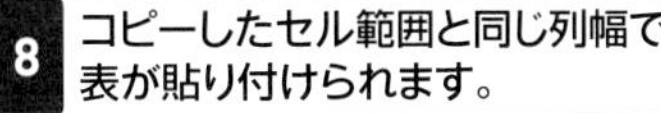

Section 22 行や列を挿入する／削除する

覚えておきたいキーワード
- ☑ 行／列の挿入
- ☑ 行／列の削除
- ☑ 挿入オプション

表を作成したあとで新しい項目が必要になった場合は、行や列を挿入してデータを追加します。また、不要になった項目は、行単位や列単位で削除することができます。挿入した行や列には上の行や左の列の書式が適用されますが、不要な場合は書式を解除することができます。

1 行や列を挿入する

メモ 行を挿入する

行を挿入すると、選択した行の上に新しい行が挿入され、選択した行以下の行は1行分下方向に移動します。挿入した行には上の行の書式が適用されるので、下の行の書式を適用したい場合は、右の手順で操作します。書式が不要な場合は、手順7で＜書式のクリア＞をクリックします。

ヒント 複数の行や列を挿入する

複数の行を挿入するには、行番号をドラッグして、挿入したい行数分の行を選択してから、手順2以降の操作を実行します。複数の列を挿入する場合は、同様に挿入したい列数分の列を選択してから列を挿入します。

メモ 列を挿入する

列を挿入する場合は、列番号をクリックして列を選択します。右の手順4で＜シートの列を挿入＞をクリックすると、選択した列の左に列が挿入され、選択した列以降の列は1列分右方向に移動します。

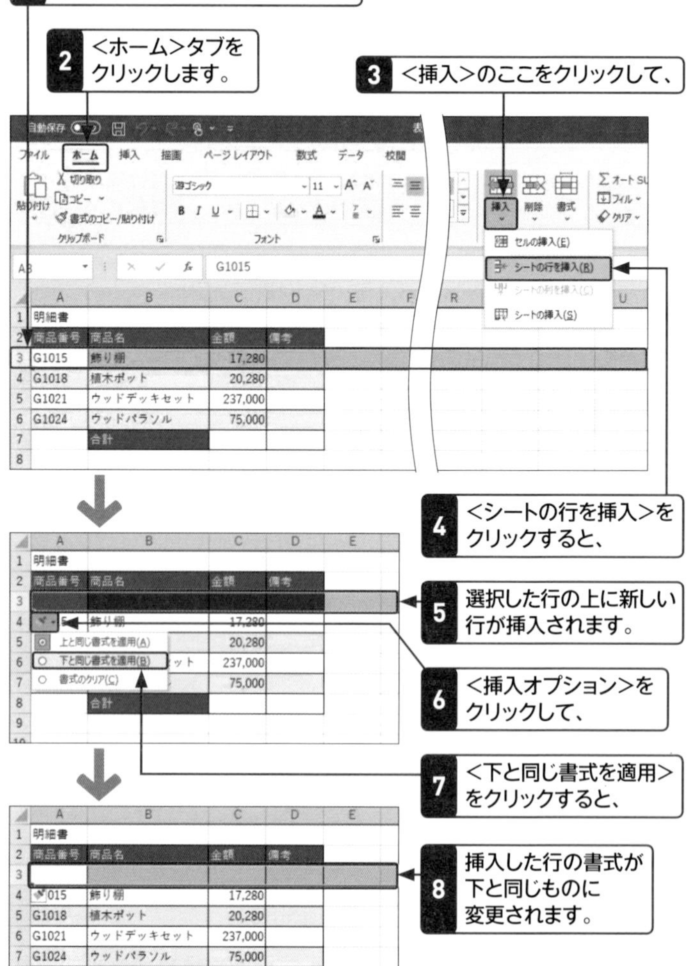
行を挿入する
1 行番号をクリックして行を選択し、
2 ＜ホーム＞タブをクリックします。
3 ＜挿入＞のここをクリックして、
4 ＜シートの行を挿入＞をクリックすると、
5 選択した行の上に新しい行が挿入されます。
6 ＜挿入オプション＞をクリックして、
7 ＜下と同じ書式を適用＞をクリックすると、
8 挿入した行の書式が下と同じものに変更されます。
セルの挿入(E)
シートの行を挿入(R)
シートの列を挿入(C)
シートの挿入(S)
上と同じ書式を適用(A)
下と同じ書式を適用(B)
書式のクリア(C)
明細書
商品番号
商品名
金額
備考
G1015
飾り棚
17,280
G1018
植木ポット
20,280
G1021
ウッドデッキセット
237,000
G1024
ウッドパラソル
75,000
合計

2 行や列を削除する

列を削除する

1 列番号をクリックして、削除する列を選択します。

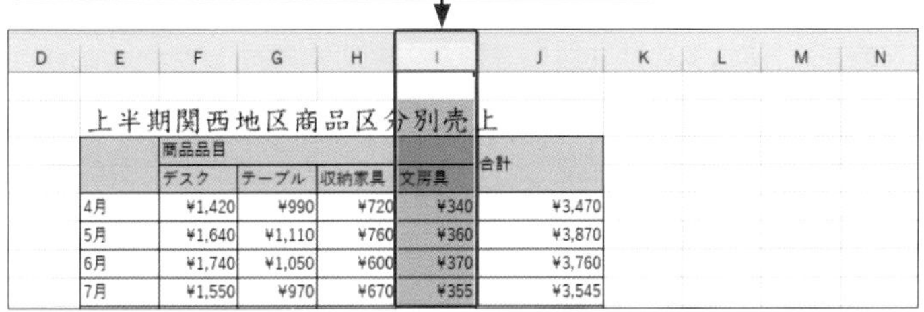

2 <ホーム>タブをクリックして、

3 <削除>のここをクリックし、

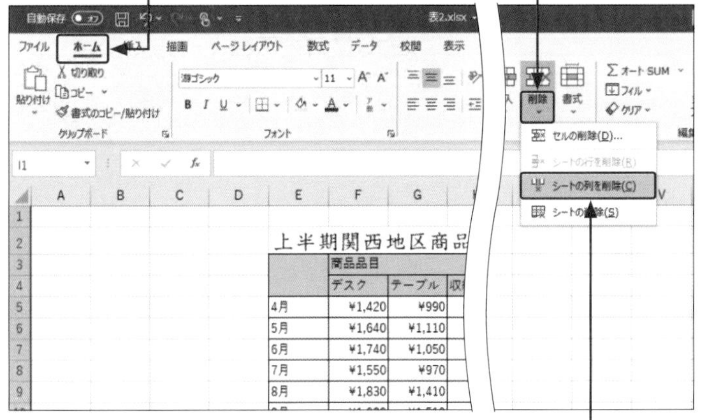

4 <シートの列を削除>をクリックすると、

5 列が削除されます。

6 数式が入力されている場合は、自動的に再計算されます。

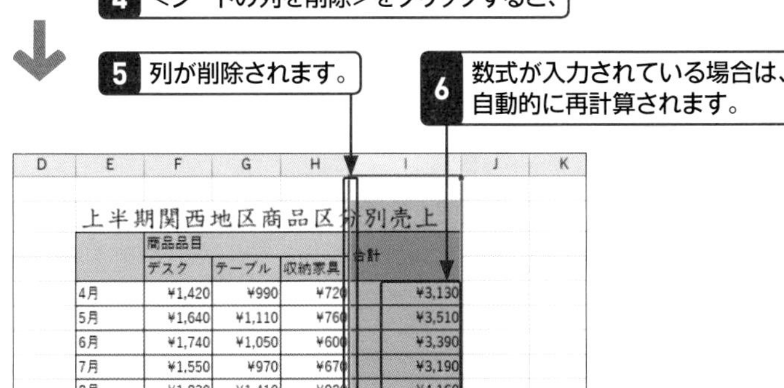

メモ 行を削除する

行を削除する場合は、行番号をクリックして削除する行を選択します。左の手順 **4** で<シートの行を削除>をクリックすると、選択した行が削除され、下の行がその位置に移動してきます。

ヒント 挿入した行や列の書式を設定できる

挿入した行や列には、上の行(または左の列)の書式が適用されます。上の行(左の列)の書式を適用したくない場合は、行や列を挿入すると表示される<挿入オプション>をクリックし、挿入した行や列の書式を下の行(または右の列)と同じ書式にしたり、書式を解除したりすることができます(前ページ参照)。

メモ 行や列を挿入・削除するそのほかの方法

行や列の挿入と削除は、選択した行や列を右クリックすると表示されるショートカットメニューからも行うことができます。

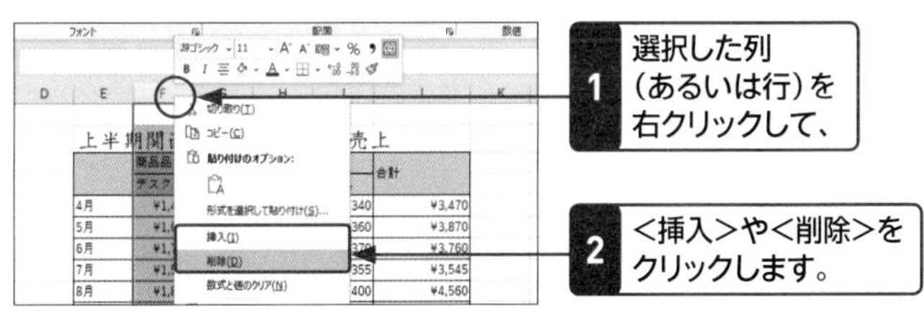

1 選択した列(あるいは行)を右クリックして、

2 <挿入>や<削除>をクリックします。

Section 23

行や列をコピーする／移動する

覚えておきたいキーワード
- コピー
- 切り取り
- 貼り付け

データを入力して書式を設定した行や列を、ほかの表でも利用したいことはよくあります。この場合は、行や列をコピーすると効率的です。また、行や列を移動することもできます。行や列を移動すると、数式のセルの位置も自動的に変更されるので、計算し直す必要はありません。

1 行や列をコピーする

メモ 列をコピーする

列をコピーする場合は、列番号をクリックして列を選択し、右の手順でコピーします。列の場合も行と同様に、セルに設定している書式も含めてコピーされます。

ヒント コピー先にデータがある場合は?

行や列をコピーする際、コピー先にデータがあった場合は上書きされてしまうので、注意が必要です。

ヒント マウスのドラッグ操作でコピー／移動する

行や列のコピーや移動は、マウスのドラッグ操作で行うこともできます。コピー／移動する行や列を選択してセルの枠にマウスポインターを合わせ、ポインターの形が ✥ に変わった状態でドラッグすると移動されます。Ctrl を押しながらドラッグするとコピーされます。

行をコピーする

1 行番号をクリックして行を選択し、

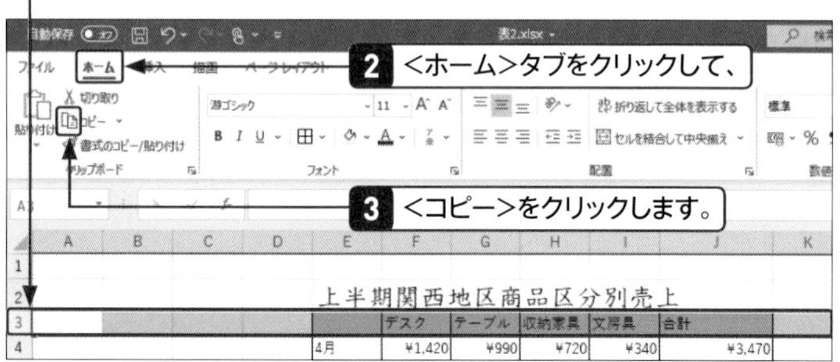
2 <ホーム>タブをクリックして、
3 <コピー>をクリックします。
上半期関西地区商品区分別売上

4 行をコピーする位置の行番号をクリックして、

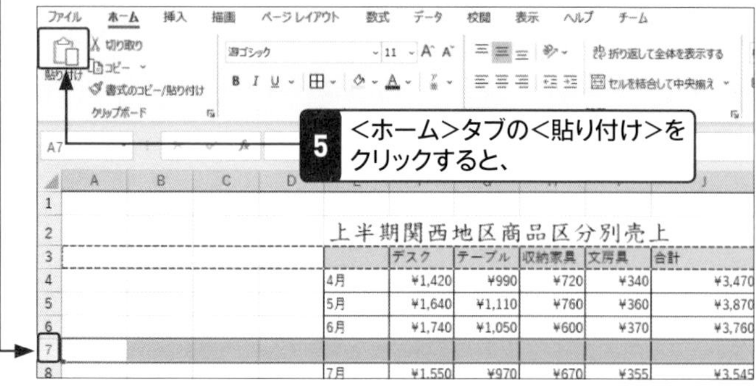
5 <ホーム>タブの<貼り付け>をクリックすると、
上半期関西地区商品区分別売上

6 選択した行が書式も含めてコピーされます。

	デスク	テーブル	収納家具	文房具	合計
4月	¥1,420	¥990	¥720	¥340	¥3,470
5月	¥1,640	¥1,110	¥760	¥360	¥3,870
6月	¥1,740	¥1,050	¥600	¥370	¥3,760
	デスク	テーブル	収納家具	文房具	合計
7月	¥1,550	¥970	¥670	¥355	¥3,545
8月	¥1,830	¥1,410	¥920	¥400	¥4,560

第2章 セルや行／列の編集

2 行や列を移動する

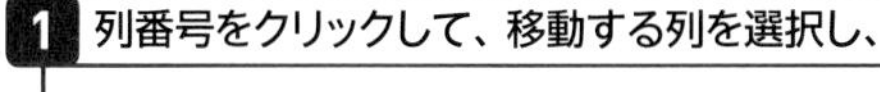

1 列番号をクリックして、移動する列を選択し、

2 <ホーム>タブをクリックして、

3 <切り取り>をクリックします。

4 列を移動する位置の列番号をクリックして、

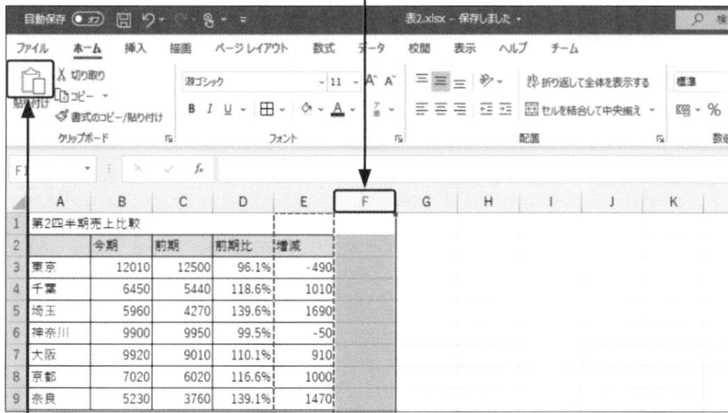

5 <ホーム>タブの<貼り付け>をクリックすると、

6 列が移動されます。

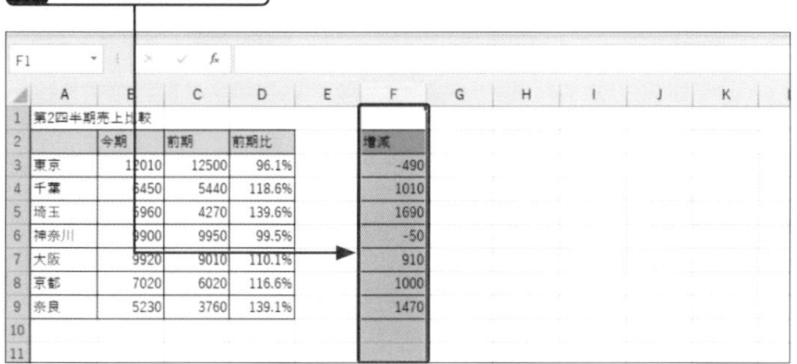

メモ 行を移動する

行を移動する場合は、行番号をクリックして移動する行を選択し、左の手順で移動します。行や列を移動する場合も、貼り付け先にデータがあった場合は、上書きされるので注意が必要です。

ステップアップ 上書きせずにコピー／移動する

現在のセルを上書きせずに、行や列をコピーしたり移動したりすることもできます。マウスの右クリックで対象をドラッグし、コピーあるいは移動したい位置でマウスのボタンを離し、<下へシフトしてコピー>あるいは<下へシフトして移動>をクリックします。この操作を行うと、指定した位置に行や列が挿入あるいは移動されます。

1 マウスの右クリックでドラッグし、

2 マウスのボタンを離して、

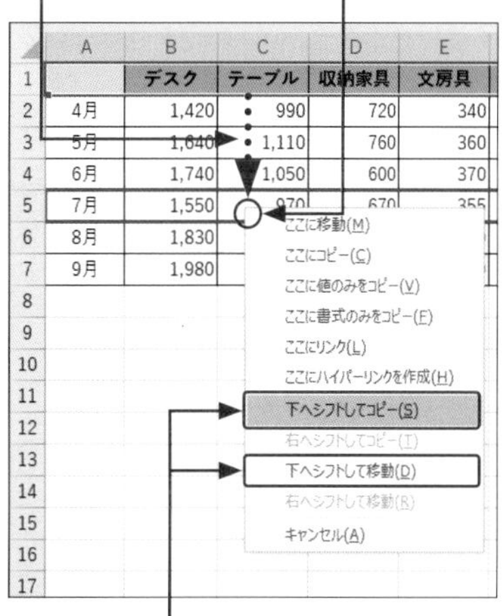

3 <下へシフトしてコピー>あるいは<下へシフトして移動>をクリックします。

Section 24

セルを挿入する／削除する

覚えておきたいキーワード
- セルの挿入
- セルの削除
- セルの移動方向

行単位や列単位で挿入や削除を行うだけではなく、セル単位でも挿入や削除を行うことができます。セルを挿入や削除する際は、挿入や削除後のセルの移動方向を指定します。挿入したセルには上や左のセルの書式が適用されますが、不要な場合は書式を解除することができます。

1 セルを挿入する

メモ セルを挿入するそのほかの方法

セルを挿入するには、右の手順のほかに、選択したセル範囲を右クリックすると表示されるショートカットメニューの<挿入>を利用する方法があります。

ヒント 挿入後のセルの移動方向

セルを挿入する場合は、右の手順のように<セルの挿入>ダイアログボックスで挿入後のセルの移動方向を指定します。指定できる項目は次の4とおりです。

①右方向にシフト
選択したセルとその右側にあるセルが、右方向へ移動します。

②下方向にシフト
選択したセルとその下側にあるセルが、下方向へ移動します。

③行全体
選択したセルを含む行を挿入します。

④列全体
選択したセルを含む列を挿入します。

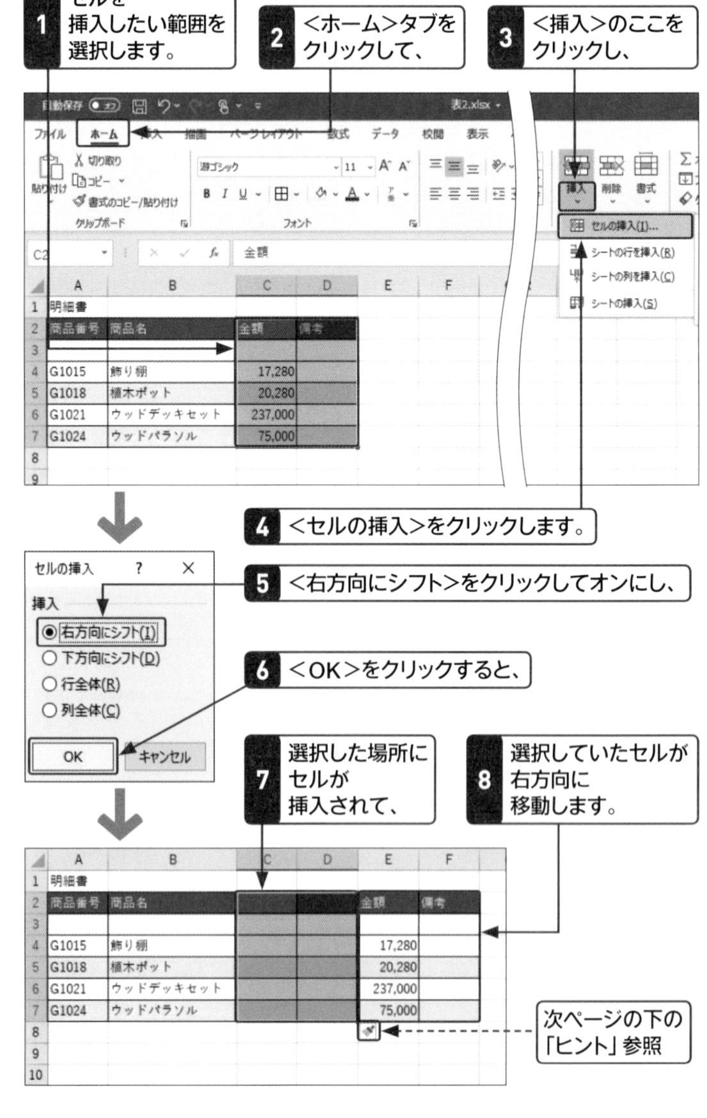

1 セルを挿入したい範囲を選択します。
2 <ホーム>タブをクリックして、
3 <挿入>のここをクリックし、
4 <セルの挿入>をクリックします。
5 <右方向にシフト>をクリックしてオンにし、
6 <OK>をクリックすると、
7 選択した場所にセルが挿入されて、
8 選択していたセルが右方向に移動します。
次ページの下の「ヒント」参照

2 セルを削除する

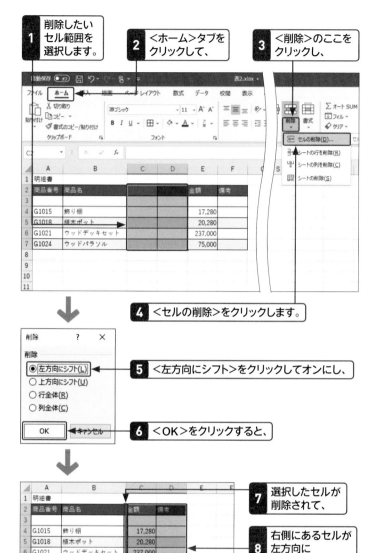

1 削除したいセル範囲を選択します。

2 ＜ホーム＞タブをクリックして、

3 ＜削除＞のここをクリックし、

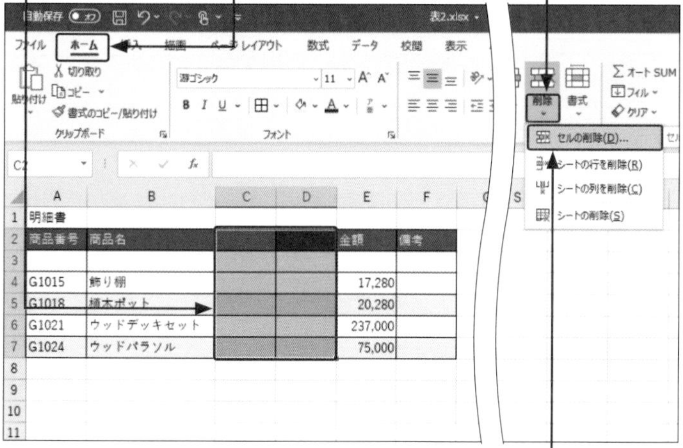

4 ＜セルの削除＞をクリックします。

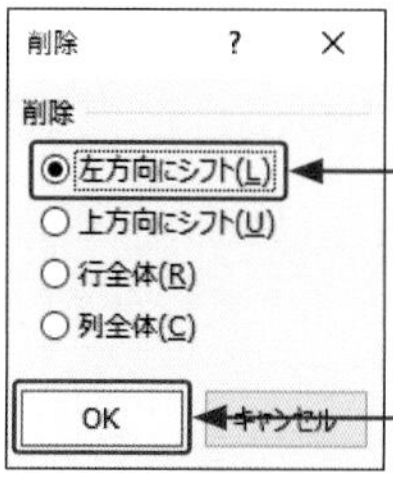

5 ＜左方向にシフト＞をクリックしてオンにし、

6 ＜OK＞をクリックすると、

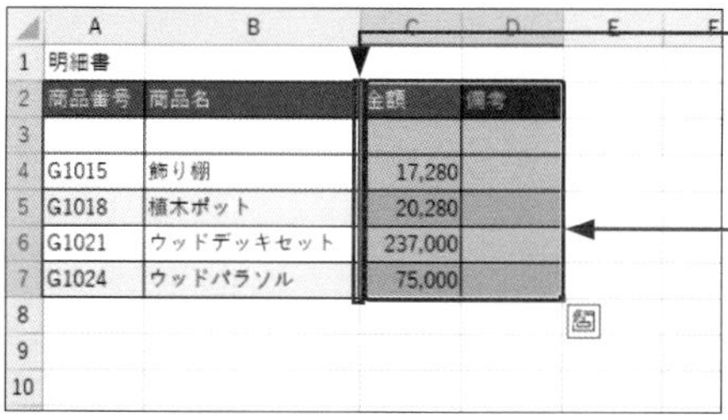

7 選択したセルが削除されて、

8 右側にあるセルが左方向に移動します。

メモ セルを削除するそのほかの方法

セルを削除するには、左の手順のほかに、選択したセル範囲を右クリックすると表示されるショートカットメニューの＜削除＞を利用する方法があります。

ヒント 削除後のセルの移動方向

セルを削除する場合は、左の手順のように＜削除＞ダイアログボックスで削除後のセルの移動方向を選択します。選択できる項目は次の4とおりです。

①左方向にシフト
削除したセルの右側にあるセルが左方向へ移動します。

②上方向にシフト
削除したセルの下側にあるセルが上方向へ移動します。

③行全体
選択したセルを含む行を削除します。

④列全体
選択したセルを含む列を削除します。

ヒント 挿入したセルの書式を設定できる

挿入したセルの上のセル（または左のセル）に書式が設定されていると、＜挿入オプション＞が表示されます。これを利用すると、挿入したセルの書式を左右または上下のセルと同じ書式にしたり、書式を解除したりすることができます。

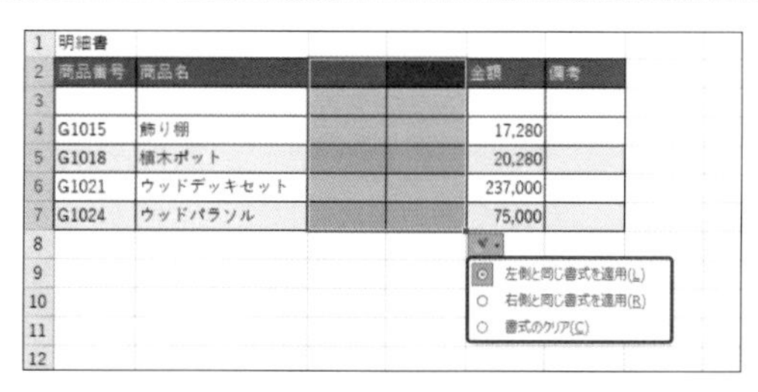

Section 25 セルをコピーする／移動する

覚えておきたいキーワード
☑ コピー
☑ 切り取り
☑ 貼り付け

セルに入力したデータをほかのセルでも使用したいことはよくあります。この場合は、セルをコピーして利用すると、同じデータを改めて入力する手間が省けます。また、入力したデータをほかのセルに移動することもできます。削除して入力し直すより効率的です。

1 セルをコピーする

メモ セルをコピーするそのほかの方法

セルをコピーするには右の手順のほかに、セルを右クリックすると表示されるショートカットメニューの<コピー>と<貼り付け>を利用する方法があります。

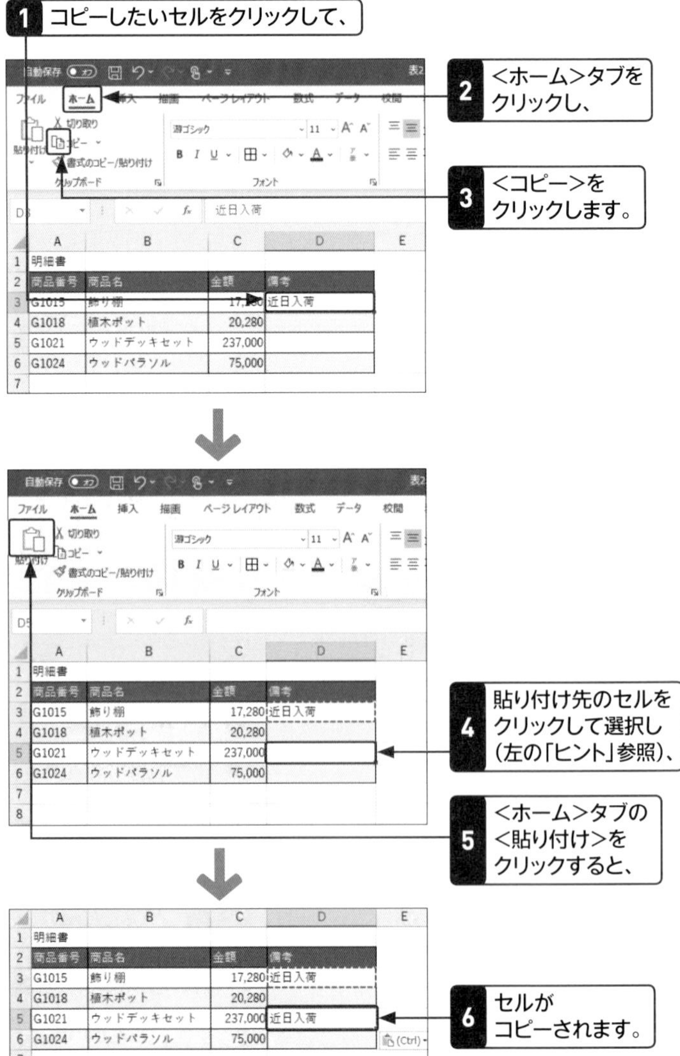

1 コピーしたいセルをクリックして、
2 <ホーム>タブをクリックし、
3 <コピー>をクリックします。
4 貼り付け先のセルをクリックして選択し(左の「ヒント」参照)、
5 <ホーム>タブの<貼り付け>をクリックすると、
6 セルがコピーされます。
明細書
商品番号
商品名
金額
備考
G1015
飾り棚
17,280
近日入荷
G1018
植木ポット
20,280
G1021
ウッドデッキセット
237,000
G1024
ウッドパラソル
75,000

ヒント 離れた位置にあるセルを同時に選択するには?

離れた位置にあるセルを同時に選択するには、最初のセルをクリックしたあと、Ctrl を押しながら別のセルをクリックします。

第2章 セルや行／列の編集

2 セルを移動する

1 移動したいセルをクリックして、

2 <ホーム>タブをクリックし、

3 <切り取り>をクリックします。

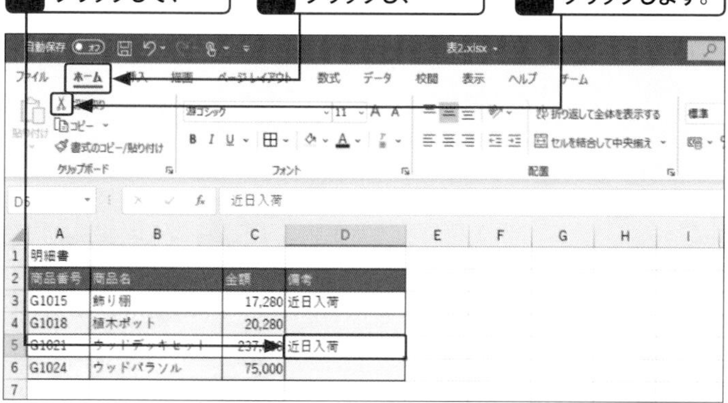

4 移動先のセルをクリックして、

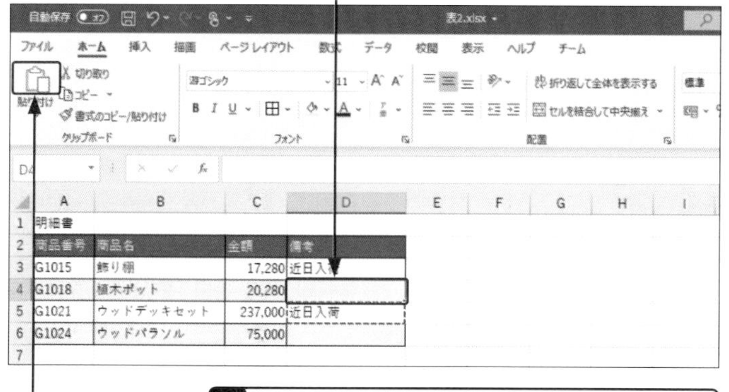

5 <ホーム>タブの<貼り付け>をクリックすると、

6 セルが移動されます。

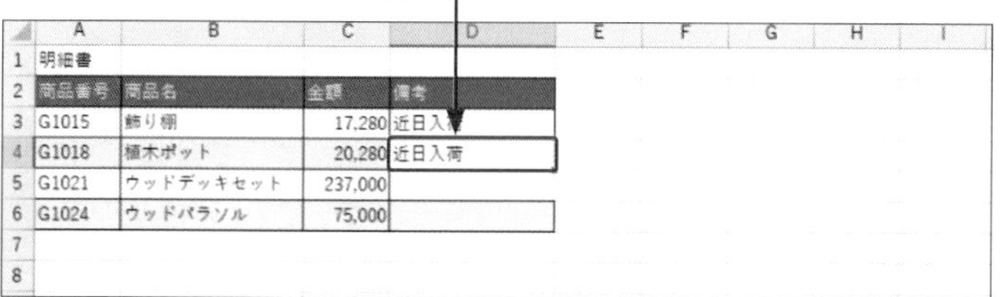

メモ セルのコピーや移動

セルをコピーしたり移動したりする場合、貼り付け先のデータは上書きされるので注意が必要です。

メモ 罫線も切り取られる

セルに罫線を設定してある場合は、セルを移動すると罫線も移動してしまいます。罫線を引く前に移動をするか、移動したあとに罫線を設定し直します。

ヒント マウスのドラッグ操作でコピー／移動する

セルのコピーや移動は、マウスのドラッグ操作で行うこともできます。コピー／移動するセルをクリックしてセルの枠にマウスポインターを合わせ、ポインターの形が✥に変わった状態でドラッグすると移動されます。Ctrl を押しながらドラッグするとコピーされます。

	A	B	C	D
1	出張経費精算			
2	日付	項目	金額	備考
3	9/27	出張交通費	14,500	
4	9/27	交際費	2,080	A社訪問手土産代
5	9/27	宿泊費	9,800	京都出張
6	9/28	出張交通費	15,600	

ポインターの形が変わった状態でドラッグするとセルが移動されます。

Section 26

文字列を検索する

覚えておきたいキーワード
- ☑ 検索
- ☑ 検索範囲
- ☑ ワイルドカード

データの中から特定の文字を見つけ出したい場合、行や列を一つ一つ探していくのは手間がかかります。この場合は、検索機能を利用すると便利です。検索機能では、文字を検索する範囲や方向など、詳細な条件を設定して検索することができます。また、検索結果を一覧で表示することもできます。

1 ＜検索と置換＞ダイアログボックスを表示する

1 表内のいずれかのセルをクリックします。

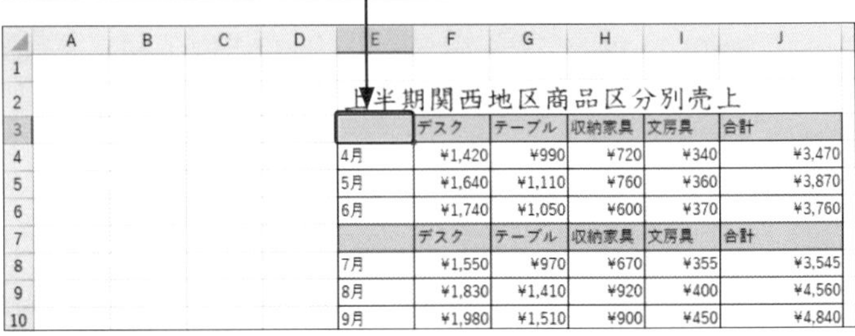

	A	B	C	D	E	F	G	H	I	J
1										
2					上半期関西地区商品区分別売上					
3						デスク	テーブル	収納家具	文房具	合計
4					4月	¥1,420	¥990	¥720	¥340	¥3,470
5					5月	¥1,640	¥1,110	¥760	¥360	¥3,870
6					6月	¥1,740	¥1,050	¥600	¥370	¥3,760
7						デスク	テーブル	収納家具	文房具	合計
8					7月	¥1,550	¥970	¥670	¥355	¥3,545
9					8月	¥1,830	¥1,410	¥920	¥400	¥4,560
10					9月	¥1,980	¥1,510	¥900	¥450	¥4,840

2 ＜ホーム＞タブをクリックして、

3 ＜検索と選択＞をクリックし、

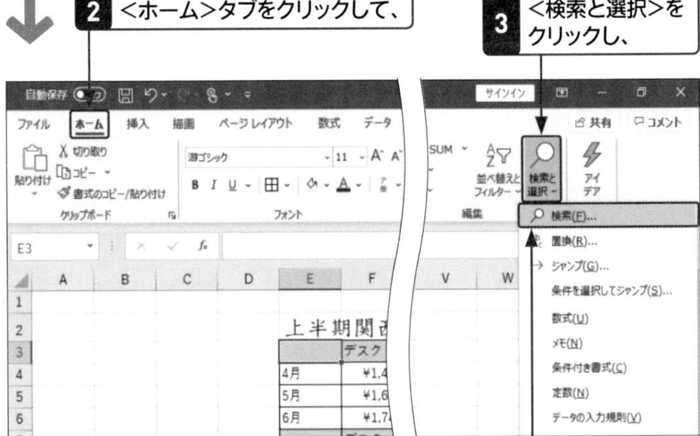

4 ＜検索＞をクリックすると、

5 ＜検索と置換＞ダイアログボックスの＜検索＞が表示されます。

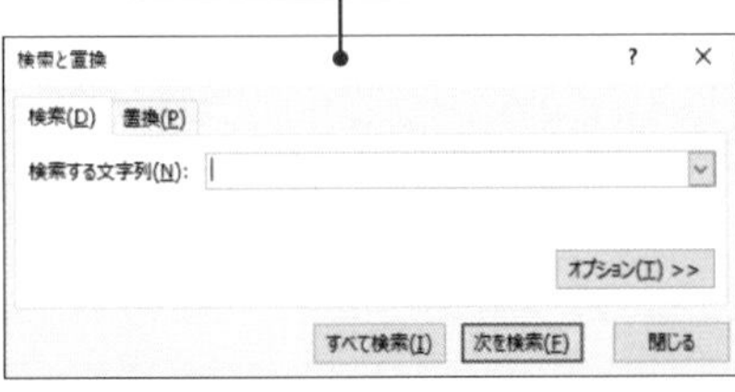

メモ 検索範囲を指定する

文字の検索では、アクティブセルが検索の開始位置になります。また、あらかじめセル範囲を選択して右の手順で操作すると、選択したセル範囲だけを検索できます。

ヒント 検索から置換へ

＜検索と置換＞ダイアログボックスの＜検索＞で検索を行ったあとに＜置換＞に切り替えると、検索結果を利用して文字列の置換を行うことができます（Sec.27参照）。

ステップアップ ワイルドカード文字の利用

検索文字列には、ワイルドカード文字「＊」（任意の長さの任意の文字）と「？」（任意の1文字）を使用できます。たとえば「第一＊」と入力すると「第一」や「第一営業部」「第一事業部」などが検索されます。「第？研究室」と入力すると「第一研究室」や「第二研究室」などが検索されます。

2 文字列を検索する

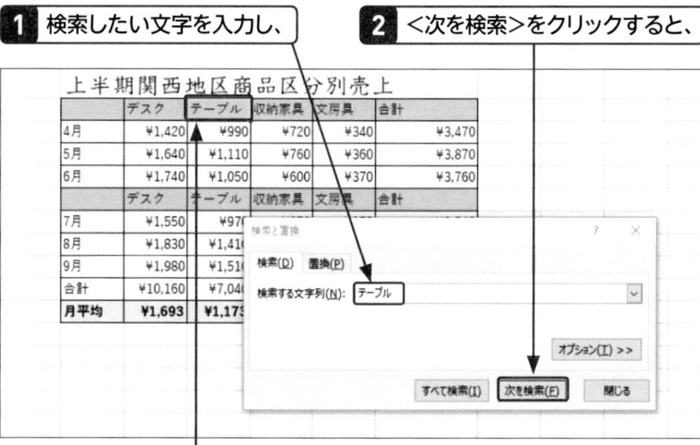

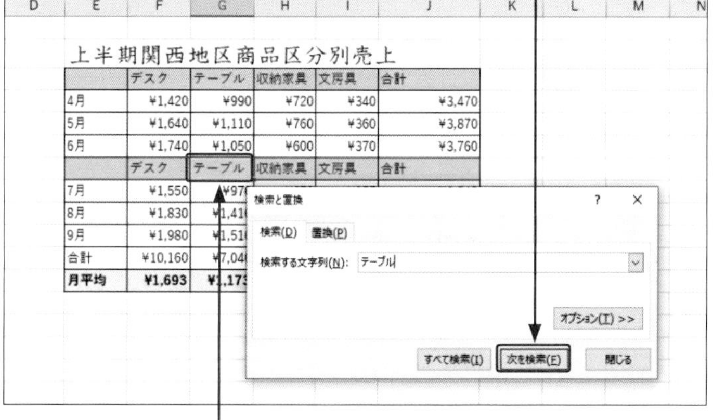

ヒント 検索文字が見つからない場合は?

検索する文字が見つからない場合は、検索の詳細設定（下の「ステップアップ」参照）で検索する条件を設定し直して、再度検索します。

メモ 検索結果を一覧表示する

手順2で<すべて検索>をクリックすると、検索結果がダイアログボックスの下に一覧で表示されます。

ステップアップ 検索の詳細設定

<検索と置換>ダイアログボックスで<オプション>をクリックすると、右図のように検索条件を細かく設定することができます。

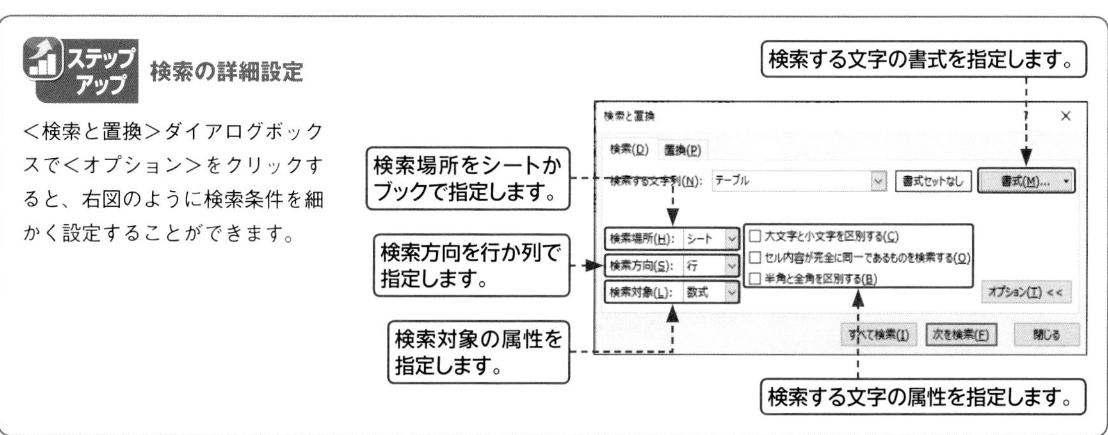

Section 27 文字列を置換する

覚えておきたいキーワード
- 置換
- 置換範囲
- すべて置換

データの中にある特定の文字だけを別の文字に置き換えたい場合、一つ一つ見つけて修正するのは手間がかかります。この場合は、置換機能を利用すると便利です。置換機能を利用すると、検索条件に一致するデータを個別に置き換えたり、すべてのデータをまとめて置き換えたりすることができます。

1 <検索と置換>ダイアログボックスを表示する

メモ 置換範囲を指定する

文字の置換では、ワークシート上のすべての文字が置換の対象となります。特定の範囲の文字を置換したい場合は、あらかじめ目的のセル範囲を選択してから、右の手順で操作します。

1 表内のいずれかのセルをクリックします。

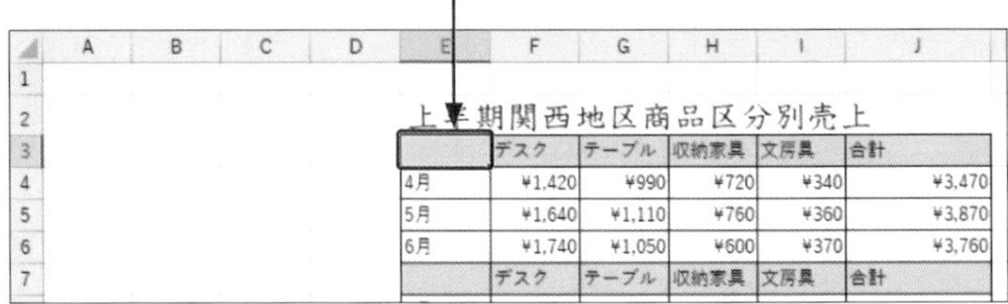

2 <ホーム>タブをクリックして、

3 <検索と選択>をクリックし、

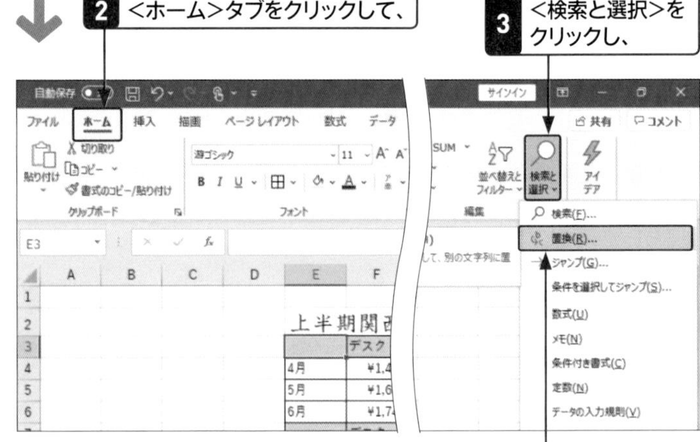

4 <置換>をクリックすると、

5 <検索と置換>ダイアログボックスの<置換>が表示されます。

ステップアップ 置換の詳細設定

<検索と置換>ダイアログボックスの<オプション>をクリックすると、検索する文字の条件を詳細に設定することができます。設定内容は、<検索>と同様です。P.229の「ステップアップ」を参照してください。

2 文字列を置換する

1 検索する文字を入力して、

2 置換後の文字を入力します。

3 <次を検索>をクリックすると、

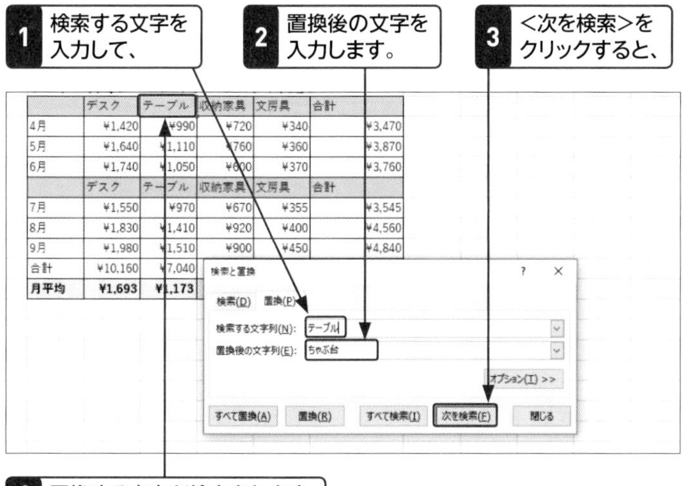

4 置換する文字が検索されます。

5 <置換>をクリックすると、

6 指定した文字に置き換えられ、

7 次の文字が検索されます。

8 同様に<置換>をクリックして、文字を置き換えていきます。

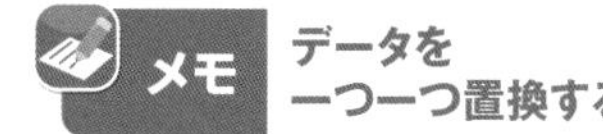

メモ データを一つ一つ置換する

左の手順で操作すると、1つずつデータを確認しながら置換を行うことができます。検索された文字を置換せずに次を検索する場合は、<次を検索>をクリックします。置換が終了すると、確認のダイアログボックスが表示されるので<OK>をクリックし、<検索と置換>ダイアログボックスの<閉じる>をクリックします。

ヒント まとめて一気に置換するには?

左の手順3で<すべて置換>をクリックすると、検索条件に一致するすべてのデータがまとめて置き換えられます。

ステップアップ 特定の文字を削除する

置換機能を利用すると、特定の文字を削除することができます。たとえば、セルに含まれるスペースを削除したい場合は、<検索する文字列>にスペースを入力し、<置換後の文字列>に何も入力せずに置換を実行します。

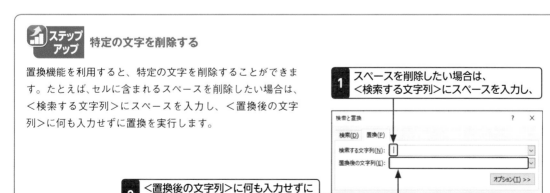

1 スペースを削除したい場合は、<検索する文字列>にスペースを入力し、

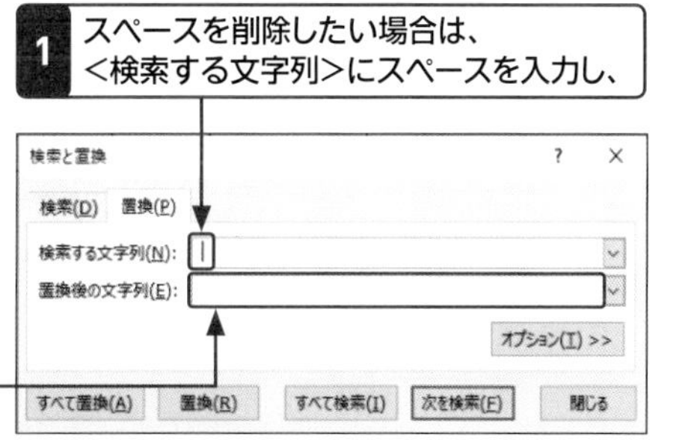

2 <置換後の文字列>に何も入力せずに置換を実行します。

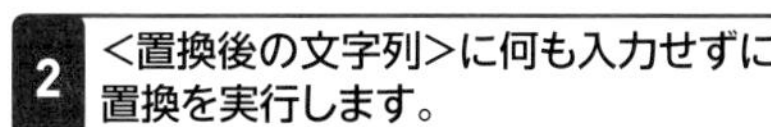

Section 28 データを並べ替える

覚えておきたいキーワード
- データの並べ替え
- 昇順
- 降順

データベース形式の表では、データを昇順や降順で並べ替えたり、新しい順や古い順で並べ替えたりすることができます。並べ替えを行う際は、基準となるフィールドを指定しますが、フィールドは1つだけでなく、複数指定することができます。また、オリジナルの順序で並べ替えることも可能です。

1 データを昇順や降順に並べ替える

メモ データの並べ替え

データベース形式の表を並べ替えるには、基準となるフィールドのセルをあらかじめ指定しておく必要があります。なお、右の手順では昇順で並べ替えましたが、降順で並べ替える場合は、手順3で<降順>をクリックします。また、<並べ替え>をクリックすると表示されるダイアログボックスから、2つ以上の条件で並べ替えを行うことも可能です。並べ替えを行うフィールド名とキーとなる値、昇順か降順かを選択して実行できます。

ヒント データが正しく並べ替えられない!

表内のセルが結合されていたり、空白の行や列があったりする場合は、表全体のデータを並べ替えることはできません。並べ替えを行う際は、表内にこのような行や列、セルがないかどうかを確認しておきます。また、ほかのアプリケーションで作成したデータをコピーした場合は、ふりがな情報が保存されていないため、日本語が正しく並べ替えられないことがあります。

データを昇順に並べ替える

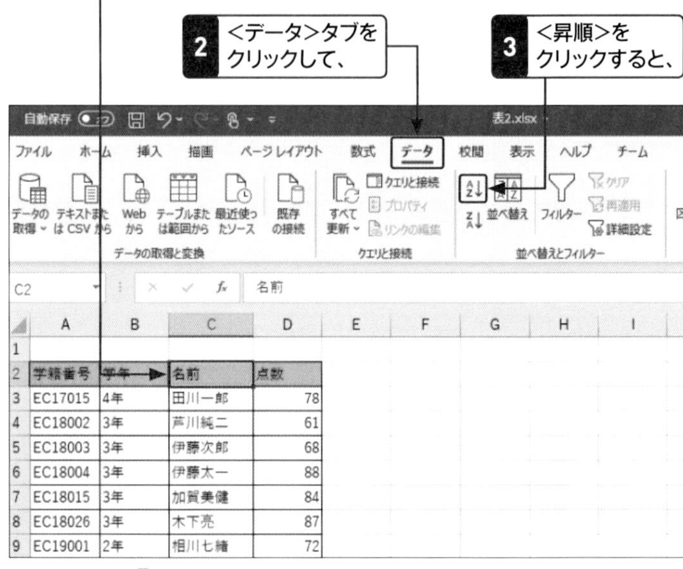

4 「名前」の五十音順に表全体が並べ替えられます。

7	EC18015	3年	加賀美健	84
8	EC18026	3年	木下亮	87
9	EC19008	2年	田上洋二郎	62
10	EC17015	4年	田川一郎	78
11	EC19009	2年	滝本淳	68
12	EC19010	2年	竹内大河	92
13	EC19011	2年	武村俊	90
14	EC19012	2年	筑前三郎	58
15	EC19028	2年	中川健次郎	68
16	EC19030	2年	新村洋子	87
17	EC19032	2年	橋本直美	62

Excel

第3章

数式と関数の利用

Section 29

数式を入力する

覚えておきたいキーワード
- 数式
- 算術演算子
- ＝（等号）

数値を計算するには、計算結果を表示するセルに数式を入力します。数式を入力する方法はいくつかありますが、ここでは、セル内に直接、数値や算術演算子を入力して計算する方法を解説します。結果を表示するセルに「＝」を入力し、対象となる数値と算術演算子を入力します。

1 数式を入力して計算する

メモ 数式の入力

数式の始めには必ず「=」(等号) を入力します。「=」を入力することで、そのあとに入力する数値や算術演算子が数式として認識されます。「=」や数値、算術演算子などは、すべて半角で入力します。

キーワード 算術演算子

「算術演算子」とは、数式の中の算術演算に用いられる記号のことです。算術演算子には下表のようなものがあります。同じ数式内に複数の種類の算術演算子がある場合は、優先順位の高いほうから計算が行われます。

なお、「べき乗」とは、ある数を何回かかけ合わせることです。たとえば、2を3回かけ合わせることは2の3乗といい、Excelでは2^3と記述します。

記号	処理	優先順位
%	パーセンテージ	1
^	べき乗	2
*、/	かけ算、割り算	3
+、−	足し算、引き算	4

セル[B9]にセル[B6]（合計）とセル[B8]（売上目標）の差額を計算します。

1 数式を入力するセルをクリックして、半角で「=」を入力します。

AVERAGE　=

	A	B	C	D	E	F
1	第2四半期関東地区売上					
2		東京	千葉	埼玉	神奈川	合計
3	7月	4250	2430	2200	3500	
4	8月	3800	1970	1750	3100	
5	9月	3960	2050	2010	3300	
6	合計	12010	6450	5960	9900	
7	月平均					
8	売上目標	10000	6500	5000	10000	
9	差額	=				
10	達成率					
11						

2 「12010」と入力して、

AVERAGE　=12010

	A	B	C	D	E	F
1	第2四半期関東地区売上					
2		東京	千葉	埼玉	神奈川	合計
3	7月	4250	2430	2200	3500	
4	8月	3800	1970	1750	3100	
5	9月	3960	2050	2010	3300	
6	合計	12010	6450	5960	9900	
7	月平均					
8	売上目標	10000	6500	5000	10000	
9	差額	=12010				
10	達成率					
11						

3 半角で「-」（マイナス）を入力し、

AVERAGE ｜ =12010-

	A	B	C	D	E	F
1	第2四半期関東地区売上					
2		東京	千葉	埼玉	神奈川	合計
3	7月	4250	2430	2200	3500	
4	8月	3800	1970	1750	3100	
5	9月	3960	2050	2010	3300	
6	合計	12010	6450	5960	9900	
7	月平均					
8	売上目標	10000	6500	5000	10000	
9	差額	=12010-				
10	達成率					
11						

4 「10000」と入力します。

5 Enter を押すと、

AVERAGE ｜ =12010-10000

	A	B	C	D	E	F
1	第2四半期関東地区売上					
2		東京	千葉	埼玉	神奈川	合計
3	7月	4250	2430	2200	3500	
4	8月	3800	1970	1750	3100	
5	9月	3960	2050	2010	3300	
6	合計	12010	6450	5960	9900	
7	月平均					
8	売上目標	10000	6500	5000	10000	
9	差額	=12010-10000				
10	達成率					
11						

6 計算結果が表示されます。

B10

	A	B	C	D	E	F
1	第2四半期関東地区売上					
2		東京	千葉	埼玉	神奈川	合計
3	7月	4250	2430	2200	3500	
4	8月	3800	1970	1750	3100	
5	9月	3960	2050	2010	3300	
6	合計	12010	6450	5960	9900	
7	月平均					
8	売上目標	10000	6500	5000	10000	
9	差額	2010				
10	達成率					
11						

ステップアップ 数式を数式バーに入力する

数式は、数式バーに入力することもできます。数式を入力したいセルをクリックしてから、数式バーをクリックして入力します。数式が長くなる場合は、数式バーを利用したほうが入力しやすいでしょう。

AVERAGE ｜ =12010-10000

	A	B	C	D
1	第2四半期関東地区売上			
2		東京	千葉	埼玉
3	7月	4250	2430	2200
4	8月	3800	1970	1750
5	9月	3960	2050	2010
6	合計	12010	6450	5960
7	月平均			
8	売上目標	10000	6500	5000
9	差額	=12010-10		
10	達成率			
11				

数式は、数式バーに入力することもできます。

Section 30

数式にセル参照を利用する

覚えておきたいキーワード
- ☑ セル参照
- ☑ セルの位置
- ☑ カラーリファレンス

数式は、セル内に直接数値を入力するかわりに、セルの位置を指定して計算することができます。数値のかわりにセルの位置を指定することをセル参照といいます。セル参照を利用すると、参照先の数値を修正した場合でも計算結果が自動的に更新されます。

1 セル参照を利用して計算する

キーワード セル参照

「セル参照」とは、数式の中で数値のかわりにセルの位置を指定することをいいます。セル参照を使うと、そのセルに入力されている値を使って計算することができます。

セル[C9]にセル[C6](合計)とセル[C8](売上目標)の差額を計算します。

1 計算するセルをクリックして、半角で「=」を入力します。

AVERAGE　×　✓　fx　=

	A	B	C	D	E	F
1	第2四半期関東地区売上					
2		東京	千葉	埼玉	神奈川	合計
3	7月	4250	2430	2200	3500	
4	8月	3800	1970	1750	3100	
5	9月	3960	2050	2010	3300	
6	合計	12010	6450	5960	9900	
7	月平均					
8	売上目標	10000	6500	5000	10000	
9	差額	2010	=			
10	達成率					
11						

2 参照するセルをクリックすると、

3 クリックしたセルのセルの位置が入力されます。

C6　×　✓　fx　=C6

	A	B	C	D	E	F
1	第2四半期関東地区売上					
2		東京	千葉	埼玉	神奈川	合計
3	7月	4250	2430	2200	3500	
4	8月	3800	1970	1750	3100	
5	9月	3960	2050	2010	3300	
6	合計	12010	6450	5960	9900	
7	月平均					
8	売上目標	10000	6500	5000	10000	
9	差額	2010	=C6			
10	達成率					
11						

ヒント カラーリファレンス

セル参照を利用すると、数式内のセルの位置とそれに対応するセル範囲に同じ色が付きます。これを「カラーリファレンス」といい、対応関係がひとめで確認できます(Sec.31参照)。

4 「-」(マイナス)を入力して、

	A	B	C	D	E	F
1	第2四半期関東地区売上					
2		東京	千葉	埼玉	神奈川	合計
3	7月	4250	2430	2200	3500	
4	8月	3800	1970	1750	3100	
5	9月	3960	2050	2010	3300	
6	合計	12010	6450	5960	9900	
7	月平均					
8	売上目標	10000	6500	5000	10000	
9	差額	2010	=C6-			
10	達成率					
11						

5 参照するセルをクリックし、

6 Enter を押すと、

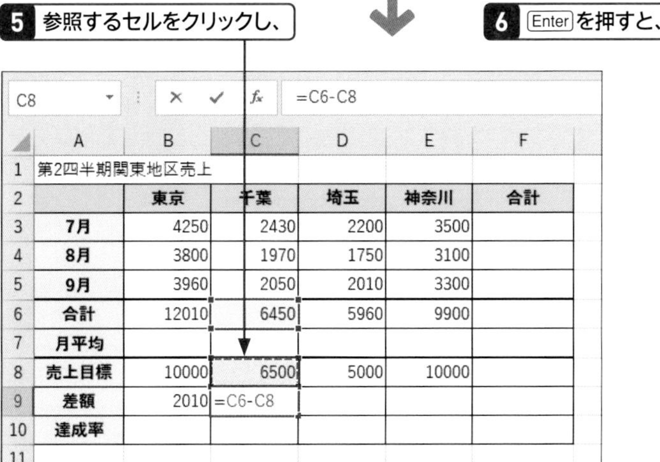

	A	B	C	D	E	F
1	第2四半期関東地区売上					
2		東京	千葉	埼玉	神奈川	合計
3	7月	4250	2430	2200	3500	
4	8月	3800	1970	1750	3100	
5	9月	3960	2050	2010	3300	
6	合計	12010	6450	5960	9900	
7	月平均					
8	売上目標	10000	6500	5000	10000	
9	差額	2010	=C6-C8			
10	達成率					
11						

7 計算結果が表示されます。

B10　=B6/B8

	A	B	C	D	E	F
1	第2四半期関東地区売上					
2		東京	千葉	埼玉	神奈川	合計
3	7月	4250	2430	2200	3500	
4	8月	3800	1970	1750	3100	
5	9月	3960	2050	2010	3300	
6	合計	12010	6450	5960	9900	
7	月平均					
8	売上目標	10000	6500	5000	10000	
9	差額	2010	-50			
10	達成率	1.201				
11						

8 同様にセル参照を使って、セル[B10]に数式「=B6/B8」を入力し、達成率を計算します。

数式の入力を取り消すには?

数式の入力を途中で取り消したい場合は、Esc を押します。

Section 31

計算する範囲を変更する

覚えておきたいキーワード
- ☑ カラーリファレンス
- ☑ 数式の参照範囲
- ☑ 参照範囲の変更

数式内のセルの位置に対応するセル範囲はカラーリファレンスで囲まれて表示されるので、対応関係をひとめで確認できます。数式の中で複数のセル範囲を参照している場合は、それぞれのセル範囲が異なる色で表示されます。この枠をドラッグすると、参照先や範囲をかんたんに変更することができます。

1 参照先のセル範囲を広げる

キーワード カラーリファレンス

「カラーリファレンス」とは、数式内のセルの位置とそれに対応するセル範囲に色を付けて、対応関係を示す機能です。数式中でセルの位置とセル範囲の色が同じ場合、それらが対応関係にあることを示しています。

F3
=SUM(B3:D3)
1 数式が入力されているセルをダブルクリックすると、

	A	B	C	D	E	F
1	第2四半期関東地区売上					
2		東京	千葉	埼玉	神奈川	合計
3	7月	4250	2430	2200	0	8880
4	8月	3800	1970	1750	3100	
5	9月	3960	2050	2010	3300	
6	合計	12010	6450	5960	9900	
7	月平均					
8	売上目標	10000	6500	5000	10000	
9	差額	2010	-50			
10	達成率	1.201	0.3153846			

IF
=SUM(B3:D3)
=SUM(B3:D3)
2 数式が参照しているセル範囲が色付きの枠（カラーリファレンス）で囲まれて表示されます。
3 枠のハンドルにマウスポインターを合わせ、ポインターの形が変わった状態で、

	A	B	C	D	E	F
1	第2四半期関東地区売上					
2		東京	千葉	埼玉	神奈川	合計
3	7月	4250	2430	2200	3500	=SUM(B3:D3)
4	8月	3800	1970	1750	3100	
5	9月	3960	2050	2010	3300	
6	合計	12010	6450	5960	9900	
7	月平均					
8	売上目標	10000	6500	5000	10000	
9	差額	2010	-50			
10	達成率	1.201	0.3153846			

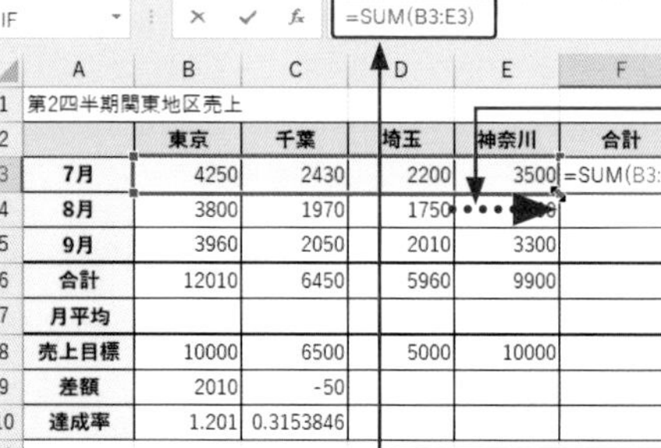

IF
=SUM(B3:E3)
=SUM(B3:E3)
4 セル[E3]までドラッグすると、
5 参照するセル範囲が変更されます。

	A	B	C	D	E	F
1	第2四半期関東地区売上					
2		東京	千葉	埼玉	神奈川	合計
3	7月	4250	2430	2200	3500	=SUM(B3:E3)
4	8月	3800	1970	1750		
5	9月	3960	2050	2010	3300	
6	合計	12010	6450	5960	9900	
7	月平均					
8	売上目標	10000	6500	5000	10000	
9	差額	2010	-50			
10	達成率	1.201	0.3153846			

ヒント 参照先はどの方向にも広げられる

カラーリファレンスには、四隅にハンドルが表示されます。ハンドルにマウスポインターを合わせて、水平、垂直方向にドラッグすると、参照先をどの方向にも広げることができます。

AVERAGE　=SUM(C5:D7)

	A	B	C	D	E	F
1	関東地区累計売上		=SUM(C5:D7)			
2						
3		東京	千葉	埼玉	神奈川	合計
4	4月	3,450	2,050	1,780	2,840	10,120
5	5月	3,680	1,850	1,350	2,980	9,860
6	6月	3,030	1,540	1,140	2,550	8,260
7	7月	4,250	2,430	2,200	3,500	12,380
8	8月	3,800	1,970	1,750	3,100	10,620
9	9月	3,960	2,050	2,010	3,300	11,320

2 参照先のセル範囲を移動する

1 数式が入力されているセルをダブルクリックすると、

C10 =C5/C8

	A	B	C	D	E	F	G
1	第2四半期関東地区売上						
2		東京	千葉	埼玉	神奈川	合計	
3	7月	4250	2430	2200	3500	12380	
4	8月	3800	1970	1750	3100		
5	9月	3960	2050	2010	3300		
6	合計	12010	6450	5960	9900		
7	月平均						
8	売上目標	10000	6500	5000	10000		
9	差額	2010	-50				
10	達成率	1.201	0.3153846				

2 数式が参照しているセル範囲が
色付きの枠（カラーリファレンス）で囲まれて表示されます。

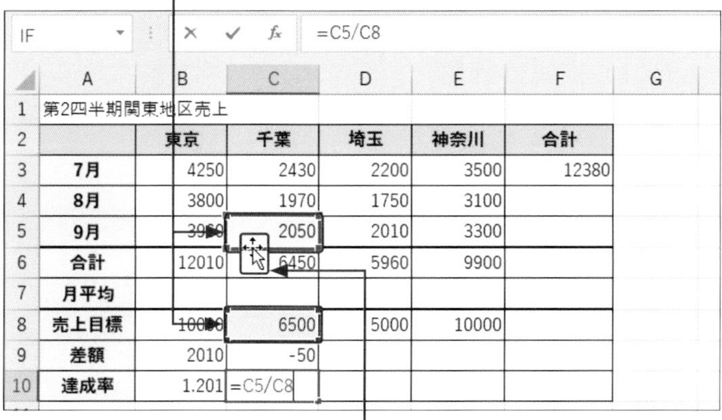

3 枠にマウスポインターを合わせると、
ポインターの形が変わります。

4 そのまま、セル［C6］まで
枠をドラッグします。

5 枠を移動すると、数式の
セルの位置も変更されます。

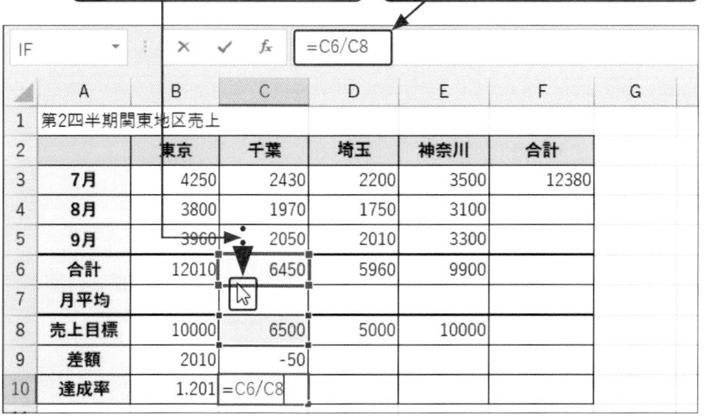

メモ 参照先を移動する

色付きの枠（カラーリファレンス）にマウスポインターを合わせると、ポインターの形が に変わります。この状態で色付きの枠をほかの場所へドラッグすると、参照先を移動することができます。

メモ 数式の中に複数のセル参照がある場合

1つの数式の中で複数のセル範囲を参照している場合、数式内のセルの位置はそれぞれが異なる色で表示され、対応するセル範囲も同じ色で表示されます。これにより、目的のセル参照を修正するにはどこを変更すればよいのかが、枠の色で判断できます。

ステップアップ カラーリファレンスを利用しない場合

カラーリファレンスを利用せずに参照先を変更するには、数式バーまたはセルで直接数式を編集します（Sec.29参照）。

数式をコピーしたときのセルの参照先について──参照方式

覚えておきたいキーワード
- 相対参照
- 絶対参照
- 複合参照

数式が入力されたセルをコピーすると、もとの数式の位置関係に応じて、参照先のセルも相対的に変化します。セルの参照方式には、相対参照、絶対参照、複合参照があり、目的に応じて使い分けることができます。ここでは、3種類の参照方式の違いと、参照方式の切り替え方法を確認しておきましょう。

1 相対参照・絶対参照・複合参照の違い

キーワード 参照方式

「参照方式」とは、セル参照の方式のことで、3種類の参照方式があります。数式をほかのセルへコピーする際は、参照方式によって、コピー後の参照先が異なります。

キーワード 相対参照

「相対参照」とは、数式が入力されているセルを基点として、ほかのセルの位置を相対的な位置関係で指定する参照方式のことです。数式が入力されたセルをコピーすると、自動的にセル参照が変更されます。

キーワード 絶対参照

「絶対参照」とは、参照するセルの位置を固定する参照方式のことです。数式をコピーしても、参照するセルの位置は変更されません。絶対参照では、行番号と列番号の前に、それぞれ半角の「$」(ドル)を入力します。

相対参照

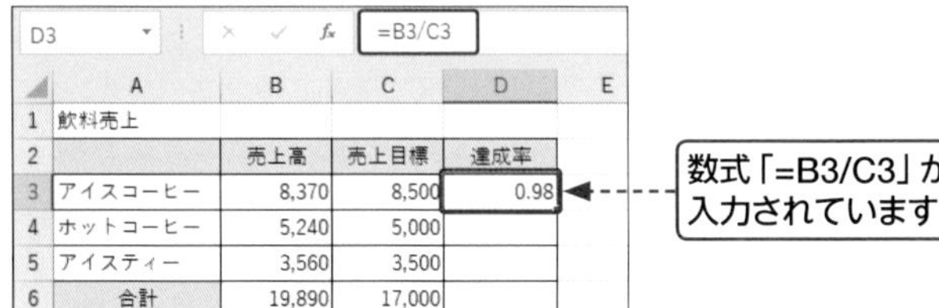

D3 =B3/C3

	A	B	C	D	E
1	飲料売上				
2		売上高	売上目標	達成率	
3	アイスコーヒー	8,370	8,500	0.98	
4	ホットコーヒー	5,240	5,000		
5	アイスティー	3,560	3,500		
6	合計	19,890	17,000		

数式「=B3/C3」が入力されています。

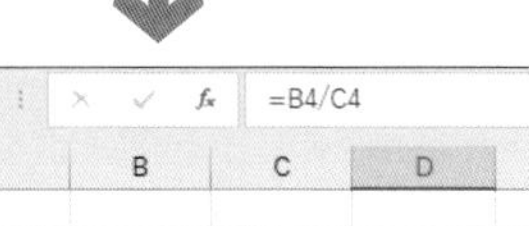

D4 =B4/C4

	A	B	C	D	E
1	飲料売上				
2		売上高	売上目標	達成率	
3	アイスコーヒー	8,370	8,500	0.98	
4	ホットコーヒー	5,240	5,000	1.05	
5	アイスティー	3,560	3,500	1.02	
6	合計	19,890	17,000		

数式をコピーすると、参照先が自動的に変更されます。
=B4/C4
=B5/C5

絶対参照

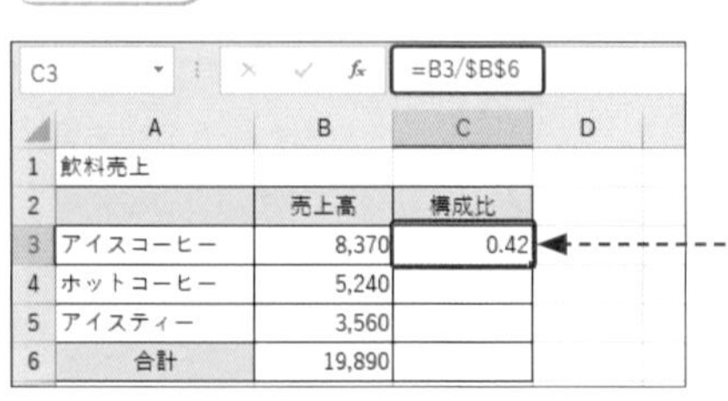

C3 =B3/$B$6

	A	B	C	D
1	飲料売上			
2		売上高	構成比	
3	アイスコーヒー	8,370	0.42	
4	ホットコーヒー	5,240		
5	アイスティー	3,560		
6	合計	19,890		

数式「=B3/$B$6」が入力されています。

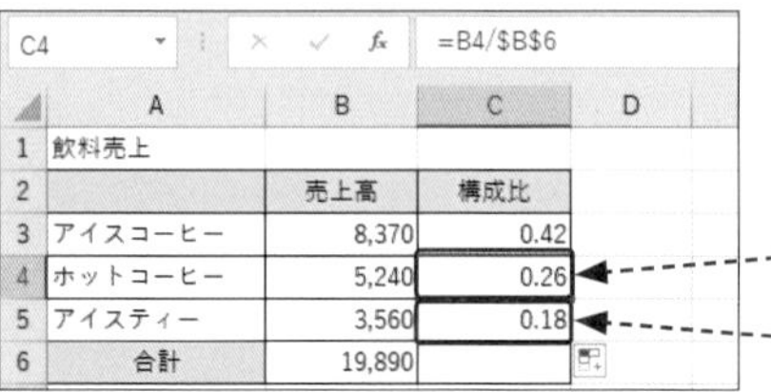

C4 =B4/$B$6

	A	B	C	D
1	飲料売上			
2		売上高	構成比	
3	アイスコーヒー	8,370	0.42	
4	ホットコーヒー	5,240	0.26	
5	アイスティー	3,560	0.18	
6	合計	19,890		

数式をコピーすると、「$」が付いた参照先は[B6]のまま固定されます。
=B4/$B$6
=B5/$B$6

複合参照

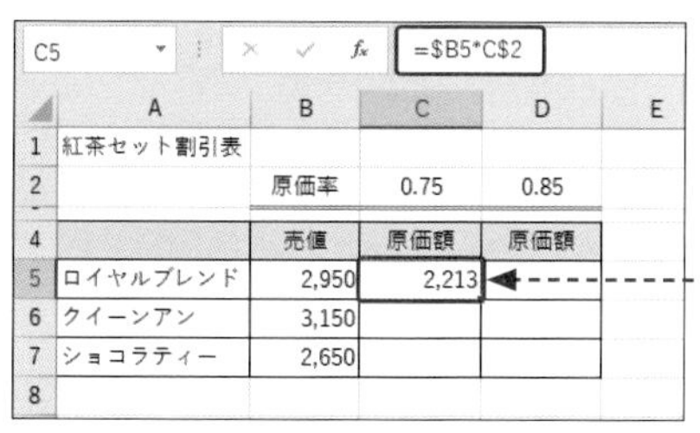

数式「=$B5＊C$2」が入力されています。

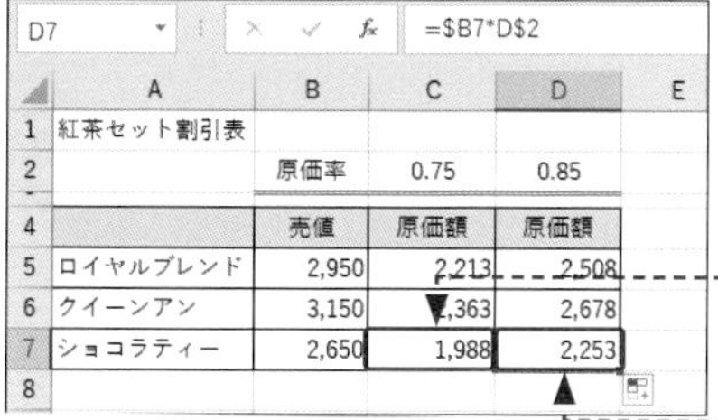

数式をコピーすると、参照列と参照行だけが固定されます。

=$B7＊C$2

=$B7＊D$2

キーワード 複合参照

「複合参照」とは、相対参照と絶対参照を組み合わせた参照方式のことです。「列が相対参照、行が絶対参照」「列が絶対参照、行が相対参照」の2種類があります。

2 参照方式を切り替える

数式の入力されたセル［B2］の参照方式を切り替えます。

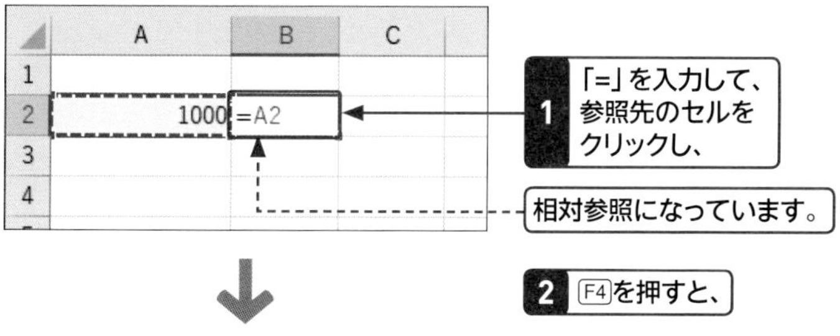

2 F4を押すと、

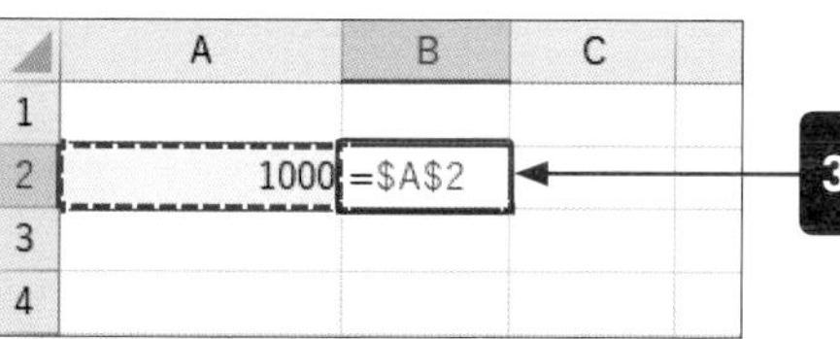

4 続けてF4を押すと、

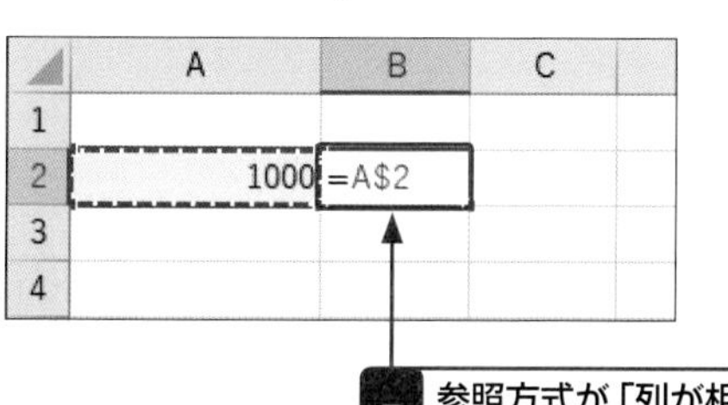

5 参照方式が「列が相対参照、行が絶対参照」の複合参照に切り替わります。

ヒント あとから参照方式を変更するには？

入力を確定してしまったセルの位置の参照方式を変更するには、目的のセルをダブルクリックしてから、変更したいセルの位置をドラッグして選択し、F4を押します。

メモ 参照方式の切り替え

参照方式の切り替えは、F4を使ってかんたんに行うことができます。下図のようにF4を押すごとに参照方式が切り替わります。

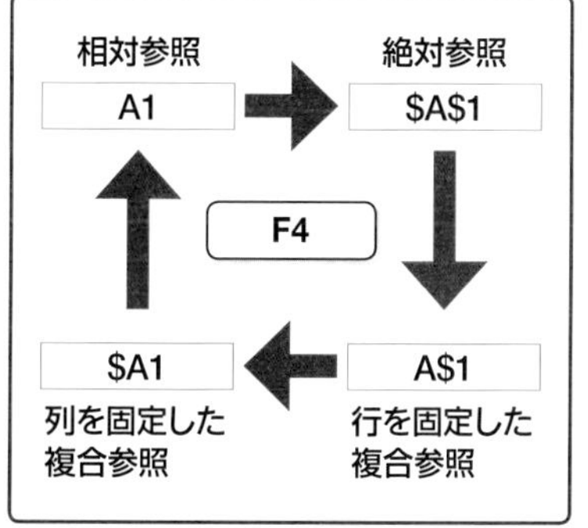

Section 33 数式をコピーしてもセルの位置が変わらないようにする──絶対参照

覚えておきたいキーワード
- ☑ 相対参照
- ☑ 絶対参照
- ☑ 参照先セルの固定

Excelの初期設定では相対参照が使用されているので、セル参照で入力された数式をコピーすると、コピー先のセルの位置に合わせて参照先のセルが自動的に変更されます。特定のセルを常に参照させたい場合は、絶対参照を利用します。絶対参照に指定したセルは、コピーしても参照先が変わりません。

1 数式を相対参照でコピーした場合

ヒント 数式を複数のセルにコピーする

複数のセルに数式をコピーするには、オートフィルを使います。数式が入力されているセルをクリックし、フィルハンドル（セルの右下隅にあるグリーンの四角形）をコピー先までドラッグします。

メモ 相対参照の利用

右の手順で割引額のセル［C5］をセル範囲［C6:C9］にコピーすると、相対参照を使用しているために、セル［C2］へのセル参照も自動的に変更されてしまい、計算結果が正しく求められません。

コピー先のセル	コピーされた数式
C6	＝B6＊C3
C7	＝B7＊C4
C8	＝B8＊C5
C9	＝B9＊C6

数式をコピーしても、参照するセルを常に固定したいときは、絶対参照を利用します（次ページ参照）。

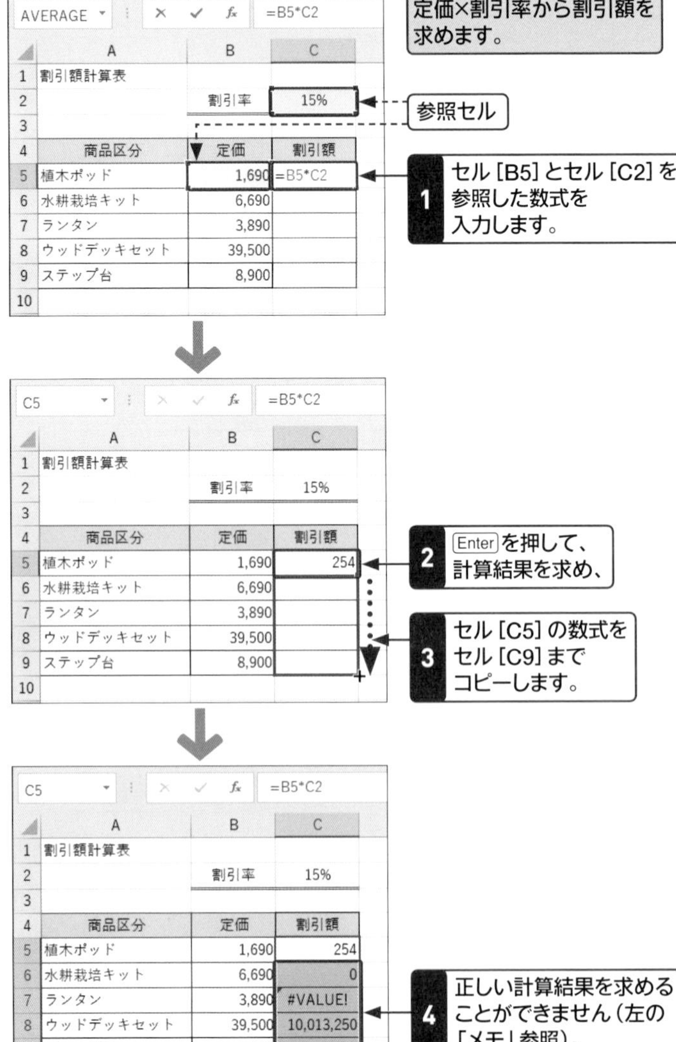

定価×割引率から割引額を求めます。
参照セル
1 セル［B5］とセル［C2］を参照した数式を入力します。
2 Enterを押して、計算結果を求め、
3 セル［C5］の数式をセル［C9］までコピーします。
4 正しい計算結果を求めることができません（左の「メモ」参照）。
割引額計算表
割引率 15%
商品区分 定価 割引額
植木ポッド 1,690 254
水耕栽培キット 6,690 0
ランタン 3,890 #VALUE!
ウッドデッキセット 39,500 10,013,250
ステップ台 8,900 0
=B5*C2

2 数式を絶対参照にしてコピーする

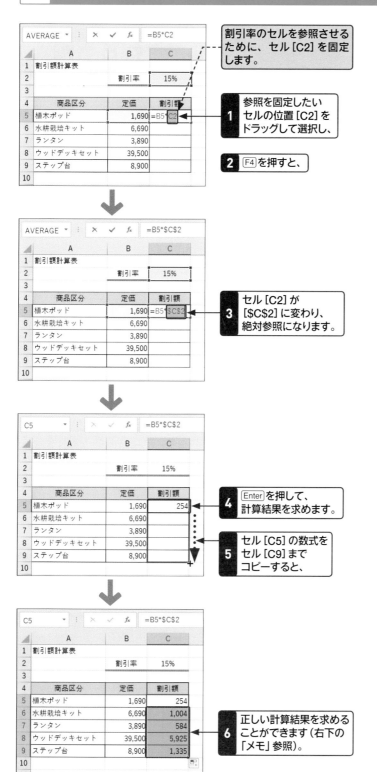

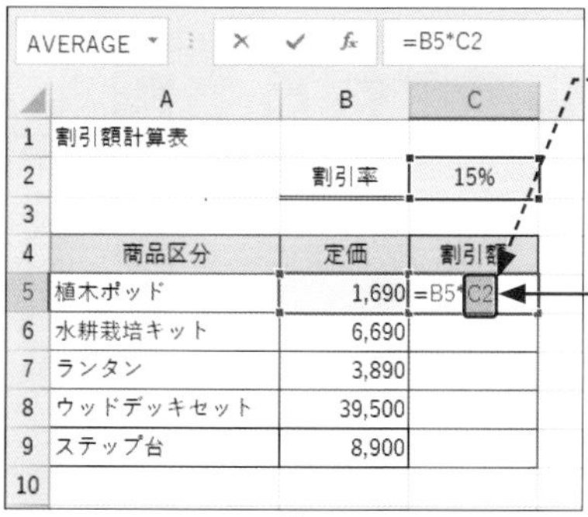

割引率のセルを参照させるために、セル[C2]を固定します。

1 参照を固定したいセルの位置[C2]をドラッグして選択し、

2 F4を押すと、

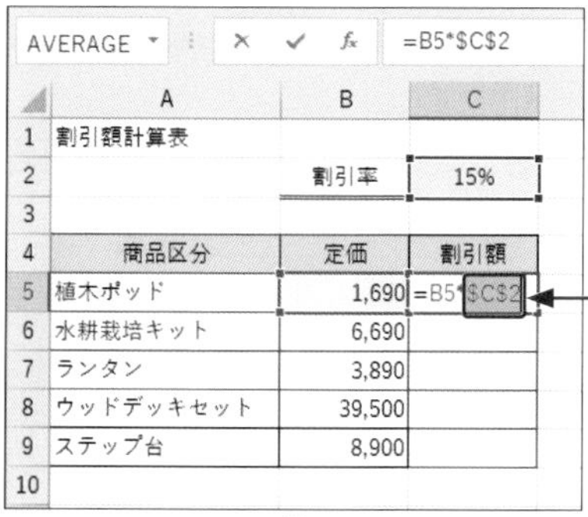

3 セル[C2]が[$C$2]に変わり、絶対参照になります。

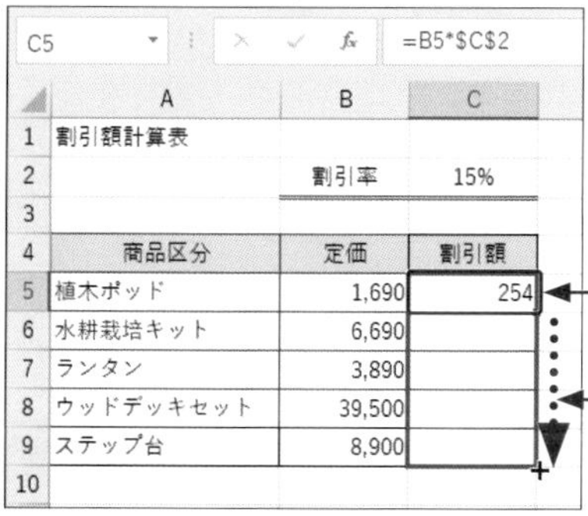

4 Enterを押して、計算結果を求めます。

5 セル[C5]の数式をセル[C9]までコピーすると、

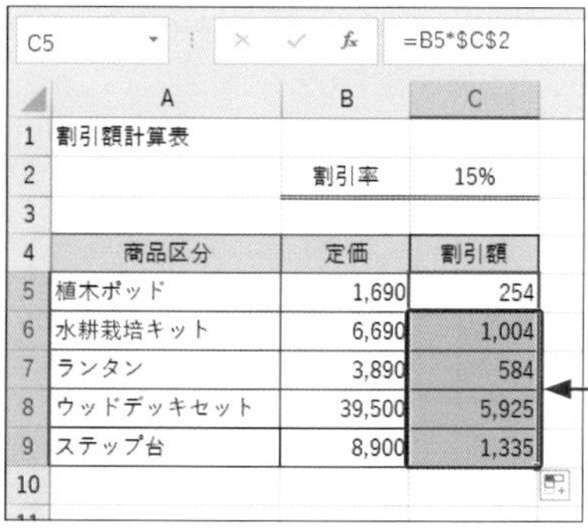

6 正しい計算結果を求めることができます（右下の「メモ」参照）。

メモ エラーを回避する

相対参照によって生じるエラーを回避するには、参照先のセルの位置を固定します。これを「絶対参照」と呼びます。数式が参照するセルを固定したい場合は、行と列の番号の前に「$」（ドル）を入力します。F4を押すことで、自動的に「$」が入力されます。

メモ 絶対参照の利用

絶対参照を使用している数式をコピーしても、絶対参照で参照しているセルの位置は変更されません。左の手順では、参照を固定したい割引率のセル[C2]を絶対参照に変更しているので、セル[C5]の数式をセル範囲[C6:C9]にコピーしても、セル[C2]へのセル参照が保持され、計算が正しく行われます。

コピー先のセル	コピーされた数式
C6	=B6 * $C$2
C7	=B7 * $C$2
C8	=B8 * $C$2
C9	=B9 * $C$2

Section 34

数式をコピーしても行／列が変わらないようにする──複合参照

覚えておきたいキーワード
- 複合参照
- 参照列の固定
- 参照行の固定

セル参照が入力されたセルをコピーするときに、行と列のどちらか一方を絶対参照にして、もう一方を相対参照にしたい場合は複合参照を利用します。複合参照は、相対参照と絶対参照を組み合わせた参照方式のことです。列を絶対参照にする場合と、行を絶対参照にする場合があります。

1 複合参照でコピーする

メモ 複合参照の利用

右のように、列[B]に「定価」、行[3]に「割引率」を入力し、それぞれの項目が交差する位置に割引額を求める表を作成する場合、割引率を求める数式は、常に列[B]と行[3]のセルを参照する必要があります。このようなときは、列または行のいずれかの参照先を固定する複合参照を利用します。

割引率「10%」と「15%」を定価にかけて、それぞれの割引額を求めます。

1 「=B4」と入力して、F4を3回押すと、

2 列[B]が絶対参照、行[4]が相対参照になります。

B4 =$B4

	A	B	C	D
1	割引額計算表			
2	商品区分	定価	割引率	
3			10%	15%
4	植木ポッド	1,690	=$B4	
5	水耕栽培キット	6,690		
6	ランタン	3,890		
7	ウッドデッキセット	39,500		
8	ステップ台	8,900		
9	ウッドパラソル	12,500		

3 「*C3」と入力して、F4を2回押すと、

C3 =$B4*C$3

	A	B	C	D
1	割引額計算表			
2	商品区分	定価	割引率	
3			10%	15%
4	植木ポッド	1,690	=$B4*C$3	
5	水耕栽培キット	6,690		
6	ランタン	3,890		
7	ウッドデッキセット	39,500		
8	ステップ台	8,900		
9	ウッドパラソル	12,500		

4 列[C]が相対参照、行[3]が絶対参照になります。

メモ 3種類の参照方法を使い分ける

相対参照、絶対参照、複合参照の3つのセル参照の方式を組み合わせて使用すると、複雑な集計表などを効率的に作成することができます。

5 Enter を押して、計算結果を求めます。

C5 | =

	A	B	C	D	E	F
1	割引額計算表					
2	商品区分	定価	割引率			
3			10%	15%		
4	植木ポッド	1,690	169			
5	水耕栽培キット	6,690				
6	ランタン	3,890				
7	ウッドデッキセット	39,500				
8	ステップ台	8,900				
9	ウッドパラソル	12,500				
10						

6 セル [C4] の数式を、計算するセル範囲にコピーします。

C4 | =$B4*C$3

	A	B	C	D	E	F
1	割引額計算表					
2	商品区分	定価	割引率			
3			10%	15%		
4	植木ポッド	1,690	169	254		
5	水耕栽培キット	6,690	669	1,004		
6	ランタン	3,890	389	584		
7	ウッドデッキセット	39,500	3,950	5,925		
8	ステップ台	8,900	890	1,335		
9	ウッドパラソル	12,500	1,250	1,875		
10						

数式を表示して確認する

このセルをダブルクリックして、セルの参照方式を確認します。

AVERAGE | =$B9*D$3

	A	B	C	D	E	F
1	割引額計算表					
2	商品区分	定価	割引率			
3			10%	15%		
4	植木ポッド	1,690	169	254		
5	水耕栽培キット	6,690	669	1,004		
6	ランタン	3,890	389	584		
7	ウッドデッキセット	39,500	3,950	5,925		
8	ステップ台	8,900	890	1,335		
9	ウッドパラソル	12,500	1,250	=$B9*D$3		
10						

=$B9*D$3

参照列だけが固定されています。

参照行だけが固定されています。

メモ 列 [C] にコピーされた数式

数式中の [B4] のセルの位置は行方向(縦方向)には固定されていないので、「定価」はコピー先のセルの位置に応じて移動します。他方、[C3] のセルの位置は行方向(縦方向)に固定されているので、「割引率」は移動しません。

コピー先のセル	コピーされた数式
C5	=$B5 * C$3
C6	=$B6 * C$3
C7	=$B7 * C$3
C8	=$B8 * C$3
C9	=$B9 * C$3

メモ 列 [D] にコピーされた数式

数式中の [C3] のセルの位置は列方向(横方向)には固定されていないので、参照されている「割引率」は右に移動します。また、セル [B4] からセル [B9] までのセル位置は列方向(横方向)に固定されているので、参照されている「定価」は変わりません。

コピー先のセル	コピーされた数式
D4	=$B4 * D$3
D5	=$B5 * D$3
D6	=$B6 * D$3
D7	=$B7 * D$3
D8	=$B8 * D$3
D9	=$B9 * D$3

ヒント セルの数式の確認

セルに入力した数式を確認する場合は、セルをダブルクリックするか、セルを選択して F2 を押します。また、<数式>タブの<ワークシート分析>グループの<数式の表示>をクリックすると、セルに入力したすべての数式を一度に確認することができます。

Section 35

関数を入力する

覚えておきたいキーワード
- ☑ 関数
- ☑ 関数ライブラリ
- ☑ 関数の挿入

関数とは、特定の計算を行うためにExcelにあらかじめ用意されている機能のことです。関数を利用すれば、面倒な計算や各種作業をかんたんに効率的に行うことができます。関数の入力には、<数式>タブの<関数ライブラリ>グループのコマンドや、<関数の挿入>コマンドを使用します。

1 関数の入力方法

Excelで関数を入力するには、以下の方法があります。

① <数式>タブの<関数ライブラリ>グループの各コマンドを使う。
② <数式>タブや<数式バー>の<関数の挿入>コマンドを使う。
③ 数式バーやセルに直接関数を入力する（Sec.36参照）。

また、<関数ライブラリ>グループの<最近使った関数>をクリックすると、最近使用した関数が10個表示されます。そこから関数を入力することもできます。

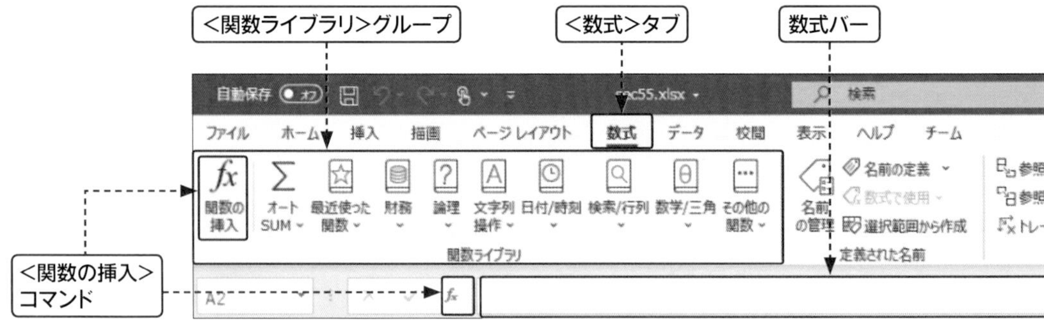

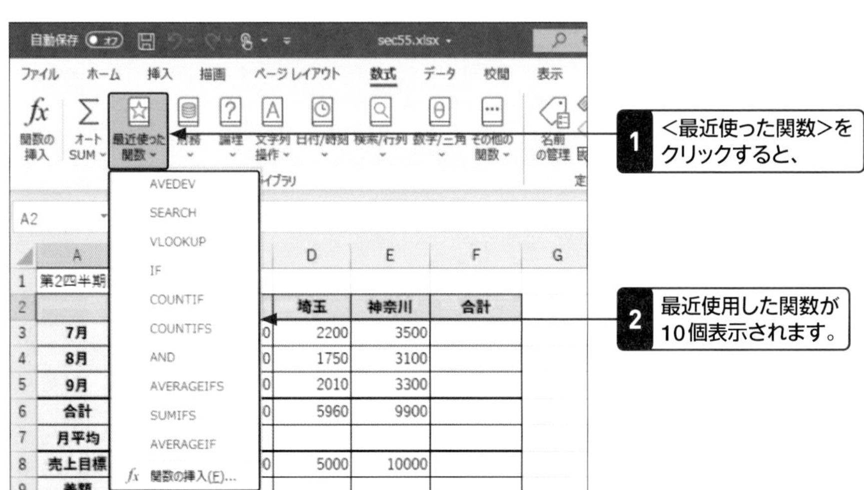

2 <関数ライブラリ>のコマンドを使う

	A	B	C	D	E
1	第2四半期関東地区売上				
2		東京	千葉	埼玉	神奈川
3	7月	4,250	2,430	2,200	3,500
4	8月	3,800	1,970	1,750	3,100
5	9月	3,960	2,050	2,010	3,300
6	合計	12,010	6,450	5,960	9,900
7	月平均				
8	売上目標	10,000	6,500	5,000	10,000
9	差額	2,010	-50	960	-100
10	達成率	1.20	0.99	1.19	0.99

AVERAGE関数を使って月平均を求めます。

1 関数を入力するセルをクリックします。

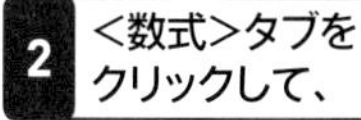

2 <数式>タブをクリックして、

3 <その他の関数>をクリックし、

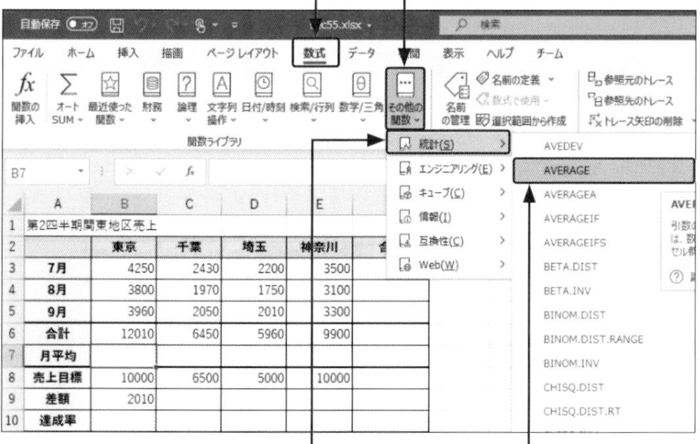

4 <統計>にマウスポインターを合わせて、

5 <AVERAGE>をクリックします。

6 <関数の引数>ダイアログボックスが表示され、関数が自動的に入力されます。

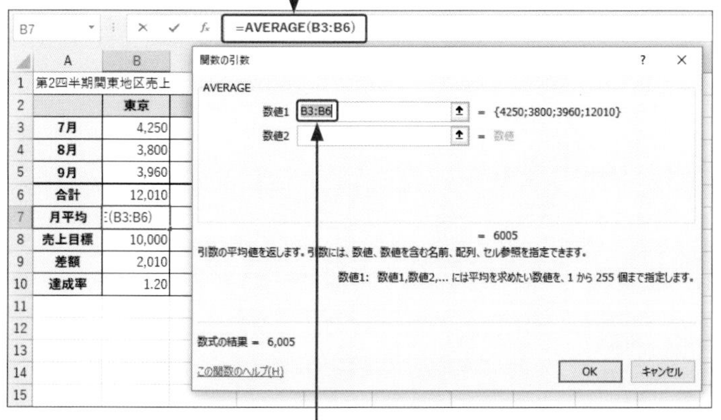

7 合計を計算したセル[B6]が含まれているため、引数を修正します。

メモ <関数ライブラリ>の利用

<数式>タブの<関数ライブラリ>グループには、関数を選んで入力するためのコマンドが用意されています。コマンドをクリックすると、その分類に含まれている関数が表示され、目的の関数を選択できます。AVERAGE関数は、<その他の関数>の<統計>に含まれています。

キーワード AVERAGE関数

「AVERAGE関数」は、引数に指定された数値の平均を求める関数です。
書式：＝AVERAGE(数値1, 数値2, …)

メモ 引数の指定

関数が入力されたセルの上方向または左方向のセルに数値や数式が入力されていると、それらのセルが自動的に引数として選択されます。手順7では、合計を計算したセル[B6]がセルに含まれているため、引数を修正します。

ヒント ダイアログボックスが邪魔な場合は?

引数に指定するセル範囲をドラッグする際に、ダイアログボックスが邪魔になる場合は、ダイアログボックスのタイトルバーをドラッグすると移動できます。

8 引数に指定するセル範囲［B3:B5］をドラッグして選択し直します。

セル範囲のドラッグ中は、ダイアログボックスが折りたたまれます。

=AVERAGE(B3:B5)

関数の引数

B3:B5

	A	B	C	D	E	F
1	第2四半期関東地区売上					
2		東京	千葉	埼玉	神奈川	合計
3	7月	4,250	2,430	2,200	3,500	12,380
4	8月	3,800	1,970	1,750	3,100	10,620
5	9月	3,960	2,050	2,010	3,300	11,320
6	合計	12,010	3R x 1C 450	5,960	9,900	34,320
7	月平均	:(B3:B5)				
8	売上目標	10,000	6,500	5,000	10,000	31,500
9	差額	2,010	-50	960	-100	2,820
10	達成率	1.20	0.99	1.19	0.99	1.09
11						

9 引数が修正されたことを確認して、

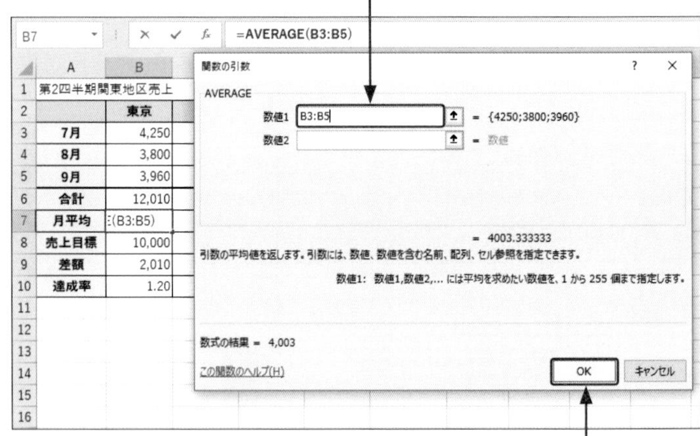

10 <OK>をクリックすると、

11 関数が入力され、計算結果が表示されます。

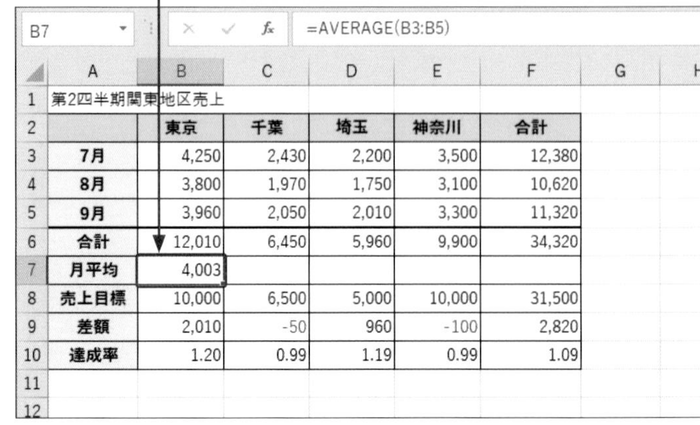

B7 =AVERAGE(B3:B5)

	A	B	C	D	E	F
1	第2四半期関東地区売上					
2		東京	千葉	埼玉	神奈川	合計
3	7月	4,250	2,430	2,200	3,500	12,380
4	8月	3,800	1,970	1,750	3,100	10,620
5	9月	3,960	2,050	2,010	3,300	11,320
6	合計	12,010	6,450	5,960	9,900	34,320
7	月平均	4,003				
8	売上目標	10,000	6,500	5,000	10,000	31,500
9	差額	2,010	-50	960	-100	2,820
10	達成率	1.20	0.99	1.19	0.99	1.09
11						
12						

ヒント 引数をあとから修正するには?

入力した引数をあとから修正するには、引数を編集するセルをクリックして、数式バー左横の<関数の挿入> fx をクリックし、表示される<関数の引数>ダイアログボックスで設定し直します。また、数式バーに入力されている式を直接修正することもできます。

3 <関数の挿入>ダイアログボックスを使う

1 関数を入力するセルをクリックして、

2 <関数の挿入>をクリックします。

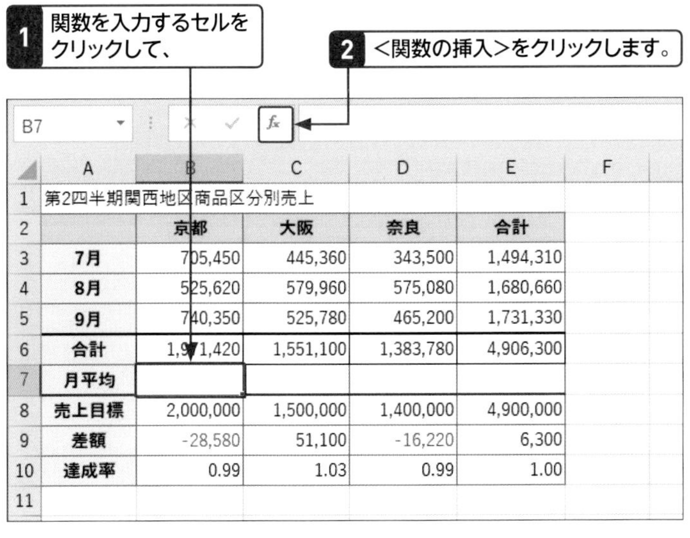

	A	B	C	D	E	F
1	第2四半期関西地区商品区分別売上					
2		京都	大阪	奈良	合計	
3	7月	705,450	445,360	343,500	1,494,310	
4	8月	525,620	579,960	575,080	1,680,660	
5	9月	740,350	525,780	465,200	1,731,330	
6	合計	1,971,420	1,551,100	1,383,780	4,906,300	
7	月平均					
8	売上目標	2,000,000	1,500,000	1,400,000	4,900,000	
9	差額	-28,580	51,100	-16,220	6,300	
10	達成率	0.99	1.03	0.99	1.00	
11						

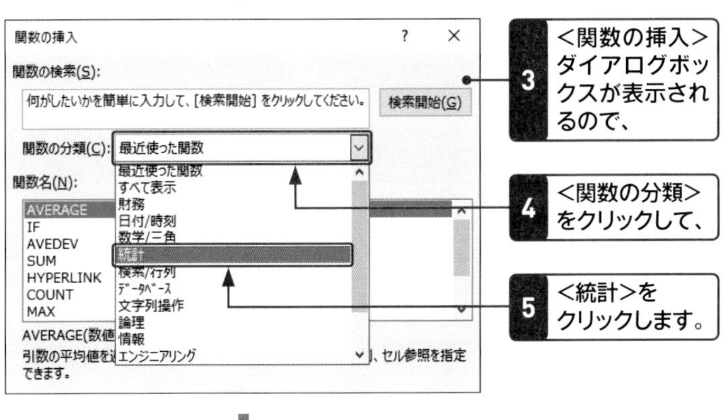

3 <関数の挿入>ダイアログボックスが表示されるので、

4 <関数の分類>をクリックして、

5 <統計>をクリックします。

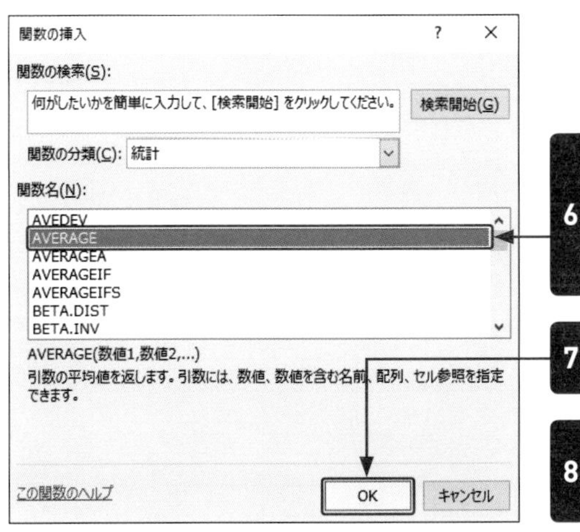

6 <統計>に分類される関数が表示されるので、<AVERAGE>をクリックして、

7 <OK>をクリックします。

8 以降の操作はP.247の手順6以降と同様です。

メモ <関数の挿入>ダイアログボックスの利用

<関数の挿入>ダイアログボックスでは、<関数の分類>と<関数名>から入力したい関数を選択します。関数の分類が不明な場合は、<関数の分類>で<すべて表示>を選択して、一覧から関数名を選択することもできます。

なお、<関数の挿入>ダイアログボックスは、<数式>タブの<関数の挿入>をクリックしても表示されます。

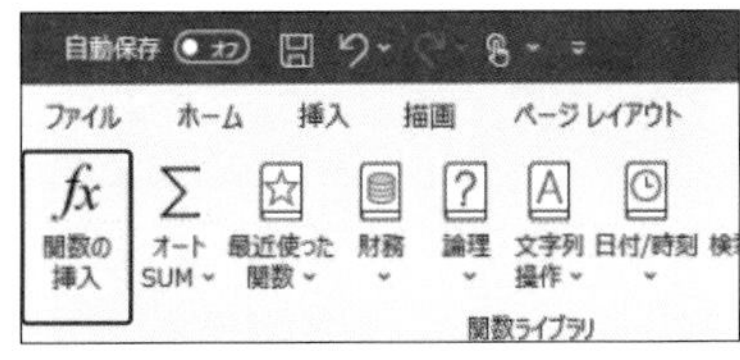

ヒント 使用したい関数がわからない場合は?

使用したい関数がわからないときは、<関数の挿入>ダイアログボックスで、目的の関数を探すことができます。<関数の検索>ボックスに、関数を使って何を行いたいのかを簡潔に入力し、<検索開始>をクリックすると、条件に該当する関数の候補が<関数名>に表示されます。

1 関数を使って何を行いたいのかを入力して、

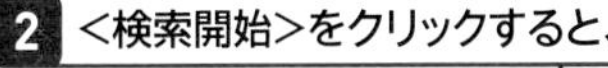

2 <検索開始>をクリックすると、

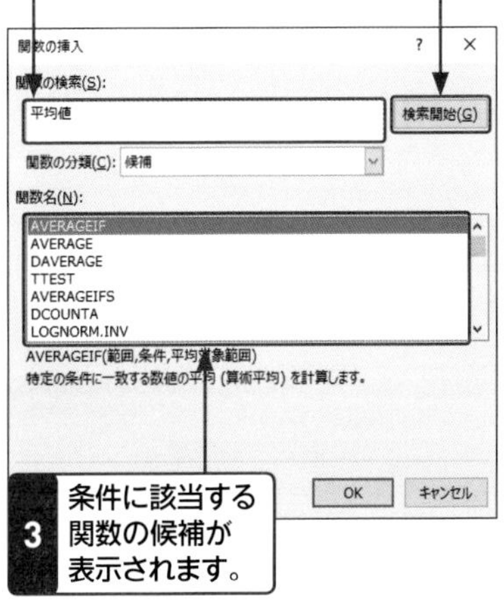

3 条件に該当する関数の候補が表示されます。

Section 36

キーボードから関数を入力する

覚えておきたいキーワード
- ☑ 数式オートコンプリート
- ☑ 数式バー
- ☑ <関数>ボックス

関数を入力する方法には、Sec.35で解説した<数式>タブの<関数ライブラリ>や<関数の挿入>を利用するほかに、キーボードから関数を直接入力する方法もあります。かんたんな関数や引数を必要としない関数の場合は、直接入力したほうが効率的な場合もあります。

1 キーボードから関数を直接入力する

メモ 数式オートコンプリートが表示される

キーボードから関数を直接入力する場合、関数を1文字以上入力すると、「数式オートコンプリート」が表示されます。入力したい関数をダブルクリックすると、その関数と「(」（左カッコ）が入力されます。

メモ 数式バーに関数を入力する

関数は、数式バーに入力することもできます。関数を入力したいセルをクリックしてから、数式バーに関数を入力します。数式バーに関数を入力する場合も、数式オートコンプリートが表示されます。

AVERAGE ▾ | × ✓ fx | =AV

	A	B	C	D	E
1	第2四半期関東地区売上				
2		東京	千葉		
3	7月	4,250	2,430		
4	8月	3,800	1,970		
5	9月	3,960	2,050	2,010	3,30
6	合計	12,010	6,450	5,960	9,90

AVERAGE関数を使って月平均を求めます。

1 関数を入力するセルをクリックし、「=」（等号）に続けて1文字以上入力すると、

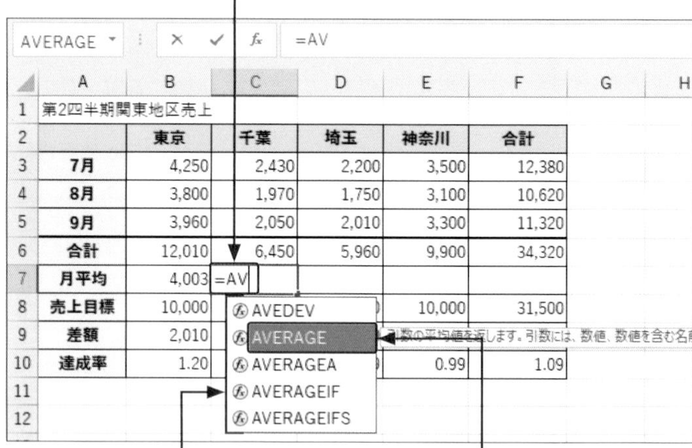

AVERAGE ▾ | × ✓ fx | =AV

	A	B	C	D	E	F	G	H
1	第2四半期関東地区売上							
2		東京	千葉	埼玉	神奈川	合計		
3	7月	4,250	2,430	2,200	3,500	12,380		
4	8月	3,800	1,970	1,750	3,100	10,620		
5	9月	3,960	2,050	2,010	3,300	11,320		
6	合計	12,010	6,450	5,960	9,900	34,320		
7	月平均	4,003	=AV					
8	売上目標	10,000			10,000	31,500		
9	差額	2,010						
10	達成率	1.20			0.99	1.09		
11								
12								

2 「数式オートコンプリート」が表示されます。

3 入力したい関数をダブルクリックすると、

4 関数名と「(」（左カッコ）が入力されます。

AVERAGE ▾ | × ✓ fx | =AVERAGE(

	A	B	C	D	E	F	G
1	第2四半期関東地区売上						
2		東京	千葉	埼玉	神奈川	合計	
3	7月	4,250	2,430	2,200	3,500	12,380	
4	8月	3,800	1,970	1,750	3,100	10,620	
5	9月	3,960	2,050	2,010	3,300	11,320	
6	合計	12,010	6,450	5,960	9,900	34,320	
7	月平均	4,003	=AVERAGE(				
8	売上目標	10,000	AVERAGE(数値1, [数値2], ...)		10,000	31,500	
9	差額	2,010	-50	960	-100	2,820	
10	達成率	1.20	0.99	1.19	0.99	1.09	

5 セル範囲［C3:C5］をドラッグして引数を指定し、

=AVERAGE(C3:C5

	A	B	C	D	E	F	G
1	第2四半期関東地区売上						
2		東京	千葉	埼玉	神奈川	合計	
3	7月	4,250	2,430	2,200	3,500	12,380	
4	8月	3,800	1,970	1,750	3,100	10,620	
5	9月	3,960	2,050	2,010	3,300	11,320	
6	合計	12,010	6,450	3R x 1C 960	9,900	34,320	
7	月平均	4,003	=AVERAGE(C3:C5				
8	売上目標	10,000	AVERAGE(数値1, [数値2], ...)		10,000	31,500	
9	差額	2,010	-50	960	-100	2,820	
10	達成率	1.20	0.99	1.19	0.99	1.09	
11							

6 「)」（右カッコ）を入力して Enter を押すと、

C7　=AVERAGE(C3:C5)

	A	B	C	D	E	F	G
1	第2四半期関東地区売上						
2		東京	千葉	埼玉	神奈川	合計	
3	7月	4,250	2,430	2,200	3,500	12,380	
4	8月	3,800	1,970	1,750	3,100	10,620	
5	9月	3,960	2,050	2,010	3,300	11,320	
6	合計	12,010	6,450	5,960	9,900	34,320	
7	月平均	4,003	=AVERAGE(C3:C5)				
8	売上目標	10,000	6,500	5,000	10,000	31,500	
9	差額	2,010	-50	960	-100	2,820	
10	達成率	1.20	0.99	1.19	0.99	1.09	
11							

7 関数が入力され、計算結果が表示されます。

C8　6500

	A	B	C	D	E	F	G
1	第2四半期関東地区売上						
2		東京	千葉	埼玉	神奈川	合計	
3	7月	4,250	2,430	2,200	3,500	12,380	
4	8月	3,800	1,970	1,750	3,100	10,620	
5	9月	3,960	2,050	2,010	3,300	11,320	
6	合計	12,010	6,450	5,960	9,900	34,320	
7	月平均	4,003	2,150				
8	売上目標	10,000	6,500	5,000	10,000	31,500	
9	差額	2,010	-50	960	-100	2,820	
10	達成率	1.20	0.99	1.19	0.99	1.09	
11							

ヒント　連続したセル範囲を指定する

引数に連続するセル範囲を指定するときは、上端と下端（あるいは左端と右端）のセルの位置の間に「:」（コロン）を記述します。左の例では、セル［C3］、［C4］、［C5］の値の平均値を求めているので、引数に「C3:C5」を指定しています。

ステップアップ　＜関数＞ボックスの利用

関数を入力するセルをクリックして「=」を入力すると、＜名前ボックス＞が＜関数＞ボックスに変わり、前回利用した関数が表示されます。また、▾をクリックすると、最近利用した10個の関数が表示されます。いずれかの関数をクリックすると、＜関数の引数＞ダイアログボックスが表示されます。

1 関数を入力するセルをクリックして「=」を入力すると、

2 ＜名前ボックス＞が＜関数＞ボックスに変わり、前回使用した関数が表示されます。

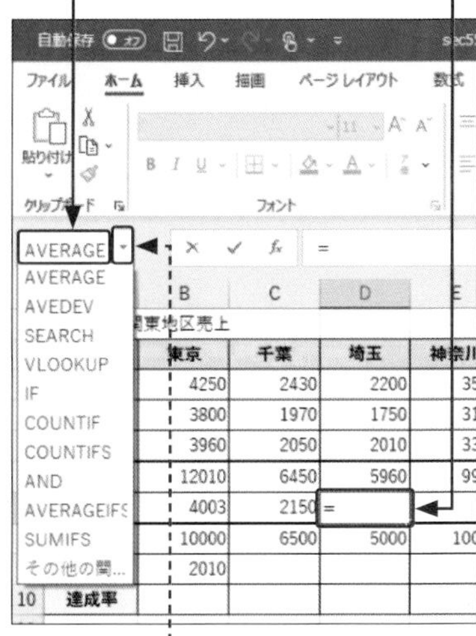

ここをクリックすると、最近使用した10個の関数が表示されます。

Section 37 計算結果のエラーを解決する

覚えておきたいキーワード
- ☑ エラーインジケーター
- ☑ エラー値
- ☑ エラーチェックオプション

入力した計算式が正しくない場合や計算結果が正しく求められない場合などには、セル上にエラーインジケーターやエラー値が表示されます。このような場合は、表示されたエラー値を手がかりにエラーを解決します。ここでは、これらのエラー値の代表的な例をあげて解決方法を解説します。

1 エラーインジケーターとエラー値

エラーインジケーターは、次のような場合に表示されます（表示するかどうか個別に指定できます）。

①エラー結果となる数式を含むセルがある
②集計列に矛盾した数式が含まれている
③2桁の文字列形式の日付が含まれている
④文字列として保存されている数値がある
⑤領域内に矛盾する数式がある
⑥データへの参照が数式に含まれていない
⑦数式が保護のためにロックされていない
⑧空白セルへの参照が含まれている
⑨テーブルに無効なデータが入力されている

数式の結果にエラーがあるセルにはエラー値が表示されるので、エラーの内容に応じて修正します。エラー値には8種類あり、それぞれの原因を知っておくと、エラーの解決に役立ちます。

エラーのあるセルには、エラーインジケーターが表示されます。

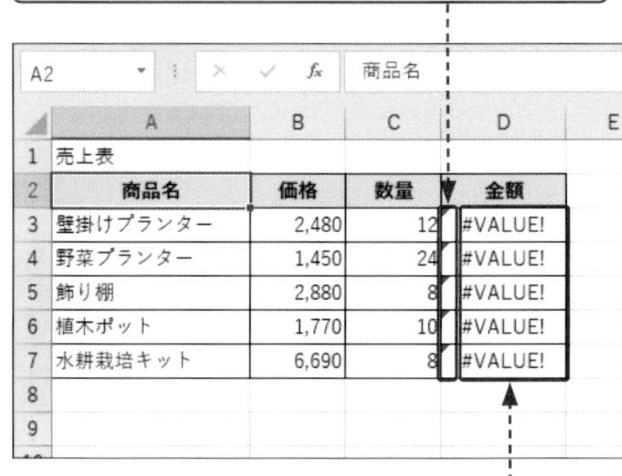

数式のエラーがあるセルには、エラー値が表示されます。

エラーチェックオプション

エラーインジケーターが表示されたセルをクリックすると、<エラーチェックオプション>が表示されます。この<エラーチェックオプション>を利用すると、エラーの内容に応じた修正を行うことができます。

	A	B	C	D
1	売上表			
2	商品名	価格	数量	金額
3	壁掛けプランター	2,480		#VALUE!
4	野菜		24	#VALUE!
5	飾り棚	2,880	8	#VALUE!
6	植木ポット	1,770	10	#VALUE!
7	水耕栽培キット	6,690	8	#VALUE!

D3　=A3*C3
数式で使用されるデータの形式が正しくありません。

<エラーチェックオプション>にマウスポインターを合わせると、エラーの内容を示すヒントが表示されます。

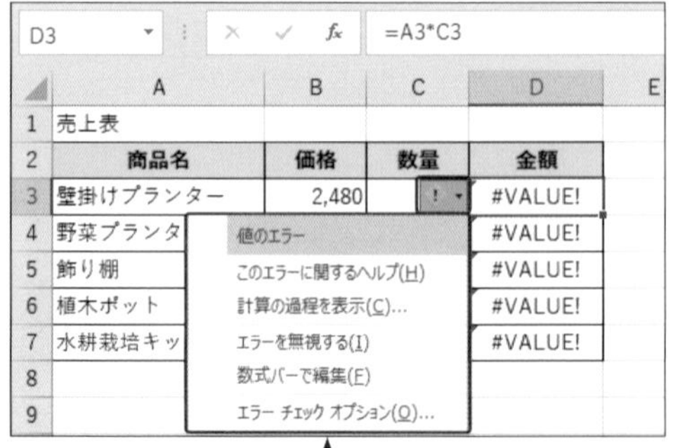

<エラーチェックオプション>をクリックすると、エラーの内容に応じた修正を行うことができます。

2 エラー値「#VALUE!」が表示された場合

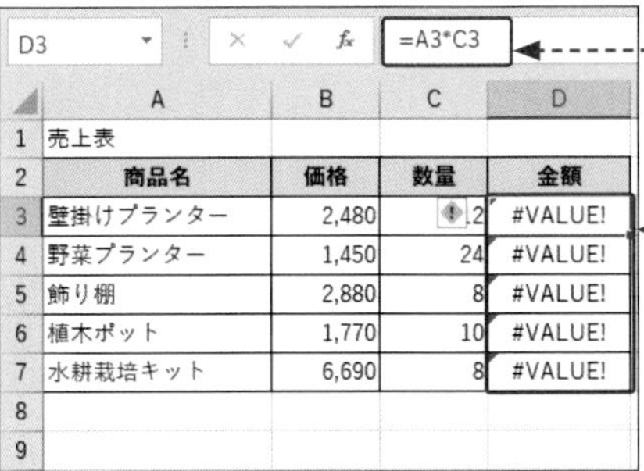

D3 =A3*C3

	A	B	C	D
1	売上表			
2	商品名	価格	数量	金額
3	壁掛けプランター	2,480	12	#VALUE!
4	野菜プランター	1,450	24	#VALUE!
5	飾り棚	2,880	8	#VALUE!
6	植木ポット	1,770	10	#VALUE!
7	水耕栽培キット	6,690	8	#VALUE!
8				
9				

文字列が入力されているセル [A3] を参照して計算を行おうとしているため、「#VALUE!」が表示されます。

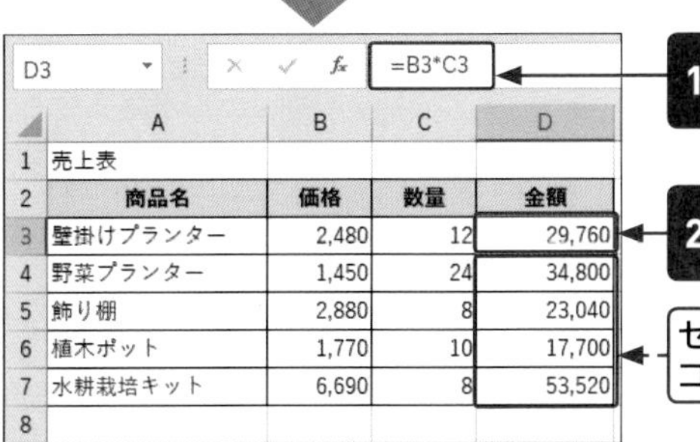

D3 =B3*C3

	A	B	C	D
1	売上表			
2	商品名	価格	数量	金額
3	壁掛けプランター	2,480	12	29,760
4	野菜プランター	1,450	24	34,800
5	飾り棚	2,880	8	23,040
6	植木ポット	1,770	10	17,700
7	水耕栽培キット	6,690	8	53,520
8				
9				

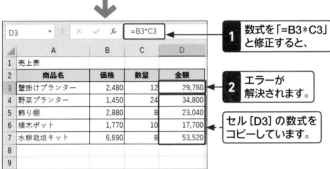

1 数式を「=B3*C3」と修正すると、

2 エラーが解決されます。

セル [D3] の数式をコピーしています。

キーワード エラー値「#VALUE!」

エラー値「#VALUE!」は、数式の参照先や関数の引数の型、演算子の種類などが間違っている場合に表示されます。間違っている参照先や引数などを修正すると、解決されます。

3 エラー値「#####」が表示された場合

セルの幅が狭くて数式の計算結果が表示しきれないため、「#####」が表示されます。

	A	B	C	D	E	F
1	上半期商品区分別売上					
2		埼玉	千葉	東京	神奈川	合計
3	オフィスチェア	1,061,610	3,900,350	5,795,280	5,344,780	########
4	デスク	1,351,800	3,162,200	4,513,520	4,333,520	########
5	テーブル	1,481,130	2,727,560	3,627,400	3,307,400	########
6	オフィス家具	1,423,800	614,560	613,400	572,400	3,224,160
7	文房具	1,701,030	611,300	7,109,000	7,520,900	########
8	合計	7,019,370	########	########	########	########

1 列の幅を広げると、

2 エラーが解決されます。

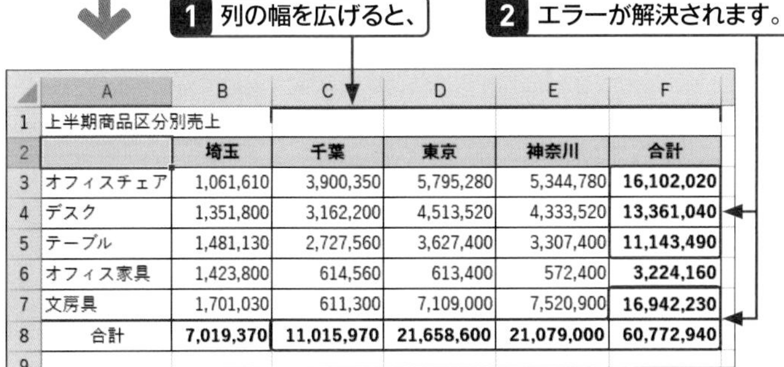

	A	B	C	D	E	F
1	上半期商品区分別売上					
2		埼玉	千葉	東京	神奈川	合計
3	オフィスチェア	1,061,610	3,900,350	5,795,280	5,344,780	16,102,020
4	デスク	1,351,800	3,162,200	4,513,520	4,333,520	13,361,040
5	テーブル	1,481,130	2,727,560	3,627,400	3,307,400	11,143,490
6	オフィス家具	1,423,800	614,560	613,400	572,400	3,224,160
7	文房具	1,701,030	611,300	7,109,000	7,520,900	16,942,230
8	合計	7,019,370	11,015,970	21,658,600	21,079,000	60,772,940

キーワード エラー値「#####」

エラー値「#####」は、セルの幅が狭くて計算結果を表示できない場合に表示されます。セルの幅を広げたり、表示する小数点以下の桁数を減らしたりすると、解決されます。また、時間の計算が負になった場合にも表示されます。

4 エラー値「#NAME?」が表示された場合

キーワード エラー値「#NAME?」

エラー値「#NAME?」は、関数名が間違っていたり、数式内の文字列を「"」で囲んでいなかったり、セル範囲の「:」が抜けていたりした場合に表示されます。関数名や数式内の文字を修正すると、解決されます。

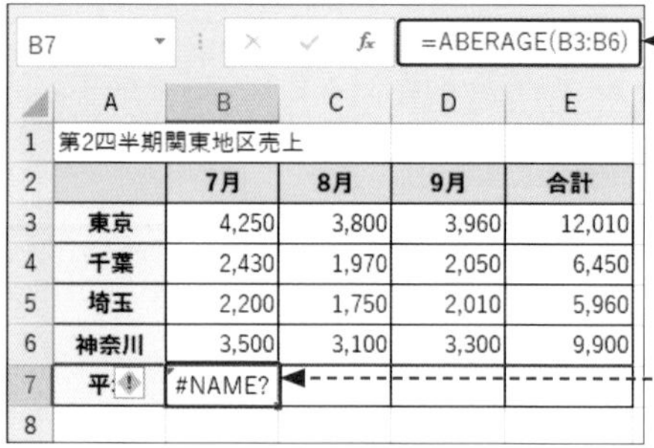

	A	B	C	D	E
1	第2四半期関東地区売上				
2		7月	8月	9月	合計
3	東京	4,250	3,800	3,960	12,010
4	千葉	2,430	1,970	2,050	6,450
5	埼玉	2,200	1,750	2,010	5,960
6	神奈川	3,500	3,100	3,300	9,900
7	平	#NAME?			
8					

関数名が間違っているため（正しくは「AVERAGE」）、「#NAME?」が表示されます。

B7 =AVERAGE(B3:B6)

	A	B	C	D	E
1	第2四半期関東地区売上				
2		7月	8月	9月	合計
3	東京	4,250	3,800	3,960	12,010
4	千葉	2,430	1,970	2,050	6,450
5	埼玉	2,200	1,750	2,010	5,960
6	神奈川	3,500	3,100	3,300	9,900
7	平均	3,095			
8					

1 正しい関数名を入力すると、

2 エラーが解決されます。

5 エラー値「#DIV/0!」が表示された場合

キーワード エラー値「#DIV/0!」

エラー値「#DIV/0!」は、割り算の除数（割るほうの数）の値が「0」または未入力で空白の場合に表示されます。除数として参照するセルの値または参照先そのものを修正すると、解決されます。

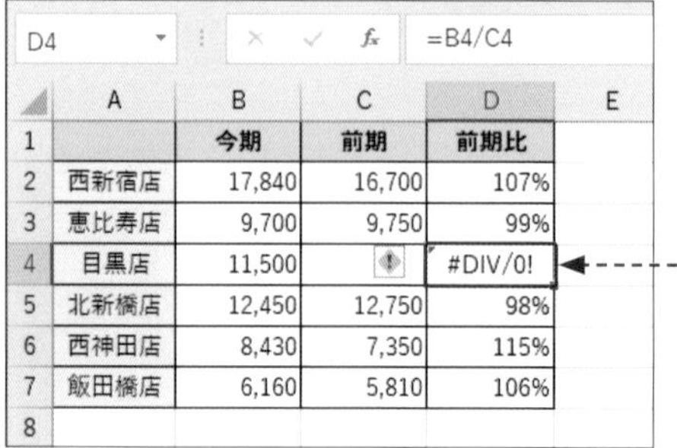

	A	B	C	D	E
1		今期	前期	前期比	
2	西新宿店	17,840	16,700	107%	
3	恵比寿店	9,700	9,750	99%	
4	目黒店	11,500		#DIV/0!	
5	北新橋店	12,450	12,750	98%	
6	西神田店	8,430	7,350	115%	
7	飯田橋店	6,160	5,810	106%	
8					

割り算の除数となるセル[C4]が空白のため、「#DIV/0!」が表示されます。

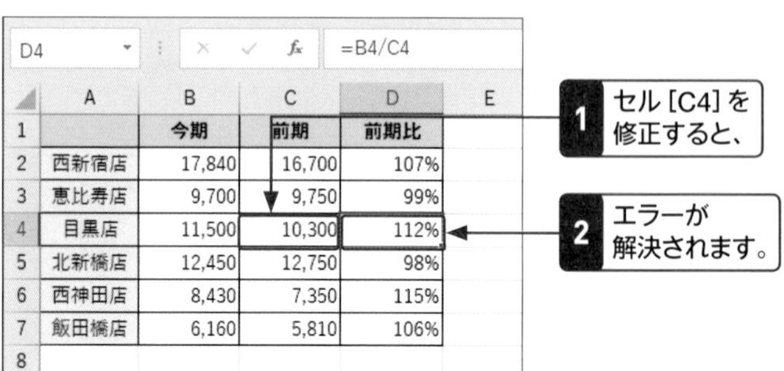

	A	B	C	D	E
1		今期	前期	前期比	
2	西新宿店	17,840	16,700	107%	
3	恵比寿店	9,700	9,750	99%	
4	目黒店	11,500	10,300	112%	
5	北新橋店	12,450	12,750	98%	
6	西神田店	8,430	7,350	115%	
7	飯田橋店	6,160	5,810	106%	
8					

1 セル[C4]を修正すると、

2 エラーが解決されます。

6 エラー値「#N/A」が表示された場合

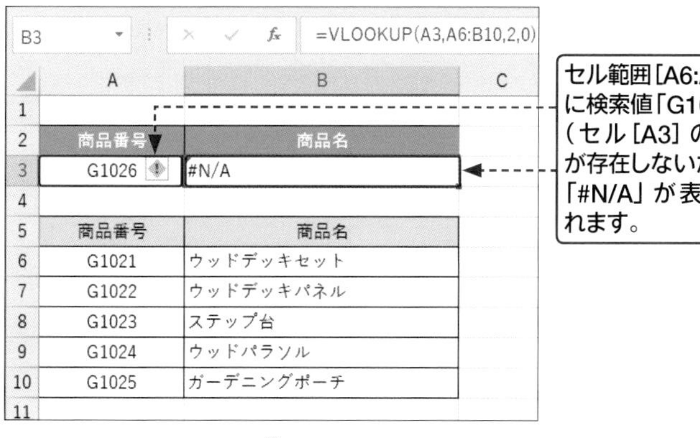

B3
=VLOOKUP(A3,A6:B10,2,0)
セル範囲[A6:A10]に検索値「G1026」（セル[A3]の値）が存在しないため、「#N/A」が表示されます。

	A	B	C
1			
2	商品番号	商品名	
3	G1026	#N/A	
4			
5	商品番号	商品名	
6	G1021	ウッドデッキセット	
7	G1022	ウッドデッキパネル	
8	G1023	ステップ台	
9	G1024	ウッドパラソル	
10	G1025	ガーデニングポーチ	
11			

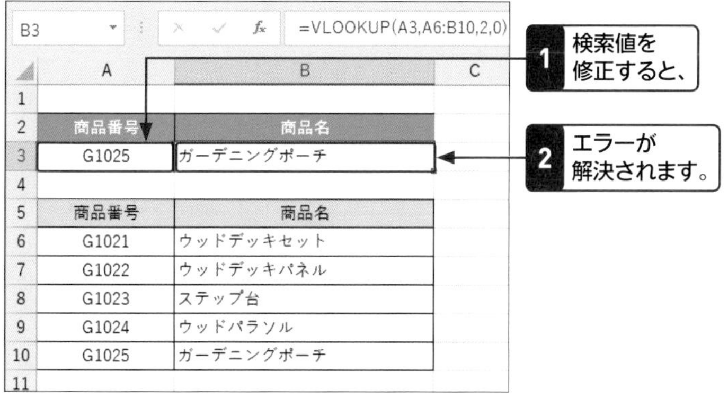

B3
=VLOOKUP(A3,A6:B10,2,0)
1 検索値を修正すると、
2 エラーが解決されます。

	A	B	C
1			
2	商品番号	商品名	
3	G1025	ガーデニングポーチ	
4			
5	商品番号	商品名	
6	G1021	ウッドデッキセット	
7	G1022	ウッドデッキパネル	
8	G1023	ステップ台	
9	G1024	ウッドパラソル	
10	G1025	ガーデニングポーチ	
11			

キーワード エラー値「#N/A」

エラー値「#N/A」は、VLOOKUP関数、LOOKUP関数、HLOOKUP関数、MATCH関数などの検索／行列関数で、検索した値が検索範囲内に存在しない場合に表示されます。検索値を修正すると、解決されます。

ステップアップ そのほかのエラー値

● #NULL!

指定したセル範囲に共通部分がない場合や、参照するセル範囲が間違っている場合に表示されます（例では数式の「,」が抜けている）。参照しているセル範囲を修正すると、解決されます。

C4 =SUMPRODUCT(B2:B3 C2:C3)

	A	B	C	D	E
1	商品名	価格	数量		
2	野菜プランター	1,450	24		
3	植木ポット	1,770	10		
4	請求金額		#NULL!		
5					

● #NUM!

引数として指定できる数値の範囲を超えている場合に表示されます（例では「入社年」に「9999」より大きい値を指定している）。Excelで処理できる数値の範囲に収まるように修正すると、解決されます。

E3 =DATE(B3,C3,D3)

	A	B	C	D	E	F
1	名前	年	月	日	入社年月日	
2	松木　結愛	2018	4	5	2018/4/5	
3	上田　隼也	20018	9	10	#NUM!	

● #REF!

数式中で参照しているセルが、行や列の削除などで削除された場合に表示されます。参照先を修正すると、解決されます。

C2 =$B2*#REF!

	A	B	C	D	E
1	商品区分	定価	割引額		
2	ウッドデッキセット	39,800	#REF!		
3	ステップ台	8,900	#REF!		

7 数式を検証する

メモ エラーチェックオプション

＜エラーチェックオプション＞をクリックして表示されるメニューを利用すると、エラーの原因を調べたり、数式を検証したり、エラーの内容に応じた修正を行ったりすることができます。

ヒント エラーインジケーターを表示しないようにするには?

＜エラーチェックオプション＞をクリックすると表示されるメニューから＜エラーチェックオプション＞をクリックして、＜Excelのオプション＞ダイアログボックスの＜数式＞を表示します。＜バックグラウンドでエラーチェックを行う＞をクリックしてオフにすると、エラーインジケーターが表示されなくなります。

ここをクリックしてオフにします。

1 エラーが表示されたセル（ここではセル［C3］）をクリックして、＜エラーチェックオプション＞をクリックし、

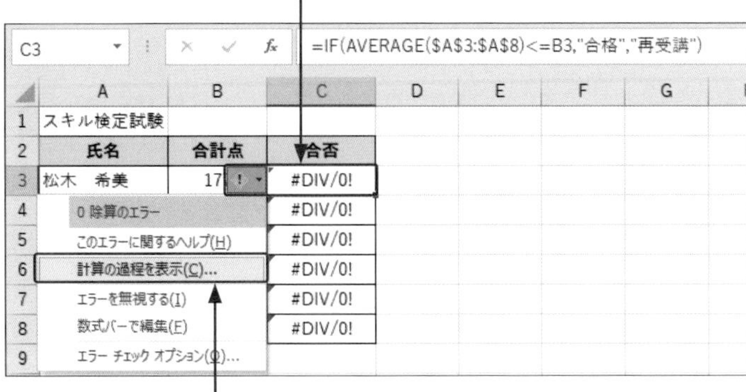

2 ＜計算の過程を表示＞をクリックすると、

3 エラー値の検証内容が表示されます。

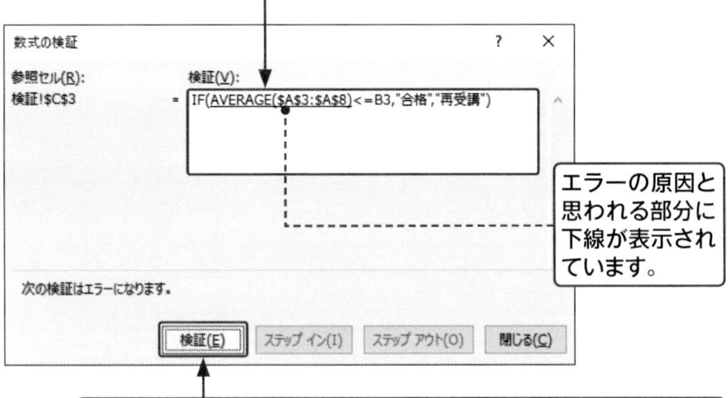

エラーの原因と思われる部分に下線が表示されています。

4 ＜検証＞をクリックすると、下線が引かれた部分の計算結果が表示され、エラーの原因が確認できます。

ステップアップ ワークシート全体のエラーをチェックする

＜数式＞タブの＜ワークシート分析＞グループの＜エラーチェック＞をクリックすると、＜エラーチェック＞ダイアログボックスが表示されます。このダイアログボックスを利用すると、ワークシート全体のエラーを順番にチェックしたり、修正したりすることができます。

エラーのある最初のセルが選択され、エラーの説明が表示されます。

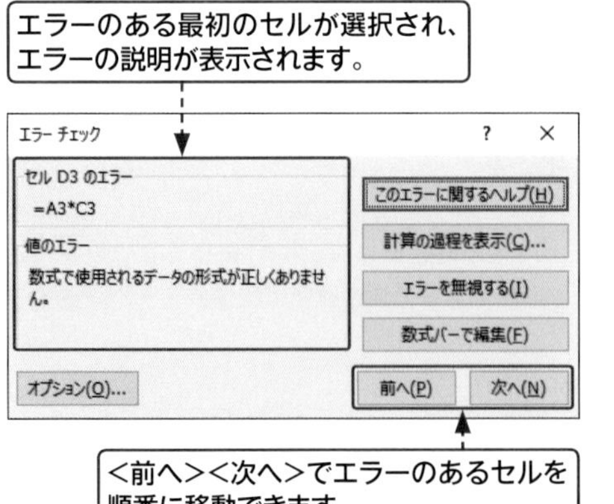

＜前へ＞＜次へ＞でエラーのあるセルを順番に移動できます。

Excel

第4章

グラフの作成

Section 38

グラフを作成する

覚えておきたいキーワード
- ☑ おすすめグラフ
- ☑ すべてのグラフ
- ☑ クイック分析

<挿入>タブの<おすすめグラフ>を利用すると、表の内容に適したグラフをかんたんに作成することができます。また、<グラフ>グループに用意されているコマンドや、グラフにするセル範囲を選択すると表示される<クイック分析>を利用してグラフを作成することもできます。

1 <おすすめグラフ>を利用してグラフを作成する

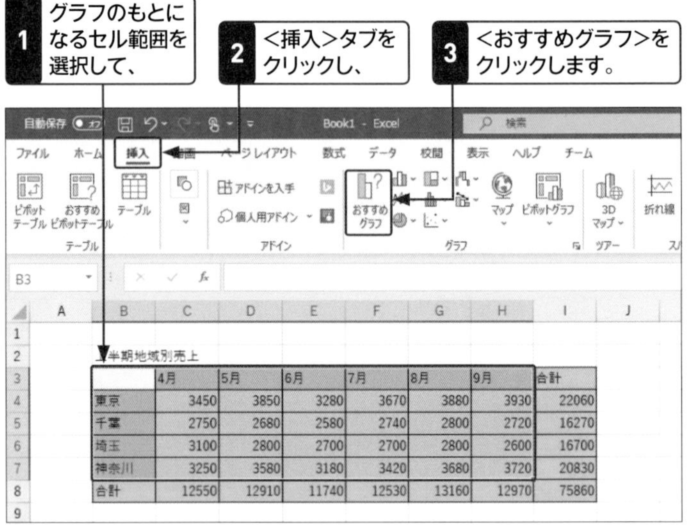

	4月	5月	6月	7月	8月	9月	合計
東京	3450	3850	3280	3670	3880	3930	22060
千葉	2750	2680	2580	2740	2800	2720	16270
埼玉	3100	2800	2700	2700	2800	2600	16700
神奈川	3250	3580	3180	3420	3680	3720	20830
合計	12550	12910	11740	12530	13160	12970	75860

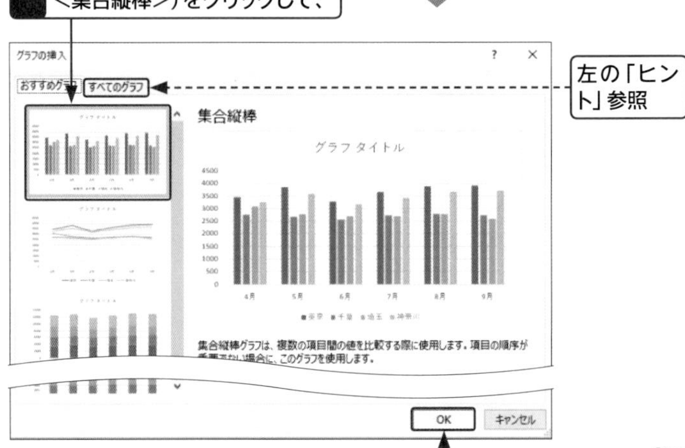

5 <OK>をクリックすると、

メモ おすすめグラフ

<おすすめグラフ>を利用すると、利用しているデータに適したグラフをすばやく作成することができます。グラフにする範囲を選択して、<挿入>タブの<おすすめグラフ>をクリックすると、ダイアログボックスの左側に<おすすめグラフ>が表示されます。グラフをクリックすると、右側にグラフがプレビューされるので、利用したいグラフを選択します。

ヒント すべてのグラフ

<グラフの挿入>ダイアログボックスで<すべてのグラフ>をクリックすると、Excelで利用できるすべてのグラフの種類が表示されます。<おすすめグラフ>に目的のグラフがない場合は、<すべてのグラフ>から選択することができます。

<グラフのデザイン>と<書式>タブが表示されます。

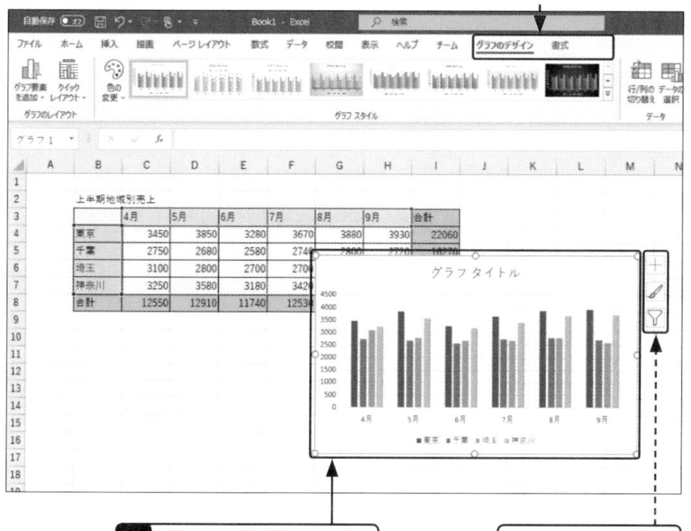

6 グラフが作成されます。

右の「ヒント」参照

7 「グラフタイトル」と表示されている部分をクリックしてタイトルを入力し、

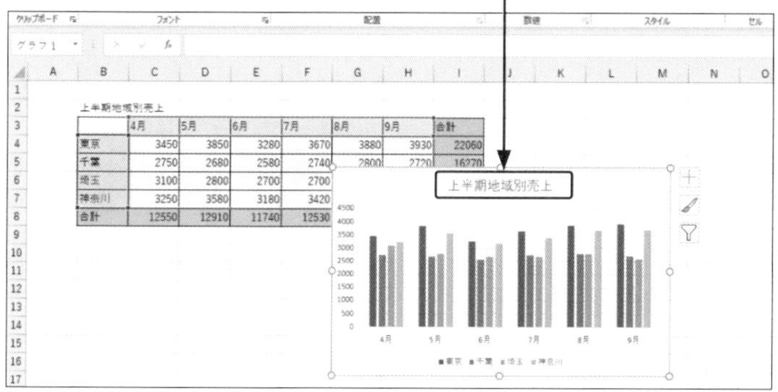

8 タイトル以外をクリックすると、タイトルが表示されます。

ヒント グラフの右上に表示されるコマンド

作成したグラフをクリックすると、グラフの右上に<グラフ要素><グラフスタイル><グラフフィルター>の3つのコマンドが表示されます。これらのコマンドを利用して、グラフ要素を追加したり（Sec.40参照）、グラフのスタイルを変更したり（P.270のキーワード参照）することができます。

メモ <グラフ>グループにあるコマンドを使う

グラフは、<グラフ>グループに用意されているコマンドを使っても作成することができます。<挿入>タブをクリックして、グラフの種類に対応したコマンドをクリックし、目的のグラフを選択します。

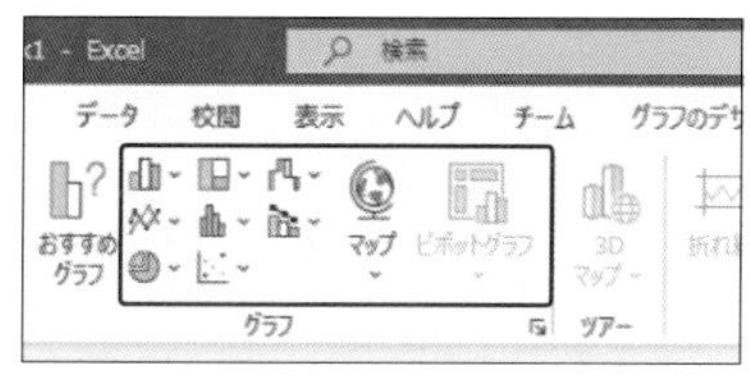

メモ <クイック分析>を使う

グラフにするセル範囲を選択すると右下に表示される<クイック分析>を利用しても、グラフを作成することができます。

1 <クイック分析>をクリックして、

2 <グラフ>をクリックし、

3 グラフの種類を指定します。

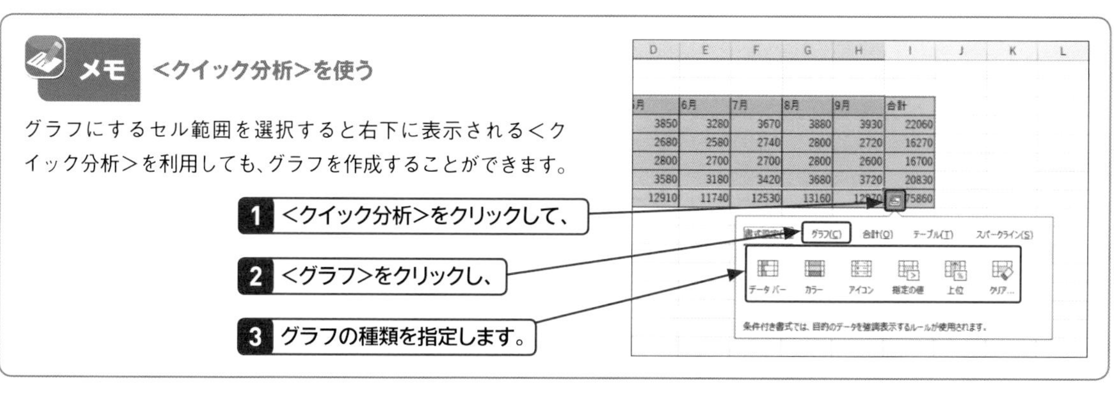

Section 39

グラフの位置やサイズを変更する

覚えておきたいキーワード
- グラフの移動
- グラフのサイズ変更
- グラフシート

グラフは、グラフのもととなるデータが入力されたワークシートの中央に作成されますが、任意の位置に移動したり、ほかのシートやグラフだけのシートに移動したりすることができます。それぞれの要素を個別に移動することもできます。また、グラフ全体のサイズを変更することもできます。

1 グラフを移動する

メモ グラフの選択

グラフの移動や拡大／縮小など、グラフ全体の変更を行うには、グラフを選択します。グラフエリア（P.265のヒント参照）の何もないところをクリックすると、グラフが選択されます。

ステップアップ グラフをコピーする

グラフをほかのシートにコピーするには、グラフをクリックして選択し、<ホーム>タブの<コピー>をクリックします。続いて、貼り付け先のシートを表示して貼り付けるセルをクリックし、<ホーム>タブの<貼り付け>をクリックします。

1 グラフエリアの何もないところをクリックしてグラフを選択し、

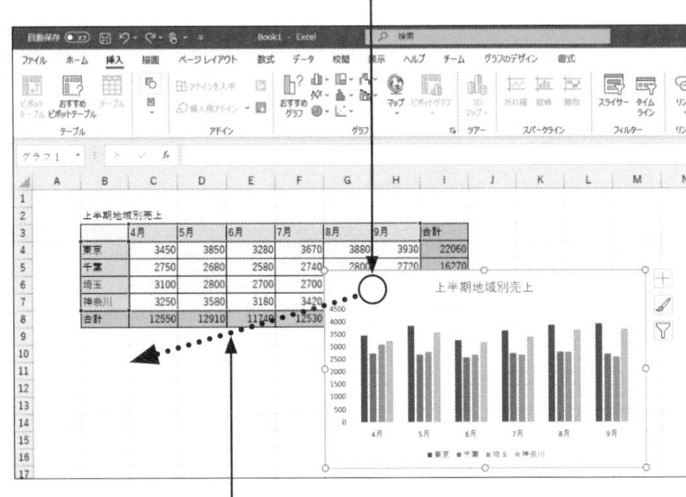

2 移動したい場所までドラッグすると、

3 グラフが移動されます。

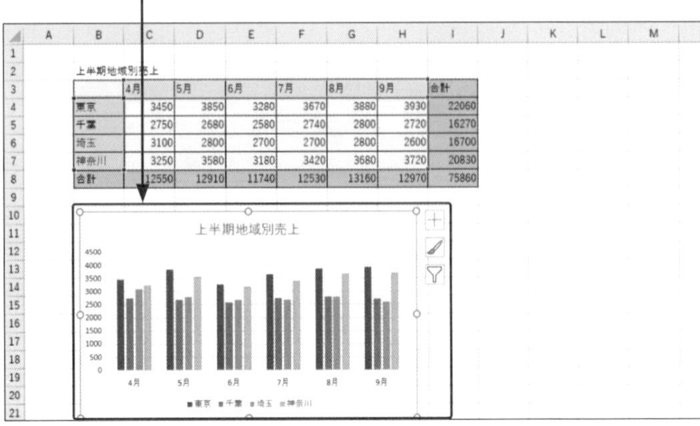

第4章 グラフの作成

2 グラフのサイズを変更する

1 サイズを変更したいグラフをクリックします。

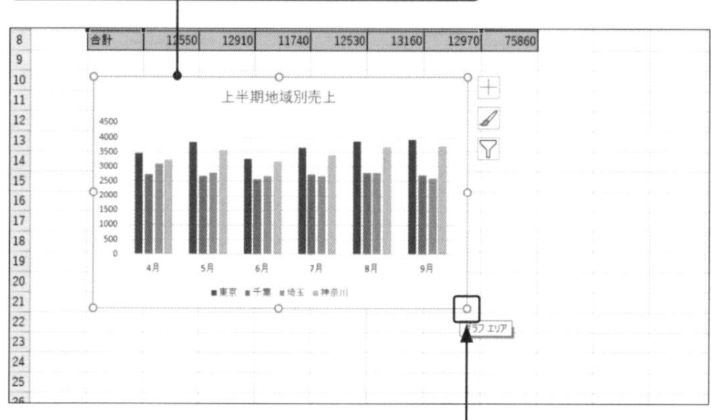

2 サイズ変更ハンドルにマウスポインターを合わせて、

3 変更したい大きさになるまでドラッグすると、

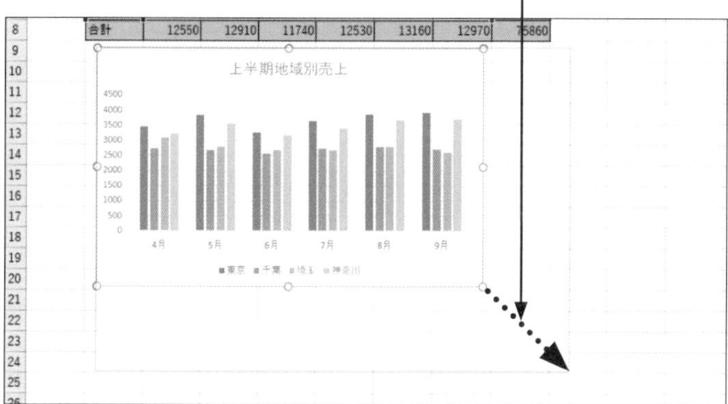

4 グラフのサイズが変更されます。

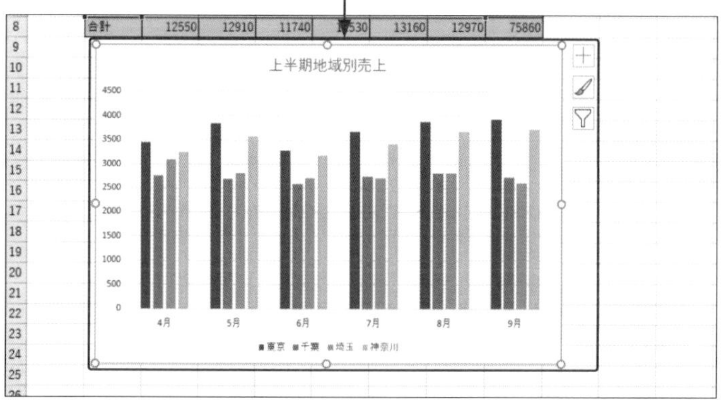

グラフのサイズを変更しても、文字サイズや凡例などの表示はもとのサイズのままです（右下の「ヒント」参照）。

キーワード サイズ変更ハンドル

「サイズ変更ハンドル」とは、グラフエリアを選択すると周りに表示される丸いマークのことです（手順**1**の図参照）。マウスポインターをサイズ変更ハンドルに合わせると、ポインターが両方に矢印の付いた形に変わります。その状態でドラッグすると、グラフのサイズを変更することができます。

ヒント 縦横比を変えずに拡大／縮小するには？

グラフの縦横比を変えずに拡大／縮小するには、Shift を押しながら、グラフの四隅のサイズ変更ハンドルをドラッグします。また、Alt を押しながらグラフの移動やサイズ変更を行うと、グラフをセルの境界線に揃えることができます。

ヒント グラフの文字サイズを変更する

グラフ内の文字サイズを変更する場合は、＜ホーム＞タブの＜フォントサイズ＞を利用します。グラフ全体の文字サイズを一括で変更したり、特定の要素の文字サイズを変更したりすることができます。

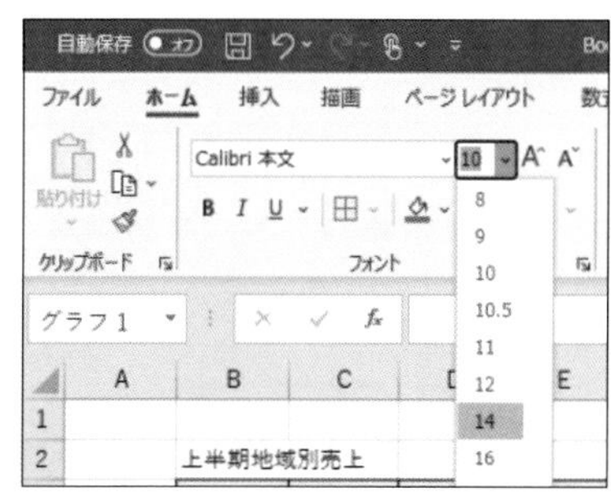

3 グラフをほかのシートに移動する

ヒント グラフの移動先

グラフは、ほかのシートに移動したり、グラフだけが表示されるグラフシートに移動したりすることができます。どちらも<グラフの移動>ダイアログボックス(次ページ参照)で移動先を指定します。ほかのシートに移動する場合は、移動先のシートをあらかじめ作成しておく必要があります。

ステップアップ グラフ要素を移動する

グラフエリアにあるすべてのグラフ要素(Sec.40参照)は、移動することができます。グラフ要素を移動するには、グラフ要素をクリックして、周囲に表示される枠線上にマウスポインターを合わせ、ポインターの形が✣に変わった状態でドラッグします。

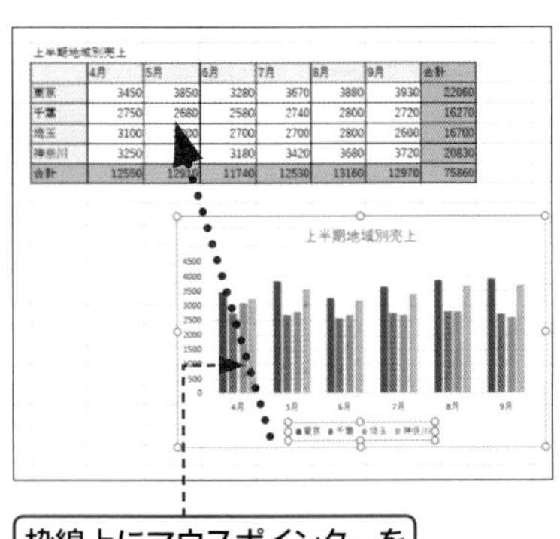

上半期地域別売上

	4月	5月	6月	7月	8月	9月	合計
東京	3450	3850	3280	3670	3880	3930	22060
千葉	2750	2680	2580	2740	2800	2720	16270
埼玉	3100	[illegible]	2700	2700	2800	2600	16700
神奈川	3250	[illegible]	3180	3420	3680	3720	20830
合計	12550	[illegible]	11740	12530	13160	12970	75860

枠線上にマウスポインターを合わせてドラッグします。

1 <新しいシート>をクリックして、

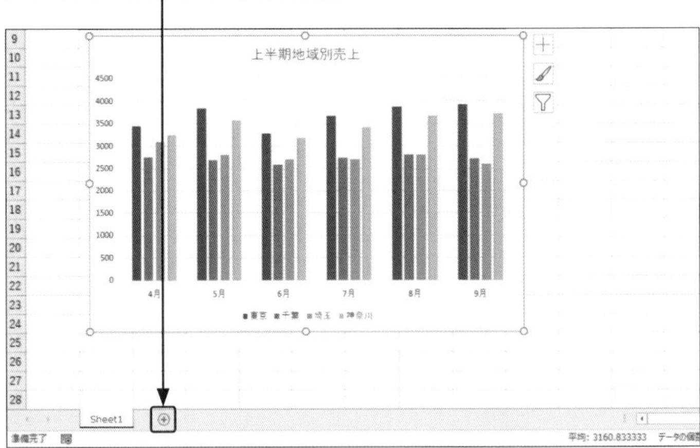

2 新しいシートを作成しておきます。

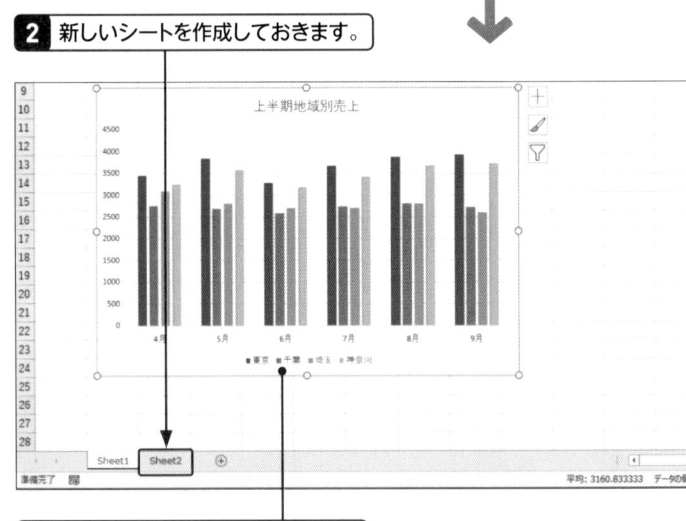

3 移動したいグラフをクリックして、

4 <グラフのデザイン>タブをクリックし、

5 <グラフの移動>をクリックします。

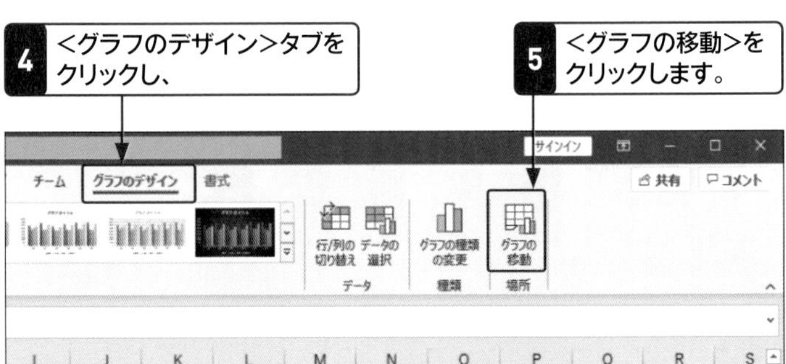

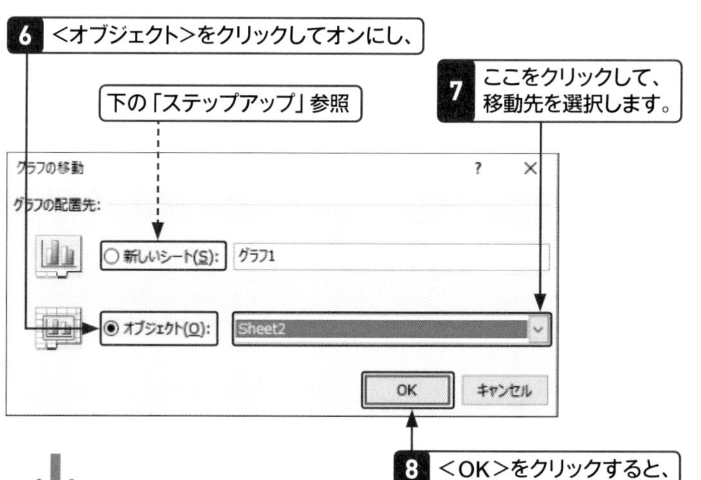
6 <オブジェクト>をクリックしてオンにし、
下の「ステップアップ」参照
7 ここをクリックして、移動先を選択します。
グラフの移動
グラフの配置先:
新しいシート(S):
グラフ1
オブジェクト(O):
Sheet2
OK
キャンセル
8 <OK>をクリックすると、

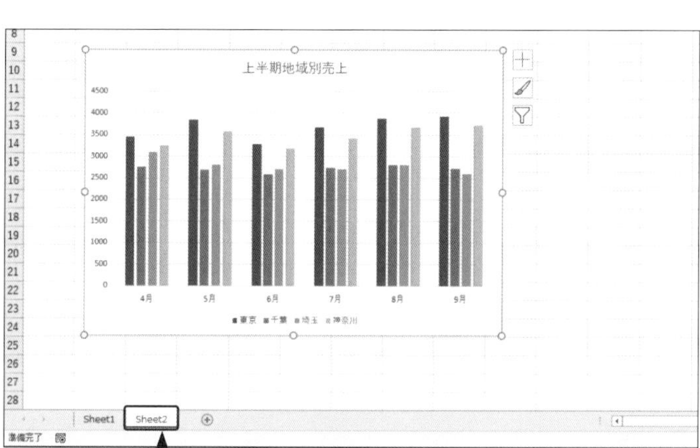
上半期地域別売上
4月
5月
6月
7月
8月
9月
Sheet1
Sheet2
準備完了
9 指定したシートにグラフが移動します。

キーワード グラフシート

「グラフシート」とは、グラフのみが表示されるワークシートのことです。グラフだけを印刷する場合などに使用します。

メモ もとデータの変更はグラフに反映される

グラフのもとデータの数値を変更すると、グラフにも変更が反映されます。

ステップアップ グラフシートの作成

<グラフの移動>ダイアログボックスでグラフの移動先を<新しいシート>にすると、指定したシート名で新しいグラフシートが作成され、グラフが移動されます。

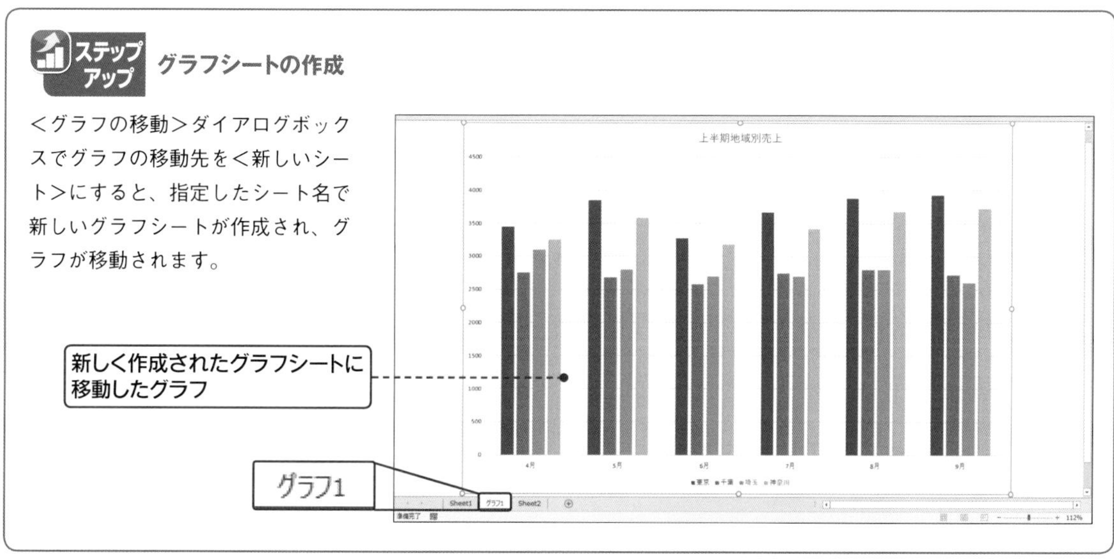
上半期地域別売上
新しく作成されたグラフシートに移動したグラフ
グラフ1

Section 40

グラフ要素を追加する

覚えておきたいキーワード
- グラフ要素
- 軸ラベル
- 目盛線

作成した直後のグラフには、グラフタイトルと凡例だけが表示されていますが、必要に応じて軸ラベルやデータラベル、目盛線などを追加することができます。これらのグラフ要素を追加するには、グラフをクリックすると表示される<グラフ要素>を利用すると便利です。

1 軸ラベルを表示する

メモ グラフ要素

グラフをクリックすると、グラフの右上に3つのコマンドが表示されます。一番上の<グラフ要素>を利用すると、タイトルや凡例、軸ラベルや目盛線、データラベルなどの追加や削除、変更が行えます。

キーワード 軸ラベル

「軸ラベル」とは、グラフの横方向と縦方向の軸に付ける名前のことです。縦棒グラフの場合は、横方向（X軸）を「横（項目）軸」、縦方向（Y軸）を「縦（値）軸」と呼びます。

ヒント 横軸ラベルを表示するには

横軸ラベルを表示するには、手順5で<第1横軸>をクリックします。

縦軸ラベルを表示する

1 グラフをクリックして、

2 <グラフ要素>をクリックします。

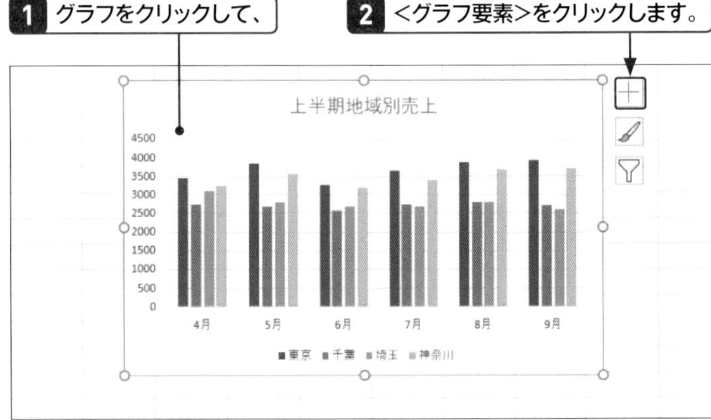

3 <軸ラベル>にマウスポインターを合わせて、

4 ここをクリックし、

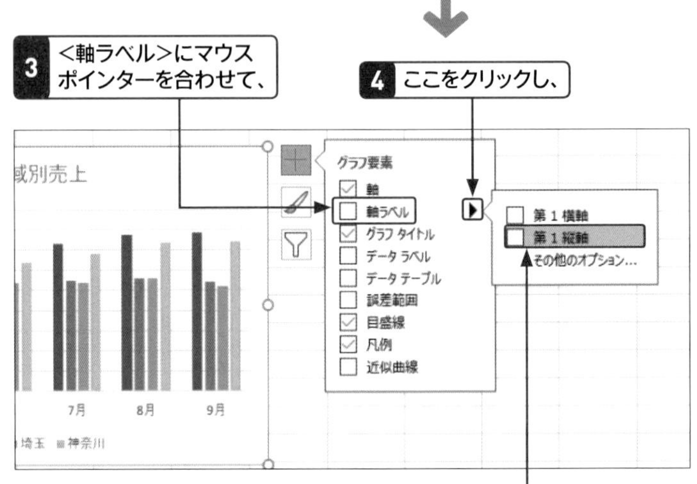

5 <第1縦軸>をクリックすると、

第4章 グラフの作成

6 グラフエリアの左側に「軸ラベル」と表示されます。

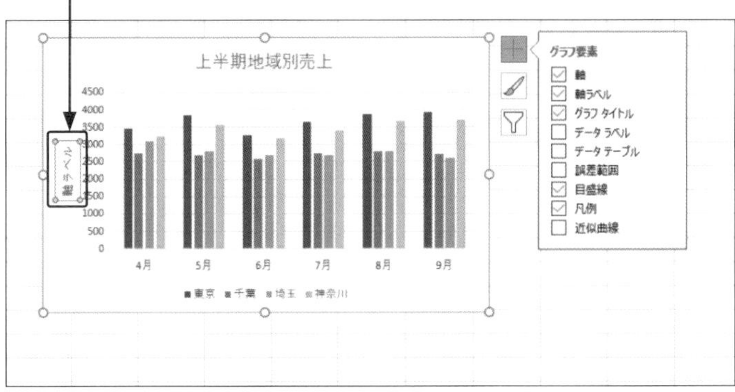

グラフの外のセルや軸ラベルをクリックすると、グラフ要素のメニューが閉じます。

7 クリックして軸ラベルを入力し、

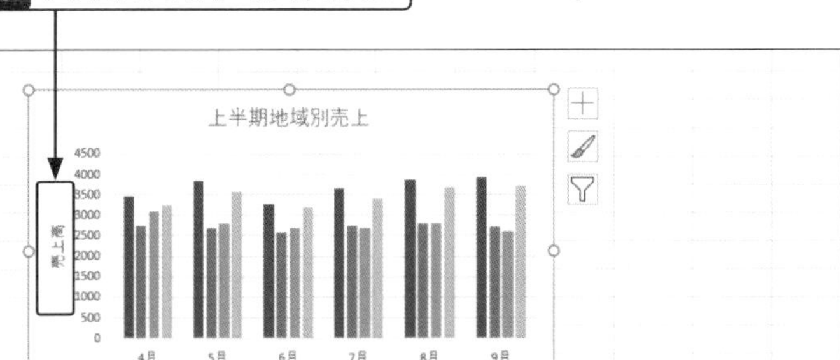

8 軸ラベル以外をクリックすると、軸ラベルが表示されます。

メモ　軸ラベルを表示するそのほかの方法

軸ラベルは、＜グラフのデザイン＞タブの＜グラフ要素を追加＞から表示することもできます。＜グラフ要素を追加＞をクリックして、＜軸ラベル＞にマウスポインターを合わせ、＜第1縦軸＞をクリックします。

1 ＜グラフ要素を追加＞をクリックして、

2 ＜軸ラベル＞にマウスポインターを合わせ、

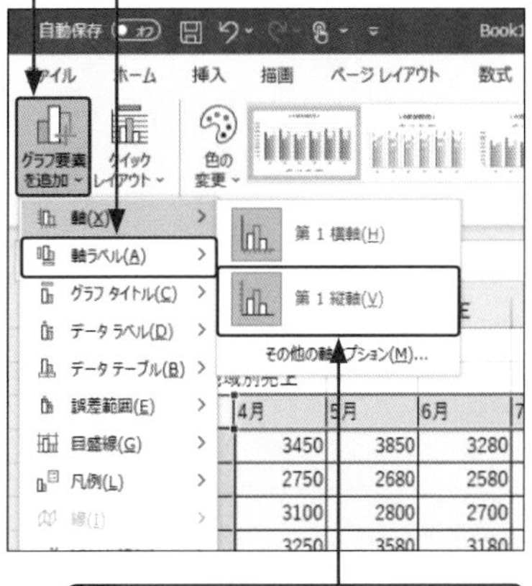

3 ＜第1縦軸＞をクリックします。

ヒント　グラフの構成要素

グラフを構成する部品のことを「グラフ要素」といいます。それぞれのグラフ要素は、グラフのもとになったデータと関連しています。ここで、各グラフ要素の名称を確認しておきましょう。

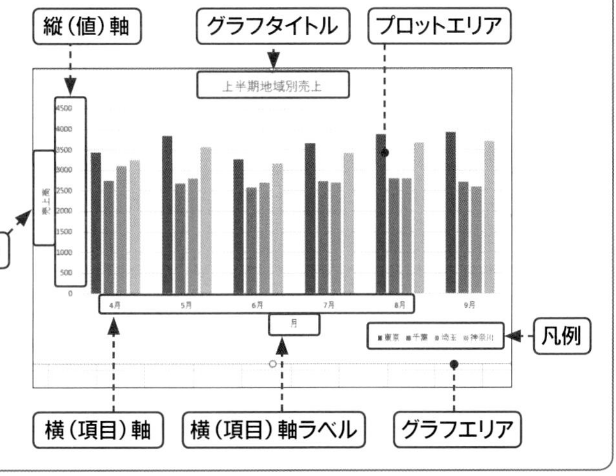

2 軸ラベルの文字方向を変更する

メモ 軸ラベルの書式設定

右の手順では<軸ラベルの書式設定>作業ウィンドウが表示されますが、作業ウィンドウの名称と内容は、選択したグラフ要素によって変わります。作業ウィンドウを閉じるときは、右上の<閉じる>☒をクリックします。

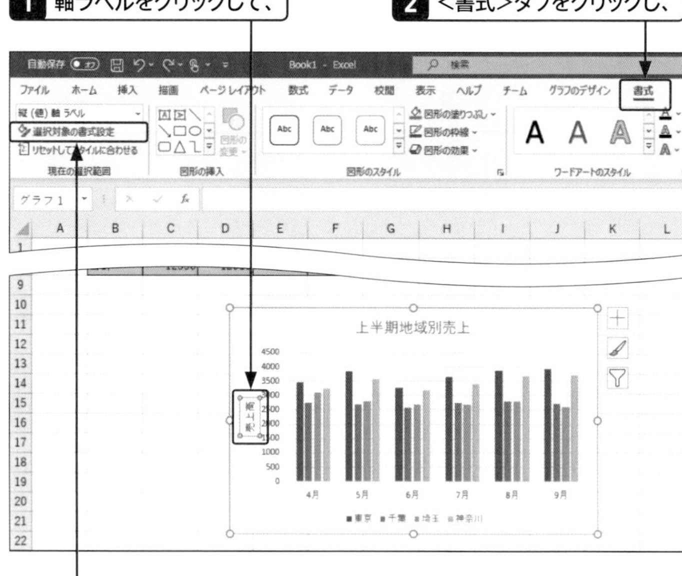

1 軸ラベルをクリックして、
2 <書式>タブをクリックし、
3 <選択対象の書式設定>をクリックします。
上半期地域別売上

ステップアップ データラベルを表示する

グラフにデータラベル(もとデータの値)を表示することもできます。<グラフ要素>をクリックして、<データラベル>にマウスポインターを合わせて▶をクリックし、表示する位置を指定します(P.267手順3の図参照)。特定の系列だけにラベルを表示したい場合は、表示したいデータ系列を選択してからデータラベルを設定します。吹き出しや引き出し線を使ってデータラベルをグラフに接続することもできます。

データラベルを吹き出しで表示することもできます。

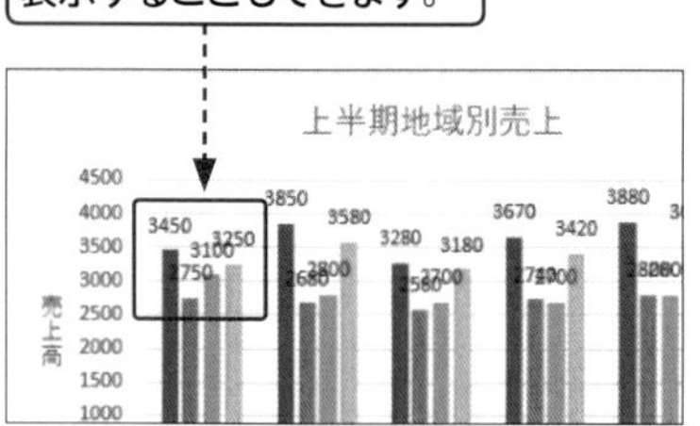

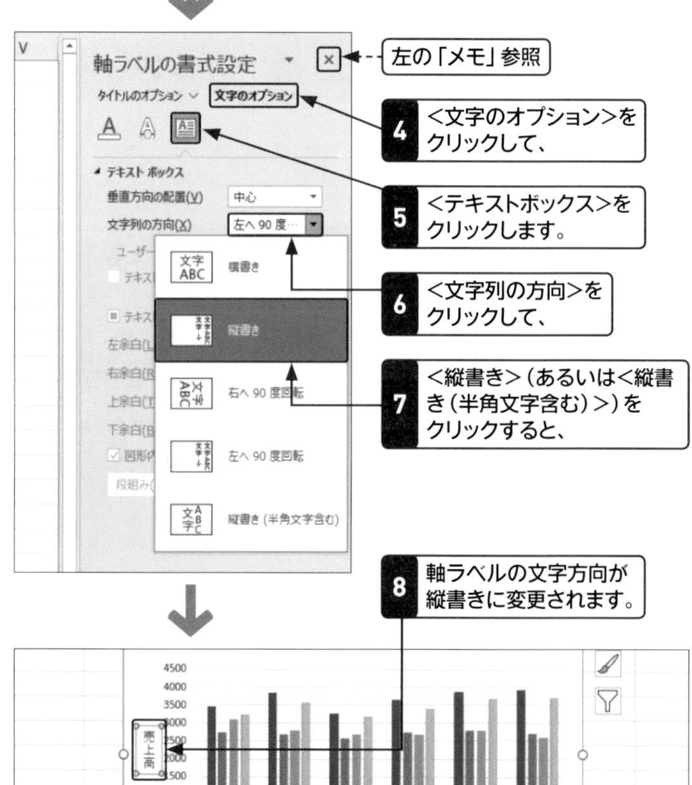

軸ラベルの書式設定
左の「メモ」参照
4 <文字のオプション>をクリックして、
5 <テキストボックス>をクリックします。
6 <文字列の方向>をクリックして、
7 <縦書き>(あるいは<縦書き(半角文字含む)>)をクリックすると、
8 軸ラベルの文字方向が縦書きに変更されます。
横書き
縦書き
右へ 90 度回転
左へ 90 度回転
縦書き (半角文字含む)

3 目盛線を表示する

主縦軸目盛線を表示する

1 グラフをクリックして、

2 <グラフ要素>をクリックします。

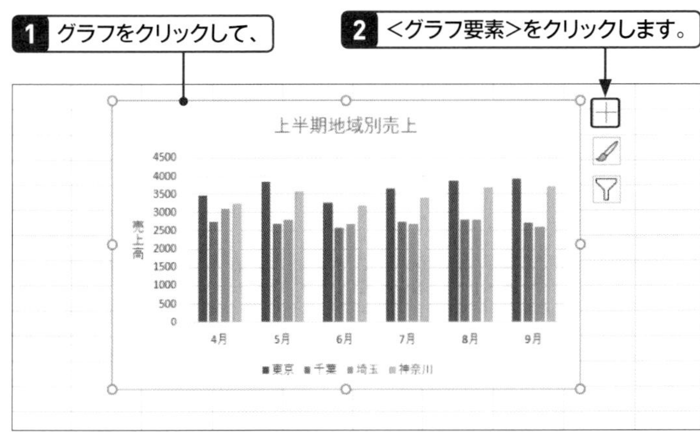

3 <目盛線>にマウスポインターを合わせて、

4 ここをクリックし、

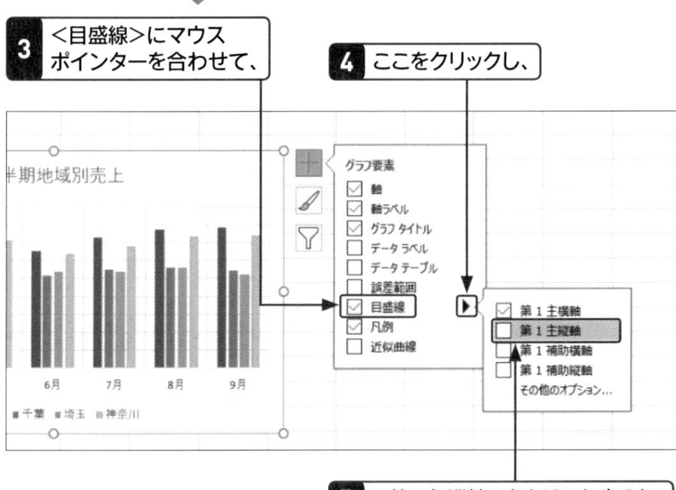

5 <第1主縦軸>をクリックすると、

6 主縦軸目盛線が表示されます。

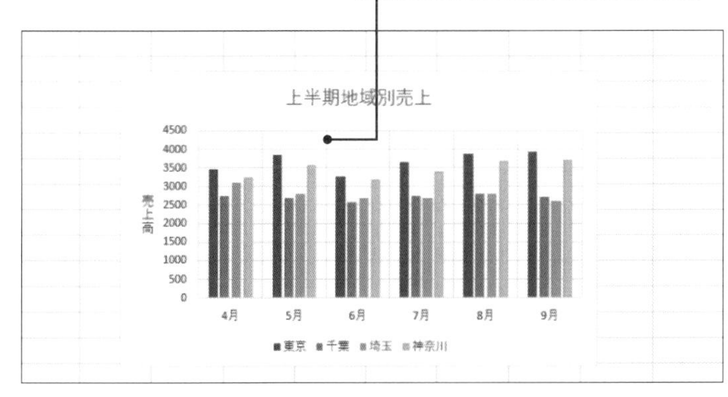

キーワード 目盛線

「目盛線」とは、データを読み取りやすいように表示する線のことです。グラフを作成すると、自動的に主横軸目盛線が表示されますが、グラフを見やすくするために、主縦軸に目盛線を表示させることができます。また、下図のように補助目盛線を表示することもできます。

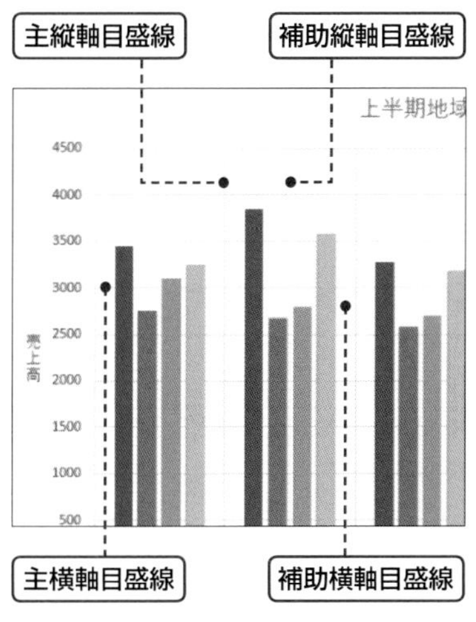

ヒント グラフ要素のメニューを閉じるには?

<グラフ要素>をクリックすると表示されるメニューを閉じるには、グラフの外のセルをクリックします。

Section 41

目盛と表示単位を変更する

覚えておきたいキーワード
- <書式>タブ
- 軸の書式設定
- 表示単位の設定

グラフの縦軸に表示される数値の桁数が多いと、プロットエリアが狭くなり、グラフが見にくくなります。このような場合は、縦（値）軸ラベルの表示単位を変更すると見やすくなります。また、数値の差が少なくて大小の比較がしにくい場合は、目盛の範囲や間隔などを変更すると比較がしやすくなります。

1 縦（値）軸の目盛範囲と表示単位を変更する

ヒント 縦（値）軸の範囲や間隔

縦（値）軸の範囲や間隔は、<軸の書式設定>作業ウィンドウで変更できます。<境界線>の<最小値>や<最大値>の数値を変更すると、設定した範囲で表示できます。また、<単位>の<主>や<補助>の数値を変更すると、設定した間隔で表示できます。

ヒント 指定した範囲や間隔をもとに戻すには？

右の手順で変更した軸の<最小値>や<最大値>、<単位>をもとの<自動>に戻すには、再度<軸の書式設定>作業ウィンドウを表示して、数値ボックスの右に表示されている<リセット>をクリックします。

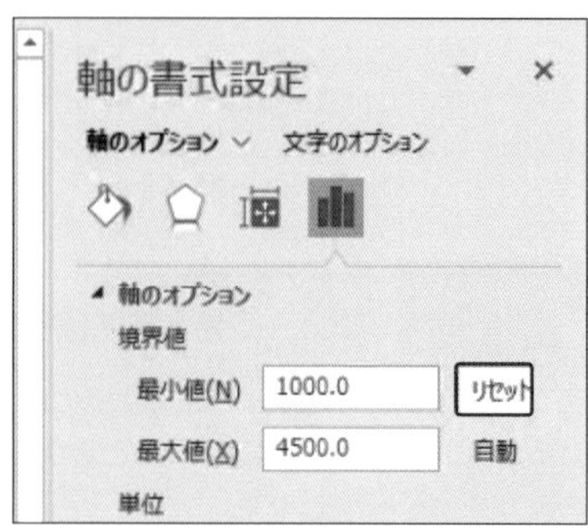

1 縦（値）軸をクリックして、

2 <書式>タブをクリックし、

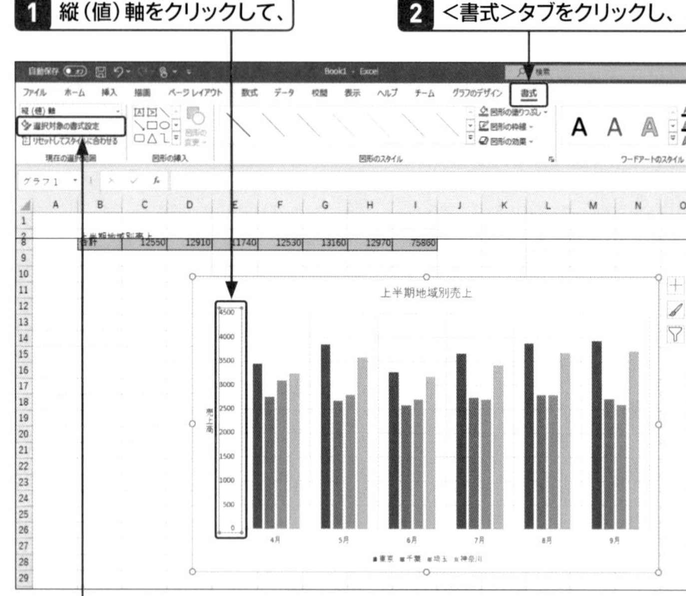

3 <選択対象の書式設定>をクリックします。

4 ここでは、<境界値>の<最小値>の数値を「1000」に変更します。

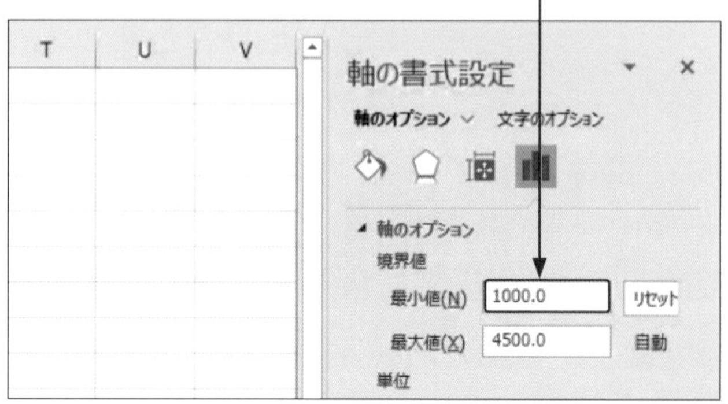

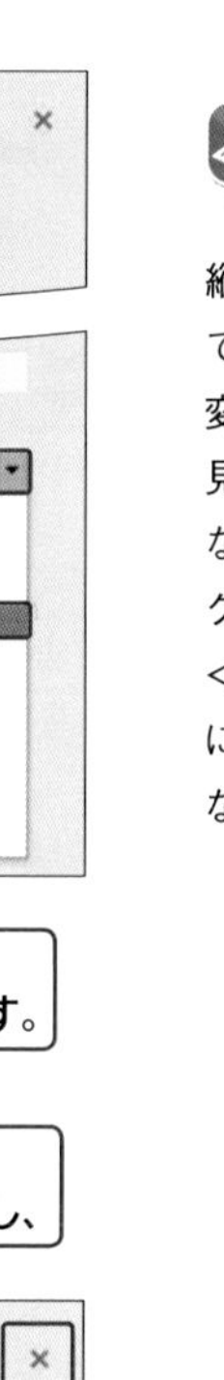

5 ▼をクリックして、表示単位（ここでは<万>）をクリックします。

6 <表示単位のラベルをグラフに表示する>をクリックしてオフにし、

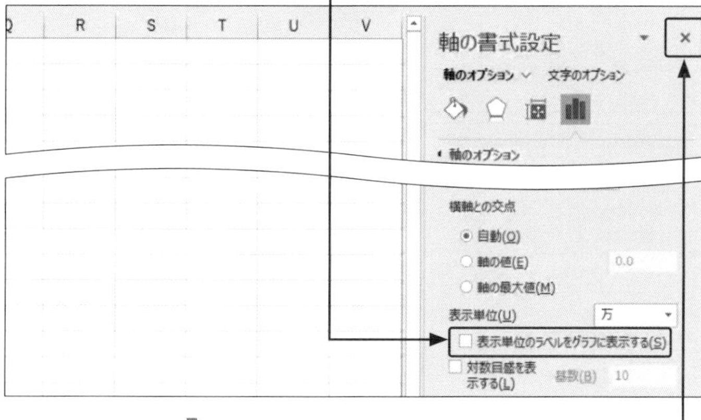

7 <閉じる>をクリックすると、

8 軸の最小値と表示単位が変更されます。

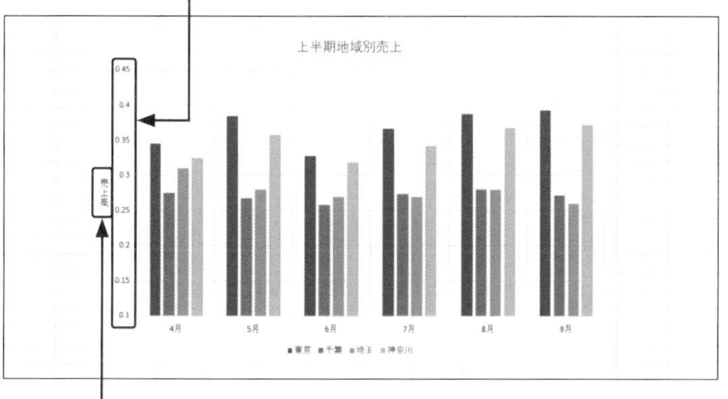

9 軸ラベルに合うように、「円」を「万円」に変更します（右の「メモ」参照）。

メモ 表示単位の設定

縦（値）軸に表示される数値の桁数が多くてグラフが見にくい場合は、表示単位を変更すると、数値の桁数が減りグラフを見やすくすることができます。
なお、手順**6**で<表示単位のラベルをグラフに表示する>をオンにすると、<表示単位>で選択した単位がグラフ上に表示されます。軸ラベルを表示していない場合はオンにするとよいでしょう。

ステップアップ <グラフフィルター>の利用

グラフをクリックすると右上に表示される<グラフフィルター>をクリックすると、グラフに表示する系列やカテゴリを設定することができます。

1 <グラフフィルター>をクリックすると、

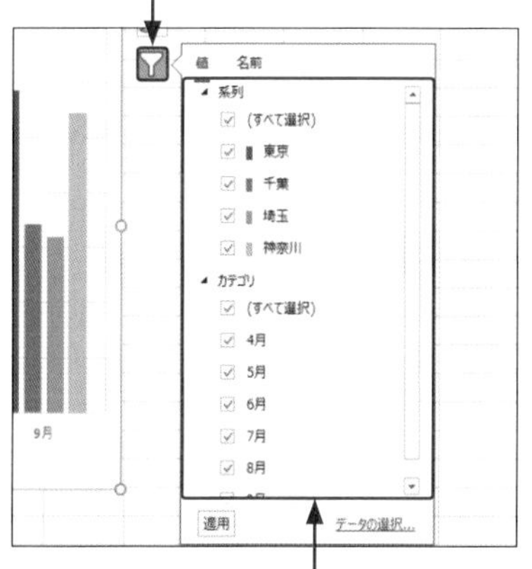

2 表示する系列やカテゴリを設定できます。

Section 42

グラフのレイアウトを変更する

覚えておきたいキーワード
- クイックレイアウト
- グラフスタイル
- 行／列の切り替え

グラフのレイアウトやデザインは、あらかじめ用意されている＜クイックレイアウト＞や＜グラフスタイル＞から好みの設定を選ぶだけで、かんたんに変えることができます。また、＜色の変更＞でグラフの色とスタイルをカスタマイズすることもできます。

1 グラフ全体のレイアウトを変更する

ヒント グラフ要素に書式を設定する

グラフエリア、プロットエリア、グラフタイトル、凡例などの要素にも個別に書式を設定することができます。書式を設定したいグラフ要素をクリックして＜書式＞タブをクリックし、＜選択対象の書式設定＞をクリックして、目的の書式を設定します。

キーワード グラフスタイル

＜グラフのデザイン＞タブにはグラフの色やスタイルなどの書式があらかじめ設定された「グラフスタイル」があり、クリックして設定できます。かんたんに見栄えを整えることができますが、それまでに設定していた書式が変更されてしまうことがあるので注意しましょう。

ステップアップ 行と列を切り替える

＜グラフのデザイン＞タブの＜行／列の切り替え＞をクリックすると、グラフの行と列を入れ替えることができます。

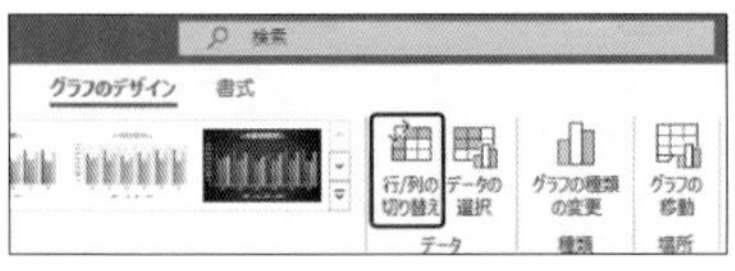

1 グラフをクリックして、＜グラフのデザイン＞タブをクリックします。

2 ＜クイックレイアウト＞をクリックして、

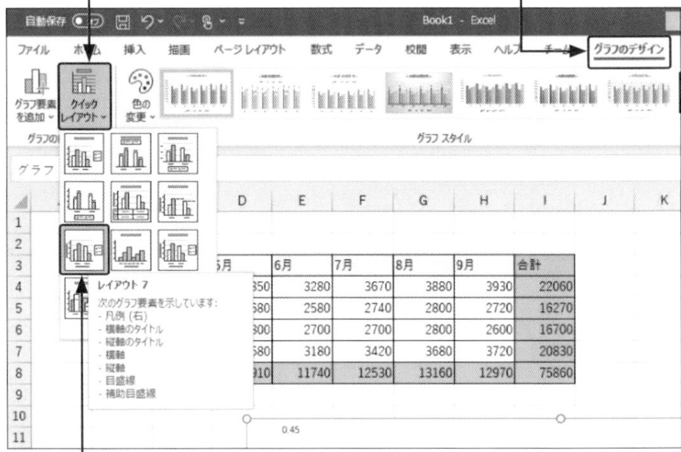

3 使用したいレイアウトをクリックすると、

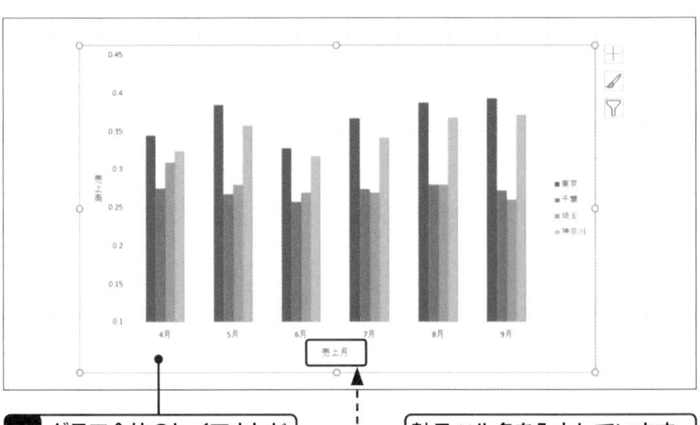

4 グラフ全体のレイアウトが変更されます。

軸ラベル名を入力しています。

第4章 グラフの作成

Excel

第5章

Excelの印刷

Section 43

ワークシートを印刷する

覚えておきたいキーワード
- 印刷プレビュー
- ページ設定
- 印刷

作成したワークシートを印刷する前に、印刷プレビューで印刷結果のイメージを確認すると、意図したとおりの印刷が行えます。Excelでは、<印刷>画面で印刷結果を確認しながら、印刷の向きや用紙、余白などの設定を行うことができます。設定内容を確認したら、印刷を実行します。

1 印刷プレビューを表示する

メモ プレビューの拡大・縮小の切り替え

印刷プレビューの右下にある<ページに合わせる>をクリックすると、プレビューが拡大表示されます。再度クリックすると、縮小表示に戻ります。

<ページに合わせる>をクリックすると、プレビューが拡大表示されます。

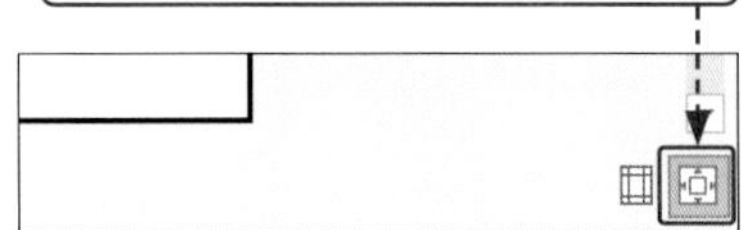

ヒント 複数ページのイメージを確認するには?

ワークシートの印刷が複数ページにまたがる場合は、印刷プレビューの左下にある<次のページ>、<前のページ>をクリックすると、次ページや前ページの印刷イメージを確認できます。

前のページ　次のページ

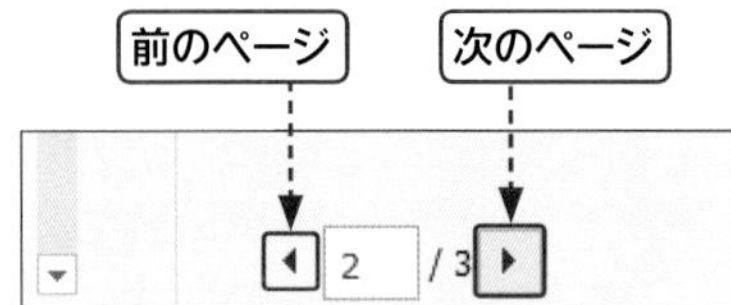

1 <ファイル>タブをクリックして、

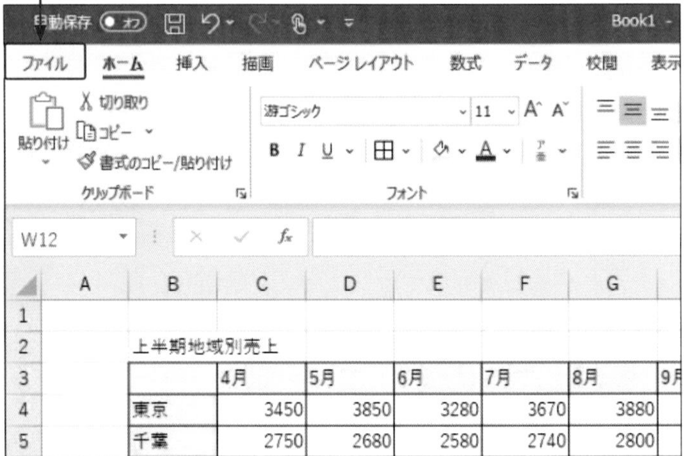

2 <印刷>をクリックすると、

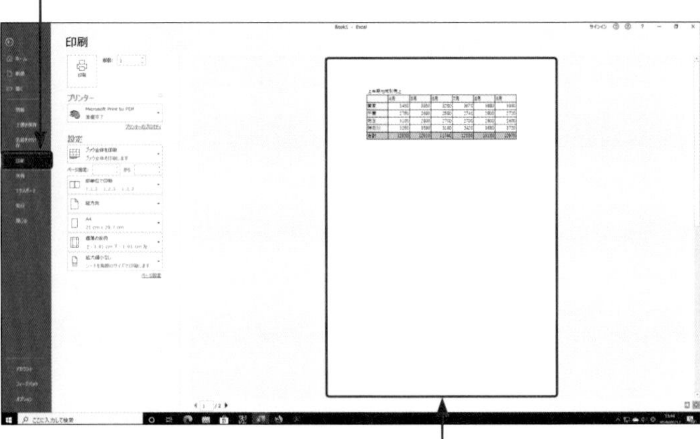

3 <印刷>画面が表示され、右側に印刷プレビューが表示されます。

第5章 Excelの印刷

2 印刷の向きや用紙サイズ、余白の設定を行う

1 <印刷>画面を表示しています(前ページ参照)。

2 ここをクリックして、

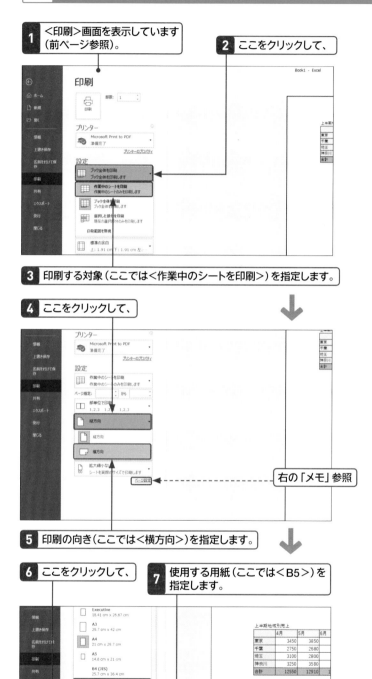

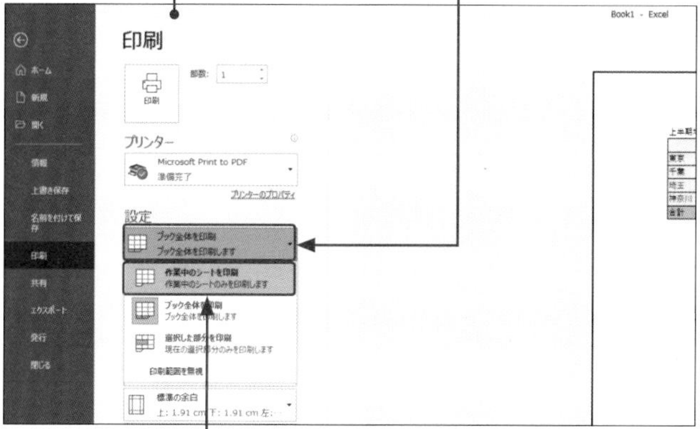

3 印刷する対象(ここでは<作業中のシートを印刷>)を指定します。

4 ここをクリックして、

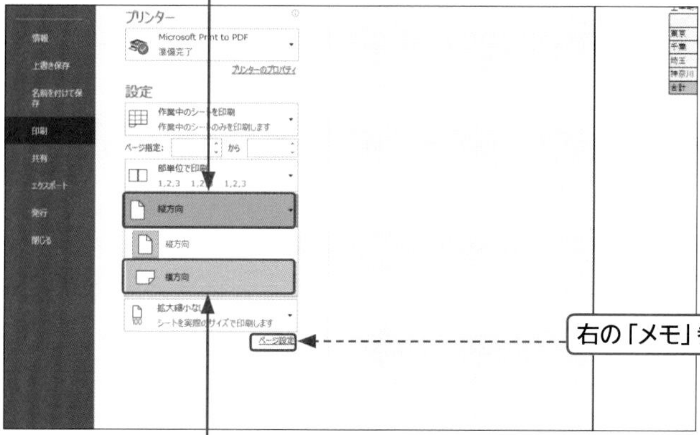

5 印刷の向き(ここでは<横方向>)を指定します。

右の「メモ」参照

6 ここをクリックして、

7 使用する用紙(ここでは<B5>)を指定します。

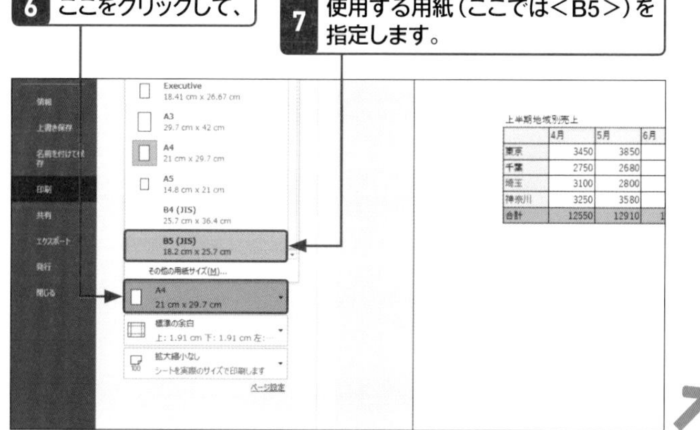

メモ そのほかのページ設定の方法

ページ設定は、左の手順のほか、<印刷>画面の下側にある<ページ設定>をクリックすると表示される<ページ設定>ダイアログボックス(P.274の「メモ」参照)や、<ページレイアウト>タブの<ページ設定>グループのコマンドからも行うことができます。

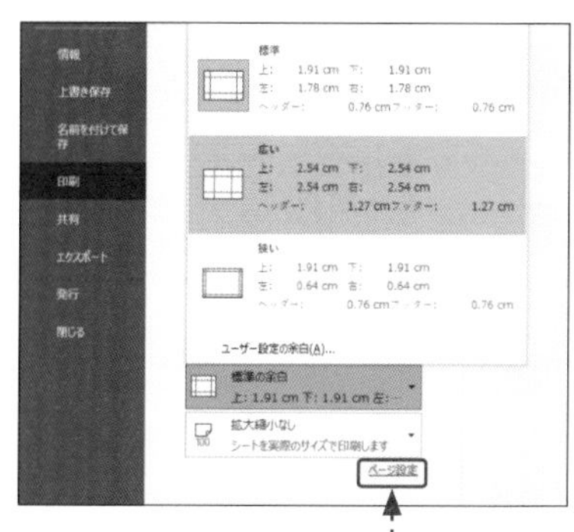

<ページ設定>をクリックします。

ヒント 複数のシートをまとめて印刷するには?

ブックに複数のシートがあるとき、すべてのシートをまとめて印刷したい場合は、手順3で<ブック全体を印刷>を指定します。

ヒント ワークシートの枠線を印刷するには?

通常、ユーザーが罫線を設定しなければ、表の罫線は印刷されません。罫線を設定していなくても、表に枠線を付けて印刷したい場合は、<ページレイアウト>タブの<枠線>の<表示>と<印刷>をクリックしてオンにし、印刷を行います。

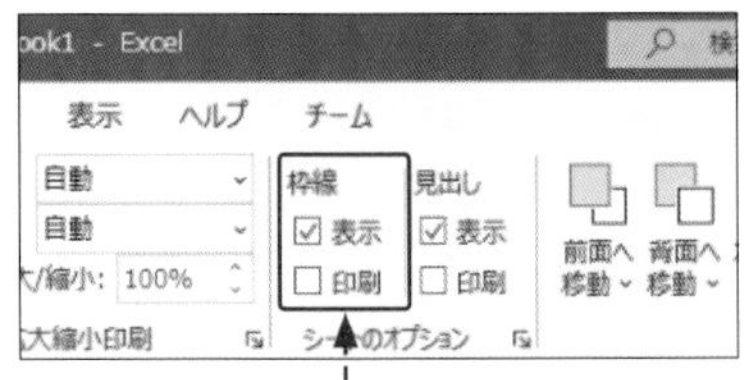

<枠線>の<表示>と<印刷>をオンにして印刷を行います。

8 余白(ここでは<広い>)を指定します。

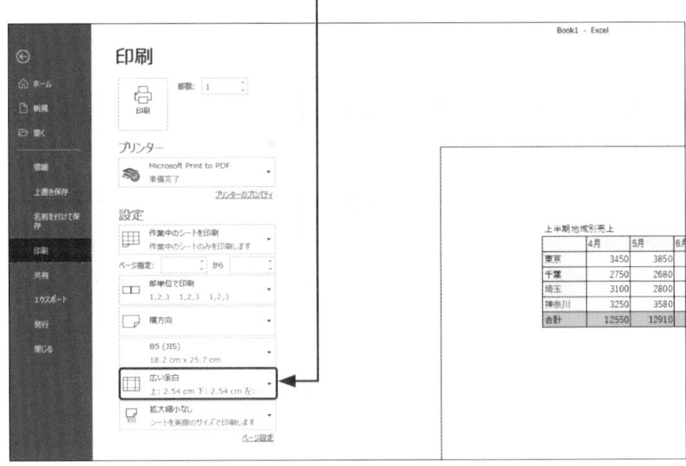

9 設定した内容が印刷プレビューに反映されます。

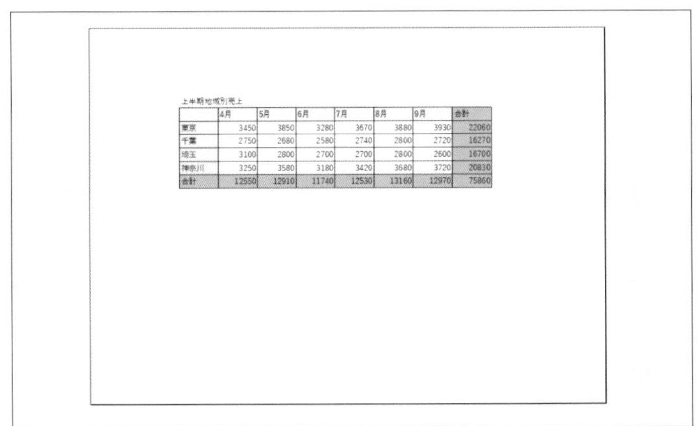

メモ <ページ設定>ダイアログボックスの利用

印刷の向きや用紙サイズ、余白などのページ設定は、<ページ設定>ダイアログボックスでも行うことができます。また、拡大/縮小率を指定することもできます。

<ページ設定>ダイアログボックスは、<印刷>画面の下側にある<ページ設定>をクリックするか、<ページレイアウト>タブの<ページ設定>グループにある をクリックすると表示されます。

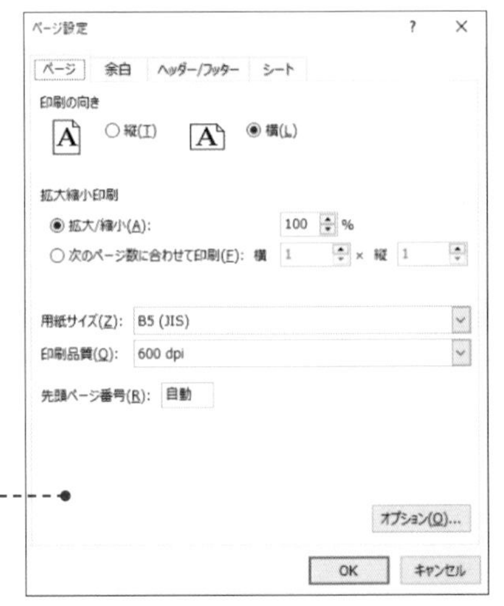

印刷の向きや用紙サイズ、拡大・縮小率、余白などのページ設定を行うことができます。

3 印刷を実行する

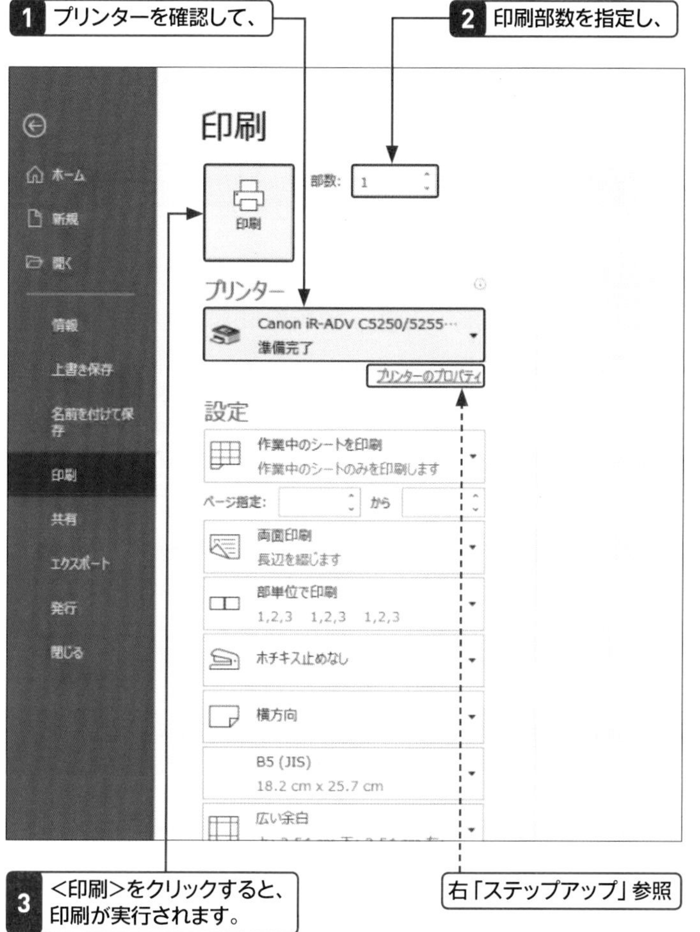

メモ 印刷を実行する

各種設定が完了したら、<印刷>をクリックして印刷を実行します。

ステップアップ プリンターの設定を変更する

プリンターの設定を変更する場合は、<プリンターのプロパティ>をクリックして、プリンターのプロパティダイアログボックスを表示します。

ヒント 印刷プレビューで余白を設定する

印刷プレビューで<余白の表示>をクリックすると、余白やヘッダー／フッターの位置を示すガイド線が表示されます。右図のようにガイド線をドラッグすると、余白やヘッダー／フッターの位置を変更できます。

これらをドラッグすると、列幅を変更できます。

1 <余白の表示>をクリックします。

2 ガイド線にマウスポインターを合わせてドラッグすると、余白の位置を変更できます。

Section 44

1ページに収まるように印刷する

覚えておきたいキーワード
- 拡大縮小
- 余白
- ページ設定

表を印刷したとき、列や行が次の用紙に少しだけはみ出してしまう場合があります。このような場合は、シートを縮小したり、余白を調整したりすることで1ページに収めることができます。印刷プレビューで設定結果を確認しながら調整すると、印刷の無駄を省くことができます。

1 はみ出した表を1ページに収める

メモ 印刷状態の確認

表が2ページに分割されているかどうかは、印刷プレビューの左下にあるページ番号で確認できます。<次のページ>をクリックすると、分割されているページが確認できます。

1 <ファイル>タブをクリックして<印刷>をクリックし、印刷プレビューを表示します(Sec.43参照)。

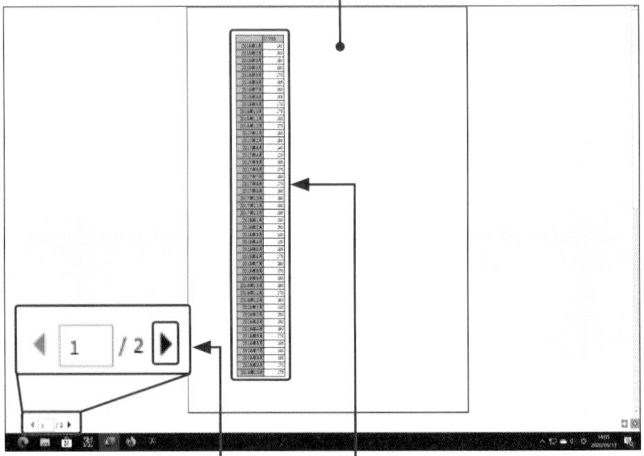

2 <次のページ>をクリックすると、

3 表の右側が2ページ目にはみ出していることが確認できます。

シートを縮小する

1 <拡大縮小なし>をクリックして、

2 <すべての行を1ページに印刷>をクリックすると、

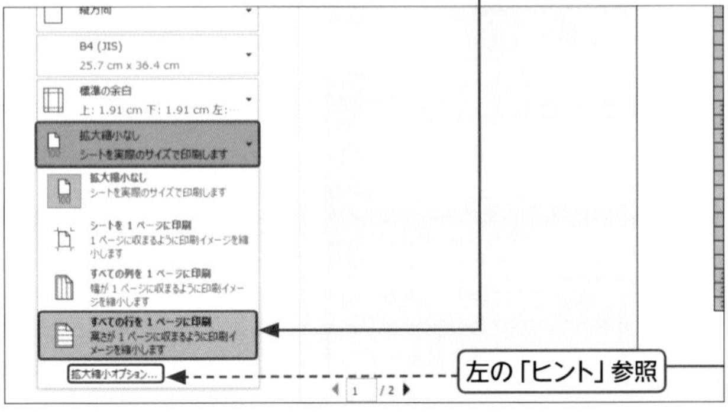

左の「ヒント」参照

ヒント 拡大縮小の設定

右の例では、列幅が1ページに収まるように設定しましたが、行が下にはみ出す場合は、<すべての行を1ページに印刷>を、行と列の両方がはみ出す場合は、<シートを1ページに印刷>をクリックします。なお、<拡大縮小オプション>をクリックすると、<ページ設定>ダイアログボックスが表示され、拡大／縮小率を細かく設定することができます。

3 表が1ページに収まるように縮小されます。

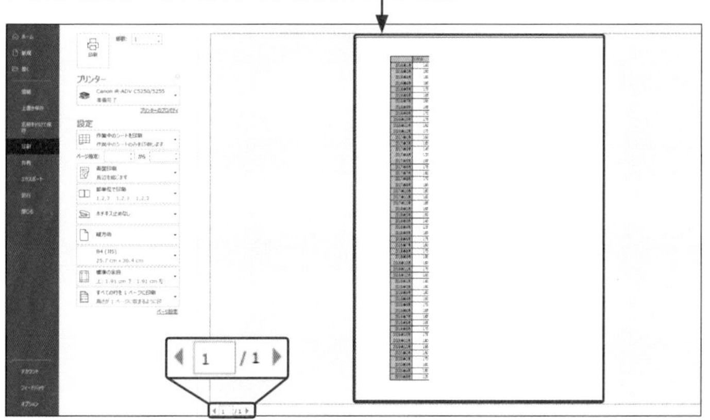

余白を調整する

1 <標準の余白>をクリックして、

2 <狭い>をクリックすると、

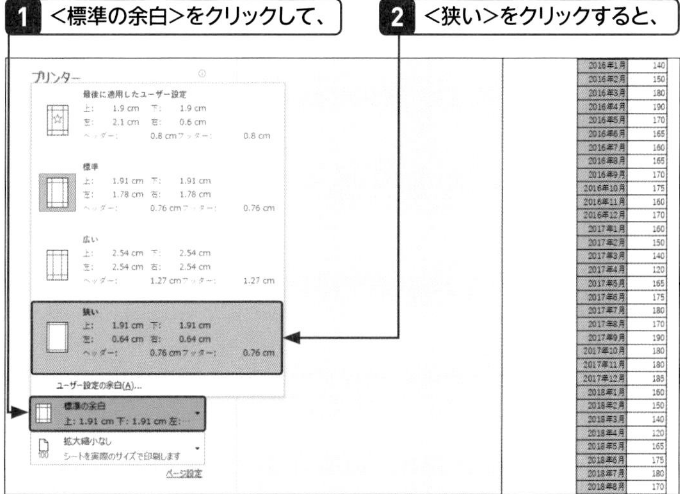

3 印刷領域が広がり、表が1ページに収まります。

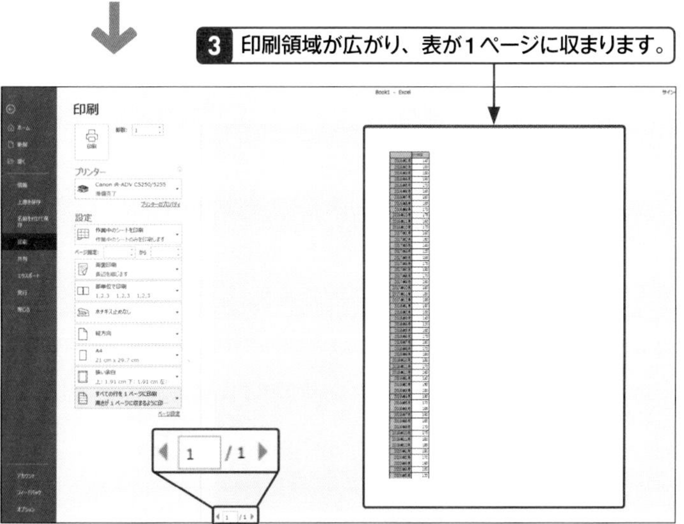

メモ 余白を調整する

<印刷>画面の下側にある<ページ設定>をクリックすると表示される<ページ設定>ダイアログボックスの<余白>を利用すると、余白を細かく設定することができます。

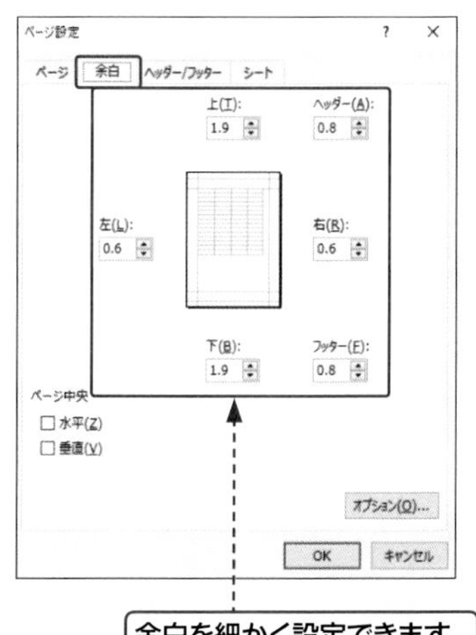

余白を細かく設定できます。

ヒント 表を用紙の中央に印刷するには？

<ページ設定>ダイアログボックスの<余白>にある<水平>をクリックしてオンにすると表を用紙の左右中央に、<垂直>をクリックしてオンにすると表を用紙の上下中央に印刷することができます。

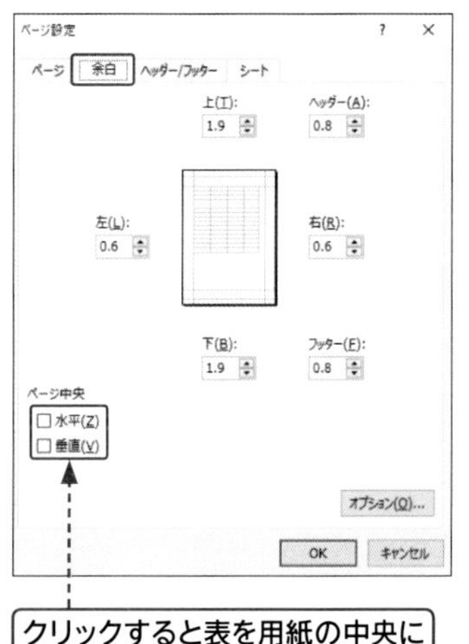

クリックすると表を用紙の中央に印刷することができます。

Section 45

改ページの位置を変更する

覚えておきたいキーワード
- ☑ 改ページプレビュー
- ☑ 改ページ位置
- ☑ 標準ビュー

サイズの大きい表を印刷すると、自動的にページが分割されますが、区切りのよい位置で改ページされるとは限りません。このようなときは、改ページプレビューを利用して、目的の位置で改ページされるように設定します。ドラッグ操作でかんたんに改ページ位置を変更することができます。

1 改ページプレビューを表示する

キーワード 改ページプレビュー

改ページプレビューでは、ページ番号や改ページ位置がワークシート上に表示されるので、どのページに何が印刷されるかを正確に把握することができます。また、印刷するイメージを確認しながらセルのデータを編集することもできます。

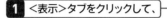

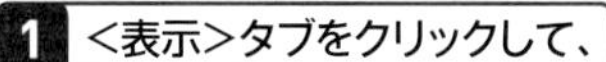

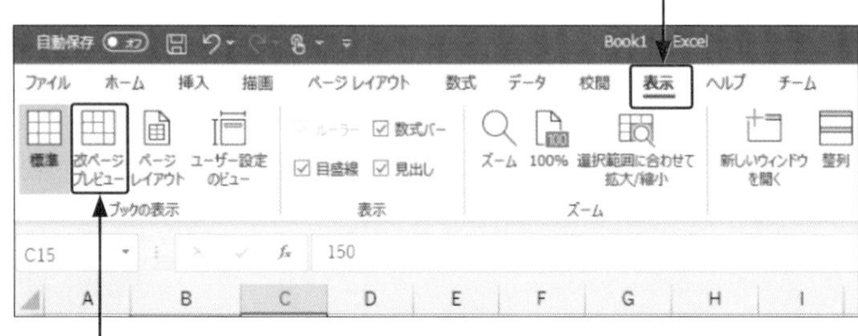

2 <改ページプレビュー>をクリックすると、

3 改ページプレビューが表示されます。

4 印刷される領域が青い太枠で囲まれ、改ページ位置に破線が表示されます。

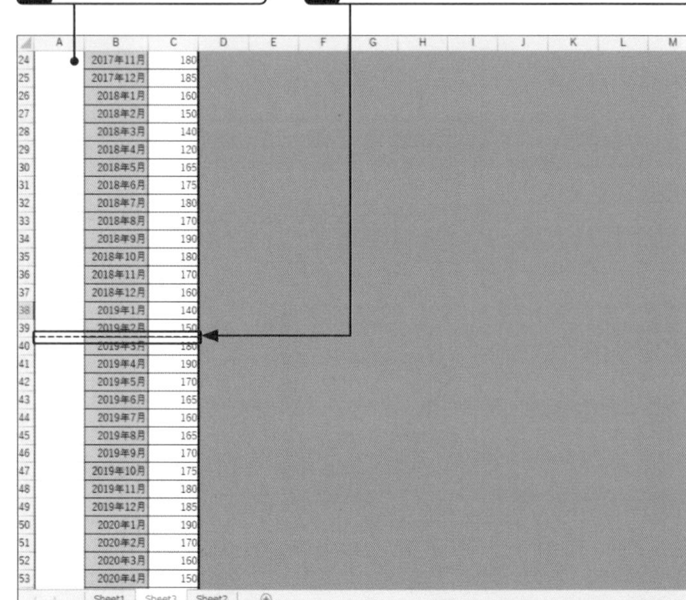

メモ 改ページプレビューの表示

改ページプレビューは、右の手順のほかに、画面の右下にある<改ページプレビュー>をクリックしても表示できます。

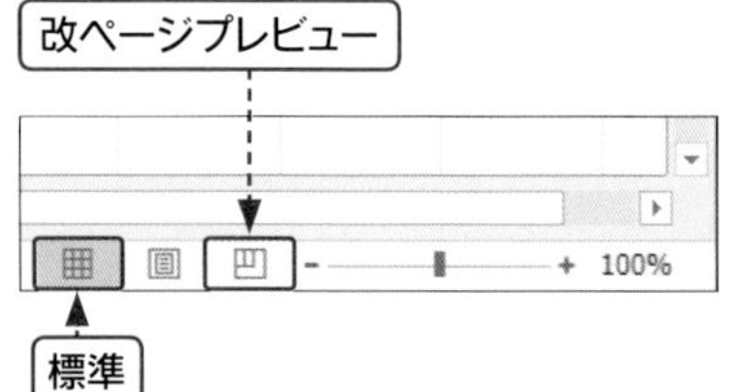

第5章 Excelの印刷

2 改ページ位置を移動する

1 改ページ位置を示す青い破線にマウスポインターを合わせて、

2 改ページする位置までドラッグすると、

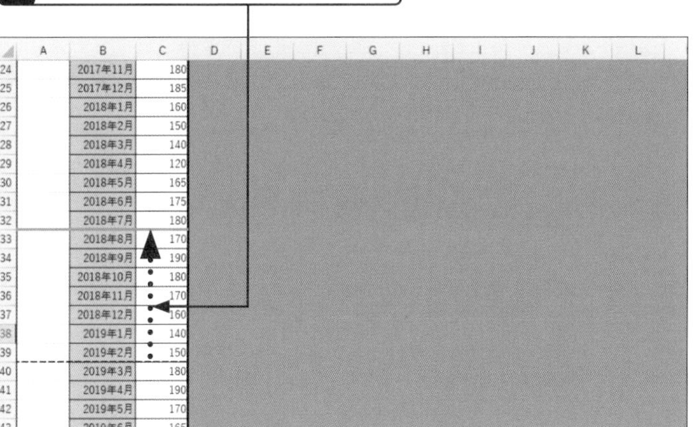

3 変更した改ページ位置が青い太線で表示されます。

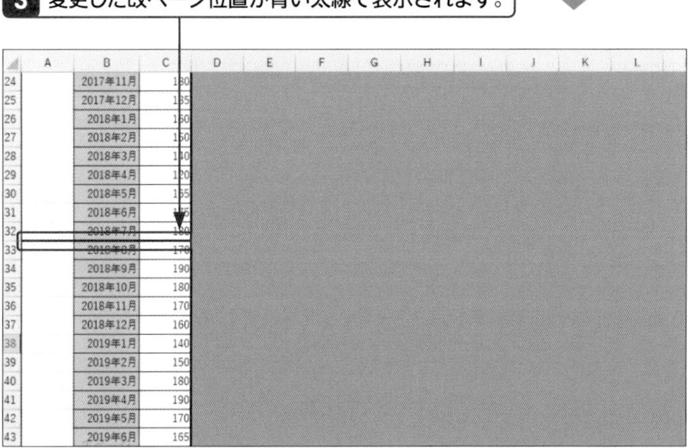

メモ 改ページ位置を示す線

ユーザーが改ページ位置を指定していない場合、改ページプレビューには、自動的に設定された改ページ位置が青い破線で表示されます（手順**1**の図参照）。ユーザーが改ページ位置を指定すると、改ページ位置が青い太線で表示されます（手順**3**の図参照）。

ヒント 画面表示を標準ビューに戻すには？

改ページプレビューから標準の画面表示（標準ビュー）に戻すには、＜表示＞タブの＜標準＞をクリックするか（下図参照）、画面右下にある＜標準＞▦をクリックします（前ページの「メモ」参照）。

Section 46

指定した範囲だけを印刷する

覚えておきたいキーワード
- 印刷範囲の設定
- 印刷範囲のクリア
- 選択した部分を印刷

大きな表の中の一部だけを印刷したい場合、方法は2種類あります。いつも同じ部分を印刷したい場合は、あらかじめ印刷範囲を設定しておきます。選択したセル範囲を一度だけ印刷したい場合は、<印刷>画面で<選択した部分を印刷>を指定して印刷を行います。

1 印刷範囲を設定する

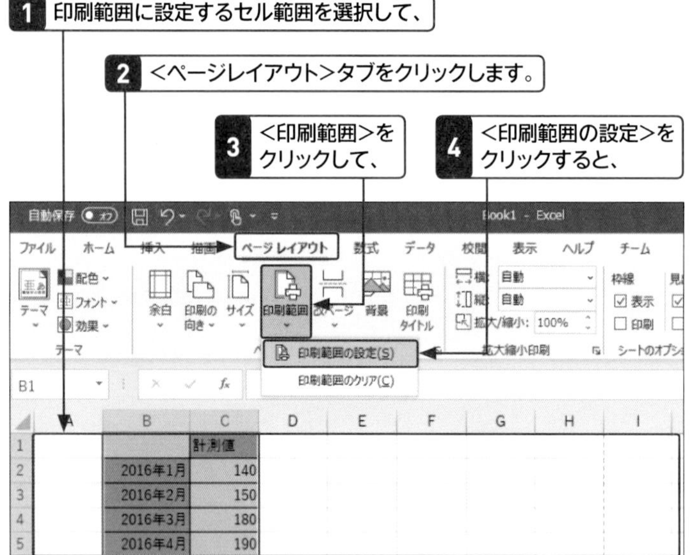

1 印刷範囲に設定するセル範囲を選択して、
2 <ページレイアウト>タブをクリックします。
3 <印刷範囲>をクリックして、
4 <印刷範囲の設定>をクリックすると、
印刷範囲の設定(S)
印刷範囲のクリア(C)

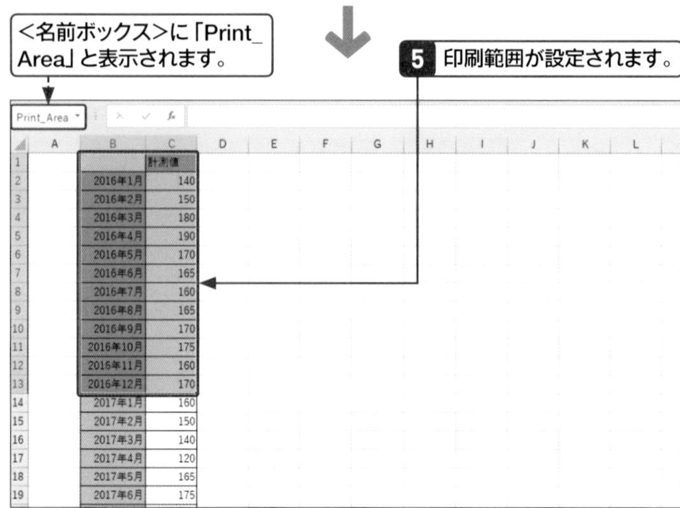

ヒント 印刷範囲を解除するには?

設定した印刷範囲を解除するには、<印刷範囲>をクリックして、<印刷範囲のクリア>をクリックします(手順3の図参照)。印刷範囲を解除すると、<名前ボックス>に表示されていた「Print_Area」も解除されます。

ステップアップ 印刷範囲の設定を追加する

印刷範囲を設定したあとに、別のセル範囲を印刷範囲に追加するには、追加するセル範囲を選択して<印刷範囲>をクリックし、<印刷範囲に追加>をクリックします。

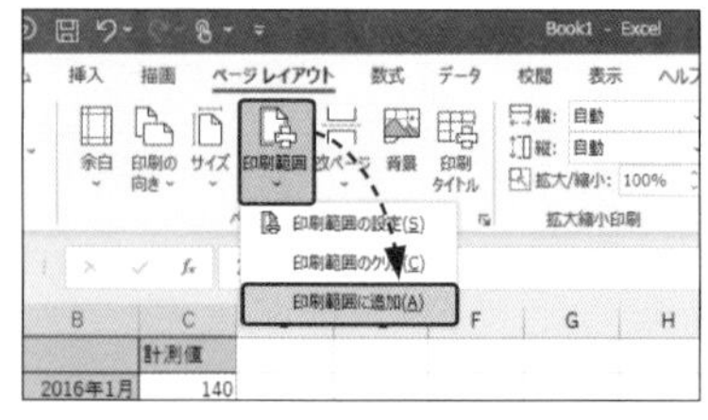

第5章 Excelの印刷

2 特定のセル範囲を一度だけ印刷する

P.280のヒントを参考にして、あらかじめ印刷範囲を解除しておきます。

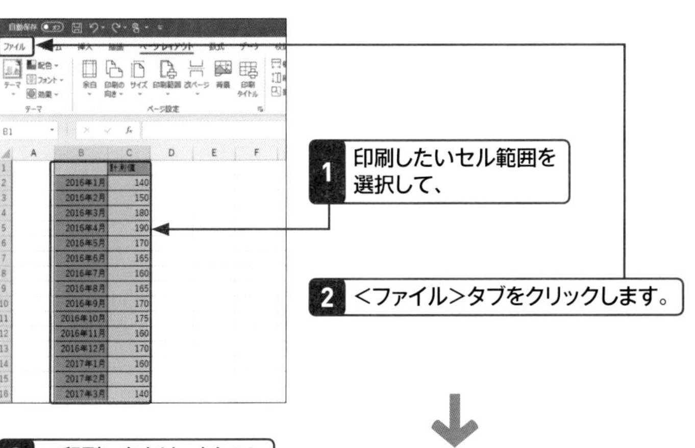
1 印刷したいセル範囲を選択して、
2 <ファイル>タブをクリックします。

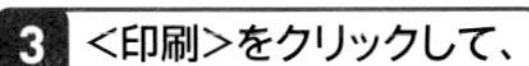
3 <印刷>をクリックして、

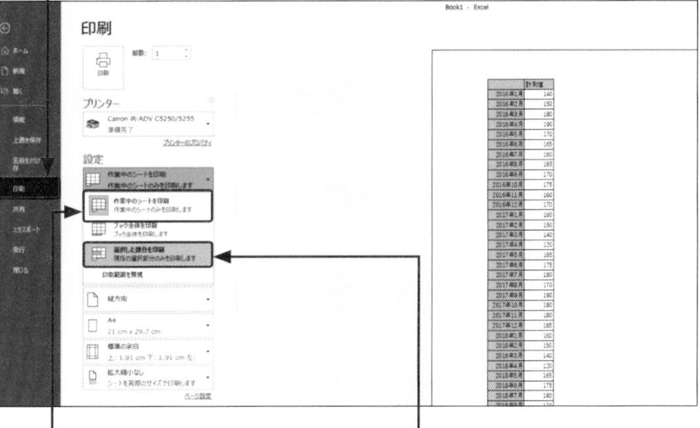
印刷
プリンター
設定
4 <作業中のシートを印刷>をクリックし、
5 <選択した部分を印刷>をクリックすると、

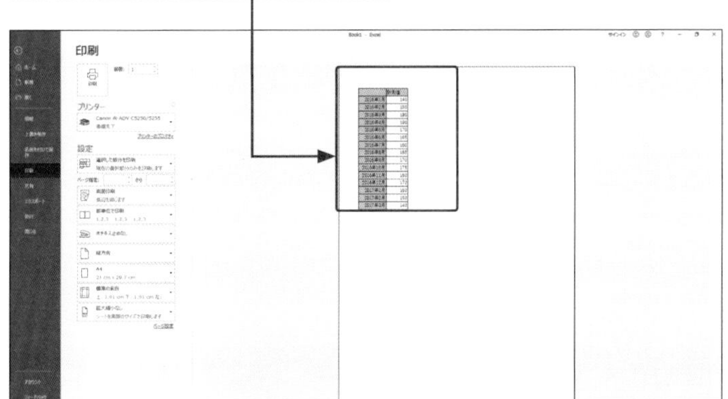
6 選択した範囲だけが印刷されます。
印刷

ステップアップ 離れたセル範囲を印刷範囲として設定する

離れた場所にある複数のセル範囲を印刷範囲として設定するには、Ctrlを押しながら複数のセル範囲を選択します。そのあとで印刷範囲を設定するか、選択した部分を印刷します。この場合、選択したセル範囲ごとに別のページに印刷されます。

Section 47

ヘッダーとフッターを挿入する

覚えておきたいキーワード
- ヘッダー
- フッター
- ページレイアウトビュー

シートの上部や下部にファイル名やページ番号などの情報を印刷したいときは、ヘッダーやフッターを挿入します。シートの上部余白に印刷される情報をヘッダー、下部余白に印刷される情報をフッターといいます。ファイル名やページ番号のほかに、現在の日時やシート名、画像なども挿入できます。

1 ヘッダーを設定する

キーワード ヘッダー／フッター

「ヘッダー」とは、シートの上部余白に印刷されるファイル名やページ番号などの情報のことをいいます。「フッター」とは、下部余白に印刷される情報のことをいいます。

メモ ヘッダー／フッターの設定

ヘッダーやフッターを挿入するには、右の手順で操作します。画面のサイズが大きい場合は、<挿入>タブの<テキスト>グループの<ヘッダーとフッター>を直接クリックします。また、<表示>タブの<ページレイアウト>をクリックしてページレイアウトビューに切り替え、画面上のヘッダーかフッターをクリックしても同様に設定できます。

ヒント ヘッダーの挿入場所を変更するには？

手順5では、ヘッダーの中央のテキストボックスにカーソルが表示されますが、ヘッダーの位置を変えたいときは、左側あるいは右側のテキストボックスをクリックして、カーソルを移動します。

ヘッダーにファイル名を挿入する

1 <挿入>タブをクリックして、

2 <テキスト>をクリックし、

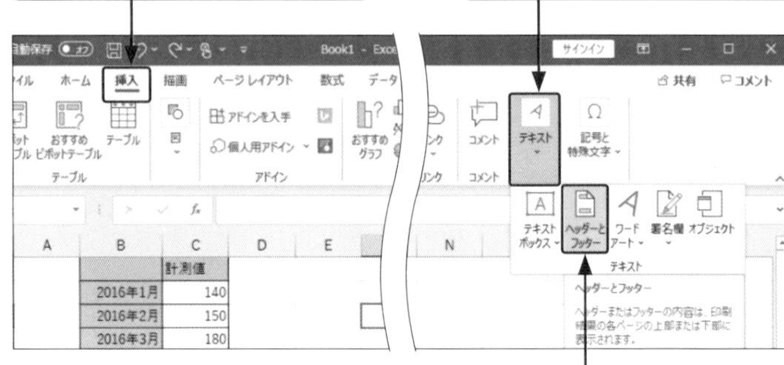

3 <ヘッダーとフッター>をクリックします。

4 ページレイアウトビューに切り替わり、

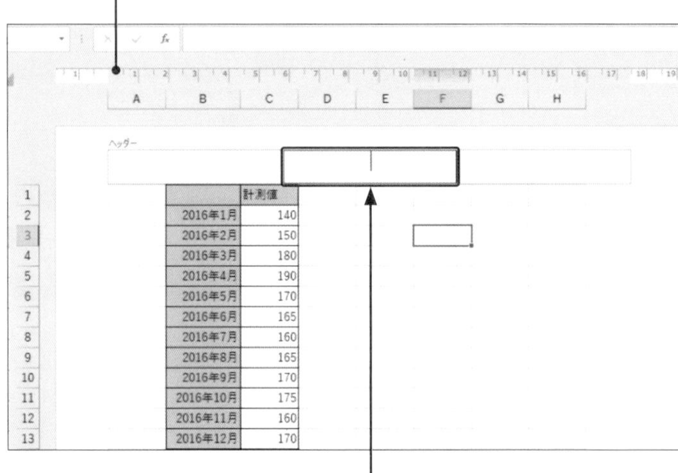

5 ヘッダー領域の中央のテキストボックスにカーソルが表示されます。

第5章 Excelの印刷

6 <ファイル名>をクリックすると、

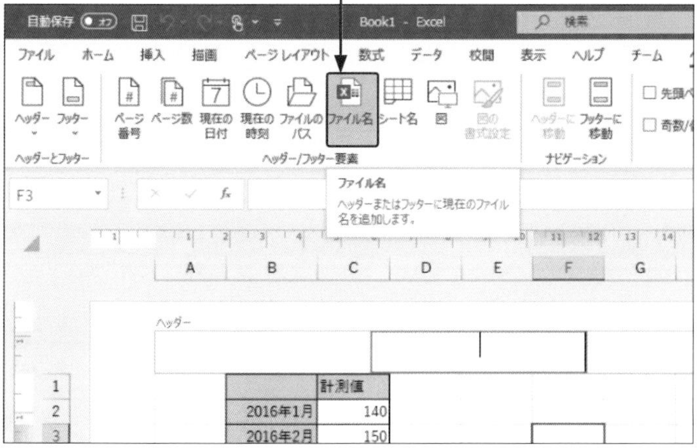

7 「&[ファイル名]」と挿入されます。

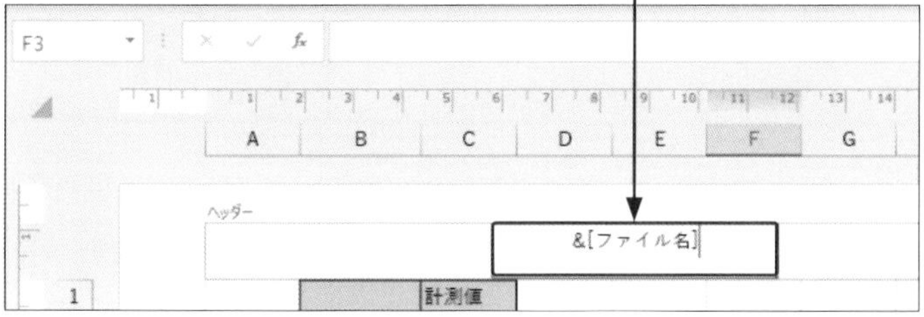

8 ヘッダー領域以外の部分をクリックすると、

9 実際のファイル名が表示されます。

10 <表示>タブをクリックして、

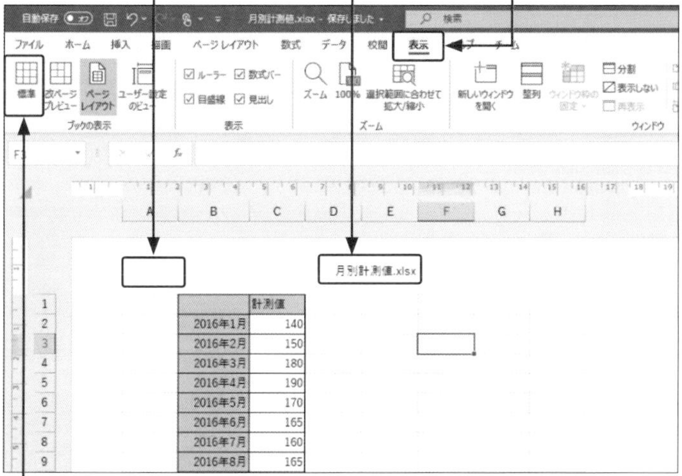

11 <標準>をクリックし、標準ビューに戻ります。

ステップアップ 定義済みのヘッダー／フッターの設定

あらかじめ定義済みのヘッダーやフッターを設定することもできます。ヘッダーは、<デザイン>タブの<ヘッダー>をクリックして表示される一覧から設定します。フッターの場合は、<フッター>をクリックして設定します。

ヒント 画面表示を標準ビューに戻すには？

画面を標準ビューに戻すには、左の手順**10**、**11**のように操作するか、画面の右下にある<標準>をクリックします。なお、カーソルがヘッダーあるいはフッター領域にある場合は、<標準>コマンドは選択できません。

2 フッターを設定する

メモ ヘッダーとフッターを切り替える

ヘッダーとフッターの位置を切り替えるには、<フッターに移動><ヘッダーに移動>をクリックします。

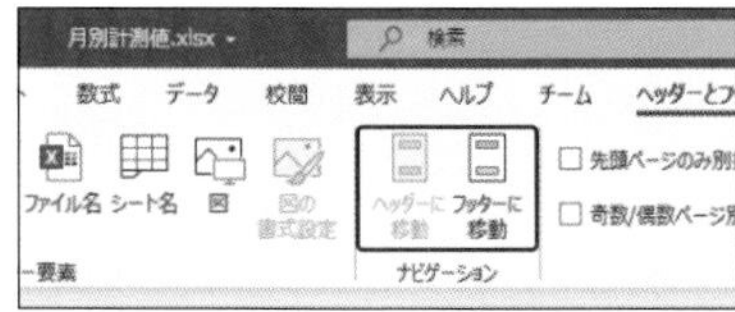

ヒント フッターの挿入場所を変更するには?

手順3では、フッターの中央のテキストボックスにカーソルが表示されますが、フッターの位置を変えたいときは、左側あるいは右側のテキストボックスをクリックして、カーソルを移動します。

ステップアップ 先頭ページに番号を付けたくない場合は?

先頭ページにページ番号などを付けたくない場合は、<オプション>グループの<先頭ページのみ別指定>をクリックしてオンにします。

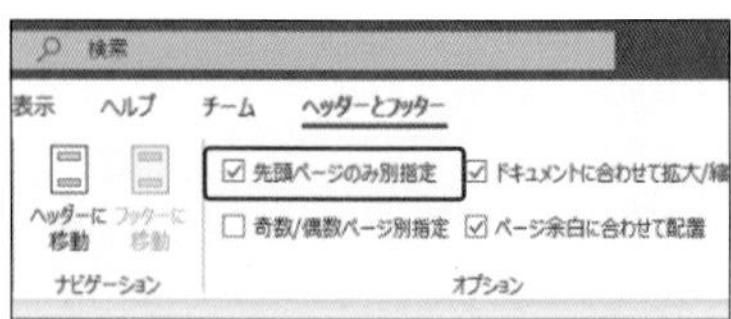

フッターにページ番号を挿入する

1 <挿入>タブをクリックして、<テキスト>から<ヘッダーとフッター>をクリックします(P.282参照)。

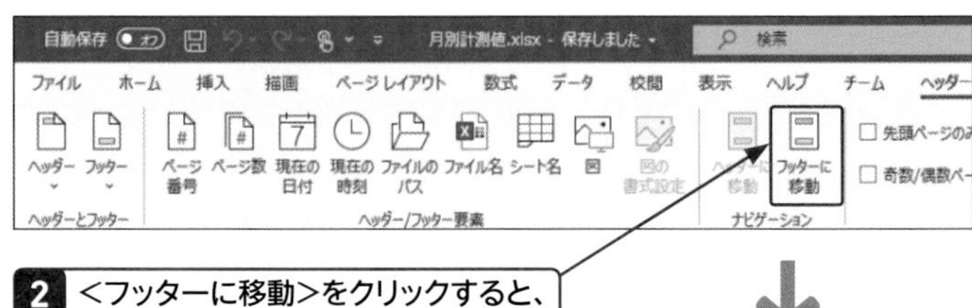

2 <フッターに移動>をクリックすると、

3 フッター領域の中央のテキストボックスにカーソルが表示されます。

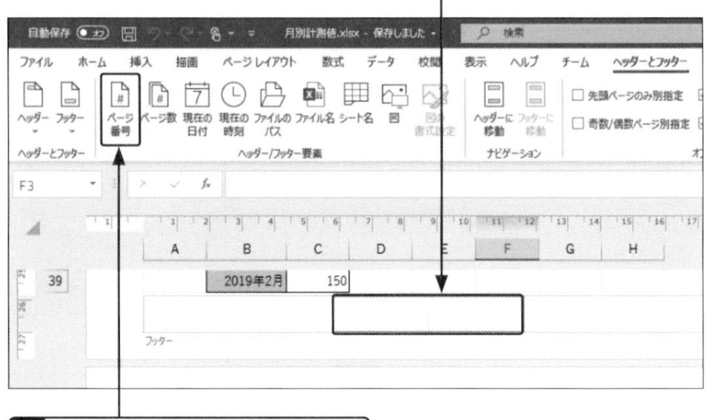

4 <ページ番号>をクリックすると、

5 「& [ページ番号]」と挿入されます。

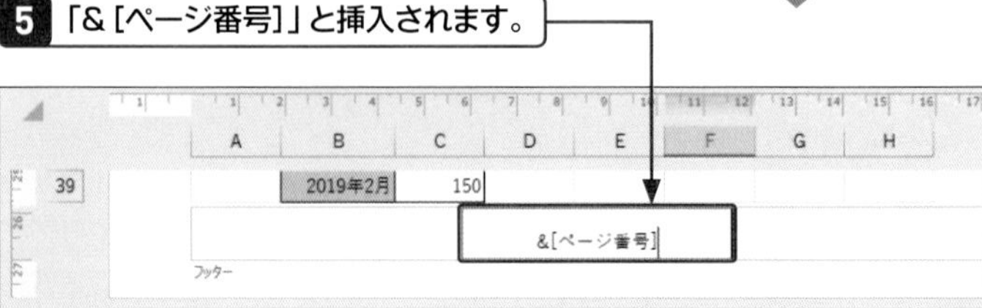

6 フッター領域以外の部分をクリックすると、

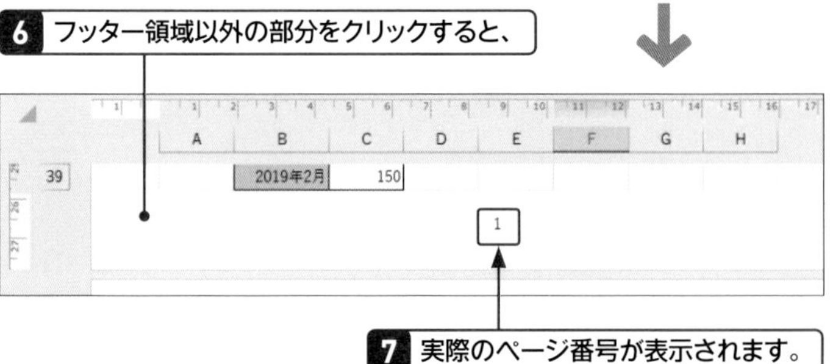

7 実際のページ番号が表示されます。

PowerPoint

第1章

PowerPointの基本操作

Section 01

PowerPointの画面構成

覚えておきたいキーワード
☑ コマンド
☑ タブ
☑ リボン

PowerPointの画面上部には、コマンドが機能ごとにまとめられ、タブをクリックして切り替えることができます。また、左側にはスライドの表示を切り替える「サムネイルウィンドウ」、画面中央にはスライドを編集する「スライドウィンドウ」が表示されます。

1 PowerPointの基本的な画面構成

PowerPointでの基本的な作業は、下図の状態の画面で行います。ただし、作業によっては、タブが切り替わったり、必要なタブが新しく表示されたりします。

名　称	機　能
クイックアクセスツールバー	よく使う機能を1クリックで利用できるボタンです。
リボン	PowerPoint 2003以前のメニューとツールボタンの代わりになる機能です。コマンドがタブによって分類されています。
タイトルバー	作業中のプレゼンテーションのファイル名が表示されます。
スライドウィンドウ	スライドを編集するための領域です。
サムネイルウィンドウ	すべてのスライドの縮小版（サムネイル）が表示される領域です。
ステータスバー	作業中のスライド番号や表示モードの変更ボタンが表示されます。
ズームスライダー	画面の表示倍率を変更できます。

2 プレゼンテーションの構成

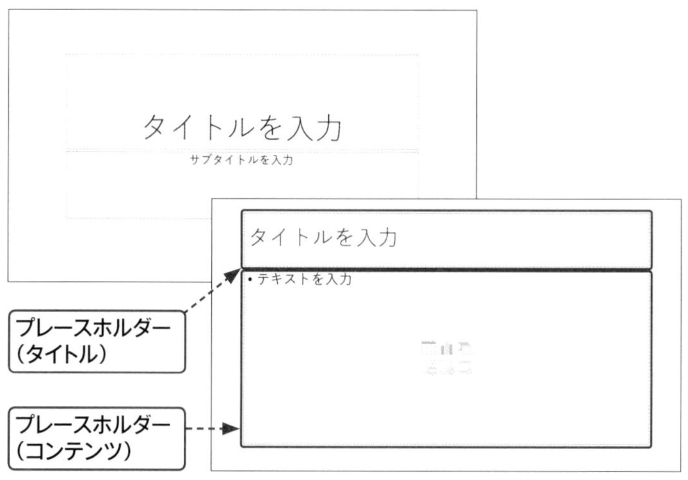
タイトルを入力
サブタイトルを入力
タイトルを入力
・テキストを入力
プレースホルダー（タイトル）
プレースホルダー（コンテンツ）

キーワード プレゼンテーション・スライド・プレースホルダー

PowerPointでは、それぞれのページを「スライド」と呼び、スライドの集まり（1つのファイル）を「プレゼンテーション」と呼びます。また、スライド上には、タイトルやテキスト（文字列）、グラフ、画像などを挿入するための枠が配置されています。この枠を「プレースホルダー」と呼びます。

3 スライドの表示を切り替える

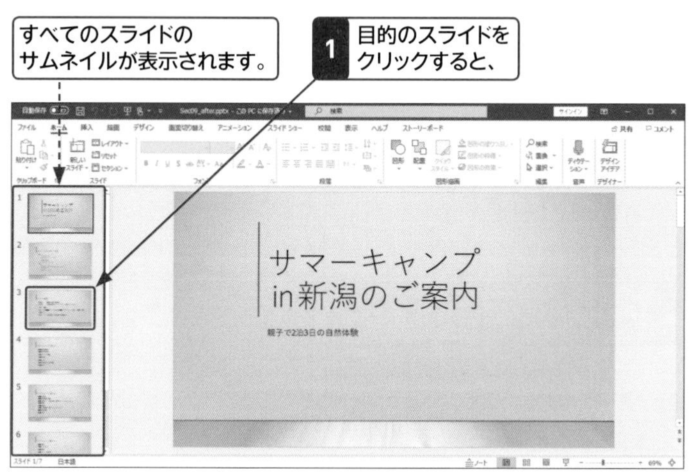
すべてのスライドのサムネイルが表示されます。
1 目的のスライドをクリックすると、
サマーキャンプ
in新潟のご案内
親子で2泊3日の自然体験

メモ スライドの表示

ウィンドウ左側のサムネイルウィンドウには、プレゼンテーションを構成するすべてのスライドのサムネイルが表示されます。
表示したいスライドのサムネイルをクリックすると、スライドウィンドウにスライドが表示されます。

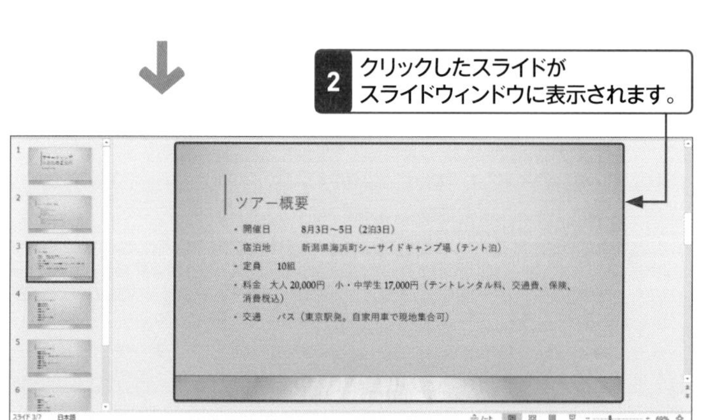
2 クリックしたスライドがスライドウィンドウに表示されます。
ツアー概要
・開催日　8月3日～5日（2泊3日）
・宿泊地　新潟県海浜町シーサイドキャンプ場（テント泊）
・定員　10組
・料金　大人20,000円　小・中学生17,000円（テントレンタル料、交通費、保険、消費税込）
・交通　バス（東京駅発。自家用車で現地集合可）

Section 02 PowerPointの表示モード

覚えておきたいキーワード
- 表示モード
- 標準表示モード
- アウトライン表示モード

PowerPointには、プレゼンテーションのさまざまな表示モードが用意されています。初期設定の「標準表示モード」では、ウィンドウの左側にスライドのサムネイルの一覧が表示され、右側に編集対象となるスライドが大きく表示されます。作業内容に応じて、表示モードを切り替えることができます。

1 表示モードを切り替える

メモ 表示モードの切り替え

表示モードを切り替えるには、<表示>タブの<プレゼンテーションの表示>グループから、目的の表示モードをクリックします。

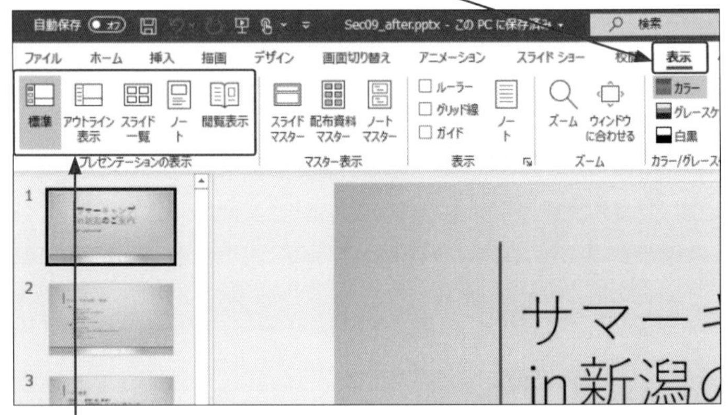

1 <表示>タブをクリックして、
2 目的の表示モードをクリックすると、表示モードが変わります。

2 表示モードの種類

キーワード 標準表示モード

スライドウィンドウとスライドのサムネイルが表示されている状態を「標準表示モード」といいます。通常のスライドの編集は、この状態で行います。

標準表示モード

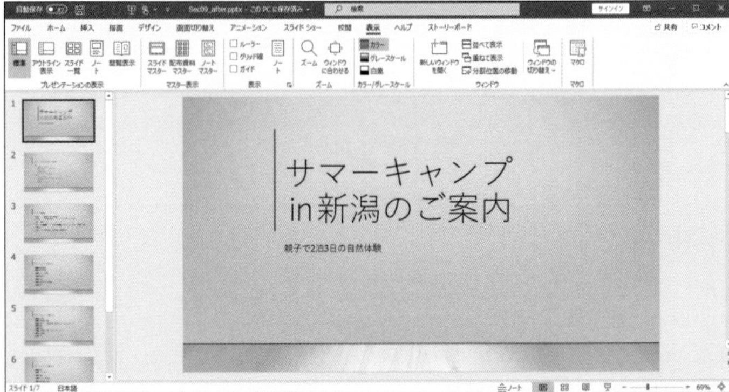

アウトライン表示モード

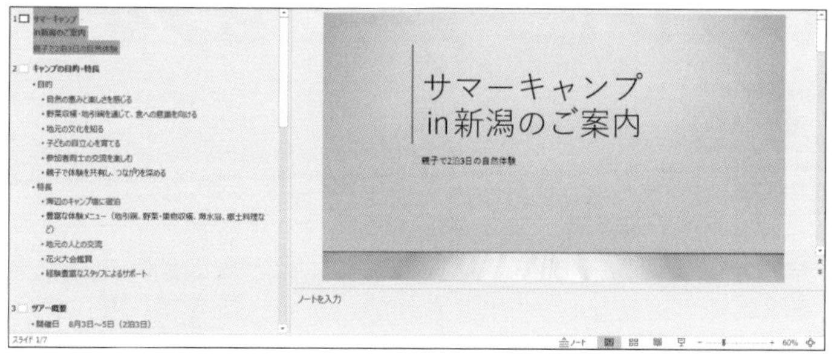

スライド一覧表示モード

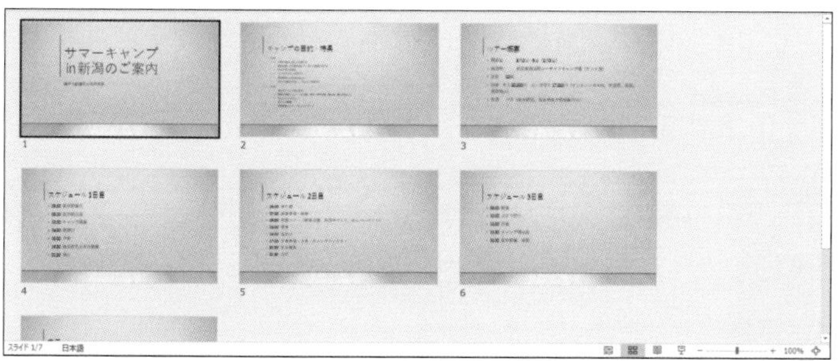

ノート表示モード

閲覧表示モード

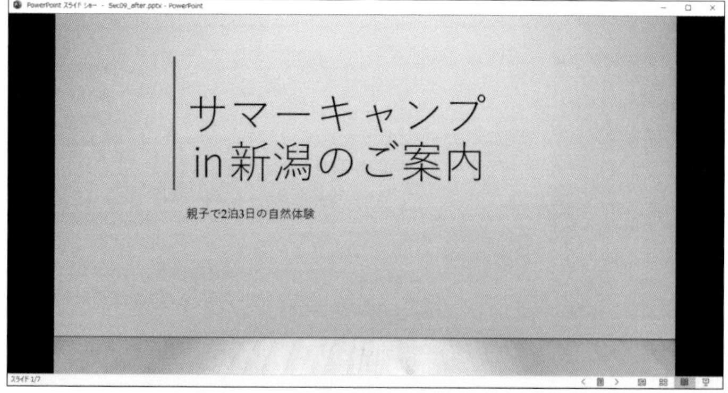

キーワード アウトライン表示モード

「アウトライン表示モード」では、左側にすべてのスライドのテキストだけが表示されます。スライド全体の構成を参照しながら、編集することができます。

キーワード スライド一覧表示モード

「スライド一覧表示モード」では、プレゼンテーション全体の構成の確認や、スライドの移動、各スライドの表示時間の確認が行えます。

キーワード ノート表示モード

「ノート表示モード」では、発表者用のメモを確認・編集できます。

キーワード 閲覧表示モード

「閲覧表示モード」では、スライドショーをウィンドウで表示できます。

メモ ステータスバーから表示モードを切り替える

ウィンドウ右下のボタンをクリックしても、表示モードを切り替えることができます。

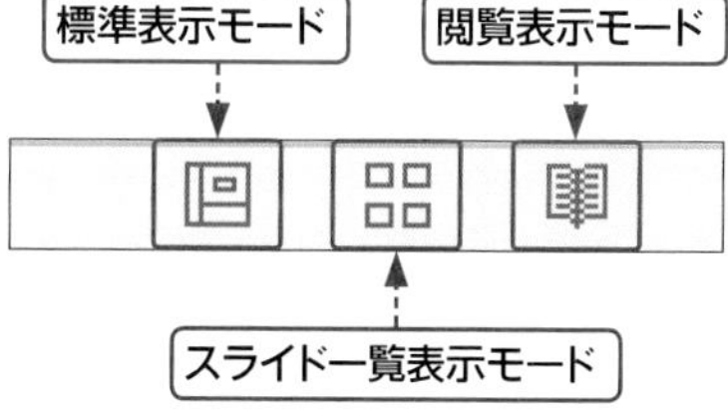

Section 03 新しいプレゼンテーションを作成する

覚えておきたいキーワード
- ☑ テーマ
- ☑ バリエーション
- ☑ スライドサイズ

新規プレゼンテーションを作成するには、はじめにスライドのデザインを決めます。デザインやフォントが設定された「テーマ」と、テーマごとにカラーや画像などが異なる「バリエーション」が用意されています。新規プレゼンテーションの作成は、起動直後の画面か、＜ファイル＞タブから行います。

1 起動直後の画面から新規プレゼンテーションを作成する

キーワード テーマ

「テーマ」は、スライドのデザインをかんたんに整えることのできる機能です。
テーマはあとからでも変更することができます（P.304参照）。

1 PowerPointを起動して（P.26参照）、

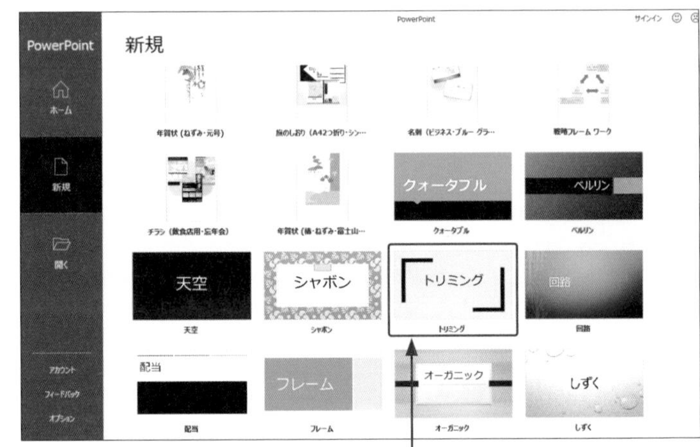

2 目的のテーマ（ここでは、＜トリミング＞）をクリックし、

ヒント サンプルファイルのダウンロード

各機能を実際に試してみたい場合は、本書で使用しているサンプルファイルをダウンロードして利用することができます（P.24参照）。

ヒント 起動後に新規プレゼンテーションを作成するには?

すでにPowerPointを起動している場合に、新規プレゼンテーションを作成するには、＜ファイル＞タブをクリックして、＜新規＞をクリックしてから、テーマを選択します。右ページ手順❸の画面が表示されるので、バリエーションを選択し、＜作成＞をクリックします。

1 ＜ファイル＞タブの＜新規＞をクリックし、

2 目的のテーマをクリックします。

3 目的のバリエーションをクリックして、

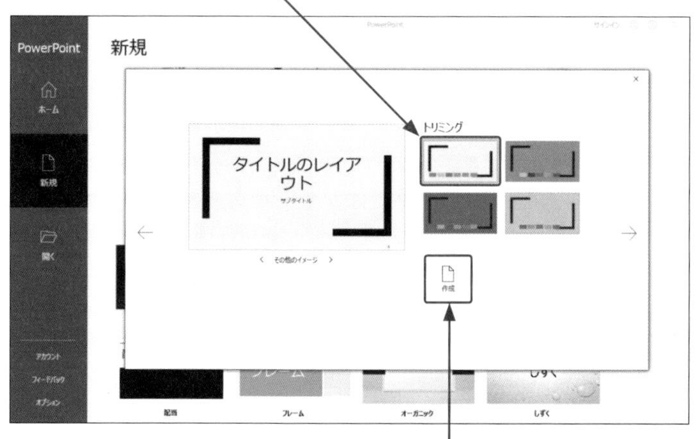

4 <作成>をクリックすると、

5 新規プレゼンテーションが作成されます。

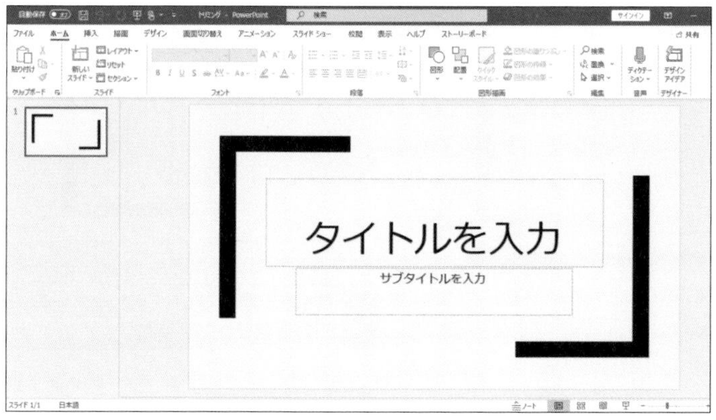

キーワード バリエーション

テーマには、カラーや画像などのデザインが異なる「バリエーション」が用意されています。バリエーションもあとから変更することができます（P.305参照）。

メモ オブジェクトの配色

手順3の画面で<その他のイメージ>の[<][>]をクリックすると、グラフやSmartArtなどの配色を確認できます。

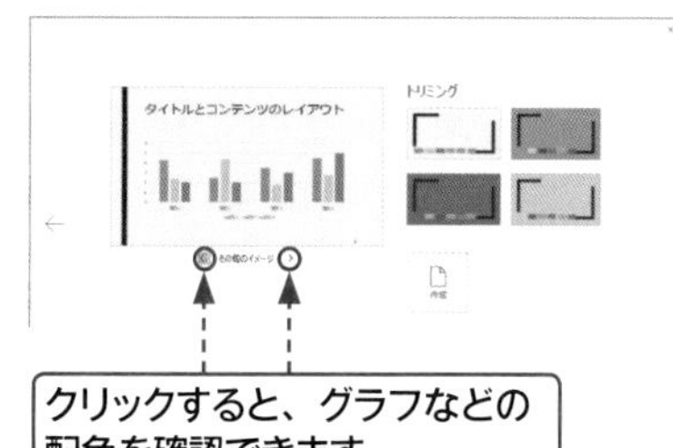

クリックすると、グラフなどの配色を確認できます。

ヒント スライドサイズの縦横比を変更するには？

スライドは、ワイド画面対応の16：9の縦横比で作成されます。スライドサイズの縦横比を4：3に変更したい場合は、<デザイン>タブの<スライドのサイズ>をクリックし、<標準（4：3）>をクリックします。
右のような図が表示された場合は、<最大化>または<サイズに合わせて調整>をクリックします。

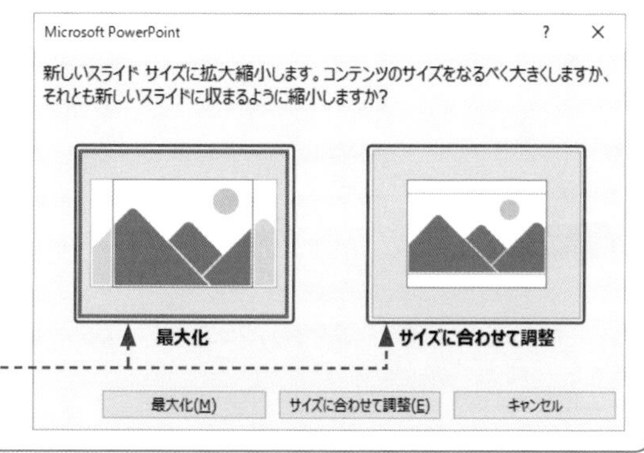

<最大化>または<サイズに合わせて調整>をクリックします。

Section 04

タイトルのスライドを作成する

覚えておきたいキーワード
- タイトルスライド
- プレースホルダー
- タイトル

新規プレゼンテーションを作成すると（Sec.03参照）、タイトル用のタイトルスライドが1枚だけ挿入されています。まずはタイトルスライドのプレースホルダーに、プレゼンテーションのタイトルとサブタイトルを入力します。プレースホルダーをクリックすると、文字列を入力できます。

1 プレゼンテーションのタイトルを入力する

メモ タイトルの入力

スライドタイトルには、プレゼンテーションのタイトルとサブタイトルを入力するためのプレースホルダーが用意されています。
プレースホルダーをクリックすると、文字列を入力できます。

1 新規プレゼンテーションを作成し（Sec.03参照）、

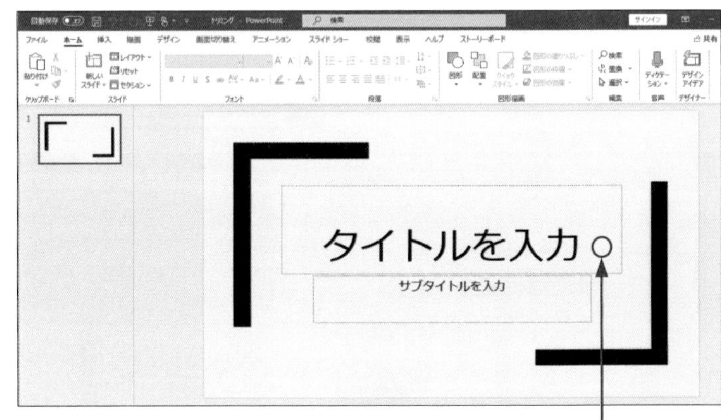

2 タイトル用のプレースホルダーの内側をクリックすると、

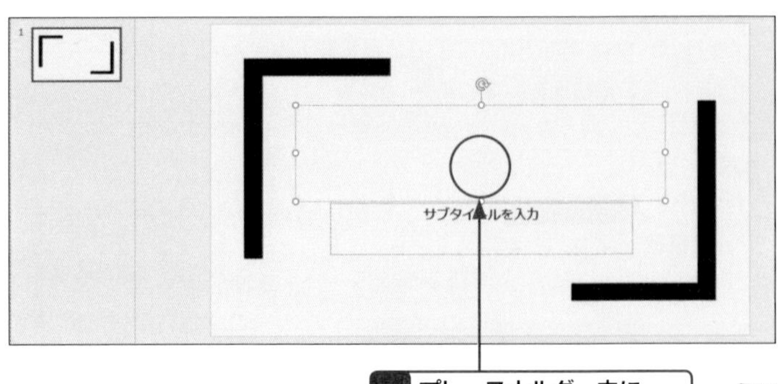

3 プレースホルダー内にカーソルが表示されます。

キーワード プレースホルダー

「プレースホルダー」とは、スライド上に配置されている、タイトルやテキスト（文字列）、グラフ、画像などを挿入するための枠のことです。

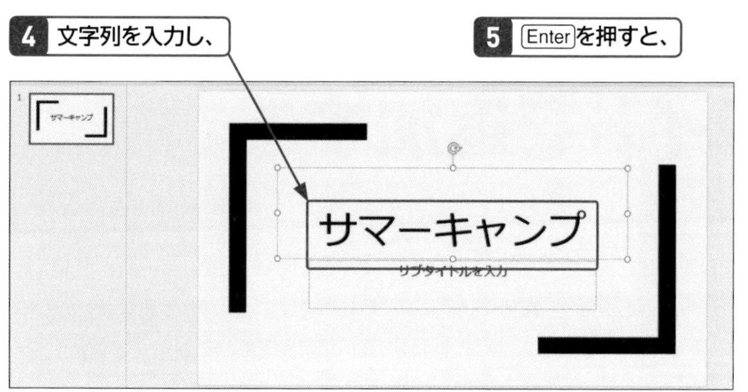

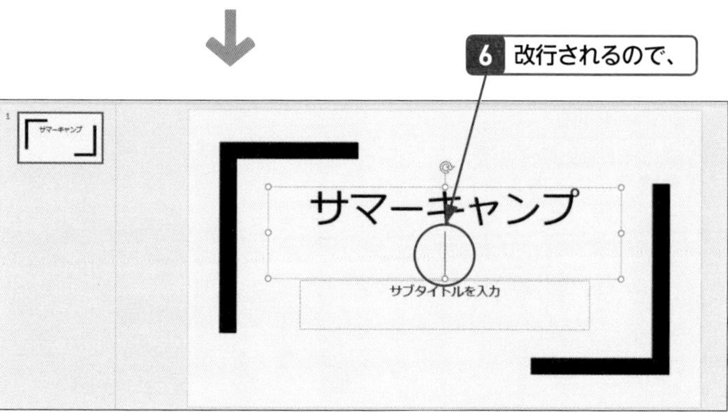

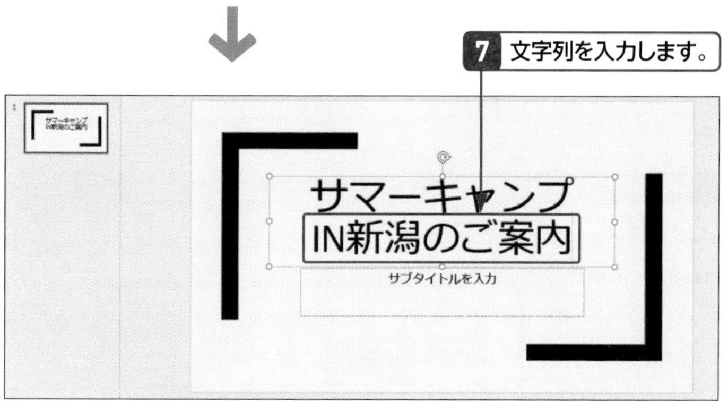

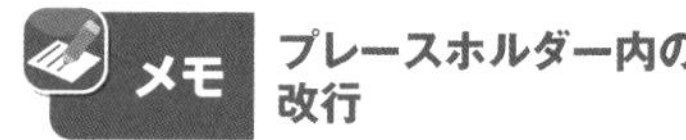

プレースホルダー内の改行

文字数が多くなると、自動的に文字列が複数行になります。任意の位置で改行したい場合は、Enterを押して改行します。

アルファベットの小文字が入力できない?

設定したテーマによっては、アルファベットがすべて大文字で入力され、小文字を入力できないことがあります。その場合は、プレースホルダーの枠線をクリックして選択し、<ホーム>タブの<フォント>グループのダイアログボックス起動ツール をクリックします。<フォント>ダイアログボックスの<フォント>タブの<すべて大文字>をオフにすると、小文字を入力できるようになります。

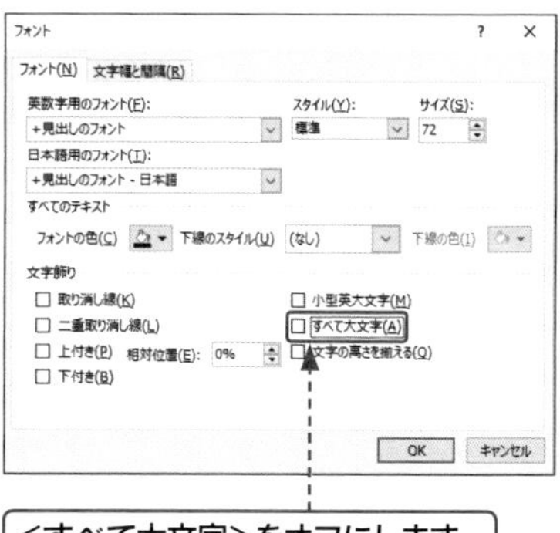

2 サブタイトルを入力する

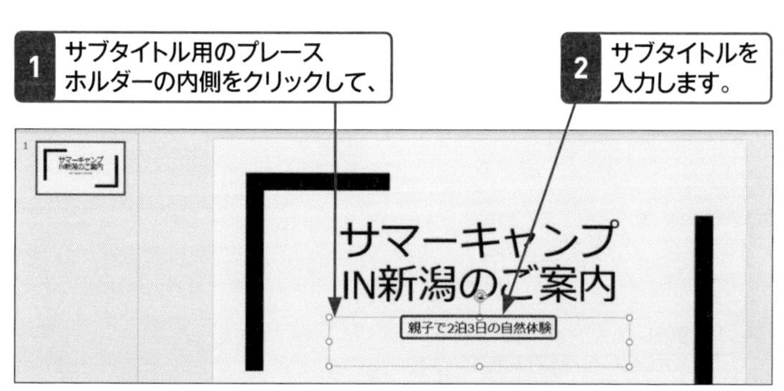

サブタイトルを入力しない場合は?

サブタイトルを入力しないなどの理由でプレースホルダーが不要な場合は、プレースホルダーの枠線をクリックして選択し、Deleteを押してプレースホルダーを削除します。

Section 05

スライドを追加する

覚えておきたいキーワード
- 新しいスライド
- レイアウト
- コンテンツ

タイトルスライドを作成したら、新しいスライドを追加します。スライドには、さまざまなレイアウトが用意されており、スライドを追加するときにレイアウトを選択したり、あとから変更したりすることができます。新しいスライドは、ウィンドウ左側で選択しているサムネイルのスライドの次に挿入されます。

1 新しいスライドを挿入する

メモ スライドの挿入

スライドの挿入は、＜ホーム＞タブの＜新しいスライド＞のほか、＜挿入＞タブの＜新しいスライド＞からも行うことができます。

メモ レイアウトの種類

手順❸で表示されるレイアウトの種類は、プレゼンテーションに設定しているテーマによって異なります。
なお、オリジナルで新しいレイアウトを作成することもできます。

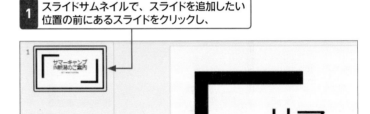

キーワード コンテンツ

「コンテンツ」とは、スライドに配置するテキスト、表、グラフ、SmartArt、図、ビデオのことです。手順❹でコンテンツを含むレイアウトを選択すると、コンテンツを挿入できるプレースホルダーがあらかじめ配置されているスライドが挿入されます。

1 スライドサムネイルで、スライドを追加したい位置の前にあるスライドをクリックし、

2 ＜ホーム＞タブをクリックして、

3 ＜新しいスライド＞のここをクリックし、

4 目的のレイアウト（ここでは、＜2つのコンテンツ＞）をクリックすると、

5 選択したレイアウトのスライドが挿入されます。

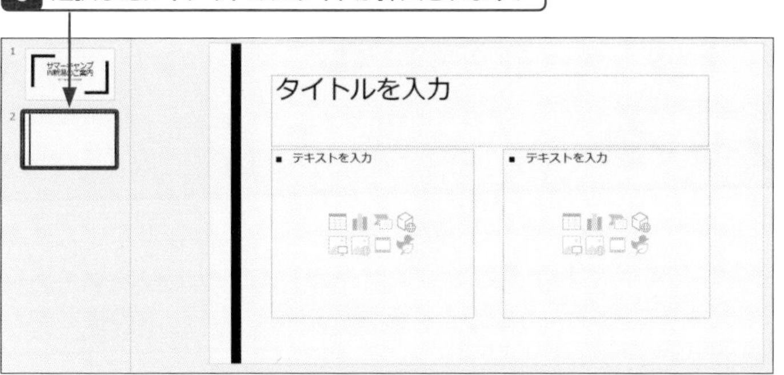

ヒント 前回選択したレイアウトのスライドを挿入するには?

＜ホーム＞タブの＜新しいスライド＞のアイコン部分をクリックすると、前回選択したレイアウトと同じレイアウトのスライドが挿入されます。
ただし、1枚目のスライド挿入時にこの操作を行うと、＜タイトルスライド＞のレイアウトが適用されます。

2 スライドのレイアウトを変更する

1 目的のスライドをクリックして、

2 ＜ホーム＞タブをクリックし、

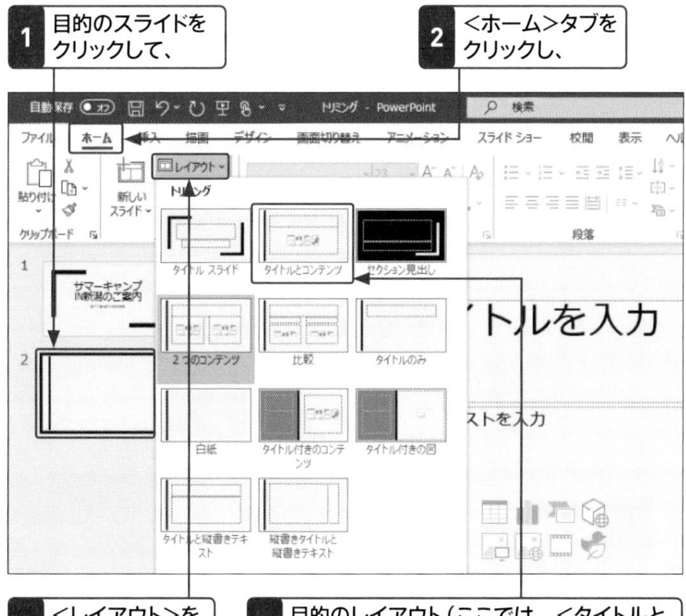

3 ＜レイアウト＞をクリックして、

4 目的のレイアウト（ここでは、＜タイトルとコンテンツ＞）をクリックすると、

5 スライドのレイアウトが変更されます。

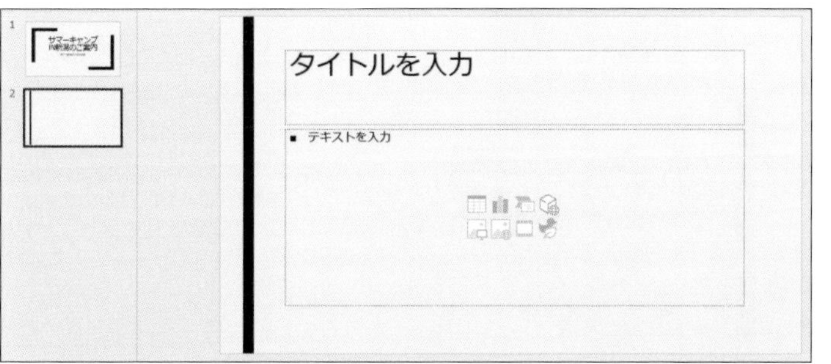

メモ レイアウトの変更

スライドのレイアウトの変更は、文字列を入力したあとでも行うことができます。

Section 06 スライドの内容を入力する

覚えておきたいキーワード
- ☑ タイトル
- ☑ コンテンツ
- ☑ テキスト

スライドを追加したら、スライドにタイトルとテキストを入力します。ここでは、Sec.05で挿入した<タイトルとコンテンツ>のレイアウトのスライドに入力していきます。テキストを入力したら、必要に応じてフォントの種類やサイズ、色などの書式を変更します。

1 スライドのタイトルを入力する

メモ スライドのタイトルの入力

「タイトルを入力」と表示されているプレースホルダーには、そのスライドのタイトルを入力します。プレースホルダーをクリックすると、カーソルが表示されるので、文字列を入力します。

1 タイトル用のプレースホルダーの内側をクリックすると、

タイトルを入力

■ テキストを入力

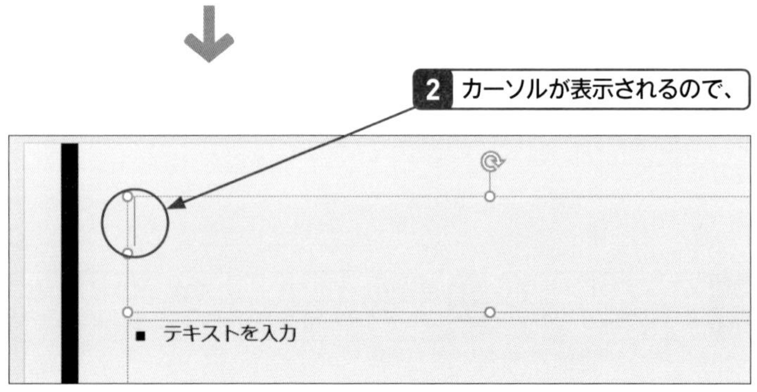
2 カーソルが表示されるので、
■ テキストを入力

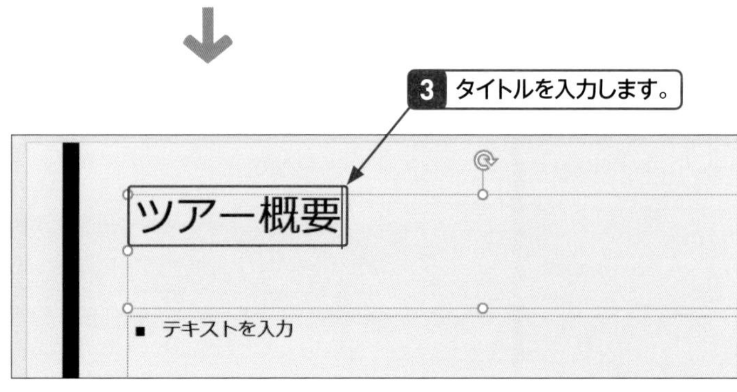
3 タイトルを入力します。
ツアー概要
■ テキストを入力

2 スライドのテキストを入力する

1 文字列を入力し、

2 Tabを押すと、

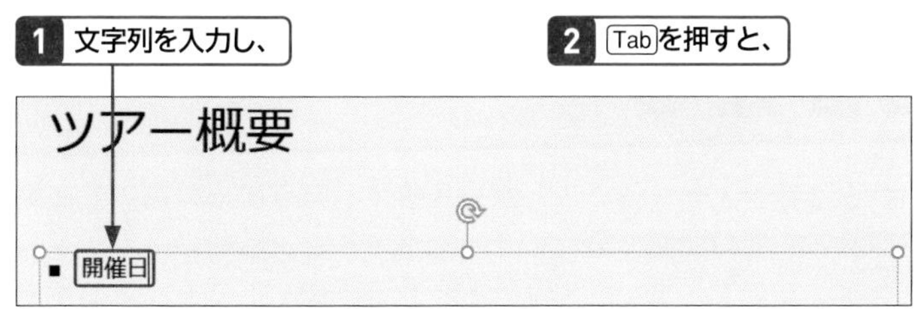

3 スペースができるので、

4 文字列を入力します。

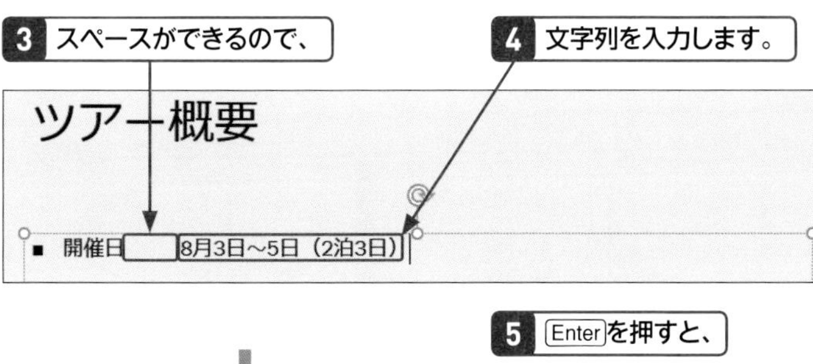

5 Enterを押すと、

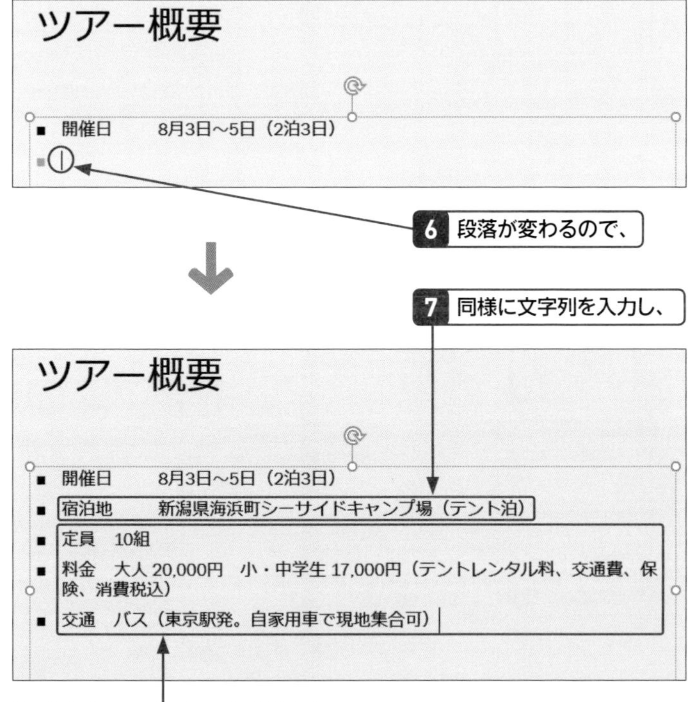

ツアー概要
開催日　8月3日～5日（2泊3日）
ツアー概要
開催日　8月3日～5日（2泊3日）
宿泊地　新潟県海浜町シーサイドキャンプ場（テント泊）
定員　10組
料金　大人 20,000円　小・中学生 17,000円（テントレンタル料、交通費、保険、消費税込）
交通　バス（東京駅発。自家用車で現地集合可）

6 段落が変わるので、

7 同様に文字列を入力し、

8 他のテキストも入力します。

メモ テキストの入力

「テキストを入力」と表示されているプレースホルダーには、そのスライドの内容となるテキストを入力します。プレゼンテーションに設定されているテーマによっては、行頭に●や■などの箇条書きの行頭記号が付く場合があります。

また、コンテンツ用のプレースホルダーには、表やグラフ、画像などを挿入することもできます。

メモ タブの利用

Tabを押すと、スペースができます。手順❸の画面のように、項目名と内容を同じ行に入力したい場合、タブを使ってスペースをつくり、タブの位置を調整することで、内容の左端を揃えることができます。

メモ 段落レベルを設定する

文字列は、段落レベルを設定して階層構造にすることができます。段落レベルを設定したい段落をドラッグして選択し、<ホーム>タブの<インデントを増やす>をクリックすると、段落レベルが下がります。また<インデントを減らす>をクリックすると、段落レベルが上がります。

メモ 書式の設定

テキストを入力したら、必要に応じて、フォントの種類、サイズ、色などの書式を設定します。

Section 07 スライドの順序を入れ替える

覚えておきたいキーワード
☑ スライドサムネイル
☑ サムネイル
☑ スライド一覧表示モード

スライドはあとから順番を入れ替えることができます。スライドの順序を変更するには、標準表示モードの左側のスライドサムネイルで、目的のスライドのサムネイルをドラッグします。また、スライド一覧表示モードでも、スライドをドラッグして順序を変更することが可能です。

1 スライドサムネイルでスライドの順序を変更する

ヒント 複数のスライドを移動するには?

複数のスライドをまとめて移動するには、左側のスライドサムネイルで Ctrl を押しながら目的のスライドをクリックして選択し、目的の位置までドラッグします。

1 目的のスライドのサムネイルにマウスポインターを合わせ、

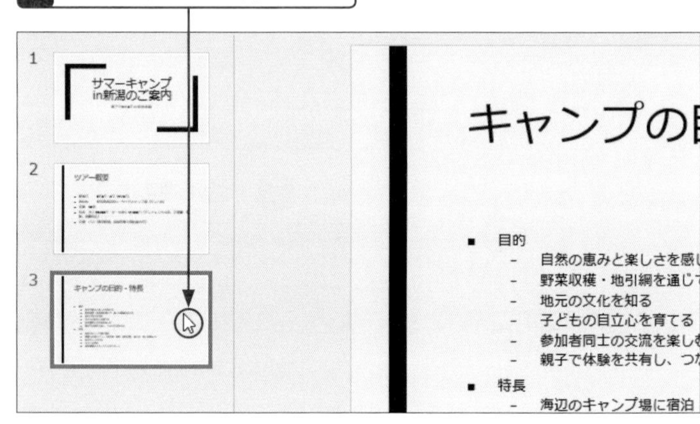
サマーキャンプ
in新潟のご案内
ツアー概要
キャンプの目的・特長
キャンプの目
目的
自然の恵みと楽しさを感じ
野菜収穫・地引網を通じて
地元の文化を知る
子どもの自立心を育てる
参加者同士の交流を楽しむ
親子で体験を共有し、つな
特長
海辺のキャンプ場に宿泊

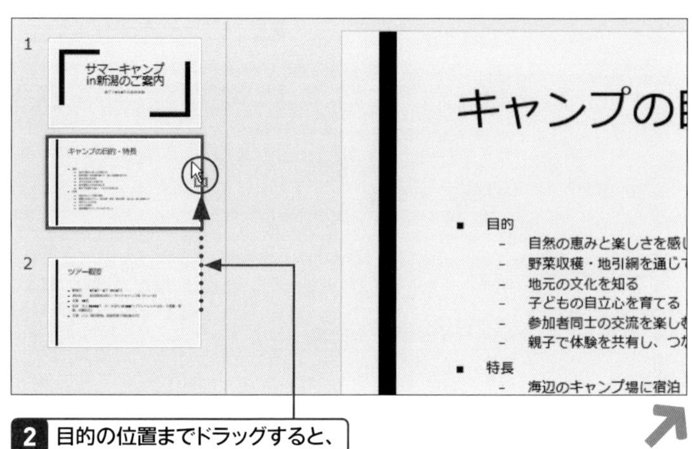
サマーキャンプ
in新潟のご案内
キャンプの目的・特長
ツアー概要
キャンプの目
目的
自然の恵みと楽しさを感じ
野菜収穫・地引網を通じて
地元の文化を知る
子どもの自立心を育てる
参加者同士の交流を楽しむ
親子で体験を共有し、つな
特長
海辺のキャンプ場に宿泊

2 目的の位置までドラッグすると、

第1章 PowerPointの基本操作

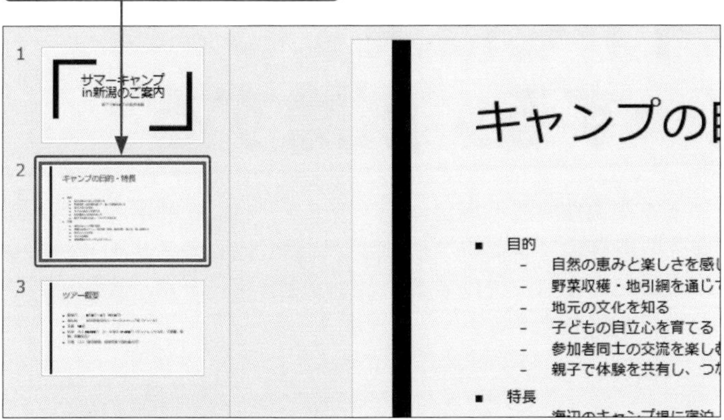
3 スライドの順序が変わります。
サマーキャンプ in新潟のご案内
キャンプの目的・特長
ツアー概要
キャンプの目
目的
自然の恵みと楽しさを感じ
野菜収穫・地引網を通じて
地元の文化を知る
子どもの自立心を育てる
参加者同士の交流を楽しむ
親子で体験を共有し、つな
特長

2 スライド一覧表示モードでスライドの順序を変更する

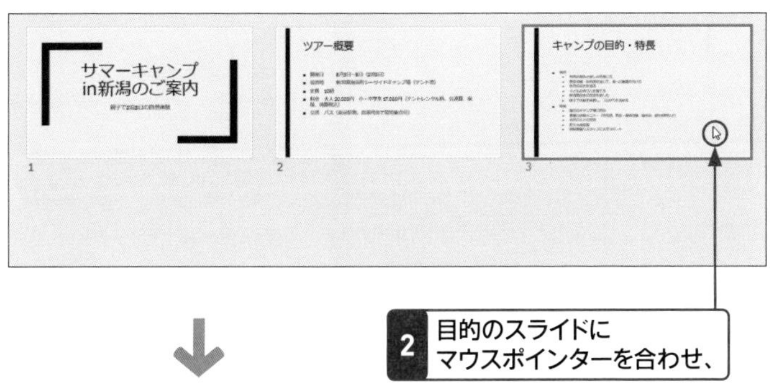
1 スライド一覧表示モードに切り替えて、
サマーキャンプ in新潟のご案内
ツアー概要
キャンプの目的・特長
2 目的のスライドにマウスポインターを合わせ、

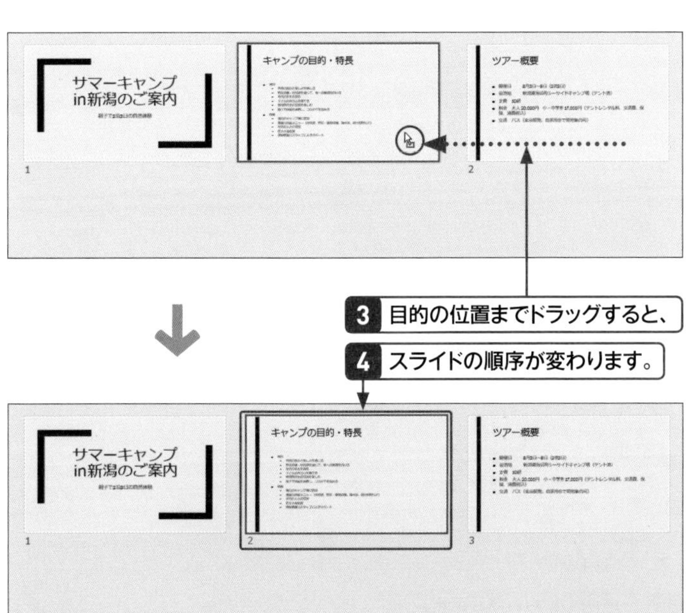
サマーキャンプ in新潟のご案内
キャンプの目的・特長
ツアー概要
3 目的の位置までドラッグすると、
4 スライドの順序が変わります。

メモ スライド一覧表示モードへの切り替え

スライド一覧表示モードに切り替えると、標準表示モードのスライドサムネイルよりもスライドが大きく表示されます。
スライド一覧表示モードに切り替えるには、<表示>タブの<スライド一覧>をクリックします。

Section 08 スライドを複製する／コピーする／削除する

覚えておきたいキーワード
- ☑ 複製
- ☑ コピー
- ☑ 削除

似た内容のスライドを複数作成する場合は、スライドの複製を利用すると、効率的に作成できます。既存のプレゼンテーションに同じ内容のスライドがある場合は、スライドをコピー＆貼り付けすることができます。また、スライドが不要になった場合は、削除します。

1 プレゼンテーション内のスライドを複製する

メモ スライドの複製

同じプレゼンテーションのスライドをコピーしたい場合は、スライドの複製を利用します。なお、手順4で<複製>をクリックした場合は、手順4のあとすぐに新しいスライドが作成されるのに対し、<コピー>をクリックした場合は<貼り付け>をクリックするまでスライドが作成されません。

1 目的のスライドのサムネイルをクリックして選択し、

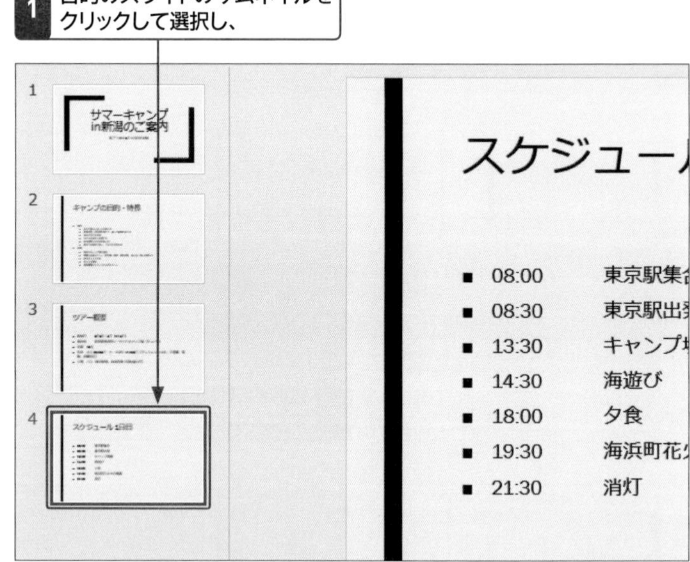

2 <ホーム>タブをクリックして、

3 <コピー>のここをクリックし、

4 <複製>をクリックすると、

メモ <新しいスライド>の利用

複製するスライドを選択し、<ホーム>（または<挿入>）タブの<新しいスライド>をクリックして、<選択したスライドの複製>をクリックしても、スライドを複製できます。

5 スライドが複製されます。

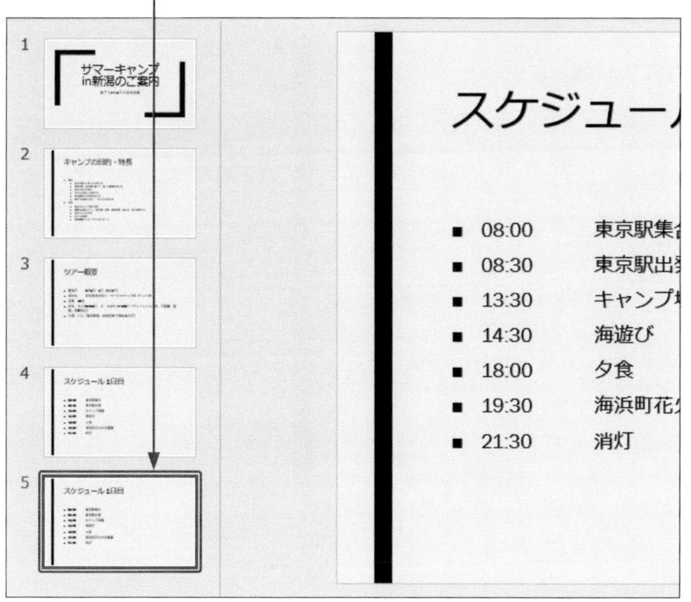

2 他のプレゼンテーションのスライドをコピーする

1 コピーするスライドの サムネイルをクリックして選択し、

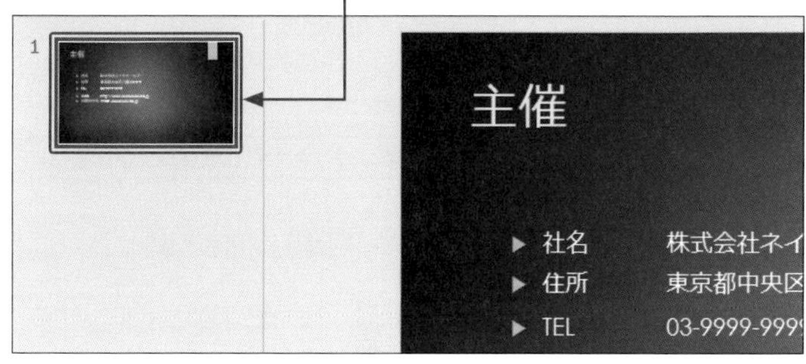

2 <ホーム>タブをクリックして、

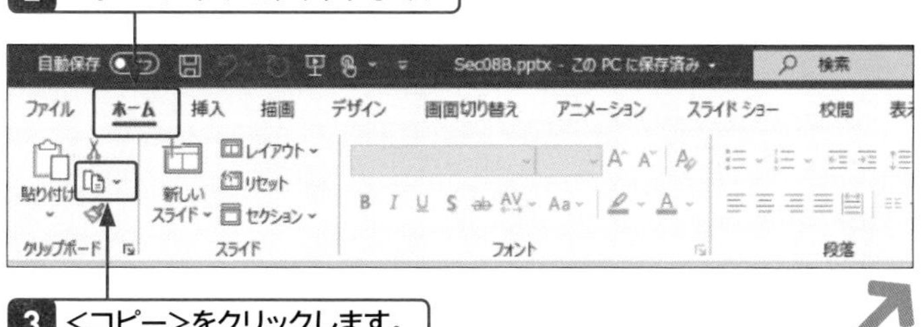

3 <コピー>をクリックします。

メモ スライドのコピー

左の手順では、他のプレゼンテーションのスライドをコピーして貼り付けていますが、同じプレゼンテーションのスライドをコピーして貼り付けることもできます。

メモ 貼り付け先のテーマが適用される

手順7で＜貼り付け＞のアイコン部分をクリックすると、貼り付けたスライドには、貼り付け先のテーマが適用されます。
貼り付けたあとに表示される＜貼り付けのオプション＞ (Ctrl) をクリックすると、貼り付けたスライドの書式を選択できます。選択できる項目は、次の3種類です。

① ＜貼り付け先のテーマを使用＞
貼り付け先のテーマを適用してスライドを貼り付けます。

② ＜元の書式を保持＞
元のテーマのままスライドを貼り付けます。

③ ＜図＞
コピーしたスライドを図として貼り付けます。

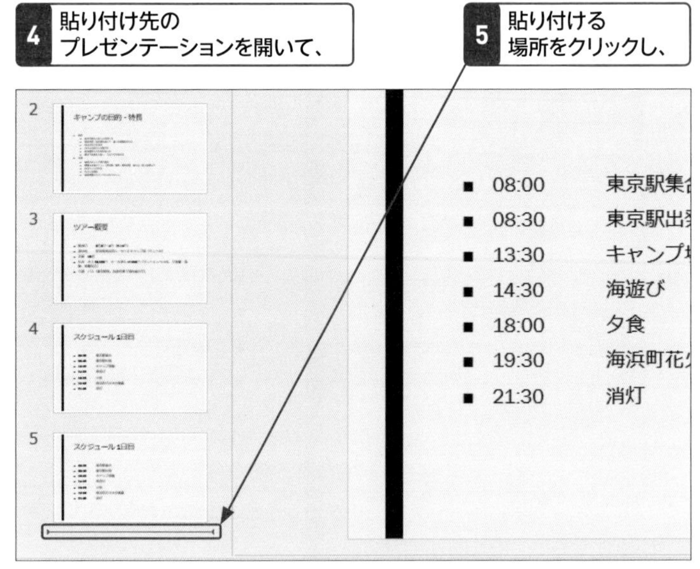

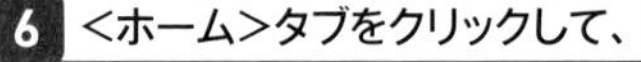

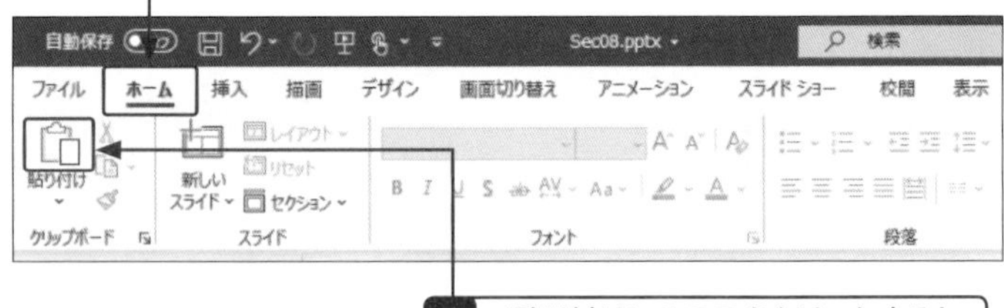

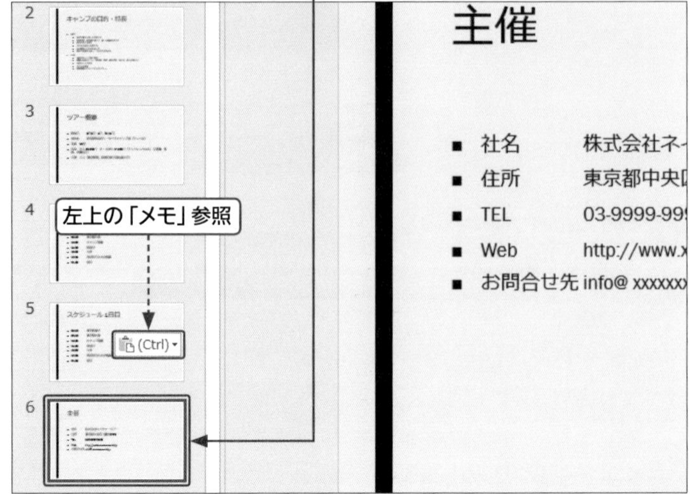

3 スライドを削除する

1 削除するスライドのサムネイルをクリックして選択し、

2 Deleteを押すと、

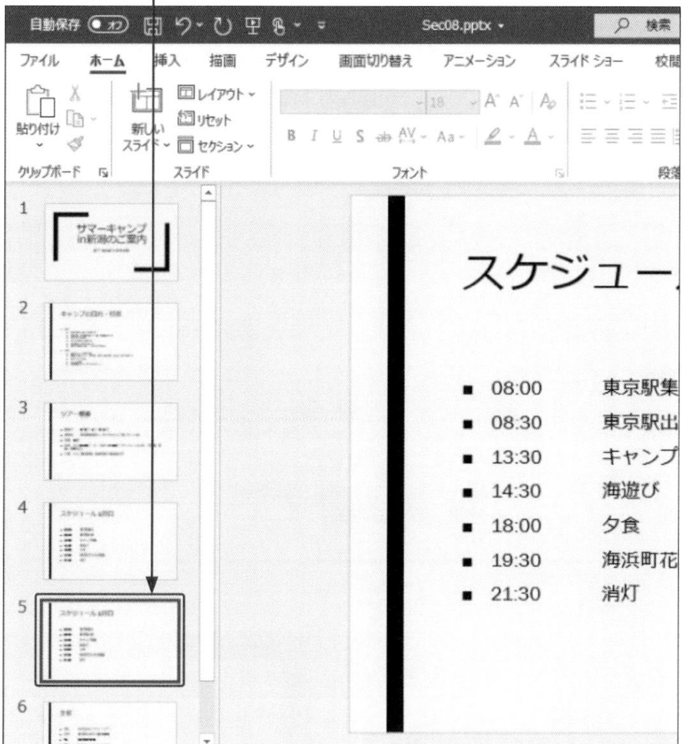

3 スライドが削除されます。

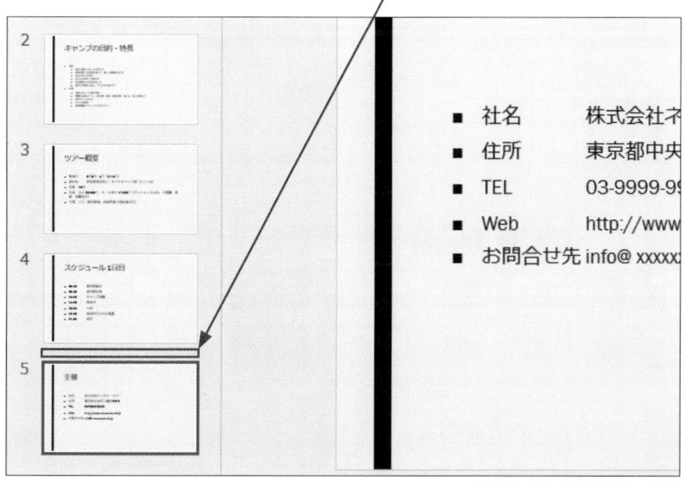

メモ ショートカットメニューの利用

目的のスライドを右クリックして、<スライドの削除>をクリックしても、スライドを削除できます。

ステップアップ 複数のスライドを削除する

標準表示モードの左側のスライドサムネイルや、スライド一覧表示モードでは、複数のスライドを選択し、まとめて削除することができます。

連続するスライドを選択するには、先頭のスライドをクリックして、Shiftを押しながら末尾のスライドをクリックします。離れた位置にある複数のスライドを選択するには、Ctrlを押しながらスライドをクリックしていきます。

Section 09

プレゼンテーションのテーマを変更する

覚えておきたいキーワード
☑ テーマ
☑ バリエーション
☑ 配色

プレゼンテーションのテーマを変更すると、デザインが変更され、イメージを一新することができます。また、バリエーションを変更すると、配色やデザインの画像などが変更されます。なお、すでにオブジェクトを配置している場合、変更後のテーマによっては、レイアウトがくずれてしまう場合があります。

1 テーマを変更する

ヒント 白紙のテーマを適用するには？

画像などが使用されていない白紙のテーマを適用したい場合は、手順❸で<Officeテーマ>をクリックします。

メモ 特定のスライドのみテーマを変える

右の手順に従うと、すべてのスライドのテーマが変更されます。選択しているスライドのみのテーマを変更する場合は、手順❸の画面で目的のテーマを右クリックし、<選択したスライドに適用>をクリックします。

4 テーマが変更されます。

メモ　配色が変更される

テーマを変更すると、プレゼンテーションの配色も変更され、スライド上のテキストや図形の色が変更されます。
ただし、テーマにあらかじめ設定されている配色以外の色を設定しているテキストや図形の色は変更されません。

2 バリエーションを変更する

1 <デザイン>タブの<バリエーション>グループで、目的のバリエーションをクリックすると、

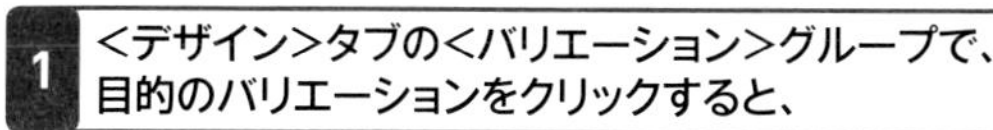

2 バリエーションが変更されます。

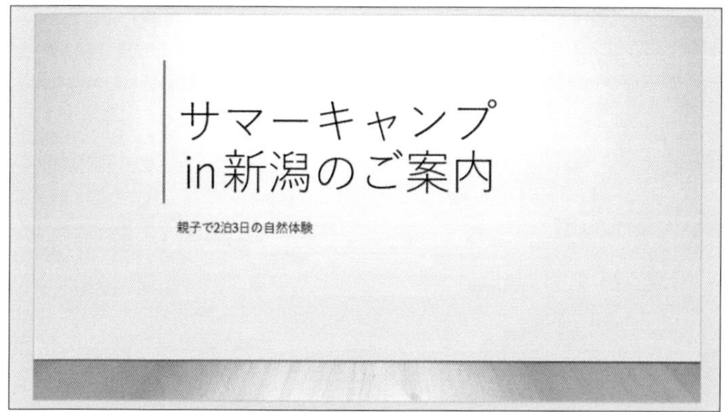

メモ　特定のスライドのみバリエーションを変更する

左の手順に従うと、すべてのスライドのバリエーションが変更されます。選択しているスライドのみのバリエーションを変更する場合は、手順**2**の画面で目的のバリエーションを右クリックし、<選択したスライドに適用>をクリックします。

メモ　配色や背景を変更する

テーマにはいくつかの配色パターンが用意されています。配色パターンを変更したい場合は、手順**2**の画面で<配色>をクリックし、表示される一覧から目的の配色パターンを選択しクリックします。また背景の色やグラデーションを変更したい場合は、手順**2**の画面で<背景のスタイル>をクリックして、表示される一覧から目的の背景を選択してクリックします。

3 配色を変更する

メモ 配色の変更

テーマにはそれぞれの配色パターンが用意されており、<フォントの色>や図形の<塗りつぶしの色>などの色を設定するときの一覧に表示されています。配色パターンは変更することができ、プレゼンテーションの色使いを一括して変換したい場合などに利用できます。

1 <デザイン>タブをクリックして、

2 <バリエーション>グループのここをクリックし、

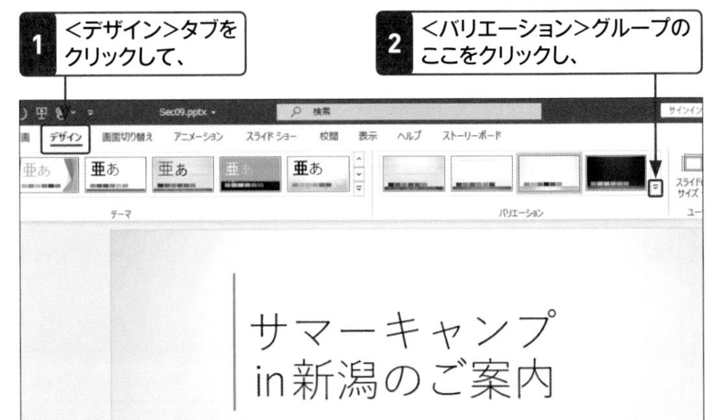

3 <配色>をポイントして、

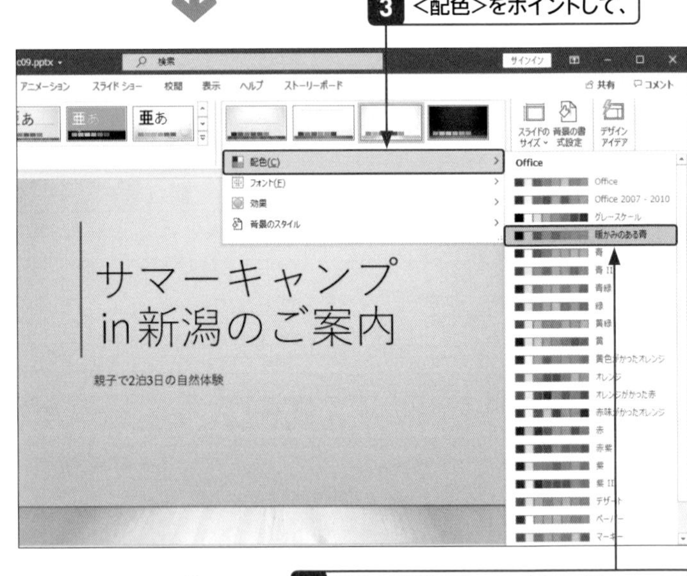

4 目的の配色パターン（ここでは、<暖かみのある青>）をクリックすると、

5 配色が変更されます。

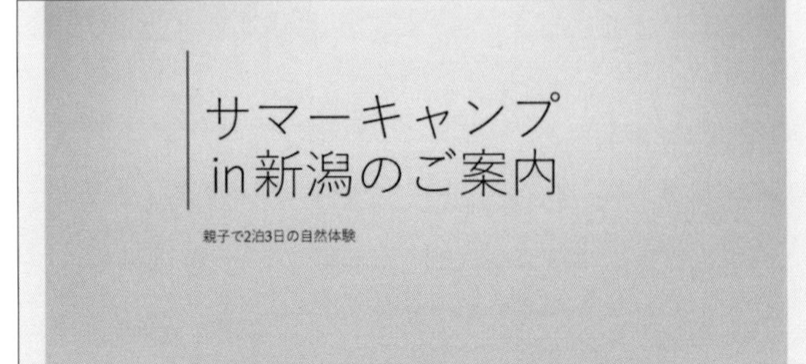

PowerPoint

第2章

オブジェクトの挿入

Section 10

スライドの好きな場所に文字を入力する

覚えておきたいキーワード
- テキストボックス
- 横書きテキストボックス
- 縦書きテキストボックス

プレースホルダー以外の場所に文字列を配置したい場合は、「テキストボックス」を利用します。テキストボックスを利用すると、自由な位置に文字を入力することができます。テキストボックスの塗りつぶしや枠線の色は、<描画ツール>の<書式>タブで変更できます。

1 テキストボックスを作成する

メモ テキストボックスの作成

プレースホルダーとは関係なく、スライドに文字列を追加したい場合は、テキストボックスを利用します。

テキストボックスは、<ホーム>タブの<図形描画>グループや、<挿入>タブの<図形>からも挿入できます。

1 <挿入>タブの<テキストボックス>のここをクリックして、

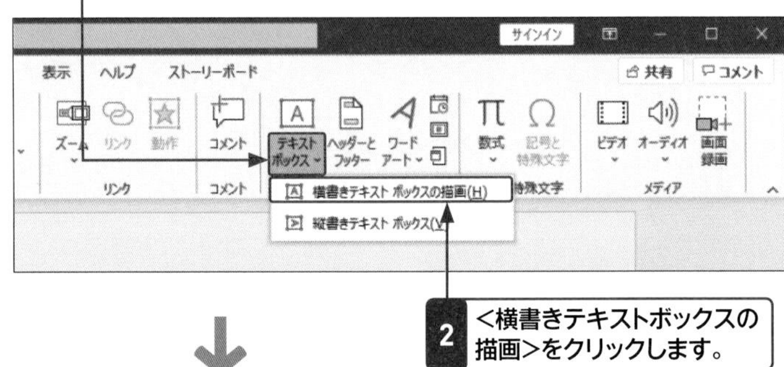

2 <横書きテキストボックスの描画>をクリックします。

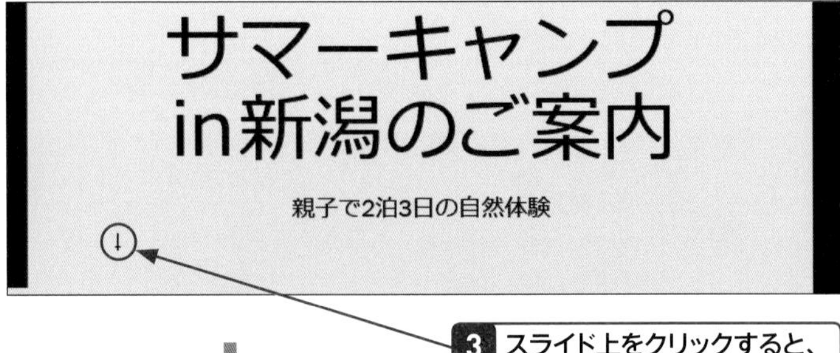

3 スライド上をクリックすると、

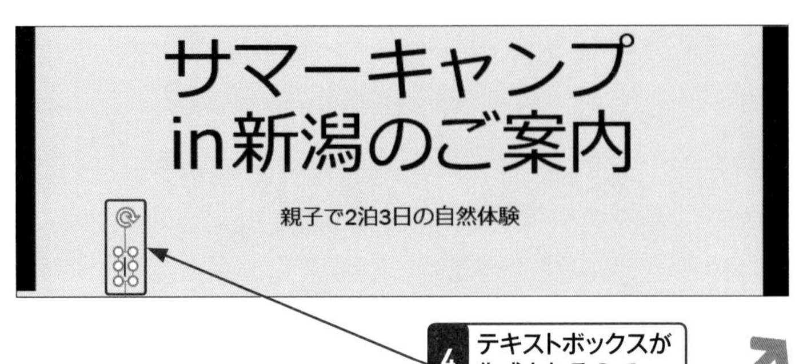

4 テキストボックスが作成されるので、

メモ 縦書きのテキストボックスの作成

縦書きのテキストボックスを作成するには、手順2で<縦書きテキストボックス>をクリックし、右の手順に従います。

第2章 オブジェクトの挿入

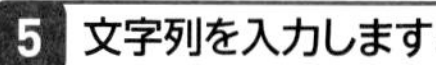

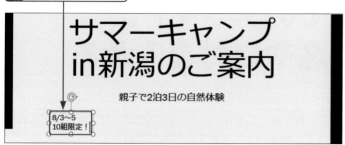

サマーキャンプ
in新潟のご案内
親子で2泊3日の自然体験
8/3～5
10組限定！

2 テキストボックスの塗りつぶしの色を変更する

1 テキストボックスの枠線をクリックして選択し、

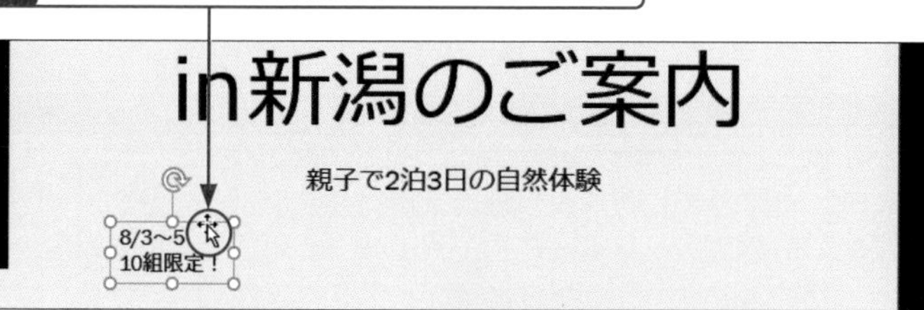

2 <図形の書式>タブをクリックして、

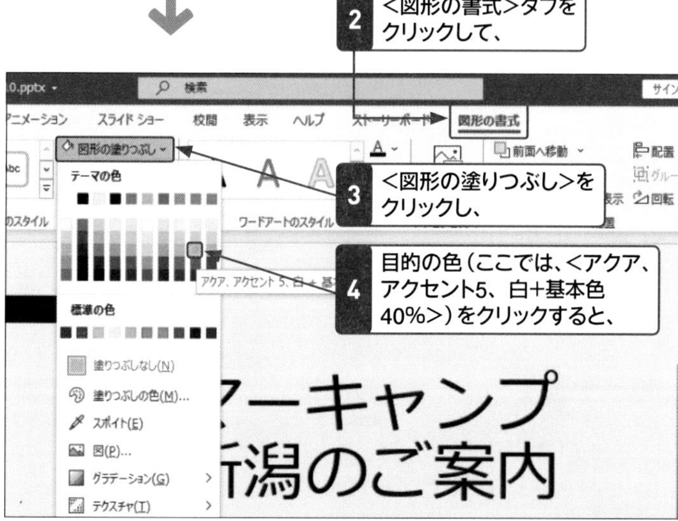

3 <図形の塗りつぶし>をクリックし、

4 目的の色（ここでは、<アクア、アクセント5、白+基本色40%>）をクリックすると、

5 テキストボックスの塗りつぶしの色が変更されます。

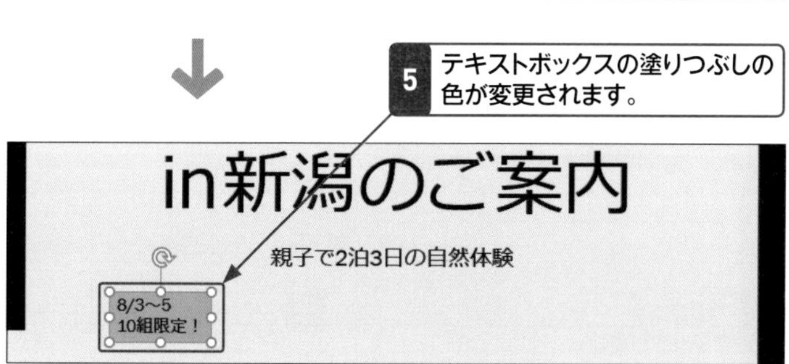

ヒント テキストボックスの枠線を変更するには？

テキストボックスの枠線の色や種類、太さは、<図形の書式>タブの<図形の枠線>から変更できます。

ステップアップ テキストボックスの余白を変更する

テキストボックス内の余白や、文字列の垂直方向の配置などを設定するには、テキストボックスを選択し、<図形の書式>タブの<図形のスタイル>グループのダイアログボックス起動ツール をクリックします。
<図形の書式設定>作業ウィンドウが表示されるので、<文字のオプション>をクリックして、<テキストボックス> をクリックし、目的の項目を設定します。

Section 11 すべてのスライドに会社名や日付を入れる

覚えておきたいキーワード
- フッター
- スライド番号
- タイトルスライド

すべてのスライドに会社名や日付、スライド番号を挿入したいときは、「フッター」を利用します。日付は、プレゼンテーションを開いた日を自動的に表示させる<自動更新>か、任意の日付を表示させる<固定>を選択することができます。

1 フッターを挿入する

ヒント 自動更新の日付を挿入するには?

右の手順では、任意の日付が表示されるように設定していますが、自動更新される日付を表示させることもできます。
なお、<言語>で<日本語>、<カレンダーの種類>で<和暦>を選択した場合は、時刻を表示させることはできません。

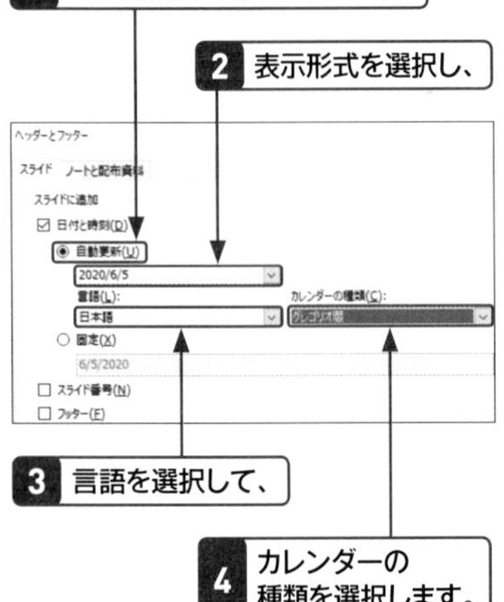

1 <自動更新>をクリックして、
2 表示形式を選択し、
3 言語を選択して、
4 カレンダーの種類を選択します。

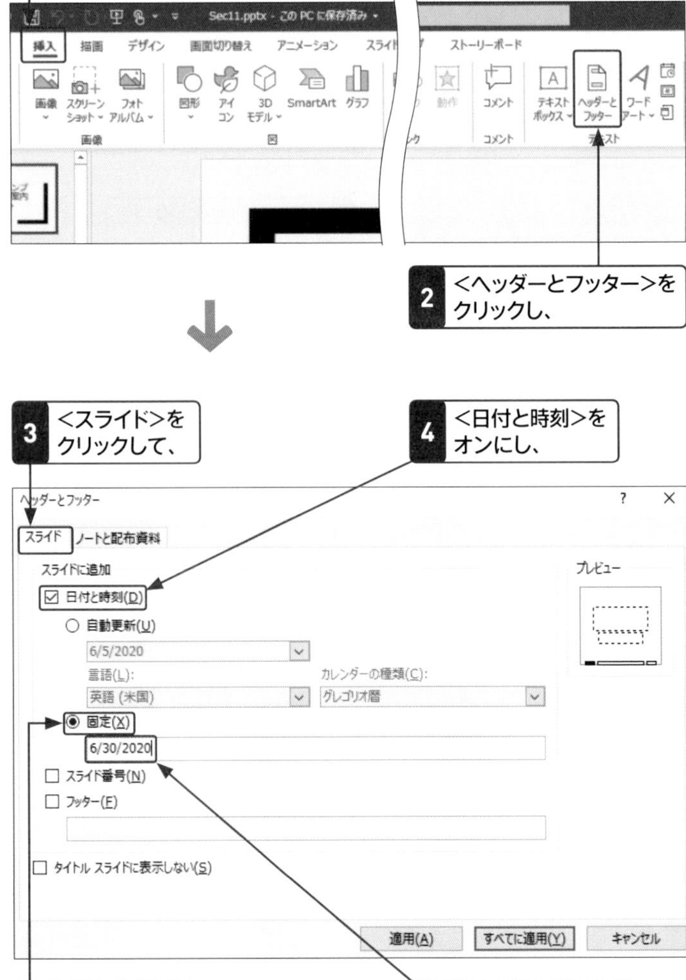

1 <挿入>タブをクリックして、
2 <ヘッダーとフッター>をクリックし、
3 <スライド>をクリックして、
4 <日付と時刻>をオンにし、
5 <固定>をクリックして、
6 日付を入力します。

第2章 オブジェクトの挿入

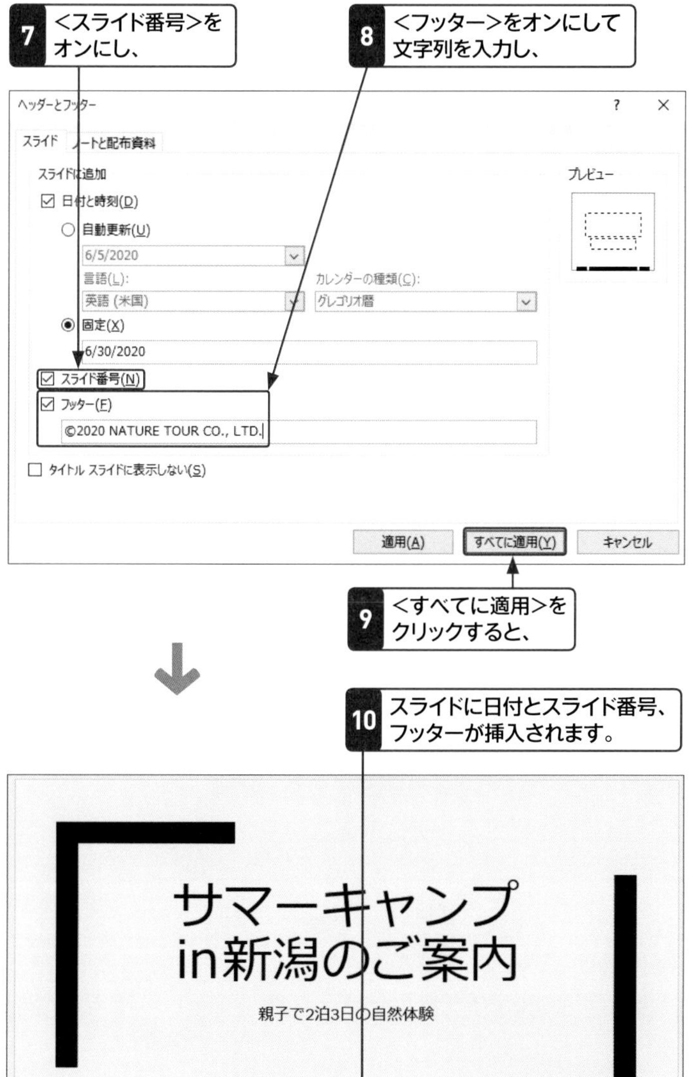

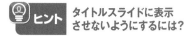

ヒント タイトルスライドに表示させないようにするには?

フッターをタイトルスライドに表示させないようにするには、手順7の画面で<タイトルスライドに表示しない>をオンにします。

ステップアップ フッターの書式や配置を変更する

フッターの書式や配置を変更する場合は、スライドマスターと呼ばれる機能を利用する必要があります。

ステップアップ スライド開始番号を変更する

タイトルスライドのスライド番号を非表示にすると(右上の「ヒント」参照)、スライド番号が2枚目のスライドの「2」から開始されます。「1」から開始されるように設定するには、<デザイン>タブの<スライドのサイズ>をクリックして、<ユーザー設定のスライドサイズ>をクリックし、<スライド開始番号>に「0」と入力します。

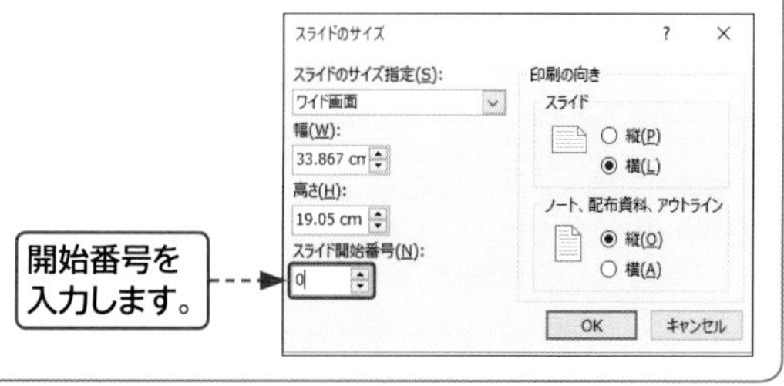

Section 12 図形を結合／グループ化する

覚えておきたいキーワード
☑ 図形の結合
☑ グループ化
☑ グループ解除

「図形の結合」を利用すると、複数の図形を組み合わせて、接合、型抜き、切り出しなどの加工を行うことができます。また、複数の図形を「グループ化」しておくと、1つの図形のように扱えるので、まとめて移動したり、一括して大きさを変えたりするときに便利です。

1 複数の図形を結合する

メモ　図形の結合の種類

図形の結合には、<接合>、<型抜き/合成>、<切り出し>、<重なり抽出>、<単純型抜き>の5種類があります。

元の図形

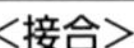

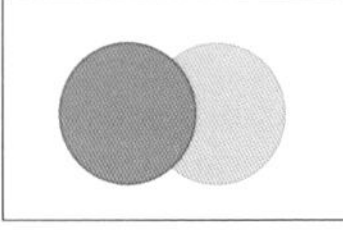

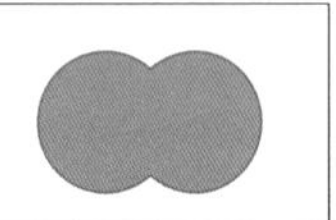

<型抜き／合成>　<切り出し>

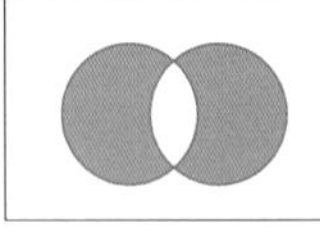

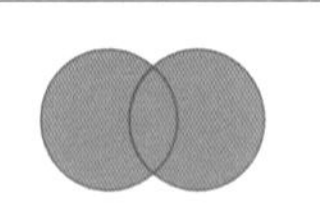

<重なり抽出>　<単純型抜き>

1 結合する図形がすべて囲まれるようにドラッグして図形を選択し、

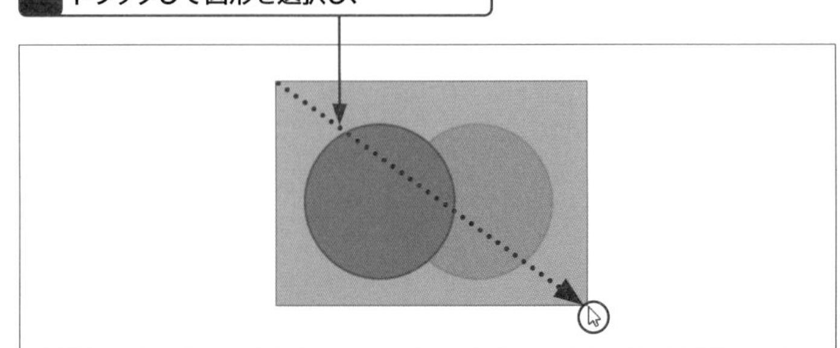

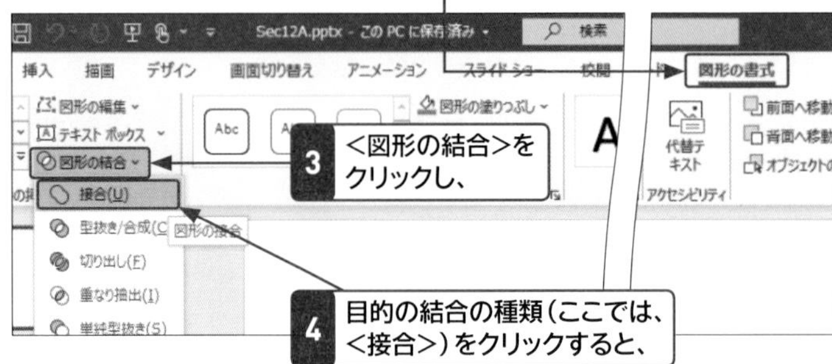

5 図形が接合されます。

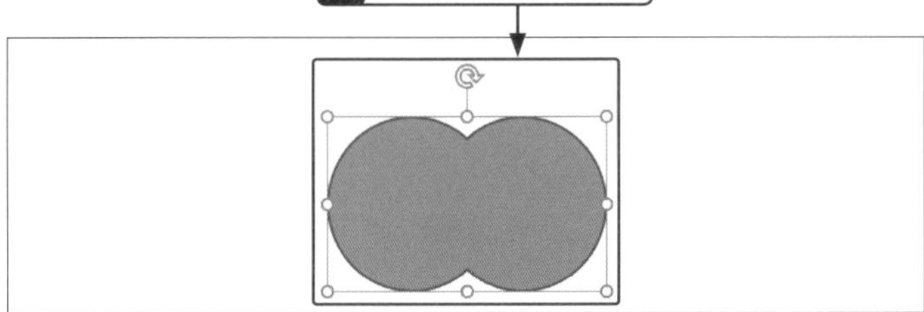

ヒント　グループ化されていると結合できない

図形がグループ化（右ページ参照）されていると結合できないので、グループ化を解除してから（右ページの「ヒント」参照）結合します。

2 複数の図形をグループ化する

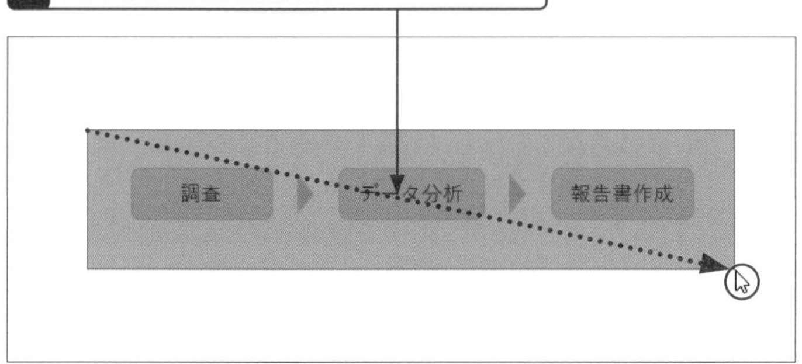

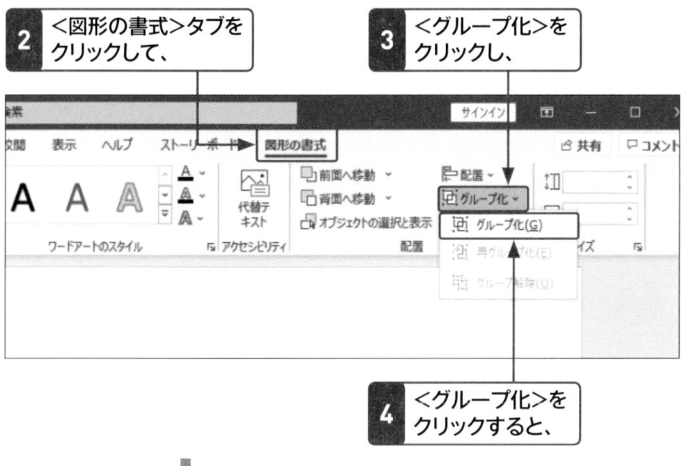

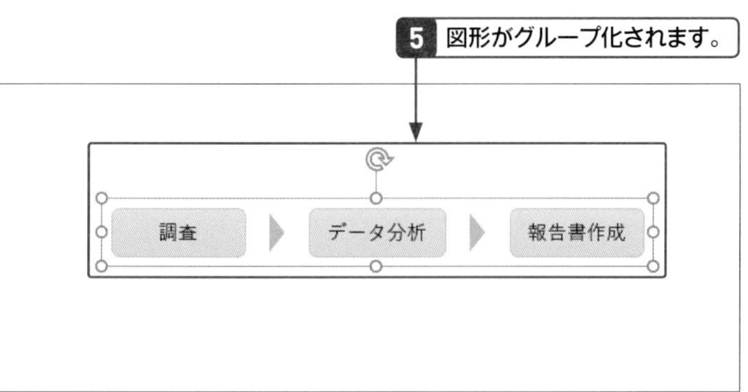

キーワード グループ化

「グループ化」とは、複数の図形を1つにまとめることです。
グループ化は、<図形の書式>タブの<グループ化>または<ホーム>タブの<配置>から行います。

ステップアップ グループ化した図形を個別に編集する

グループ化した図形を個別に編集するには、グループ化された図形をクリックしてグループ化された図形全体を選択し、目的の図形をクリックして特定の図形を選択します。サイズの変更や移動、色の変更などを行うことができます。

ヒント グループ化を解除するには?

図形のグループ化を解除するには、グループ化された図形をクリックして選択し、<図形の書式>タブの<グループ化>をクリックして、<グループ解除>をクリックします。

Section 13 SmartArtで図表を作成する

覚えておきたいキーワード
- SmartArtグラフィックの挿入
- レイアウト
- 手順

SmartArtで図表を作成するには、レイアウトを選択して、文字列を入力します。文字列は、各図形に直接入力します。ここでは、<手順>の<開始点強調型プロセス>のレイアウトを利用してSmartArtを挿入し、文字列を入力する方法を解説します。

1 SmartArtを挿入する

メモ <挿入>タブの利用

SmartArtは、<挿入>タブの<SmartArt>をクリックしても挿入できます。

メモ SmartArtのレイアウト

SmartArtには、<リスト>、<手順>、<循環>、<階層構造>、<集合関係>、<マトリックス>、<ピラミッド>、<図>の8種類に分類されたレイアウトが用意されています。

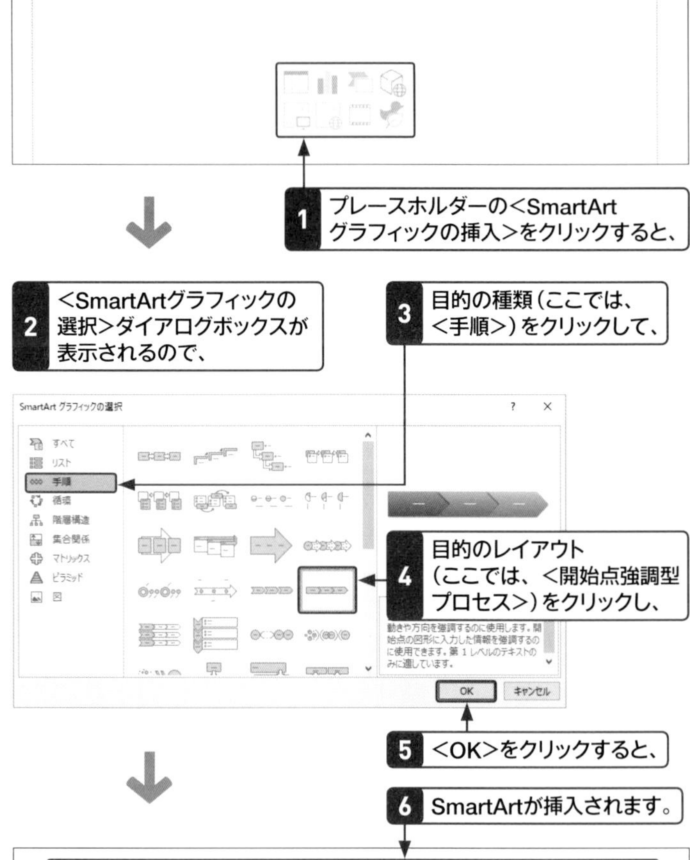
テキストを入力
1 プレースホルダーの<SmartArtグラフィックの挿入>をクリックすると、
2 <SmartArtグラフィックの選択>ダイアログボックスが表示されるので、
3 目的の種類（ここでは、<手順>）をクリックして、
SmartArt グラフィックの選択
すべて
リスト
手順
循環
階層構造
集合関係
マトリックス
ピラミッド
図
4 目的のレイアウト（ここでは、<開始点強調型プロセス>）をクリックし、
OK
キャンセル
5 <OK>をクリックすると、
6 SmartArtが挿入されます。
[テキスト]
[テキスト]
[テキスト]

メモ テーマによって色が異なる

挿入されたSmartArtの色は、プレゼンテーションに設定されているテーマやバリエーション（P.305参照）によって異なります。

2 SmartArtに文字列を入力する

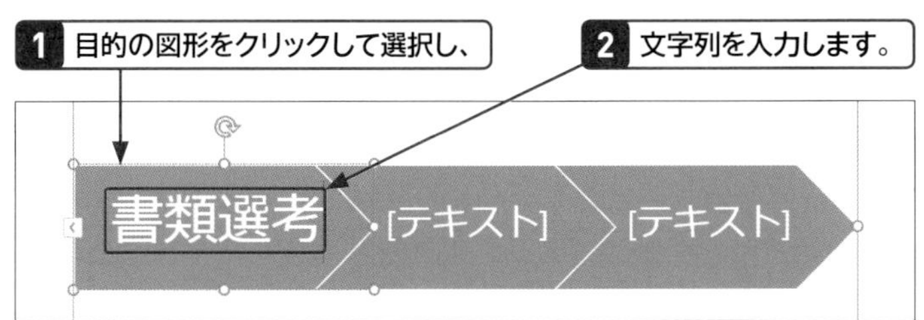

SmartArtへの文字列の入力

SmartArtに文字列を入力するには、各図形をクリックして選択し、文字列を直接入力します。

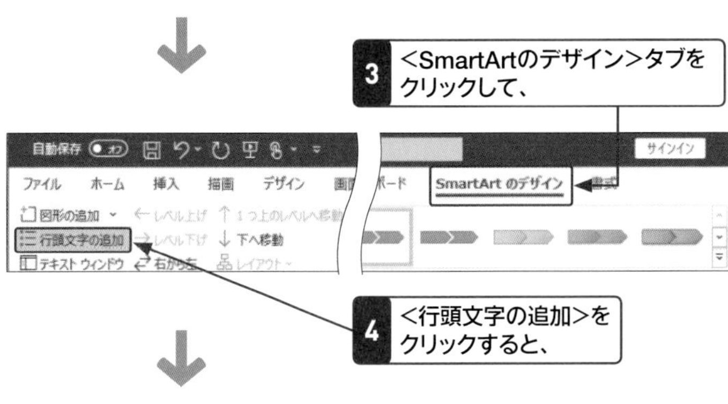

箇条書きの項目を減らすには?

レイアウトによっては、あらかじめ箇条書きが設定されている場合があります。設定されている箇条書きの項目が多い場合は、箇条書きの行頭文字を削除します。
箇条書きの行末にカーソルを移動して、Deleteを押すと、次の箇条書きの行頭記号が削除されます。

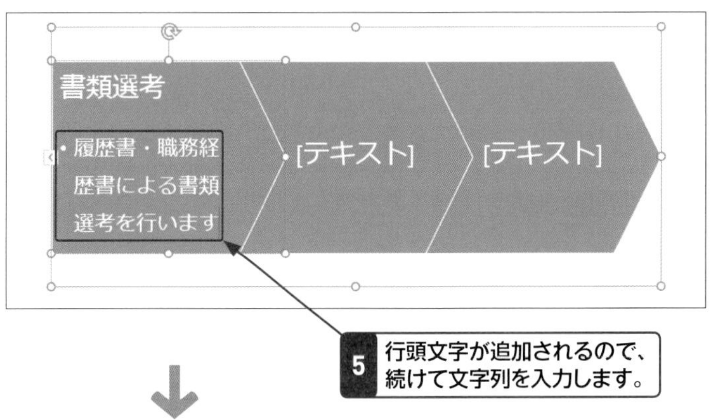

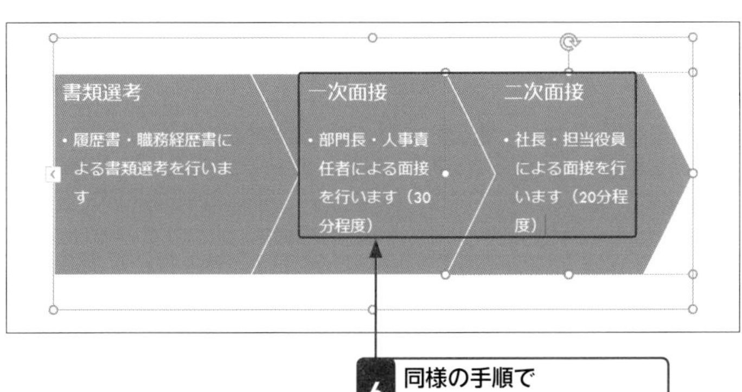

SmartArtの文字列の書式設定

SmartArtに入力した文字列の書式は、プレースホルダーのテキストと同様、<ホーム>タブで変更できます。

Section 14 SmartArtに図形を追加する

覚えておきたいキーワード
- レベル
- 後に図形を追加
- 下に図形を追加

SmartArtに図形を追加するには、追加したい場所の隣に配置されている図形を選択して、<SmartArtのデザイン>タブの<図形の追加>から図形を追加する位置を選択します。また、追加した図形は、あとからレベルを上げたり、下げたりすることもできます。

1 同じレベルの図形を追加する

キーワード レベル

SmartArtのレイアウトによっては、階層構造を示す「レベル」が図形に設定されています。

メモ 同じレベルの図形の追加

SmartArtに同じレベルの図形を追加するには、図形をクリックして選択し、<SmartArtのデザイン>タブの<図形の追加>の▾をクリックし、<後に図形を追加>または<前に図形を追加>をクリックします。

ヒント 箇条書きを追加するには?

テキストがあらかじめ箇条書きになっているレイアウトの場合は、SmartArtの箇条書きを追加する場所にカーソルを移動して、<SmartArtのデザイン>タブの<行頭文字の追加>をクリックするか、Enterを押します。

1 図形を追加する部分をクリックして選択し、

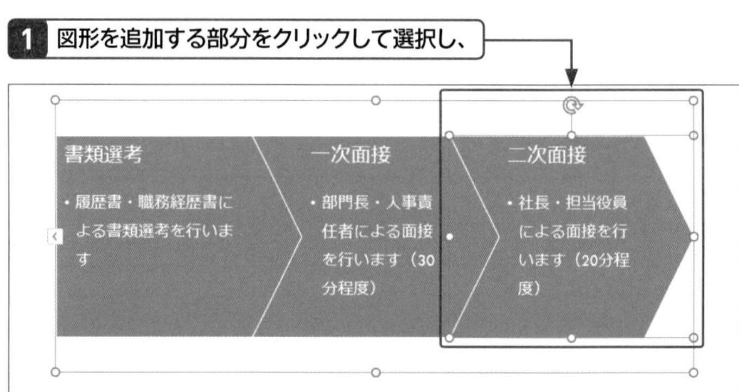

2 <SmartArtのデザイン>タブをクリックして、

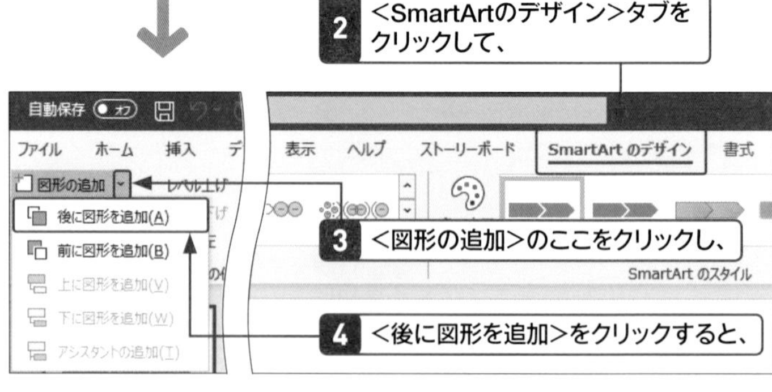

3 <図形の追加>のここをクリックし、

4 <後に図形を追加>をクリックすると、

5 選択した図形の右側に、同じレベルの図形が追加されます。

第2章 オブジェクトの挿入

2 レベルの異なる図形を追加する

ここでは、<階層構造>:<階層>で解説します。

1 図形を追加する部分をクリックして選択し、

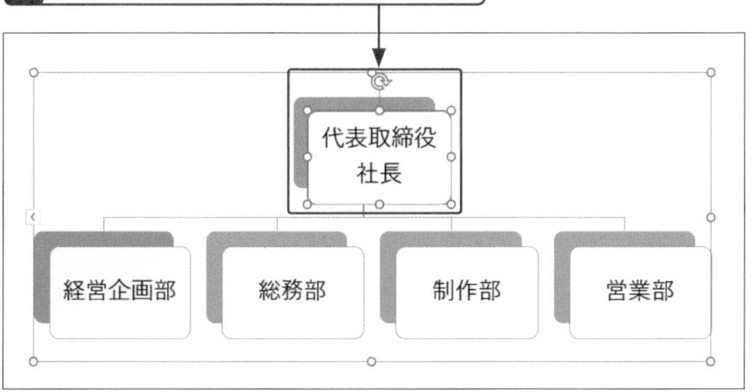

2 <SmartArtのデザイン>タブをクリックして、

3 <図形の追加>のここをクリックし、

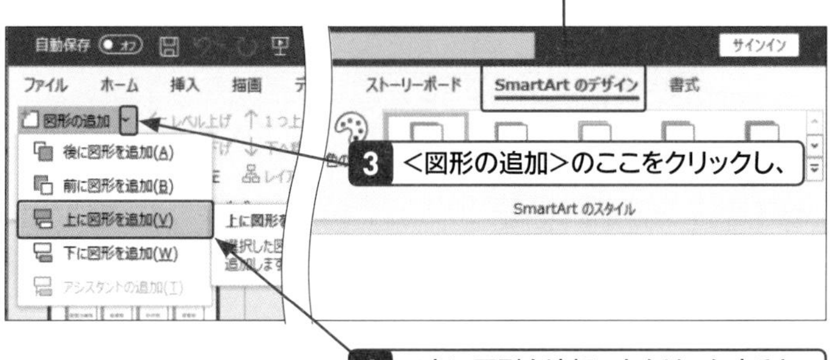

4 <上に図形を追加>をクリックすると、

5 選択した図形の上に、上のレベルの図形が追加されます。

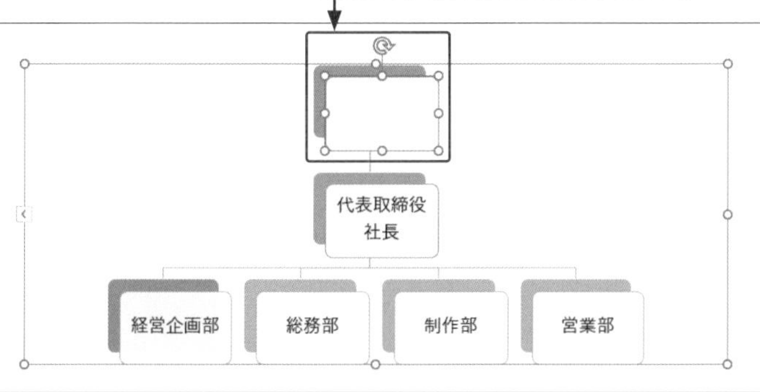

メモ レベルの異なる図形の追加

レベルの異なる図形を追加するには、図形をクリックして選択し、<SmartArtのデザイン>タブの<図形の追加>のをクリックし、<上に図形を追加>または<下に図形を追加>をクリックします。

ヒント 図形のレベルを上げるには?

図形のレベルを上げるには、図形を選択し、<SmartArtのデザイン>タブの<レベル上げ>をクリックします。

ヒント 図形のレベルを下げるには?

図形のレベルを下げるには、図形を選択し、<SmartArtのデザイン>タブの<レベル下げ>をクリックします。

Section 15

画像を挿入する

覚えておきたいキーワード
- 図
- オンライン画像
- Bing

スライドには、デジタルカメラで撮影した画像やグラフィックスソフトで作成した画像など、さまざまな画像を挿入できます。また、マイクロソフトが提供する検索サービス「Bing」を利用して、キーワードからインターネット上の画像を検索して挿入することも可能です。

1 パソコン内の画像を挿入する

メモ <挿入>タブの利用

<挿入>タブの<画像>をクリックしても、<図の挿入>ダイアログボックスが表示され、画像を挿入することができます。
この場合、空のコンテンツのプレースホルダーがある場合はプレースホルダーに画像が配置され、空のコンテンツのプレースホルダーがない場合はプレースホルダー以外の場所に画像が配置されます。

メモ 使用できる画像のファイル形式

スライドに挿入できる画像のファイル形式は、次のとおりです（かっこ内は拡張子）。

- Windows拡張メタファイル（.emf）
- Windowsメタファイル（.wmf）
- JPEG形式（.jpg）
- PNG形式（.png）
- Windowsビットマップ（.bmp）
- GIF形式（.gif）
- 圧縮Windows拡張メタファイル（.emz）
- 圧縮Windowsメタファイル（.wmz）
- 圧縮Macintosh PICTファイル（.pcz）
- TIFF形式（.tif）
- スケーラブルベクターグラフィックス（.svg）
- PICT形式（.pct）

1 プレースホルダーの<図>をクリックして、

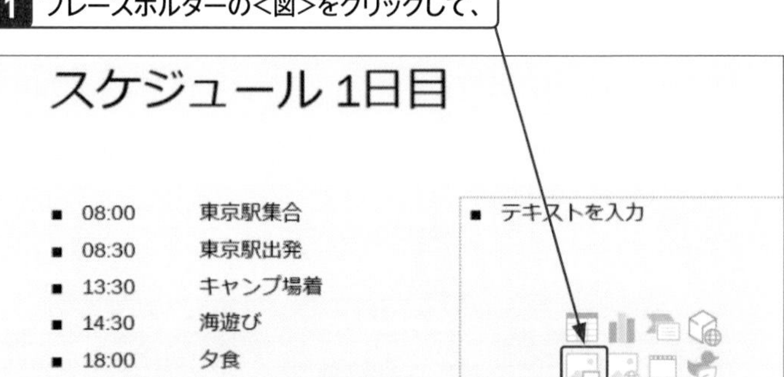

スケジュール 1日目
08:00 東京駅集合
08:30 東京駅出発
13:30 キャンプ場着
14:30 海遊び
18:00 夕食
19:30 海浜町花火大会鑑賞
テキストを入力

2 画像の保存場所を指定し、

3 目的の画像ファイルをクリックして、

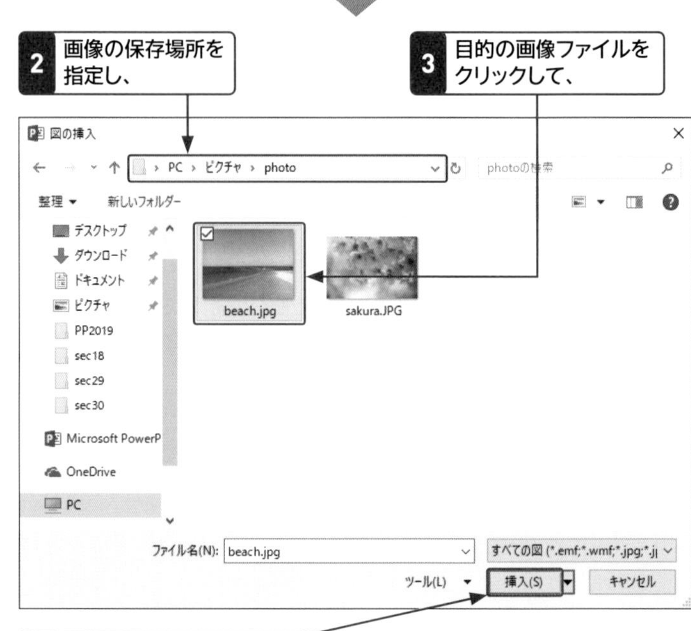

4 <挿入>をクリックすると、

第2章 オブジェクトの挿入

5 画像が挿入されます。

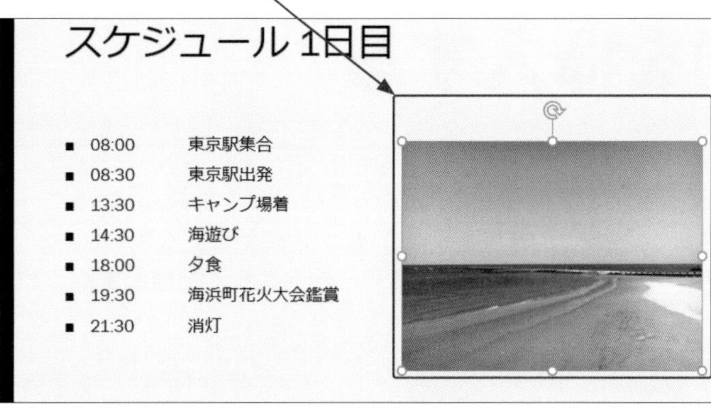
スケジュール 1日目
08:00 東京駅集合
08:30 東京駅出発
13:30 キャンプ場着
14:30 海遊び
18:00 夕食
19:30 海浜町花火大会鑑賞
21:30 消灯

メモ 画像の移動やサイズ変更

挿入された画像は、図形と同様の手順で移動したり、サイズを変更したりできます。

メモ オンライン画像を挿入する

スライドには、インターネットで検索した画像を挿入することもできます。その場合は、プレースホルダーの<オンライン画像>アイコンや<挿入>タブの<オンライン画像>をクリックします。ボックスにキーワードを入力し、Enter を押すと、検索結果が表示されます。目的の画像をクリックし、<挿入>をクリックすると、スライドの画像が挿入されます。

なお、Bingで検索される画像は、既定では「クリエイティブ・コモンズ・ライセンス」という著作権ルールに基づいている作品です。作品のクレジット（氏名、作品タイトルなど）を表示すれば改変や営利目的の二次利用も可能なもの、クレジットを表示すれば非営利目的に限り改変や再配布が可能なものなど、作品によって使用条件が異なるので、画像をプレゼンテーションで使用したり、配布したりする際には注意が必要です。

1 キーワードを入力して、

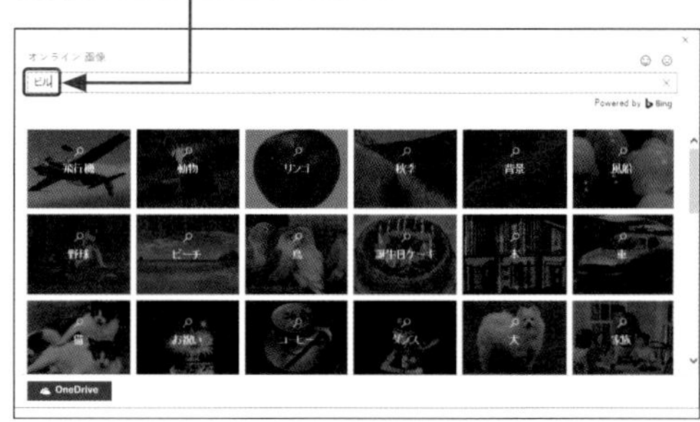

2 Enter を押すと、

ここをクリックすると、さまざまな条件で検索結果を絞り込めます。

3 検索結果が表示されます。

4 目的の画像をクリックして、

5 <挿入>をクリックすると、画像が挿入されます。

Section 16 動画を挿入する

覚えておきたいキーワード
- ビデオの挿入
- YouTube
- 埋め込みコード

スライドには、デジタルビデオカメラで撮影した動画や、作成した動画ファイルなどを挿入することができます。また、インターネット上の動画サイト「YouTube」でキーワード検索を行って目的の動画を探して、挿入することも可能です。

1 パソコン内の動画を挿入する

メモ <挿入>タブの利用

<挿入>タブの<ビデオ>をクリックし、<このコンピューター上のビデオ>をクリックしても、<ビデオの挿入>ダイアログボックスを表示させることができます。

1 動画を挿入するスライドを表示して、

2 プレースホルダーの<ビデオの挿入>をクリックし、

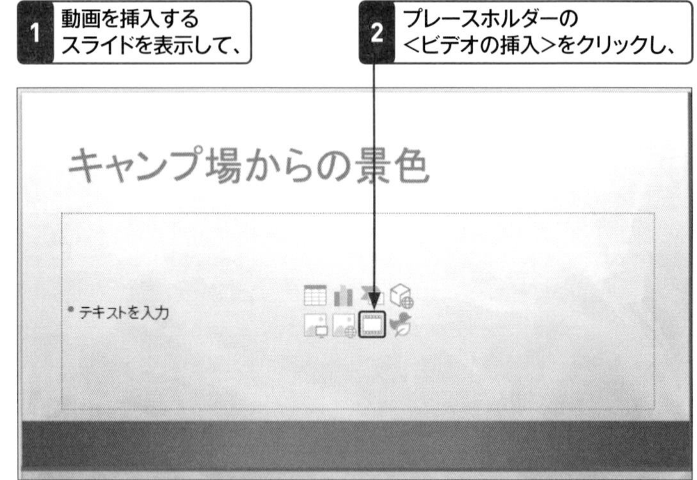

ヒント インターネット上の動画を挿入するには?

インターネット上の動画を挿入するには、手順❸の画面で、<YouTube>のボックスにキーワードを入力して Enter を押します。キーワードに該当する動画が検索されるので、目的の動画をクリックして、<挿入>をクリックします。また、<ビデオの埋め込みコードから>のボックスに埋め込みコードを入力して、インターネット上の動画を挿入することもできます。

なお、インターネット上の動画をプレゼンテーションで使用したり、配布したりする際には、動画の著作権に注意してください。

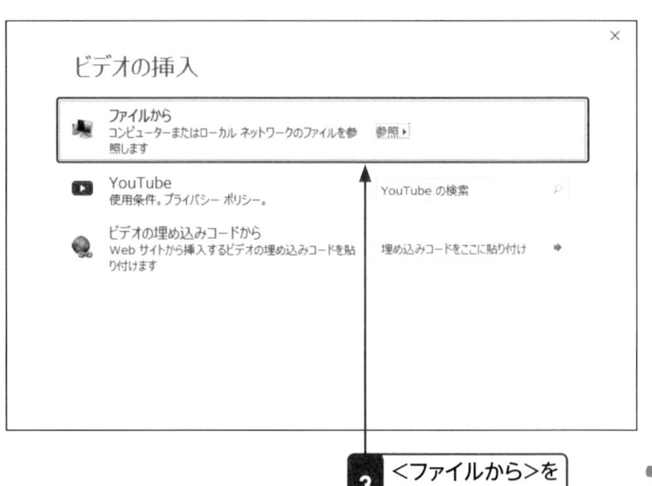

3 <ファイルから>をクリックします。

4 ファイルが保存されている場所を指定して、

5 目的のファイルをクリックし、

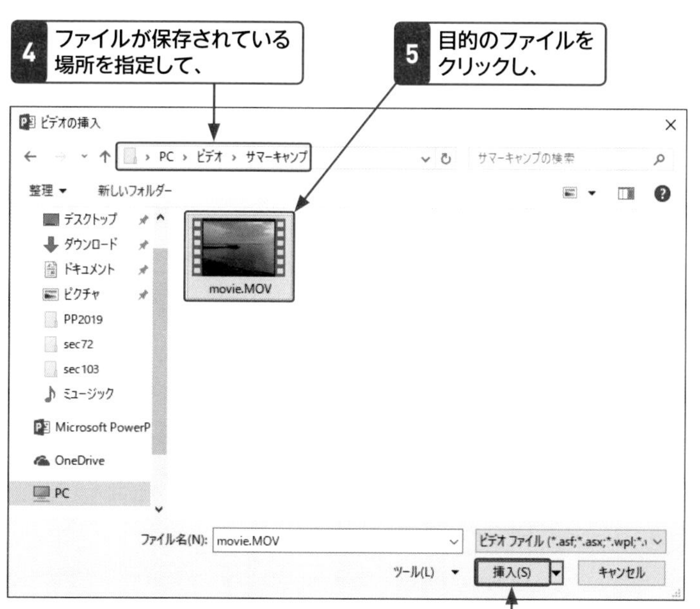

6 <挿入>をクリックすると、

7 動画が挿入されます。

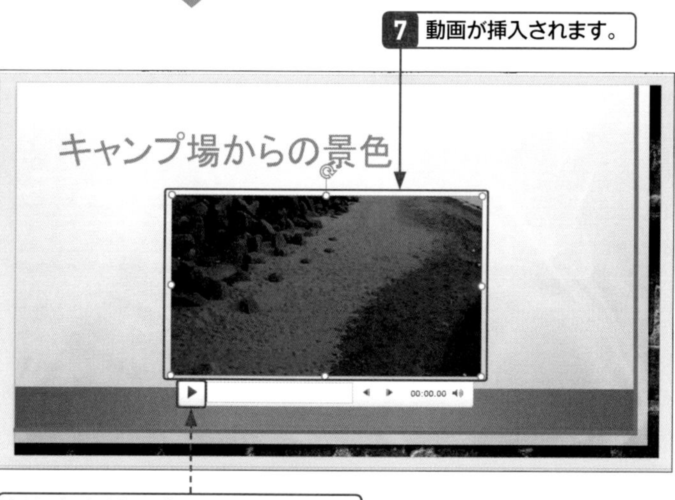

クリックすると、動画が再生されます。

メモ 使用できる動画のファイル形式

スライドに挿入できる動画のファイル形式は、次のとおりです（かっこ内は拡張子）。

- Windows Media file (.asf)
- Windows video file (.avi)
- MK3D Video (.mk3d)
- MKV Video (.mkv)
- QuickTime Movie file (.mov)
- MP4 Video (.mp4)
- Movie File (.mpeg)
- MPEG-2 TS Video (.m2ts)
- Windows Media Video Files (.wmv)

ヒント 動画を削除するには？

挿入した動画を削除するには、スライド上の動画をクリックして選択し、Deleteを押します。

メモ 動画の再生開始

初期設定では、スライドショー実行時にスライドをクリックするか、動画の画面下に表示される▶をクリックすると、動画が再生されます。スライドが切り替わったときに自動的に動画が再生されるようにするには、動画をクリックして選択し、<ビデオツール>の<再生>タブの<開始>で<自動>をクリックします。

1 <再生>タブをクリックして、

2 <開始>のここをクリックし、

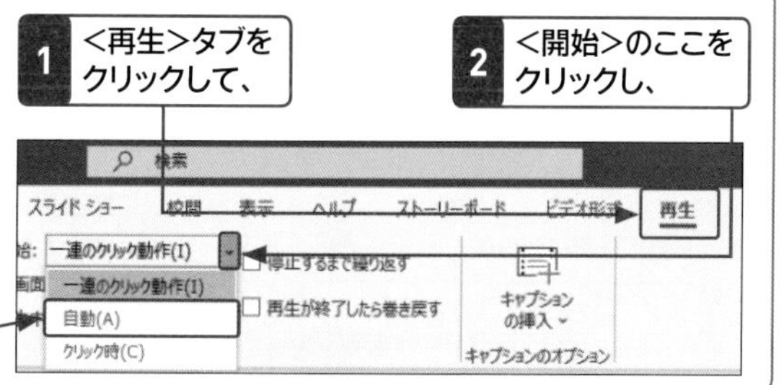

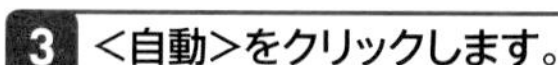

3 <自動>をクリックします。

Section 17

表やグラフを作成する

覚えておきたいキーワード
- 表
- セル
- スタイル

表やグラフは、プレースホルダ―から挿入できます。表のスタイルやグラフの種類を選択でき、かんたんにデータの変更やデザインの反映が行えます。

1 表を挿入する

キーワード 列・行・セル

「列」とは表の縦のまとまり、「行」とは横のまとまりのことです。また、表のマス目を「セル」といいます。

メモ <挿入>タブから表を挿入する

<挿入>タブの<表>をクリックすると表示されるマス目をドラッグして、行数と列数を指定した表を挿入することができます。また、<挿入>タブの<表>をクリックし、<表の挿入>をクリックすると、<表の挿入>ダイアログボックスが表示されます。

1 <挿入>タブをクリックして、

2 <表>をクリックし、

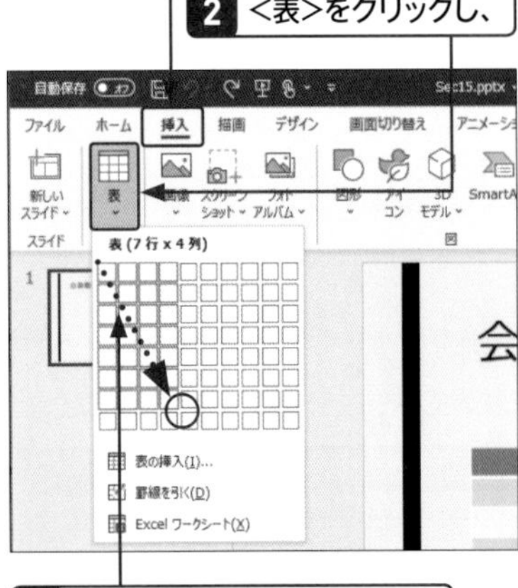

3 目的の行数と列数が選択されるようにドラッグします。

1 プレースホルダーの<表の挿入>をクリックして、

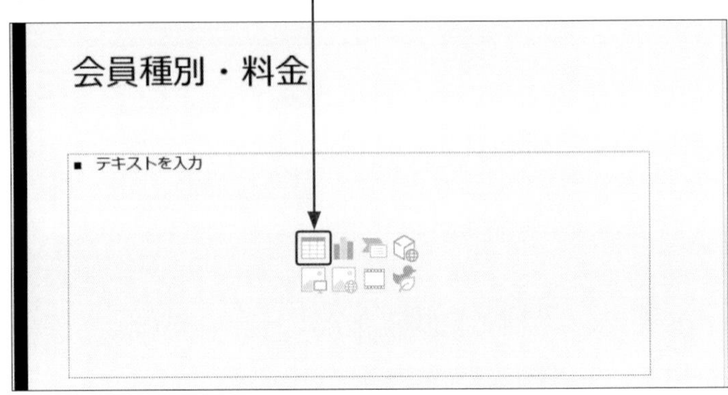

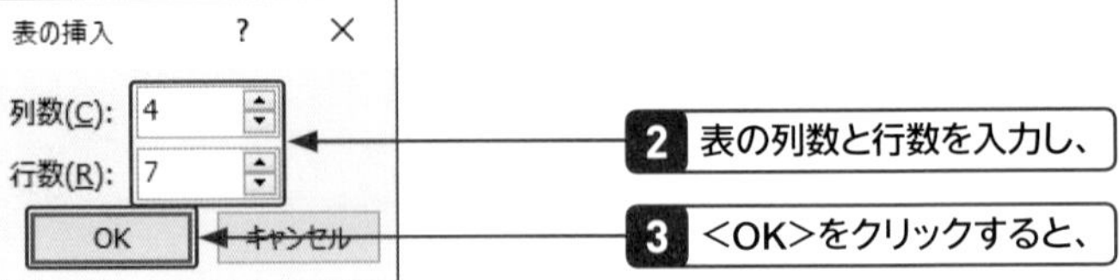

2 表の列数と行数を入力し、

3 <OK>をクリックすると、

4 表の枠組みが作成されます。

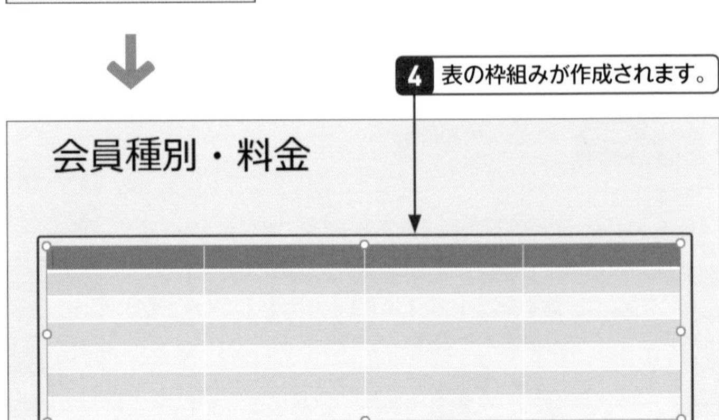

2 表のスタイルを設定する

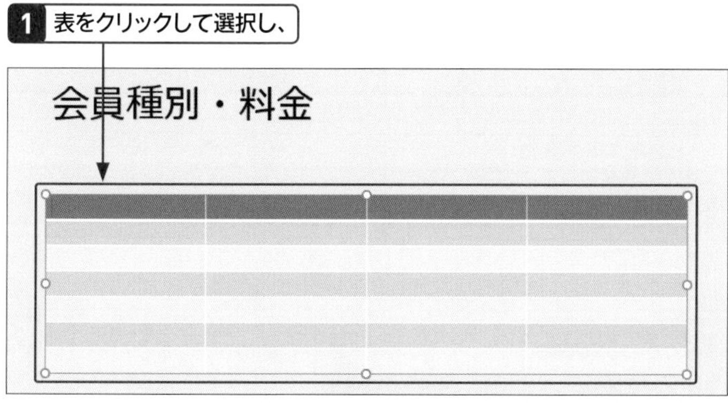

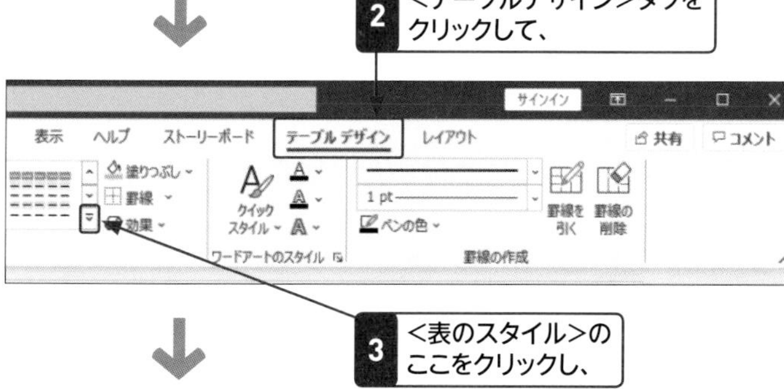

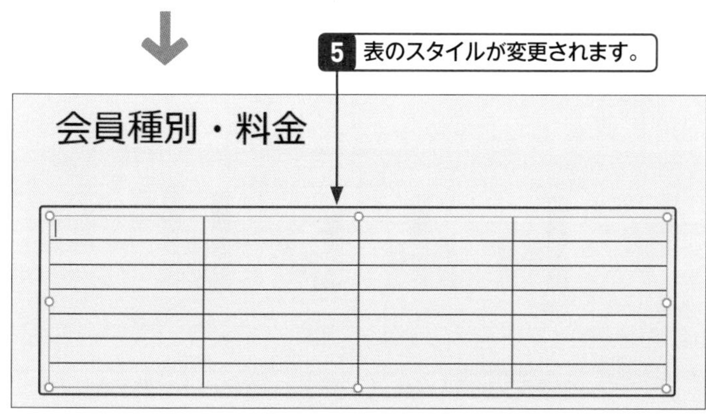

メモ 表のスタイルの変更

<テーブルデザイン>タブの<表のスタイル>には、セルの背景色や罫線の色などを組み合わせたスタイルが用意されており、表の体裁をかんたんに整えることができます。表のスタイルを変更するには、ここから目的のスタイルを選択します。
スタイルを変更したあとにプレゼンテーションのテーマやバリエーションを変更すると、表の色が変更後の配色に変わります。

ステップアップ 表スタイルのオプションの設定

<テーブルデザイン>タブの<表スタイルのオプション>グループでは、最初の列やタイトル行の書式を他の部分と区別したり、行を縞模様にしたりすることができます。

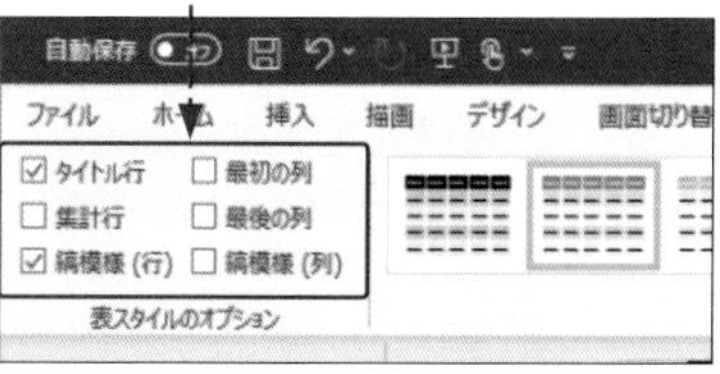

3 グラフを挿入する

メモ ＜挿入＞タブからのグラフの挿入

＜挿入＞タブの＜グラフ＞をクリックしても、＜グラフの挿入＞ダイアログボックスが表示され、スライドにグラフを挿入することができます。

1 プレースホルダーの＜グラフの挿入＞をクリックして、

年代別入会者数

• テキストを入力

2 グラフの種類をクリックして、

3 目的のグラフをクリックし、

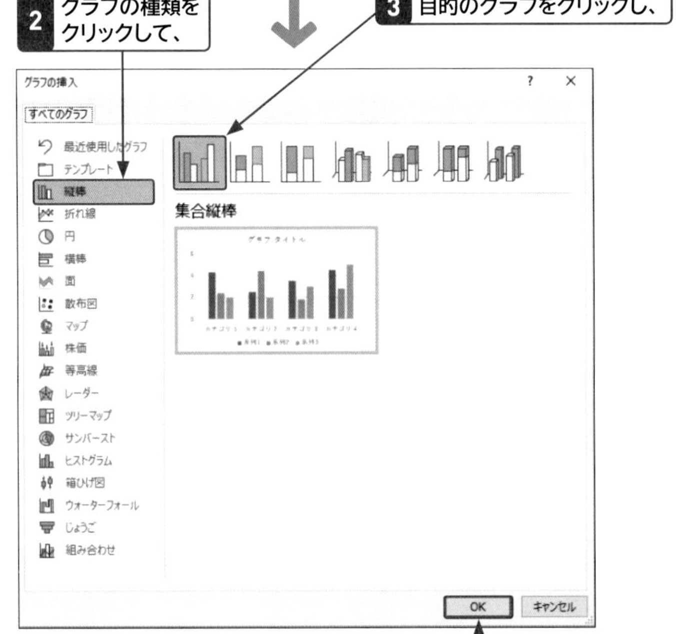

4 ＜OK＞をクリックすると、

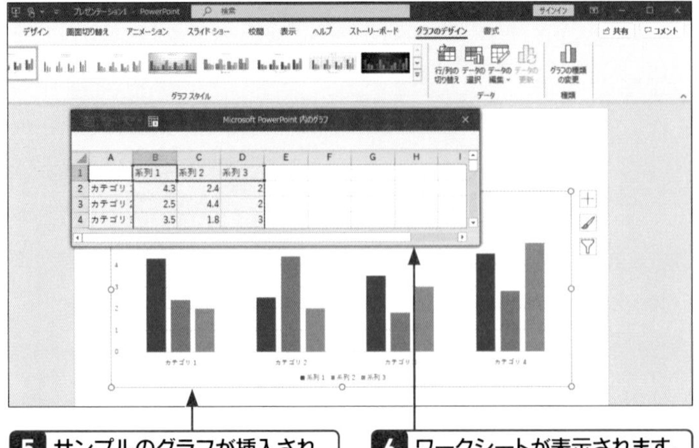

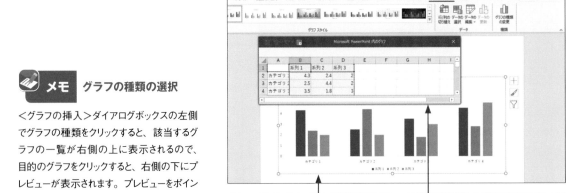

5 サンプルのグラフが挿入され、

6 ワークシートが表示されます。

ヒント グラフの操作

ワークシートの各セルにデータを入力すると、グラフにも反映されます。ワークシートを閉じた後で再度表示するには、グラフを選択して＜グラフのデザイン＞タブの＜データの編集＞をクリックします。

メモ グラフの種類の選択

＜グラフの挿入＞ダイアログボックスの左側でグラフの種類をクリックすると、該当するグラフの一覧が右側の上に表示されるので、目的のグラフをクリックすると、右側の下にプレビューが表示されます。プレビューをポイントすると、拡大表示されます。

PowerPoint

第3章

アニメーションの設定

Section 18

スライドの切り替え時にアニメーション効果を設定する

覚えておきたいキーワード
- アニメーション効果
- 画面切り替え効果
- 効果のオプション

スライドが次のスライドへ切り替わるときに、「画面切り替え効果」というアニメーション効果を設定することができます。画面切り替え効果は、<画面切り替え>タブで設定します。スライドが切り替わる方向などは、<効果のオプション>で変更することができます。

1 画面切り替え効果を設定する

キーワード 画面切り替え効果

「画面切り替え効果」とは、スライドから次のスライドへ切り替わる際に、画面に変化を与えるアニメーション効果のことです。スライドが端から徐々に表示される「ワイプ」をはじめとする48種類から選択できます。

1 目的のスライドのサムネイルをクリックして選択し、

2 <画面切り替え>タブをクリックして、

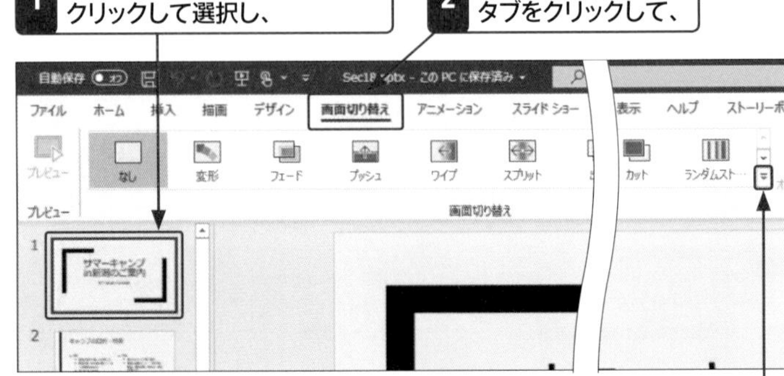

3 <画面切り替え>グループのここをクリックし、

メモ 画面切り替え効果を確認する

目的の画面切り替え効果をクリックすると、画面切り替え効果が1度だけ再生されるので、確認することができます。また、設定後に<画面切り替え>タブの<プレビュー>をクリックしても、画面切り替え効果を確認できます(P.328参照)。

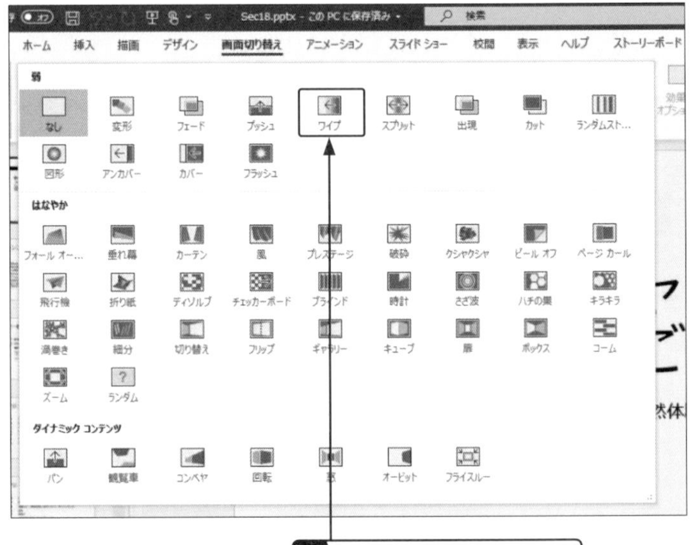

4 目的の画面切り替え効果をクリックすると、

第3章 アニメーションの設定

5 画面切り替え効果が設定されます。

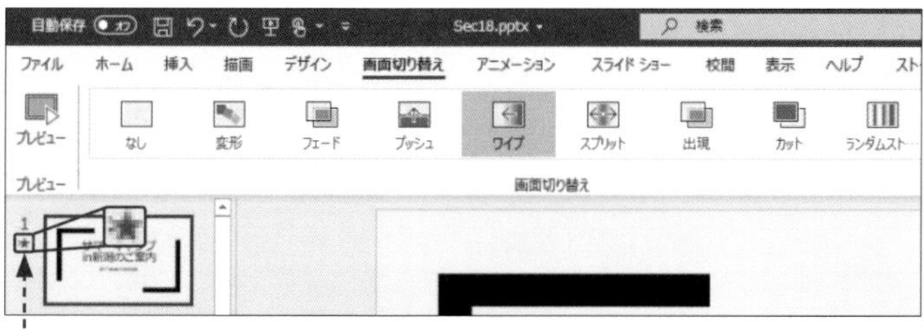

画面切り替え効果が設定されていることを示すアイコンが表示されます。

メモ　アイコンが表示される

画面切り替え効果やオブジェクトのアニメーション効果を設定すると、サムネイルウィンドウのスライド番号の下に、アイコン★が表示されます。

2 効果のオプションを設定する

1 ＜画面切り替え＞タブをクリックして、

2 ＜効果のオプション＞をクリックし、

3 目的の方向をクリックすると、方向が変更されます。

メモ　スライドの切り替わる方向の設定

スライドの切り替わる方向を変更するには、＜画面切り替え＞タブの＜効果のオプション＞から、目的の方向を選択します。

メモ　画面切り替え効果によって＜効果のオプション＞は異なる

設定している画面切り替え効果の種類によって、＜効果のオプション＞に表示される項目は異なります。たとえば、＜キラキラ＞を設定している場合は、右図のように形と方向を設定できます。

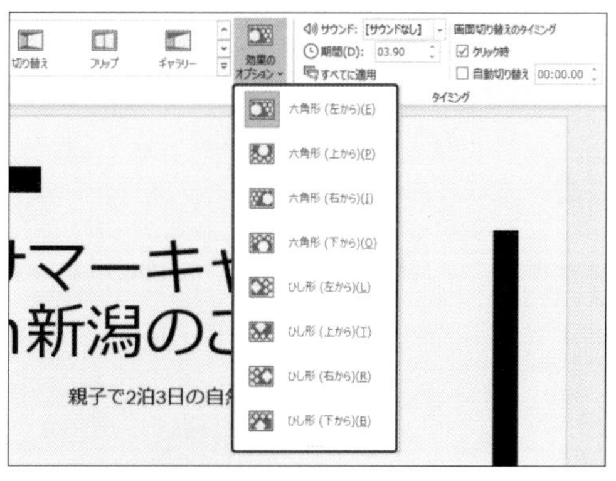

3 画面切り替え効果を確認する

ヒント 画面切り替え効果を変更するには?

画面切り替え効果をプレビューで確認して、イメージしていたものと違った場合は、P.326の方法でほかの画面切り替え効果を選択すると、画面切り替え効果を設定し直すことができます。

1 <画面切り替え>タブをクリックして、

2 <プレビュー>をクリックすると、

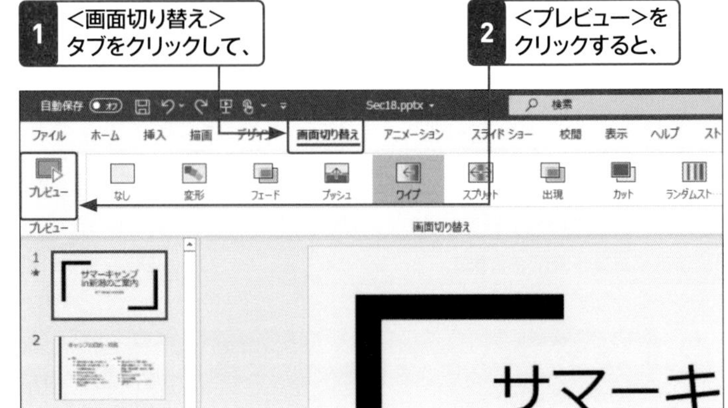

3 画面切り替え効果が再生されます。

黒い画面の上から徐々にスライドが表示されます。

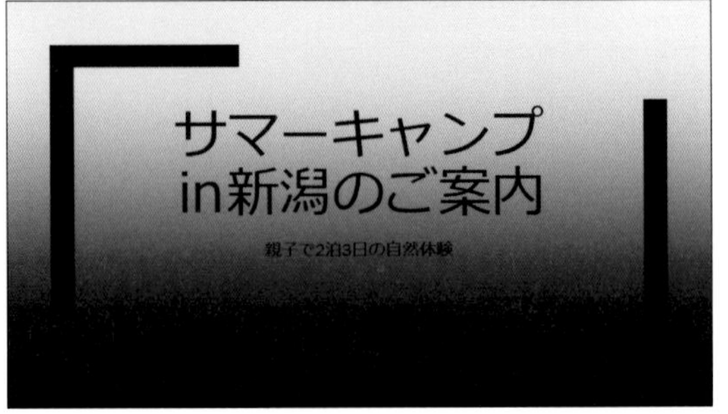

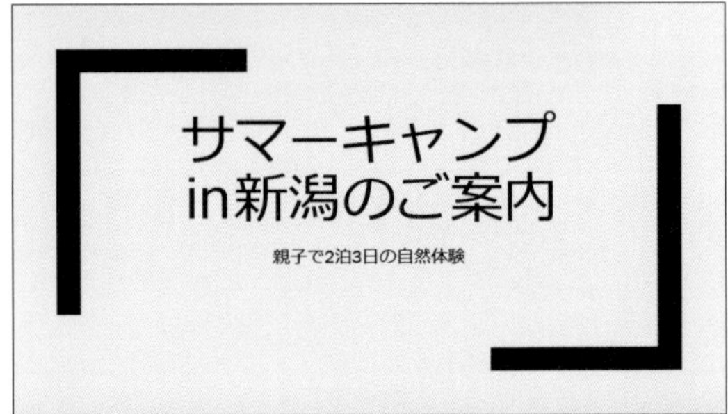

4 画面切り替え効果を削除する

1 目的のスライドのサムネイルをクリックして選択し、

2 <画面切り替え>タブをクリックして、

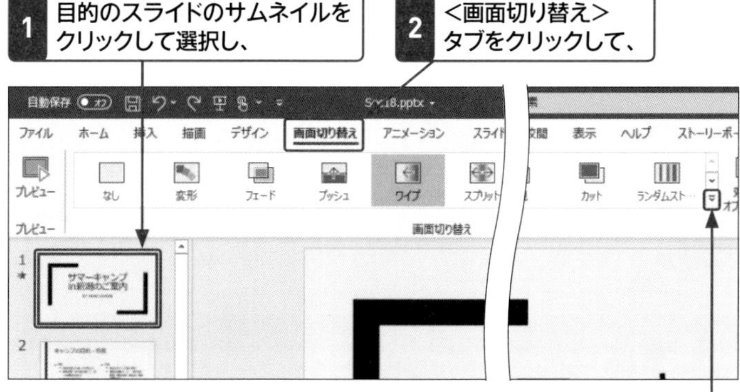

3 <画面切り替え>グループのここをクリックし、

4 <なし>をクリックすると、

5 画面切り替え効果が削除されます。

ヒント すべての画面切り替え効果を削除するには?

すべてのスライドに設定した画面切り替え効果を削除するには、手順4のあと、<画面切り替え>タブの<すべてに適用>をクリックします。

Section 19

テキストや図形にアニメーション効果を設定する

覚えておきたいキーワード
- アニメーション効果
- 効果のオプション
- プレビュー

オブジェクトに注目を集めるには、「アニメーション効果」を設定して動きをつけます。このセクションでは、テキストが滑り込んでくる「スライドイン」のアニメーション効果を設定します。アニメーションの開始のタイミングや速度は、変更することができます。

1 アニメーション効果を設定する

メモ アニメーション効果の設定

テキストや図形、グラフなどのオブジェクトにアニメーション効果を設定するには、目的のオブジェクトを選択し、<アニメーション>タブから目的のアニメーションをクリックします。<アニメーション>タブでは、アニメーションの効果の追加や設定の変更なども行うことができます。

テキストに開始のアニメーション効果「スライドイン」を設定します。

1 アニメーション効果を設定するプレースホルダーの枠線をクリックして選択し、

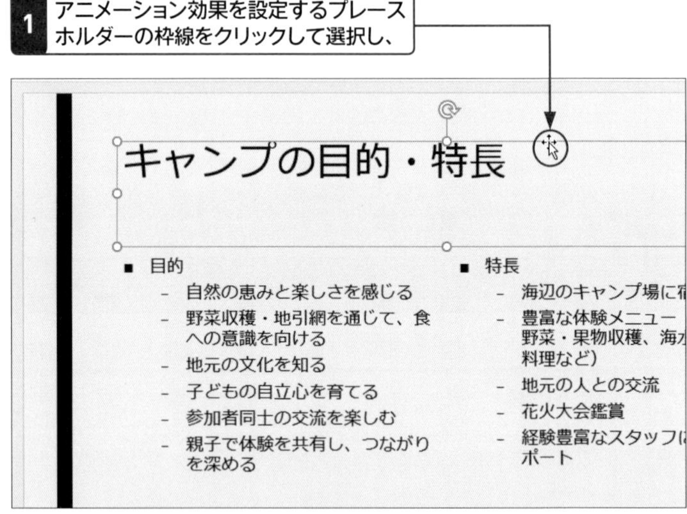

2 <アニメーション>タブをクリックして、

3 <アニメーション>グループのここをクリックし、

4 目的のアニメーション効果をクリックすると、

5 アニメーションが再生され、
アニメーション効果が設定されます。
キャンプの目的・特長

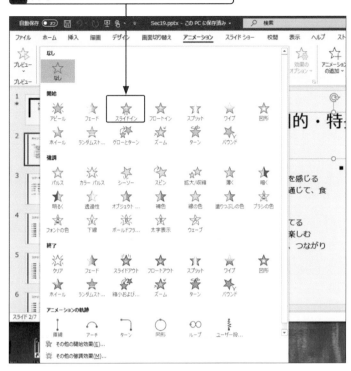

メモ　アニメーション効果の種類

アニメーション効果には、大きくわけて次の4種類があります。

① ＜開始＞
　オブジェクトを表示するアニメーション効果を設定します。

② ＜強調＞
　スピンなど、オブジェクトを強調させるアニメーション効果を設定します。

③ ＜終了＞
　オブジェクトを消すアニメーション効果を設定します。

④ ＜アニメーションの軌跡＞
　オブジェクトを自由に動かすアニメーション効果を設定します。

なお、手順❹で目的のアニメーション効果が一覧に表示されない場合は、＜その他の開始効果＞などをクリックすると表示されるダイアログボックスを利用します。

メモ　アニメーションの再生順序

アニメーション効果を設定すると、スライドのオブジェクトの左側にアニメーションの再生順序が数字で表示されます。アニメーション効果は、設定した順に再生されます。
なお、この再生順序は、＜アニメーション＞タブ以外では非表示になります。

2 アニメーション効果の方向を変更する

1 ＜アニメーション＞タブをクリックし、
2 アニメーション効果の再生順序をクリックして選択し、

メモ　アニメーション効果の選択

アニメーション効果を選択するには、＜アニメーション＞タブをクリックして、目的のアニメーション効果の再生順序をクリックします。

メモ　アニメーションの方向

「スライドイン」や「ワイプ」など、一部のアニメーション効果では、オブジェクトが動く方向を設定できます。
なお、<効果のオプション>に表示される項目は、設定しているアニメーション効果によって異なります。

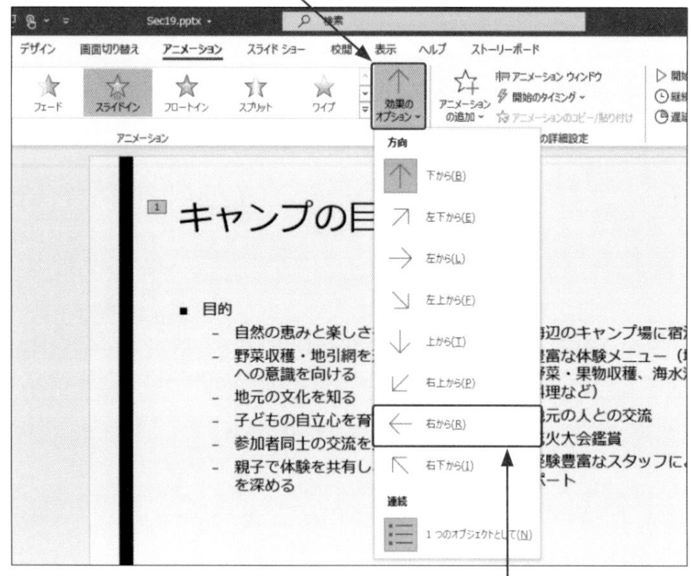

3 アニメーションのタイミングや速度を変更する

メモ　アニメーションの再生のタイミングの変更

オブジェクトに設定したアニメーション効果は、再生するタイミングを変更することができます。選択できる項目は、次のとおりです。

① <クリック時>
　スライドショーの再生時に、画面上をクリックすると再生されます。

② <直前の動作と同時>
　直前に再生されるアニメーションと同時に再生されます。

③ <直前の動作の後>
　直前に再生されるアニメーションのあとに再生されます。前のアニメーションが終了してから次のアニメーションが再生されるまでの時間は、<遅延>で指定できます。

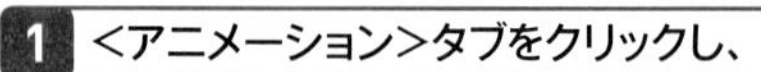

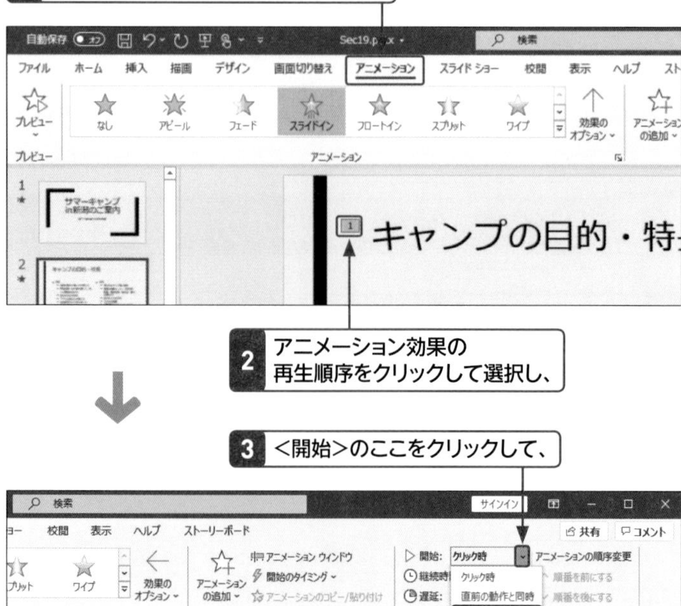

5 <遅延>で再生開始までの時間を指定し、

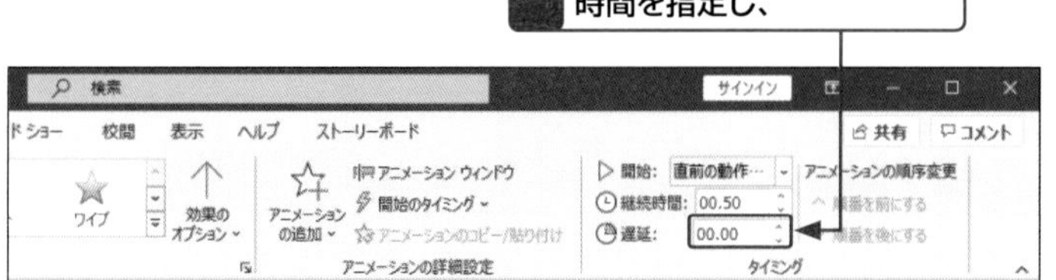

6 <継続時間>でアニメーションの速度を指定します。

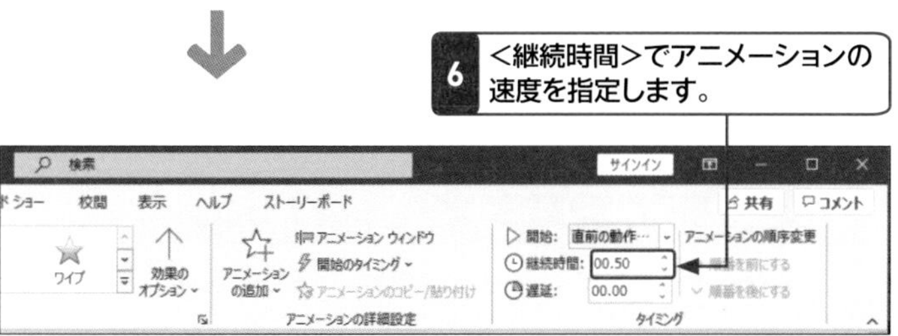

メモ アニメーションの速度の変更

<アニメーション>タブの<継続時間>では、アニメーションの再生速度を設定することができます。数値が大きいほど、再生速度が遅くなります。

4 アニメーション効果を確認する

1 <アニメーション>タブをクリックして、

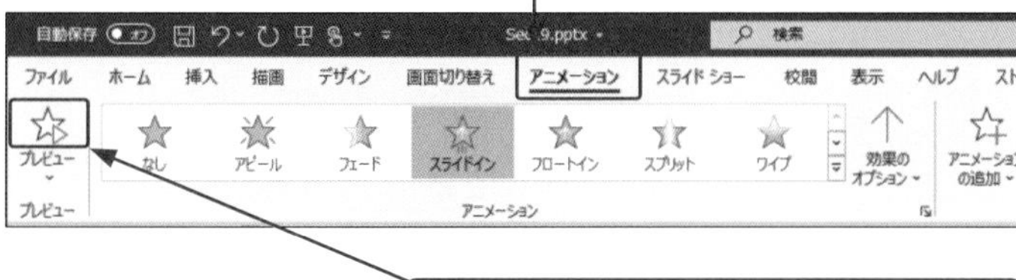

2 <プレビュー>のここをクリックすると、

3 アニメーションが再生されます。

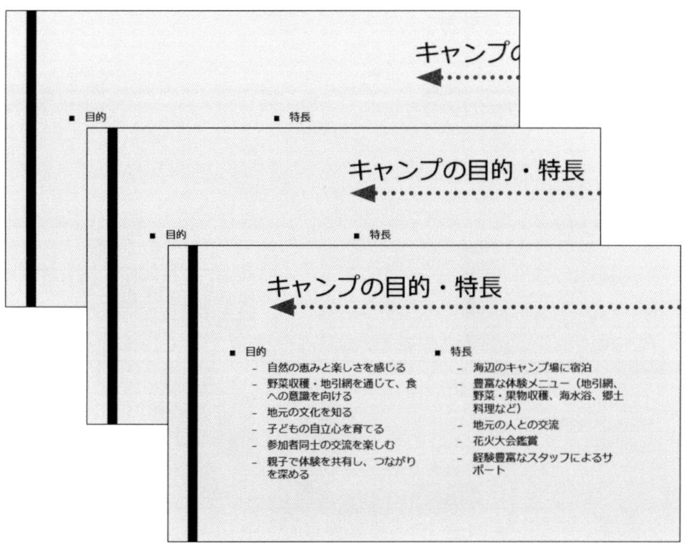
キャンプの目的・特長
目的
- 自然の恵みと楽しさを感じる
- 野菜収穫・地引網を通じて、食への意識を向ける
- 地元の文化を知る
- 子どもの自立心を育てる
- 参加者同士の交流を楽しむ
- 親子で体験を共有し、つながりを深める
特長
- 海辺のキャンプ場に宿泊
- 豊富な体験メニュー（地引網、野菜・果物収穫、海水浴、郷土料理など）
- 地元の人との交流
- 花火大会鑑賞
- 経験豊富なスタッフによるサポート

メモ アニメーション効果の確認

<アニメーション>タブの<プレビュー>のアイコン部分☆をクリックすると、そのスライドに設定されているアニメーション効果が再生されます。

Section 20

テキストの表示方法を変更する

覚えておきたいキーワード
- テキストの動作
- グループテキスト
- 段落レベル

アニメーション効果を設定したテキストは、文字単位で表示させることができます。段落レベルが設定されているテキストにアニメーション効果を設定すると、既定では異なる段落レベルのテキストが同時に再生されますが、第1レベルが再生されてから第2レベルが再生されるように変更することも可能です。

1 テキストが文字単位で表示されるようにする

メモ アニメーション効果の詳細設定

アニメーション効果を選択して、<アニメーション>タブの<アニメーション>グループのダイアログボックス起動ツール をクリックすると、アニメーション効果の名前のダイアログボックスが表示され、詳細を設定することができます。

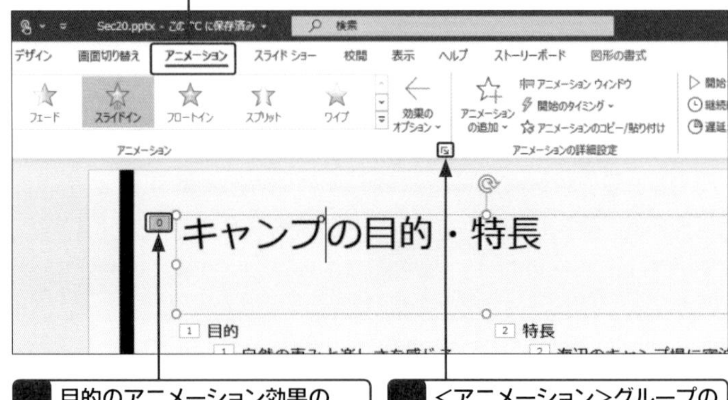

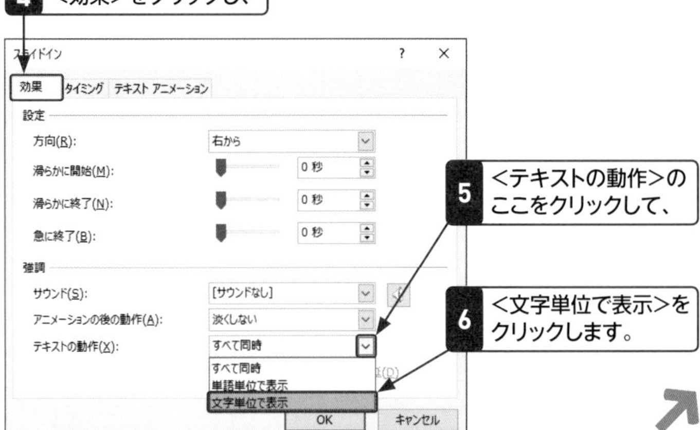

ヒント テキストを単語単位で表示するには?

テキストを単語単位で表示するには、手順6で<単語単位で表示>をクリックします。

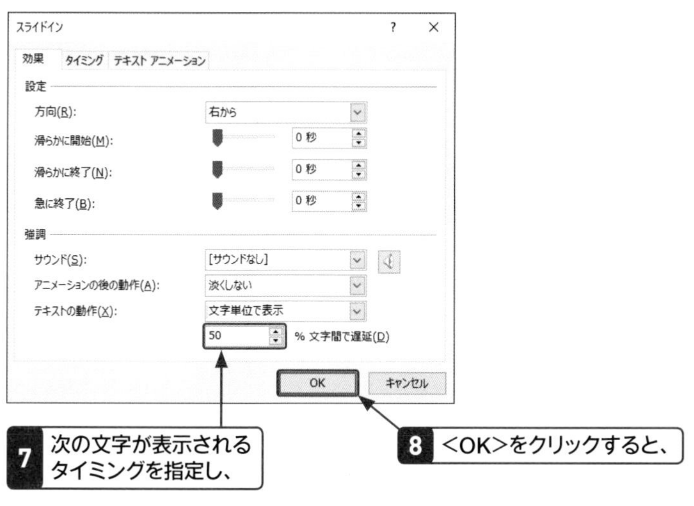

文字が表示される間隔の設定

手順7では、次の文字が表示されるまでの間隔を設定できます。
「100」を入力すると、1つの文字のアニメーションが終了してから次の文字のアニメーションが開始します。

9 テキストが文字単位で表示されます。

アニメーション再生後のテキストの色の変更

アニメーションの再生後にテキストの色を変更するには、手順7の画面で<アニメーションの後の動作>から、目的の色をクリックします。
なお、<アニメーションの後で非表示にする>をクリックすると、アニメーションの再生後にオブジェクトが非表示になります。

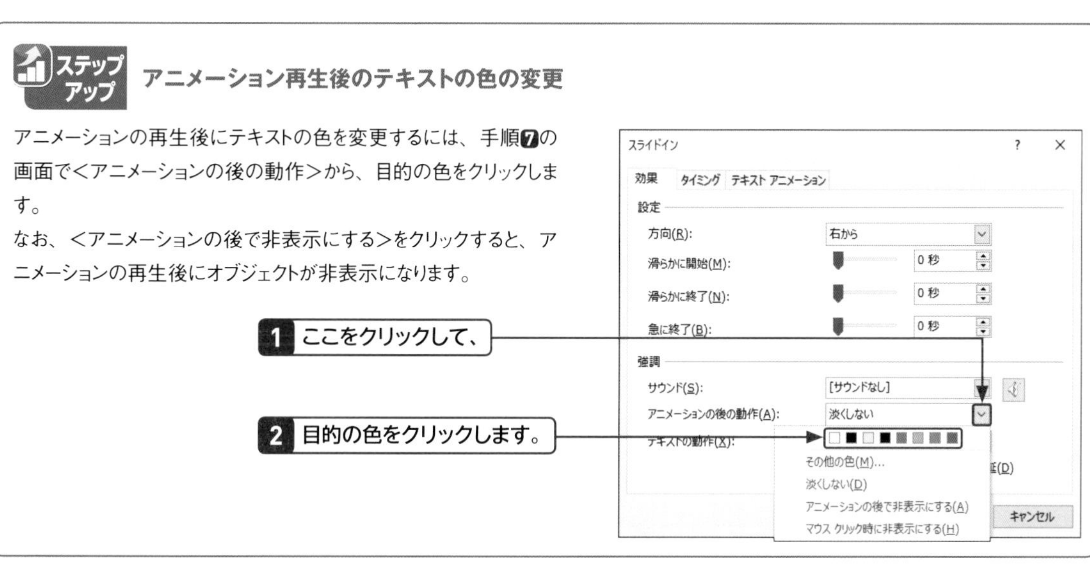

2 一度に表示されるテキストの段落レベルを変更する

メモ 一度に表示されるテキストの設定

段落レベルの設定されたテキストにアニメーション効果を設定すると、既定では、異なる段落レベルのテキストのアニメーションが同時に再生されます。
右の手順では、第1段落レベルのテキストが再生されたあと、第2段落レベル以下のテキストが再生されるように設定を変更しています。

アニメーション効果「スライドイン」の「右から」を設定しています。

1 目的のプレースホルダーの枠線をクリックして選択し、

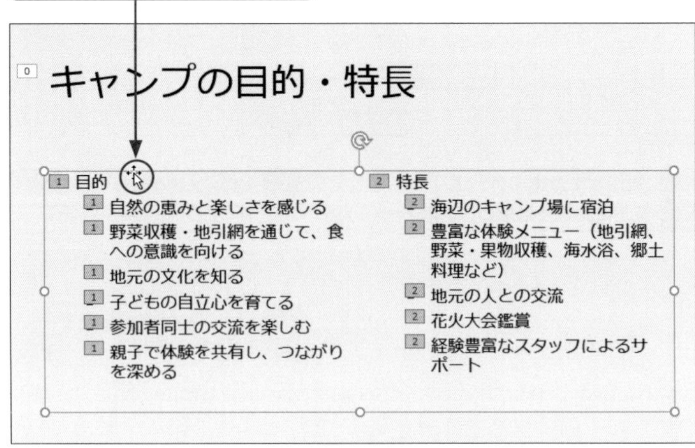

2 <アニメーション>タブをクリックして、

3 <アニメーション>グループのここをクリックします。

4 <テキストアニメーション>をクリックして、

5 <グループテキスト>のここをクリックし、

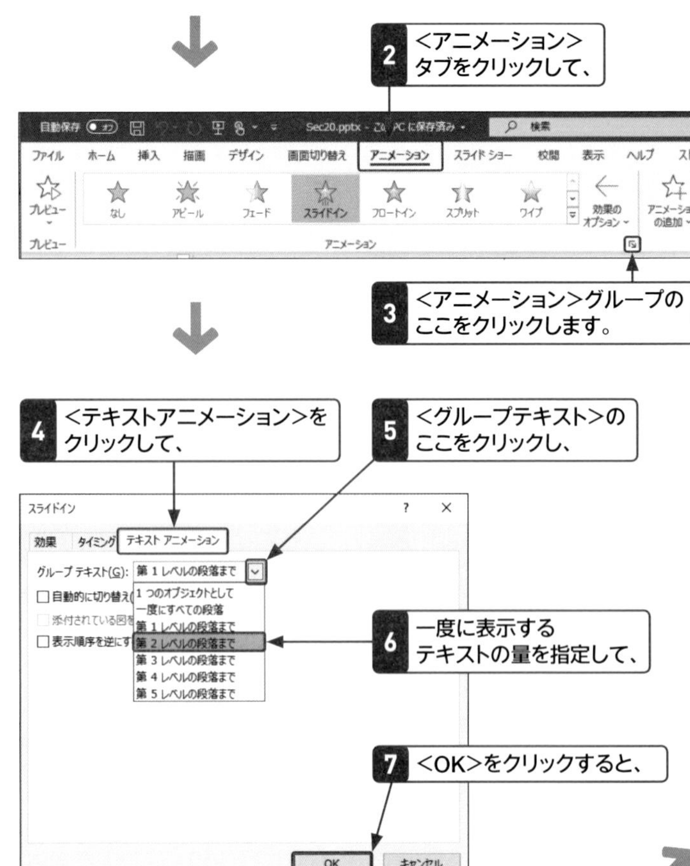

6 一度に表示するテキストの量を指定して、

7 <OK>をクリックすると、

ステップアップ アニメーション効果を繰り返す

アニメーション効果を繰り返すには、手順4の画面を表示して、下の手順に従います。

2 <繰り返し>のここをクリックし、

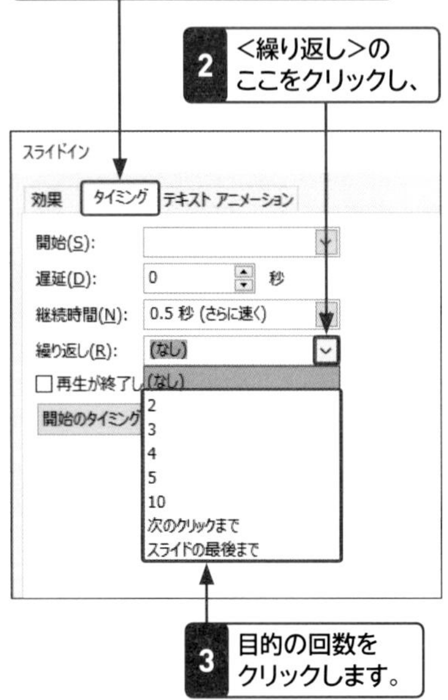

3 目的の回数をクリックします。

8 一度に表示されるテキストの段落レベルが変更されます。

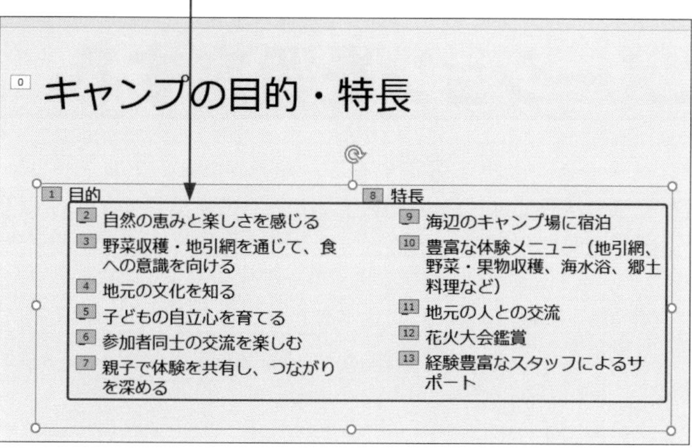

ヒント アニメーション効果の再生順序を変更するには？

アニメーションの順位を変更するには、目的のアニメーション効果の再生順序をクリックして選択し、<アニメーション>タブの<順番を前にする>または<順番を後にする>をクリックします。

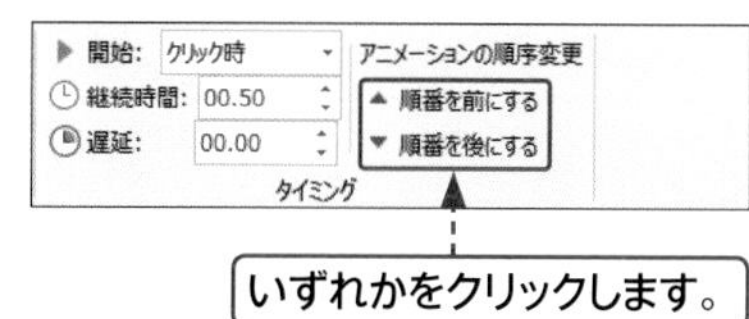

いずれかをクリックします。

ステップアップ 文字入りの図形でテキストだけにアニメーションを設定する

右図のように文字列の入力された図形にアニメーション効果を設定すると、図形と文字列が同時に再生されます。アニメーション効果を図形には設定せず、文字にだけ設定する場合は、P.336手順❹の画面を表示し、<テキストアニメーション>の<添付されている図を動かす>をオフにします。
また、図形と文字列のアニメーションを別々に再生させる場合は、<アニメーション>タブの<効果のオプション>をクリックし、<段落別>をクリックします。

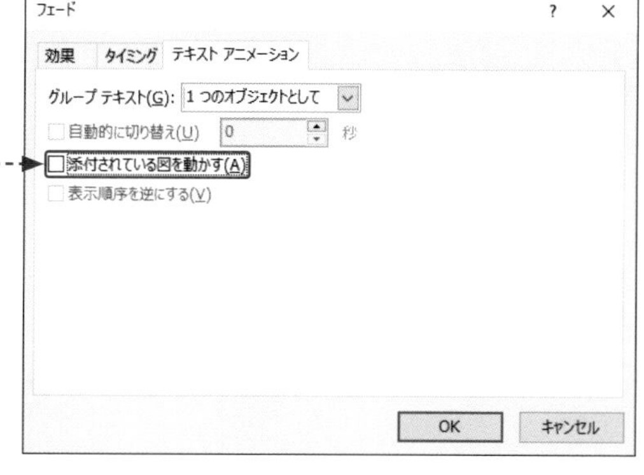

オフにします。

Section 21 SmartArtにアニメーションを設定する

覚えておきたいキーワード
☑ 開始効果
☑ 効果のオプション
☑ レベル

SmartArtにもアニメーション効果を設定することができます。アニメーション効果を設定した直後の状態では、SmartArt全体が1つのオブジェクトとして再生されますが、図形を個別に再生したり、レベル別に再生させたりすることも可能です。

1 SmartArtにアニメーションを設定する

ステップアップ 複数のアニメーション効果を設定する

1つのオブジェクトには、たとえば開始と強調のように、複数のアニメーション効果を設定することもできます。その場合は、<アニメーション>タブの<アニメーションの追加>をクリックして、目的のアニメーション効果をクリックします。

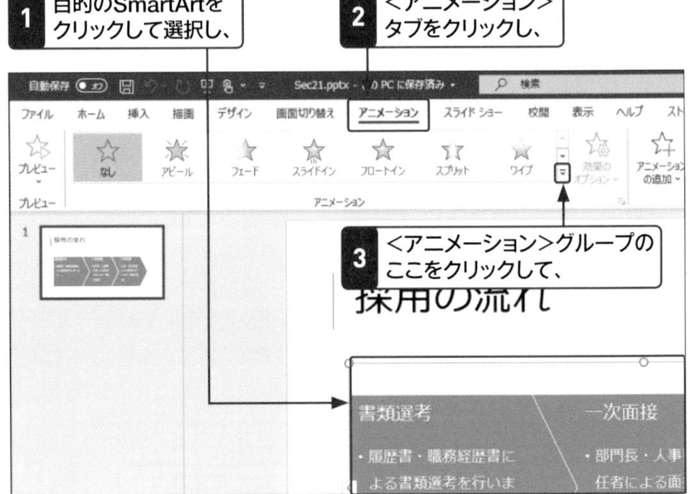

1 目的のSmartArtをクリックして選択し、
2 <アニメーション>タブをクリックし、
3 <アニメーション>グループのここをクリックして、
採用の流れ
書類選考
一次面接

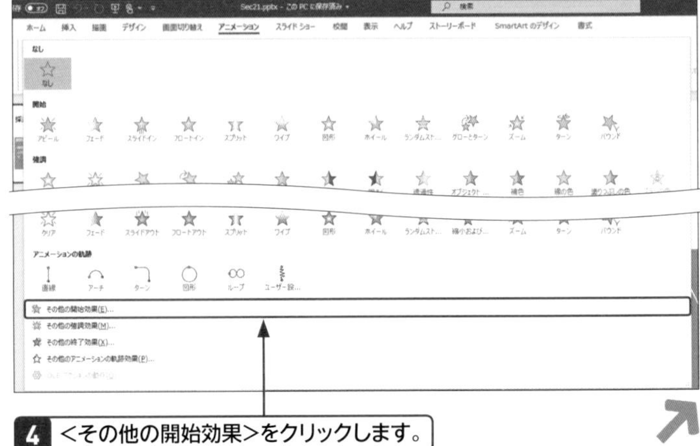

4 <その他の開始効果>をクリックします。

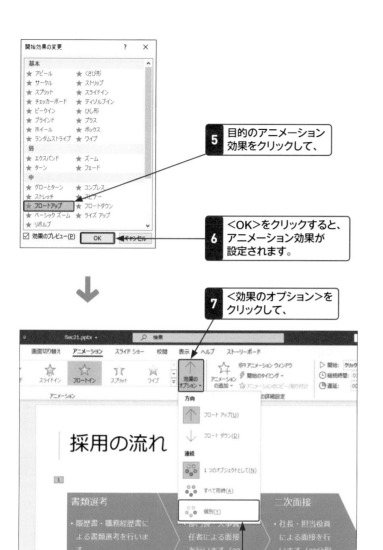

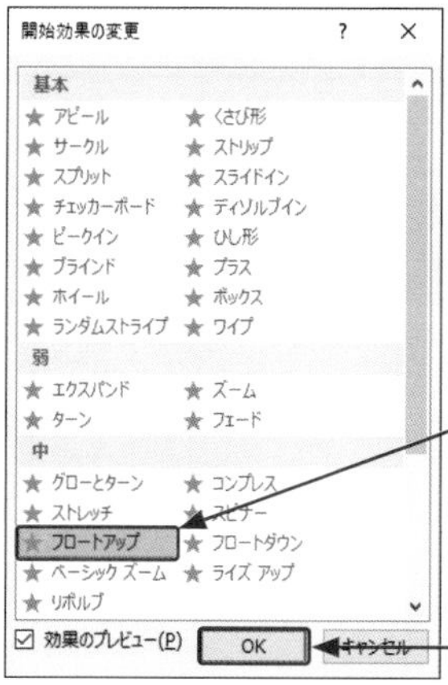

5 目的のアニメーション効果をクリックして、

6 <OK>をクリックすると、アニメーション効果が設定されます。

7 <効果のオプション>をクリックして、

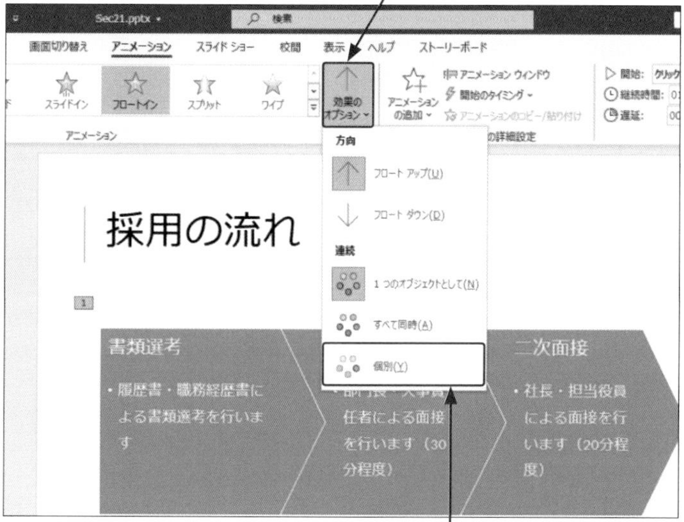

8 目的のSmartArtの表示方法をクリックすると、

9 SmartArtの表示方法が変わります。

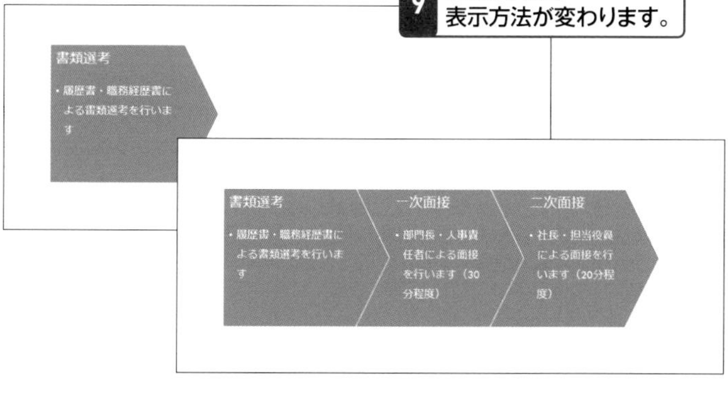

SmartArtの表示方法

手順8では、SmartArtの表示方法を選択します。表示方法は、おもに次の5種類が用意されていますが、SmartArtのレイアウトの種類によって表示される項目が異なります。

① <1つのオブジェクトとして>
SmartArt全体がレイアウトを保ったまま一度に再生されます。

② <すべて同時>
SmartArtのすべての図形が同時に再生されます。

③ <個別>
各図形が順番に再生されます。

④ <レベル(一括)>
第1レベルの図形が同時に再生されたあと、第2レベルの図形が同時に再生されます。

⑤ <レベル(個別)>
第1レベルの図形が順番に再生されたあと、第2レベルの図形が順番に再生されます。

Section 22 グラフにアニメーションを設定する

覚えておきたいキーワード
- グループグラフ
- 項目別
- 系列別

グラフにもアニメーション効果を設定することができます。アニメーション効果はグラフ全体だけでなく、グラフの各要素別に設定できるので、たとえば売上の伸びを段階的に表示するようなことができます。「ワイプ」を設定すると、棒グラフが根元から伸びるような動きになります。

1 グラフ全体にアニメーション効果を設定する

メモ Excelのグラフへのアニメーション効果

Excelで作成したグラフを貼り付けた場合(Appendix Sec.02参照)も、右の手順でアニメーション効果を設定できます。

1 目的のグラフをクリックして選択し、

2 <アニメーション>タブをクリックして、

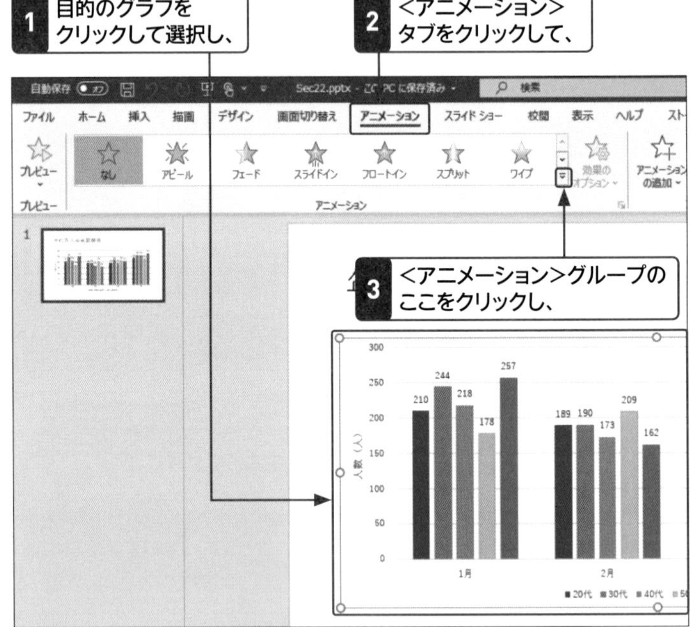

3 <アニメーション>グループのここをクリックし、

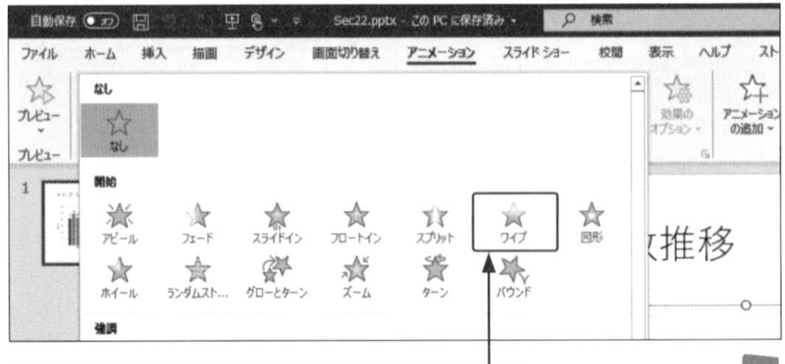

4 目的のアニメーション効果をクリックすると、

第3章 アニメーションの設定

5 グラフにアニメーション効果が設定されます。

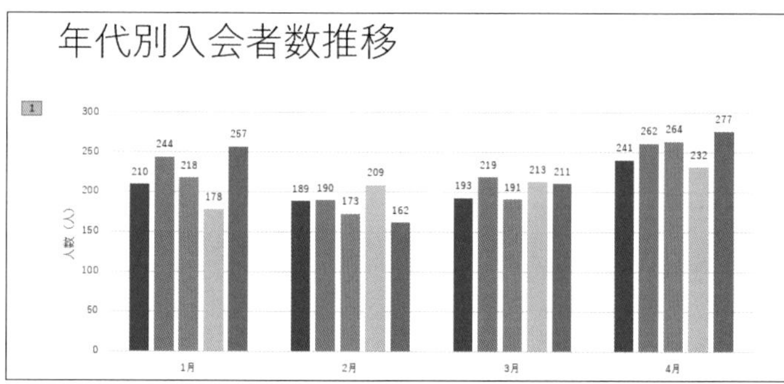

2 グラフの項目表示にアニメーションを設定する

1 <アニメーション>タブをクリックし、

2 アニメーション効果の再生順序をクリックして選択し、

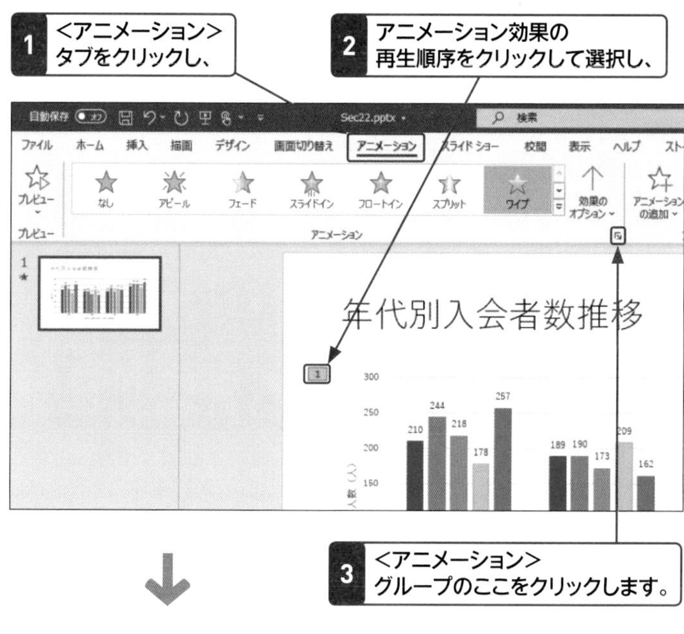

3 <アニメーション>グループのここをクリックします。

メモ グラフの表示方法

グラフの表示方法は、アニメーション効果の名前のダイアログボックスの<グラフアニメーション>タブの<グループグラフ>で設定できます。グラフの種類によっては、設定できないものもあります。

4 <グラフアニメーション>タブをクリックして、

5 <グループグラフ>のここをクリックし、

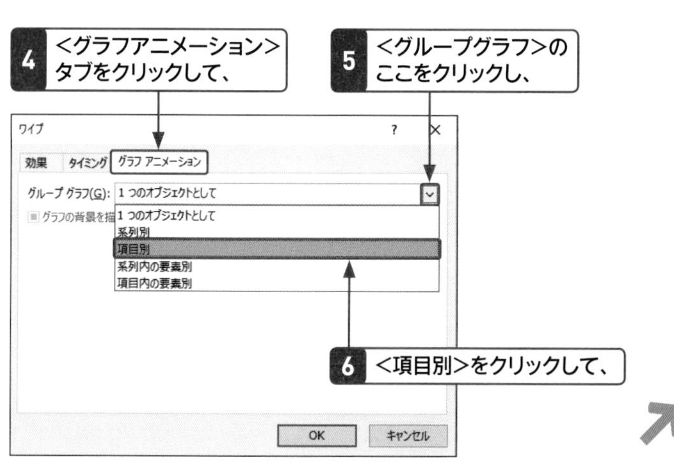

6 <項目別>をクリックして、

メモ グラフの背景の設定

P.341の手順6で<1つのオブジェクトとして>以外を選択すると、<グラフの背景を描画してアニメーションを開始>の設定が可能になります。オフにすると、グラフの軸や凡例などにはアニメーション効果が設定されず、表示されている状態からアニメーションの再生が開始します。

7 <グラフの背景を描画してアニメーションを開始>をオフにし、

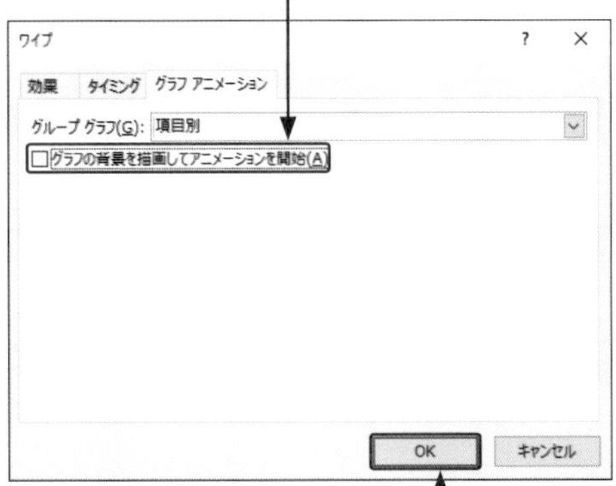

8 <OK>をクリックすると、

9 グラフの表示方法が変更されます。

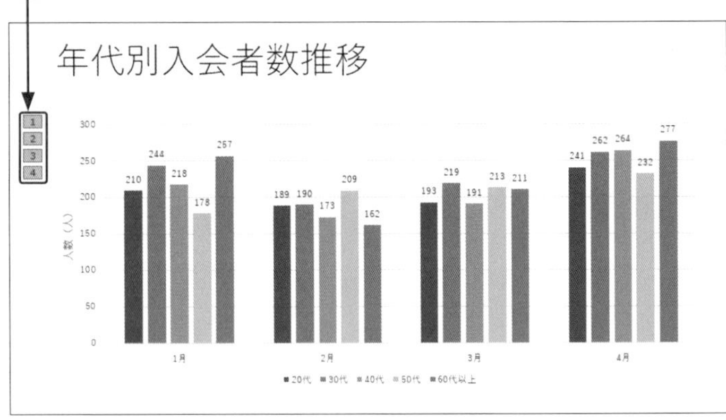

10 <アニメーション>タブをクリックして、

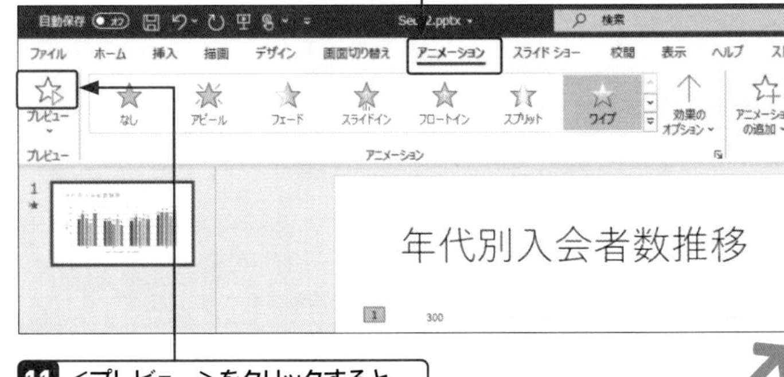

11 <プレビュー>をクリックすると、

12 アニメーションが再生されます。

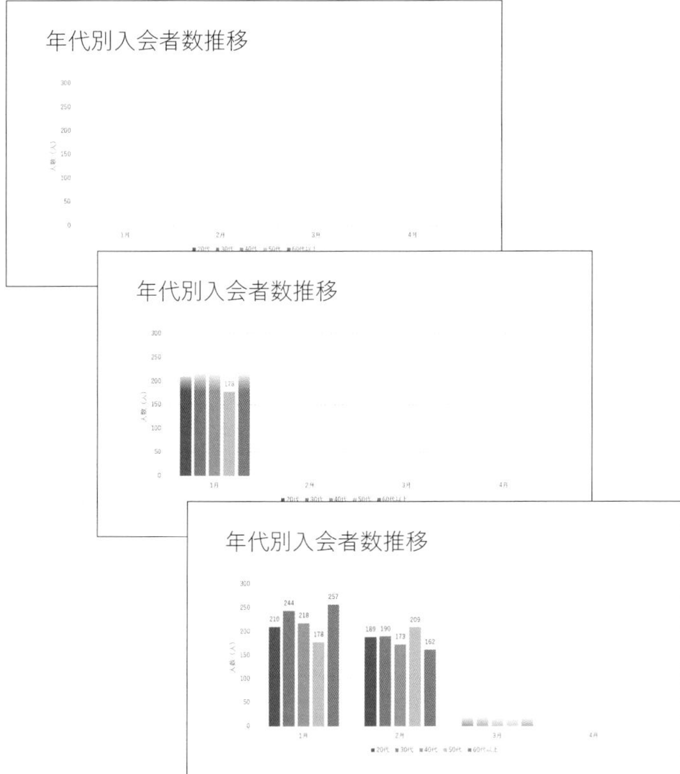

ヒント アニメーション効果を変更するには?

設定したアニメーション効果を変更するには、目的のアニメーション効果を選択し、アニメーション効果を設定する場合と同様の方法で、アニメーション効果を選択します。

メモ <効果のオプション>の利用

グラフのアニメーションの表示方法は、<アニメーション>タブの<効果のオプション>をクリックすると表示される一覧の<連続>グループから設定することもできます。

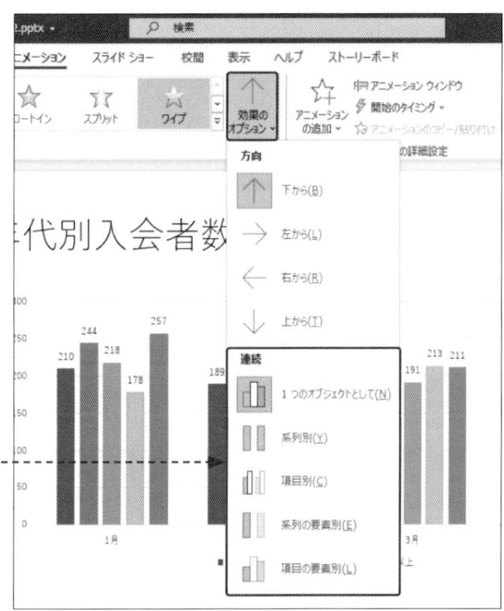

Section 23

スライド切り替えのスピードや時間を設定する

覚えておきたいキーワード
- 画面の切り替え
- 自動的に切り替え
- 切り替えまでの時間

画面切り替え効果のスピードは、変更することができます。既定では、プレゼンテーション実行中にクリックすると次のスライドに切り替わりますが、指定の時間が経過したら自動的に切り替わるように設定することも可能です。

1 画面切り替え効果のスピードや時間を設定する

メモ 画面切り替え効果のスピードの設定

画面切り替え効果のスピードを設定するには、<画面切り替え>タブの<期間>で、画面切り替え効果にかかる時間を指定します。数値が小さいと、スピードが速くなります。

メモ 効果音の設定

手順❸の上にある<サウンド>をクリックすると、スライド切り替え時に効果音を再生できます。削除する場合は、<[サウンドなし]>をクリックします。

メモ スライドが切り替わる時間の設定

画面切り替え効果を設定した直後の状態では、スライドショー実行中に画面をクリックすると、次のスライドに切り替わります。指定した時間で次のスライドに自動的に切り替わるようにするには、<画面切り替え>タブの<自動切り替え>をオンにし、横のボックスで切り替えまでの時間を指定します。

1 目的のスライドのサムネイルをクリックして選択し、

2 <画面切り替え>タブをクリックして、

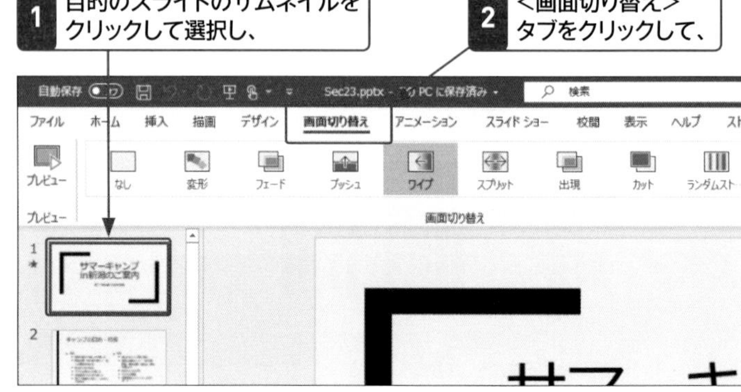

3 <期間>で画面切り替え効果のスピードを指定し、

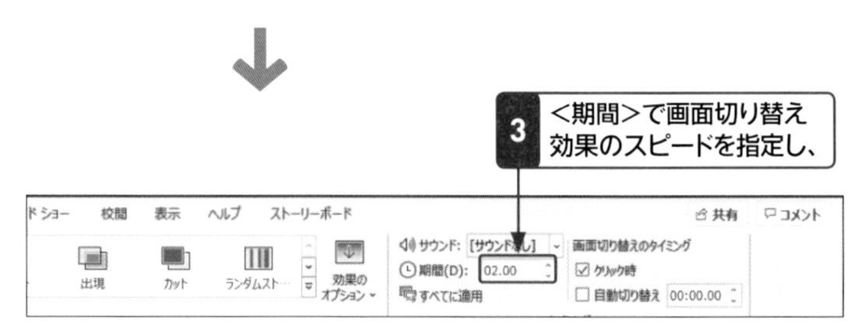

4 <自動切り替え>をオンにして、

5 次のスライドに切り替わるまでの時間を指定します。

PowerPoint

第4章

印刷とスライドショー

Section 24

スライドを印刷する

覚えておきたいキーワード
- 印刷
- 印刷プレビュー
- 配布資料

プレゼンテーションを行う際に、あらかじめスライドの内容を印刷したものを資料として参加者に配布しておくと、参加者は内容を理解しやすくなります。1枚の用紙にスライドを1枚ずつ配置したり、1枚の用紙に複数のスライドを配置したりして印刷できます。

1 スライドを1枚ずつ印刷する

メモ 印刷対象の選択

手順❹では、次の4種類から印刷対象を選択することができます。

①フルページサイズのスライド
スライドショーと同じ画面を印刷します。
②ノート
ノートを付けて印刷します。
③アウトライン
スライドのアウトラインを印刷します。
④配布資料
1枚の用紙に複数枚のスライドを配置して印刷します（P.349参照）。

ヒント スライドに枠線を付けて印刷するには？

スライドに枠線を付けて印刷するには、手順❹の画面で＜スライドに枠を付けて印刷する＞をクリックしてオンにします。

1 ＜ファイル＞タブをクリックして、

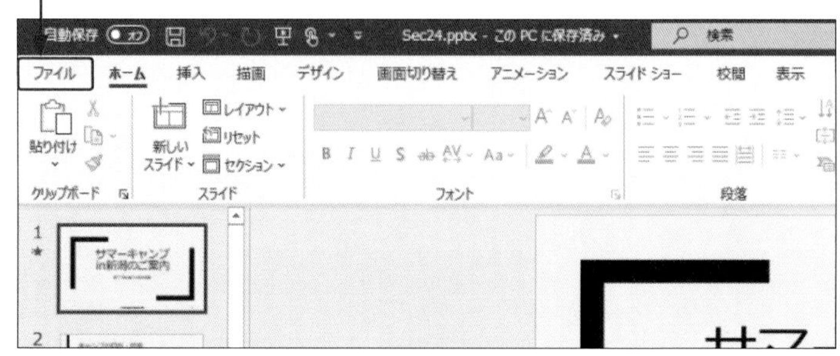

2 ＜印刷＞をクリックし、

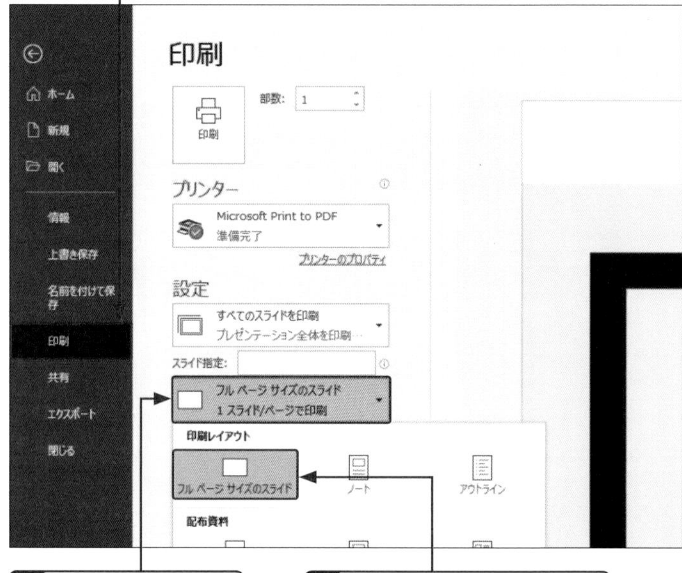

3 ここをクリックして、

4 ＜フルページサイズのスライド＞をクリックします。

5 ここをクリックして、

6 目的の印刷範囲をクリックし、

7 印刷プレビューを確認して（P.348の「メモ」参照）、

メモ　印刷範囲の選択

手順❻では、次の4種類から印刷対象を選択することができます。

①すべてのスライドを印刷
　すべてのスライドを印刷します。
②選択した部分を印刷
　サムネイルウィンドウやスライド一覧表示モードで選択しているスライドを印刷します。
③現在のスライドを印刷
　現在表示しているスライドを印刷します。
④ユーザー設定の範囲
　下の<スライド指定>ボックスに入力した番号のスライドを印刷します。番号と番号の間は「,」（カンマ）で区切り、スライドが連続する範囲は、始まりと終わりの番号を「-」（ハイフン）で結びます。「1-3,5」と入力した場合、1、2、3、5番目のスライドが印刷されます。

ステップアップ プリンターのプロパティの設定

手順8の画面で<プリンターのプロパティ>をクリックすると、プリンターのプロパティが表示され、用紙の種類や印刷品質、給紙方法などを設定することができます。

8 部数を入力し、

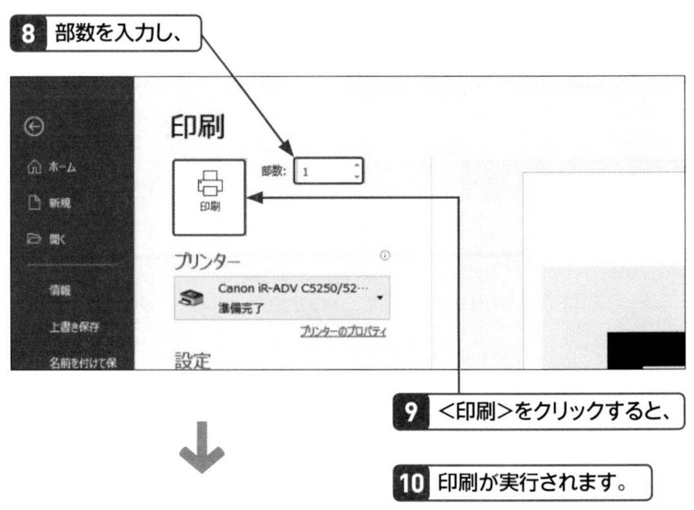

9 <印刷>をクリックすると、

10 印刷が実行されます。

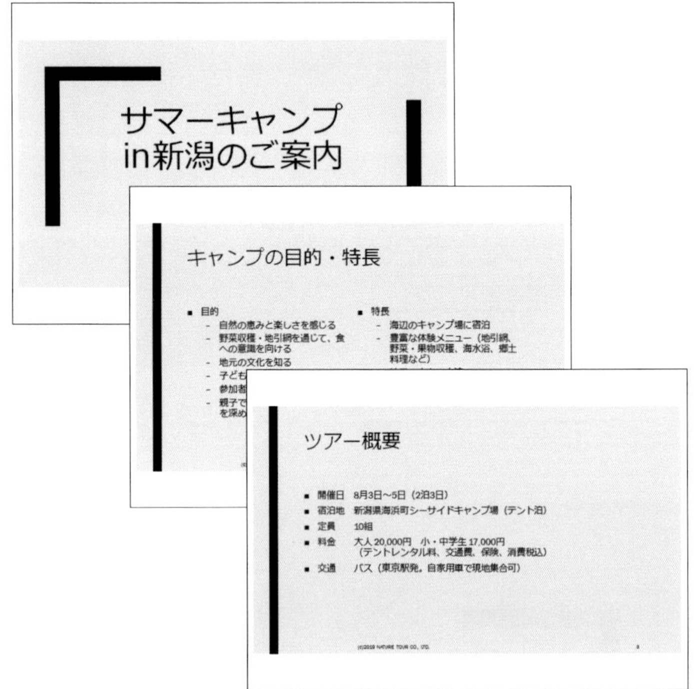

メモ 印刷プレビューの利用

<ファイル>タブの<印刷>パネルの右側には、印刷プレビューが表示され、スライドを印刷したときのイメージを確認することができます。

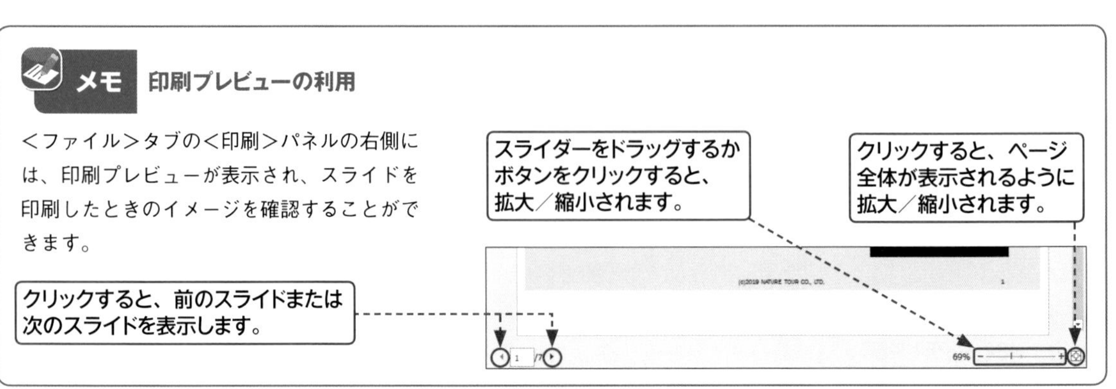

2 1枚に複数のスライドを配置して印刷する

1 <ファイル>タブの<印刷>をクリックして、

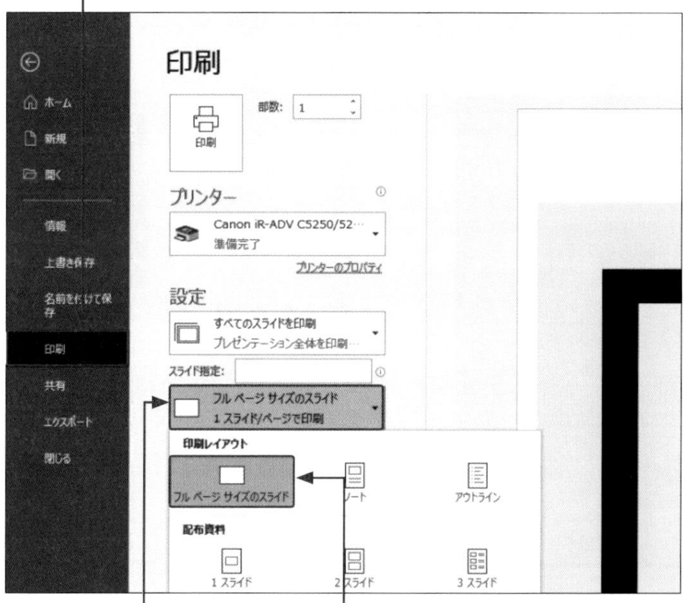

2 ここをクリックし、

3 1枚の用紙に印刷したいスライドの枚数をクリックすると、

4 印刷プレビューの表示が切り替わります。

5 印刷部数を入力して、

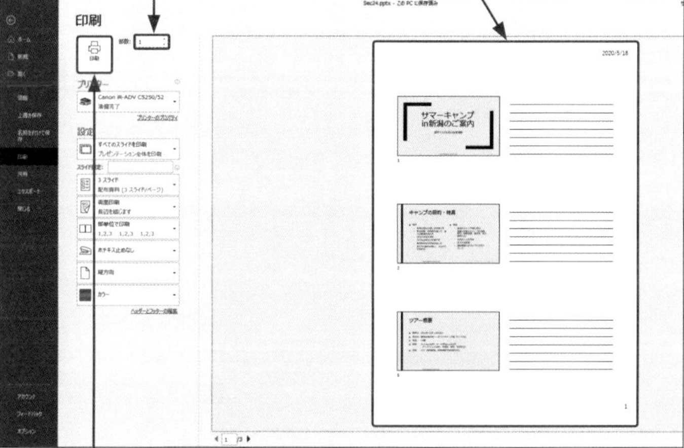

6 <印刷>をクリックすると、印刷が実行されます。

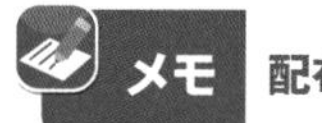

メモ 配布資料の印刷

複数のスライドを1枚の用紙に配置して、配布用の資料を作成するには、手順❸で<配付資料>グループから、1枚の用紙に印刷したいスライドの数を選択します。1枚の用紙に印刷できる最大のスライド枚数は9枚です。

なお、<3スライド>を選択した場合のみ、スライドの横にメモ用の罫線が表示されます。

ヒント ヘッダーとフッター

配付資料を印刷するときに、ヘッダーやフッターを挿入するには、<ヘッダーとフッターの編集>をクリックして<ヘッダーとフッター>ダイアログボックスを表示し、<ノートと配付資料>から設定します。

Section 25

スライド切り替えのタイミングを設定する

覚えておきたいキーワード
- リハーサル
- スライド切り替えのタイミング
- <記録中>ツールバー

スライドショーを実行する際に、自動的にアニメーションを再生したり、スライドを切り替えたい場合は、リハーサル機能を利用してそれらのタイミングを設定します。切り替えのタイミングは、スライドショーを実行しながら設定したり、時間を入力して設定したりすることができます。

1 リハーサルを行って切り替えのタイミングを設定する

メモ リハーサル機能の利用

リハーサル機能を利用すると、実際にスライドの画面を見ながら、スライドごとにアニメーションを再生するタイミングやスライドを切り替えるタイミングを設定することができます。

メモ タイミングの設定

リハーサルを行う際には、本番と同じように説明を加えながら、右の手順に従うか、<記録中>ツールバーの<次へ>をクリックして、アニメーションを再生したり、スライドを切り替えたりします。
最後のスライドが表示し終わったあとに、切り替えのタイミングを記録すると、それが各スライドの表示時間として設定されます。

ヒント スライドの表示時間を入力して指定するには?

スライドの表示時間を入力して、スライドを切り替えるタイミングを設定することもできます(P.344参照)。

1 <スライドショー>タブをクリックして、

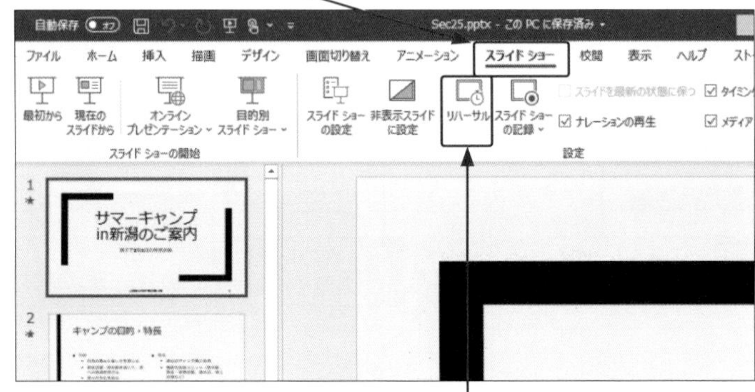

2 <リハーサル>をクリックすると、

3 スライドショーのリハーサルが開始されます。

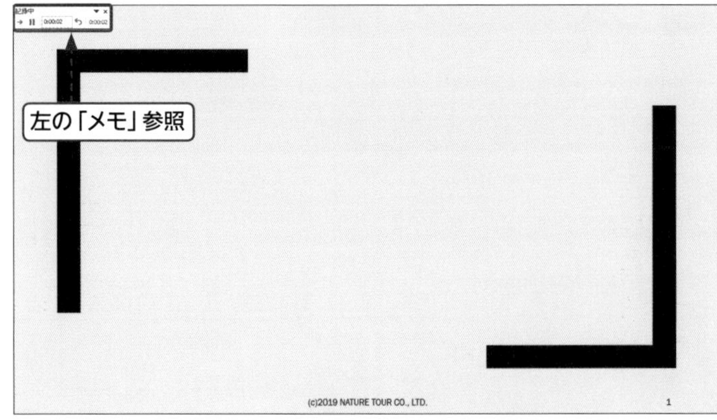

4 必要な時間が経過したら、スライドをクリックすると、

第4章 印刷とスライドショー

5 アニメーションが開始されたり、スライドが切り替わったりします。

6 同様にスライドをクリックして、最後のスライドの表示が終わるまで、同じ操作を繰り返します。

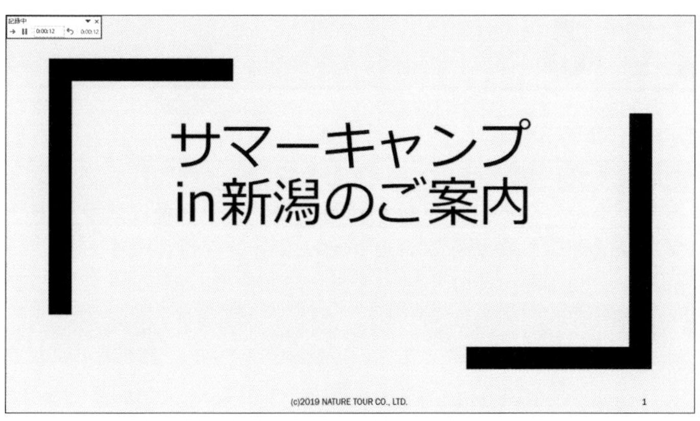

7 最後のスライドのタイミングを設定すると、この画面が表示されるので、

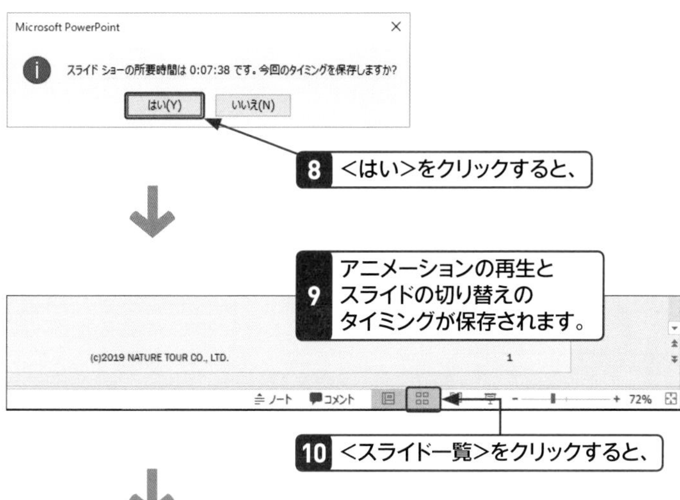

8 <はい>をクリックすると、

9 アニメーションの再生とスライドの切り替えのタイミングが保存されます。

10 <スライド一覧>をクリックすると、

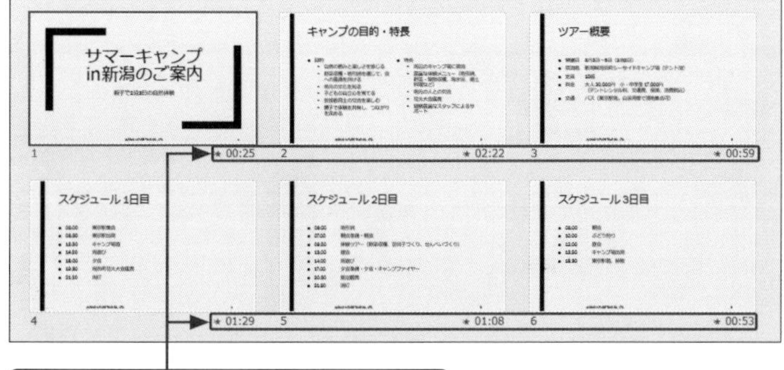

11 スライドの表示時間を確認できます。

メモ アニメーションの再生

オブジェクトにアニメーション効果が設定されている場合は、スライドをクリックするたびに、アニメーションが再生されます。表示されているスライド上に設定されているアニメーションがすべて再生されてから、さらにクリックすると、次のスライドに切り替わります。

ヒント リハーサルを一時停止するには?

<記録中>ツールバーの<記録の一時停止> をクリックすると、下図のメッセージが表示され、経過時間のカウントが一時停止します。<記録の再開>をクリックすると、カウントが再開します。

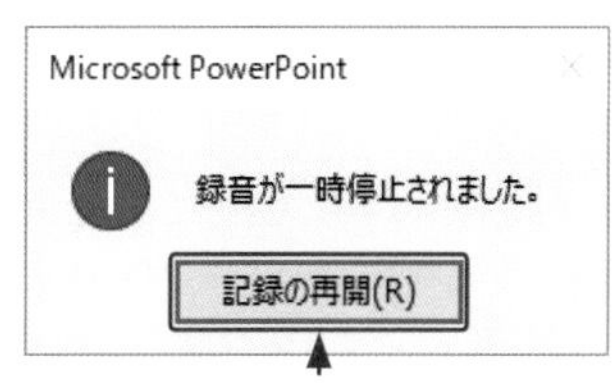

クリックすると、カウントが再開します。

ヒント スライド表示時間をリセットするには?

<記録中>ツールバーの<繰り返し> をクリックすると、<スライド表示時間>が「0:00:00」に戻り、上図のメッセージが表示されます。<記録の再開>をクリックすると、スライドの切り替えのタイミングを設定し直すことができます。

ヒント リハーサルを中止するには?

リハーサルを中止するには、Escを押します。手順7の画面が表示されるので、<いいえ>をクリックします。

Section 26 スライドショーを実行する

覚えておきたいキーワード
- ☑ 発表者ツール
- ☑ スライドショー
- ☑ プロジェクター

作成したスライドを1枚ずつ表示していくことを「スライドショー」といいます。パソコンを利用してプレゼンテーションを行う場合、一般的にはプロジェクターを接続します。また、発表者ツールを利用すれば、発表者はスライドやノートなどをパソコンで確認しながらプレゼンテーションを行えます。

1 発表者ツールを実行する

キーワード 発表者ツール

「発表者ツール」とは、スライドショーを実行するときに、パソコンに発表者用の画面を表示させる機能のことです。スライドやノート、スライドショーを進行させるための各ボタンが表示されます。
発表者ツールを利用せずにスライドショーを実行する場合は、<スライドショー>タブの<発表者ツールを使用する>をオフにします。

1 パソコンとプロジェクターを接続し、

2 <スライドショー>タブをクリックして、

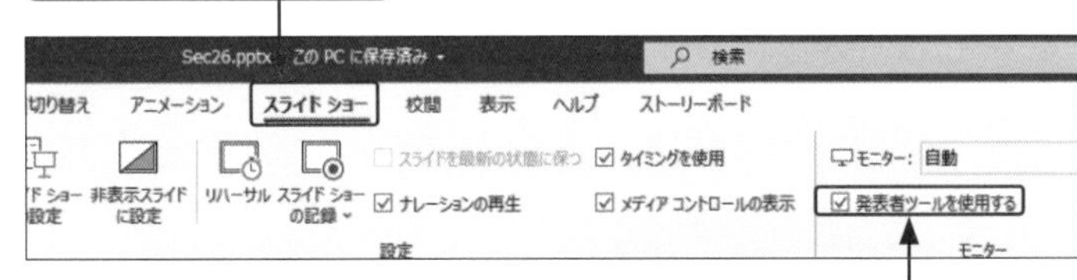

3 <発表者ツールを使用する>をオンにします。

2 スライドショーを実行する

ヒント スライドショーの設定を行うには?

あらかじめ設定しておいたナレーションや、スライドの切り替えのタイミング(Sec.25参照)を使用してスライドショーを実行する場合は、<スライドショー>タブの<ナレーションの再生>や<タイミングを使用>をオンにします。

1 <スライドショー>タブをクリックして、

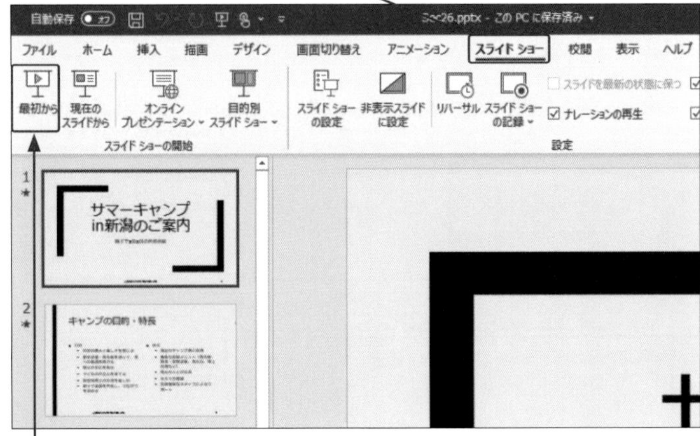

2 <最初から>をクリックすると、

第4章 印刷とスライドショー

3 スライドショーが実行されます。

プロジェクターから
スライドショーが投影されます。

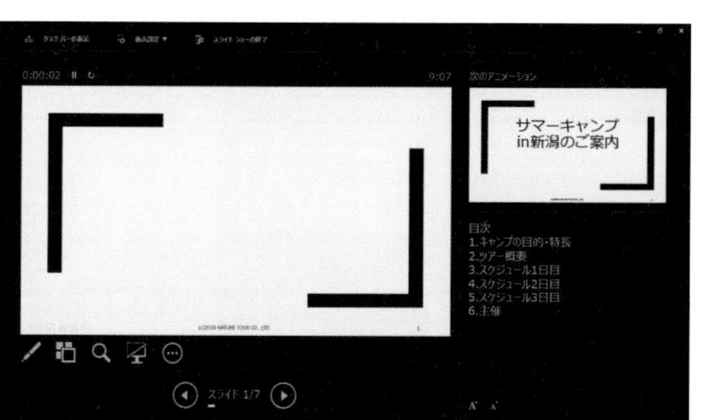

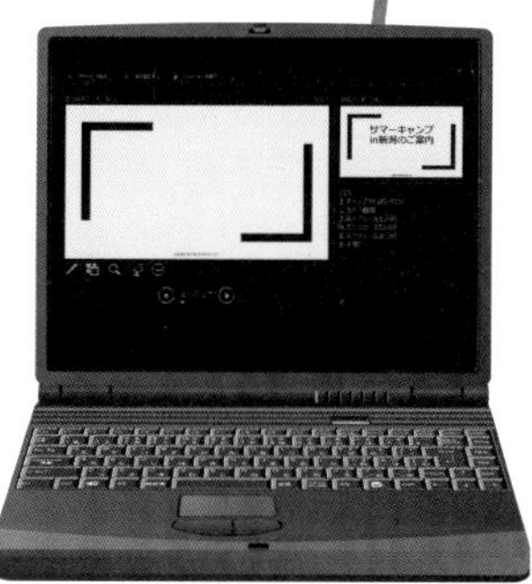

パソコンには発表者ツールが
表示されます。

ヒント　スライドショーを進行するには？

スライドショーを進行する方法については、Sec.27を参照してください。

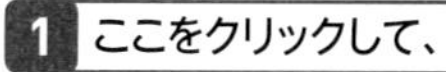

ヒント　プロジェクターに発表者ツールが表示される

プロジェクターに発表者ツール、パソコンにスライドショーが表示される場合は、発表者ツールの画面上の<表示設定>をクリックして<発表者ツールとスライドショーの切り替え>をクリックするか、スライドショー画面で下図の手順に従います。

1 ここをクリックして、

2 <表示設定>をポイントし、

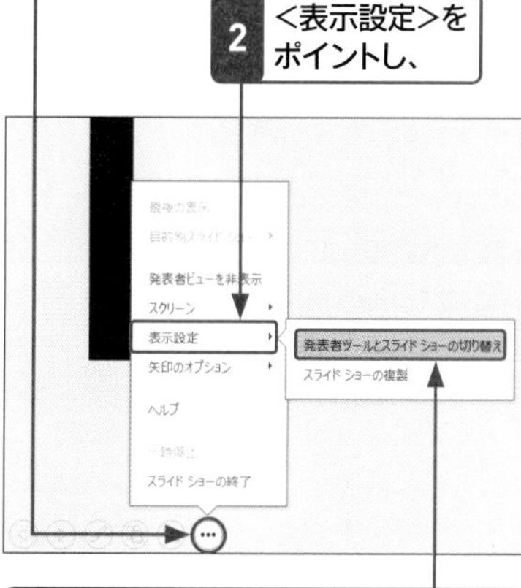

3 <発表者ツールとスライドショーの切り替え>をクリックします。

メモ　スライドショーの実行

スライドショーを開始する方法は、P.352の手順以外に、F5を押すか、クイックアクセスツールバーの<先頭から開始>をクリックする方法もあります。この場合、常に最初のスライドからスライドショーが開始されます。
また、<スライドショー>タブの<現在のスライドから>またはウィンドウ右下の<スライドショー>をクリックすると、現在表示されているスライドからスライドショーが開始されます。

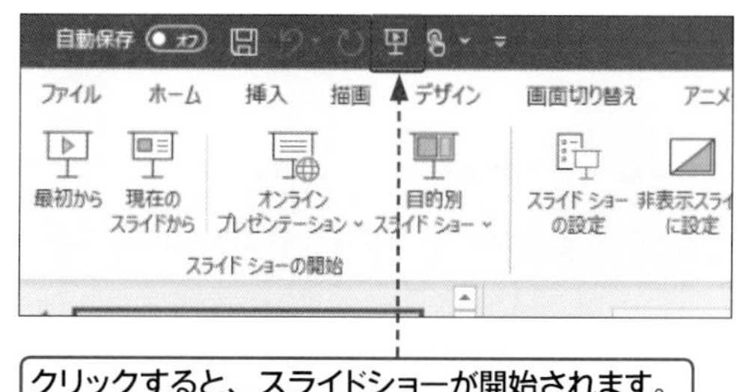

クリックすると、スライドショーが開始されます。

Section 27 スライドショーを進行する

覚えておきたいキーワード
- スライドショー
- 発表者ツール
- 一時停止

リハーサル機能（Sec.25参照）などで、アニメーションの再生やスライドの切り替えのタイミングを設定している場合は、スライドショーを実行すると、自動的にアニメーションが再生されたり、スライドが切り替わったりします。手動でスライドを切り替えるには、画面上をクリックします。

1 スライドショーを進行する

メモ スライドショーの進行

アニメーションの再生のタイミングやスライド切り替えのタイミングを設定していない場合は、スライドをクリックすると、アニメーションが再生されたり、スライドが切り替わったりするので、最後のスライドが終わるまで、スライドをクリックしていきます。

あらかじめアニメーションの再生のタイミングやスライド切り替えのタイミングを設定している場合は、指定した時間が経過したら、自動的にアニメーションが再生されたり、スライドが切り替わったりします。

1 発表者ツールを利用して、スライドショーを開始し（P.352参照）、

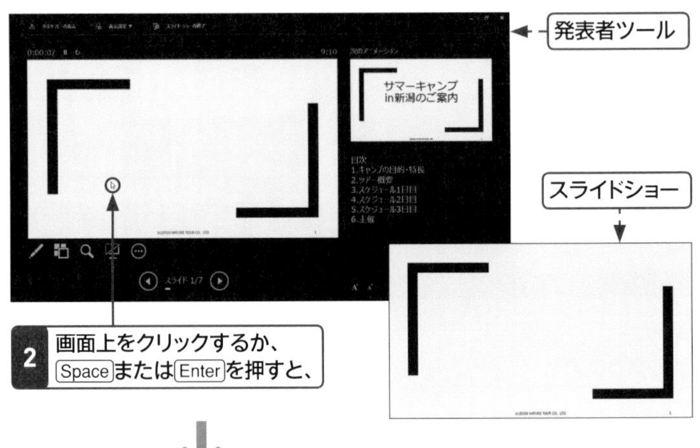

2 画面上をクリックするか、Spaceまたは Enterを押すと、

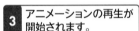

3 アニメーションの再生が開始されます。

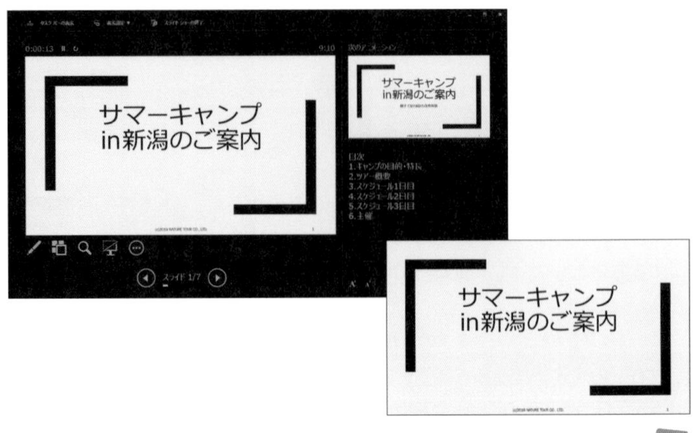

ヒント 前のスライドを表示するには？

前のスライドを表示するには、Pを押すか、発表者ツールの◀をクリックします。

ヒント スライドショーを一時停止するには？

スライドショーを一時停止するには、発表者ツールの⏸をクリックするか、Sを押します。▶をクリックするか再度Sを押すと、スライドショーが再開されます。

4 スライドショーが終わると、黒い画面が表示されるので、

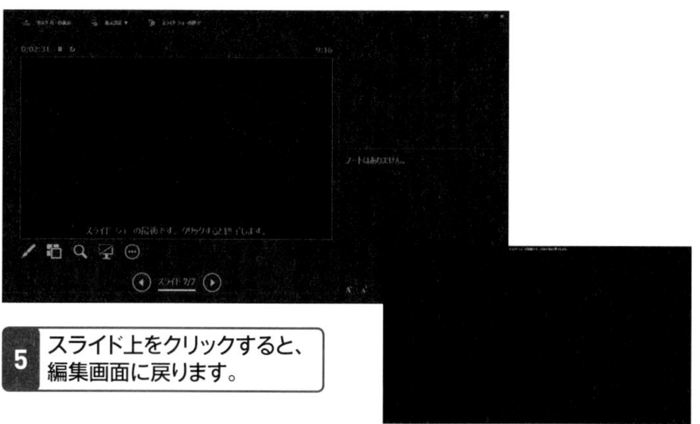

5 スライド上をクリックすると、編集画面に戻ります。

ヒント スライドショーを中止するには?

スライドショーを中止するには、発表者ツールの＜スライドショーの終了＞をクリックするか、Escを押します。

メモ 発表者ツールの利用

発表者ツールでは、ボタンをクリックしてアニメーションの再生やスライドの切り替え、スライドショーの中断、再開、中止などを行うことができます。また、スライドショーの途中で黒い画面を表示させたり、ペンでスライドに書き込んだりすることも可能です。

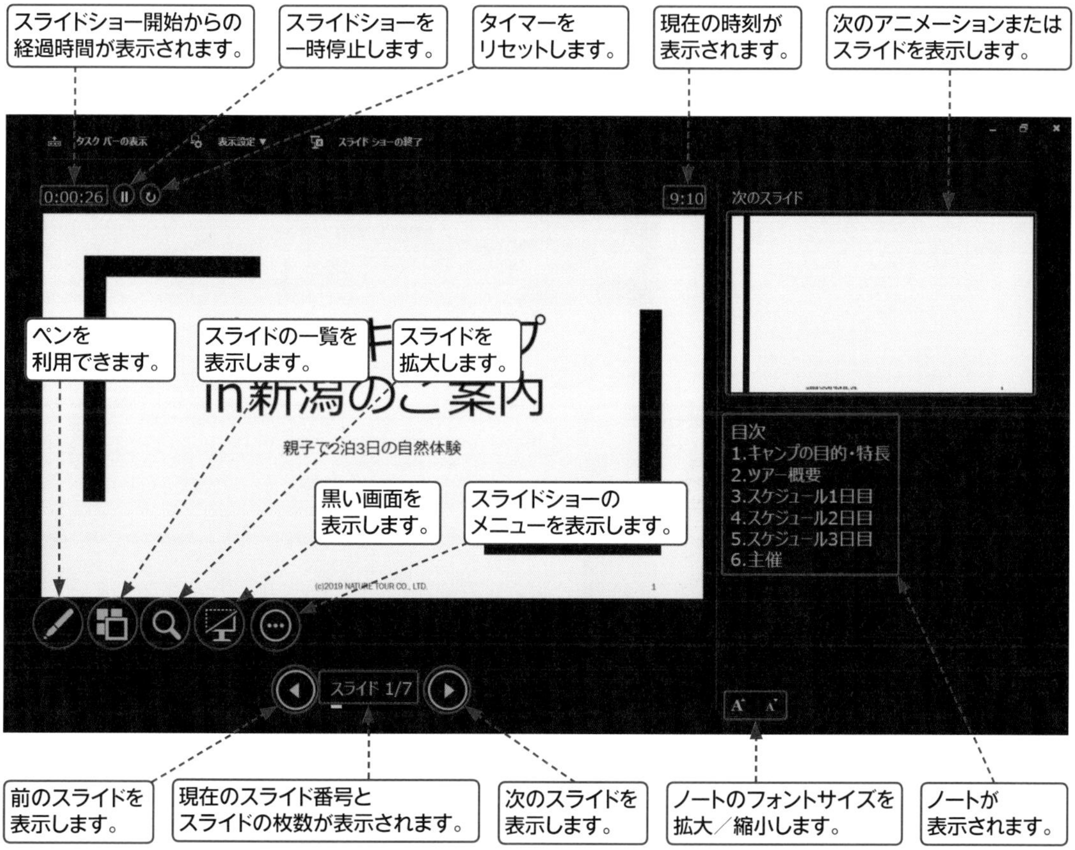

スライドショー開始からの経過時間が表示されます。

スライドショーを一時停止します。

タイマーをリセットします。

現在の時刻が表示されます。

次のアニメーションまたはスライドを表示します。

ペンを利用できます。

スライドの一覧を表示します。

スライドを拡大します。

黒い画面を表示します。

スライドショーのメニューを表示します。

前のスライドを表示します。

現在のスライド番号とスライドの枚数が表示されます。

次のスライドを表示します。

ノートのフォントサイズを拡大／縮小します。

ノートが表示されます。

メモ　レーザーポインター機能の利用

PowerPointのレーザーポインター機能を利用すると、スライドショーの実行中にスライドの強調したい部分を示すことができます。

レーザーポインターの色は、<スライドショー>タブの<スライドショーの設定>をクリックすると表示される<スライドショーの設定>ダイアログボックスで設定することができます（手順❶〜❸参照）。

マウスポインターをレーザーポインターに切り替えるには、手順❹〜❻の操作を行うか、Ctrlを押しながらスライド上をクリックします。

1 ここをクリックして、

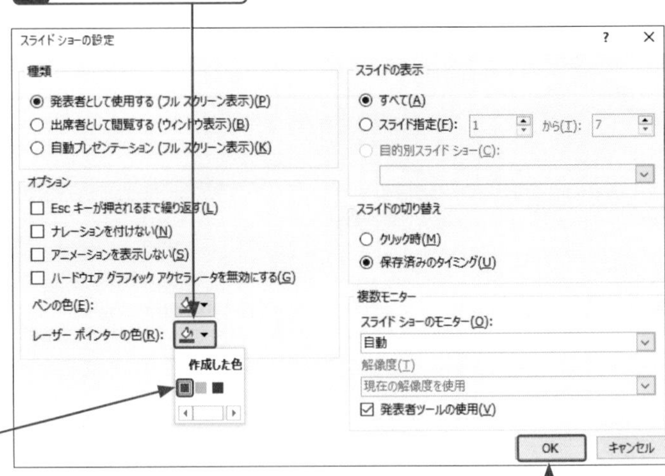

2 目的の色をクリックし、

3 <OK>をクリックします。

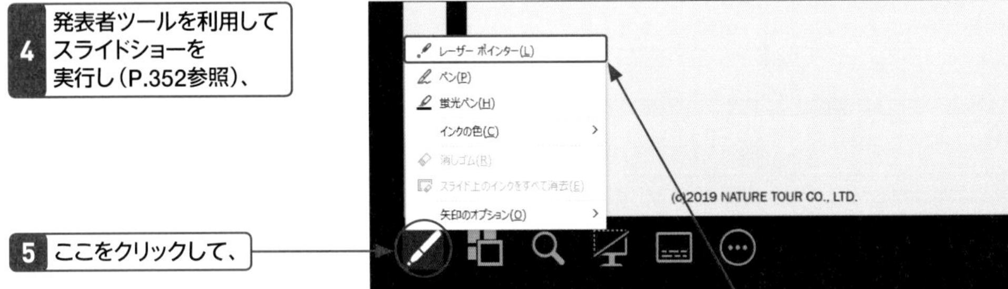

6 <レーザーポインター>をクリックすると、

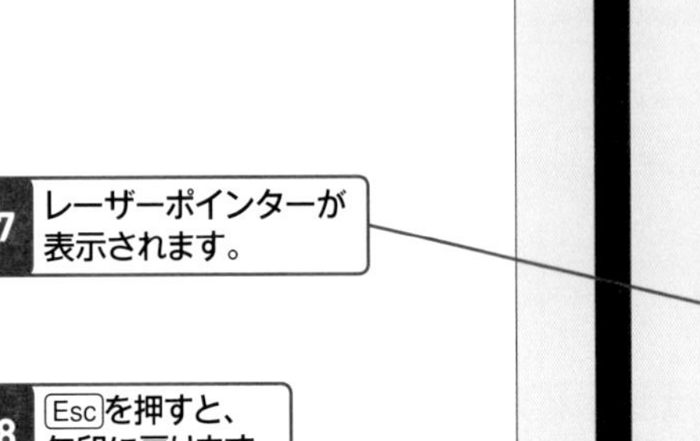

Outlook

第1章

Outlookの基本操作

Section 01 メールアカウントを設定する

覚えておきたいキーワード
- ☑ メールアカウント
- ☑ パスワード
- ☑ メールサーバー情報

Outlookを初めて起動すると、メールアカウントの設定画面が表示されます。メールを利用するには、メールアドレス、アカウント名、パスワード、メールサーバー情報などが必要です。あらかじめ、これらの情報が記載された書類やメールなどを用意しておきましょう。

1 自動でメールアカウントを設定する

Outlookを初めて起動すると、<Outlook>画面が表示されます。

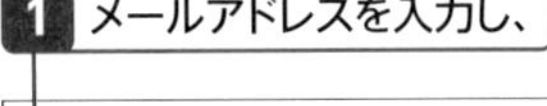

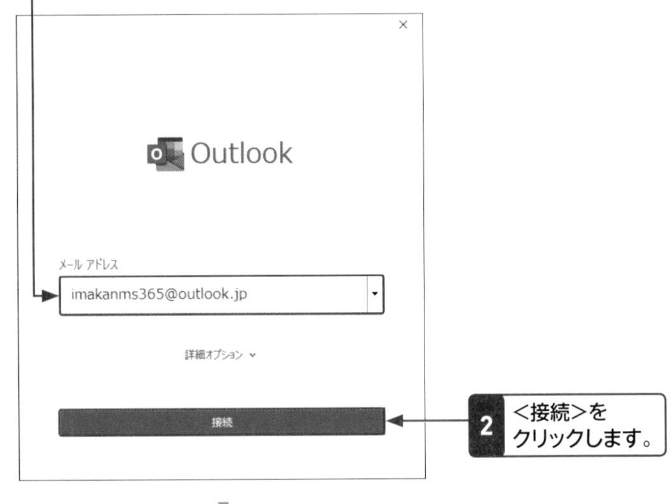

2 <接続>をクリックします。

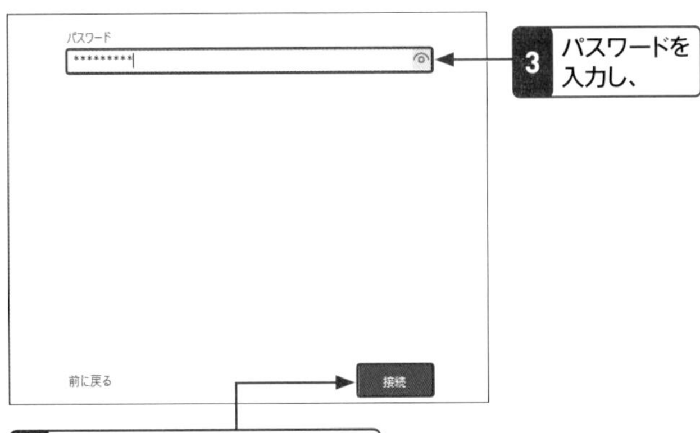

3 パスワードを入力し、

4 <ログイン>をクリックすると、

メモ セットアップ時の注意

メールアカウントのセットアップは、パソコンをインターネットに接続した状態で行ってください。

メモ 自動設定と手動設定

Outlookでは、メールアドレスとパスワードを入力するだけで、メールアカウントの設定が自動で行える機能があります。Outlookが対応しているプロバイダーのメールアカウントであれば、自動セットアップが可能です。プロバイダーが対応していない場合は、次ページの「手動でメールアカウントを設定する」を参照してください。

キーワード メールアカウント

メールアカウントとは、メールを送受信することができる権利のことです。郵便にたとえると、個人用の郵便受けのようなものです。

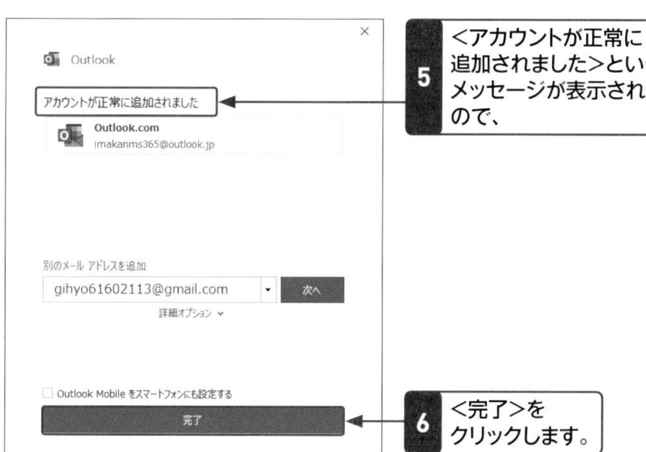

キーワード メールアドレス

メールアドレスとは、メールを送受信するために必要な自分の「住所」です。半角の英数字で表記されています。

2 手動でメールアカウントを設定する

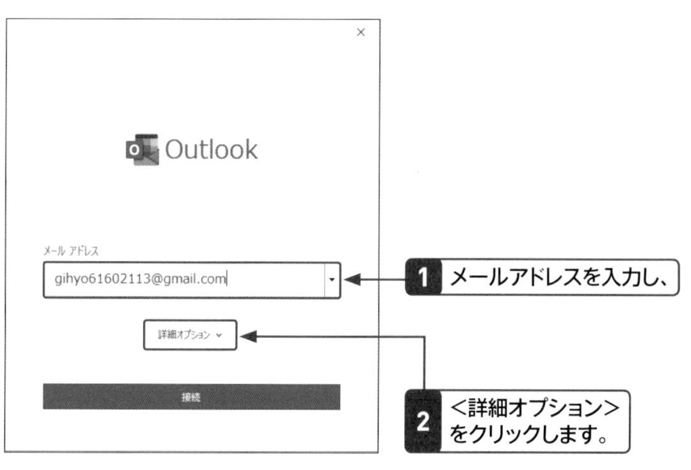

メモ 自動アカウントセットアップに失敗した場合

自動アカウントセットアップでエラーが表示された場合は、左の手順を参照し、手動でセットアップを行ってください。

キーワード 受信メールサーバーと送信メールサーバー

メールを受信するためのサーバーを「受信メールサーバー」(POP3サーバーもしくはIMAPサーバー)、メールを送信するためのサーバーを「送信メールサーバー」(SMTPサーバー)と呼びます。

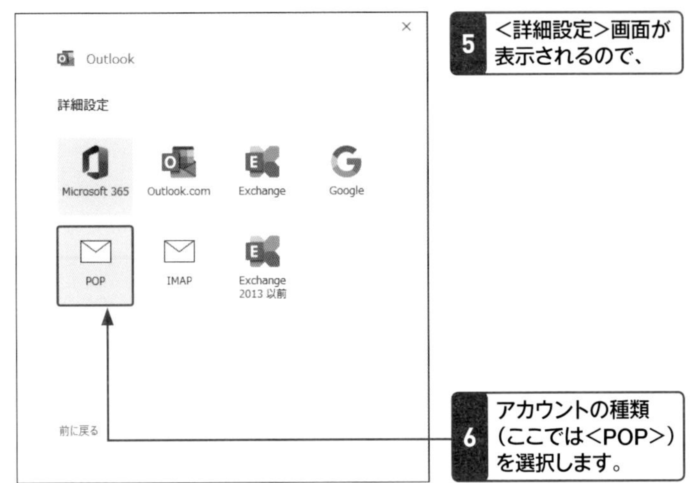

5 <詳細設定>画面が表示されるので、

6 アカウントの種類(ここでは<POP>)を選択します。

7 <アカウントの設定>画面が表示されるので、

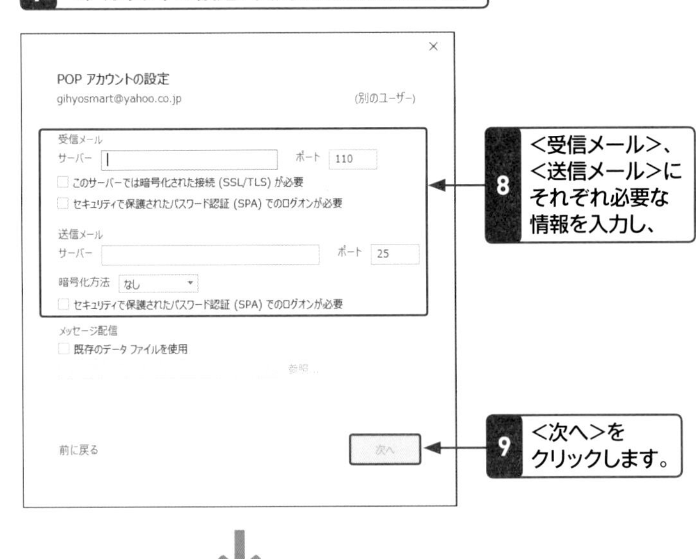

8 <受信メール>、<送信メール>にそれぞれ必要な情報を入力し、

9 <次へ>をクリックします。

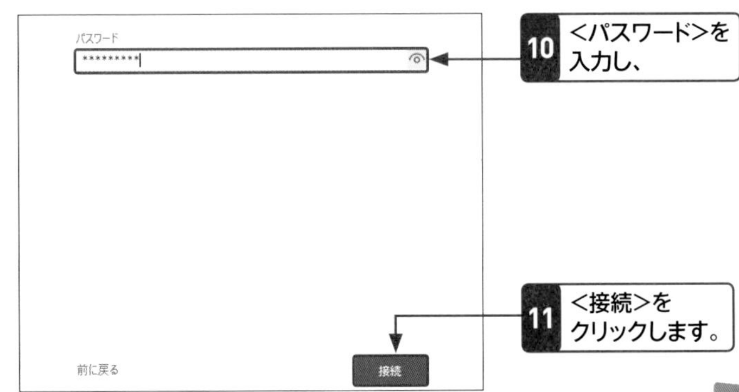

10 <パスワード>を入力し、

11 <接続>をクリックします。

12 確認のポップアップが表示された場合は、

13 <OK>をクリックします。

14 <アカウントが正常に追加されました>というメッセージが表示されるので、

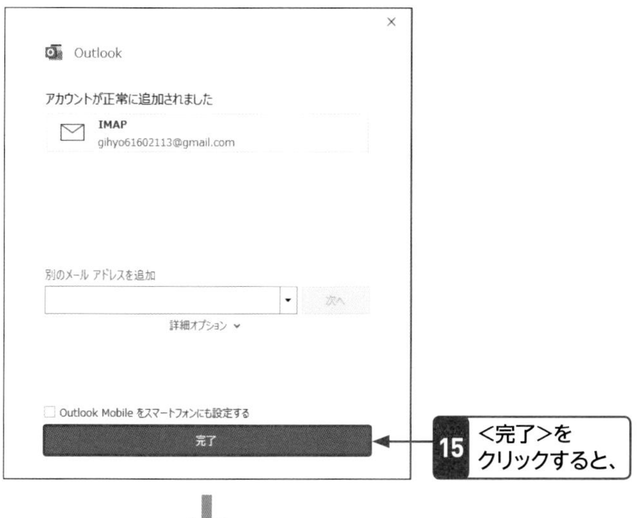

15 <完了>をクリックすると、

16 Outlookの<メール>画面が表示されます。

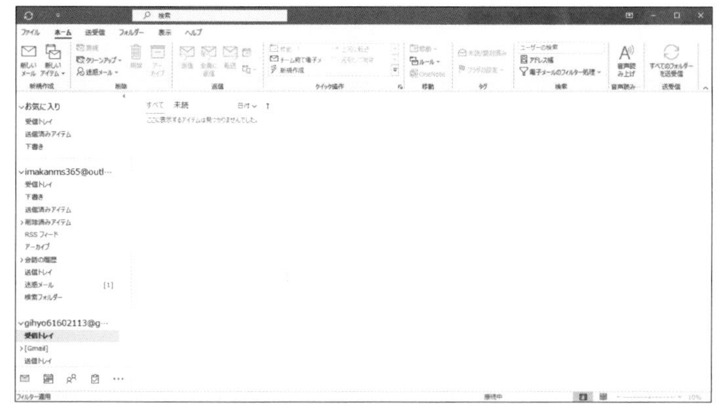

メモ 確認のポップアップ

手順13で<OK>をクリックしても先に進めない場合は、ユーザー名の「@」以降を削除して<OK>をクリックすると先に進める場合があります。

ヒント メールアカウントの追加

後からメールアカウントを追加し、複数のメールアカウントを利用することもできます。

メモ フォルダーウィンドウの表示

Outlookに設定したメールアカウントによっては、フォルダーウィンドウ（P.360参照）の表示内容が本書と異なることがあります。表示が異なるのみで、使い勝手に影響はありません。

Section 02

Outlookの画面構成と切り替え

覚えておきたいキーワード
☑ ナビゲーションバー
☑ ビュー
☑ 閲覧ウィンドウ

Outlookでは、画面下にあるナビゲーションバーで、各機能を切り替えて操作します。ここには、<メール>、<予定表>、<連絡先>、<タスク>という4つの機能が表示されており、これをクリックするだけで画面が切り替わります。なお、画面構成は機能ごとに異なりますが、基本的な操作方法は同じです。

1 Outlookの基本的な画面構成

※ナビゲーションバーがテキスト表示されている場合は、P.365下のメモ参照。

名称	機能
クイックアクセスツールバー	頻繁に利用する操作がコマンドとして登録されています。
タイトルバー	画面上で選択している機能やフォルダーの名前を表示します。
タブ	よく使う操作が目的別に分類されています。
フォルダーウィンドウ	目的のフォルダーやアイテムにすばやくアクセスできます。
ビュー	メールや連絡先など、各機能のアイテムを一覧で表示します。
閲覧ウィンドウ	ビューで選択したアイテムの内容(メールの内容や連絡先の詳細など)を表示します。
ナビゲーションバー	メール、予定表、連絡先、タスクなど、各機能の画面に切り替えることができます。
ステータスバー	左端にアイテム数(メールや予定の数)、中央に作業中のステータス、右端にズームスライダーなどを表示します。

2 メール／予定表／連絡先／タスクの画面を切り替える

<メール>の画面を表示しています。

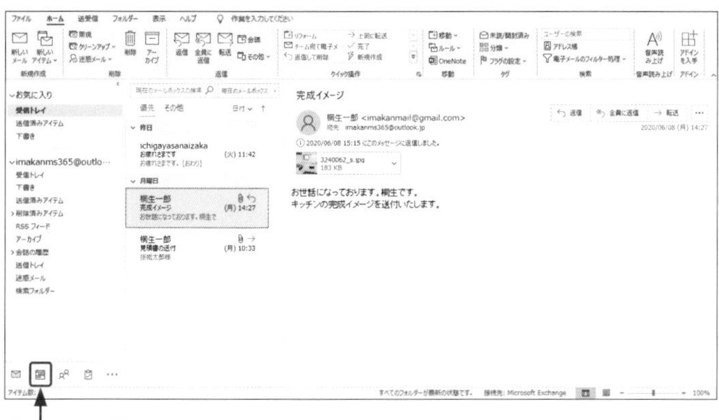

1 <予定表>をクリックすると、

2 <予定表>の画面が表示されます。

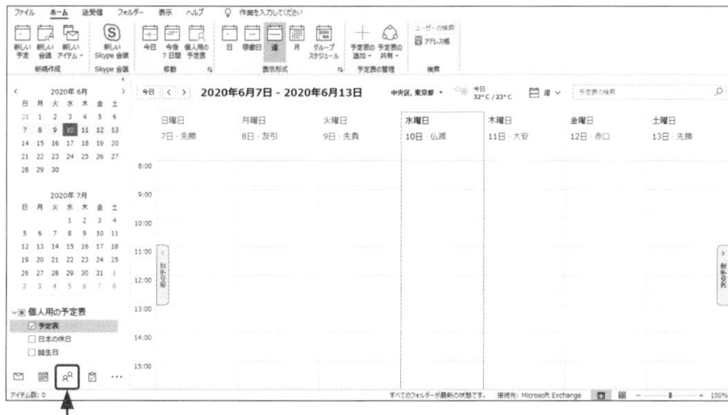

3 <連絡先>をクリックすると、

4 <連絡先>の画面が表示されます。

5 <タスク>をクリックすると、

メモ プレビュー機能

ナビゲーションバーで、<予定表>、<連絡先>、<タスク>の各機能にマウスをポイントしたままにすると、それぞれの情報がプレビュー表示されます。

<予定表>のプレビュー表示

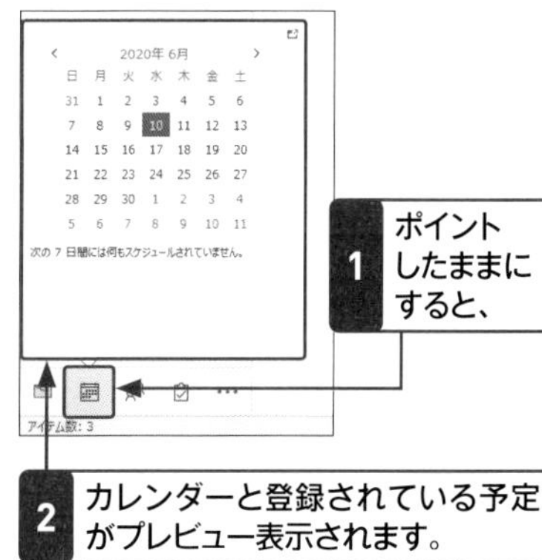

1 ポイントしたままにすると、

2 カレンダーと登録されている予定がプレビュー表示されます。

<連絡先>のプレビュー表示

名前やメールアドレスを入力して検索することができます。

<タスク>のプレビュー表示

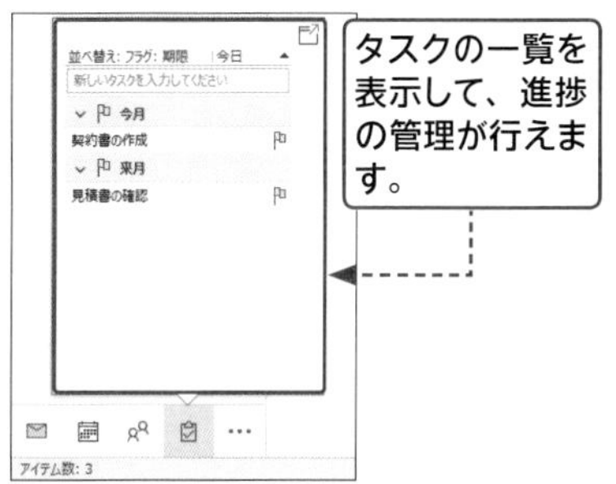

タスクの一覧を表示して、進捗の管理が行えます。

メモ **新しいウィンドウで開く**

機能を切り替える際、新しいウィンドウとして開きたい場合は、右クリックで表示されるメニューから<新しいウィンドウで開く>をクリックします。

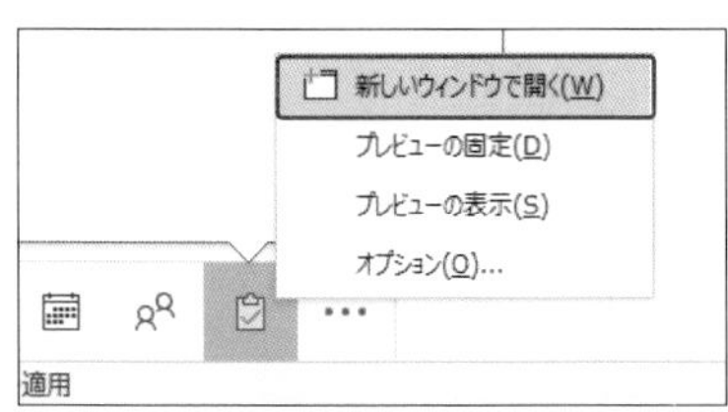

6 <タスク>の画面が表示されます。

3 ナビゲーションバーの表示順序を変更する

メモ **ナビゲーションバーに表示可能な項目**

ナビゲーションバーには、<メール>、<予定表>、<連絡先>、<タスク>のほか、<メモ>、<フォルダー>、<ショートカット>を表示することができます。<メモ>はデスクトップ上にメモを残せる付箋機能のことで、<フォルダー>は、Outlook上のすべてのフォルダーが表示されます。<ショートカット>は、よく使うフォルダーのショートカットをまとめたものです。

1 ここをクリックし、

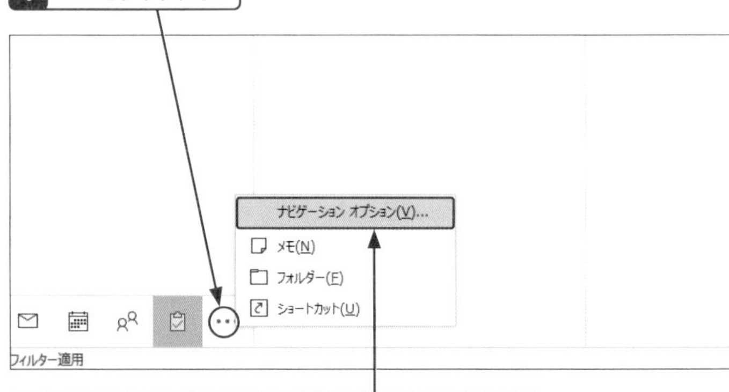

2 <ナビゲーション オプション>をクリックすると、

3 <ナビゲーション オプション>ダイアログボックスが表示されます。

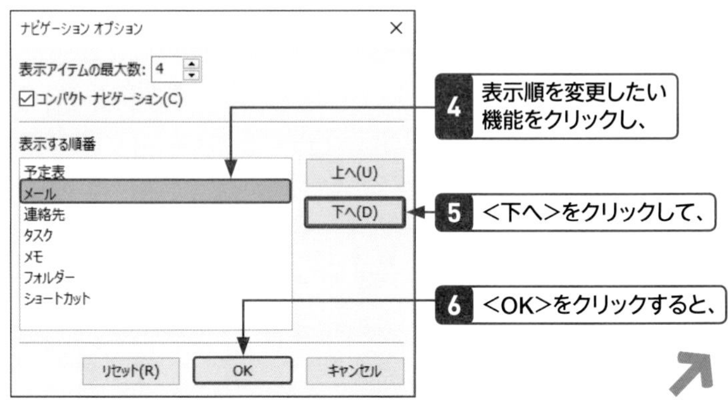

4 表示順を変更したい機能をクリックし、

5 <下へ>をクリックして、

6 <OK>をクリックすると、

ヒント **表示アイテムの最大数**

手順**3**の画面で「表示アイテムの最大数」を変更すると、ナビゲーションバーに表示するアイテムの数を変更できます。

7 ナビゲーションバーの表示順序が変更されます。

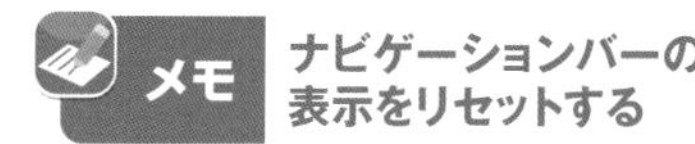

ナビゲーションバーの表示をリセットする

ナビゲーションバーの表示を元の状態に戻したい場合は、P.364手順3の画面で<リセット>をクリックします。

4 ナビゲーションバーをテキスト表示にする

P.364手順1～2を参考にして、<ナビゲーション オプション>ダイアログボックスを表示します。

1 <コンパクト ナビゲーション>をクリックしてオフにし、

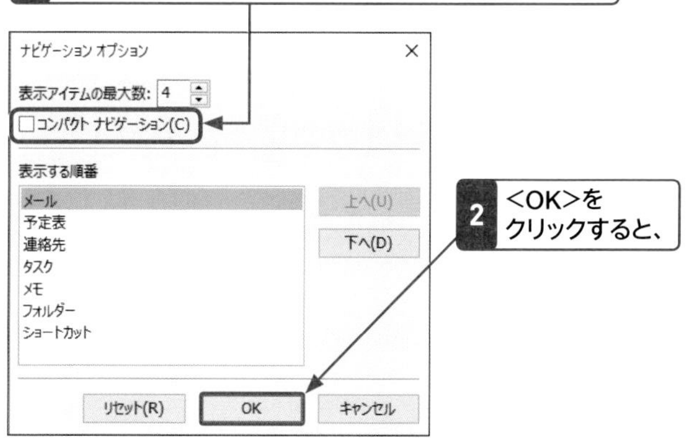

2 <OK>をクリックすると、

3 ナビゲーションバーがテキストで表示されます。

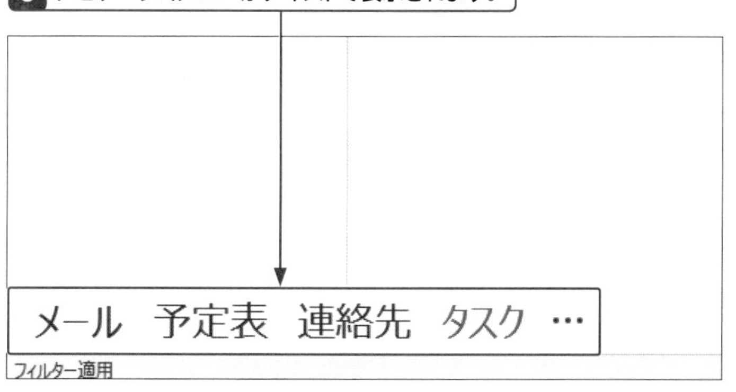

メモ テキスト表示から元に戻す

テキスト化したナビゲーションバーを元に戻すには、手順1の画面で<コンパクト ナビゲーション>をオンにします。なお、環境によっては最初からナビゲーションバーがテキスト化された状態で表示されることがあります。本書では、ナビゲーションバーをアイコン表示の状態で解説しているので、上記操作でアイコン表示に戻してください。

Section 03

メール画面の見方

覚えておきたいキーワード
- メール
- ビュー
- 閲覧ウィンドウ

Outlookの＜メール＞の画面では、これまで送受信したメールが＜ビュー＞に一覧表示されます。目的のメールをクリックすると、＜閲覧ウィンドウ＞に内容が表示されるしくみになっています。また、＜閲覧ウィンドウ＞からメールの返信や転送が行えるインライン返信機能も利用できます。

1 ＜メール＞の基本的な画面構成

＜メール＞の一般的な作業は、以下の画面で行います。

名称	機能
タブ	よく使う操作が目的別に分類されています。
検索ボックス	キーワードを入力してメールを検索します。
フォルダー	フォルダーごとに分類されたメールが保存されます。
ビュー	選択したフォルダーに格納されたメールが表示されます。 3種類の表示方法があります（＜表示＞タブから設定可）。
閲覧ウィンドウ	選択したメールの内容が表示されます。

2 <メッセージ>ウィンドウの画面構成

<メール>の新規作成画面（Sec.05参照）では、<メッセージ>ウィンドウが表示されます。

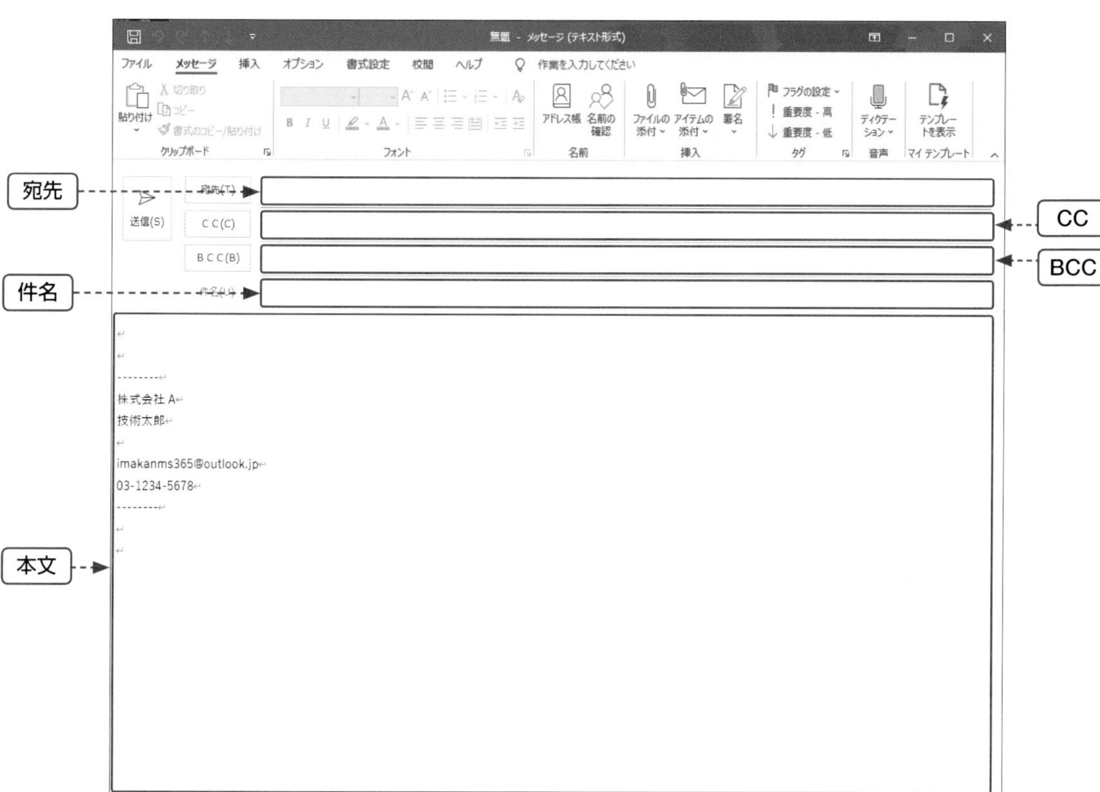

名称	機能
宛先	送信先のメールアドレスを入力します。
件名	メールの件名を入力します。
CC	メールのコピーを送りたい相手の宛先を入力します。
BCC	ほかの受信者にメールアドレスを知らせずに、メールのコピーを送りたい相手の宛先を入力します。
本文	メールアドレスの本文を入力します。

メモ　インライン返信機能

Outlookでは、<メール>の返信／転送画面がインライン表示となり、<メッセージ>ウィンドウは表示されなくなっています（Sec.11参照）。なお、ビューに表示されたメールをダブルクリックすると、<メッセージ>ウィンドウで表示することができます。

Section 04

作成するメールを常にテキスト形式にする

覚えておきたいキーワード
- HTML 形式
- テキスト形式
- 迷惑メール

最近ではHTML形式に対応したメールサービスが主流となっているため、HTML形式のメールがよく使われています。ただし、HTML形式は図や写真を使って装飾できる一方、相手の環境によっては受信してもらえない可能性があるため、ビジネスではテキスト形式のメールが好まれることもあります。

1 作成するメールをテキスト形式にする

メモ Outlookのメール形式

Outlookで送信可能なメール形式には、以下の3つがあります。

HTML形式

ウェブサイトを作成する際に用いる、「HTML言語」を利用した形式です。文字の大きさや色を変えたり、図や写真をレイアウトすることができますが、迷惑メールと判断されたり、文字化けしたりなど、相手に正しく受信してもらえない可能性があります。メールマガジンやダイレクトメールなどが、この形式で送られてくることがよくあります。

リッチテキスト形式

HTML形式と同様、文字の装飾が行える形式です。こちらも相手に正しく受信されないことがあるため、あまり使用されていません。

テキスト形式

テキスト（文字）のみで構成された形式です。Outlookの初期設定では、HTML形式のメールを作成するようになっていますので、テキスト形式でメールを送りたい場合は形式を変更する必要があります。

1 <ファイル>タブの<オプション>をクリックして、<Outlookのオプション>ダイアログボックスを表示します。

2 <メール>をクリックすると、

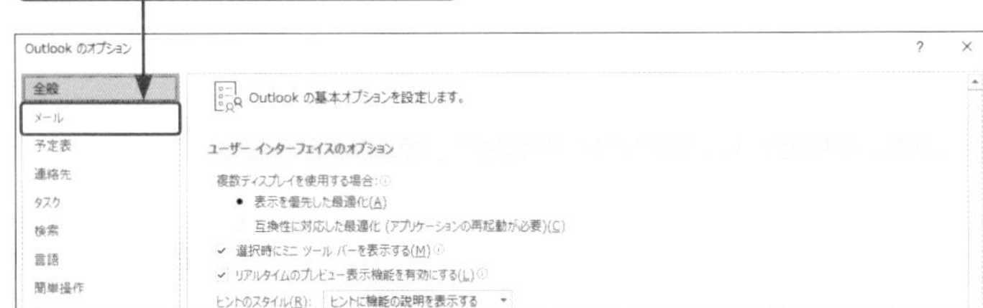

3 メールの設定が変更できる画面になります。

第1章 Outlookの基本操作

4 ここをクリックして、

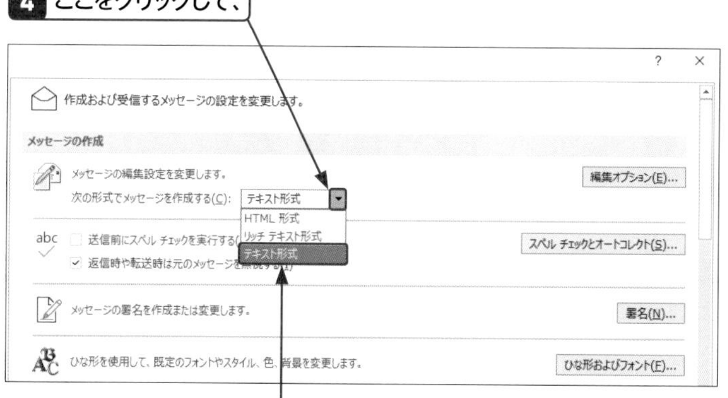

5 <テキスト形式>をクリックすると、

6 <テキスト形式>に変更されます。

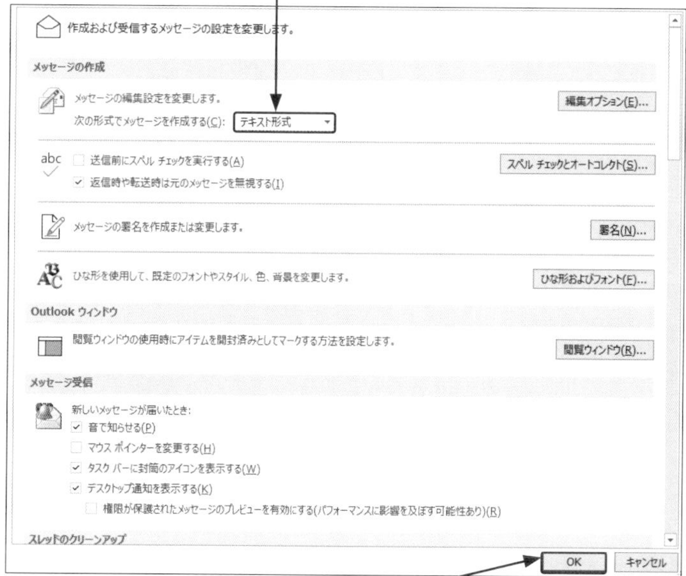

7 <OK>をクリックします。

8 新しいメールを作成し、

9 <書式設定>タブをクリックすると、

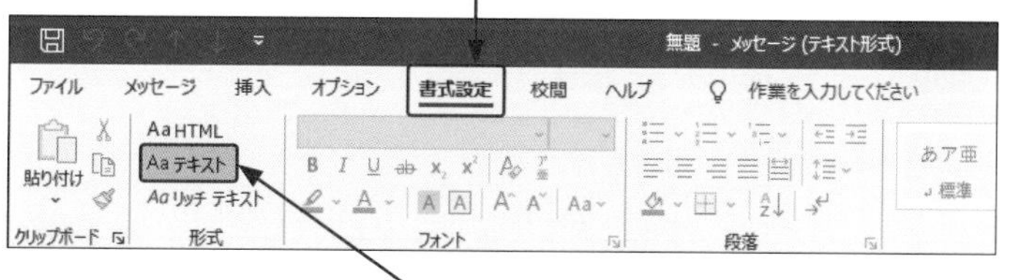

10 形式が<テキスト>になっていることを確認できます。

メモ 折り返し位置の設定

メールを作成する際、1行あたりの文字数が設定した数値を超えると、送信時に自動的に文章が改行（折り返し）されます。設定する数値は、半角文字で1字分、全角文字で2文字分と数えます。初期設定では76文字となっていますので、全角文字38文字分となります。設定を変更したい場合は、手順6の画面を下方向にスクロールして下のほうにある「メッセージ形式」の<指定の文字数で自動的に文字列を折り返す>で数値を指定します。

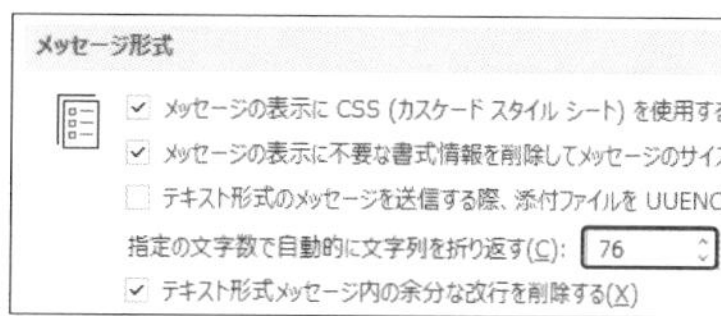

なお、メールの作成画面で改行が行われるわけではなく、送信時に自動的に改行が行われるため、どこで改行されたかを自分で確認することはできません。

ヒント メール作成時にメッセージ形式を変更する

メール作成時の<メッセージ>ウィンドウで、メッセージの形式を変更することができます。<書式設定>タブをクリックし、変更したい形式をクリックします。

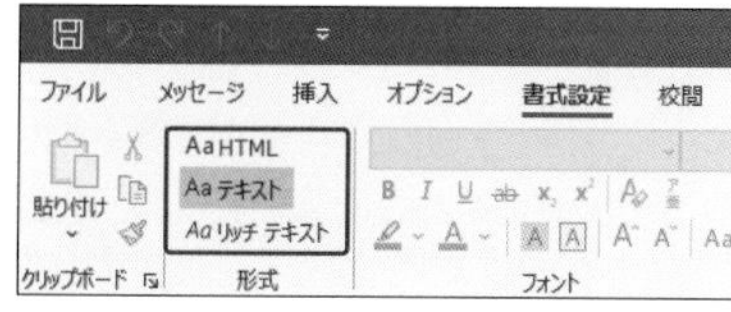

Section 05 メールを作成する／送信する

覚えておきたいキーワード
- ＜メッセージ＞ウィンドウ
- 送信
- 送信済みアイテム

メールを送信するには、まず＜メッセージ＞ウィンドウを開いた後、＜宛先＞、＜件名＞、＜本文＞を入力して、メールを作成します。最後に＜送信＞をクリックすると、相手にメールが送られます。送信したメールは、＜送信済みアイテム＞から確認することができます。

1 メールを作成する

メモ メールを送信するときに必要な情報

メールを送る際に必要な情報は、＜宛先＞、＜件名＞、＜本文＞の3つです。＜宛先＞に相手のメールアドレスを入力した後、＜件名＞に簡潔なタイトル、＜本文＞にメッセージを入力しましょう。

1 ＜新しいメール＞をクリックすると、

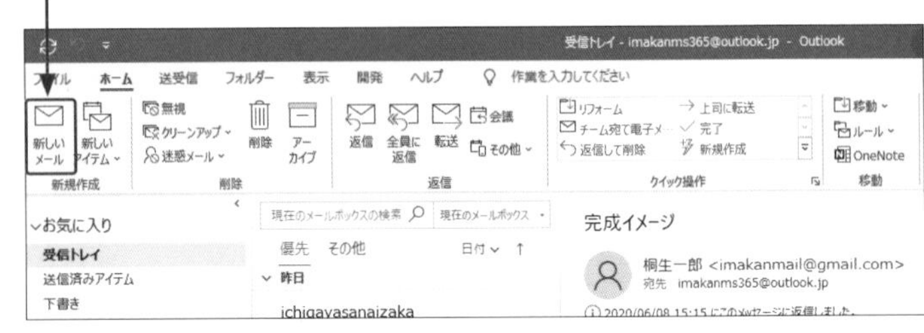

ヒント 一度入力したメールアドレスの簡易入力

一度入力したメールアドレスは、途中まで入力した時点で宛先候補として表示されます。複数の候補がある場合は、↑または↓を押して選択し、Enterを押すことで入力できます。

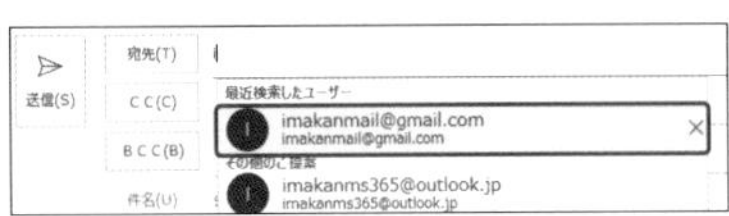

2 ＜メッセージ＞ウィンドウが表示されます。

3 ＜宛先＞にメールアドレスを入力し、

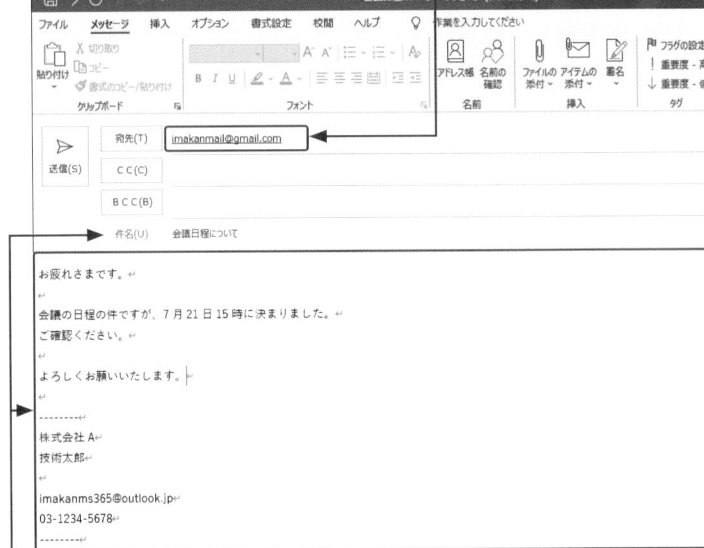

4 件名と本文を入力します。

ヒント 連絡先を利用した宛先の入力

＜連絡先＞に登録したメールアドレスを＜宛先＞に入力することもできます。詳しくは、Sec.20を参照してください。

2 メールを送信する

1 <メッセージ>ウィンドウで、メールの宛先、件名、本文が正しく入力されているか確認します。

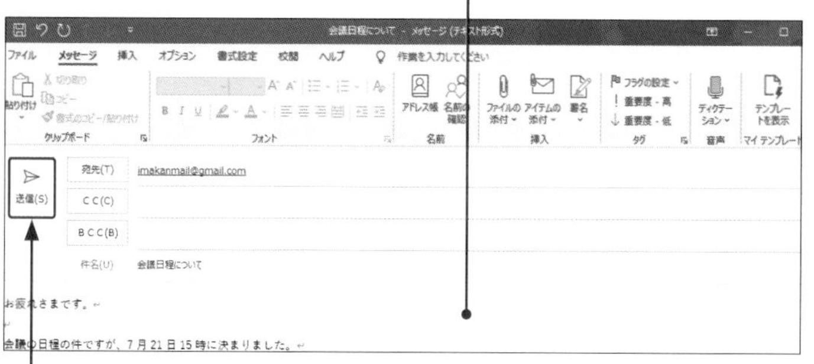

2 <送信>をクリックすると、

3 <メッセージ>ウィンドウが閉じてメールが送信され、<メール>の画面が表示されます。

4 <送信済みアイテム>をクリックすると、

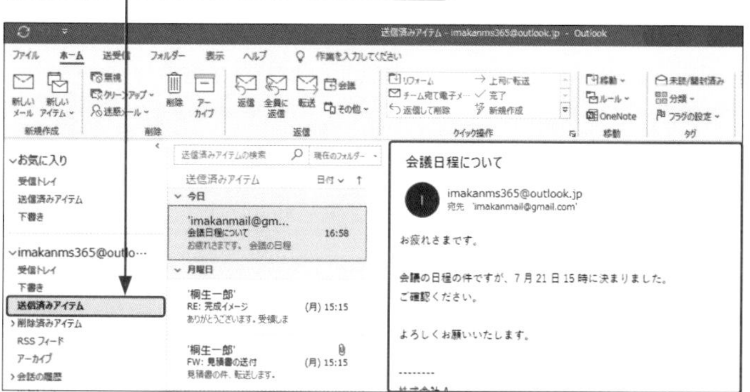

5 送信したメールを確認することができます。

件名を入力し忘れた場合

件名を入力せずに送信すると、図のような画面が表示されます。<そのまま送信>をクリックして送信することもできますが、相手に失礼なので、<送信しない>をクリックして、再度件名を入力したほうがよいでしょう。

Microsoft Outlook

このメッセージを件名なしで送信しますか?

送信しない(D)　そのまま送信(S)

メモ HTML形式のメールは相手が受信できない場合も

Outlookの初期設定では、HTML形式でメールが作成されます。しかし、ガラケーなど、一部の環境ではHTML形式のメールを受け取れないことがあるので注意が必要です。メールの形式についてはP.368のメモを参照してください。

<送信トレイ>にメールが残っている場合

送信したはずのメールが<送信トレイ>にある場合は、何らかの理由でメールが相手に送信されていません。原因としては、パソコンがインターネットに接続されていなかった、送信中に何らかのトラブルがあったなどが考えられます。メールをダブルクリックすると、<メッセージ>ウィンドウが開くので、再度内容を確認してから送信を行ってください。

Section 06

メールを受信する

覚えておきたいキーワード
- 受信
- <送受信>タブ
- すべてのフォルダーを送受信

<送受信>タブにある<すべてのフォルダーを送受信>をクリックすると、メールの受信が始まります。初期設定では、メールは30分ごとに自動受信されるように設定されていますが、ここでは手動ですぐにメールを受信する方法を紹介します。

1 メールを受信する

ヒント 未読メールと既読メール

未読メールはメールの件名と受信日時が青色で表示され、既読メールと区別できるようになっています。

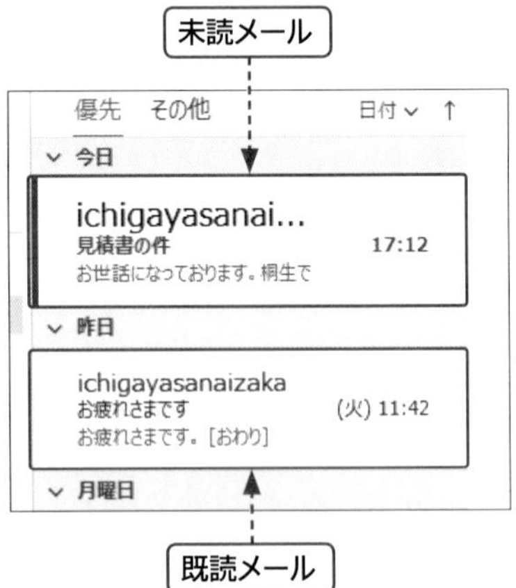

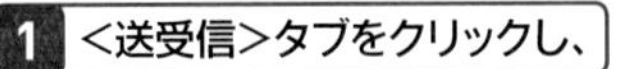
1 <送受信>タブをクリックし、

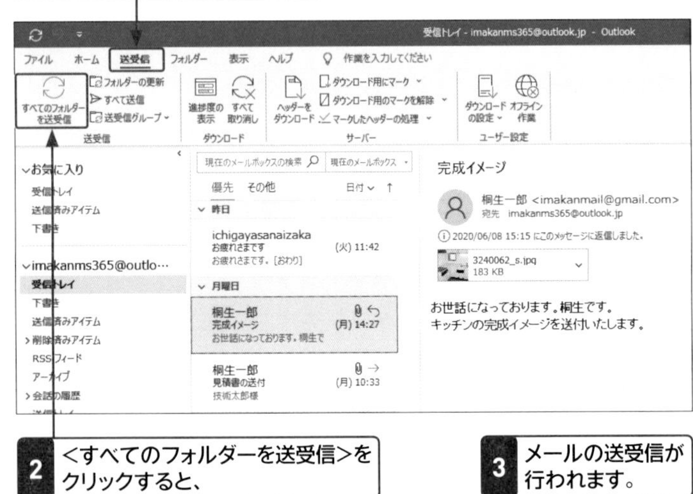

2 <すべてのフォルダーを送受信>をクリックすると、

3 メールの送受信が行われます。

4 メールを受信すると、<受信トレイ>に新着メールの数が表示され、

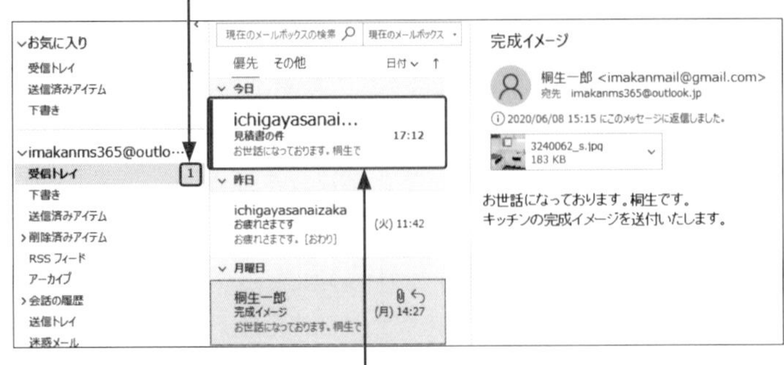

5 ここに新着メールが表示されます。

6 読みたいメールをクリックすると、

7 閲覧ウィンドウにメールの本文が表示されます。

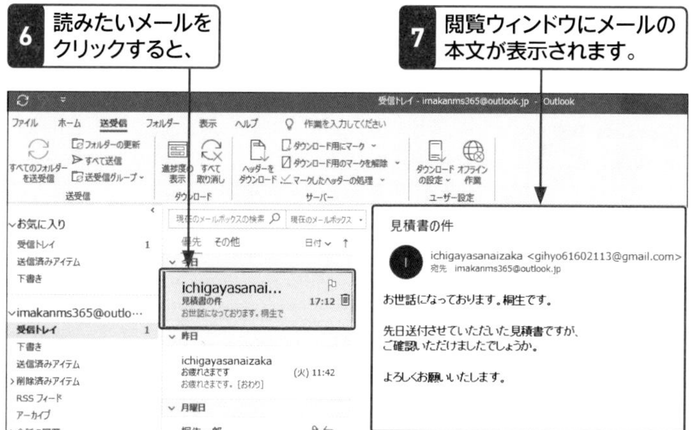

デスクトップ通知

メールを受信すると、デスクトップの右下に<デスクトップ通知>が表示されます。送信者名や件名、本文の一部などが確認できます。この表示は<ファイル>タブのオプションから消すこともできます。

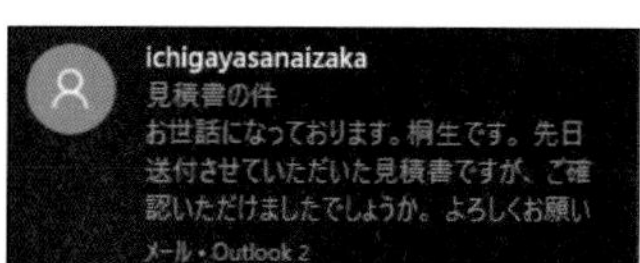

2 閲覧ウィンドウの文字を大きくする

1 ズームスライダーの<拡大>＋をクリックすると、

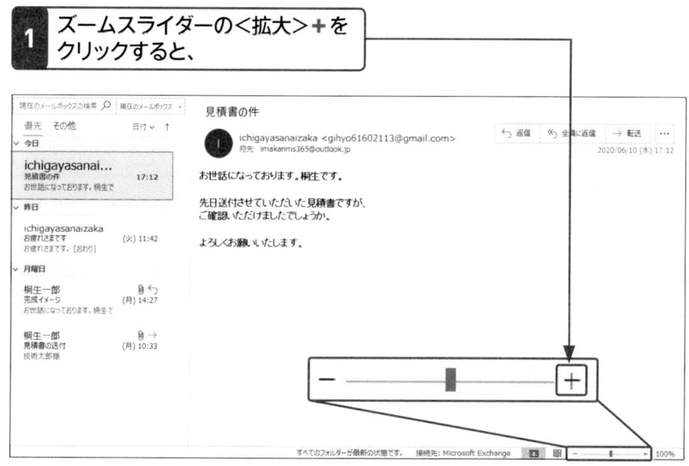

送信トレイのメール

<すべてのフォルダーを送受信>の操作を行った場合、メールの受信に加えて<送信トレイ>にあるメールの送信も行われます。送信に失敗したメールや、一時的に送信トレイに移動していたメールはすべて送信されてしまうので注意してください。

2 閲覧ウィンドウの文字が大きくなります。

ヒント どの機能からでも送受信は可能

<メール>以外の<連絡先>、<予定表>、<タスク>の各画面にも<送受信>タブがあるので、わざわざ<メール>に切り替えなくても、すぐにメールの送受信を行うことができます。また、画面上部のクイックアクセスツールバーにあるボタンをクリックすることでも、メールの送受信が可能です。

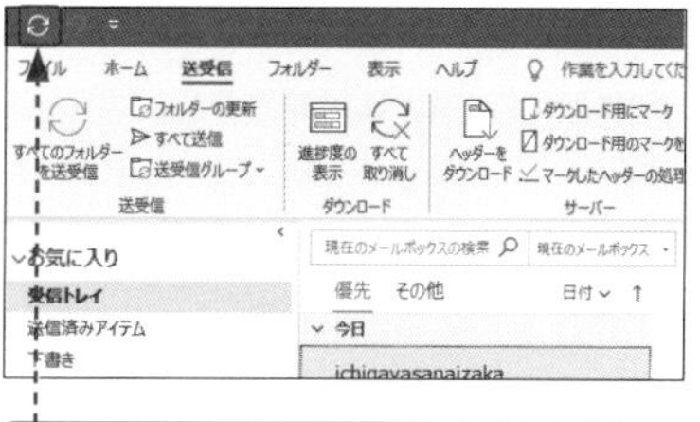

このボタンをクリックすることでも、メールの送受信が行えます。

Section 07

表示されていない画像を表示する

覚えておきたいキーワード
- ☑ コンピューターウイルス
- ☑ 信頼できる差出人のリスト
- ☑ ブロック

迷惑メールの中にある画像を誤って開いてしまうと、コンピューターウイルスに感染してしまう可能性があります。Outlookは、迷惑メール対策として、HTML形式のメールの画像表示をブロックするようになっています。ただし、信頼できる相手からのメールであれば、設定によって画像を表示できます。

1 表示されていない画像を表示する

注意 迷惑メールの画像表示

迷惑メールの多くはHTML形式を利用しており、宣伝文句などが画像に組み込まれています。万が一、この画像を表示してしまうと、メールを開封したことが自動的に送信者に伝わる可能性があるほか、コンピューターウイルスに感染する危険性も高まります。そのため、信頼できる相手以外から送られてきたHTML形式のメールは不用意に開かず、画像も表示しないようにしましょう。Outlookの初期設定では、HTML形式のメール内の画像が表示されないようになっています。

初期設定では、画像が表示されないようになっています。

1 画像が表示されていないメールの、<画像をダウンロードするには、ここをクリックします。～>をクリックします。

2 <画像のダウンロード>をクリックすると、

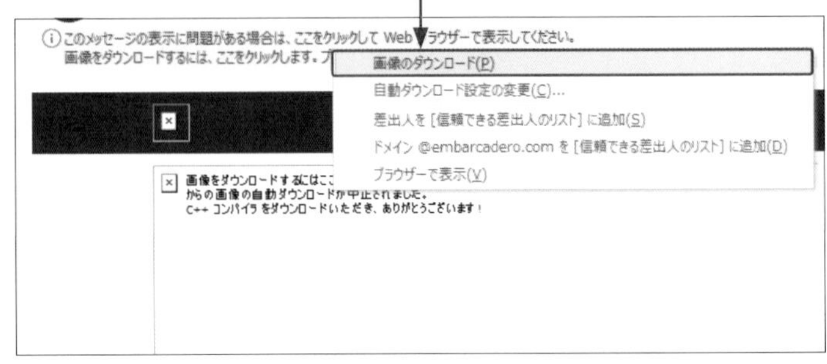

ヒント 画像を表示するそのほかの方法

手順1の画面で、画像が表示されていない部分を右クリックし、<画像のダウンロード>をクリックすることでも画像を表示することができます。

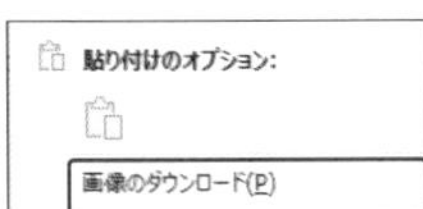

3 画像が表示されます。

メモ HTMLメールのリンクに注意

HTML形式のメールを受信した場合、本文内に外部サイトへのリンクが含まれていることがあります。中には画像をクリックするとそのリンク先に移動してしまうこともあるので、うかつにリンクや画像をクリックしないよう注意しましょう。

2 特定の相手からのメールの画像を常に表示する

1 画像が表示されていないメールの、<画像をダウンロードするには、ここをクリックします。～>をクリックします。

2 <差出人を[信頼できる差出人のリスト]に追加>をクリックして、

3 <OK>をクリックします。

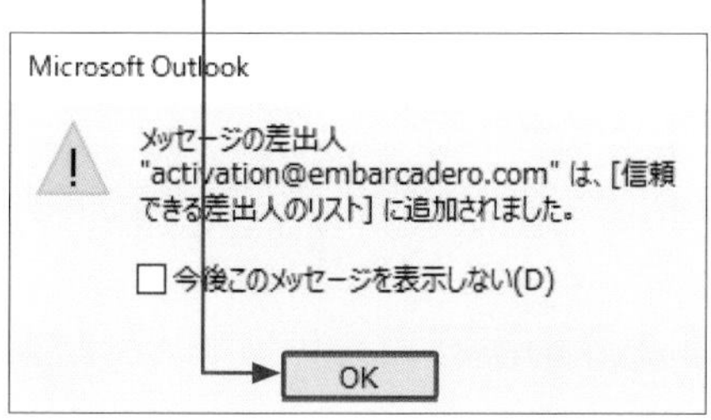

キーワード <信頼できる差出人のリスト>

<信頼できる差出人のリスト>とは、送られてきたメールが迷惑メールとして扱われないようにできる、差出人の一覧のことです。<信頼できる差出人のリスト>に追加された差出人は信頼できる相手と見なされるため、送られてきたHTML形式のメールの画像も自動で表示されるようになります。

ヒント リストからの解除

<信頼できる差出人のリスト>から解除するには、<ホーム>タブで<迷惑メール>をクリックし、<迷惑メールのオプション>をクリックします。<信頼できる差出人のリスト>タブをクリックし、差出人をクリックして<削除>をクリックするとリストから解除できます。

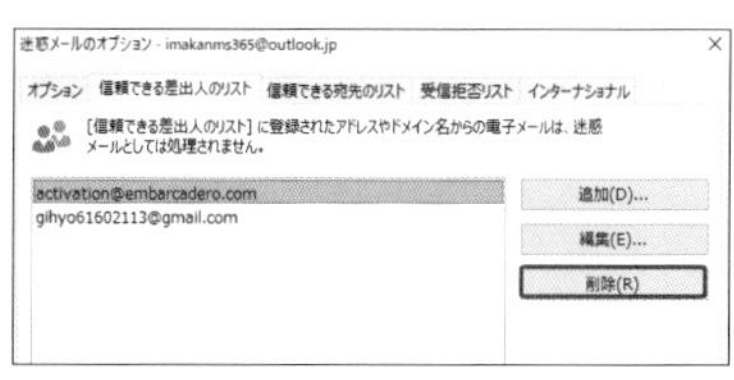

Section 08 受信した添付ファイルを確認する／保存する

覚えておきたいキーワード
- 添付ファイル
- プレビュー機能
- 文書・画像ファイル

文書ファイルや画像ファイルが添付されたメールを受信した際は、プレビュー機能を使うと便利です。これを利用すれば、アプリケーションを起動せずに、添付ファイルの内容を確認することができます。また、添付ファイルをパソコンに保存することも可能です。

1 添付ファイルをプレビュー表示する

メモ プレビュー可能な添付ファイル

Outlookでプレビュー可能な添付ファイルは、WordやExcelで作成されたOfficeファイル、画像ファイル、テキストファイル、HTMLファイルです。なお、Officeファイルをプレビューするには、そのアプリケーションがパソコンにインストールされている必要があります。

1 添付ファイルがあるメールをクリックします。

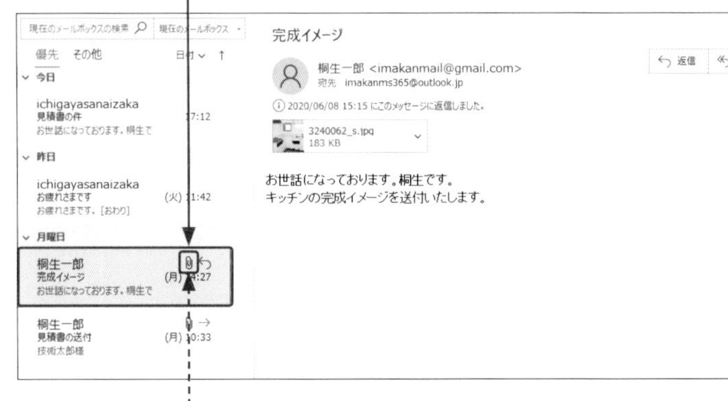

ファイルが添付されたメールにはが表示されます。

2 添付ファイルをクリックすると、

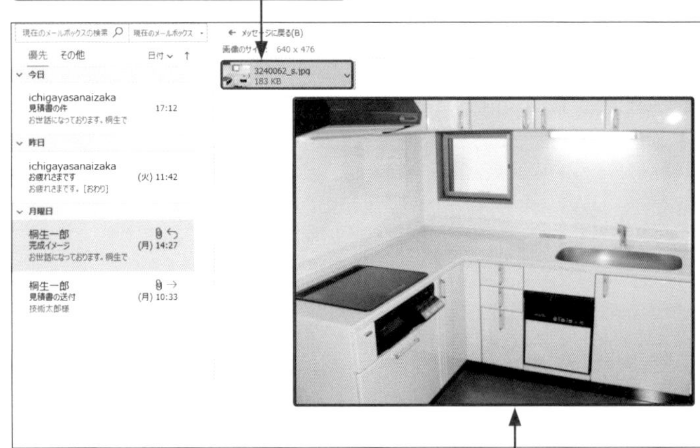

3 添付ファイルのプレビューが表示されます。

メモ ファイルが添付されていない？

Outlookでは、コンピューターウイルスを含む可能性のあるファイル（拡張子がbat、exe、vbs、jsなどのファイル）をブロックする機能を備えています。そのため、それらのファイルが添付されても表示されず、利用することができません。

4 <メッセージに戻る>をクリックすると、

5 本文表示に戻ります。

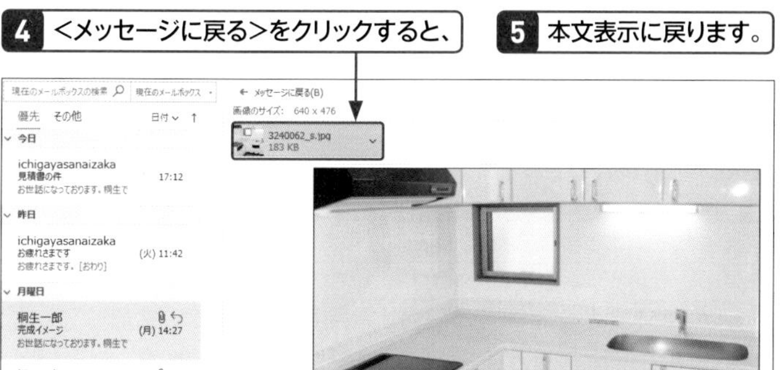

プレビュー時の制限

Wordファイルや Excelファイルをプレビューする場合、悪意のあるマクロなどが実行されないよう、マクロ機能やスクリプト機能などは無効になっています。そのため、実際にアプリケーションで閲覧する場合とは、内容が異なって表示されることもあります。

2 添付ファイルを保存する

1 添付ファイルのここをクリックして、

2 <名前を付けて保存>をクリックします。

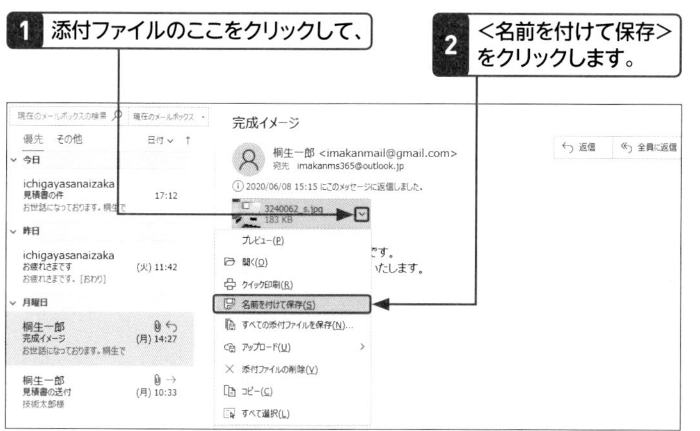

添付ファイルを保存するときの注意

見知らぬ人から届いた添付ファイルには、パソコンの動作を不安定にさせたり、個人情報を盗み取ったりするようなコンピューターウイルスが潜んでいる可能性があります。そのような場合、添付ファイルは不用意に保存せずに、すぐに削除する習慣を身に付けておきましょう。

3 添付ファイルを保存する場所を指定して、

4 <保存>をクリックします。

添付ファイルの削除

添付ファイルはメールから削除することができます。添付ファイル横の をクリックしてから、<添付ファイルの削除>をクリックします。

1 ここをクリックし、

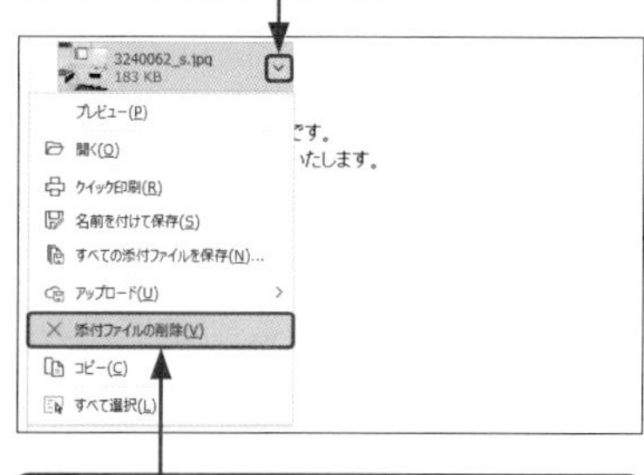

2 <添付ファイルの削除>をクリックします。

Section 09

メールを複数の宛先に送信する

覚えておきたいキーワード
- 宛先
- CC
- BCC

メールは一人に対してだけではなく、複数の人に宛てて送ることもできます。複数人にメールを送信するには、①<宛先>にメールアドレスを追加する、②<CC>を使う、③<BCC>を使うという3つの方法があります。それぞれ異なる役割があるため、状況に応じて使い分けましょう。

1 複数の宛先にメールを送信する

キーワード 同報メール

同じ内容の文面を、複数のメールアドレスに対して一斉に送信するメールのことを、「同報メール」といいます。

Sec.05を参考に<メッセージ>ウィンドウを開き、件名と本文を入力しておきます。

1 <宛先>に1人目のメールアドレスを入力します。

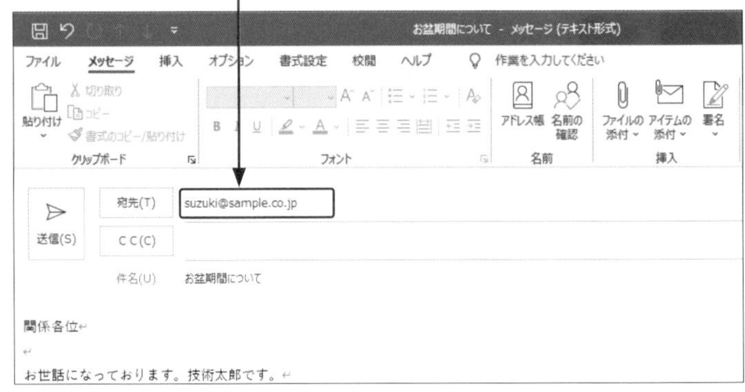

2 「;」(セミコロン)を入力した後に、2人目のメールアドレスを入力して、

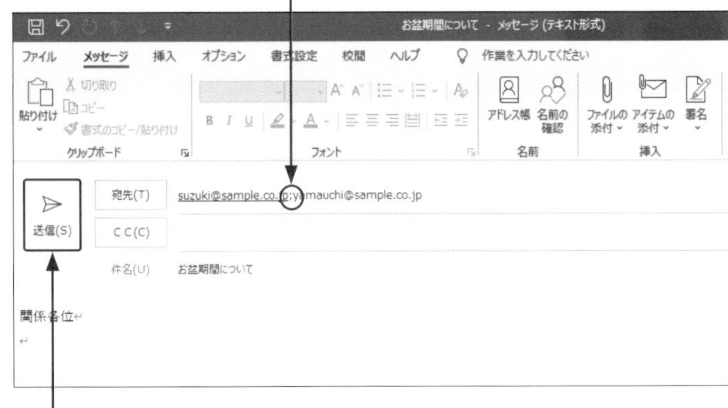

3 <送信>をクリックします。

メモ 自動的にセミコロンが入る場合

複数の人に対してメールを送る場合、メールアドレスを入力し終わった後に「;」(セミコロン)を入力します。しかし、すでにメールを送ったことがあるメールアドレスを簡易入力で入力した場合は(P.370の上のヒント参照)、自動的にセミコロンが入力されます。

2 別の宛先にメールのコピーを送信する

＜メッセージ＞ウィンドウを開き、宛先と件名、本文を入力しておきます。

1 ＜CC＞に、メールのコピーを送りたい相手のメールアドレスを入力し、

2 ＜送信＞をクリックします。

キーワード CC

＜CC＞とは、＜宛先＞の人に対して送るメールを、他の人にも確認してほしいときに使う機能です。＜CC＞に入力した相手には、＜宛先＞に送ったメールと同じ内容のメールが届きます。たとえば、メールの内容を相手だけでなくその上司にも確認してもらいたい場合などに使います。＜CC＞に入力したメールアドレスは、受信したすべての人に通知されます。

3 宛先を隠してメールのコピーを送信する

＜メッセージ＞ウィンドウを開き、
宛先と件名、本文を入力しておきます。

1 ＜オプション＞タブをクリックし、 **2** ＜BCC＞をクリックします。

3 ＜BCC＞欄が追加されました。

4 ＜BCC＞に、ほかの受信者には知られたくないメールアドレスを入力し、

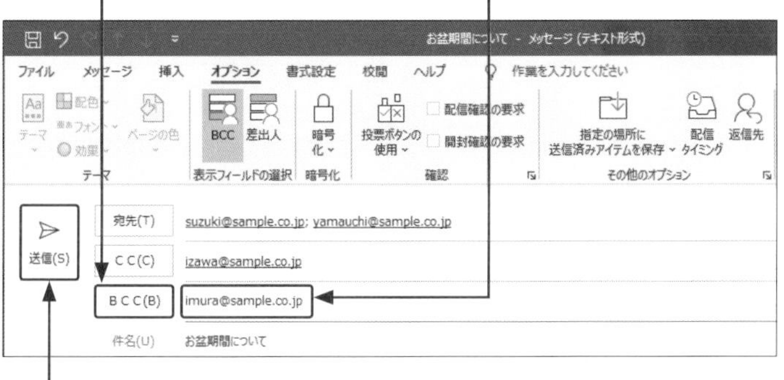

5 ＜送信＞をクリックします。

キーワード BCC

＜BCC＞は＜CC＞と異なり、入力したメールアドレスが受信した人に通知されません。＜宛先＞に送ったメールを他の人にも確認してもらいたいけど、メールアドレスは見せたくないというときに使う機能です。なお、送り先全員を＜BCC＞にしたい場合は、＜宛先＞に自分のメールアドレスを入力するとよいでしょう。

Section 10 ファイルを添付して送信する

覚えておきたいキーワード
- ☑ 添付ファイル
- ☑ 文書ファイル
- ☑ 添付

メールは文字以外にも、デジタルカメラで撮影した写真や、WordやExcelなどの文書ファイルを添付して送信することができます。添付ファイルのサイズが大きい場合、相手が受信にかかる時間が長くなったり、相手が受信できなかったりする可能性があるので注意しましょう。

1 メールにファイルを添付して送信する

メモ 添付ファイルを送るときの注意

添付ファイルのサイズが大きいと、送信自体ができなかったり、相手が受信するときに時間がかかったりすることがあります。添付ファイルの目安は「3MB以内」です。大容量のファイルを送りたいときは、「ギガファイル便(https://gigafile.nu/)」などのファイル転送サービスが便利です。ファイルをインターネット上のサーバーに保存し、保存場所を示すURLをメールで相手に送るだけです。

ヒント ファイルやフォルダーを圧縮して添付する

メールには、フォルダーを添付して送信することはできません。フォルダーを送信する場合は、送信したいフォルダーを右クリックして、<送る>から<圧縮(zip形式)フォルダー>をクリックし、圧縮したフォルダーをメールに添付します。また、ファイルを圧縮して送ることもできます。

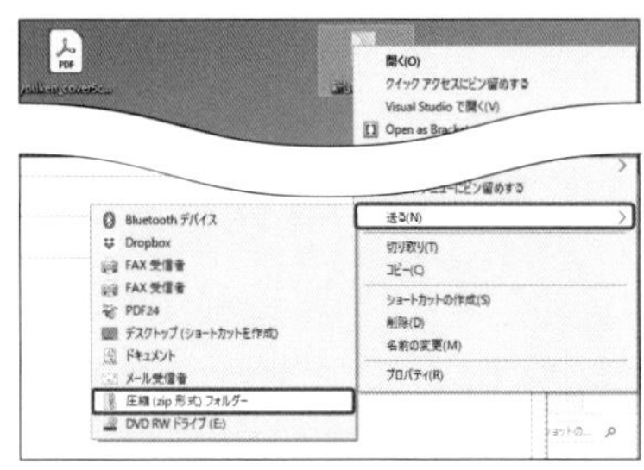

Sec.05を参考に<メッセージ>ウィンドウを開き、宛先と件名、本文を入力しておきます。

1 <メッセージ>タブをクリックし、

2 <ファイルの添付>をクリックします。

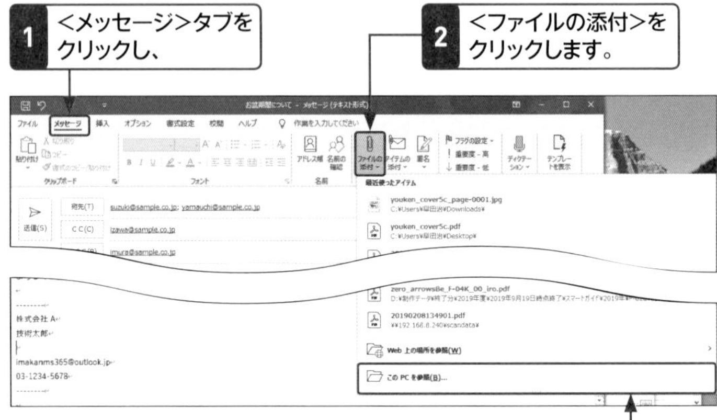

3 <このPCを参照>をクリックします。

4 添付したいファイルの保存場所を開き、

5 添付したいファイルをクリックして、

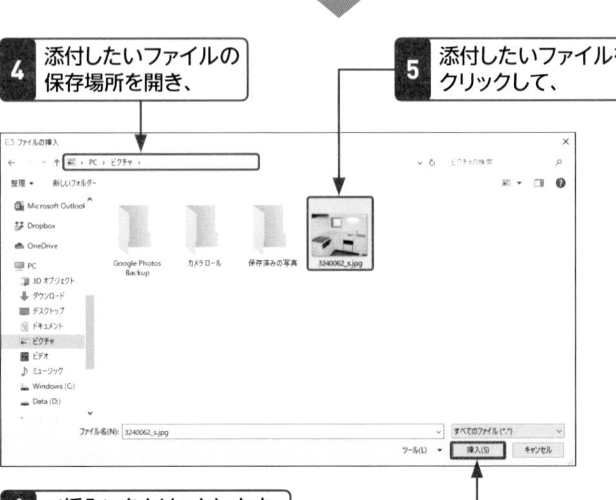

6 <挿入>をクリックします。

7 ファイルが添付されました。

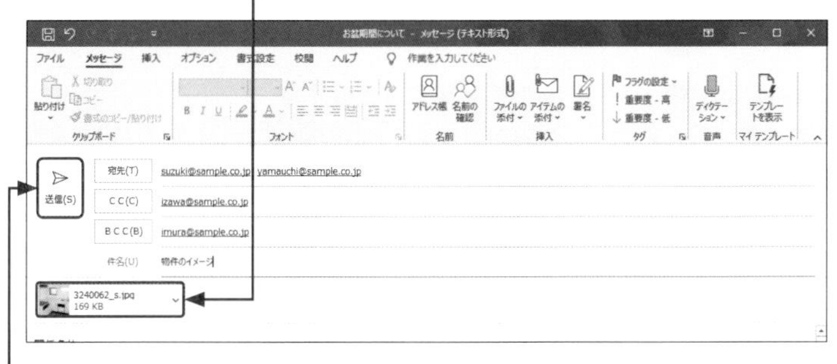

8 <送信>をクリックします。

ヒント OneDriveのファイルを添付する

Microsoftのクラウドサービス「OneDrive」に保存されたファイルを、メールに添付することも可能です。手順3で<Web上の場所を参照>をクリックし、自分のアカウントをクリックして添付したいファイルを選択します。

2 送信時に画像を自動的に縮小する

P.380手順1～6の操作で、メールに画像を添付しています。

1 <ファイル>タブをクリックします。

メモ 添付画像の縮小機能

添付画像の縮小機能を利用すると、大きなサイズの画像を最大1024×768まで縮小して送信することができます。

2 <このメッセージを送信するときに大きな画像のサイズを変更する>をクリックします。

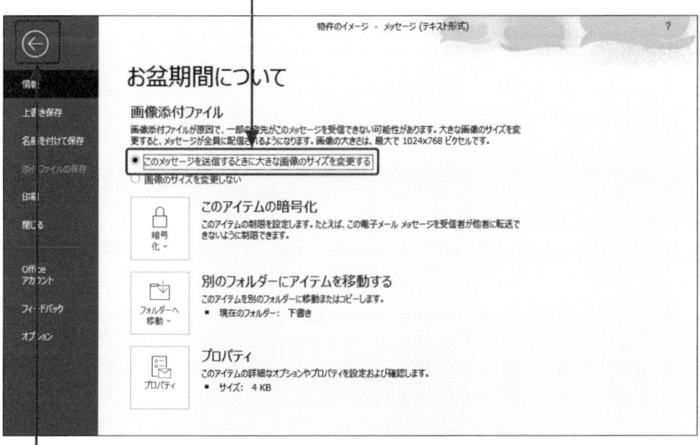

3 このアイコンをクリックすると元の画面に戻ります。

ヒント ドラッグによるファイルの添付

左の手順以外に、エクスプローラーから、添付したいファイルや画像を<メッセージ>ウィンドウにドラッグすることでもファイルの添付が行えます。

Section 11 メールを返信する／転送する

覚えておきたいキーワード
- ☑ 返信
- ☑ 転送
- ☑ インライン返信

受信したメールに返事をすることを返信、メールの内容をほかの人に送ることを転送といいます。これらの操作を行う場合、Outlookでは、閲覧ウィンドウの中で作業できるインライン返信機能を利用します。このインライン返信機能は、必要に応じて解除することも可能です。

1 メールを返信する

メモ インライン返信

Outlookでは、メールの返信の際、閲覧ウィンドウがそのままメールの作成画面に切り替わります。これをインライン返信と言います。メールを閲覧した場所でメールが書けるため、デスクトップの画面領域を狭めることなく作業できます。

1 返信したいメールをクリックし、

2 ＜返信＞をクリックします。

＜全員に返信＞をクリックすると、＜CC＞に含まれた人にも返信できます。

3 閲覧ウィンドウにメールの作成画面が表示されます。

＜宛先＞に差出人の名前が表示されます。

＜件名＞の先頭に「RE:」が付きます。

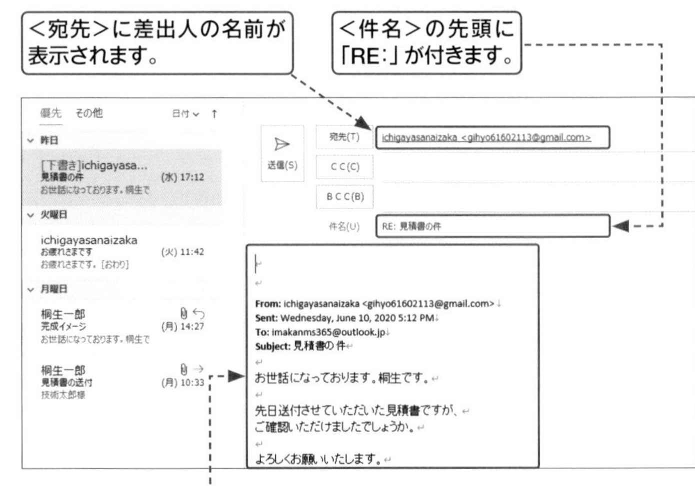

受信したメールの情報や本文が引用表示されます。

メモ インライン返信を解除する

手順**3**の画面で＜ポップアウト＞をクリックすると、返信メールが＜メッセージ＞ウィンドウで表示されます。

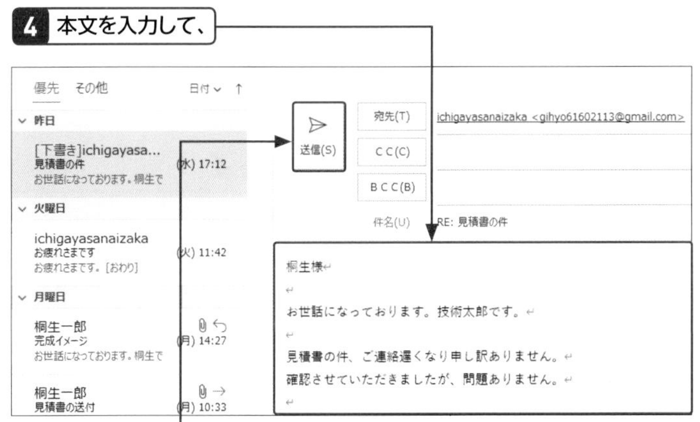

5 <送信>をクリックします。

ヒント HTML形式のメールの返信

HTML形式やリッチテキスト形式のメールを返信／転送すると、同じ形式でメールの作成画面が表示されます。これをテキスト形式に変更するには、手順4の画面の<ポップアウト>をクリックし、<書式設定>タブの<テキスト>をクリックします。

2 メールを転送する

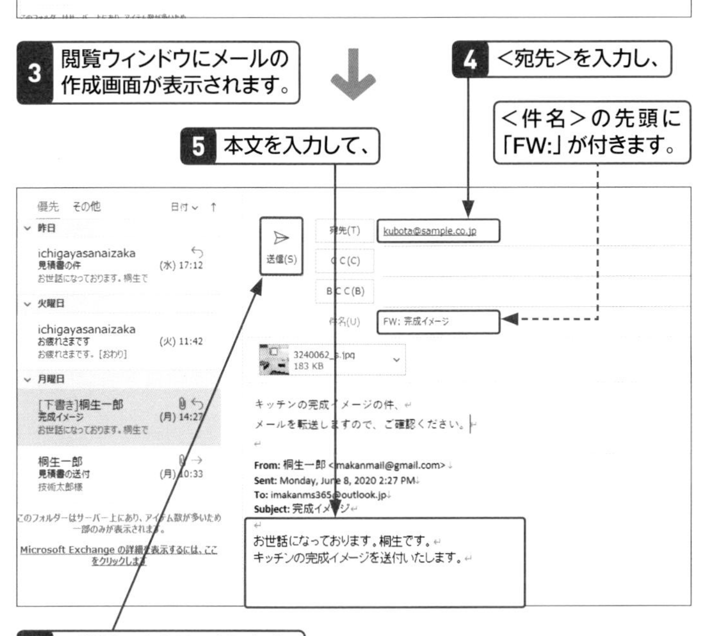

6 <送信>をクリックします。

メモ 「RE:」と「FW:」

受信したメールに対して返信した場合、件名の頭には自動的に「RE:」が付きます。この「RE:」という文字には、受け取ったメールに対して返事をしているということを示す意味があります。

受信したメールに対して転送した場合、件名の頭には自動的に「FW:」が付きます。転送とは、自分が受け取ったメールをほかの人に確認してもらうため、内容を変えずにそのまま他のメールアドレスに送信することです。なお、添付ファイルも一緒に転送されます。

メモ 返信と転送のアイコン

メールを返信または転送すると、アイコンが表示されるようになります。

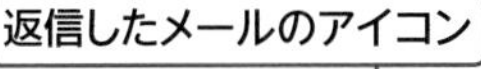

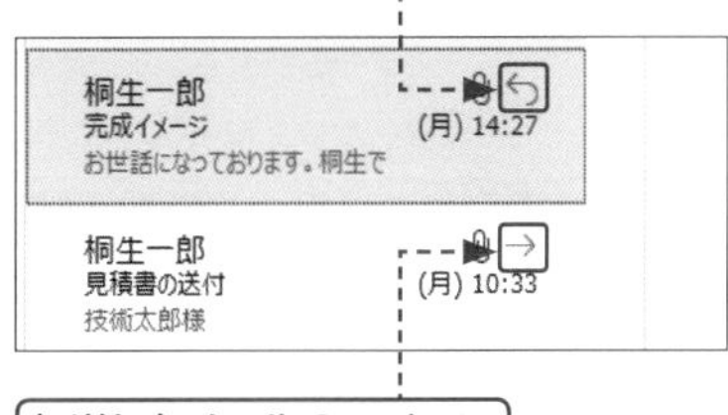

転送したメールのアイコン

Section 12

署名を作成する／挿入する

覚えておきたいキーワード
- 署名
- 区切り線
- 署名の使い分け

署名とは、自分の名前や連絡先をまとめて記載したもので、作成するメールの末尾に配置します。あらかじめ署名を設定しておけば、メールを作成するたびに自分の連絡先を記載する手間が省けます。また、ビジネス用とプライベート用というように、アカウントごとに使い分けることも可能です。

1 署名を作成する

キーワード 署名

署名とは、メールの最後に付加する送信者の個人情報のことです。名前や連絡先などを、受信者にひと目でわかるように記しておきます。ビジネスで使うメールの場合は、会社名や肩書きなども明記しておくとよいでしょう。

1 <ファイル>タブの<オプション>をクリックし、<Outlookのオプション>ダイアログボックスを表示します。

2 <メール>をクリックして、

3 <署名>をクリックすると、

4 <署名とひな形>ダイアログボックスが表示されます。

5 <新規作成>をクリックし、

メモ 署名の区切り線

メールの本文と署名との間には、区切り線を入れると相手にわかりやすくなります。一般的には、「-」(半角のマイナス)や「=」(半角のイコール)などを連続して入力することで区切り線を作成します。

```
----------
株式会社　技術評論社
技術太郎

gijutsu@gihyo.co.jp
03-3513-6160
----------
```

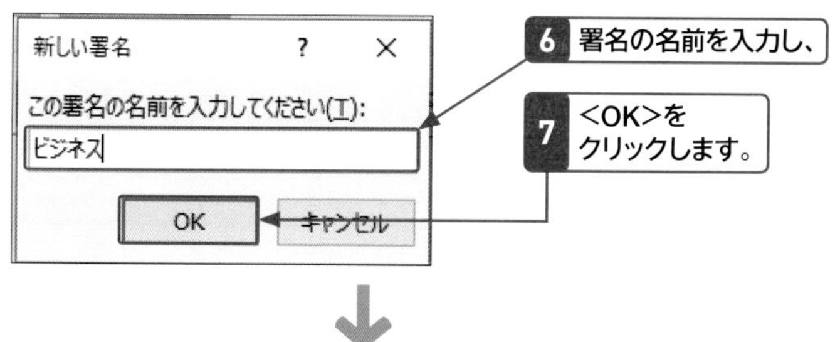

6 署名の名前を入力し、

7 <OK>をクリックします。

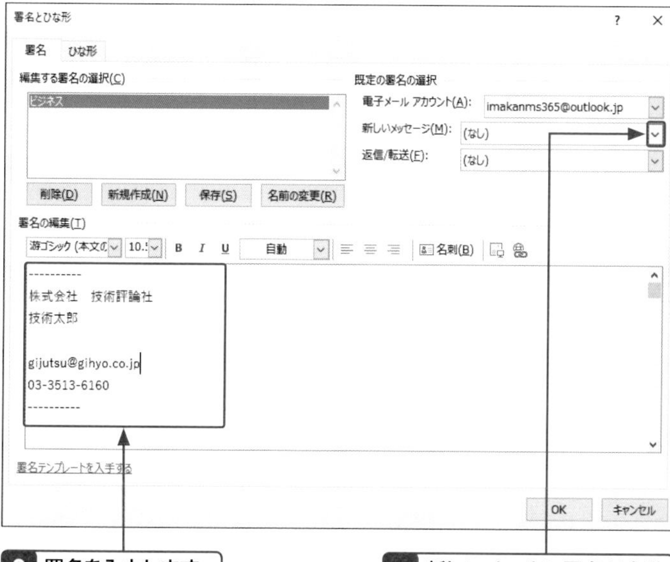

8 署名を入力します。

9 新しいメールに署名が自動入力されるようにします。ここをクリックして、

10 作成した署名の名前を選択し、

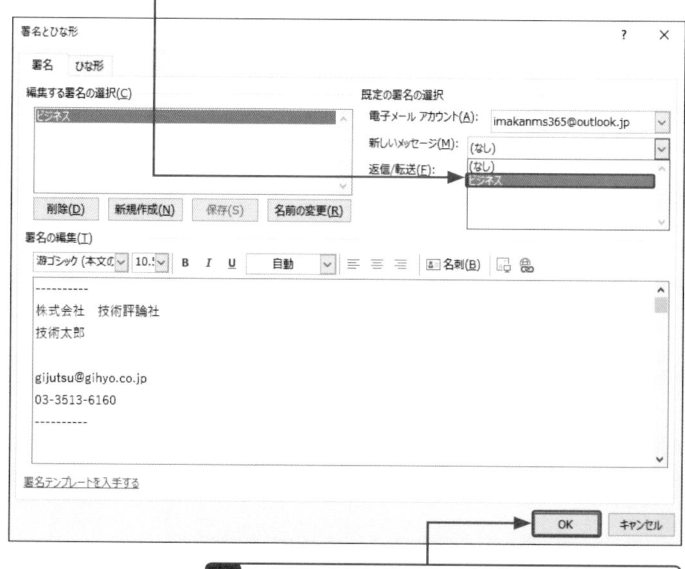

11 <OK>をクリックすると、署名が保存されます。

メモ 署名の名前

署名の名前は、「ビジネス」や「プライベート」など、わかりやすい名前を付けておきましょう。複数の署名を作成して、切り替えて使用することもできます。

メモ 署名の長さに注意

署名を作成するときは、名前や住所、メールアドレス、電話番号などの情報を数行にまとめるようにしましょう。情報を盛り込みすぎて、膨大な分量になってしまわないように注意してください。区切り線も含めて、全体で4～6行程度にまとめるのがよいでしょう。

2 署名が付いたメールを作成する

メモ 返信／転送時にも署名を付ける

本書の設定方法では、メールを新規作成したときだけ署名が自動的に挿入され、メールの返信／転送時は署名が挿入されません。メールの返信時や転送時にも署名を挿入したい場合は、P.385の<署名とひな形>ダイアログボックスで返信／転送時の署名を選択します。

1 ここをクリックして、

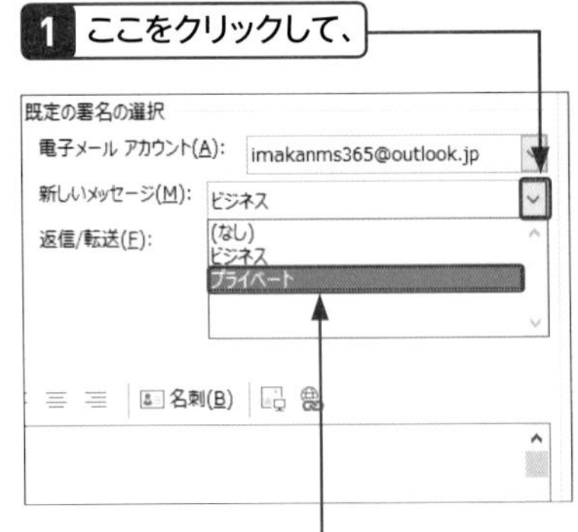

2 署名を選択します。

1 <新しいメール>をクリックします。

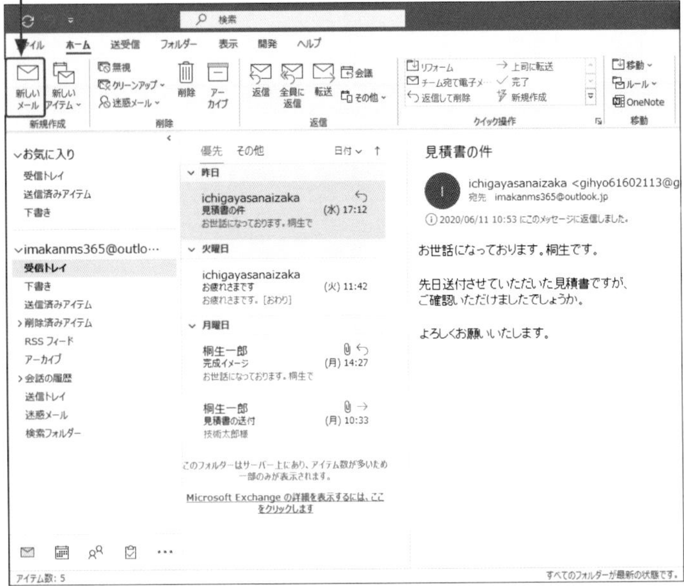

2 <メッセージ>ウィンドウが表示され、

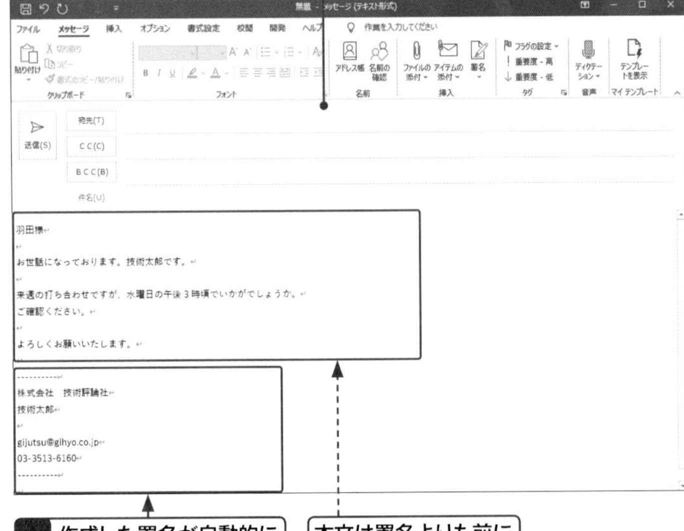

3 作成した署名が自動的に入力されます。

本文は署名よりも前に入力します。

メモ 署名の削除

何らかの理由でメールに署名を付けたくない場合は、Delete で文字を消す要領で署名を消すことができます。

3 メールアカウントごとに署名を設定する

プライベート用のメールアドレスに、新たな署名を設定します。まずは、P.384手順1〜8の方法で、プライベート用の署名を作成しておきます。

1 ここをクリックし、

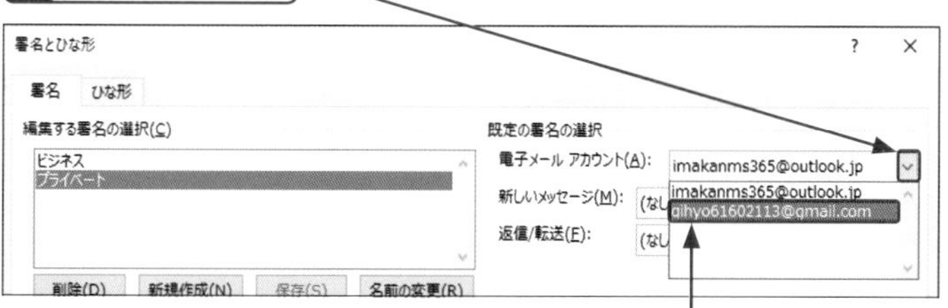

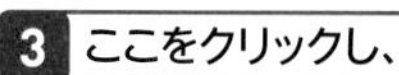

2 プライベート用のメールアカウントをクリックします。

3 ここをクリックし、

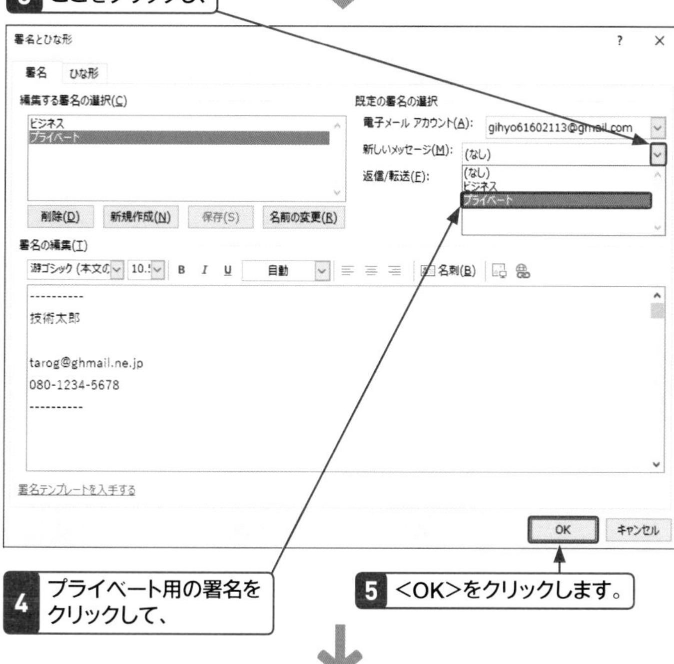

4 プライベート用の署名をクリックして、

5 <OK>をクリックします。

6 メールアカウントを切り替えると、

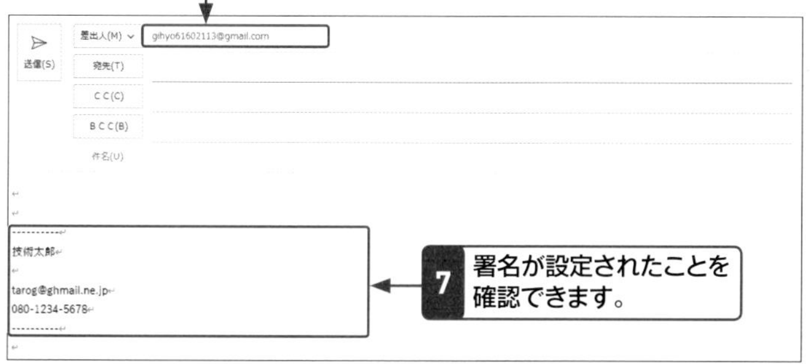

7 署名が設定されたことを確認できます。

メモ 複数のメールアカウント

複数のメールアカウントを設定するには、<Backstageビュー>で<情報>→<アカウント設定>の順にクリックし、表示される<アカウント設定>をクリックします。<アカウント設定>ダイアログボックスが表示されるので、<新規>をクリックすると、<アカウントの追加>ダイアログボックスが表示され、アカウントを追加できます（アカウントの設定方法はSec.01と同様です）。

ヒント メール作成中に署名を切り替える

署名を複数設定している場合、メールを作成している最中に、署名を切り替えることもできます。

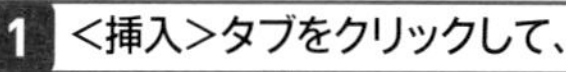

1 <挿入>タブをクリックして、

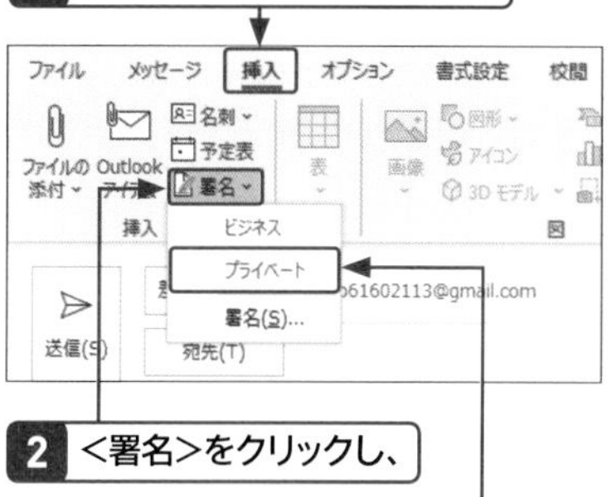

2 <署名>をクリックし、

3 使用する署名をクリックします。

Section 13

メールを削除する

覚えておきたいキーワード
- 削除
- <削除済みアイテム>
- 完全に削除

不要になったメールは、<受信トレイ>の一覧から削除することができます。削除したメールは、いったん<削除済みアイテム>に移動します。その後、改めて<削除>をクリックすると、完全に削除されるというしくみです。なお、完全に削除したメールは元に戻すことができないので注意しましょう。

1 メールを削除する

メモ <削除済みアイテム>は「ごみ箱」

<削除済みアイテム>は、Windowsの「ごみ箱」のようなものと考えるとわかりやすいでしょう。削除したファイルはごみ箱に移動しますが、元に戻すこともできます。ごみ箱を空にすると、そのアイテムは完全に削除されます。

メモ 複数のメールを削除する

メールを選択する際、Ctrlを押しながらクリックすることで、複数のメールを選択することができます。また、Shiftを押しながらクリックすることで、連続した範囲のメールを選択することができます。

ヒント <削除済みアイテム>のメールを元に戻す

手順4の画面で、<削除済みアイテム>のメールを<受信トレイ>にドラッグすると、メールを元に戻すことができます。

メモ 完全に削除したメールは復元できない

完全に削除したメールは、二度と元に戻すことができません。完全に削除するときは、本当にそのメールが必要ないかどうか、慎重に確認してください。

1 削除したいメールをクリックし、

2 <ホーム>タブをクリックして、

3 <削除>をクリックすると、メールが削除されます。

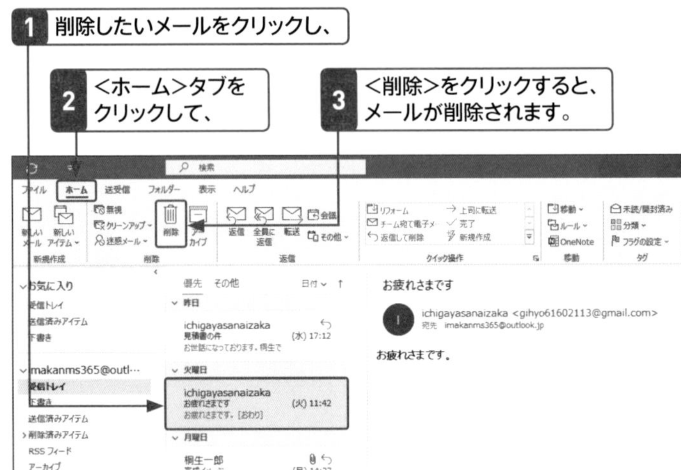

4 <削除済みアイテム>をクリックすると、

5 削除したメールが移動していることを確認できます。

6 <削除>をクリックし、

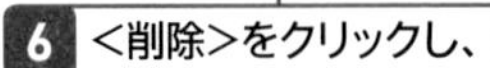

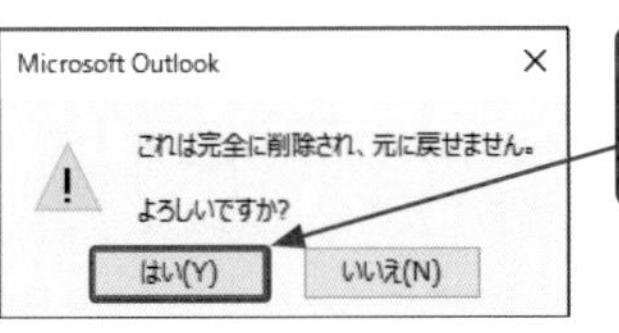

7 <はい>をクリックすると、メールが完全に削除されます。

Outlook

第2章

メールの便利な機能と連絡先の管理

Section 14 メールをフォルダーで管理する

覚えておきたいキーワード
- 新しいフォルダー
- 新しいフォルダーの作成
- メールの移動

受信メールをフォルダーに分けて管理すると、目的のメールが探しやすくなります。＜受信トレイ＞の中にフォルダーを作成し、同じ差出人やテーマのメールをまとめておけば、知りたい情報をすぐに見つけることができます。フォルダー名は自由に変えられるので、わかりやすい名前を付けましょう。

1 フォルダーを新規作成する

メモ フォルダーの用途

特定の個人や会社からのメール、メールマガジンやメーリングリストなど、まとめて整理しておきたいメールは、新しいフォルダーを作成して、その中に移動するとよいでしょう。また、どのようなメールをまとめたのかが一覧できるように、フォルダー名にはわかりやすい名前を付けましょう。

ここでは、新しいフォルダーとして＜工事＞フォルダーを作成します。

1 ＜フォルダー＞タブをクリックし、

2 ＜新しいフォルダー＞をクリックします。

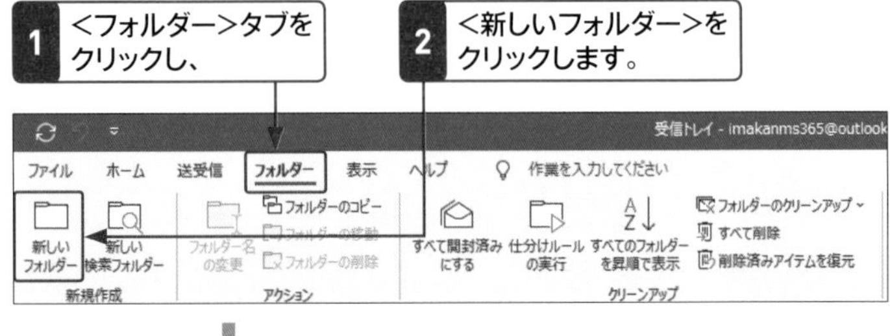

3 ＜新しいフォルダーの作成＞ダイアログボックスが表示されるので、

4 フォルダー名を入力し、

5 フォルダーを作成したい場所（ここでは＜受信トレイ＞）をクリックします。

6 ＜OK＞をクリックすると、

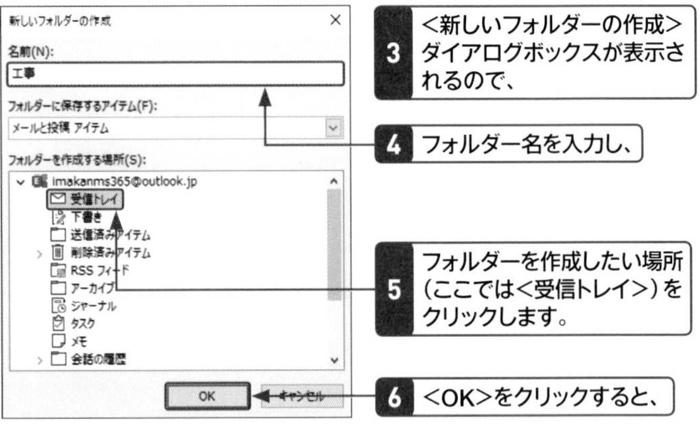

7 手順5で選択したフォルダーの下層に、フォルダーが作成されます。

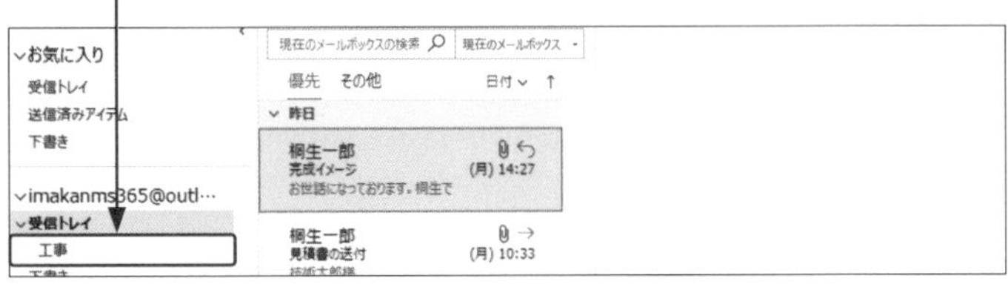

2 作成したフォルダーにメールを移動する

1 <受信トレイ>にあるメールを、<工事>フォルダーにドラッグします。

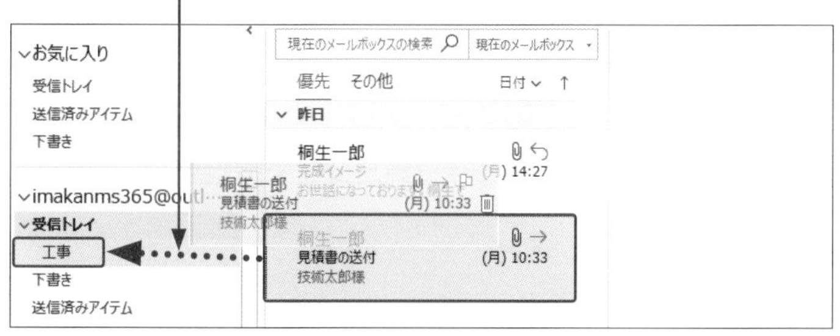

2 <工事>フォルダーをクリックすると、

3 メールが表示されます。

受信したメールを自動的にフォルダーに振り分けることもできます。詳しくは、Sec.15を参照してください。

ヒント 複数のメールを一度に移動する

複数のメールを一度に移動させたい場合は、Ctrlを押しながら複数のメールをクリックしてドラッグします。また、順番に並んだ複数のメールを移動したい場合は、一番上のメールをクリックして選択した後、Shiftを押したまま一番下のメールをクリックします。これで、その間にあったメールがすべて選択されます。

CtrlまたはShiftを押しながらメールをクリックします。

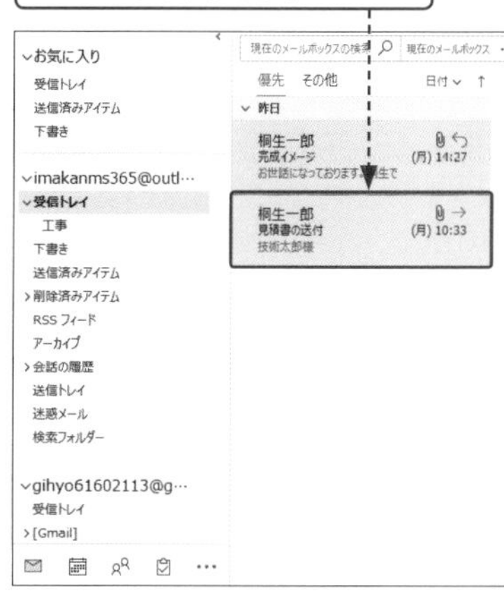

メモ フォルダーの場所を変更する

左の方法で新規作成したフォルダーは、受信トレイの下に表示されます。このフォルダーを別の場所に移動させたい場合は、<フォルダー>タブから操作します。

1 <フォルダー>タブをクリックします。

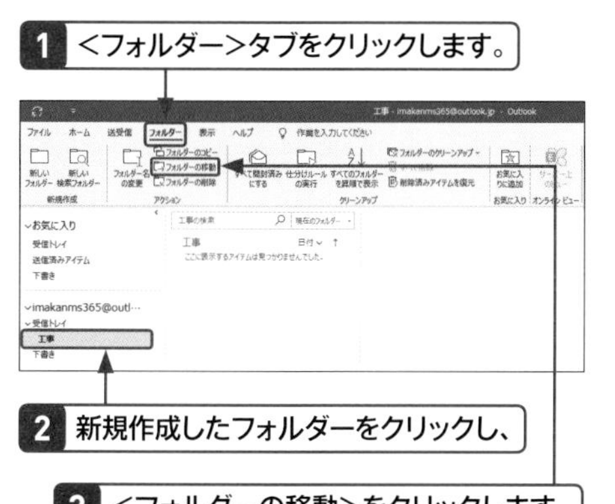

2 新規作成したフォルダーをクリックし、

3 <フォルダーの移動>をクリックします。

4 移動先をクリックし、

5 <OK>をクリックします。

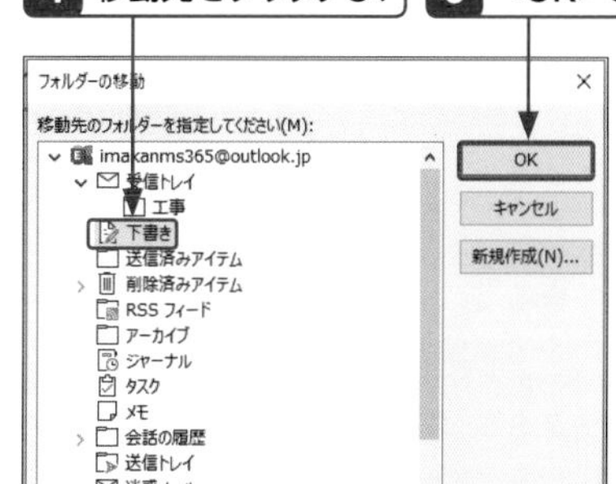

Section 15

受信メールを自動的にフォルダーに振り分ける

覚えておきたいキーワード
- 仕分けルールの作成
- 仕分けルールと通知
- 自動振り分け設定

月例報告書など、定期的に送られてくるメールは、自動的にフォルダーに振り分けるようにしましょう。メールを受信するたびに、フォルダーにドラッグする手間が省けます。なお、＜仕分けルール＞(振り分け条件)は、差出人名以外にも、件名などを設定することができます。

1 仕分けルールを作成する

メモ 自動振り分けのメリット

毎日多くのメールが届くようになると、大切なメールを見失ってしまうことがあります。自動振り分け設定で特定の相手のメールを別フォルダーにまとめておくことにより、必要なメールが見つけやすくなります。

ここでは、＜差出人＞が「森大輔」のメールを自動的にフォルダーに振り分けます。まずは、＜受信トレイ＞を表示しています。

1 振り分けたいメールをクリックします。

2 ＜ホーム＞タブをクリックして、

3 ＜ルール＞をクリックし、

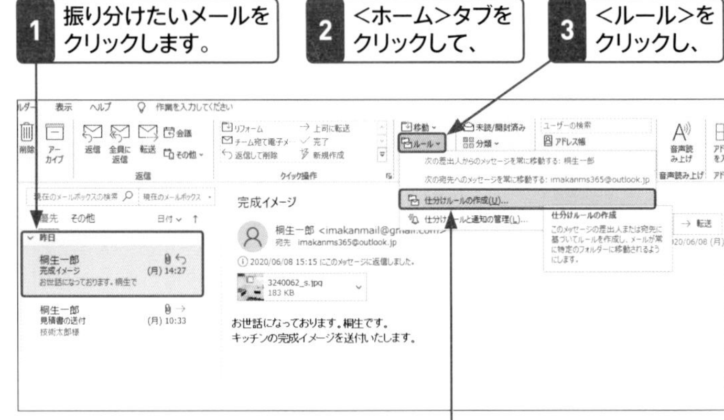

4 ＜仕分けルールの作成＞をクリックすると、

5 ＜仕分けルールの作成＞ダイアログボックスが表示されます。

クリックしたメールに基づいて、情報が自動で設定されています。

ヒント 複数の条件を指定できる

右の手順では＜差出人＞を条件に、メールを振り分けています。まずは、＜差出人＞で振り分け条件を作成し、さらに条件を追加したい場合は＜件名＞を指定するなど、工夫してみましょう。

6 振り分け条件として<差出人が次の場合>をクリックしてオンにし、

7 <アイテムをフォルダーに移動する>をクリックしてオンにすると、

8 <仕分けルールと通知>ダイアログボックスが表示されます。

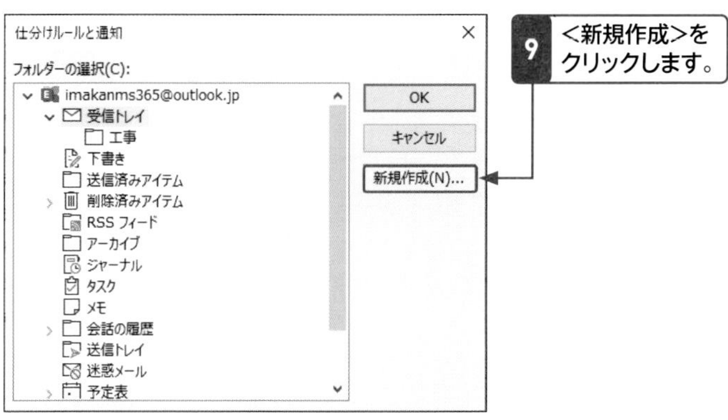

9 <新規作成>をクリックします。

10 <新しいフォルダーの作成>ダイアログボックスが表示されるので、

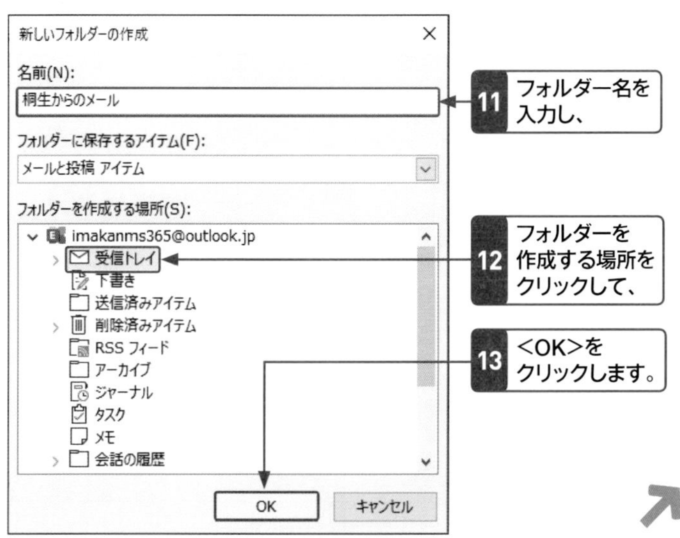

11 フォルダー名を入力し、

12 フォルダーを作成する場所をクリックして、

13 <OK>をクリックします。

ヒント 詳細な条件を設定するには?

本文に特定の文字が含まれる場合や重要度が設定されている場合など、より詳細な条件を設定するには、手順**6**で<詳細オプション>をクリックします。

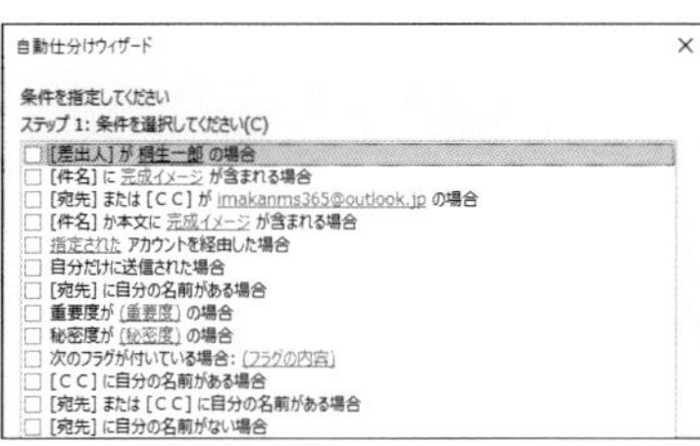

メモ すでに作成されているフォルダーに振り分ける

振り分けたいフォルダーがすでに作成されている場合は、手順**9**でフォルダーを新規に作成する必要はありません。P.394の手順**14**に進んでください。

メモ あまり細かくフォルダー分けしない

メールの振り分けは便利な機能ですが、あまり細かくフォルダー分けしてしまうと、それぞれのフォルダーをチェックするのが面倒になってきます。あまり重要でないメールのみフォルダーに分けて、基本は<受信トレイ>で確認する、メールマガジンのみフォルダーに分ける、本書の例のように特定の人の特定の用件のみフォルダーに分けるなど、使いやすい方法を設定してみましょう。

不要なメールを振り分ける

手順14で<削除済みアイテム>を指定すると、不要なメールを即座に削除することができます。なお、迷惑メールの場合は、削除ではなく<迷惑メール>に振り分けるようにしたほうがよいでしょう。詳しくは、Sec.16を参照してください。

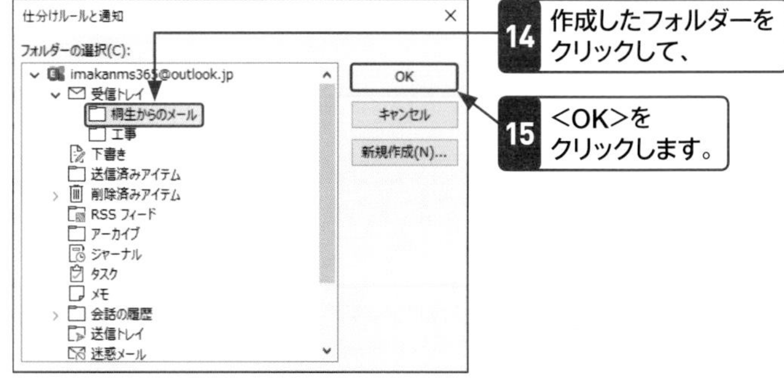

14 作成したフォルダーをクリックして、

15 <OK>をクリックします。

16 フォルダー名が設定されました。

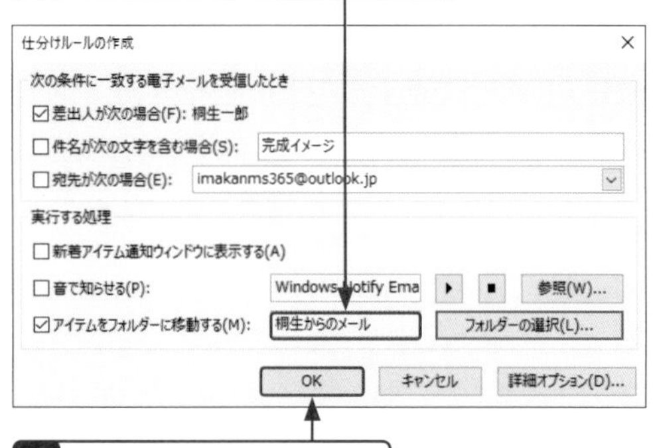

17 <OK>をクリックします。

18 <成功>ダイアログボックスが表示されたら、

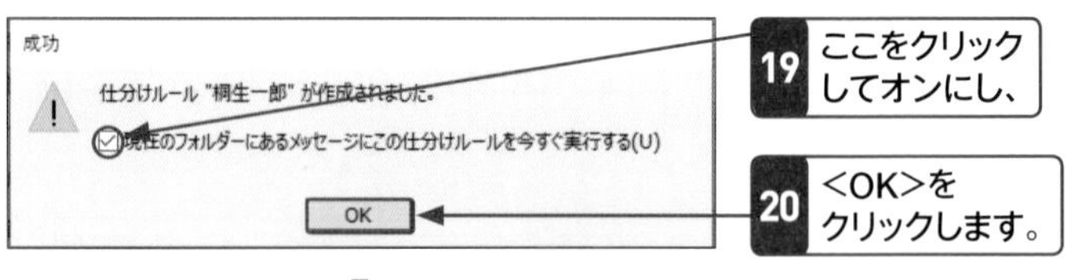

19 ここをクリックしてオンにし、

20 <OK>をクリックします。

21 作成したフォルダーをクリックすると、

22 自動的にメールが振り分けられていることが確認できます。

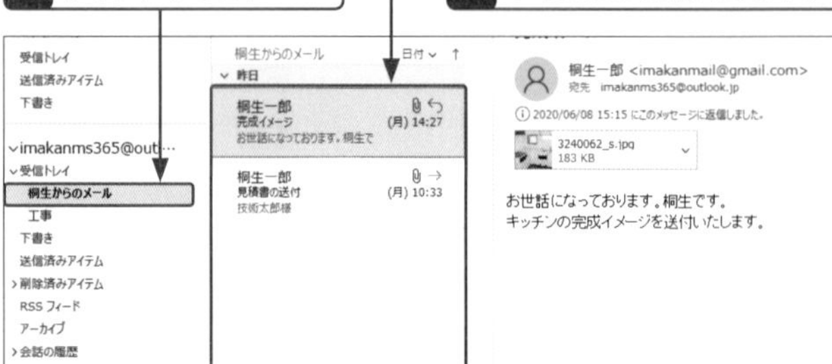

振り分けられた新着メール

新しく受信したメールが自動的にフォルダーに振り分けられた場合、そのフォルダーに新着メールの受信数が表示されます。

フォルダーの削除

削除したいフォルダーがある場合は、フォルダーをクリックして<フォルダー>タブをクリックし、<フォルダーの削除>→<はい>の順にクリックします。

2 仕分けルールを削除する

1 <ホーム>タブをクリックし、

2 <ルール>をクリックして、

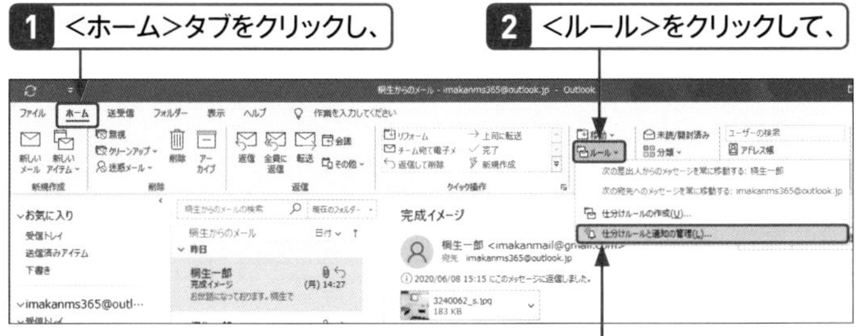

3 <仕分けルールと通知の管理>をクリックします。

4 <仕分けルールと通知>ダイアログボックスが表示されるので、

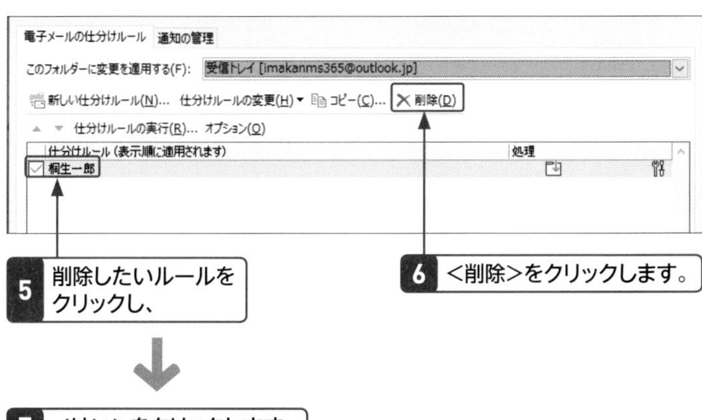

5 削除したいルールをクリックし、

6 <削除>をクリックします。

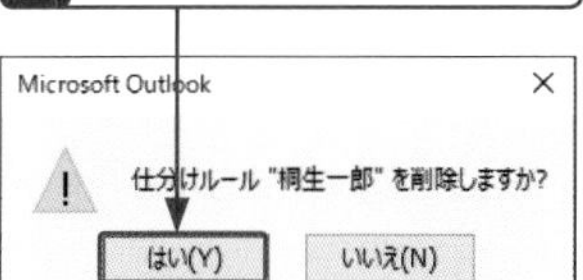

7 <はい>をクリックします。

8 <OK>をクリックします。

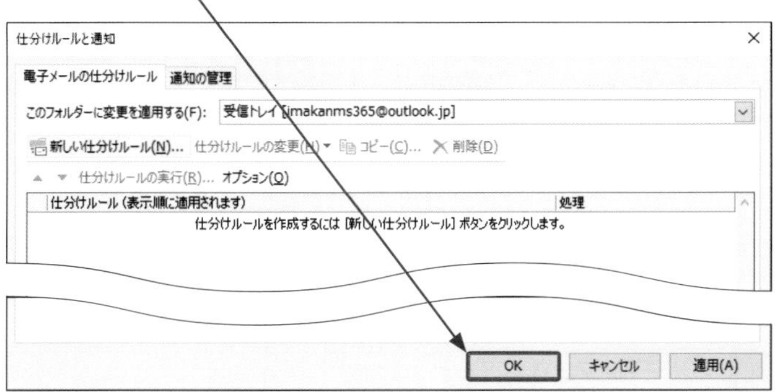

メモ 仕分けルールのオン／オフ

手順4の画面で仕分けルール名の左に表示されるチェックボックスをクリックすると、仕分けルールのオン／オフを切り替えられます。

ヒント 仕分けルールの変更

仕分けルールを変更するには、手順6で<仕分けルールの変更>→<仕分けルール設定の編集>をクリックします。

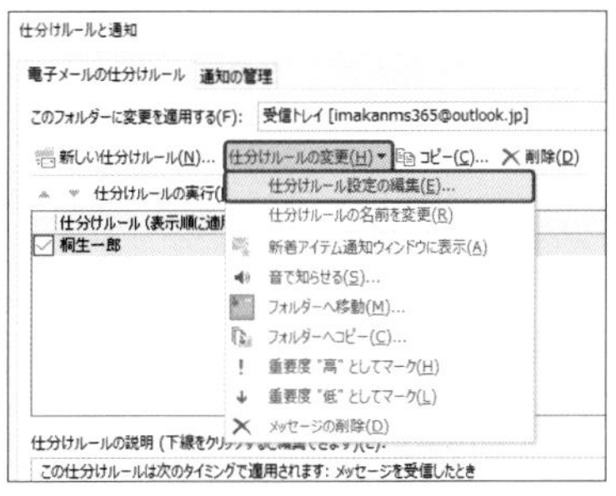

メモ 仕分けルールの優先順位

手順4の画面では、作成した仕分けルールが一覧表示されます。仕分けルールが複数ある場合は、上から順に処理が行われます。仕分けルールの順序を入れ替えるには、▲もしくは▼をクリックします。

ここをクリックします。

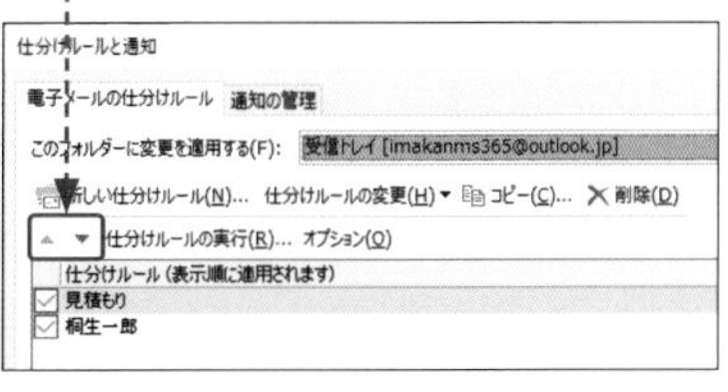

Section 16 迷惑メールを自動的に振り分ける

覚えておきたいキーワード
- 迷惑メール
- コンピューターウイルス
- 処理レベル

Outlookでは、迷惑メールを自動で<迷惑メール>フォルダーに振り分ける機能を備えています。迷惑メールは、コンピューターウイルスの感染につながる危険性があります。迷惑メールのURLを不用意にクリックしないなど、取り扱いには十分に注意しましょう。

1 迷惑メールの処理レベルを設定する

メモ 迷惑メールの処理レベル

迷惑メールだと判断されたメールは、自動的に<迷惑メール>に移動します。迷惑メールの処理レベルを変更することで、迷惑メールかどうかを判断する基準が変わります。

①自動処理なし
<受信拒否リスト>の差出人から届いたメールのみ迷惑メールと判断します。

②低
明らかな迷惑メールのみ、迷惑メールと判断します。

③高
迷惑メールはほぼ処理されますが、通常のメールまで迷惑メールだと判断される可能性もあります。

④セーフリストのみ
<信頼できる差出人のリスト>と<信頼できる宛先のリスト>の差出人から届いたメール以外は迷惑メールと判断します。

1 <ホーム>タブをクリックし、

2 <迷惑メール>をクリックして、

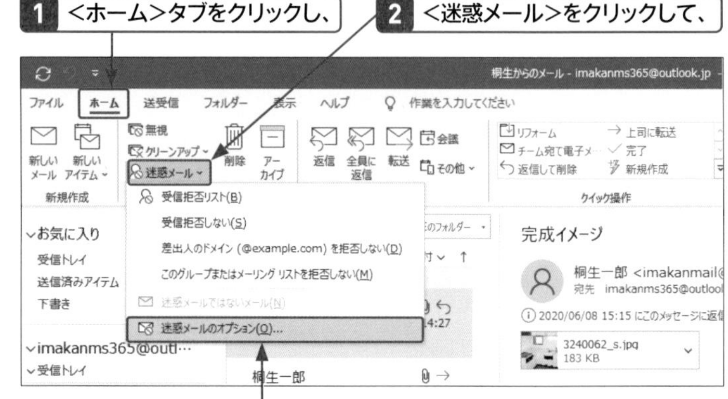

3 <迷惑メールのオプション>をクリックします。

4 迷惑メールの処理レベルを選択し、

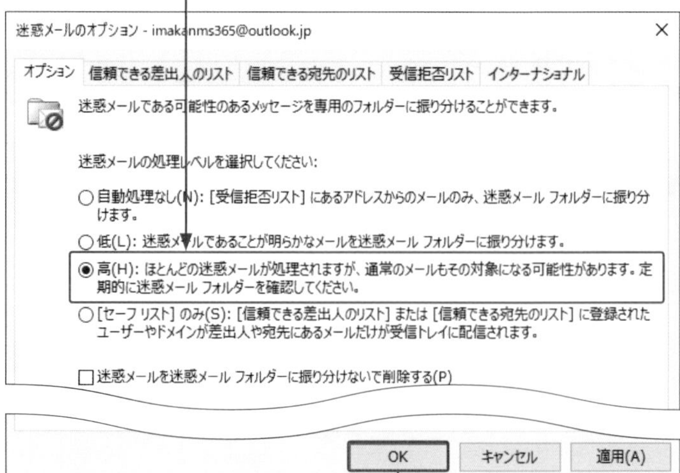

5 <OK>をクリックします。

2 迷惑メールを＜受信拒否リスト＞に入れる

＜受信トレイ＞を表示しています。

1 迷惑メールをクリックし、 **2** ＜ホーム＞タブをクリックします。

3 ＜迷惑メール＞をクリックし、

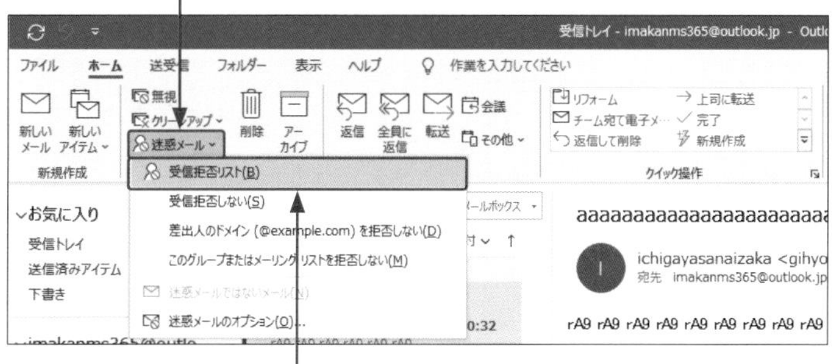

4 ＜受信拒否リスト＞をクリックすると、

5 ダイアログボックスが表示されるので、

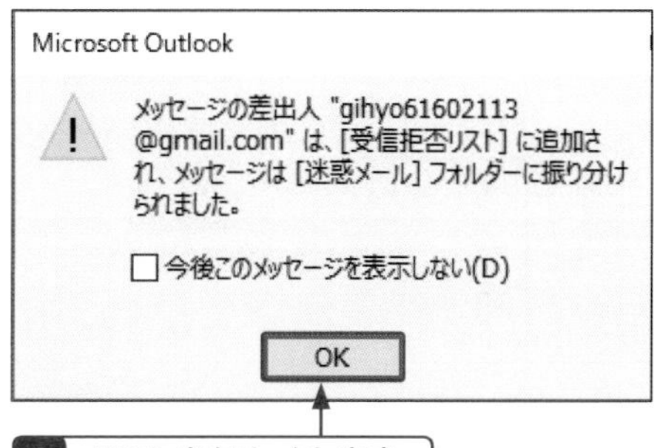

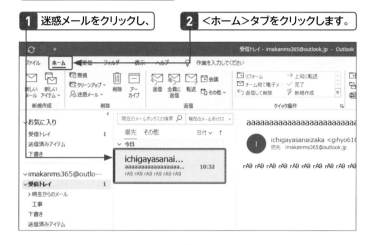

6 ＜OK＞をクリックします。

注意 迷惑メールの危険性

迷惑メールには、サイトへ誘導するためのURLが本文に記されています。そのURLをクリックすると、悪質なフィッシング詐欺の被害にあったり、コンピューターウイルスに感染したりする危険があります。もし、迷惑メールが送られてきた場合は、不用意にURLをクリックしないように気を付けましょう。また、画像にURLが埋め込まれている場合もあるので、画像もクリックしないようにしましょう。

ヒント ＜受信拒否リスト＞の確認と削除

＜受信拒否リスト＞に迷惑メールを登録すると、以後そのメールアドレスから送信されたメールが、迷惑メールとして扱われます。＜受信拒否リスト＞の一覧は、＜迷惑メールのオプション＞ダイアログで確認することができます。もし間違えて登録してしまった場合は、＜受信拒否リスト＞から削除しておきましょう。

P.396を参考にして＜迷惑メールのオプション＞ダイアログを表示します。

＜受信拒否リスト＞タブをクリックすると、登録したメールアドレス一覧が表示されます。

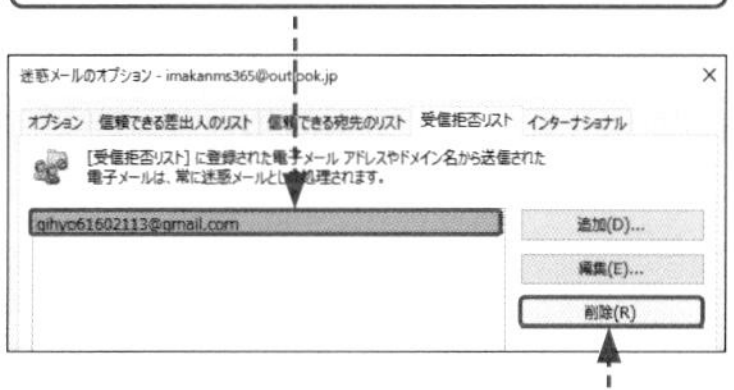

間違えて登録してしまった場合は、削除したいメールアドレスをクリックしてから、＜削除＞をクリックします。

3 迷惑メールを削除する

＜迷惑メール＞のメール

＜迷惑メール＞に移動したメールは、リンクや添付ファイルが無効になっています。誤ってリンクをクリックしてしまうなどの危険性はありませんので、安心して操作してください。

ここでは、前項で＜受信拒否リスト＞に登録した迷惑メールを削除します。

1 ＜迷惑メール＞をクリックし、

2 削除したいメールをクリックして、

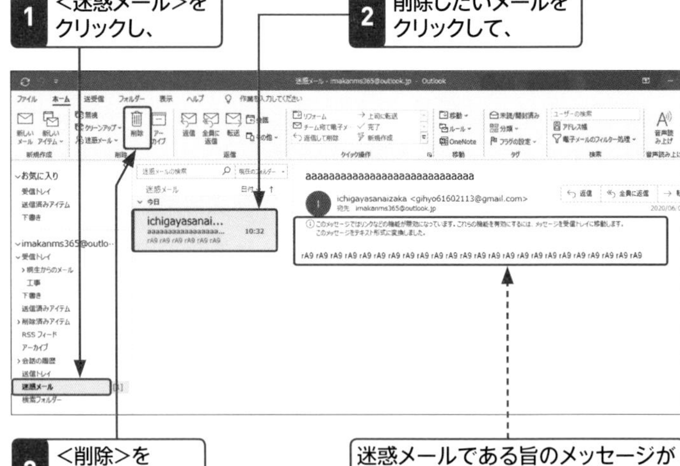

3 ＜削除＞をクリックします。

迷惑メールである旨のメッセージが表示されています。

4 迷惑メールが削除されます。

5 ＜削除済みアイテム＞をクリックし、

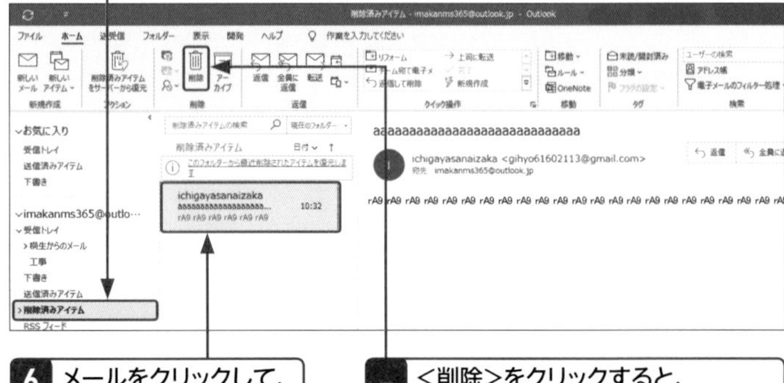

6 メールをクリックして、

7 ＜削除＞をクリックすると、迷惑メールが完全に削除されます。

ヒント

＜迷惑メール＞の一斉削除

迷惑メールを表示した状態で、＜フォルダー＞タブの＜フォルダーを空にする＞をクリックすることで、＜迷惑メール＞内のメールを一気に削除することができます。ただし、迷惑メールでないメールも含まれている可能性があるので、基本的には1つずつ削除したほうがよいでしょう。

4 迷惑メールと判断されたメールを受信できるようにする

迷惑メールではないメールが<迷惑メール>に表示されています。

1 受信できるようにしたいメールをクリックし、

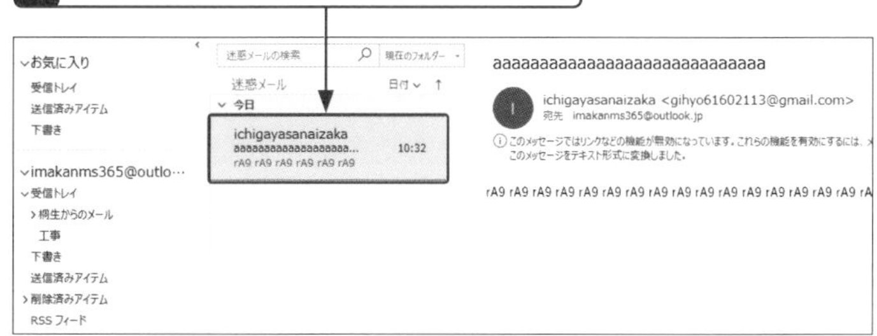

2 <迷惑メール>をクリックして、

3 <迷惑メールではないメール>をクリックします。

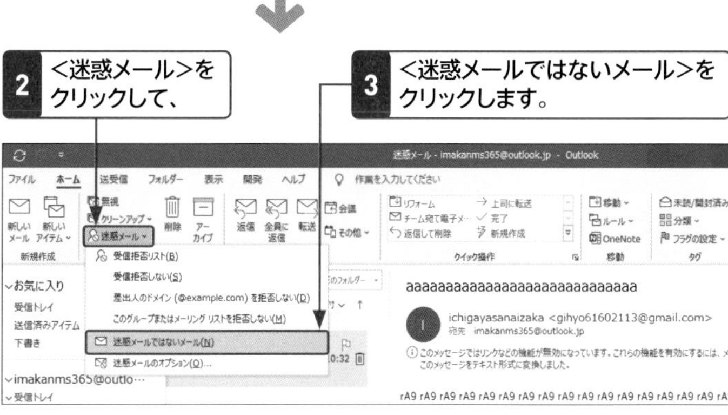

4 ここをクリックしてオンにし、

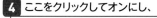

5 <OK>をクリックします。

6 <受信トレイ>をクリックすると、

7 メールが<受信トレイ>に戻っていることを確認できます。

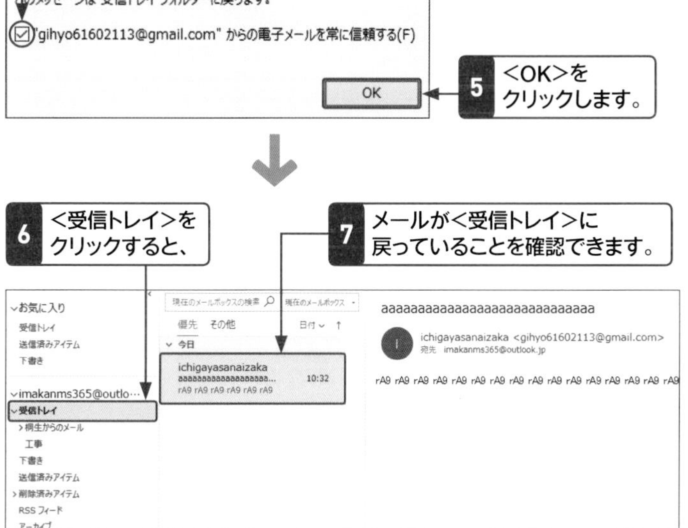

メモ <迷惑メール>は定期的に確認を

大事なメールが、誤って迷惑メールと判断されていることは多々あります。知人からのメールや登録したメールマガジンが届いていない場合は、<迷惑メール>を確認してみましょう。一般的な傾向として、オンラインショップのダイレクトメールやメールマガジンなど、本文中にURLが多いメールは、迷惑メールとして判断されてしまうことが多いようです。

メモ <信頼できる差出人のリスト>

左の手順で<受信トレイ>に戻したメールのメールアドレスは、<信頼できる差出人のリスト>に登録されます。これにより、以後そのメールアドレスから送信されたメールは、迷惑メールとして扱われなくなり、HTML形式のメールの画像も自動的に表示されるようになります（Sec.04参照）。<信頼できる差出人のリスト>の一覧は、<迷惑メールのオプション>ダイアログボックス（P.396参照）で確認することができます。もし間違えて登録してしまった場合は、<信頼できる差出人のリスト>から削除しておきましょう。

Section 17

メールを検索する

覚えておきたいキーワード
- クイック検索
- 検索ボックス
- 検索結果を閉じる

Outlookを使えば使うほど、管理するメールの数が増えていきます。その中から目的の情報を探し出すのは、とても手間がかかります。そこで、すばやく検索できる<クイック検索>、条件を設定して検索できる<高度な検索>の2つの検索機能を使いこなしましょう。

1 <クイック検索>で検索する

ここでは、<受信トレイ>の中から「一郎」という文字列が含まれたメールを検索します。

1 <受信トレイ>をクリックし、

2 検索ボックスをクリックします。

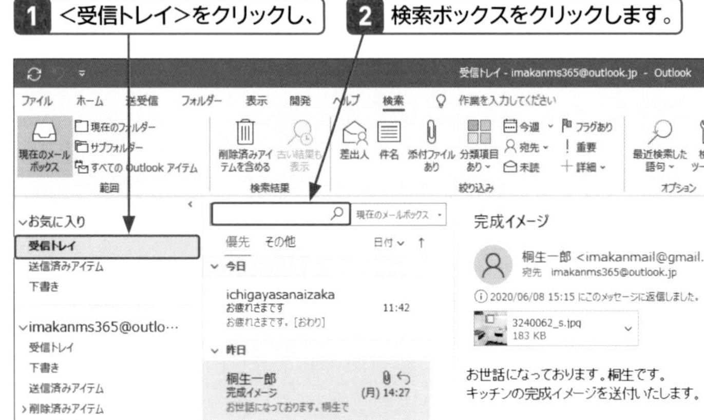

3 「一郎」と入力すると、

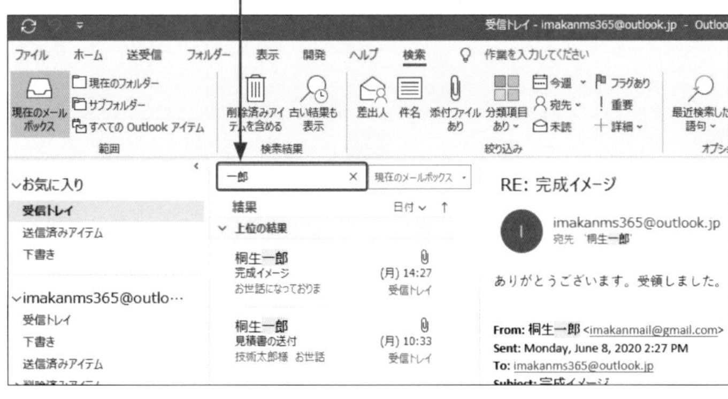

キーワード クイック検索

クイック検索とは、細かい条件を付けず、対象となる文字列が存在するかどうかだけで検索する機能です。送信者名やタイトルなど、わかりやすいものをすばやく検索したいときに便利です。

キーワード 高度な検索

<検索ツール>をクリックして<高度な検索>をクリックすると、フラグや日時などを検索条件として利用できます。

メモ 検索対象のメールボックス

右の画面で<現在のメールボックス>をクリックすると、検索対象を<すべてのメールボックス>や<すべてのOutlookアイテム>などに変更できます。

4 検索結果が表示されます。

検索した文字列に黄色いマーカーが引かれています。

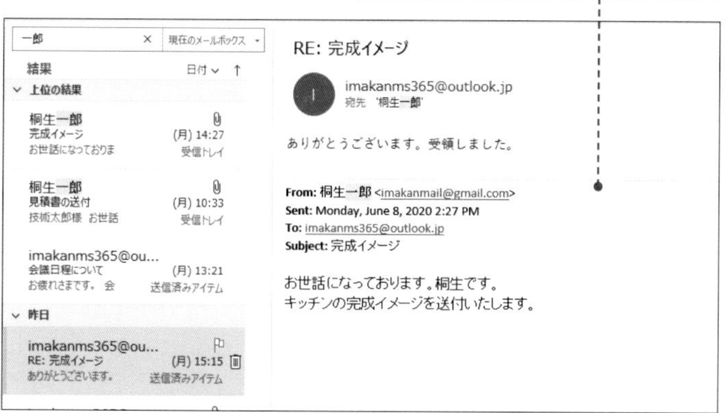

検索結果の絞り込み

検索結果が多すぎて対象が絞りこめない場合は、検索語句を追加するとよいでしょう。検索語句を追加するには、ひとつ目の語句を入力したあとに、スペースを入力し、続けてふたつ目の語句を入力します。

2 検索結果を閉じる

1 検索結果を表示後、<検索結果を閉じる>をクリックすると、

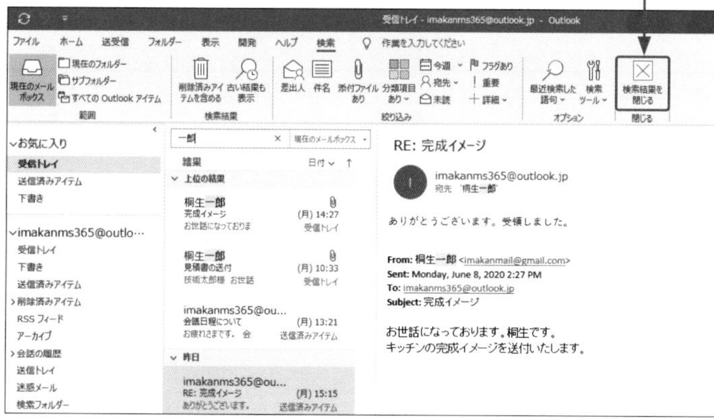

Outlook全体で検索する

検索時に、<検索>タブの<すべてのOutlookアイテム>をクリックすることで、検索対象のフォルダーをOutlook全体に広げることができます。

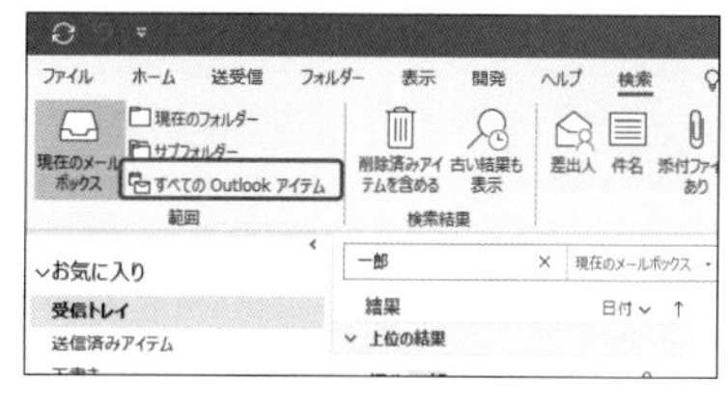

2 元の画面に戻ります。

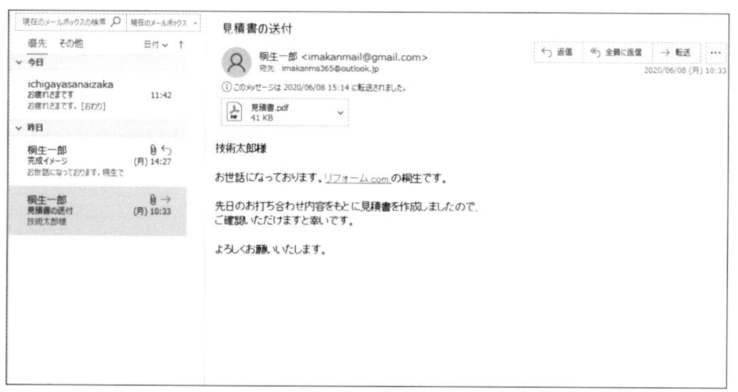

Section 18

連絡先を登録する

覚えておきたいキーワード
- 連絡先を登録
- <連絡先>ウィンドウ
- フリガナ

連絡先には、相手の名前や住所、電話番号、メールアドレスなどの情報を登録できます。また、ビジネス用途でOutlookを活用する場合には、相手の会社名や部署名、役職、さらに勤務先の住所や電話番号などを登録することもできます。

1 新しい連絡先を登録する

メモ 連絡先の登録

連絡先に登録した情報は、あとから自由に追加や変更が可能です。大量に登録する場合は、名前とメールアドレスなど最低限必要な情報だけ登録しておくとよいでしょう。また、登録を簡略化する方法については、以下のメモを参照してください。

メモ 同じ勤務先を登録する

登録したい人が、すでに登録している勤務先と同じ場合は、その勤務先情報が入力された状態で新規登録することが可能です。

1 元の勤務先が入力されたアイテムをクリックします。

2 <新しいアイテム>をクリックし、

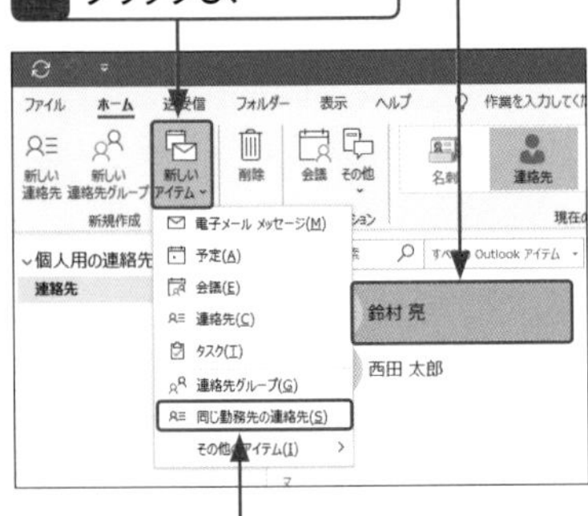

3 <同じ勤務先の連絡先>をクリックします。

1 <ホーム>タブをクリックして、

2 <新しい連絡先>をクリックすると、

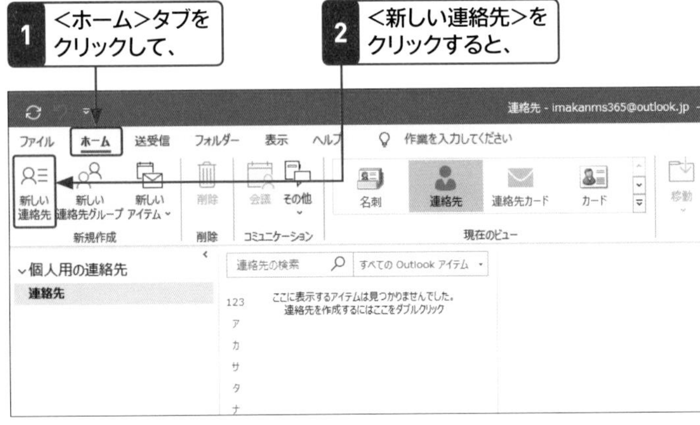

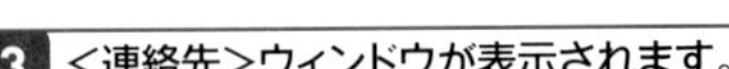

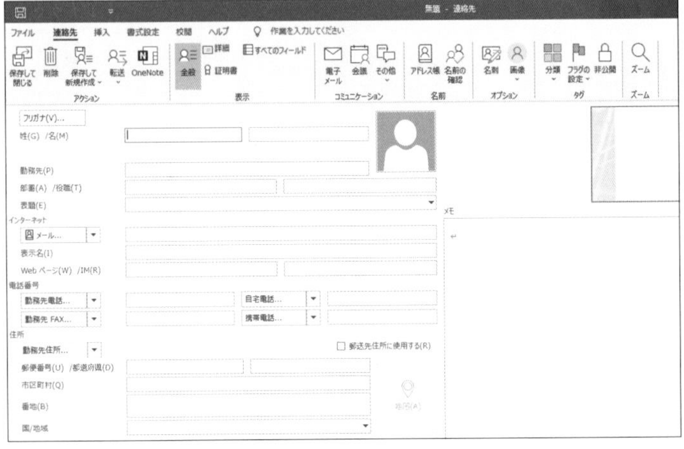

4 <姓>と<名>を入力すると、

5 <フリガナ>と<表題>が自動的に登録されます。

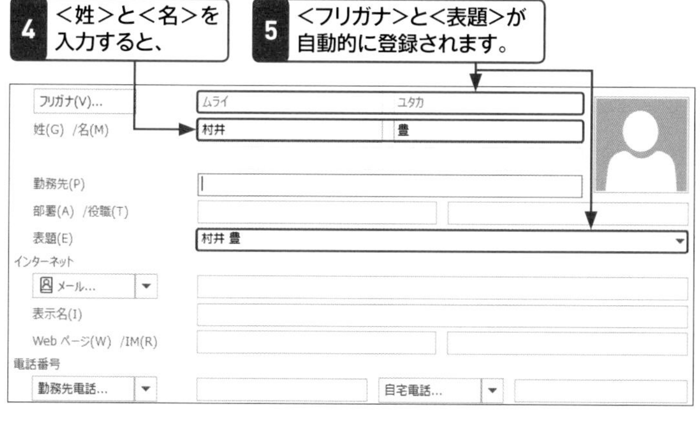

6 <勤務先>を入力し、

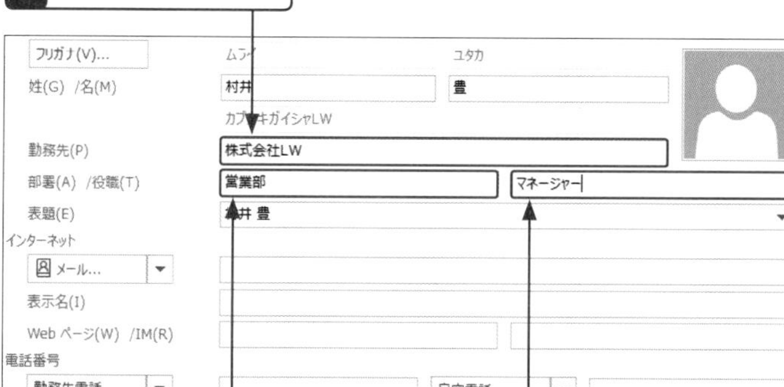

7 <部署>を入力して、

8 <役職>を入力します。

9 <メール>にメールアドレスを入力し、

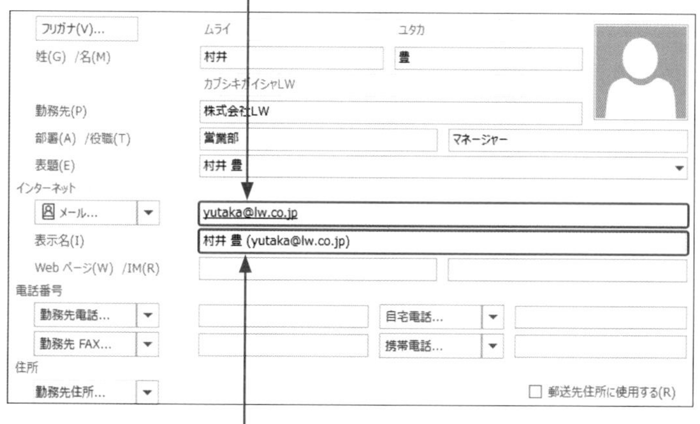

10 <表示名>をクリックすると自動的に入力されます。

メモ フリガナの修正

姓名と勤務先のフリガナは自動的に登録されますが、正しくない場合は<フリガナ>をクリックすれば修正できます。

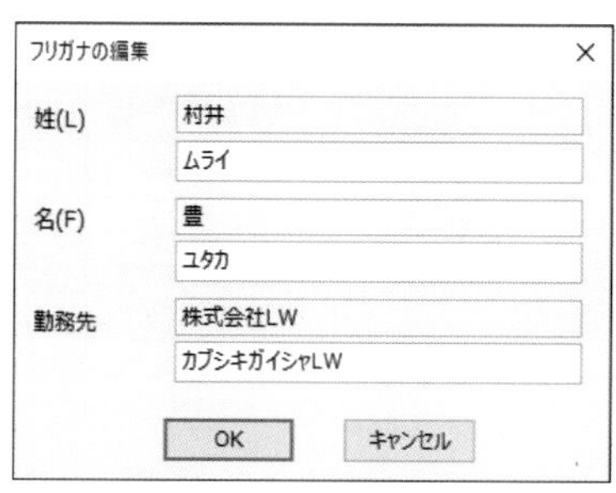

メモ 表題と勤務先について

<表題>は連絡先の管理用に使われるだけで、メールの送信相手には表示されません。通常はそのままでよいでしょう。<勤務先>は、登録する相手が個人の場合は登録しなくてもかまいません。

メモ 表示名について

手順**10**の<表示名>は、メールを送信する際に相手の「宛先」に表示されます。必要に応じて「様」などの敬称を付けておくとよいでしょう。

ヒント メールアドレスの追加登録

メールアドレスは、最大3件まで登録することができます。これらは、メールの横にある▼をクリックすることで表示される一覧から、切り替えられます。

ここをクリックします。

インターネット / メール... / yutaka@lw.co.jp / 表示名(I) / メール / メール 2 / メール 3 / 電話番号 / 勤務先電話... 03-1234-5678 / 勤務先 FAX... 03-2345-6789

11 電話番号を入力して、

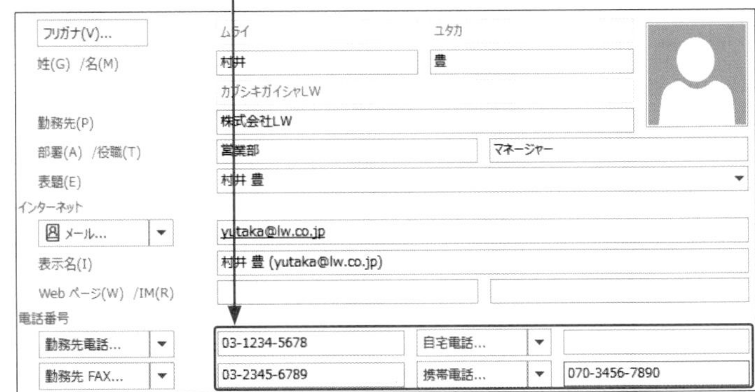

12 <郵便番号>と<都道府県>、<市区町村>、<番地>を入力し、

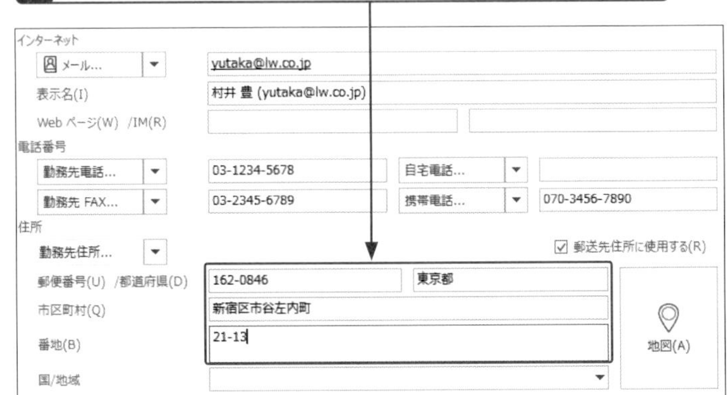

13 ここをクリックして、

14 表示される一覧から<日本>を選択します。

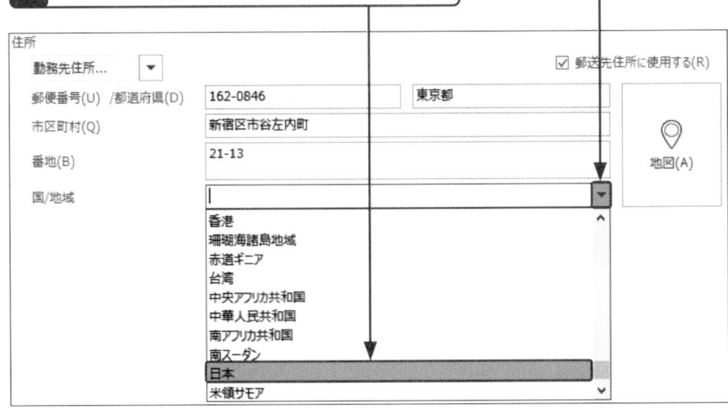

メモ 登録可能な電話番号

電話番号は最大4件まで登録可能です。登録項目名は、▼ボタンをクリックして一覧から選択することができます。

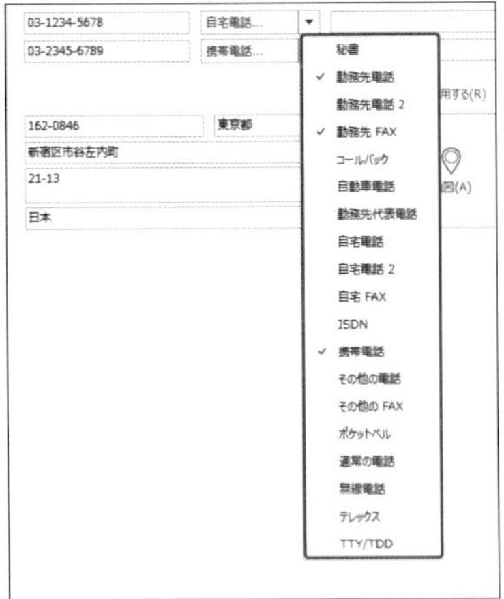

メモ 国と地域

<国 / 地域>の登録は省略してもかまいません。

メモ 登録可能な住所

登録可能な住所は<勤務先>のほか、<自宅住所>と<その他>が選択できます。このとき、<郵送先住所に使用する>をオンにした住所が<差し込み印刷>で使用されます。<差し込み印刷>とは、連絡先のデータを使って複数の連絡先に送信する手紙またはメールを作成できるWordの機能です。

15 入力した内容が表示されているので確認し、

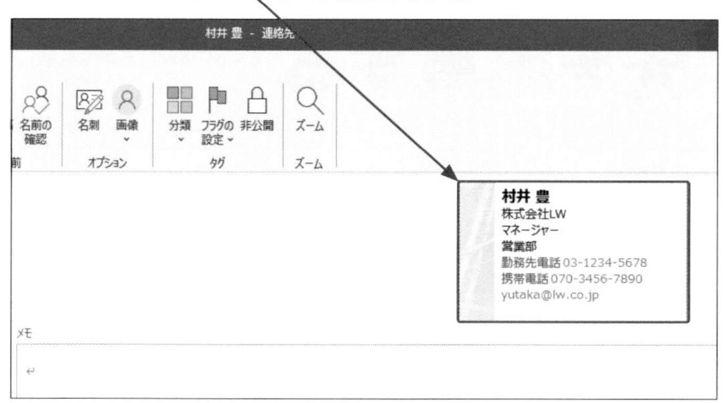

16 <保存して閉じる>をクリックします。

17 登録した連絡先が<ビュー>に表示されます。

メモ 入力した内容の確認

手順15で表示される内容は、入力した内容がすべて表示されるわけではありません。項目によっては表示されないものもあります。

メモ ドラッグで登録

受信したメールをクリックし、ナビゲーションバー(P.362参照)の<差出人>までドラッグすると、差出人を連絡先に登録する画面に移動します。

ステップアップ 顔写真を登録する

<連絡先>ウィンドウの画面では、顔写真を登録することもできます。相手の顔と名前を一度に登録しておけば、よりわかりやすくなるでしょう。登録するには以下の操作を行います。

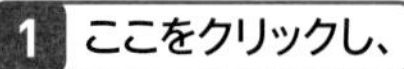

1 ここをクリックし、

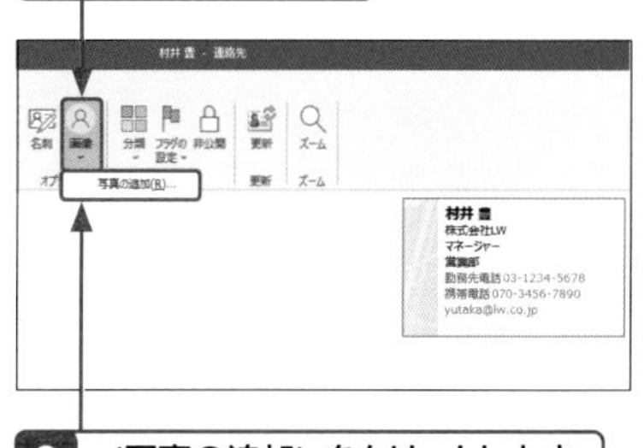

2 <写真の追加>をクリックします。

Section 19 連絡先を編集する

覚えておきたいキーワード
- ビュー
- ＜連絡先＞ウィンドウ
- Outlookの連絡先の編集

＜ビュー＞に表示された連絡先をダブルクリックすると、＜連絡先＞ウィンドウが表示され、情報を書き換えることができます。相手の状況などに応じて、最新の情報に書き換えるなどの変更をするとよいでしょう。

1 連絡先を編集する

メモ 閲覧ウィンドウから編集する

閲覧ウィンドウの…をクリックし、＜Outlookの連絡先の編集＞をクリックすることでも、連絡先の編集が可能です。

登録した連絡先の情報を一部修正します。

1 編集したい連絡先をダブルクリックすると、

2 ＜連絡先＞ウィンドウが表示されます。

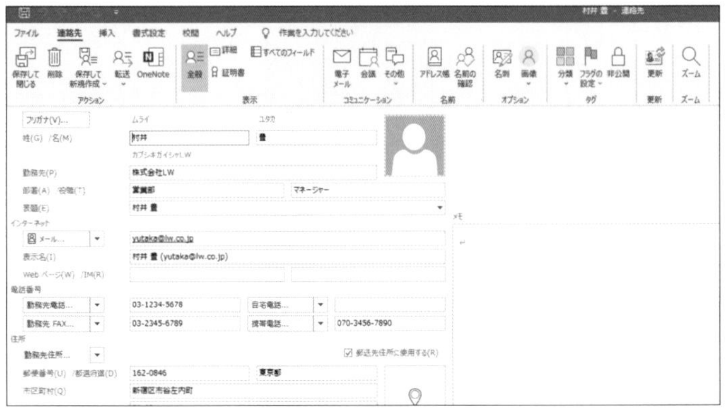

3 情報を書き換えて、

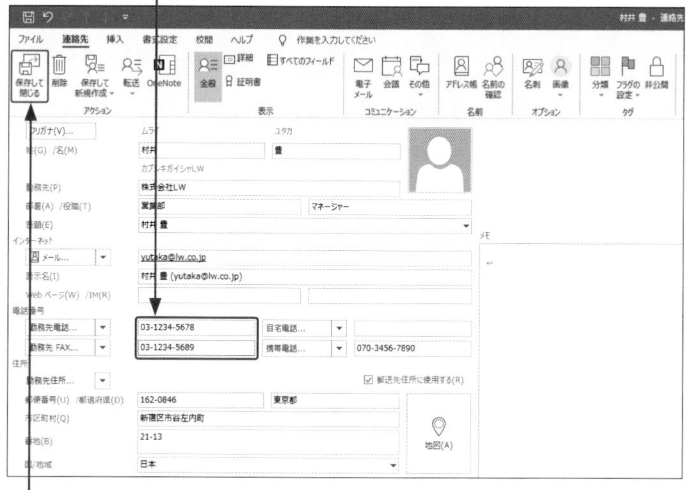

4 <保存して閉じる>をクリックし、

5 ここをクリックすると、

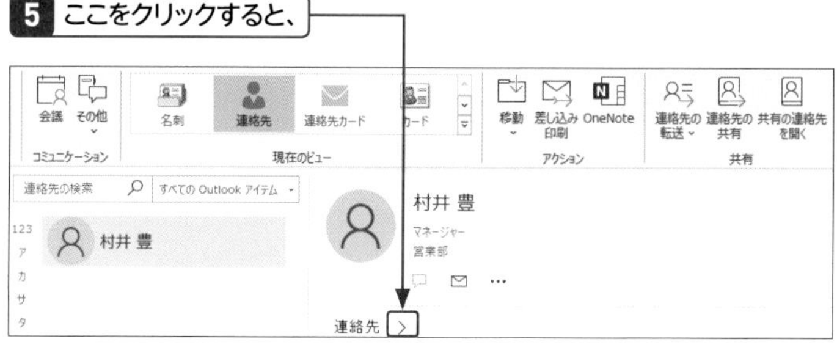

6 編集した連絡先が詳細に表示されます。

メモ <連絡先>ビュー以外の編集画面

ビューを<連絡先>以外にしている場合も、連絡先をダブルクリックすると<連絡先>ウィンドウが表示され、編集することができます。

Section 20 連絡先の相手にメールを送信する

覚えておきたいキーワード
- 連絡先の相手
- 宛先を選択
- <名前の選択>ダイアログボックス

連絡先に登録した相手には、かんたんにメールを送ることができます。メールの作成方法は、大きく分けて2つあります。<連絡先>の画面からメールを作成するか、あるいは、メール作成時に<メッセージ>ウィンドウの宛先から連絡先を呼び出して作成します。

1 連絡先から相手を選択する

メモ そのほかのメール送信方法

<連絡先>ビューの場合、右の方法のほかに、閲覧ウィンドウに表示されているアイコンやメールアドレスをクリックすることでも<メッセージ>ウィンドウを表示することができます。

<連絡先>の画面を表示しています。

1 送信したい相手の連絡先をクリックし、

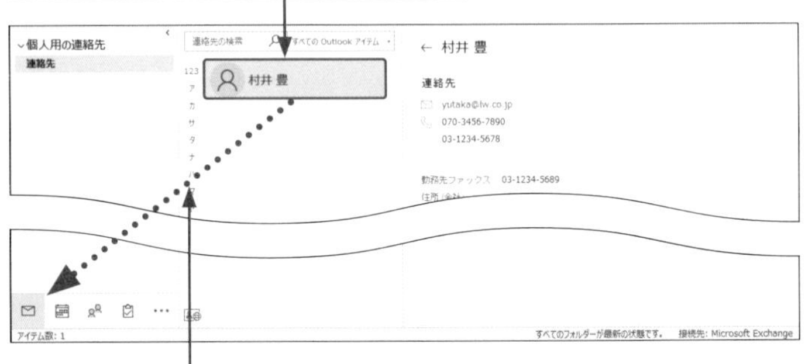

2 <メール>のアイコンにドラッグすると、

3 <メッセージ>ウィンドウが表示されます。

4 <件名>、<本文>を入力し、

<宛先>が自動的に入力されています。

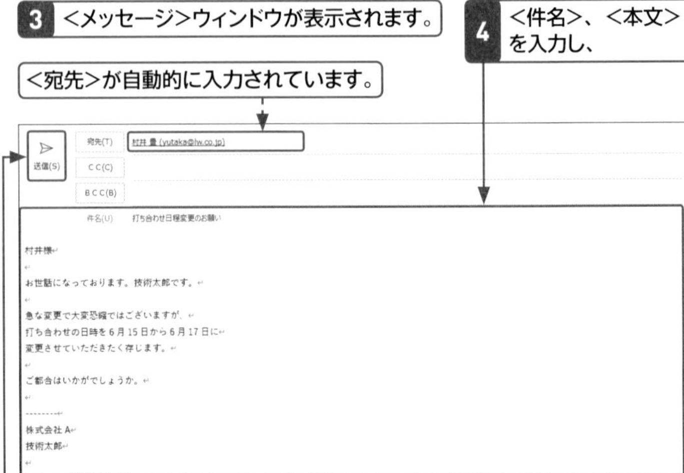

5 <送信>をクリックしてメールを送信します。

ヒント 複数の宛先を選択

手順1で複数の宛先を選択した場合、それらの宛先がすべて<メッセージ>ウィンドウの<宛先>に入力されます。

2 メール作成時に相手を選択する

<メール>の画面を表示しています。

1 <新しいメール>をクリックします。

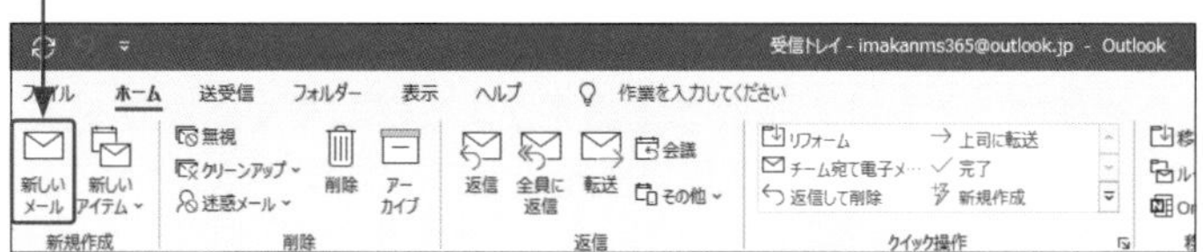

2 <メッセージ>ウィンドウが表示されます。

3 <宛先>をクリックします。

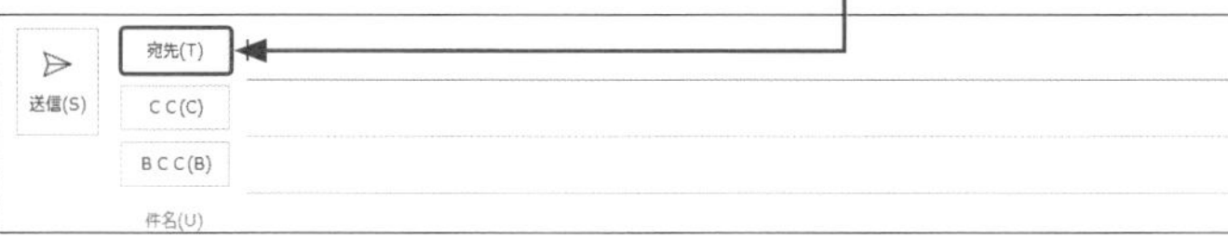

4 <名前の選択>ダイアログボックスが表示されます。

5 送信する相手の宛先をクリックして、

6 <宛先>をクリックすると、

7 送信する相手が表示されます。

8 <OK>をクリックします。

9 <宛先>が入力されました。

10 件名と本文を入力し、

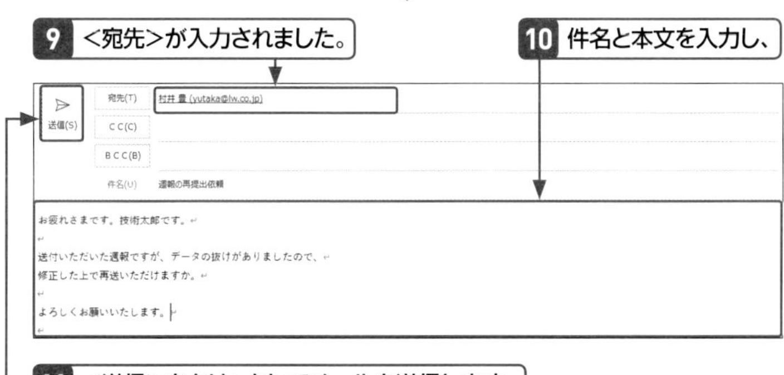

11 <送信>をクリックしてメールを送信します。

メモ 複数の宛先を指定

画面で複数の宛先を指定したい場合は、手順**7**の後に、再度手順**5**～**6**の操作を繰り返します。また、<名前の選択>ダイアログボックスを閉じたあとに、再度手順**3**から始めて追加することもできます。

メモ 宛先が表示されない場合

手順**5**の操作時に宛先が表示されていない場合は、<アドレス帳>のドロップダウンメニューをクリックして、別の連絡先を1つずつクリックしてみてください。それでも表示されない場合は、フォルダーの設定が異なっていることがあります。フォルダーを選択して<フォルダー>タブの<フォルダーのプロパティ>をクリックし、<Outlook アドレス帳>タブの<電子メールのアドレス帳にこのフォルダーを表示する>のチェックを変更してみましょう。

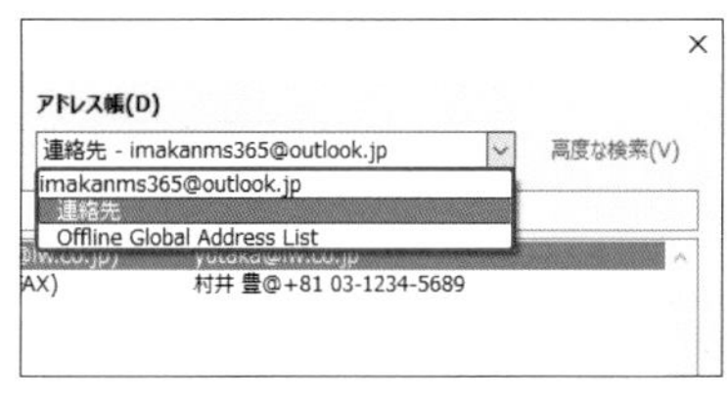

ヒント CCやBCCの追加

手順**6**で、<CC>や<BCC>をクリックすることで、CCやBCCにも連絡先の相手を追加することができます。

Section 21 登録した連絡先を整理する

覚えておきたいキーワード
- 連絡先を削除
- 新しいフォルダーの作成
- 連絡先の移動

連絡先の数が多くなりすぎた場合は、不要になった連絡先を削除してもよいでしょう。連絡先を整理することで、必要な連絡先がより探しやすくなります。連絡先を削除／整理して、スムーズに使用できるようにしましょう。

1 連絡先を削除する

メモ 連絡先の整理

連絡先の件数が増えると、検索して探し出すのがたいへんになります。定期的に連絡先を見直して、必要がないと思ったアイテムは削除しましょう。

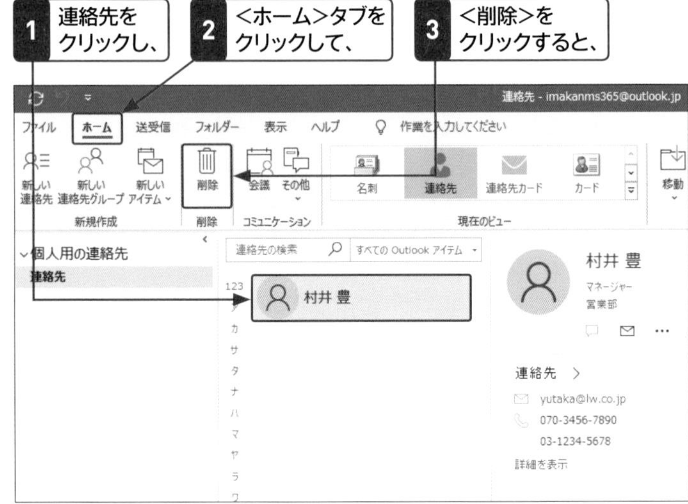

1 連絡先をクリックし、
2 <ホーム>タブをクリックして、
3 <削除>をクリックすると、

4 連絡先が削除されます。

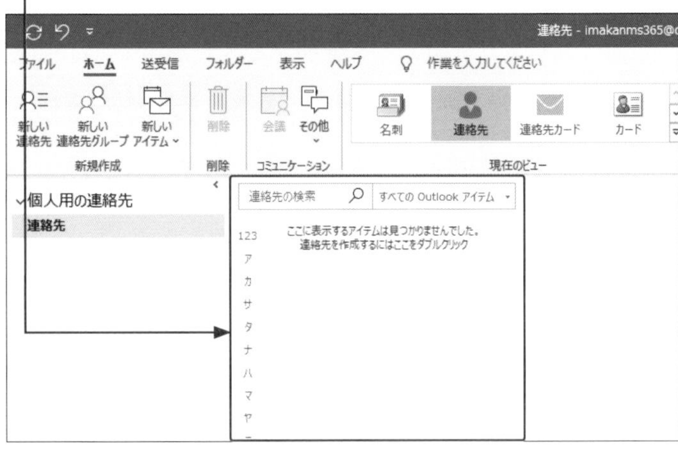

ヒント 削除した連絡先

削除した連絡先は、<削除済みアイテム>に移動します。メールと同様、元に戻したり、完全に削除したりすることができます。

Outlook

第3章

予定表とタスク

Section 22

新しい予定を登録する

覚えておきたいキーワード
- ☑ 新しい予定
- ☑ <予定>ウィンドウ
- ☑ 保存して閉じる

新しい予定の登録は、<予定>ウィンドウから行います。ここに登録できる情報は、<件名>、<場所>、<日付>、<開始時刻>、<終了時刻>などです。さらにメモを書き込めるスペースがあるので、状況に応じて、予定の詳細な情報などを登録しておくといいでしょう。

1 新しい予定を登録する

1 予定を登録する日付をクリックして、

2 <ホーム>タブをクリックし、

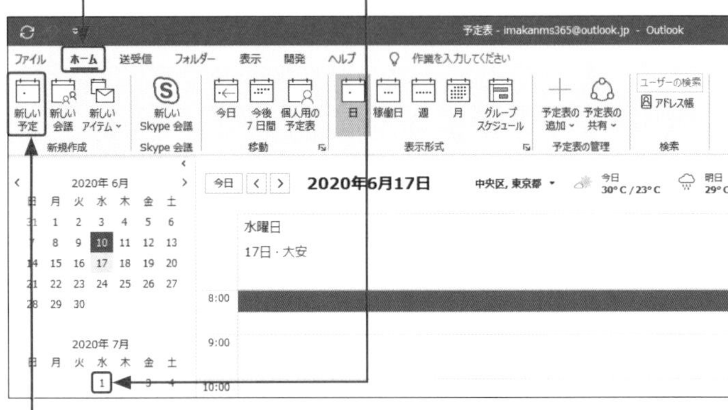

3 <新しい予定>をクリックすると、

4 <予定>ウィンドウが表示されます。

5 件名と場所を入力し、

6 ここをクリックして、

7 開始時刻を選択します。

メモ 日時をダブルクリックして予定を登録

予定表の日付や日時を直接ダブルクリックしても、その日付および時間が入力された状態の<予定>ウィンドウを開くことができます。

1 予定表の日付をダブルクリックすると、

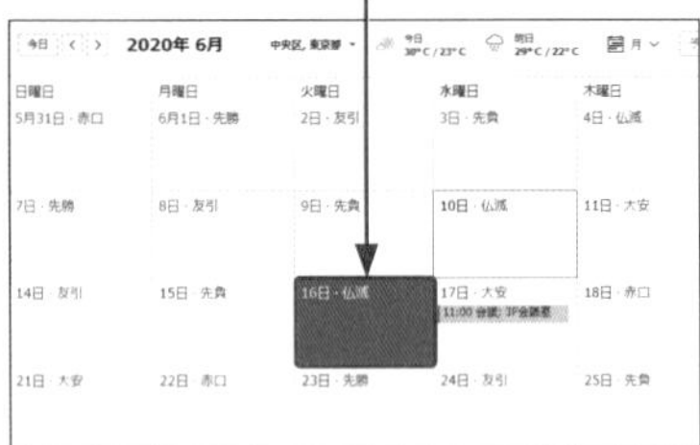

2 日付が入力された状態で<予定>ウィンドウが表示されます。

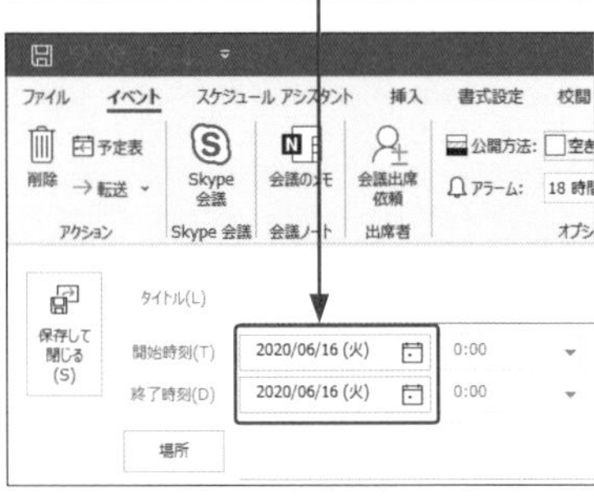

8 ここをクリックして、

9 終了時刻を選択します。

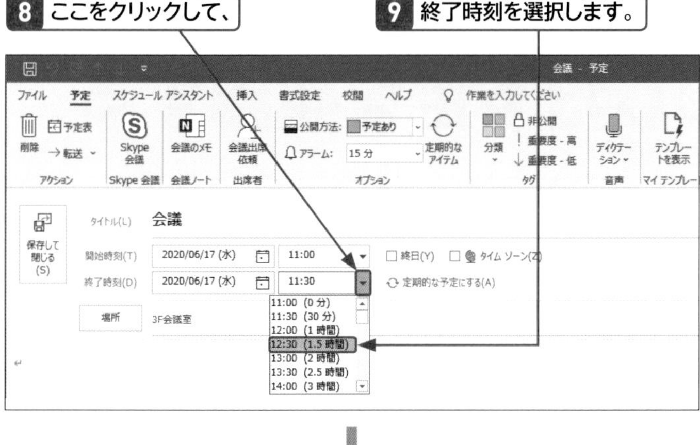

10 <保存して閉じる>をクリックすると、

この部分には、詳細な情報をメモとして登録できます。

11 新しい予定が登録されています。

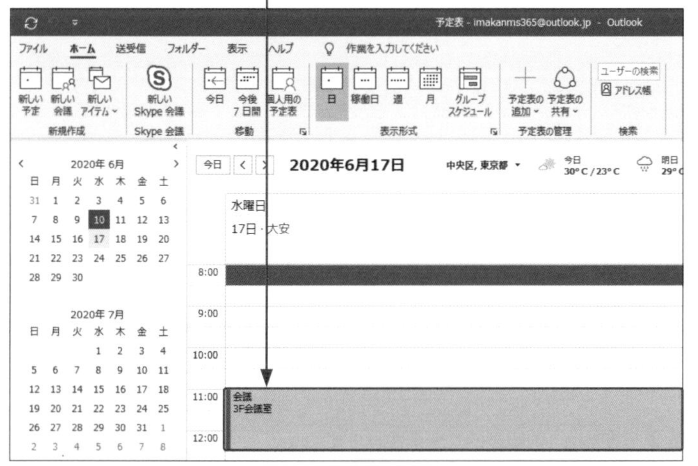

メモ 開始／終了時刻を手入力する

<予定>ウィンドウで<開始時刻>や<終了時刻>を選択する際、キーボードから直接時刻を入力して設定することも可能です。

メモ 登録する日付を変更

<予定>ウィンドウを表示したあとに日付を変更したい場合は、<開始時刻>および<終了時刻>のカレンダーアイコンをクリックし、変更したい日付をクリックします。

ヒント 予定表での分類項目

<予定表>で分類項目を設定すると、それぞれの予定が色分けされ、予定表が見やすくなります。<予定>ウィンドウで<予定>タブをクリックし、<分類>をクリックすると設定できます。

Section 23

登録した予定を確認する

覚えておきたいキーワード
☑ 1日単位
☑ 1週間単位
☑ 1カ月単位

登録した予定表は、1日の予定が詳しくわかる1日単位表示、1週間分の予定を通しで表示する1週間単位表示、1カ月の予定をおおまかに表示する1カ月単位表示など、表示形式を切り替えて確認できます。用途に応じて使い分けて閲覧するとよいでしょう。

1 予定表の表示形式を切り替える

メモ 表示月を切り替える

<カレンダーナビゲーター>の表示月の左右にある矢印をクリックすることで、表示月を切り替えることができます。

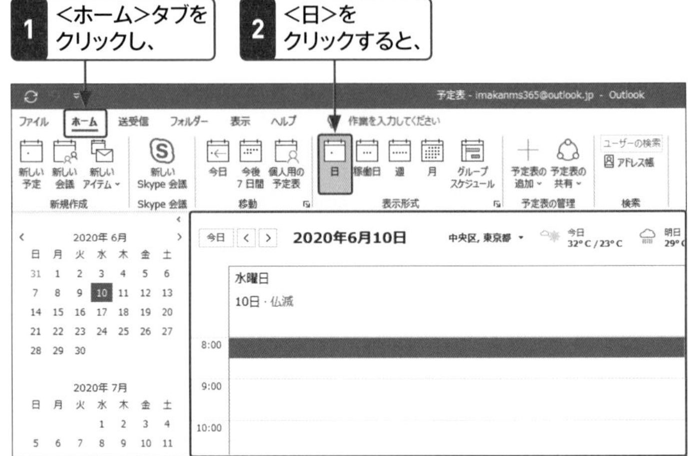

3 予定表が1日単位で表示されます。

4 <週>をクリックすると、

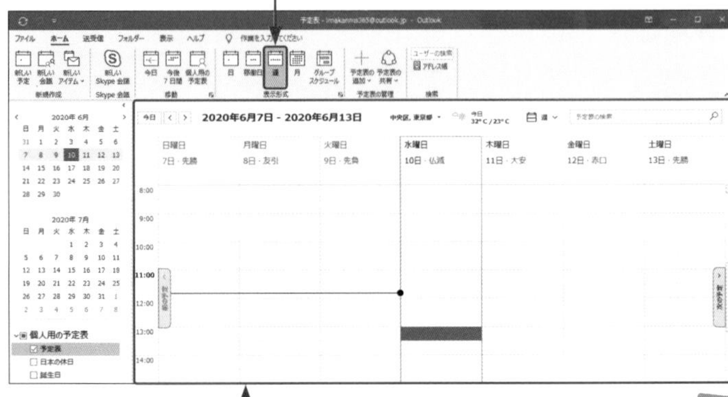

5 予定表が1週間単位で表示されます。

6 ＜月＞をクリックすると、

7 予定表が1カ月単位で表示されます。

ヒント　週の始まりを変更する

予定表の初期設定では、日曜日から週が始まっていますが、これは自由に変更することができます。まず、＜ファイル＞タブの＜オプション＞をクリックし、＜Outlookのオプション＞ダイアログボックスを表示します。続いて＜予定表＞の「週の最初の曜日」で週の始まりの曜日を設定します。

2 予定をポップアップで表示する

どの表示形式でも同じ操作です。

1 予定の上にマウスをポイントすると、

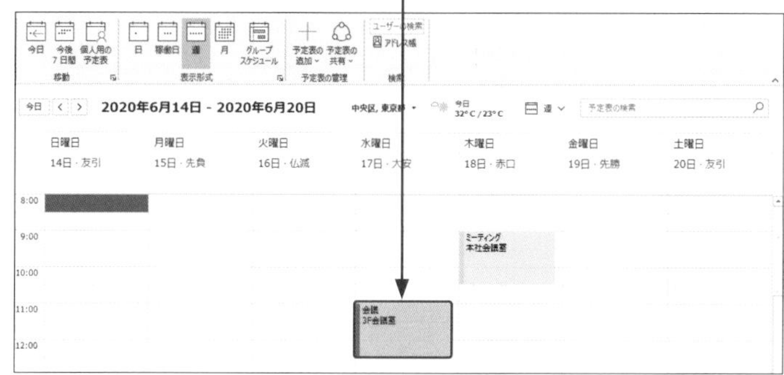

2 予定の件名、時刻、場所、アラームがポップアップ表示されます。

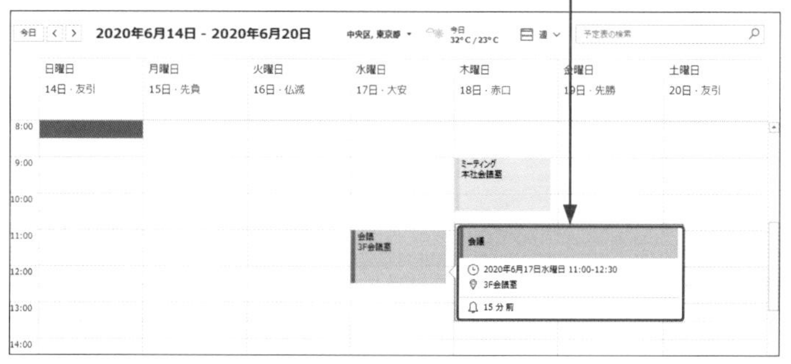

メモ　予定の詳細を表示する

左の手順では、予定の詳細は表示されません。詳細を確認するには、予定をダブルクリックします。

1 予定をダブルクリックすると、

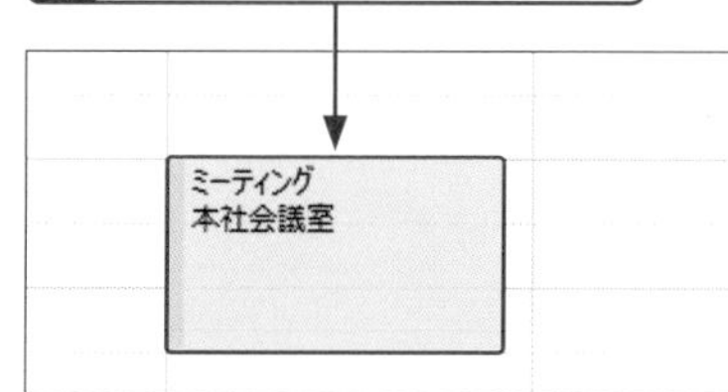

2 ＜予定＞ウィンドウが表示され、

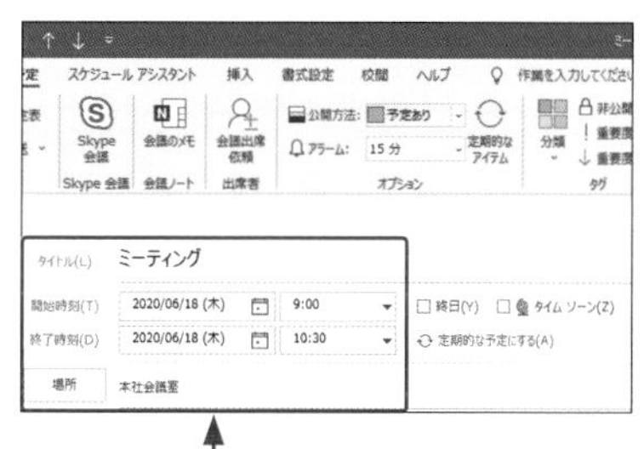

3 登録した詳細情報が表示されます。

Section 24

予定を変更する／削除する

覚えておきたいキーワード
- 予定の変更
- 予定の削除
- 保存して閉じる

登録した予定は後から変更することができます。<予定>ウィンドウを表示して、日時や場所などを修正し、<保存して閉じる>をクリックすると、修正した予定が予定表に反映されます。また、予定がキャンセルになった場合は、登録した予定そのものを削除することもできます。

1 予定を変更する

メモ　予定をダブルクリック

予定をダブルクリックすることでも、<予定>ウィンドウを表示することができます。

ここでは、予定の日付と時刻を変更します。

1 変更したい予定をクリックし、

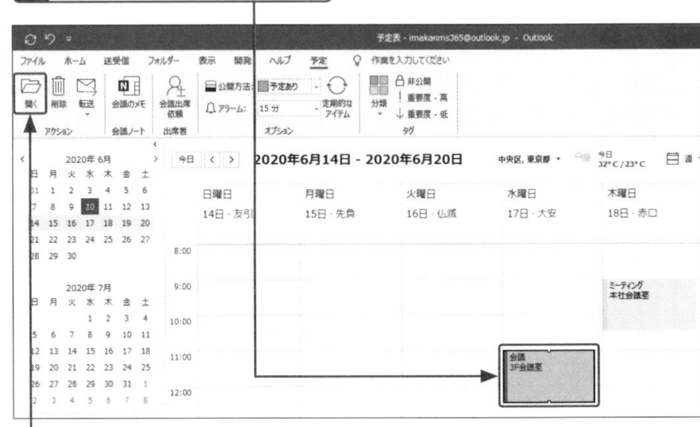

2 <開く>をクリックします。

3 <予定>ウィンドウが表示されるので、

4 予定内容を変更し、

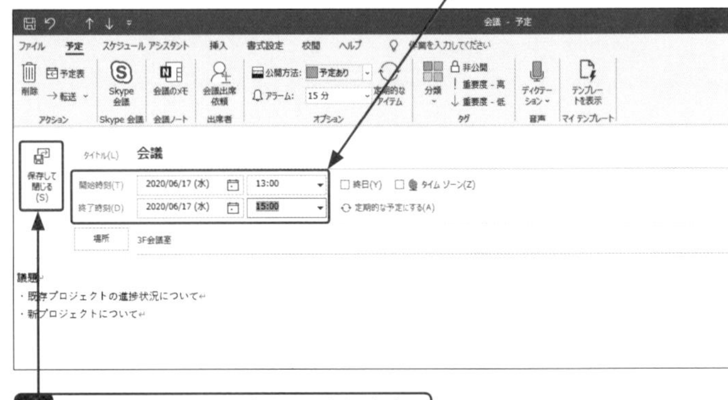

5 <保存して閉じる>をクリックします。

メモ　パソコンで予定表を管理するメリット

Outlookでは、予定の追加や変更／削除がかんたんに行えます。紙の手帳と違って、書き直して見づらくなることもないので、気軽に予定を登録することができます。

第3章 予定表とタスク

2 予定を削除する

1 予定をクリックし、

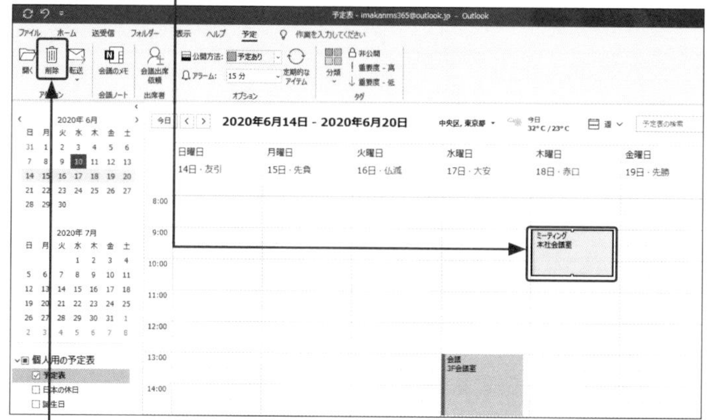

2 <削除>をクリックすると、

3 予定が削除されます。

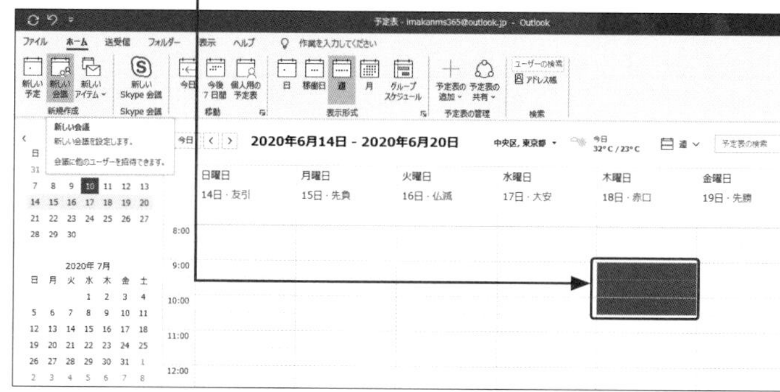

ヒント 右クリックメニューから予定を削除する

予定を右クリックすると、操作メニューが表示されます。その中にある<削除>をクリックすると、予定を削除できます。

1 予定を右クリックし、

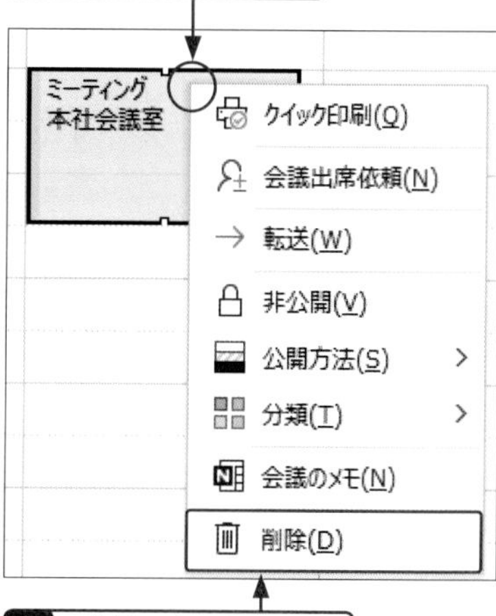

2 <削除>を選択します。

ステップアップ マウス操作による変更

予定のアイテムをドラッグしたり、範囲を変更したりすることで、日付や時刻を変更することもできます。

上下の枠をドラッグして範囲を調整すると、時間を変更することができます。

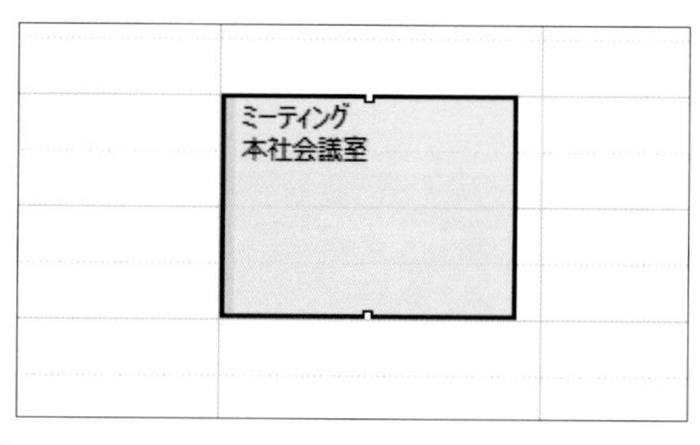

アイテム全体をドラッグして、日付や時間を変更することができます。

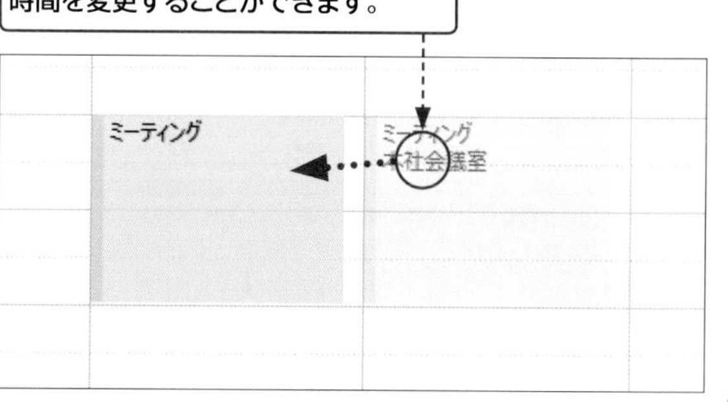

Section 25

新しいタスクを登録する

覚えておきたいキーワード
- <タスク>ウィンドウ
- タスクの登録
- 開始日

新しくタスクを登録するには、<タスク>ウィンドウを表示して、必要な項目を入力します。ここでは、タスクの<件名>、<開始日>、<期限>などの情報を登録することができます。その後、<タスク>の画面を表示すると、登録したタスクが一覧で表示されます。

1 新しいタスクを登録する

メモ タスクと予定表の違い

「タスク」と「予定表」は、どちらもスケジュール管理を行う機能です。予定表は今後の予定をカレンダーで管理し、タスクは開始日と期限を仕事単位で管理します。通常の予定は予定表に、仕事の締め切りのみをタスクに登録するなどの使い分けをするとよいでしょう。

1 <ホーム>タブをクリックし、

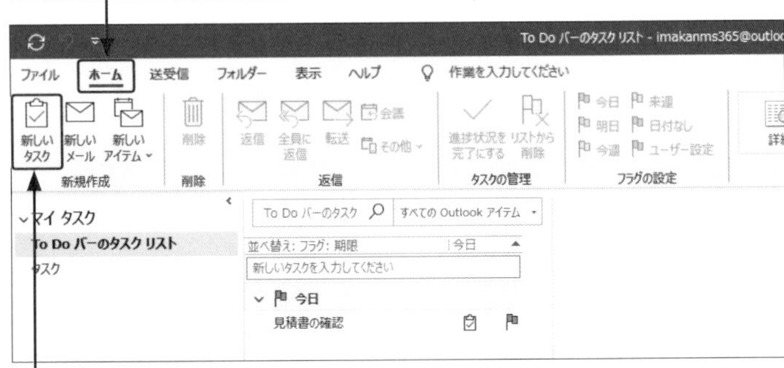

2 <新しいタスク>をクリックすると、

3 <タスク>ウィンドウが表示されます。

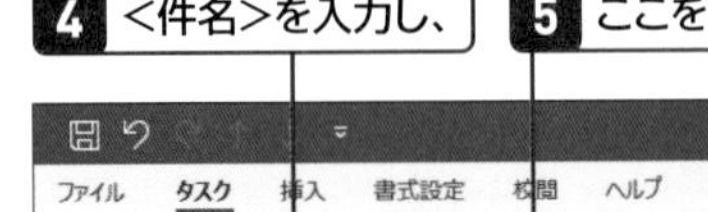

4 <件名>を入力し、

5 ここをクリックして、

6 <開始日>を選択します。

メモ タスクの開始日

タスクの開始日は、カレンダーから選択することができます。今日の日付を開始日にする場合は<今日>をクリックします。なお、開始日がとくに決まっていない場合は設定しなくてもかまいません。

第3章 予定表とタスク

7 ＜開始日＞が入力されました。

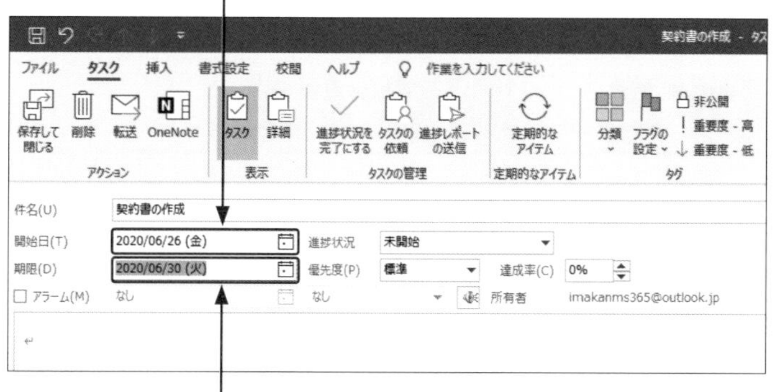

8 手順**5**～**6**と同様の操作で、＜期限＞を入力します。

9 ＜保存して閉じる＞をクリックすると、

10 タスクが登録されます。

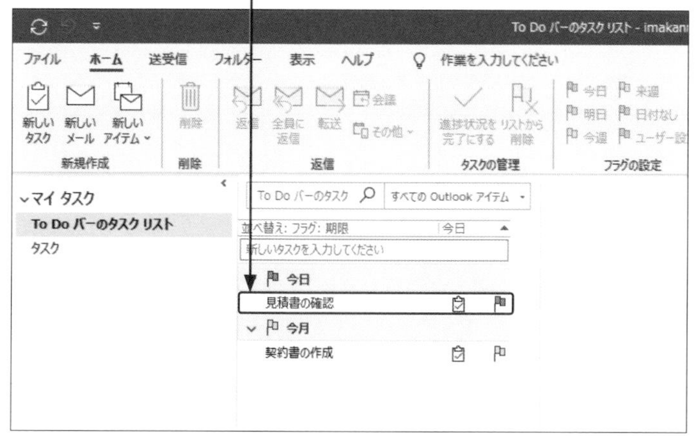

ヒント 期限日のないタスク

新規タスクの登録では、開始日だけでなく期限も省略することができます。その場合は、期限のないタスク（日付なし）として管理されます。内容のみが決まっているタスクの場合は、件名のみ登録しておいて、あとから期限日を変更してもよいでしょう。

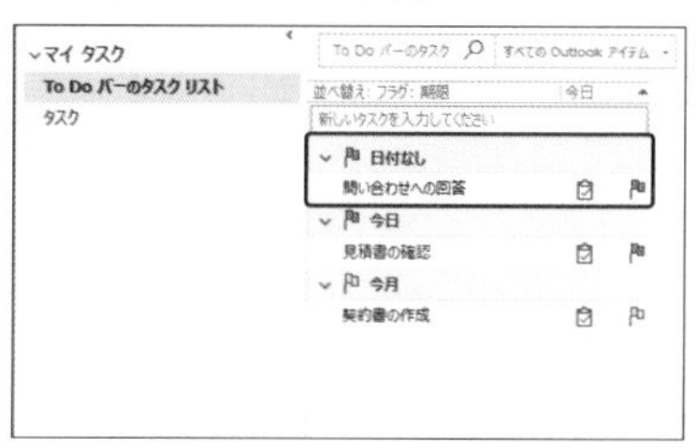

ステップアップ 詳細情報の登録

タスクには＜件名＞や＜期限＞といった基本的な情報以外にも、＜進捗状況＞（未開始／進行中／完了／待機中／延期）や＜優先度＞（低／標準／高）なども登録できます。設定は手順**8**の画面で＜進捗状況＞や＜優先度＞のプルダウンメニューをクリックし、それぞれの状況を選択してクリックすることで行います。

メモ 登録したタスクの表示順

登録したタスクは、期限日が近い順に表示されます。とくに期限日は表示されず、＜今日＞、＜明日＞、＜今週＞といったグループごとに表示されます。表示形式を変更するには、＜表示＞タブの＜並び替え＞グループの＜その他＞▼をクリックし、表示したい形式を選択してクリックします。

Section 26 タスクを変更する／削除する

覚えておきたいキーワード
☑ タスクの変更
☑ タスクの削除
☑ 期限が過ぎたタスク

タスクを登録したあと、期限日が変更になったり、タスク自体がキャンセルになったりするケースは少なくありません。変更したい場合は、タスクを選択して<タスク>ウィンドウを表示し、期限日を修正します。タスクがキャンセルになった場合は、一覧から削除します。

1 タスクを変更する

メモ 開始日の変更

ここではタスクの期限日を変更していますが、同様にしてタスクの開始日を変更することもできます。

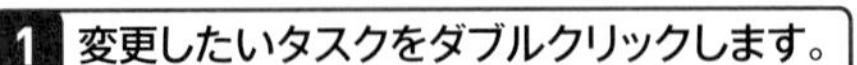

1 変更したいタスクをダブルクリックします。

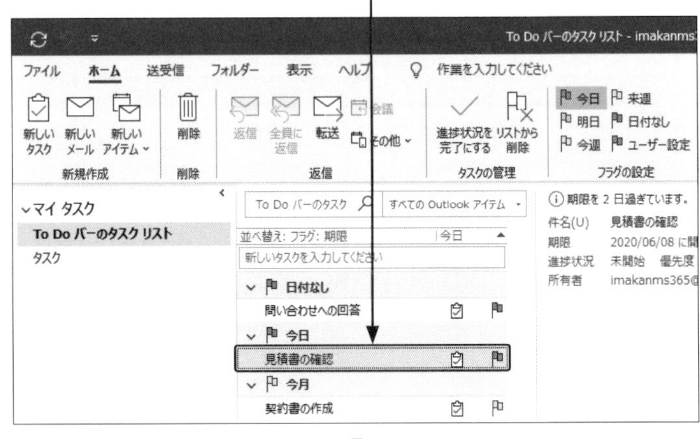

3 <期限>を変更し、

4 <保存して閉じる>をクリックします。

ヒント その他の項目の変更

タスクの開始日や期限日以外にも、進捗状況や優先度なども右の手順で変更することが可能です。

5 表示位置も変更されています。

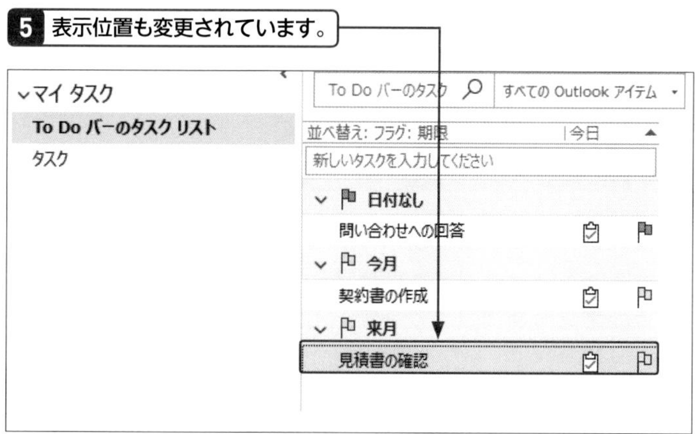

メモ　期限が過ぎたタスクの変更

期限が過ぎて赤字で表示されているタスクを期限日内に変更した場合は、黒字に変更されて表示されます。

2 タスクを削除する

1 削除したいタスクをクリックし、 **2** <ホーム>タブをクリックして、

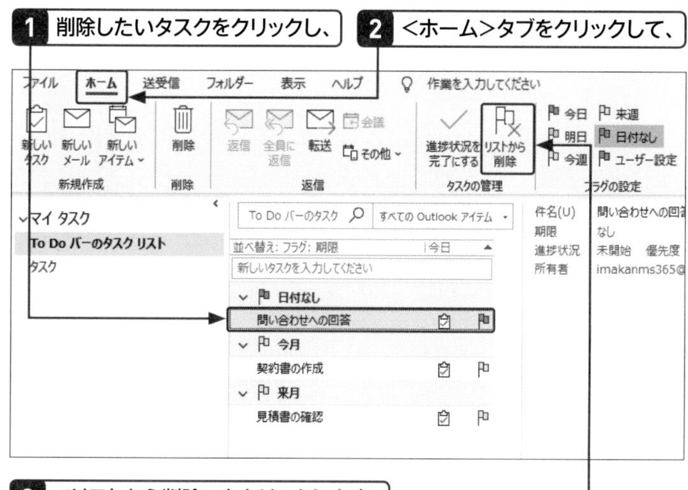

3 <リストから削除>をクリックします。

4 タスクが削除されました。

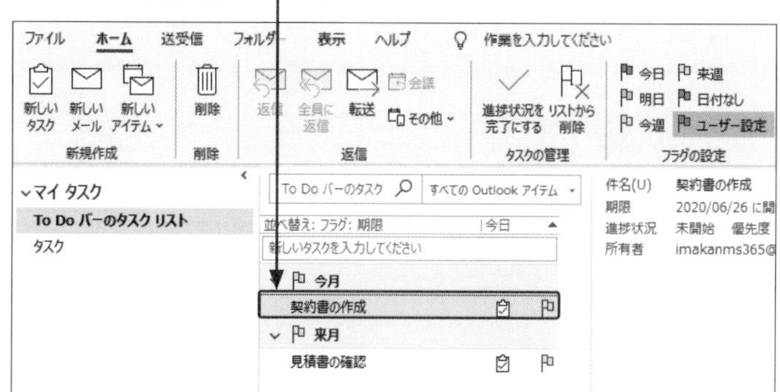

メモ　削除したタスク

削除したタスクは、<メール>の画面の<削除済みアイテム>に移動しています。メールや予定表と同様、元に戻したり、完全に削除したりすることができます。

メモ　タスクの削除

タスクを削除すると、完了操作と違って完了したかどうかの履歴が残りません。キャンセルになったタスクや不要になったタスクは削除を、完了したタスクは<ホーム>タブの<進捗状況を完了にする>をクリックして完了操作を行う習慣を付けておきましょう。

Section 27

Outlook Todayで全情報を管理する

覚えておきたいキーワード
- Outlook Today
- Outlook Today のカスタマイズ
- アカウント名

＜Outlook Today＞は、今日現在登録されている＜予定表＞、＜タスク＞、＜メール＞の各情報をまとめて表示する機能です。＜予定表＞では今後数日間の予定、＜タスク＞では今後のタスク一覧、＜メール＞ではメールの未読数などが表示され、現在のOutlookの状況がひと目で確認できます。

1 ＜Outlook Today＞の画面構成

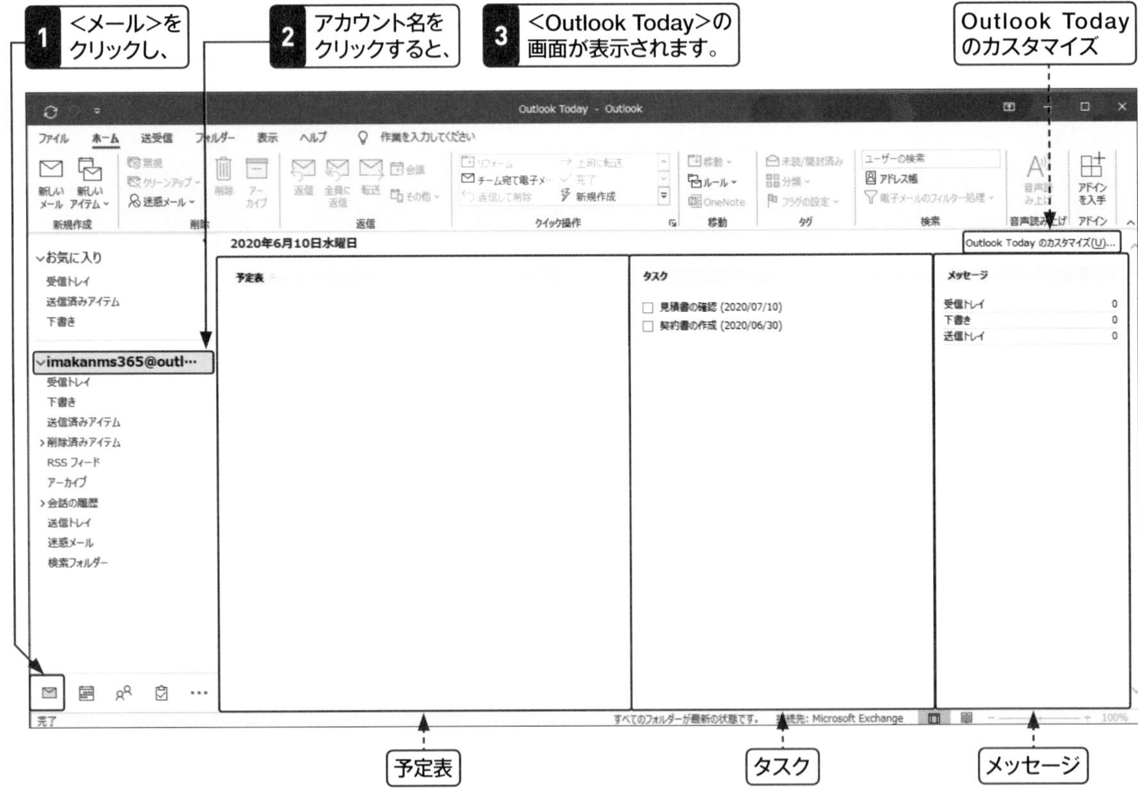

名称	機能
予定表	今日から数日間の予定を表示します。
タスク	今後のタスクの一覧を表示します。
メッセージ	受信トレイ、下書き、送信トレイにあるメールの未読数を表示します。
Outlook Todayのカスタマイズ	＜Outlook Today＞の表示方法を変更します。

Microsoft 365

Appendix

Officeアプリ間での連携とショートカット

Appendix 01

Excelの表をWordやPowerPointで利用する

覚えておきたいキーワード
- Excel の表
- 貼り付け
- 形式を選択して貼り付け

WordやPowerPointの文書には、Excelで作成した表を貼り付けることができます。複雑な表や計算などExcelで簡単にできる場合は、Excelで表を作成して、文書に貼り付けるほうが便利です。また、文書に貼り付けた表を、Excelで編集することもできます。ここでは、Wordを例に紹介します。

1 Excelの表をWordの文書に貼り付ける

メモ <コピー>と<貼り付け>の利用

右の手順のように、<コピー>と<貼り付け>を利用すると、Excelで作成した表を、Wordの文書に簡単に貼り付けることができます。
なお、この場合の貼り付ける形式は「HTML形式」になり、Excelを起動して貼り付けた表を編集することはできません。貼り付けた表をExcelで編集するには、コピーした表の形式を選択して貼り付ける必要があります(次ページ参照)。

メモ Excelを起動したままにしておく

Excelの表をWordの文書に貼り付ける際には、Excelを終了せずに起動しておきます。Excelを終了させてしまうと、P.426の上段図で<Microsoft Excelワークシートオブジェクト>を選択することができません。
なお、表をWordの文書に貼り付けた後は、Excelを終了してもかまいません。

1 Excelを起動して、作成した表を選択し、

2 <コピー>をクリックします。

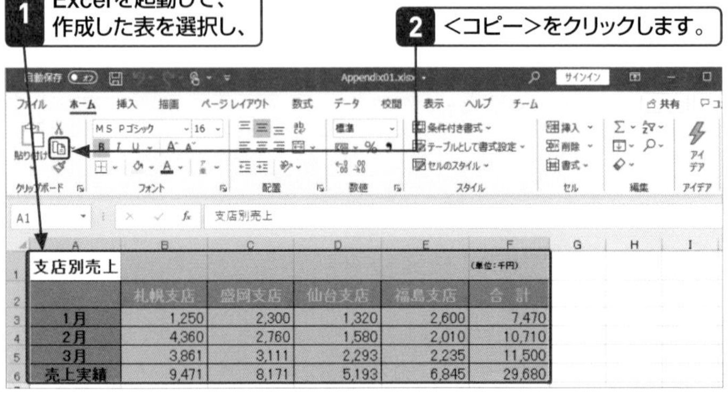

3 Wordの文書を開いて、

4 貼り付け先にカーソルを移動し、

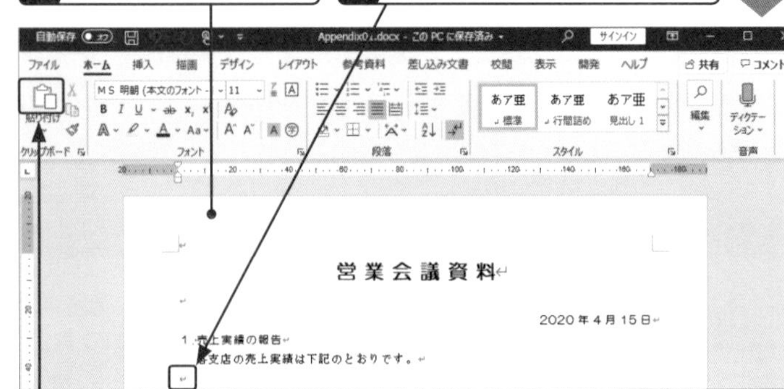

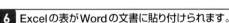

5 <貼り付け>のここをクリックすると、

6 Excelの表がWordの文書に貼り付けられます。

次ページメモ参照

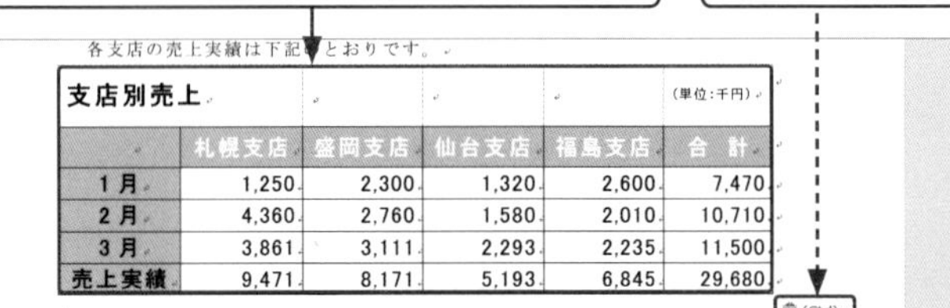
各支店の売上実績は下記のとおりです。

支店別売上					(単位:千円)
	札幌支店	盛岡支店	仙台支店	福島支店	合 計
1月	1,250	2,300	1,320	2,600	7,470
2月	4,360	2,760	1,580	2,010	10,710
3月	3,861	3,111	2,293	2,235	11,500
売上実績	9,471	8,171	5,193	6,845	29,680

2 Excel形式で表を貼り付ける

1 Excelを起動して、作成した表を選択し、

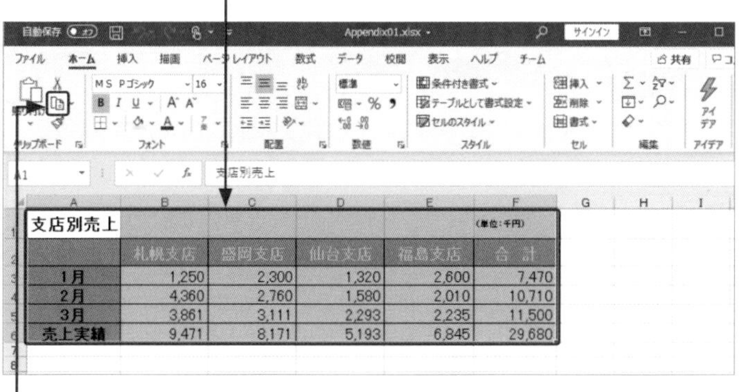

2 <コピー>をクリックします。

3 Wordの文書を開いて、

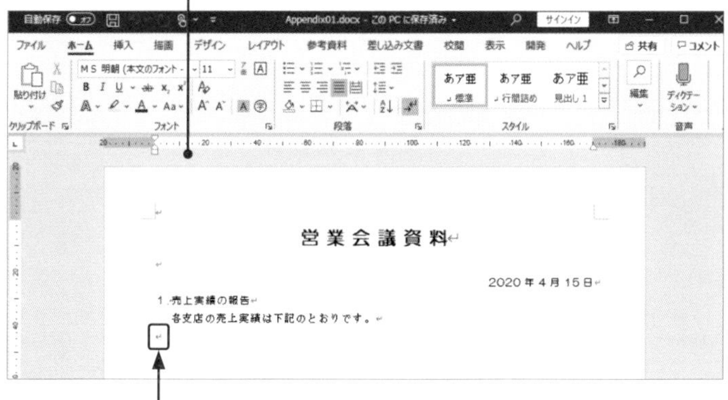

4 貼り付け先にカーソルを移動し、

5 <貼り付け>のここをクリックして、

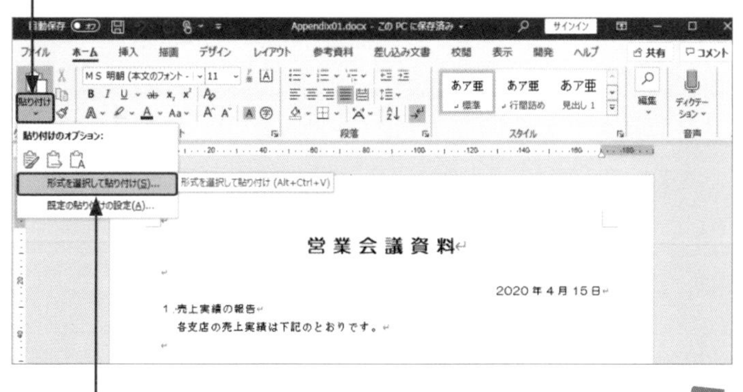

6 <形式を選択して貼り付け>をクリックします。

貼り付けのオプションの選択

Excelの表をコピーして文書に貼り付ける際に、貼り付けのオプションを選択できます。WordやPowerPointには、次のような種類があります。

- **元の書式を保持**
  Excelの表の書式そのままの状態で貼り付けられます。
- **貼り付け先のスタイルを使用**
  Excelの表の書式が貼り付け先のテーマに合わせて変更されて、貼り付けられます。
- **リンク(元の書式を保持)**
  Excelの表の書式そのままの状態で貼り付けられ、元のデータとリンクされます。
- **リンク(貼り付け先のスタイルを使用)**
  Excelの表の書式が貼り付け先のテーマに合わせて変更され、元データとリンクされます。
- **図**
  Excelの表の内容が図として貼り付けられます。
- **テキストのみ保持**
  Excelの表の内容が、書式情報が付いたテキストとして貼り付けられます。

PowerPointでの貼り付け

PowerPointでは、手順6で<埋め込み>をクリックすると、次ページの手順11の画面のように貼り付けられます。<埋め込み>はExcelの表の書式そのままの状態で貼り付けられ、ダブルクリックするとExcelで編集ができます。

メモ　リンク形式での表の貼り付け

手順7の<形式を選択して貼り付け>ダイアログボックスで<リンク貼り付け>を選択して手順を進めると、Excelで作成した表と、Wordの文書に貼り付けた表が関連付けられます。
この場合、Excelの表のデータを変更すると、Wordの文書に貼り付けた表のデータも自動的に変更されます。

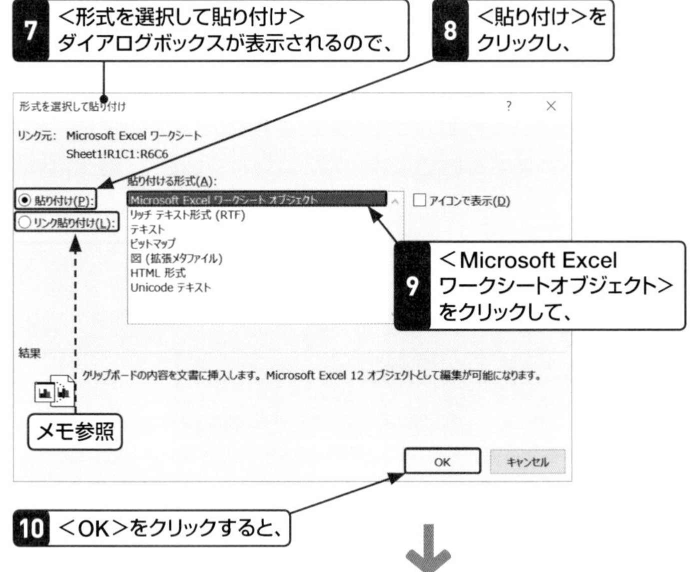

11 Excelの表がWordの文書に貼り付けられます。

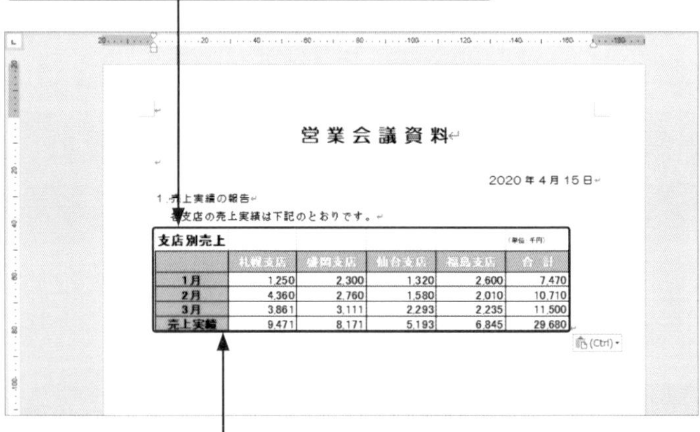

12 表をダブルクリックすると、

13 Excelが起動して、Excelのメニューバーやタブが表示されます。

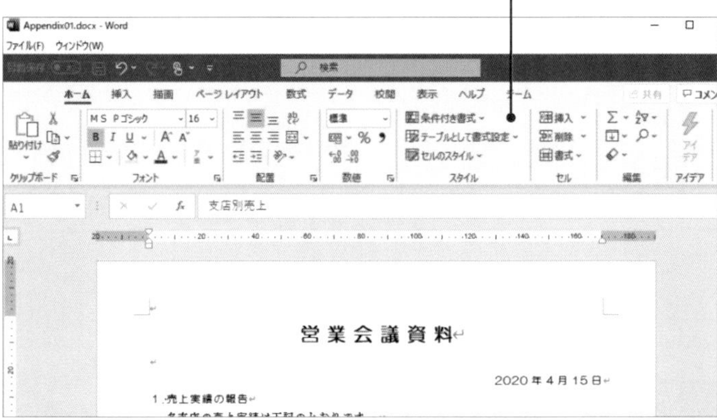

ヒント　表の範囲の変更

右下段図では、表の周囲にハンドル■が表示されます。ハンドルにマウスポインターを合わせてドラッグすると、表の表示範囲を変更することができます。
表の表示範囲が狭くて見にくい場合などは、ハンドル■をドラッグして、範囲を広げると便利です。

1.売上実績の報告
各支店の売上実績は下記のとおりです。

	A	B	C
1	支店別売上		
2		札幌支店	盛岡支店
3	1月	1,250	2,300
4	2月	4,360	2,760
5	3月	3,861	3,111
6	売上実績	9,471	8,171

Sheet1

ハンドルをドラッグして、表の表示範囲を変更できます。

3 データを編集する

前ページの最後の画面で、数値の修正を行います。

1 修正するセルをダブルクリックして、数値を変更し、

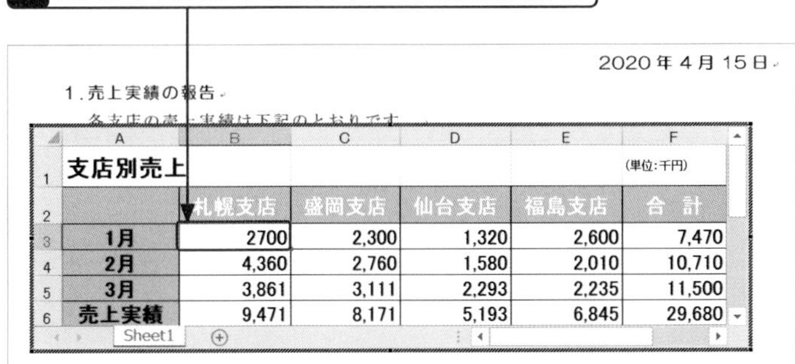
2020年4月15日
1．売上実績の報告
各支店の売上実績は下記のとおりです。

支店別売上					(単位:千円)
	札幌支店	盛岡支店	仙台支店	福島支店	合　計
1月	2700	2,300	1,320	2,600	7,470
2月	4,360	2,760	1,580	2,010	10,710
3月	3,861	3,111	2,293	2,235	11,500
売上実績	9,471	8,171	5,193	6,845	29,680

2 Enter を押して確定すると、

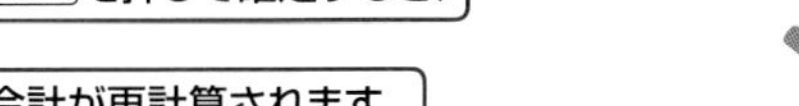

3 合計が再計算されます。

2020年4月15日
1．売上実績の報告
各支店の売上実績は下記のとおりです。

支店別売上					(単位:千円)
	札幌支店	盛岡支店	仙台支店	福島支店	合　計
1月	2,700	2,300	1,320	2,600	8,920
2月	4,360	2,760	1,580	2,010	10,710
3月	3,861	3,111	2,293	2,235	11,500
売上実績	10,921	8,171	5,193	6,845	31,130

4 表以外の場所をクリックすると、

5 Wordの文書に戻ります。

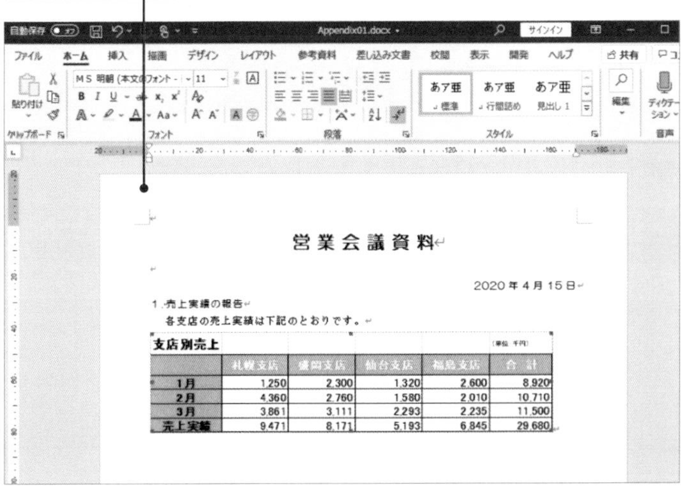

営業会議資料

2020年4月15日
1．売上実績の報告
各支店の売上実績は下記のとおりです。

支店別売上					(単位:千円)
	札幌支店	盛岡支店	仙台支店	福島支店	合　計
1月	1,250	2,300	1,320	2,600	8,920
2月	4,360	2,760	1,580	2,010	10,710
3月	3,861	3,111	2,293	2,235	11,500
売上実績	9,471	8,171	5,193	6,845	29,680

メモ　元の数値は変更されない

ここで修正した数値は、元のExcelの表には反映されません。

Appendix 02

ExcelのグラフをWordやPowerPointで利用する

覚えておきたいキーワード
- グラフ
- 貼り付けのオプション
- データの編集

WordやPowerPointでもグラフ作成はできますが、Excelで作成したグラフを貼り付けるほうがより簡単です。また、貼り込み先に書式のテーマが設定されている場合には、テーマを活かした形式で貼り付けることも可能です。貼り付けたグラフのデータは、自由に編集でき、元データに反映することもできます。

1 ExcelのグラフをPowerPointに貼り付ける

メモ リンク形式での表の貼り付け

手順7の<形式を選択して貼り付け>ダイアログボックスで<リンク貼り付け>を選択して手順を進めると、Excelで作成した表と、Wordの文書に貼り付けた表が関連付けられます。
この場合、Excelの表のデータを変更すると、Wordの文書に貼り付けた表のデータも自動的に変更されます。

ここでは、テーマが設定されているPowerPointのプレゼンテーションにグラフを貼り付けます。

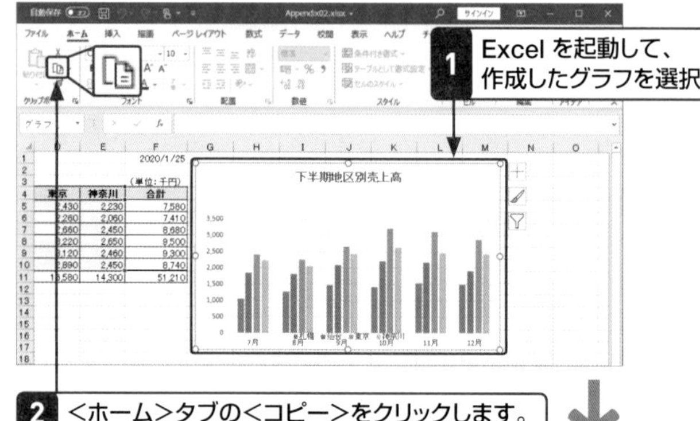

1 Excelを起動して、作成したグラフを選択し、

2 <ホーム>タブの<コピー>をクリックします。

3 PowerPointのプレゼンテーションを開いて、

4 グラフを貼り付けるスライドを表示し、

5 <貼り付け>のここをクリックすると、

6 Excelのグラフが、テーマに合わせた書式で貼り付けられます。

7 ファイルを保存して、Excel画面を閉じます。

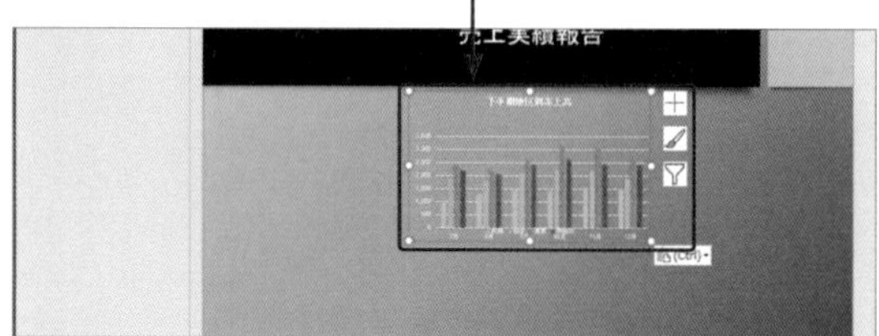

メモ テーマの設定

PowerPointのテーマの設定については、P.290を参照してください。

2 データを編集する

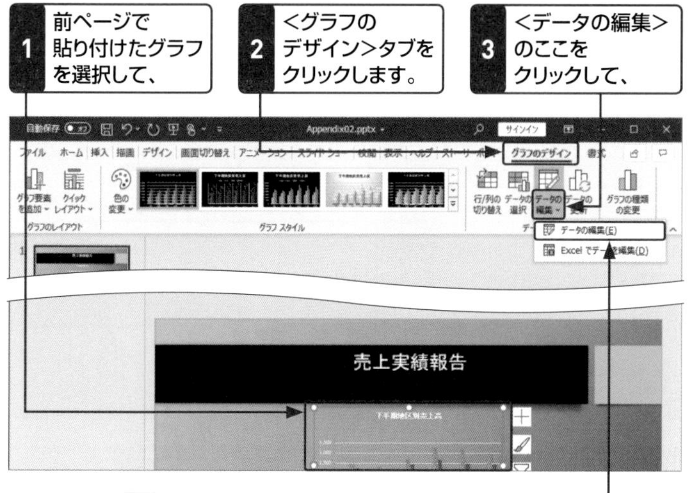
1 前ページで貼り付けたグラフを選択して、
2 <グラフのデザイン>タブをクリックします。
3 <データの編集>のここをクリックして、
売上実績報告

4 <データの編集>をクリックします。

5 グラフにリンクしているExcelシート画面が表示されます。

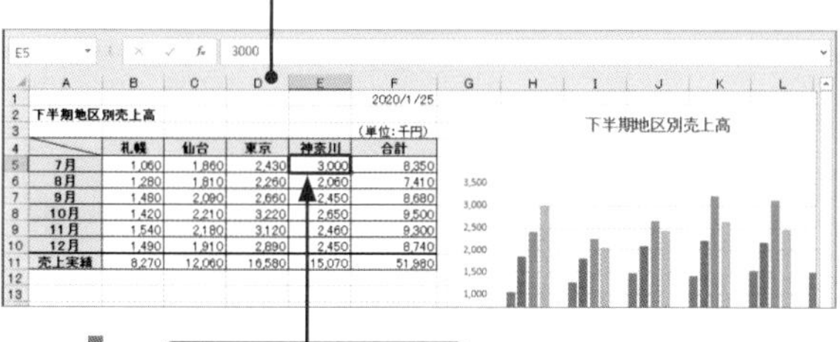
下半期地区別売上高
下半期地区別売上高

6 数値を修正して、

7 Enterをクリックして確定します。

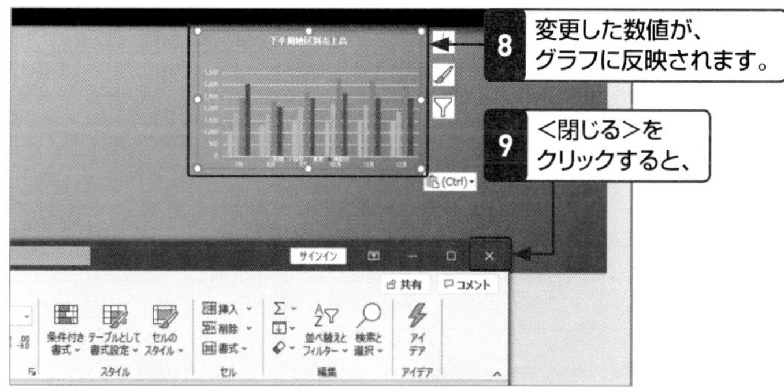
8 変更した数値が、グラフに反映されます。
9 <閉じる>をクリックすると、

10 メッセージが表示されます。

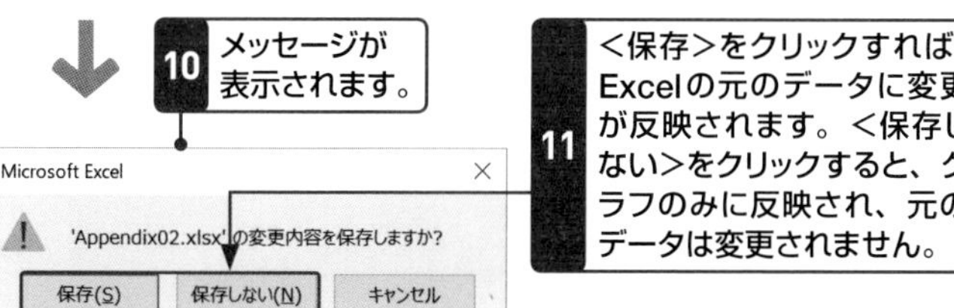
Microsoft Excel
'Appendix02.xlsx' の変更内容を保存しますか?
保存(S)
保存しない(N)
キャンセル

11 <保存>をクリックすれば、Excelの元のデータに変更が反映されます。<保存しない>をクリックすると、グラフのみに反映され、元のデータは変更されません。

メモ データの修正

作成しているプレゼンテーションのみでグラフのデータを修正したい場合には、グラフデータのExcel画面を閉じておきます。開いていると、手順5でExcel画面が表示され、元データを修正することになります。

メモ 修正データの反映

グラフのデータを修正した場合、手順11で、Excelの元データも変更するか、PowerPointのプレゼンテーションのみを変更するかを選択します。

3 Excel形式でグラフを貼り付ける

ヒント 貼り付けのオプションの種類

手順4で<貼り付け>の下の部分をクリックして表示される<貼り付けのオプション>には、次の種類があります。貼り付け方法によって、データの編集ができたり、編集した内容がグラフに反映されたりします。

- 貼り付け先のテーマを使用しブックを埋め込む
  Excelのグラフの書式が貼り付け先のテーマに合わせて変更されます。
- 元の書式を保持しブックを埋め込む
  Excelのグラフの書式がそのままの状態で貼り付けられます。
- 貼り付け先テーマを使用しデータをリンク
  Excelのグラフの書式が、貼り付け先のテーマに合わせて変更されます。Excelとデータがリンクされています。
- 元の書式を保持しデータをリンク
  Excelのグラフデータをそのまま貼り付けます。Excelとデータがリンクされています。
- 図
  グラフを画像として貼り付けるので、グラフの内容は編集できません。

1 Excelを起動して、作成したグラフを選択し、

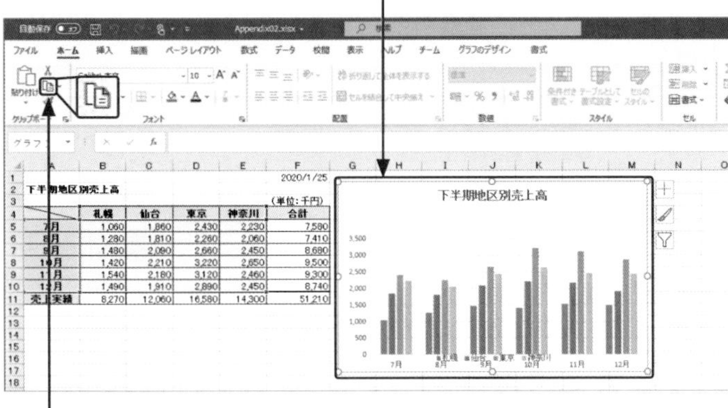

2 <ホーム>タブの<コピー>をクリックします。

3 PowerPointの文書のグラフを貼り付けるスライドを表示し、

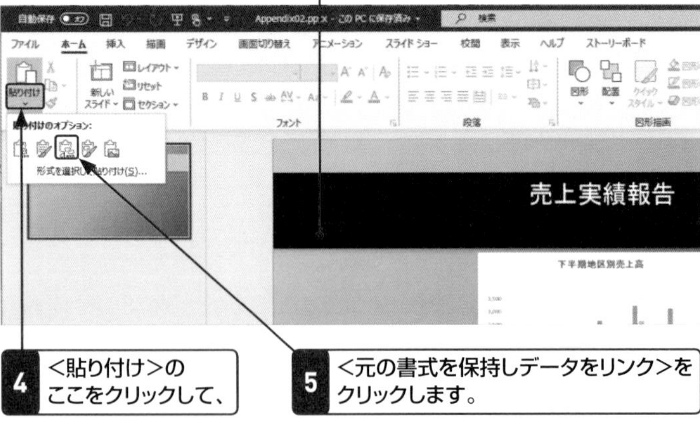

4 <貼り付け>のここをクリックして、

5 <元の書式を保持しデータをリンク>をクリックします。

6 Excelグラフの書式のままで貼り付けられます。

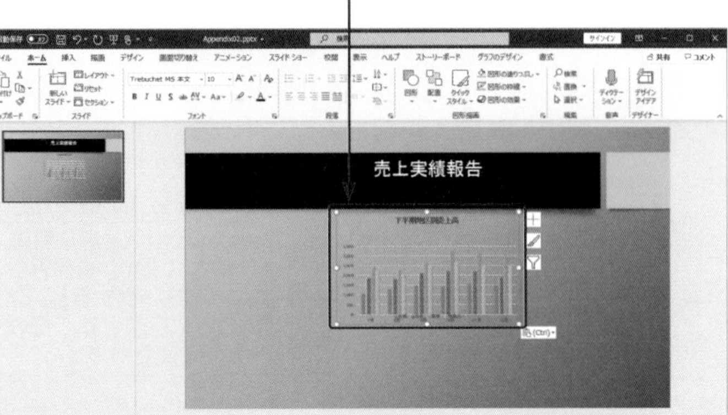

4 データを編集する

1 貼り付けたグラフを選択して、

2 ＜グラフのデザイン＞タブをクリックします。

3 ＜データの編集＞のここをクリックして、

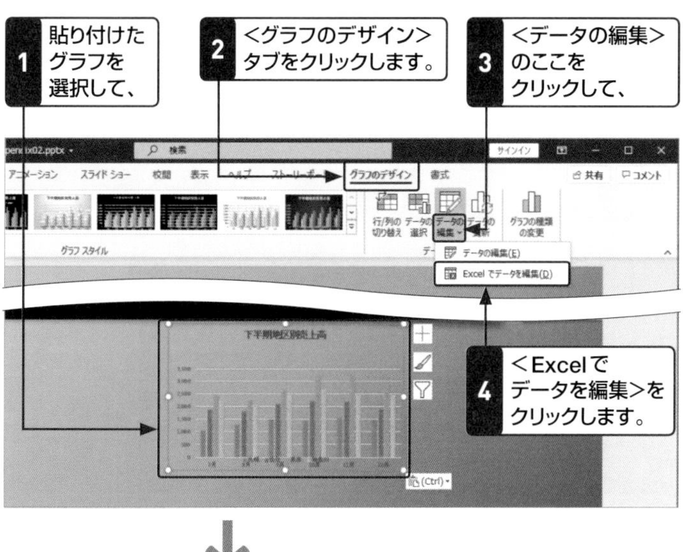

4 ＜Excelでデータを編集＞をクリックします。

	A	B	C	D	E	F
1						2020/1/25
2	下半期地区別売上高					
3						（単位：千円）
4		札幌	仙台	東京	神奈川	合計
5	7月	1500	1,860	2,430	2,230	7,580
6	8月	1,280	1,810	2,260	2,060	7,410
7	9月	1,480	2,090	2,660	2,450	8,680
8	10月	1,420	2,210	3,220	2,650	9,500
9	11月	1,540	2,180	3,120	2,460	9,300
10	12月	1,490	1,910	2,890	2,450	8,740
11	売上実績	8,270	12,060	16,580	14,300	51,210
12						
13						

5 グラフの元データ画面が表示されます。

6 数値を修正し、

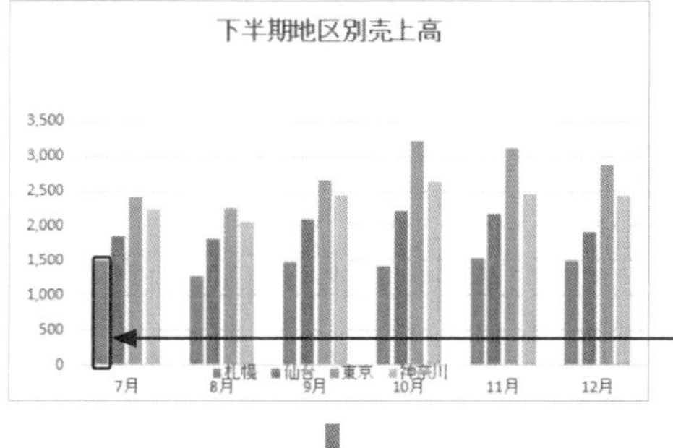

7 Enterをクリックして確定します。

8 変更した数値が、Excelのグラフに反映されます。

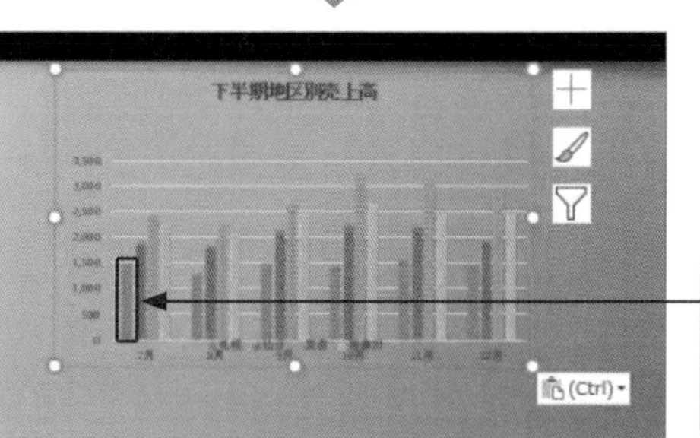

9 PowerPointに戻ると、グラフが変更されています。

Appendix 03 ショートカットキーと日本語入力

1 Office共通のショートカットキー

ショートカットキー	操作内容
Ctrl＋N	新規ファイルを作成する。
Ctrl＋O	＜ファイル＞タブの＜開く＞画面を表示する（Outlook以外）。
Ctrl＋S	ファイルを上書き保存する。
F12	ファイルに名前を付けて保存する。
Ctrl＋P	印刷プレビューを表示する。
Ctrl＋W	開いているファイルを終了する（Outlook以外）。
Alt＋F4	アプリを終了する。
Ctrl＋F1	リボンの非表示／表示を切り替える。
F1	＜ヘルプ＞を表示する。
Esc	現在の操作を取り消す。
Shift＋F10	ショートカットメニューを表示する。
Ctrl＋A	全体を選択する。
Ctrl＋C	選択範囲をコピーする。
Ctrl＋X	選択範囲を切り取る。
Ctrl＋V	コピーまたは切り取ったデータを貼り付ける。
Ctrl＋Z	直前の操作を取り消す。
Ctrl＋Y	取り消した操作をもとに戻す。
Alt＋各種キー	キーに対応したコマンドを実行する。
Ctrl＋Shift＋カタカナひらがな	かな入力とローマ字入力を切り替える。
Shift＋Space	日本語入力中に半角スペースを入力する。
Shift＋CapsLock	アルファベットを大文字に固定する。
F7	入力文字を全角カタカナに変換する。
F10	入力文字を半角英数字に変換する。
Ins	上書き入力に切り替える。
F4	直前の操作をくり返す。
Ctrl＋H	＜検索と置換＞ダイアログボックスの＜置換＞タブを表示する。

※Windows由来のショートカットキーも記載しています。
※お使いのキーボードによってはFnキーを押す必要が生じる場合があります。

2 Wordのショートカットキー

ショートカットキー	操作内容
Home（End）	行の先頭（末尾）に移動する。
Ctrl＋Home（End）	文書の先頭（末尾）に移動する。
PageUp（PageDown）	1画面上（下）に移動する。
Ctrl＋PageUp（PageDown）	前ページ（次ページ）の先頭に移動する。
Ctrl＋←→	前後の単語に移動する。
Ctrl＋↑↓	前後の段落に移動する。
Shift＋↑↓←→	選択範囲を変更する。
Shift＋Home（End）	行の先頭（末尾）まで選択する。
Ctrl＋Shift＋Home（End）	文書の先頭（末尾）まで選択する。
Alt＋Shift＋↑↓	選択した段落を移動する。
Ctrl＋Delete（Backspace）	次（前）の単語を1つ削除する。
Ctrl＋B	太字を設定／解除する。
Ctrl＋I	斜体を設定／解除する。
Ctrl＋U	下線を設定／解除する。
Ctrl＋Shift＋D	二重下線を設定／解除する。
Ctrl＋D	＜フォント＞ダイアログボックスを表示する。
Ctrl＋Shift＋C	書式のみをコピーする。
Ctrl＋Shift＋V	書式のみを張り付ける。
Ctrl＋]（[）	フォントサイズを1ポイント大きく（小さく）する。
Ctrl＋Shift＋>（<）	フォントサイズを1つ大きく（小さく）する。
Ctrl＋Space	文字の書式を解除する。
Ctrl＋F	＜ナビゲーション＞作業ウィンドウを表示する。
Alt＋Ctrl＋Y	検索をくり返す。
Ctrl＋PageUp（PageDown）	前（次）の検索対象に移動する。
Ctrl＋Enter	改ページ記号を挿入する。
Shift＋Enter	改行記号を挿入する。
Ctrl＋Shift＋Enter	段区切りを挿入する。
Ctrl＋L	段落を左揃えにする。
Ctrl＋R	段落を右揃えにする。
Ctrl＋E	段落を中央揃えにする。
Ctrl＋J	段落を両端揃えにする。
Ctrl＋Shift＋J	均等割り付けを設定する。
Ctrl＋Q	段落書式を解除する。
Alt＋Ctrl＋M	コメントを挿入する。
Ctrl＋1	行間を1行に設定する。
Ctrl＋2	行間を2行に設定する。
Ctrl＋5	行間を1.5行に設定する。
Alt＋Ctrl＋S	ウィンドウを分割する。
Alt＋Shift＋C	分割を解除する。

3 Excelのショートカットキー

ショートカットキー	操作内容
F2	セルを編集可能にする。
Shift + F3	＜関数の挿入＞ダイアログボックスを表示する。
Alt + Shift + =	SUM関数を入力する。
Alt + Enter	セル内で改行する。
Shift + Enter	上のセルに移動する。
Tab	右のセルに移動する。
Shift + Tab	左のセルに移動する。
Shift + Space	行を選択する（日本語入力モードでは使用不可）。
Ctrl + Space	列を選択する（日本語入力モードでは使用不可）。
Ctrl + ;	今日の日付を入力する。
Ctrl + :	現在の時刻を入力する。
Ctrl + Shift + +	セルを挿入する。
Ctrl + -	セルを削除する。
Ctrl + D	下方向にセルをコピーする。
Ctrl + R	右方向にセルをコピーする。
Ctrl + F	＜検索と置換＞ダイアログボックスの＜検索＞を表示する。
Ctrl + Shift + ^	＜標準＞スタイルを設定する。
Ctrl + Shift + 1	＜桁区切り＞スタイルを設定する。
Ctrl + Shift + 3	＜日付＞スタイルを設定する。
Ctrl + Shift + 4	＜通貨＞スタイルを設定する。
Ctrl + Shift + 5	＜パーセンテージ＞スタイルを設定する。
Ctrl + Shift + :	アクティブセルを含むデータ範囲を選択する。
Ctrl + Shift + Home	選択範囲をワークシートの先頭セルまで拡張する。
Ctrl + Shift + End	選択範囲をデータ範囲の右下隅セルまで拡張する。
Shift + ↑↓←→	選択範囲を拡張する。
Ctrl + Shift + ↑↓←→	選択範囲をデータ範囲の隅まで拡張する。
Shift + Home	選択範囲を行の先頭まで拡張する。
Shift + Backspace	選択を解除する。
Ctrl + 1	セルの書式設定を表示する。
Ctrl + Shift + @	セルの数式を表示する。
Shift + F11	新しいワークシートを挿入する。
Ctrl + Home	ワークシートの先頭に移動する。
Ctrl + End	データ範囲の右下隅セルまで移動する。
Ctrl + PageUp	前（左）のワークシートに移動する。
Ctrl + PageDown	後ろ（右）のワークシートに移動する。
Alt + PageUp（PageDown）	1画面左（右）にスクロールする。
PageUp（PageDown）	1画面上（下）にスクロールする。

4 PowerPointのショートカットキー

ショートカットキー	操作内容
Ctrl + M	新しいスライドを追加する。
Ctrl + D	スライドやオブジェクトを複製する。
Ctrl + Enter	次のプレースホルダーに移動する。
Tab	選択したオブジェクトの前面にあるオブジェクトを選択する。
Shift + Tab	選択したオブジェクトの背面にあるオブジェクトを選択する。
Esc	文字入力中にオブジェクト選択に切り替える。
Enter	オブジェクト選択中にテキストを選択する。
Ctrl + G	選択したオブジェクトをグループ化する。
Ctrl + Shift + G	オブジェクトのグループ化を解除する
Shift + ↑↓←→	オブジェクトの大きさを変更する。
Alt + ←→	オブジェクトを回転する。
Ctrl + T	フォントや色をまとめて設定する。
F6	領域間を移動する。
Alt + Shift + F9	ルーラーの表示を切り替える。
Shift + F9	グリッドの表示を切り替える。
Alt + F9	ガイドの表示を切り替える。
F5	スライドショーを開始する。
Shift + F5	現在のスライドからスライドショーを開始する。
⊞ + P	表示モードを選択する（Windowsの機能）。
Enter（→やNでも可）	スライドショー中に次のスライドに移動する。
Backspace（↑やPでも可）	スライドショー中に前のスライドに移動する。
1を押してEnter	スライドショー中に最初のスライドへ移動する。
スライド番号＋Enter	スライドショー中に指定したスライドへ移動する。
Shift + +	スライドショー中にスライドを拡大表示する。
-	スライドショー中にスライドを縮小表示する。
S	自動実行中のスライドショーを停止／再開する。
Esc	実行しているスライドショーを終了する。
B	スライドショー中に黒い画面を表示する。
E	スライドショー中にスライドへの書き込みを削除する。
Ctrl + P	スライドショー中にマウスポインターをペンに変更する。
Ctrl + A	スライドショー中にマウスポインターを矢印ポインターに変更する。
Ctrl + L	スライドショー中にマウスポインターをレーザーポインターにする。
Ctrl + H	スライドショー中にマウス移動時にポインターを非表示にする。
Ctrl + U	スライドショー中にマウス移動時にポインターを表示する。

5 Outlookのショートカットキー

ショートカットキー	操作内容
Ctrl＋D	アイテムを削除する。
Ctrl＋R	メッセージに返信する。
Ctrl＋F	メッセージなどを転送する。
Alt＋S	送信／投稿する。
Ctrl＋Shift＋I	受信トレイに切り替える。
Ctrl＋Shift＋O	送信トレイに切り替える。
Ctrl＋K	アドレス帳から名前を確認する。
Ctrl＋Shift＋S	フォルダーに投稿する。
F9	新しいメッセージがあるか確認する。
↑（↓）	前後のメッセージに移動する
Ctrl＋Shift＋M	メッセージを作成する。
Ctrl＋Alt＋F	添付ファイルとして転送する。
Ctrl＋Q	メッセージを開封済みにする。
Ctrl＋U	メッセージを未開封にする。
Ctrl＋O	受信メッセージを開く。
Ctrl＋Shift＋D	スレッドを削除する。
Ctrl＋.	次の開いているメッセージに切り替える。
Ctrl＋,	前の開いているメッセージに切り替える。
Ctrl＋Y	別のフォルダーに移動する。
Ctrl＋1	メールビューに切り替える。
Ctrl＋2	予定表ビューに切り替える。
Ctrl＋3	連絡先ビューに切り替える。
Ctrl＋4	タスクビューに切り替える。
Alt＋1（0～9まで利用可）	予定表に指定した日数の予定を表示する。
Ctrl＋Alt＋4	予定表を月ビューに切り替える。
Ctrl＋Alt＋3	予定表を週ビューに切り替える。
Ctrl＋Shift＋C	連絡先を作成する。
Ctrl＋Shift＋L	連絡先グループを作成する。
Ctrl＋Shift＋B	アドレス帳を開く。
Ctrl＋C	タスクの依頼を承諾する。
Ctrl＋D	タスクの依頼を辞退する。

6 ローマ字／かな変換表

あ行	あ	い	う	え	お
	A	I	U	E	O
	うぁ	うぃ		うぇ	うぉ
	WHA	WHI		WHE	WHO

か行	か	き	く	け	こ
	KA	KI	KU	KE	KO
	が	ぎ	ぐ	げ	ご
	GA	GI	GU	GE	GO
	きゃ	きぃ	きゅ	きぇ	きょ
	KYA	KYI	KYU	KYE	KYO
	ぎゃ	ぎぃ	ぎゅ	ぎぇ	ぎょ
	GYA	GYI	GYU	GYE	GYO

さ行	さ	し	す	せ	そ
	SA	SI (SHI)	SU	SE	SO
	ざ	じ	ず	ぜ	ぞ
	ZA	ZI	ZU	ZE	ZO
	しゃ	しぃ	しゅ	しぇ	しょ
	SYA	SYI	SYU	SYE	SYO
	じゃ	じぃ	じゅ	じぇ	じょ
	ZYA	ZYI	ZYU	ZYE	ZYO

た行	た	ち	つ	て	と
	TA	TI (CHI)	TU (TSU)	TE	TO
	だ	ぢ	づ	で	ど
	DA	DI	DU	DE	DO
	でゃ	でぃ	でゅ	でぇ	でょ
	DHA	DHI	DHU	DHE	DHO
	ちゃ	ちぃ	ちゅ	ちぇ	ちょ
	TYA	TYI	TYU	TYE	TYO

な行	な	に	ぬ	ね	の
	NA	NI	NU	NE	NO
	にゃ	にぃ	にゅ	にぇ	にょ
	NYA	NYI	NYU	NYE	NYO

は行	は	ひ	ふ	へ	ほ
	HA	HI	HU (FU)	HE	HO
	ば	び	ぶ	べ	ぼ
	BA	BI	BU	BE	BO
	ぱ	ぴ	ぷ	ぺ	ぽ
	PA	PI	PU	PE	PO
	ひゃ	ひぃ	ひゅ	ひぇ	ひょ
	HYA	HYI	HYU	HYE	HYO
	ふぁ	ふぃ	ふゅ	ふぇ	ふぉ
	FA	FI	FYU	FE	FO

ま行	ま	み	む	め	も
	MA	MI	MU	ME	MO
	みゃ	みぃ	みゅ	みぇ	みょ
	MYA	MYI	MYU	MYE	MYO

や行	や		ゆ		よ
	YA		YU		YO

ら行	ら	り	る	れ	ろ
	RA	RI	RU	RE	RO
	りゃ	りぃ	りゅ	りぇ	りょ
	RYA	RYI	RYU	RYE	RYO

わ行	わ		を		ん
	WA		WO		N (NN)

- **「ん」の入力方法**
  「ん」の次が子音の場合はNを1回押し、「ん」の次が母音の場合または「な行」の場合はNを2回押します。
  例）さんすう SANSUU　例）はんい HANNI　例）みかんの MIKANNNO
- **促音「っ」の入力方法**
  子音のキーを2回押します。
  例）やってきた YATTEKITA　例）ほっきょく HOKKYOKU
- **「ぁ」「ぃ」「ゃ」などの入力方法**
  AやI、YAを押す前に、LまたはXを押します。
  例）わぁーい WALA-I　例）うぃんどう UXINDOU

索引

Office共通

英字

あ・か行

さ・た・な行

は・ま・や・ら行

Word

英数字

あ行

か行

さ行

索引

ま行

や行

ら行

Excel

記号・英字

索引

あ行

か行

さ行

た・な行

は行

索引

ま行

や行

ら行

わ行

PowerPoint

英字

あ行

か行

さ行

た行

な・は行

索引

た行

な行

は行

ま行

や行

ら行

お問い合わせについて

本書に関するご質問については、本書に記載されている内容に関するもののみとさせていただきます。本書の内容と関係のないご質問につきましては、一切お答えできませんので、あらかじめご了承ください。また、電話でのご質問は受け付けておりませんので、必ずFAXか書面にて下記までお送りください。
なお、ご質問の際には、必ず以下の項目を明記していただきますようお願いいたします。

1　お名前
2　返信先の住所またはFAX番号
3　書名（今すぐ使えるかんたん Microsoft 365）
4　本書の該当ページ
5　ご使用のOSとソフトウェアのバージョン
6　ご質問内容

なお、お送りいただいたご質問には、できる限り迅速にお答えできるよう努力いたしておりますが、場合によってはお答えするまでに時間がかかることがあります。また、回答の期日をご指定なさっても、ご希望にお応えできるとは限りません。あらかじめご了承くださいますよう、お願いいたします。

問い合わせ先

〒162-0846
東京都新宿区市谷左内町21-13
株式会社技術評論社　書籍編集部
「今すぐ使えるかんたん Microsoft 365」質問係
FAX番号　03-3513-6171

https://book.gihyo.jp/116/

■お問い合わせの例

FAX

1 お名前
技術　太郎

2 返信先の住所またはFAX番号
03-XXXX-XXXX

3 書名
今すぐ使えるかんたん
Microsoft 365

4 本書の該当ページ
152ページ

5 ご使用のOSとソフトウェアのバージョン
Windows 10 Pro
Word

6 ご質問内容
表の列を削除できない

※ご質問の際に記載いただきました個人情報は、回答後速やかに破棄させていただきます。

今すぐ使えるかんたん Microsoft 365

2020年 9月 5日　初版　第1刷発行
2022年 6月 4日　初版　第2刷発行

著　者●技術評論社編集部＋AYURA＋稲村暢子＋リブロワークス
発行者●片岡 巌
発行所●株式会社　技術評論社
東京都新宿区市谷左内町21-13
電話　03-3513-6150　販売促進部
03-3513-6160　書籍編集部
装丁●田邉 恵里香
本文デザイン●リンクアップ
DTP●技術評論社　制作業務部
編集●早田 治
製本／印刷●大日本印刷株式会社

定価はカバーに表示してあります。

ISBN978-4-297-11474-9 C3055
Printed in Japan